国家科学技术学术著作出版基金资助出版

电力系统输电能力理论与方法

Available Transmission Capacity Evaluation Theories and Methods in Interconnected Power System

李国庆　董　存　姜　涛　著

科　学　出　版　社

北　京

内 容 简 介

本书系统介绍电力系统输电能力的基本理论与方法。

全书共13章，内容分为三部分。第一部分(1～4章)介绍电力系统输电能力的基本理论，包括输电能力研究的历史、现状、方法、基本概念、数学基础及故障集选取和排序方法；第二部分(5～11章)介绍交流电力系统输电能力的建模与计算方法，详细阐述基于直流潮流法、连续型方法、最优化方法及概率框架下的输电能力建模与求解方法，介绍计及暂态稳定约束、经济性约束及各种控制装置作用的输电能力计算和求解方法；第三部分(12～13章)介绍交直流混合输电系统和大规模风电并网系统的输电能力建模与计算，分别针对含传统直流输电、柔性直流输电和大规模风电并网的电力系统输电能力进行建模和分析。全书首次构建电力系统输电能力的理论体系。

本书注重物理概念，理论与实际并重，在写作中力求突出问题本质，并做到深入浅出，对于各种分析方法的介绍力求思路清晰、简明扼要。本书可供电力规划、运行、市场交易等专业技术和管理人员以及高等院校相关专业教师、研究生和高年级本科生阅读参考，也可作为电力系统相关专业的教材。

图书在版编目(CIP)数据

电力系统输电能力理论与方法=Available Transmission Capacity Evaluation Theories and Methods in Interconnected Power System / 李国庆，董存，姜涛著. —北京：科学出版社，2018.8

ISBN 978-7-03-057927-0

Ⅰ. ①电… Ⅱ. ①李… ②董… ③姜… Ⅲ. ①输电-电力系统-研究 Ⅳ. ①TM721

中国版本图书馆CIP数据核字(2018)第127967号

责任编辑：耿建业 武 洲 / 责任校对：彭 涛
责任印制：张 伟 / 封面设计：无极书装

科 学 出 版 社 出版
北京东黄城根北街16号
邮政编码：100717
http://www.sciencep.com

北京九州迅驰传媒文化有限公司 印刷
科学出版社发行 各地新华书店经销

*

2018年8月第 一 版 开本：720×1000 1/16
2020年5月第三次印刷 印张：27 1/2
字数：554 000

定价：168.00元

(如有印装质量问题，我社负责调换)

作 者 简 介

李国庆 1963 年出生于吉林省长春市，1984 年和 1988 年于东北电力大学分别获工学学士、硕士学位，1998 年于天津大学获工学博士学位。现任东北电力大学党委书记、教授、博士生导师，兼任“电力系统安全运行与节能技术”国家地方联合工程实验室主任。主要研究方向为电力系统的安全性与稳定性、输变电设备运行状态监测与故障诊断、柔性直流输电、可再生能源消纳等。承担国家重点研发计划项目 2 项，国家自然科学基金项目 5 项(其中重点项目 1 项)，省部级及横向科研项目 70 余项。2014 年入选首批国家“万人计划”百千万工程领军人才，2014 年被评为全国杰出专业技术人才，2004 年入选新世纪百千万人才工程首批国家级人选，1999 年享受国务院政府特殊津贴，2012 年被评为全国优秀科技工作者，2015 年被评为全国先进工作者。获国家科技进步奖二等奖 2 项(2017 年、2008 年)，获省部级科技进步奖一等奖 4 项、二等奖 8 项；共发表论文 170 余篇，其中 SCI/EI 期刊论文 150 余篇，ESI 高被引论文 5 篇；获授权发明专利 18 项；获国家级教学成果奖二等奖 2 项。主要学术兼职包括中国能源学会副会长、中国电机工程学会理事、中国电机工程学会电工数学专业委员会主任委员、《电力系统保护与控制》编委会副主任、《电力系统及其自动化学报》编委、《分布式能源》副主编。

董存 1973 年 9 月出生于黑龙江省牡丹江市，2005 年获天津大学电力系统及其自动化专业工学博士学位现任国家电力调度控制中心教授级高级工程师，郑州大学硕士研究生导师；中国电机工程学会新能源并网与运行专业委员会副主任委员，国家科技专家库智能电网专项评审专家；IEC SC8A JWG4 新能源并网组专家委员、国际特大电网运行组织(Very Large Power Grid Operators, VLPGO) C1 绿色电网组专家委员；国家电网公司兼职高级培训师。曾从事变电运行、调度运行以及电网方式分析计算和管理工作；现从事水电

及新能源并网、建模仿真、并网特性分析以及调度运行管理等工作。参与编写专著3部，发表论文30多篇，主持和参与编写了《风电调度运行管理规范》《风电功率预测系统功能规范》等多个国家和行业标准。获国家科技进步奖二等奖1项、省部级科技进步奖一等奖3项。

姜涛 1983年11月出生于湖北省随州市，2015年获天津大学电气工程专业工学博士学位，现任东北电力大学教授，博士生导师。IEEE高级会员，美国北卡罗来纳州立大学、美国田纳西大学、瑞典马拉达伦大学访问学者，国家留学基金委“2017国际清洁能源拔尖创新人才培养项目”入选者，东北电力大学“新锐计划”和“东电学者”入选者，IET Energy Systems Integration编委，《电力系统保护与控制》青年编委。长期从事电力系统安全性与稳定性分析、柔性直流输电、可再生能源集成、综合能源系统等方面的研究工作。主持和承担国家自然科学基金项目5项、国家重点研发计划专项1项、863项目2项。在*IEEE Transactions on Power Systems*、*IEEE Transactions on Smart Grid*、*Applied Energy*、中国电机工程学报等SCI/EI期刊发表学术论文60余篇，ESI高被引论文5篇。

前　言

对于大型互联电力系统，其区域间的功率传输能力对于整个系统运行的安全可靠性有很大的影响。由于环境保护、土地使用等因素的限制及新的电力市场竞争机制，迫切需要利用现有的输电网络输送更多的电力，以便最大限度地降低运行成本，提高系统的运行效益，增强竞争能力。一些电力公司已经把系统的运行极限作为经济问题考虑，并且越来越重视。如何准确地确定电力系统区域间的功率输送能力及其影响因素，使系统在满足安全性及可靠性约束的条件下，最大限度地满足各区域的用电负荷需求，成为当今现代电力系统的重要研究课题。

解决电力系统区域间输电能力的分析计算问题是一项非常复杂而又十分具有挑战性的工作，其困难性反映在两个方面：其一，电力系统本身是一个复杂的非线性动力系统，随着系统区域间功率交换量的增大，诸如鞍点分叉或Hopf分叉等非线性动力系统中的典型现象都可能出现，从而破坏系统的安全性；其二，这一问题不仅要考虑系统的正常运行方式，而且要考虑故障情况的影响，不仅要考虑系统电压水平和线路负荷水平等静态安全约束条件，还要考虑稳定性这样的动态约束条件。

在实际电力系统的运行中，系统运行的安全性和经济性往往相互矛盾。无论是从电力系统的安全可靠性角度考虑，还是从电力系统运行追求效益的经济性角度考虑，电力系统输电网络的输电能力都日益重要。在一个市场化的大型互联电力系统中，如何在经济性和安全可靠性之间寻找最佳的系统运行方式，无疑是系统运行人员非常关心的问题。过高估计可用输电能力水平会导致系统运行的安全性和可靠性下降，尤其是在电力市场自由竞争的环境下，电力系统的运行状况越发难以预计；此外，在紧急事故情况下也很难对所有可用资源进行快速协调。与此同时，过低估计可用输电能力水平又意味着不能对现有网络传输能力进行充分利用，结果将会造成不必要的系统建设投资。总之，在电力市场环境下，不能精确、可靠地反映网络实际的可用输电能力水平，都会导致市场参与者的利润、系统运行安全可靠性以及用户服务水平的严重降低。

1995 年，北美电力系统可靠性委员会(North American Electric Reliability Council，NERC)给出了电力系统两区域间输电能力的定义；1996 年，NERC 又明确提出了可用输电能力这一概念，并给出了相关的概念和定义。1996 年，美国联邦能源规划委员会(Federal Energy Regulatory Commission，FERC)制定的 889 号令提出了对一商业性可行的电力市场计算其可用输电能力的要求，其目的是通过提供这样一个输电系统传送能量能力的市场信号而进一步促进大型输电网络的开放使用，从而促进发电或能量市场的竞标。可用输电能力的重要性至少体现在两个方面：首先，电网公司对系统现有的输电能力进行评估可以确保电网的安全运行，减少输电阻塞的发生；其次，向电网使用者提供可用输电能力信息可以指导其做出合理的电能交易决策，并体现“公平、公正、公开”的市场化原则。也就是从这时(1995 年和 1996 年)开始，电力系统输电能力的研究受到了电力工作者的关注和重视。在我的导师余贻鑫先生和王成山教授的引领和指导下，本人也正是在 1996 年开始了输电能力的研究工作，一直到现在从未间断。

本人从事该领域的研究 22 年，在该研究方向接续承担了 4 项国家自然科学基金资助项目和多项省部级项目，发表学术论文 60 余篇；在国内首次研发了“电力系统暂态稳定性定量评价与输电能力分析系统”，成功地用于东北电网等 7 个网省调度中心，并于 2008 年获得国家科技进步奖二等奖，为本书的撰写奠定了坚实的基础。

本书是在全面总结该领域国内外研究成果，并结合本人 20 年来取得的电力系统输电能力研究成果的基础上撰写的一部专著，重点介绍作者承担的 4 项国家自然科学基金项目(No.50177004、No.50977009、No.51377016、No.51477027)以及有关项目所取得的研究成果，对电力系统输电能力的理论与方法做了系统、全面、深入的阐述和介绍，首次构建了电力系统输电能力分析与计算方法的理论体系。

本人所培养的硕士研究生王朝霞、金义雄、李雪峰、赵玉婷、沈杰、郑浩野、唐宝、李小军、吕志远、宋莉、姚少伟、张健、方婷婷、冯怀玉、张芳晶、刘玢、孔一茗、何旭、惠鑫欣，博士研究生陈厚合、孙银峰、张儒峰等，他们在校期间的硕士学位论文和博士学位论文为本书的撰写提供了有力的支撑，陈厚合教授在本书的撰写、整理等方面做了大量的工作，在此对他们的辛勤劳动和创造性贡献表示诚挚的谢意。

我要衷心感谢我的导师余贻鑫院士和王成山教授，是他们将我引入电力系统输电能力研究之门，并在之后的探索道路上不断予我以鼓励并指点迷津。余先生至诚报国的爱国情怀，敢为人先的敬业精神，甘于奉献的高尚情操深深地感染着我，使我终身受益。还要感谢国家电网全球能源互联网研究院汤广福院士、清华大学康重庆教授的关心与支持。

本书列入 2016 年度国家科学技术学术著作出版基金项目，这是我莫大的荣幸，也是我和另外两位作者不断克服困难，最终得以完成本书的主要动力，在此感谢国家科学技术学术著作出版基金的资助。

希望本书能为电力系统研究人员提供一些参考，推动我国电力系统输电能力分析理论向更高的水平发展。由于我们水平所限，书中难免存在一些疏漏和不当之处，真诚期待读者批评指正。

李国庆
2018 年 8 月

目　　录

第1章 绪　论

1.1 引　言

1.1.1 电力系统的发展历史

1831 年，法拉第发现了电磁感应定律，在此基础上，很快出现了早期的交流发电机、直流发电机和直流电动机。这些发现和发明为电力工业的发展奠定了基础。自此，经过半个世纪的曲折发展，伴随着大批天才发明家的不断探索，电力工业终于迎来了新的发展契机。1882 年，美国人爱迪生建成了世界上第一座正规的电厂——纽约珍珠街电厂(6 台直流发电机)。1885 年问世的 Z-D-B 变压器是具有现代实用性能的电力变压器，为三相交流及大容量、远距离交流输电奠定了基础[1]。

1889 年，英国伦敦出现了最早的交流输电系统，安装了容量为 1000kW、电压 2500V 的交流发电机，经升压变压器将电压升至 10kV，通过 12km 输电线送到伦敦市区 4 个变电所后将电压降到 2400V，再分别经配电变压器将电压降到 100V 向用户供电。这样，发电、变电、输电、配电和用电等环节连成一体，形成了现代电力系统的雏形。1891 年，德国人密勒主持建成了世界上第一个三相交流输电系统，将 170km 外劳芬电站的电能(15kV、230kV·A)输送到法兰克福。三相交流输电系统研制成功后很快取代了直流输电，成为电力系统大发展的里程碑。此后，三相交流制的优越性很快显示出来，运用三相交流制的发电厂迅速发展起来[1]。

进入 20 世纪后，不断增长的工业用电开始促进电力系统技术的发展。这时，电动机已成为工厂的主要动力设备，电化学、电冶金等工艺生产过程也直接使用电能并需要集中供应，这就促使各地利用高压输电线将附近各座发电厂联成一个整体，形成地区性高压电力系统，以便不间断地向负荷集中供电。随着集中供电需求的增加和电厂规模的扩大，需输送的电能也成倍增长。为提高输送容量、增大输电距离和减小输电损耗，需要不断提高输电电压。1908 年，美国建成第一条 110kV 线路，之后，于 1912 年建成 150kV 线路，输电距离达到 150～250km。1923 年，美国建成 230kV 线路。随后，德国、法国、苏联和日本也先后建成 230kV 线路，单回线路输电容量达 10 万 kW 到 20 万 kW，输电距离可达 300～370km[2]。

与此同时，能源的开发也不断促进电力系统技术的发展。例如，从一些国家对水电资源开发的情况看，在 20 世纪 30 年代以前，多是开发建设条件比较优越、离负荷中心较近的电源点。但在 50 年代和 60 年代，随着高电压、远距离输电技术的发展，远离负荷中心的水能资源也得到迅速开发。而开发远离负荷中心的丰富水能资源的客观需要，又刺激了发展高电压、远距离输电技术。如美国大古力水电站的建设推进了高压输电技术的发展；瑞典北部拉兰地区的水电通过 220kV 线路(后来又发展 380kV 线路)送给南部负荷中心。电力系统的这一发展阶段，在安全方面重点解决了从水电站和坑口火电站送出的高压输电系统的稳定问题，开展了稳定计算方法和提高稳定性措施的研究，初步掌握了发电机参数及特性，包括惯性常数、励磁系统参数和周期暂态阻抗等稳定性分析所需要的参数及其对稳定性的影响；在经济运行方面，初步解决了互联系统中不同机组之间的经济负荷分配问题，提出了最经济的负荷分配原则，即采用等微增率的经济调度方法。

到 20 世纪 70 年代，经过近百年的发展，伴随着通信与控制技术的发展、系统综合自动化程度的提高以及系统工程等相邻学科的发展，工业发达国家逐步发展形成现代全国统一的电力系统和跨国电力系统。电力工业进入以大机组、超高压以至特高压输电形成联合电力系统为特点的新时期。

各国大型汽轮发电机组的单机容量达到 60 万～100 万 kW，已能满足大型电站建设的需要。近年来，矿区、坑口火电厂最大容量已超过 400 万 kW，还在向更大容量发展。水轮机根据水力资源情况，常采用 70 万 kW 左右机组，有些情况下，还可采用更大容量的机组。一些国家设计、规划的水电站的装机容量已超过 1000 万 kW，个别已接近 2000 万 kW。如我国的三峡水电站共安装 70 万 kW 大型水轮发电机组 26 台，总装机容量 1820 万 kW，年平均发电量 846.8 亿 kW · h，是目前世界最大的水电站。核电机组容量一般从经济方面考虑，比汽轮机组容量大，多为 100 万～130 万 kW，有些采用 150 万～160 万 kW[3]。为配合火电厂、核电站担负峰荷，自 20 世纪 80 年代以来，一些国家开始大力发展抽水蓄能电站，如美国和日本分别建成了装机容量为 210 万 kW 和 121 万 kW 的大型抽水蓄能电站。

电力系统的负荷可分为城市民用负荷、商业负荷、农村负荷、工业负荷以及其他负荷。在某一地区的全部负荷中，各类负荷用电量所占的比例因产业结构、人口密度等而不同。一般来说，各类负荷具有不同的特点，并受各种条件的影响而发生变化。居民生活用电随人口增长、变动及生活水平情况而变化；工业、交通运输及商业负荷则反映经济发展情况。负荷是经常变化的，具有较大的周期性，但电力负荷对季节、温度、天气等较为敏感，不同的季节，不同地区气候以及温度变化都会对负荷造成明显影响。

20 世纪 80 年代以来，能源战略引起全世界的关注，特别是能源开发所带来的环境问题。90 年代，全球范围的能源开发中，出现了与发展传统能源的“硬”路线(非再生能源路线)平行的“软”路线(可再生能源路线)。大量可再生能源的集中入网对电网的输电能力也提出了新的要求。从世界电力工业发展的趋势来看，交直流输电还将在一定阶段内继续沿着提高电压、增大距离、增加输电容量的方向前进，未来电力系统的网络将更加密集，系统的总容量也将相应增大。随着市场竞争机制的逐步建立和完善，利用现有电力网络输送更多电力的需求将进一步增强，电力系统的发展必将对电网输送能力提出更高的要求。

国际上，在交流电网中，高压(high voltage, HV)通常指35～220kV的电压，超高压(extra high voltage, EHV)通常指330kV及以上、1000kV以下的电压，特高压(ultra high voltage, UHV)指1000kV及以上的电压；高压直流(high voltage direct current, HVDC)通常指±600kV及以下等级的直流，±600kV以上电压等级的直流称为特高压直流(ultra high voltage direct current, UHVDC)。在我国，高压电网指的是110(66)kV、220kV电网，超高压电网指的是330kV、500kV、750kV电网，特高压输电指的是1000kV交流和±800kV、±1000kV直流输电工程和技术。

1.1.2 现代电力系统的特点与发展趋势

现代电力系统已经发展成为一个由高温、高压、超临界、超超临界机组以及大容量远距离输电网、实时变化的负荷组成的大型互联系统。该系统是世界上目前最庞大和最复杂的人造系统，具有地域分布广、传输能量大、动态过程复杂等特点，其数学模型具有高维、强非线性和时变的特征。现代电力系统发展趋势主要体现在以下6个方面。

1. 高温、高压、超临界机组、超超临界机组

现代发电机组主要发展趋势为：以高温、高压、超临界为主要特点的高效率、低污染、低能耗的发电设备和新型的清洁煤燃烧发电技术已成为发展重点。具体表现为：①普遍采用单机容量为60万～100万kW机组；②工业发达国家广泛应用单机容量为60万kW及以上的大容量超临界机组；③大容量、高效率燃气轮发电机组发展迅速；④空冷发电机组、热电联产供热机组向大型化发展；⑤机组运行自动化水平不断提高。

2. 大容量远距离高压输电、大系统互联

发展大电网并实行区域电网互联有如下优越性：①减少系统中的总装机容量；②大电网能安装大容量火电机组，有利于降低造价，节约能源；③能够充分利用动力资源，在更大范围内进行水、火电经济调度；④合理利用能源，变输煤为输电；⑤各地电力可互通有无、互为备用，增强抵御事故的能力，提升电网安全水平，提高供电可靠性；⑥大电网能承受较大冲击，有利于改善电能质量。

3. 高度自动化

电网调度自动化系统是确保电网安全、优质、经济地发供电，提高电网运行管

理水平的重要手段，是电力生产自动化和管理现代化的重要基础。随着电力工业体制改革的进一步深化，电力市场的进一步探索，对电网调度自动化不断提出新的要求，现代电网调度自动化系统的内涵也在不断丰富、发展，不仅包括能量管理系统(energy management system, EMS)、配电网能量管理系统(distribution management system, DMS)、电能量自动计量系统、水电调度自动化系统等，还将包括电力市场技术支持系统的有关内容。

4. 电力市场化

电力市场化就是建立电力行业平等竞争的市场机制。市场经济就是竞争经济，进行电力体制改革，建立平等竞争的市场经济运营机制。在市场经济大的框架下，按照电力行业发展的要求，在确保国家用电安全的情况下，逐步优化科学、公平、公正、有序的电力市场竞争环境，建立发电企业竞价上网机制和电网企业竞争输、配、送、销的电力产品销售机制。

5. 分布式发电和可再生能源

分布式发电也称分散式发电或分布式供能，一般指将相对小型的发电/储能装置(50MW 以下)分散布置在用户(负荷)现场或附近的发电/供能方式。分布式发电的规模一般不大，通常为几十千瓦至几十兆瓦，所用的能源包括天然气(含煤层气、沼气等)、太阳能、生物质能、氢能、风能、小水电等。分布式发电的优势在于可以充分开发利用各种可用的分散存在的能源，包括可就地方便获取的化石类燃料和可再生能源，并提高能源的利用效率。分布式电源通常接入中压或低压配电系统，并会对配电系统产生广泛的影响。

风力发电技术是将风能转化为电能的发电技术，是目前新能源开发技术中最成熟、最具规模化商业开发前景的发电方式。风力发电无需燃料成本费用，蕴藏量大、可再生、无污染、建设周期短、投资灵活、自动控制水平高且安全耐用。缺点主要是为保证系统供电连续性和稳定性，需要配套就地储能，目前的电力储能技术主要有蓄电池储能、超导磁储能、飞轮储能、超级电容器储能等，这些储能设备的配置相应的会增加系统投资成本；旋转运动组件多，定期维护、检修费用加大，并带来噪声影响；风机的安装对地理位置的要求较高；系统总体效率较低。

大规模风电场接入电网带来的问题直接影响着电网的正常运行，也会制约风能的有效利用，限制风电场的建设规模。风能的随机性和间歇性决定了风力发电机输出功率波动性和间歇性。当风电场容量较小时，这些特性对电力系统的影响并不显著，但随着风电场容量在系统中所占比例的增加，风电场对系统的影响就会越来越显著。就风电场运行的经验来看，大规模风力发电场接入电网所带来的主要问题有：①系统的稳定性，如电压稳定性和频率稳定性；②电能质量问题，如电压波动与电压闪变、电网高次谐波等；③发电计划与调度困难。

太阳能是所有可再生能源中最灵活和实用的，它不需要燃料成本，有太阳光照的地方均可利用。目前，成熟的太阳能发电技术有两种：光伏发电技术和光热发电技术。光伏发电是继风力发电之后又一个被世界普遍接受和看好的新能源利用形式。光伏发电是根据光产生伏特效应原理，利用太阳能电池将太阳光能直接转化为电能的发电技术，其运行方式包括独立运行和联网运行两种。独立光伏发电系统是指仅仅依靠太阳能电池供电的光伏发电系统；并网光伏发电系统是将太阳能电池发出的直流电逆变成交流，通过与电力网并联运行，以避免安装储能蓄电池带来的费用[4]。制约光伏发电技术发展的主要问题是效率和成本。光热发电主要是利用聚光器汇集太阳能，对工质(工作介质)进行加热，使其由液态变成气态，推动汽轮发电机发电。光热发电正成为世界范围内可再生能源领域的投资热点之一，一些国家已经开始推广。我国的光热发电起步较晚，离大规模商业化运营还有较大差距。

生物质能是蕴藏在生物质中的能量，是直接或间接通过绿色植物的光合作用，把太阳能转化为化学能后固定和储藏在生物体内的能量。生物质能资源通常包括木材及林业废弃物、农业废弃物、油料植物、城市生活垃圾等。生物质发电主要有直燃发电、混燃发电、气化发电等。

由于月球等天体引力的变化引起潮汐的现象，潮汐导致海水平面周期性地升降，因海水涨落及潮水流动所产生的能量称为潮汐能。潮汐发电与常规水力发电的原理类似，是利用潮水涨落产生的水位差所具有的势能来发电的。

6. 特高压交直流电网

特高压交直流电网是指在超高压交直流电网的基础上，采用 1000kV 交流和 ±800kV 及以上直流特高压并联同步或异步输电的输电网。特高压直流输电由于中间没有落点，难以形成网络，适用于大容量、远距离点对点输电，因此，特高压交流直流主要用于大型能源基地的远距离、大容量外送；特高压交流输电由于中间可以落点，电力接入、传输和消纳十分灵活，是电网安全运行的基础，特高压交流电压等级越高，电网结构越强，输送能力越大，承受系统扰动的能力越强，因此，特高压交流输电主要用于主网架建设和跨大区联网输电。

从交直流输电交互影响上来看，建设特高压交流电网，可为直流多馈入受端电网提供坚强的电压和无功支撑，有利于从根本上解决 500kV 电网支撑能力弱的问题，具有可持续发展的特征。而交直流并联输电情况下，利用特高压直流的功率调制等功能，可有效抑制与其并联的交流线路功率振荡，显著改善交流系统的暂态、动态稳定性。特高压交直流电网将使电网结构更加合理、电网承载能力更强，能够实现电力大容量、远距离输送和消纳，保证系统安全运行，具有抵御各种严重事故的能力，为实现大水电、大煤电、大核电、大可再生能源发电的跨区域、远距离、高效率输送和配置提供保障。

7. 智能电网

智能电网是将先进的传感测量技术、信息技术、分析决策技术、通信技术、计算机技术、自动控制技术与能源电力技术及原有输、配电基础设施高度集成而形成的新型现代化电网，它具有提高能源效率、减小对环境的影响、提高供电的安全性和可靠性、减少电网的电能损耗、实现与用户的互动和为用户提供增值服务等多方面的优点。一般认为，智能电网主要具有坚强、自愈、兼容、经济、集成、优化等特征。智能电网的智能化主要体现在：可观测，即采用先进的量测、传感技术；可控制，即对观测状态进行有效控制；嵌入式自主的处理技术；实时分析，即数据到信息的提升；自适应和自愈等。智能电网是整个电力行业未来技术发展和管理模式的转型，通过智能电网的建设，将对输电、配电、售电的各个环节带来质的飞跃和提高。

8. 全球能源互联电网

全球能源互联网是以特高压电网为骨干网架、全球互联的坚强智能电网，是清洁能源在全球范围内大规模开发、配置、利用的基础平台，实质就是“智能电网+特高压电网+清洁能源”。智能电网是基础，特高压电网是关键，清洁能源是根本。构建全球能源互联网，可促进清洁能源大规模开发利用和大范围协调互济，推动能源革命和可持续发展，从根本上解决制约人类社会发展的能源安全、环境污染和温室气体排放问题。其核心功能是能源传输、资源配置、市场交易、信息交互和智能服务；核心内容是从全球性、历史性、差异性、开放性的观点和立场研究和解决能源问题。最终实现能源开发实施“清洁替代”，以清洁能源替代化石能源，实现能源结构向清洁能源占主导地位的战略转型；能源效率实现“电能替代”，以电代煤，以电代油，“电从远方来，来的是清洁电”，提高电能在终端能源消费中的比重。

1.1.3 电力系统输电能力

电力系统是一个非线性动态大系统，由三个基本子系统组成：发电系统、输电系统和配电系统。由于各种预想不到(或随机)的情况，电力系统常常会经历一些扰动，所经历的扰动可划分为两种类型：一类是事故扰动；另一类是注入变化。事故扰动包括发电机停运、变压器或输电线路开断，突然切负荷等，事故扰动会给系统造成急剧的影响，使系统状态发生突然变化。注入变化是指发电及供电发生连续不断地波动，并引起系统运行状态的缓慢变化。系统在经历扰动后可能会继续保持稳定而运行在一新的稳定平衡点上，也可能因发生频率或电压不稳定而导致系统失稳。电力系统规划和运行所关心的是扰动出现后系统继续满足负荷需求的能力。这种能力，在规划中被称为可靠性，在运行中被称为安全性。

对于一个大型互联电力系统，其区域间的功率传输能力对于整个系统运行的安全可靠性有着很大的影响。有三种因素导致现代电力系统的运行越来越接近其安全运行极限：①出于经济等方面的考虑，实际使用的输电系统往往有别于最初设计时的标准(如区域间输电水平的增加)；②由于环保及土地使用等问题，反对建设新的输电线路及设备的呼声越来越高；③由于电力市场竞争，迫切需要利用现有的系统网络来输送更多的电力，以便最大限度地降低成本。这些都造成了现代电力系统的输电水平日益加重。在电力系统规划与运行过程中，系统区域间的输电能力是评估互联系统可靠性的几个主要性能测度之一。系统规划者可以利用这一测度作为评估系统互联强度、比较不同输电系统结构优劣的指标；而系统运行者可将其视为实时评估互联系统不同区域间功率交换能力的重要依据。在互联系统运行中，“传输”与“交换”同义。

根据北美电力系统可靠性委员会(North American Electric Reliability Council, NERC)于1995年给出的定义[7]，所谓一系统两区域间的输电能力，是指在满足一定的约束条件下，通过两区域间的所有输电回路，从一个区域向另一个区域可能输送的最大功率。

1996年，NERC又明确提出了可用输电能力(available transfer capability, ATC)这一概念[8]，并给出了相关的概念和定义，如最大输电能力(total transmission capacity, TTC)、输电可靠性裕度(transmission reliability margin, TRM)、容量效益裕度(capability benefit margin, CBM)，现存输电协议(existing transfer capability, ETC)等。

1996年，美国联邦能源规划委员会(Federal Energy Regulatory Commission, FERC)制定的889号令[9]提出了对一商业性可行的电力市场计算其ATC的要求。其目的是通过提供这样一个输电系统传送能量能力的市场信号而进一步促进大型输电网络的开放使用，从而促进发电或能量市场的竞标。ATC的重要性至少体现在两个方面：①电网公司对系统现有的输电能力进行评估可以确保电网的安全运行，减少输电阻塞的发生；②向电网使用者提供ATC信息可以指导其做出合理的电能交易决策，并体现“公平、公正、公开”的市场化原则。

解决电力系统区域间输电能力的分析计算问题是一项非常复杂而又十分具有挑战性的工作，其困难性反映在两个方面：其一，电力系统本身是一个复杂的非线性动力系统，随着系统区域间功率交换量的增大，诸如鞍点分叉或Hopf分叉等非线性动力系统中的典型现象都可能出现，从而破坏系统的安全性；其二，这一问题不仅要考虑系统的正常运行方式，而且要考虑故障情况的影响；不仅要考虑系统电压水平和线路负荷水平等静态安全约束条件，而且要考虑稳定性这样的动态约束条件。

在实际电力系统运行中，系统运行的安全性和经济性往往是矛盾的。无论是从电力系统的安全可靠性角度考虑，还是从电力系统运行追求效益的经济性角度考虑，电力系统输电网络的输电能力都日显重要。在一个市场化的大型互联电力系统中，如何在经济性和安全可靠性之间寻找最佳的系统运行方式无疑是系统运行人员非常关心的问题。不言而喻，过高估计 ATC 水平会导致系统运行的安全性及可靠性下降，尤其是在电力市场自由竞争的环境下，电力系统的运行状况越发难以预计；此外，在紧急事故情况下也很难进行所有可用资源的快速协调。另一方面，过低估计 ATC 水平又意味着不能对现有网络传输能力充分利用，结果将会造成不必要的系统建设投资。总之，在电力市场环境下，不能精确、可靠地反映网络实际的 ATC 水平，都会导致市场参与者的利润、系统运行安全可靠性以及用户服务水平的严重降低。

如何准确地确定电力系统区域间的输电能力及影响因素，使系统在满足安全性及可靠性的约束条件下，最大程度地满足各区域的用电负荷需求，成为当今电力系统界所面临的重要课题。

1.2　电力系统输电能力研究的历史、现状与方法评述

电力系统区域间输电能力的研究主要有两方面任务：一是输电能力的分析与计算，即在某一特定的负荷及系统条件下，考虑不同的约束条件，确定系统从一个区域向另一个区域可能输送的最大功率(可用输电能力)；二是系统各种因素对输电能力的影响，如系统运行方式、经济调度、有载调压变压器(under load tap changer, ULTC)、静止无功补偿器(static var compensator, SVC)、自动发电控制(automatic generation control, AGC)、柔性交流输电系统(flexible AC transmission systems, FACTS)装置等，从而可探索提高系统输电能力的措施。

电力系统区域间功率传输(交换)能力计算的研究最早起始于 20 世纪 70 年代[10-12]，至今已有近 40 余年的历史。这方面的研究虽然已取得了一定的进展，但还没有达到深入和完整的程度。从方法学的角度来看，现有的研究方法概括而言可分为两类：基于概率的求解方法和确定性的求解方法[13]。

1.2.1　基于概率的求解方法

所谓基于概率的求解方法就是利用概率理论来确定系统的输电能力。基于电力系统所具有的随机特征，如随机的设备开断及负荷变化等，在概率框架下研究系统输电能力的分析计算无疑是可行的。

早在 20 世纪 70 年代，人们就已经认识到了可以用概率方法分析功率传输能力问题。第一个用于功率传输能力分析的概率模型出现于 1975 年[12]，该模型基于线性化的潮流方程和假设功率传输能力是个遵循正态分布的随机变量且只受正

态分布的发电裕量的影响，这样，功率传输能力的期望值和方差就可从基于线性的网络方程直接计算出来。然而，传输能力呈正态分布的假设与电力系统的实际情况并不相符。

进入20世纪80年代，Lauby等提出了用于分析输电能力的概率分布特性方法[14,15]，与直接计算输电能力的概率分布方法相比，这种方法应用现代的大型输电网络可靠性分析技术来计算某一电力传输水平下的故障率，采用直流潮流结合线性规划校正的算法研究输电网络故障率对系统输电能力的影响。实际上，这种方法不能提供关于输电能力概率分布情况的任何信息。

为了获取更真实的输电能力的概率分布特性，20世纪90年代初期，Sandrin等提出了一种基于Monte Carlo模拟方法分析输电能力的概率模型[16,17]，这种方法通过Monte Carlo模拟方法获取系统状态的样本，然后用线性化的优化潮流确定最大传输功率。该方法依赖于大量随机选择的样本，计算量极大，而且被认为用于大型互联电力系统分析是不切实际的。所谓Monte Carlo模拟方法又称随机抽样法，其求解问题的基本思想是先建立一个概率模型，然后通过对模型的观察或抽样试验来计算所求解的统计特征，最后给出所求解的近似值，而解的精度可用估计值的方差来表示。

近年来，美国佐治亚工学院的Sakis和Xia提出基于查点法的输电能力概率分析方法[18,19]，其主要优势在于可以计算输电能力的概率分布函数，描述输电能力的随机特性，并且该方法已被证实能有效地应用于大型电力系统中[20]。该方法的基本思想是把输电能力的计算用一个复杂的优化问题来描述，求解这个优化问题和进一步做概率分析与计算。该方法把计算分解成3个子问题：①故障选择，其目的是找出对输电能力影响大的故障集；②故障模拟计算，即用优化潮流计算产生在每一严重故障及每一负荷条件下(负荷预测)的传输功率值；③概率分析与计算，采用概率方法(如马尔可夫过程)把这些计算结果集合成一个传输功率的概率分布函数，得出输电能力的概率分布情况。

Sandrin等的方法和Sakis等的方法相比，当选择的严重状态相对少时，查点法似乎更有效，这种情况属典型的纯输电网络故障分析；相反，Sandrin等的Monte Carlo模拟法在影响输电能力的故障相对多的情况下更有效。虽然在1991年美国电力科学研究院(Electric Power Research Institute, EPRI)的一份关于“Transfer Capability: Direction for Software Development”(输电能力：软件发展方向)研究报告中提到了在输电能力分析中可采用Monte Carlo模拟技术[16]，但却没有指出可以把Monte Carlo模拟法用于交流网络模型，究其原因，主要是因为用于大型互联电力系统时会出现计算方面的障碍[18]。

巴西学者Mello等于1996年提出了将Monte Carlo模拟法与AC优化潮流计算相结合计算大型互联系统区域间输电能力的方法[21]。该方法基于系统元件如发电机、线路及负荷等的概率分布，用 Monte Carlo 模拟法获取系统状态的样本集，对所选择的每一系统状态，基于内点算法(interior point)求解 AC 优化潮流问题来确定输电能力。具体计算分两步：第一步，先找到一个合适的运行点；第二步，从该运行点开始，用优化算法求解最大传输容量，算例证明了该方法可用于大型互联电力系统。不难看出，这种方法实际上是对 Sandrin 等方法的一种改进，其主要贡献在于突破了把 Monte Carlo 模拟法用于大型互联电力系统时遇到的计算瓶颈。

文献[22]提出一种将直流潮流模型与 Monte Carlo 模拟相结合的方法来评估 ATC 中可撤销和不可撤销部分的分界点，从而促进电力市场参与者对 ATC 的最优使用。该方法首先通过 Monte Carlo 模拟的方法获取系统的随即样本，然后用满足一定约束条件的线性化的优化潮流确定 ATC 中可撤销和不可撤销部分的分界点。由于在优化过程中要执行多次可靠性评估，因此使用直流潮流模型和线性化程序来分析系统的状况从而保证系统的可靠性。

需要注意的是，在 Monte Carlo 模拟法中，系统元件运行状态的随机波动性常常用某一已知的概率分布曲线表示。但是，所使用概率分布曲线是否正确地反映了系统元件的不确定性，以及如何处理系统元件间的相关性，这些问题都是应用 Monte Carlo 模拟法计算 ATC 时需要回答的。对这些问题的研究或涉及十分繁琐复杂的理论分析，或根本无法通过理论进行解释，这使得人们对应用 Monte Carlo 模拟法所估计的 ATC 的准确性提出了疑问。

Bootstrap 算法[23]是针对 Monte Carlo 模拟法的上述缺点提出的一种新的计算机模拟算法。该算法根据所收集的最近几个交易日的节点数据，通过某种仿真技术模拟系统可能出现的运行状态，然后再如 Monte Carlo 模拟法那样使用优化算法和数理统计理论估计系统的 ATC。显然，仿真算法充分利用了最近一段时间的市场信息，即系统发电机的出力、节点负荷水平。但是，仿真算法作为一种新兴的概率算法，目前在 ATC 计算中还不能很好地处理某些网络参数的不确定性(如输电线的随机故障)。

文献[24]基于查点法概率模型，构造查点策略和样本计算方式，提出了可用输电能力计算的一种新的概率模型。此模型首先利用故障排序和负荷预测，找到对 ATC 影响严重、出现可能性较大的运行方式，对这些运行方式采用改进牛顿法和内点罚函数法相结合进行 ATC 的优化计算，取得相应的单点 ATC 值；然后，在负荷预测和故障选择的基础上，以查点的方式，对各运行方式的出现概率和其相应的 ATC 进行概率统计分析，得到未来时刻的可能的 ATC 概率分布情况。根据概率上的要求，将可得到所要安全概率对应的 ATC 值。

文献[25]结合随机约束方案(chance constrained programming, CCP)和有源两步随机方案(two-stage stochastic programming with recourse，SPR)，提出一种混合算法。该算法考虑了发电机故障、输电线路故障和负荷预测误差 3 种不确定性因素。前两种不确定性因素是服从2点分布的随机变量，负荷预测误差是服从正态分布的随机变量。在计算ATC时，首先用SPR算法将离散变量连续化，然后基于SPR的计算结果，用CCP处理连续变量，求得概率意义下的ATC。CCP可以解决包含随机约束的问题，它最大的优点在于转化后的确定性方程的维数并不比原来的随机方程更大。但是，CCP只适用于连续性随机变量，为了解决既包含连续性随机变量，又包含间断性随机变量的问题，引入了SPR。由此，将原来复杂的随机模式一步步转化成等价的确定性模式。该方法涉及了概率潮流的计算、离散变量和连续变量的处理，计算速度不够理想。

文献[26]综合考虑电力系统动态时变性和不确定性因素对ATC的影响，把马尔可夫链引入ATC的计算中，建立了基于马尔可夫链的系统状态预测模型，描述系统的连续状态转移和随机因素对ATC的影响。在此基础上，采用故障枚举法列举各种可能的故障，并计算每种情况下的ATC，最后，以ATC的期望值作为某一时刻的ATC。由于采用马尔可夫链可以预测得到系统的连续运行状态，所提方法不仅能计算某一确定时刻的ATC，而且可以估算出连续的ATC曲线，从而能更好地指导电力市场交易的顺利进行。

基于概率的方法一般是将概率与数理统计分析理论与优化潮流算法(或直流潮流等)相结合来求解输电能力，也可归纳为Monte Carlo模拟法[16,17,20-22]、查点法(枚举法)[18,19,24]、随机规划法[12,14,15,25]等。

综上所述，基于概率的输电能力求解方法，不仅可以得到输电能力的期望值，而且根据输电能力的样本值可以方便地绘出输电能力的概率密度曲线和样本分布函数曲线，估计出输电能力期望值在某一置信水平下的置信区间和某项电力交易被削减的风险。输电能力的这些统计信息，一方面可以指导电力系统运行方式的安排，另一方面可以用于预测未来一段时期内的电力交易价格，指导电力交易商的市场行为。

基于概率的求解方法可作为系统规划研究的有效工具，而在系统运行中可为运行人员提供直观、重要及丰富的有关输电能力的信息。存在的主要问题是计算量大，特别在大型互联电力系统中尤为明显。

1.2.2 确定性的求解方法

系统区域间输电能力的求解问题可用一个优化问题来描述，而求解这个优化问题的另一类方法就是确定性的求解方法，即采用优化技术或其他方法直接获得所描述问题的解。

Landgren等于20世纪70年代初最早使用确定性的方法计算系统区域间的输电能力[10,11,27]，所采用的方法基于直流潮流，用功率传输及线路开断分布因子来求解系统区域间的最大传输功率，并开发出一输电能力计算程序INCHCAP。虽然这种方法只考虑了输电线路的热极限限制(即负荷约束)，而不考虑电压和无功的非线性影响，但由于该方法简单明了，易于计算，计算速度较快，当时一度被认为是一种有效的系统输电能力分析工具。

文献[28]推导出了利用各分布因子计算 ATC 的详细公式，在计算过程中考虑了多种故障的影响，包括线路和发电机的停运。

文献[29]在线性计算 ATC 方法的基础上，计及无功功率的影响，对热稳极限做了进一步的研究。该方法分析了线路上无功功率的变化对有功功率传输的影响，从而能够更准确地计算 ATC。

文献[30]给出了基于网络响应特性的电力系统可用功率交换能力的快速计算方法，网络响应特性基于功率传输分布因子(power transfer distribution factor, PTDF)和线路开断分布因子(line outage distribution factor, LODF)。方法基于直流潮流模型，具有线性、叠加性等特点，因而计算过程快速、清晰，易于在线应用。

文献[31]采用 PTDF 和灵敏度相结合的方法计算 ATC。首先，利用 PTDF 计算 ATC，再用功率方程的一阶线性化进行灵敏度分析，得到比 PTDF 法更精确的 ATC 值。1979 年，Garver 等的研究[32]比 Landgren 等更深入了一步，提出把输送的有功功率表达成系统发电量和输电网络的线性函数，即增加了发电机停运分布因子，应用线性规划技术求解同时满足发电出力约束和输电线路负荷极限约束条件的系统最大传输功率。其主要目的是用于系统的可靠性评价。Pereira 等又提出了对 Garver 方法的补充[33]，通过灵敏度分析，可以指出为了最有效地提高系统供电能力，应当采取的电源或电网扩展方案，从而用于电网的规划设计。然而，近年来人们对上述应用线性化潮流技术求解系统区域间输电能力的方法提出了质疑[16]，原因是线性化的直流网络模型无法考虑系统电压问题对功率传输的影响。在电压稳定分析中，单纯由电压和电压崩溃问题所限定的系统功率传输极限(负载能力)的确定方法很多[34-38]，但主流方法是通过在 PV 曲线上用参数化分析的方法求解。

20 世纪 80 年代初，Sauer 和 Pai 首次在系统输电能力的计算中考虑了暂态稳定性的影响[39]，用暂态稳定分析中的势能界面(potential energy boundary surface, PEBS)确定系统的暂态能量稳定边界及它们对负荷水平的灵敏度，然后用能量边界及灵敏度来确定受暂态稳定约束的输电能力。该方法的最大贡献是考虑了由 Lyapunov 函数描述的稳定约束，对于稳定问题较为突出的系统而言，该方法更为实际。但是，由于需要进行校核和修正两个过程，所以求解繁琐。

1987 年，刘肇旭和童建中应用 Lyapunov 直接法构成 Lyapunov 函数，通过求解系统的近似不稳定平衡点快速计算系统稳定域的算法，推导出暂态稳定约束方程，将整个问题描述成一具有约束的非线性规划问题，从而实现了一种可直接考虑暂态稳定约束的系统输电能力计算方法[40]。

Gravener 等采用线性直流潮流与非线性交流潮流相结合的方法计算系统区域间的可用输电能力[41]。为减少计算的收敛时间，采用了综合性搜索算法，即首先采用线性直流潮流进行线路热负荷越限分析，然后使用交流潮流进行电压越限核查，最终搜索到系统在不越限情况下所能增加的 TTC，在结合恰当的输电裕度后得到用户指定区域间的 ATC。

文献[42]使用了一种快速故障筛选的方法来计算可用输电能力。该方法基于线性直流潮流模型，首先使用边界法(bounding method)进行故障筛选，通过使用有功分布因子给出一边界标准，从而确定要进行极限核查的支路故障范围。对筛选出的每一个故障，利用共轭梯度法求解直流潮流方程从而得到用户指定区域间的 ATC。该方法的主要特点是它可以只对网络节点的一个子集即所关心的节点求解潮流方程，从而可快速地进行 ATC 的计算。

文献[43]给出了一种在具有单调响应特性的非线性网络中计算可用功率交换能力的方法。在这样一种网络中，网络对输入的变化是单调的，线路潮流或者单调增加或者单调减少，与线路参数无关。通过对解耦的有功-相角(P-δ)稳态问题的分析，给出网络具有单调响应特性的条件，进而得到单调网络的一些有用的特性，最后使用灵敏度的方法，如分布因子来计算 ATC，从而减少了 ATC 计算中的复杂性。但该方法首先要执行一综合性的测试以确定网络是否具有单调特性，对于大型网络，这种方法很费时。

文献[44]在线性计算 ATC 方法的基础上，计及无功功率的影响，对热稳极限做了进一步的研究。该方法分析了线路上无功功率变化对有功功率传输的影响，从而能够更准确地计算 ATC。

文献[45]建立了基于最优潮流(optimal power flow，OPF)的区域间传输容量计算的数学模型，并考虑了线路热负荷限制、节点电压限制。

文献[46]以最优潮流为基础，采用 Benders 分解方法将考虑静态安全约束的 ATC 计算问题分解为一个基态主问题和一系列与各预想事故有关的子问题。论文给出了相应的数学模型，提出并行与串行两种求解策略。

上述系统区域间输电能力的确定性求解方法都是基于优化潮流计算的方法。在这类方法中，一般选取区域间联络线上总的有功功率或某一区域的外供(某一断面)有功功率作为目标函数，将系统的电压及负荷水平等视为约束条件，采用线性或非线性最优化技术求解。

常规的最优潮流一般只考虑静态安全约束，2000 年以来，人们开始研究考虑暂态稳定约束的最优潮流(OPF with transient stability constraints，OTS)问题。使用考虑暂态稳定约束的 OPF 方法来计算 ATC，即在常规的静态安全约束的 OPF 模型中引入一组附加的等式和不等式约束来表示暂态稳定约束。其中，等式约束为系统的动态方程以及初值方程；不等式约束为功角稳定性约束。OTS 实际上是一种包含微分和代数方程的函数空间的非线性优化问题。解 OTS 时会遇到两个主要问题，第一个是怎样处理代表系统运动方程的微分方程问题；第二个是怎样处理随时间变化的量。如果直接求解，难度较大且计算负担过重。

针对这类复杂的优化问题，近来人们提出了两类求解方法：

第一类方法[47,48]是将系统的动态方程差分化为等值的代数方程，并将功角稳定约束离散化为对应时间序列上的不等式约束，从而建立起 OTS 的静态优化模型，因此，可采用各种常规的优化方法来求解。这类方法由于要引入大量的附加约束，因此问题规模庞大，计算时间较长。

第二类方法[49-52]利用约束转换技术处理包含微分方程的附加约束，将函数空间的优化问题转化为 Euclidean 空间的优化问题，转化后的优化问题中不包含微分方程和随时间变化的量。但这类方法每迭代一步都要进行数值积分，因此，对所采用优化算法的有效性和收敛性都有很高的要求，且计算负担过重。实际上，这两类方法本质上是一致的。

FACTS 的出现为电力系统的安全、可靠、经济和优质运行提供了有效的控制手段，因此，开展计及 FACTS 装置的输电能力的研究自然得到了研究者的重视[53-56]。

文献[53]基于输电系统的运行限制和 FACTS 元件控制能力，对应用 FACTS 元件提高 ATC 的技术可行性进行了分析。利用 FACTS 元件的功率注入模型，建立了求解 ATC 的最优潮流模型，所研究的 FACTS 元件类型包括并联控制器、串联控制器及统一控制器。仿真结果表明，合理使用 FACTS 装置可以大幅度提高系统输电能力。

文献[54]提出了一种考虑常见 FACTS 装置(如 UPFC、TCPS、TCSC 等)的最大输电能力计算模型，在模型中考虑了电压水平、线路和设备过负荷以及由于潮流方程解的鞍点分叉导致的电压稳定性约束条件。在算法上选用逐次线性化优化方法，对每一个线性化子问题采用预测校正原对偶内点法求解。算例计算结果说明了不同的 FACTS 装置和安装位置对电网的输电能力有不同程度的影响。

文献[55]基于最优潮流，提出计及统一潮流控制器的 ATC 计算模型，利用功率注入法，将统一潮流控制器对潮流的控制作用转移到所在线路两侧的节点上，在不修改原有节点导纳矩阵的情况下嵌入模型。算法上采用逐步二次规划法求解。

考虑 FACTS 对输电能力影响的研究一般按照 FACTS 的控制输出特性建立其在系统分析中的功率注入模型，从而不需要对系统导纳阵做任何修改而加入到原有潮流模型中。

文献[56]采用功率注入模型对广义统一潮流控制器(generalized unified power flow controller，GUPFC)和线间潮流控制器(interline power flow controller，IPFC)两种 FACTS 元件进行等效，将两种元件的目标控制约束及运行约束嵌入到最优潮流计算模型中，从而得到计及 GUPFC 和 IPFC 的 ATC 计算模型，并利用跟踪中心轨迹内点进行求解。仿真计算结果表明，应用 GUPFC 和 IPFC 可以有效地提高系统区域间的可用输电能力。基于最优潮流的输电能力计算方法模型表述清晰，可以方便地处理各种系统约束，对系统资源进行优化调度，而且易于借鉴最优化方法的最新成果，是计算输电能力的有效方法。

这类优化求解方法的主要问题是，得到的结果是一种理想的目标方案，如何从现有运行方式向这一目标过渡，或能否过渡到这一目标方案，是由这类方法所无法确知的；此外，对一大型互联电力系统，即使仅考虑电压和负荷水平这样的静态约束条件，由于控制变量众多且需要考虑各种故障情况的影响，所要求解问题的规模也是相当庞大的[16]。

为了克服这类方法的不足，1995 年美国康奈尔大学的 Chiang 首次应用连续型潮流方法分析在负荷及发电机有功功率变化的情况下大型电力系统的静态特性，并考虑三种静态安全约束计算系统区域间的输电能力[57]。在实际电力系统运行中，一个可行的系统运行状态必须是稳定的。众所周知，电力系统是一个非线性动态系统，因此，要确定所选择的系统运行状态稳定与否，应该对系统进行动态特性的分析，基于这种情况，Chiang 等作了如下假设：

(1) 由潮流计算解出的运行点是对应于非线性动态系统的稳定平衡点。

(2) 负荷及发电机功率的变化足够缓慢，以至于系统在经历这种扰动时，稳定平衡点仍能维持稳定。

不难看出，基于上述假设所算出的最大传输功率将会大于考虑动态特性影响(动态约束)时的最大传输功率。

作为一种求解非线性代数方程的数值方法，连续型方法早在 20 世纪 70 年代就已经在电力系统潮流方程的求解中获得了尝试性的应用[58]。由于当时的常规潮流计算方法已基本可以满足电力系统静态分析的要求，连续型方法只是作为对常规潮流计算方法的一种补充，并没有发挥其真正的价值。该方法真正引起人们的关注还是在 90 年代[59-62]，这是由于该方法在电压稳定性研究方面有其独特的优越性。

关于电压稳定性问题，经过多年的研究，人们对其机理基本上有了比较清楚的认识。无论从理论上还是从实践中，人们发现一大类的电压稳定性问题都与电力系统潮流方程解的鞍型分叉有关[63-66]。对于这类问题的分析最终取决于能否获得反映系统电压稳定性极限点的潮流方程鞍型分叉点。由于在鞍型分叉点处，潮流方程的雅可比矩阵存在一零特征值，这使得常规的潮流计算方法在求解该点时根本无法工作。尽管人们为此已经发展了各种各样的方法，但最终发现，求解潮流方程鞍型分叉点最为可靠的方法还是连续型方法。虽然连续型方法在计算速度上尚难应用于在线电力系统电压稳定性分析，但正如时域仿真法在电力系统功角稳定性分析中所具有的任何方法所无法替代的作用一样，连续型潮流计算方法因其可靠性在电压稳定性问题的研究中也同样具有不可动摇的地位。

在文献[62]中，Chiang 等介绍了一种被称为连续潮流(continuation power flow, CPFLOW)的工具软件，该软件采用的连续型方法是基于弧长参数化方法，使之能形成一个更好的扩展雅可比矩阵，其预测环节采用切线法和插值法相结合的策略，步长控制环节采用固定步长，并考虑了一些控制元件。CPFLOW 可用来分析研究如下的电力系统问题：①因负荷及发电机功率变化而引起的电压稳定问题；②研究系统区域间的最大交换功率；③研究负荷及发电机功率变化时的电力系统静态特性。

在研究大型互联电力系统区域间功率交换能力时，已经证实了非相关区域也能通过相邻区域对功率交换产生影响，而这些非线性影响不能准确地用线性方法模拟和分析，连续型潮流方法则是一种行之有效的工具。文献[57]只对连续型潮流技术在系统区域间输电能力计算中的应用进行了初步探讨，其中，仅考虑了正常运行方式下系统电压和负荷水平这类静态的约束条件。尽管如此，这种方法的优势还是得以充分的体现：首先，它是根据系统的当前运行状态逐步过渡到系统的功率传输极限点，因而所计算出的输电极限更具有实际价值；此外，这种方法对使用者而言具有完全的开放性，使用者可以根据需要考虑各种约束条件，包括动态约束条件。

文献[67]、[68]以连续型潮流技术为基础，对大型互联电力系统区域间功率交换能力的分析与计算进行了系统、深入的研究。研究结果表明，连续型潮流计算方法是求解潮流方程鞍型分叉点最为可靠的方法，它主要在两个方面克服了常规潮流计算方法的不足：①通过参数化潮流方程的建立，获得了扩展的潮流方程，克服了常规潮流方程在鞍型分叉点的病态；②高效的预测-校正环节的建立及适当的步长控制，大大提高了解曲线的计算效率，同时也提高了计算结果的可靠性。

文献[67]、[69]、[70]建立了描述电力系统区域间输电能力的数学模型，基于连续型潮流技术，提出了计算系统区域间功率交换能力的方法，这种方法既可以考虑诸如电压水平、线路及设备过负荷这样的静态安全性约束条件，也可以考虑由于潮流方程解的鞍型分叉导致的电压稳定约束以及其他动态稳定约束条件的影响；既可以考虑系统的各种正常运行方式，也可以考虑各种故障情况的影响。

文献[71]针对大型电力系统输电能力计算问题，提出了一种改进的 PV 曲线求取方法，它较好地考虑了受电侧负荷增长方式与发电侧发电机功率调度方式。在追踪 PV 曲线的过程中，改进的局部参数化方法被用于消除功率传输极限点附近潮流方程的病态现象。所提出的电压定步长下降控制思想提高了曲线的追踪效率，实现了自适应步长控制。

文献[67]、[72]首次研究了不同的发电机有功输出分配模式对系统区域间功率交换能力的影响。建立了计及发电机无功功率极限、ULTC 和 SVC 对系统区域间功率交换能力影响的系统数学模型。首次对发电机无功功率极限、ULTC 和 SVC

对系统区域间功率交换能力的影响进行了分析，从而为探索提高系统区域间功率交换能力的措施提供了可靠的依据。

运用连续潮流法计算 ATC 时，从基态潮流出发，跟踪潮流的变化轨迹，直到系统运行约束被破坏，从而计算出系统的临界最大潮流点(最大传输功率)。但该方法在计算中功率增长是按指定方向变化，不能进行发电和负荷功率的优化分布，因此，计算结果通常偏于保守，计算时间长。

对于基于最优潮流技术的 ATC 模型的求解，可以采用各种传统或经典优化算法，如内点法、梯度法、二次规划法和 Benders 分解算法等。这些优化算法各自都有一定的优越性和适应性，但一般采用单一搜索机制。近年来，基于群体迭代的智能优化算法受到关注，并逐步被引入到输电能力的研究中，如人工神经网络法[73]、遗传算法[74]、改进粒子群算法[75-77]、人工鱼群算法[78,79]、混合连续蚁群算法[80]和细菌群体趋药性算法[81]等。这些算法本身包含内在的并行搜索机制，容易跳出局部极值点，具有较强寻优能力。但这类算法对相关参数的设置要求较高，如果参数设置不当，会造成早熟收敛等现象。

在电力市场环境下，OPF 作为经典经济调度理论的发展与延伸，可将经济性与安全性有机地结合在一起。文献[82]给出了对系统初始运行点的有功发电量按照发电成本进行经济分配的 ATC 计算模型，同时结合双边交易模式，考虑了 TRM 和 CBM，但没有对系统其他运行点进行有功发电量的经济分配。文献[83]提出了一种基于发电燃料成本求解 ATC 的方法，以发电燃料成本和负荷切除量之和最小为目标对系统发电量进行调度，在求解 ATC 的过程中，只对引入的虚拟发电机的有功出力进行经济分配,而系统原发电机组保持初始运行点下的有功出力，没有参与再调度。

文献[84]将发电机组报价作为约束引入到 ATC 的计算中，提出了一种在电力市场环境下，考虑系统发电报价的 ATC 优化计算方法，在确保系统安全性约束的前提下，实现系统的每一运行点按照发电机组的报价经济分配其有功出力，从而进一步优化了系统的资源配置,提高电网运行效益，实现电力系统运行安全性与经济性的科学协调。

随着 HVDC 在实际输电系统中的作用日益突显，现代大输电系统往往以交直流系统混联的形式出现，而对交直流混合系统 ATC 的研究至今还少有人问津。HVDC 的加入改变了原有交流电力系统的结构，使得系统的运行特性更加复杂，也对混合系统的运行和 ATC 研究提出了新的挑战。

文献[85]提出并建立了交直流混合系统的 ATC 计算模型，该模型中的混合系统可以包含两端直流系统或者多种结构的多端直流系统，模型通用性强。运用非线性原-对偶内点法对模型进行求解，在求解过程中，对简约修正矩阵进行行列变换，形成了一种便于存储和编程的数据结构，提高了计算效率。仿真计算表明在换流站进行无功补偿对提高 ATC 有明显作用。

文献[86]建立了含有电压源换流器型直流输电(voltage-sourced converter high-voltage direct current, VSC-HVDC)的交直流混合系统的可用输电能力计算模型，该模型能够考虑换流器的各种控制方式及运行限制，且可用于多端直流系统。模型中可以对 VSC 变量制定多种优化方案，并应用序列二次规划法对模型进行求解，从而能得到相应情况下 ATC 及 VSC 变量的信息。

近年来，随着风能的大规模开发和利用，我国风电产业得到了迅猛发展，截至 2016 年底，我国电网风力发电装机容量已达到 169GW，居世界首位。然而，风电出力具有不确定性和随机性的特征，这些特征对电力系统 ATC 的计算也会带来重要的影响。为研究风电并网下的电力系统可用输电能力，文献[87]针对电气元件运行状态、风电场出力、发电机出力及负荷水平等不确定性因素对电力系统 ATC 的影响，将蒙特卡罗算法、分层聚类算法、连续潮流、灵敏度分析方法相结合，提出一种含大规模风电场的电力系统概率 ATC 快速计算方法。

文献[88]、[89]针对风电出力的不确定性，将拉丁超立方采样应用到风电出力场景生成的蒙特卡罗仿真中，提高风电出力场景生成的精度和效率。然后针对所生成的风电出力场景，采用聚类技术对所生成的场景进行压缩，提取风电出力的典型场景，在所提取的典型场景上，基于最优潮流计算系统关键断面的可用输电能力。

文献[90]首先采用蒙特卡罗算法对风电和系统状态的不确定性进行随机抽样，生成一系列随机样本；然后，针对所生成的样本，采用最优潮流求取该样本下的 TTC；在此基础上，进行系统的风险分析，筛选出满足系统运行风险约束的 TTC。

文献[91]为简化电力系统 ATC 的计算，在考虑风电和负荷的不确定性和相关性的同时，忽略系统元件的随机开断，然后，基于历史数据随机产生一系列不确定性场景，进而计算各场景集下的各区域间 ATC 矩阵，基于所得到的 ATC 矩阵，对系统进行化简，以用于电力系统的规划。

文献[92]在传统含风电系统潮流计算模型的基础上，建立了含异步风电机组的连续潮流计算模型，利用这一模型，研究了静态电压稳定约束下的含大型风电场的电力系统 TTC。

综上所述，计算 ATC 的确定性方法主要包括：直流潮流(linear power flow, LPF)法、连续潮流(continuation power flow, CPF)法和 OPF 法。LPF 法主要利用了功率传输分布因子 PTDF 的概念，优点是计算速度快，缺点是无法考虑无功和电压影响，因此，难以保证计算的准确性。CPF 法从基准潮流出发，计算系统的临界最大潮流点(电压静态稳定极限)，优点是能够考虑多种系统约束，缺点是功率增长按指定方向变化，在计算中不进行发电和负荷功率的优化分布，因此，计算值通常偏保守。与这两种方法相比，OPF 法通常描述为一个大型的多约束非线性规划问题，它不仅能方便地考虑各种约束，且能兼顾系统的安全性与经济性，而且易于借鉴最优化计算方法的最新成果，是计算输电能力的有效方法。

求解电力系统区域间功率交换能力的两类方法各具特点。在系统规划中，使用概率的求解方法似乎更有意义；而在系统运行中，为了达到在线应用的目的，确定性的求解方法则更为现实可行。

参 考 文 献

[1] 陈珩. 电力系统. 北京: 电力工业出版社, 1982.

[2] 黄晞. 电力技术发展史简编. 北京: 水利电力出版社, 1986.

[3] Stevenson W D. Elements of Power System Analysis. New York: McGraw-Hill Book Company, 1982.

[4] 马胜红, 赵玉文, 王斯成, 等. 光伏发电在我国电力能源结构中的战略地位和未来发展方向. 中国能源, 2005, 27(6): 24-32.

[5] Research Reports International Understanding the Smart Grid. Research Reports International, Aug. 2007.

[6] 胡学浩. 智能电网——未来电网的发展态势. 电网技术, 2009, 33(14): 1-5.

[7] North American Electricity Reliability Council. Transmission transfer capability: A reference documents for calculating and reporting the electric power transfer capability of interconnected electric systems. Technical Report, NERC, 1995.

[8] North American Electricity Reliability Council. Available transfer capability definitions and determin: A reference document prepared by TTC task force. Technical Report, NERC, 1996.

[9] Federal Energy Regulatory Commission. Open Access Same-Time Information System (formerly Real-Time Information Networks) and Standards of Conduct. 1996.

[10] Landgren G L, Terhune H L, Angel R K. Transmission interchange capability analysis by computer. IEEE Transactions on Power Apparatus and Systems, 1972, 91(6): 2405-2414.

[11] Landgren G L, Anderson S W. Simultaneous power interchange capability analysis. IEEE Transactions on Power Apparatus and Systems, 1973, 92(6): 1973-1986.

[12] Heydt G T, Katz B M. A stochastic model in simultaneous interchange capacity calculations. IEEE Transactions on Power Apparatus and Systems, 1975, 94(2): 350-359.

[13] 李国庆, 王成山, 余贻鑫. 大型互联电力系统区域间功率交换能力研究综述. 中国电机工程学报, 2001, 21(4): 20-25.

[14] PJM Transmission Reliability Task Force. Bulk power area reliability evaluation considering probabilistic transfer capability. IEEE Transactions on Power Apparatus and Systems, 1982, 101(9): 3551-3562.

[15] Lauby M G, Douda J H, Polesky R W, et al. The procedure used in the probabilistic transfer capability analysis of the mAPP region bulk transmission system. IEEE Transactions on Power Apparatus and Systems, 1985, 1104(11): 3013-3019.

[16] EPRI Report. Simultaneous transfer capability project: Direction for software development. Final Report to W3, 1991.

[17] Sandrin P, Dubost L, Feltin L. Evaluation of transfer capability between interconnected utilities. Proceedings of the 11th Power System Computation Conference. Avignon, 1993, 1: 981-985.

[18] Feng X, Sakis A P, Meliopoulos. A methodology for probabilistic simultaneous transfer capability analysis. IEEE Transactions on Power Systems, 1996, 11 (3) : 1269-1278.

[19] Sakis A P, Meliopoulos, Feng X. Simultaneous transfer capability analysis: A probabilistic approach. Proceedings of the 11th Power System Conference. Avignon, August 1993, 1: 569-576.

[20] EPRI Report. Reliability evaluation for large-scale bulk transmission systems, Volume 1: Comparative evaluation, method development, and recommendation. Project 1530-2, EPRI EL-5291, 1988.

[21] Mello J C O, Melo A C G , Granville S. Simultaneous transfer capability assessment by combining interior point and monte carlo simulation. IEEE Transactions on Power Systems, 1997, 12 (2) : 736-742.

[22] Leite da S A M, Lima J W M, Anders G J. Available transmission capability-sell firm or interruptible? IEEE Transactions on Power Systems, 1999, 14 (4) : 1299-1305.

[23] Chang R F, Tsai C Y, Su C L, et al. Method for computing probability distributions of available transfer capability. IEE Proceeding Generation, Transmission and Distribution, 2002, 149 (4) : 427-431.

[24] 李国庆, 李雪峰, 沈杰, 等. 牛顿法和内点罚函数法相结合的概率可用功率交换能力计算. 中国电机工程学报, 2003, 23 (8) : 17-23.

[25] Xiao Y, Song Y H, Sun Y Z. A hybrid stochastic approach to available transfer capability evaluation. IEE Proceeding Generation, Transmission and Distribution, 2001, 148 (50) : 420-426.

[26] 高亚静, 周明, 李庚银, 等. 基于马尔可夫链和故障枚举法的可用输电能力计算. 中国电机工程学报, 2006, 26 (19) : 41-47.

[27] Landgren G L, Anderson S W. Maximized transmission grid loading using linear programming. IEEE Tutorial Course, 76 CH1107-2-PWR, 1976.

[28] Ejebe G C, Waight J G , Santosnieto M, et al. Fast calculation of linear available transfer capability. IEEE Transactions on Power Systems, 2000, 15 (3) : 1112-1116.

[29] Grijalva S, Sauer P W, Weber J D. Enhancement of linear ATC computation by the incorporation of reactive power. IEEE Transactions on Power Systems, 2003, 18 (2) : 619-624.

[30] 李国庆, 董存, 沈杰, 等. 基于网络响应特性的 ATC 快速计算方法. 第十届全国电工数学学术年会论文集, 延边, 2005: 238-247.

[31] Ghawghawe N D, Thalre K L. Applicatoin of power flow sensitivity analysis and PTDF for determination of ATC. IEEE Transactions on Power Systems, 2006, 21 (2) : 241-246.

[32] Garver L L, Van Horne P R, Wirgau K A. Load supplying capability of generation-transmission networks. IEEE Transactions on Power Apparatus and Systems, 1979, 98 (3) : 957-962.

[33] Pereira M V F, Pinto L M V G. Application of sensitivity analysis of supplying capability to interactive transmission expansion planning. IEEE Transactions on Power Apparatus and Systems, 1985, 104 (2) : 381-389.

[34] Canizares C A, Alvarado F L. Point of collapse and continuation methods for large AC/DC system. IEEE Transactions on Power Systems, 1993, 8 (1) : 1-8.

[35] Ajjarapn V, Christy C. The continuation power flow: A tool for steady state voltage stability analysis. IEEE Transactions on Power Systems, 1992, 7 (1) : 416-423.

[36] Flatabo N, Ognedal R, Carlsen T. Voltage stability conditions in a power transmission system calculated by sensitivity analysis. IEEE Transactions on Power Systems, 1990, 5 (4) : 1286-1293.

[37] Iba K, Suzuki H, Egava M, et al. Calculation of critical loading condition with nose curve using homotopy continuation method. IEEE Transactions on Power Systems, 1991, 6 (2) : 584-593.

[38] Austria R R, Reppen N D, Uhrin J A, et al. Applications of the optimal power flow to analysis of voltage collapse limited power transfer. Proc. 2nd Int. Symposium on Bulk Power System Voltage Phenomena: Voltage Stability and Security. Maryland, Aug., 1991.

[39] Sauer P W, Demaree K D, Pai M A. Stability limited load supply and interchange capability. IEEE Transactions on Power Apparatus and Systems, 1983, 102 (11): 3637 -3643.

[40] 刘肇旭, 童建中. 暂态稳定约束的电网供电能力的计算方法. 中国电机工程学报, 1987, 7(3): 18-23.

[41] Gravener M H, Nwankpa C. Available transfer capability and first order sensitivity. IEEE Transactions on Power Systems, 1999, 14(2): 512-518.

[42] Rezania E, Shahidehpour S M. A fast contingency method for determination of available transfer capability in deregulated environment. Proceedings of the American Power Conference. Chicago, 1997.

[43] Ilic M D. Available transmission capacity (ATC) and its value under open access. IEEE Transactions on Power Systems, 1997, 12(2): 636-645.

[44] Grijalva S, Sauer P W. Reactive power considerations in linear ATC computation. Proceedings of the 32nd Hawaii International Conference on System Sciences. Maui, 1999.

[45] 汪峰, 白晓民. 基于最优潮流方法的传输容量计算研究. 中国电机工程学报, 2002, 22(11): 35-40.

[46] Shaaban M, 刘皓明, 李卫星, 等. 静态安全约束下基于 Benders 分解算法的可用传输容量计算. 中国电机工程学报, 2003, 23(8): 7-11.

[47] Tuglie E De, Dicorato M, Scala M La, et al. A static optimization approach to assess dynamic available transfer capability. IEEE Transactions on Power Systems, 2000, 15(3): 269-277.

[48] 李国庆, 沈杰, 申艳杰. 考虑暂态稳定约束的可用功率交换能力计算的研究. 电网技术, 2004, 28(15): 67-72.

[49] Chen L, Tada Y, Okamoto H, et al. Optimal operation solutions of power systems with transient stability constraints. IEEE Transactions on Circuits and Systems I Fundamental Theory and Applicatuons, 2001, 48(3): 327-339.

[50] 刘明波, 夏岩, 吴捷. 计及暂态稳定约束的可用传输容量计算. 中国电机工程学报, 2003, 23(9): 28-33.

[51] 杨新林, 孙元章, 王海风. 考虑暂态稳定约束极限传输容量的计算方法. 电力系统自动化, 2004, 28(10): 29-33.

[52] 李国庆, 郑浩野. 一种考虑暂态稳定约束的可用输电能力计算的新方法. 中国电机工程学报, 2005, 25(15): 20-26.

[53] Xiao Y, Song Y H, Liu C C, et al. Available transfer capability enhancement using FACTS devices. IEEE Transaction on Power System, 2003, 18(1): 305-312.

[54] 占勇, 李光熹, 刘志超, 等. 计及 FACTS 装置的最大输电能力研究. 电力系统自动化, 2001, 25(5): 23-26.

[55] 李国庆, 赵玉婷, 王利猛. 计及统一潮流控制器的可用输电能力计算. 中国电机工程学报, 2004, 24(9): 44-50.

[56] 李国庆, 宋莉, 李筱婧. 计及 FACTS 装置的可用输电能力计算. 中国电机工程学报, 2009, 29(19): 36-42.

[57] Flueck A J, Chiang H D, Shah K S. Investigating the installed real power transfer capability of a large scale power system under a proposed multiarea interchange schedule using CPFLOW. IEEE Transactions on Power Systems, 1996, 11(2): 883-889.

[58] Thomas R J, Barnard R D, Meisel J. The generation of quasisteady-state load-flow trajectories and multiple singular point solutions. IEEE Transactions on Power Apparatus and Systems, 1971, 90(5): 1967-1974.

[59] Canizares C A, Alvarado F L. Point of collapse and continuation methods for large AC/DC system. IEEE Transactions on Power Systems, 1993, 8(1): 1-8.

[60] Ajjarapn V, Christy C. The continuation power flow: A tool for steady state voltage stability analysis. IEEE Transactions on Power Systems, 1992, 7(1): 416-423.

[61] Iba K, Suzuki H, Egava M, et al. Calculation of critical loading condition with nose curve using homotopy continuation method. IEEE Transactions on Power Systems, 1991, 6 (2) : 584-593.

[62] Chiang H D, Flueck A J, Shah K S, et al. CPFLOW: A practical tool for tracing power system steady state stationary behavior due to load and generation variations. IEEE Transactions on Power Systems, 1995, 10 (2) : 623-634.

[63] Harry G, Kwatny. Static bifurcation in electric power networks: Loss of steady-state stability and voltage collapse. IEEE Transactions on Circuits and Systems, 1986, 33 (10) : 981-991.

[64] Dobson I, Lu L. Computing an optimun direction in control space to avoid saddle node bifurcation and voltage collapse in electric power systems. IEEE Transactions on Automatic Control, 1992, 37 (10) : 1616-1620.

[65] Ajjarapu V. Identification of steady-state voltage stability in power systems. International Journal of Power Energy Systems, 1991, 11 (1) : 416-423.

[66] 李国庆, 李小军, 彭晓洁. 计及发电报价等影响因素的静态电压稳定分析. 中国电机工程学报, 2008, 28 (22) : 35-40.

[67] 李国庆. 基于连续型方法的大型互联电力系统区域间输电能力的研究. 天津: 天津大学博士学位论文, 1998.

[68] 王成山, 李国庆, 余贻鑫, 等. 电力系统区域间功率交换能力的研究(一): 连续型方法的基本理论及应用. 电力系统自动化, 1999, 23 (3) : 23-26.

[69] 王成山, 李国庆, 余贻鑫, 等. 电力系统区域间功率交换能力的研究(二): 计算区域间最大交换功率的模型与算法. 电力系统自动化, 1999, 23 (4) : 5-9.

[70] 李国庆, 董存. 电力市场下系统区域间输电能力的定义与计算. 电力系统自动化, 2001, 25 (5) : 6-9.

[71] 江伟, 王成山. 电力系统输电能力研究中 PV 曲线的求取. 电力系统自动化, 2001, 25 (2) : 9-12.

[72] 李国庆, 王成山, 余贻鑫. 考虑 ULTC 和 SVC 等影响的功率交换能力的分析与计算. 电网技术, 2004, 28 (2) : 17-22.

[73] Luo X, Patton A D, Singh C. Real power transfer capability calculations using multi-layer feed-forward neural networks. IEEE Transactions on Power Systems, 2000, 15 (2) : 903-908.

[74] Mozafari B, Ranjbar A M, Shirani A R, et al. A comprehensive method for available transfer capability calculation in a deregulated power system. Proceedings of the 2004 IEEE International Conference on Electric Utility Deregulation, Restructuring and Power technologies. Hong Kong, 2004, 2: 680-685.

[75] 黄海涛, 郑华, 张粒子. 基于改进粒子群算法的可用传输能力研究. 中国电机工程学报, 2006, 26 (10) : 45-49.

[76] 李国庆, 陈厚合. 改进粒子群优化算法的概率可用输电能力研究. 中国电机工程学报, 2006, 26 (24) : 18-24.

[77] Chen H H, Li G Q, Liao H L. A self-adaptive improved particle swarm optimization algorithm and its application in available transfer capability calculation. Proceedings of the Fifth International Conference on Natural Computation. Tianjin, 2009, 13: 200-205.

[78] 李国庆, 孙浩. 基于改进人工鱼群算法的可用输电能力研究. 第十一届全国电工数学学术年会论文集, 福州, 2017: 203-212.

[79] Li G Q, Sun H, Lv Z Y. Study of available transfer capability based on improved artificial fish swarm algorithm. Proceedings of the Third International Conference on Electric Utility Deregulation and Restructuring and Power Technologies. Nanjing, April, 2008.

[80] 李国庆, 吕志远, 齐伟夫. 基于混合连续蚁群算法的可用输电能力研究. 浙江大学学报(工学版), 2009, 43 (11) : 2073-2078.

[81] Li G Q, Liao H L, Chen H H. Improved bacterial colony chemotaxis algorithm and its application in available transfer capability. Proceedings of the Fifth International Conference on Natural Computation. Tianjin, 2009, 14: 286-291.

[82] Gnanadass R, Manivannan K, Palanivelu T G. Assessment of available transfer capability for practical power systems with margins. Optimal Operation of Power System, TENCON, 2003, 1: 445-449.

[83] Hamoud G. Assessment of available transfer capability of transmission system. IEEE Transactions on Power Systems, 2000, 15(1): 27-32.

[84] 李国庆, 唐宝. 计及发电报价的可用输电能力的计算. 中国电机工程学报, 2006, 26(8): 18-23.

[85] 李国庆, 姚少伟, 陈厚合. 基于内点法的交直流混合系统可用输电能力计算. 电力系统自动化, 2009, 33(3): 35-39.

[86] Li G Q, Zhang J. Available transfer capability calculation for AC/DC systems with VSC-HVDC. Proceedings of the 2010 IEEE International Conference on Electrical and Control Engineering. Wuhan, 2010: 3404-3409.

[87] 李中成, 张步涵, 段瑶. 含大型风电场的电力系统概率最大输电能力快速计算. 中国电机工程学报, 2014, 34(4): 505-513.

[88] Luo G, Chen J F, Cai D F. Probabilistic assessment of available transfer capability considering spatial correlation in wind power integrated system. IET Generation, Transmission & Distribution, 2013, 7(12): 1527-1535.

[89] 罗钢, 石东源, 蔡德福. 计及相关性的含风电场电力系统概率可用输电能力快速计算. 中国电机工程学报, 2014, 34(7): 1024-1032.

[90] Hamid F, Maryam R, Chanan S, et al. Probabilistic assessment of TTC in power systems including wind power generation. IEEE Systems Journal, 2012, 6(1): 181-190.

[91] Ebrahim S, Benjamin F, Lennart S, et al. ATC-based system reduction for planning power systems with correlated wind and loads. IEEE Transactions on Power Systems, 2015, 30(1): 429-438.

[92] 王成山, 孙玮, 王兴刚. 含大型风电场的电力系统最大输电能力计算. 电力系统自动化, 2007, 31(2): 17-31.

第2章　电力系统输电能力的基本概念

2.1　引　　言

随着现代工业生产的高度发展和能源、环境、投资各方面的改变，现代电力系统已发生了较大的变化，这主要表现在：原先分散在各个负荷中心的多个小型发电机(厂)已逐渐被单机容量越来越大而且远离负荷中心的大型水电厂、核电厂或坑口电厂所取代；原来的各个地方性小型电力系统已逐渐转变为远距离、大容量、超高压交直流输电线路所联结成的跨省、跨区、跨国甚至跨洲的复杂互联系统；负荷的高速增长使得发电设备储备量越来越少。

我国幅员辽阔，现有的水力、煤炭等主要能源分布不均，加上经济条件的限制，经济发达地区能源奇缺，靠铁路运输大量煤炭到发达地区又不能满足需要，超高压、远距离输送电能是必然的趋势，全国范围内采用超(特)高压交直流互联的统一电力系统格局已基本形成。电力系统互联的目的是为了提高系统运行的经济性和可靠性，有助于更好地利用各区域的资源优势，减少备用机组装机容量，同时能够增强故障时区域外系统的支援能力。由于我国电力资源分布的不均衡、经济发展的不平衡，类似于西电东送工程和南北互供的跨区域、大容量、远距离电力传输将长期存在。

现代电力工业中，随着大容量、远距离输电和电力负荷的快速增长，采取何种输电技术、如何充分发挥和提高现有电网输电能力是亟待解决的关键问题。要解决这些技术难题，互联电网输电能力计算是必不可少的基础研究和重要的分析工具。电网输电能力的研究随着电网互联的出现和不断扩大而日益得到重视。

2.2　输电能力的基本概念

NERC于1995年给出定义[1]，输电能力被称为FCTTC(first contingency total transfer capability)，即所谓一个系统两个区域间的输电能力，是指在满足至少下述三个约束条件下，通过两区域间的所有输电线路，从一个区域向另一个区域可能输送的最大功率。

(1)在无故障发生的正常方式下，系统中所有设备(包括线路)的负荷及电压水平在其额定范围内。

(2) 在系统中单一元件停运的故障条件下，系统能够吸收动态功率振荡，维持系统的稳定性。

(3) 当 (2) 中描述的事故发生且系统功率振荡平息后，在调度员调整与故障相关的系统运行方式之前，所有设备(包括输电线)的功率及电压水平应在给定的紧急事故条件下的额定范围内。

由 NERC 给出的定义不难发现确定电力系统功率输送能力的复杂性。这一问题不仅要考虑系统电压水平和线路负荷水平等静态安全性约束条件的影响，还要考虑稳定性这样的动态约束条件；不仅要考虑系统的正常运行方式，还要考虑各种故障情况的影响。

为形象地说明电力系统区域间输电能力的定义[2-5]，这里用简化的三区域互联系统来加以论述。在图 2-1 中，A、B、C 三区域分别代表三个含有发电、输电网络和负荷的子系统，两子系统间可由一条或几条输电线联系。T_{XY} 表示区域 X(代表 A、B 或 C) 直接流向区域 Y(代表 A、B 或 C) 的断面有功潮流。

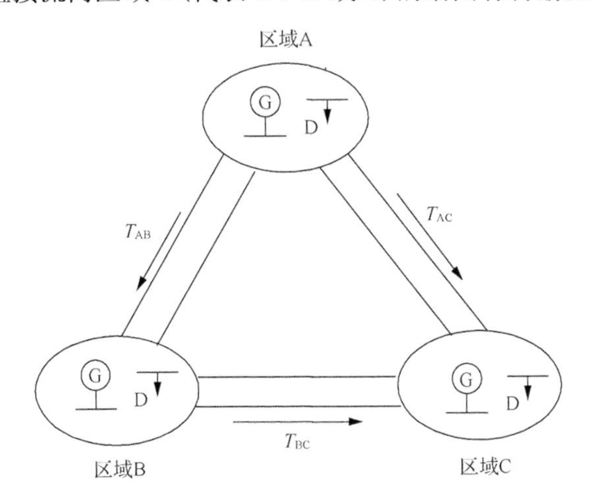

图 2-1　简化的 3 区域互联系统示意图

一种定义系统区域间功率交换量的方法是用某一研究区域的净输出功率作为其与外部系统功率交换量的量度，例如在图 2-1 中，研究区域 A 的净输出功率，即从区域 A 流入区域 B 和区域 C 的功率(T_{AB}+T_{AC})，可用于描述该区域与外部系统的功率交换量。

另一种定义方法则是借用系统中某一特定断面上流过的潮流来定义，如在图 2-1 中，区域 A 与区域 B、区域 A 与区域 C 之间的线路一起构成的线路集合即构成了功率流动断面，其上流动的有功功率值(T_{AB}+T_{AC})可作为区域 A 与其他两个区域功率交换量的量度。

对于图 2-1 所示系统，可以看出两种定义方法是完全一样的，但对复杂的系统，二者则有不同的侧重点，并不能完全等价。给定一种区域间功率交换量的定义方法，在满足各种安全性约束条件下，所允许的这一功率交换量的最大值即反映了相应区域间的功率交换(输电)能力。

T_{XY}是区域 X 与 Y 间的断面潮流，当计算区域 A 到 B 的功率交换能力时，调整区域 A 和区域 B 的电力输出(和/或电力需求)，以便能在区域 A 中出现电力过剩，在区域 B 中出现电力缺乏，这样就自然地在区域 A、B 间形成了一个功率交换，持续地加大两区域间的此类调整，使区域 A 和 B 间的功率差不断增加，直到某一设备或系统达到它的极限值，或者是达到了所要测试的功率交换水平，且要考虑系统中单一故障(如设置某一发电机单元、变压器、输电线等停运)的影响。其中，在某一故障条件下，某一设备或系统的极限值所限定的功率交换量最低，该功率交换量即为此种运行条件下 A、B 间的功率交换能力，该故障称为最严重单一故障。

当计算区域 B 到 A 的功率交换能力时，同样要调整区域 A 和区域 B 的电力输出(和/或电力需求)。所不同的是，此次是为了在区域 B 中出现电力过剩而在区域 A 中出现电力缺乏。由于在区域 A 和 B 中的用电量、输电网络和发电机极少是对称的，所以出现的最严重单一故障也会不同。同样，不同方向(A→B 或 B→A)的最大功率交换量也将不同，因此必须被分别计算。

在改变区域 A、B 的发电水平来产生两区域间的功率交换的同时，输电线路 T_{AB} 上的潮流及其他系统中，互联输电元件上的潮流都将按不同的比例变化，这些所谓的不同的比例又称为功率交换分配因子。因而，在同一交换水平上，所有的输电线路不会同时达到它们的容量极限。另外，在某一严重故障情况下，相关的越限元件不一定出现在区域 A 或 B 中，或是区域 A、B 间的输电线路中，也可能会出现在系统中的其他区域内，例如区域 C 中。

把区域 A 和 B 间的互联输电线路 T_{AB} 中所有线路的额定容量简单地相加后就认为是区域 A、B 间的功率交换量显然是错误的。另外，把分别计算出的从区域 A 到 B 及从区域 C 到 B 的最大功率交换量简单地相加就认为是区域 A 和区域 C 到区域 B 的总的最大功率交换量也是错误的。实际上，除了要考虑系统中这几个区域间相互依存的功率交换外，其计算从区域 A 和 C 到区域 B 的总的最大功率交换量的方法与只计算区域 A 到 B 的方法极其相似。

应当指出的是，计算区域间功率交换能力，必须与给定的系统条件相对应，不同的系统条件下，相同两区域的功率交换能力会有很大差别。

2.3　电力市场下可用输电能力的基本概念

2.3.1　可用输电能力的定义

1996年，NERC第一次全面定义了可用输电能力(ATC)及相关术语。所谓ATC，是指在现有的输电合同基础之上，实际物理输电网络中剩余的、还可用于商业使用的传输容量[6, 7]。

从数学角度讲，ATC定义为TTC减去TRM，再减去ETC和CBM即

$$ATC = TTC - TRM - ETC - CBM$$

TTC是指在满足系统各种安全约束条件下，互联输电网络上可以传输的最大功率；TRM定义为必要的系统输电能力，以确保互联输电网络在系统条件不确定的合理范围内是安全的；ETC本质上包括在给定条件下所有正常的输电潮流，反映了已签合同占用的输电能力；CBM定义为负荷供应单位储备的输电网输电能力的数量，以确保从互联系统获得出力，以满足发电可靠性要求。

准确及时地了解ATC的信息对电力市场的所有参与者来说是非常重要的。因此，ATC除了作为安全信息，又可以作为引导市场参与者进行电力交易、刺激商业竞争以充分利用现有资源的市场信息。

从输电能力的定义可以分析，互联输电网络可用输电能力计算受到下列一个或多个系统的物理以及电气特性的限制[8]。

(1)线路热过载能力约束(thermal limits)，即热稳定极限，它确定了在特定时间内输电线或者电气设备由于过热而发生暂时或者永久破坏所能够传导的最大电流。电流在传输线上所导致的热效应随着电流量的增加而增强，因此，为了确保传输的安全使用，对最大传输容量必须加以限制。

(2)节点电压约束(voltage limits)，系统电压及其变化必须维持在可接受的范围内。例如，最小的电压极限决定了可以传输的最大电能，而不致破坏电力系统或用户的设备。大范围的系统电压崩溃会导致部分甚至全网停电。

(3)稳定性极限(stability limits)，当正常运行的电力系统中有扰动发生时，原本保持同步运行能力的发电机组间会产生振荡，并导致系统频率、线路负荷和系统电压的波动。若原先系统的运行点落于稳定性极限内，则系统经短暂振荡后，会重新恢复到一个可能是新的稳定运行状态。否则，如果原运行点接近稳定极限的边界，则微小的扰动极易导致整个系统不稳定而造成系统设备的损坏，以及出现不可控制的大范围用户供电中断。

在考虑了各种约束后，ATC的值可用图2-2表示。

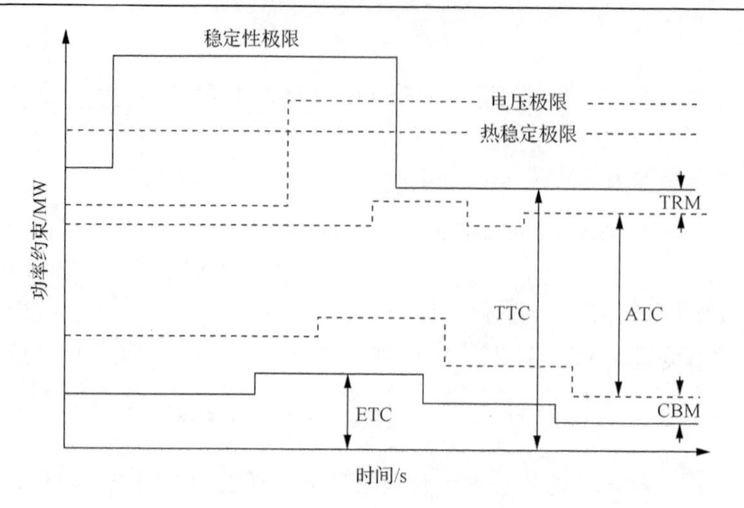

图 2-2　输电能力确定示意图

ATC 是对未来一段时间(一小时、一天或更长)互联网络间额外输电能力的估计。两个区域间的 ATC 提供了一种指示，即在一组指定的系统条件下，在保证电力系统安全可靠运行的前提下，某一时间范围内从一个区域到另一个区域能够传输的额外功率量。ATC 是一个动态量，因为它是一组可变且相互影响的参数的函数。这些参数与系统网络条件密切相关。所以 ATC 的计算根据电力市场的需要，可以按小时、日、月进行。ATC 的计算一般始终是针对两个区域进行，即一个售电区域和一个购电区域。由于受整个系统网络条件的影响，ATC 计算值的精确性取决于可获得的输电网络数据的完整性和准确性。

2.3.2　可用输电能力的计算原则

ATC 是一种技术特性尺度，用来衡量互联输电网络如何运行以满足商业性输电服务要求，因此，它必须满足一定的原则，以平衡技术性和商业性的问题。ATC 必须准确反映输电网的实际情况，同时又不能过分的复杂，以致不恰当地限制商业性。如下的原则指明了计算和应用 ATC 的要求。

(1) ATC 计算必须产生商业性的可行结果。计算得到的 ATC 的值必须是电力市场可得输电能力的一个合理并且可靠的指标。单个 ATC 计算的频率和详细程度必须与商业化的活动及阻塞情况的水平相一致。

(2) ATC 计算必须考虑整个互联输电网络上随时间变化的潮流状况，另外，必须从可靠性的观点考虑整个互联网络上同步传输和并行路径潮流的影响。尽管希望商业性方面的简化，但是物理规律决定了输电网络对负荷需求和出力供应如何做出反应。一般来讲，电力的需求和供应彼此不能独立考虑，必须考虑所有系统的状态、耗费和限制，以准确评估网络的输电能力。

(3) ATC计算必须考虑ATC与功率注入点、穿越互联网络的传输方向和功率流出点的关系，所有部门必须提供必要的、充足的信息用于计算ATC。每次功率传送所产生的潮流流经整个网络应不受商业性输电条款的约束。

(4) 区域或整个区域的合作是必要的，以形成和发布合理反映互联输电网络ATC的信息。ATC的计算必须使用区域性或整个区域性的方法，以考虑个别系统、子区域、区域及多区域系统间的相互影响。

(5) ATC计算必须遵守NERC、各区域、电力联合组织和个别系统的安全规划和运行政策、标准或准则。必须考虑相应的系统故障。

(6) ATC的计算必须能容纳系统状态中合理的不确定性，并且提供运行灵活性以确保互联输电网络的可靠运行。输电可靠性裕度对这一原则的应用是必要的。另外，需要预约输电能力(定义为容量效益裕度或CBM)以满足发电安全性的需要。

上述原则指导了可用输电能力及其相关术语的定义和发展，要求输电网提供商及用户遵守这些原则。

1996年，FERC制定了一系列法令，其中的889号令[9]提出，要对商业性可行的电力市场计算其可用功率交换能力，并要求这些计算值发布在通信系统上，该通信系统称为网络开放实时信息系统(open access same-time information system, OASIS)，其目的是通过提供这样一个输电系统传送能量能力的市场信号而进一步促进大型输电网络的开放使用，从而促进发电或能量市场的竞标。OASIS的信息提供给任何潜在的输电网用户，包括独立的发电商，能量市场的交易人、相关的其他输电商以及从输电网提供商处获得输电服务的其他用户，使它们能够获得开放通道下的输电服务。ATC的重要性至少体现在两个方面：首先，电网公司对系统现有的输电能力进行评估可以确保电网的安全运行，减少输电阻塞的发生；其次，向电网使用者提供ATC信息可以指导其做出合理的电能交易决策，并体现“公平、公正、公开”的市场化原则。

2007年，FERC又发布了第890号令[10]，对可用输电能力计算方法的标准进行了补充，主要包括两个方面：一是可用输电能力各分量计算的频率和要求；二是输电网络所有者之间进行数据交换的标准。FERC要求各输电网络所有者在计算可用输电能力时，要采用相同的时间间隔和能反映系统实际的拓扑结构的运行方式，且各所有者间需要交换的数据至少包括：①负荷水平；②输电计划内及故障下的中断；③发电计划内和故障下的中断；④基态下的发电调度；⑤现存输电备用，包括逆向流；⑥可用输电能力的计算频率和次数；⑦送、受电区的确定。

2.4　输电能力裕度

电力市场下，ATC是一市场信号，该信号指明了协议使用基础上系统输送或供给能量的能力。该市场信号必须有一定的安全缓冲裕度以便当根据 ATC 计算作出的输电规划实施时，输电系统能可靠地传输电能并为系统负荷服务。

输电能力与分析时段的出力、负荷需求及假定的系统条件密切相关。制定的输电方案离当前时间越远，输电能力的不确定性就越大。因此，为了防止过载引起输电系统不可靠运行，有必要储备一定的裕度以提供必要的运行灵活性，从而可靠地应对输电系统的各种变化。这些变化包括发电机组和输电线路的检修及被迫停运、超出预测的负荷需求以及其他运行条件的变化如环流。

下面讨论两种类型的输电能力裕度：

(1) TRM，考虑系统的不确定性从而确保互联网络可靠运行。

(2) CBM，确保从互联系统获得发电出力以满足发电安全性需要。

各电力公司在研究 TRM 和 CBM 的计算方法时，应当把 TRM 和 CBM 作为输电能力计算中独立的成分来发展及应用。各区域、各子区域、电力联合组织、个别系统和负荷供应单位之间可以使用不同的方法计算必要的裕度，但这些方法的应用应协调一致。

在互联输电网络的规划和运行中，电力系统已经认识到对输电能力的需要及其带来的好处。除了满足给本地负荷提供服务的责任以及为第三方输电网用户提供转运，还需要一些储备的输电能力以确保互联网络在广泛的不确定情况下是安全的。系统可以依赖于通过互联输电网从邻近系统的输入功率来减少必要的装机容量且同时满足发电安全性需要，并为本地负荷提供可靠的服务。电力市场下的输电系统管理需要完备的技术理论，随着电力市场中代理人、非歧视性通道的引入以及为电力市场提供 ATC 值这一要求的提出，需要考虑上述两种类型的输电网输电能力裕度。

2.4.1　输电可靠性裕度

1. TRM 的定义

TRM 定义为必要的输电网输电能力，以确保互联输电网络在系统不确定的合理范围内是安全的。TRM 解释了系统状态中固有的不确定性以及它们对 TTC 及 ATC 计算的影响，它还说明了系统需要运行灵活性以确保当系统运行条件发生变化时系统的可靠运行。实际上，TRM 提供了一个确保互联网络可靠性的功率交换能力储备。下面简要解释一下 TTC 和 ATC 计算中的不确定性和系统需要运行灵活性两个问题。

1) TTC 和 ATC 计算中的不确定性

TTC 和 ATC 的计算取决于许多系统状态的假设和估计，它可能包括如下一些内容如输电系统的网络拓扑、预测的负荷需求及其分配、发电调度、将来机组的位置、将来的天气情况、可用的输电设备及现存和将来的电力贸易，汇集这样的参数以制定一个方案用于预测在合理范围内的输电网故障情况下的输电能力。输电网故障会在各区域、子区域、电力联合组织和个别系统内的安全运行和规划政策、标准或准则中指出，所以，将来 TTC 或 ATC 的计算必须考虑预测系统长期参数的潜在不确定性。一般来讲，ATC 和 TTC 预测中的不确定性随着预测时间的增加而增加，这是因为时间越长，预测系统的各种假定和参数的困难度越大，例如，将来负荷需求和电源的位置经常是不确定的，这些参数对输电能力有一潜在的较大的影响；类似的，将来的电力贸易有本质上的不确定性并且对输电负荷有很大的影响。所以，所要求的 TRM 的值是与时间相关的，长期预测的需求量比短期情况的要大，TRM 必须有广泛区域的配合。

2) 需要运行的灵活性

TTC 和 ATC 的计算必须考虑到不断变化的运行条件会使系统的状态在短时间内发生显著的变化。输电能力裕度的条款规定使得这些不确定性的预测规划成为可能。这些运行条件包括如下变化：发电机组调度、影响所研究区域的其他系统规划所产生的同步传输、并行路径流、维修停电和互联系统对故障的动态响应(包括突然切机)。

2. 输电可靠性裕度的构成

在计算 TRM 时，根据实际情况的不同，需要考虑如下构成中的部分或全部。

(1) 总的负荷预测偏差。正如在任何预测中一样，负荷预测易发生偏差，由于无法精确预测将来的负荷水平及输电系统元件上随之输送的负荷，要求一合理的输电容量以保持协议中的未使用状态。当在实时运行中需要时，这种协议中未使用的输电资源通过帮助确保整个互联网络的可靠性而使整个网络受益。

(2) 负荷分布偏差。类似于总负荷预测偏差，负荷的分布也会随着系统设备负荷变化，保持一个合理的未协议使用的输电容量将会帮助整个互联网络保持可靠性。

(3) 负荷变化。系统的负荷是一个动态量，随着负荷的变化，系统中发电出力将会增加或减少。在输电网络上保留合理的裕度以适用负荷变化所带来的功率缺额能确保整个互联网络的可靠性。

(4) 系统网络拓扑预测的不确定性。合理地考虑每天都会发生的设备开断将使整个网络受益，大多数用于规划阶段而执行的 TTC 计算基于最临界的单一故障并且没有考虑基本的系统条件包括一定水平的设备开断。

(5) 考虑并行路径环流的影响。每一个网络的元件易发生并行路径潮流，这些并行路径潮流是由未能精确规划在一专门输电网提供商的输电系统上的输电服务交易产生的。由于这些潮流未规划在它们的系统上，输电网提供商可能未意识到或不能精确地考虑其他交易商的交易对他自己系统的影响。所以，保持合理的未协议使用的输电容量会帮助确保整个互联网络运行的可靠性。需要指出的是，不同的输电网提供商对系统信息进行合理的交换与协调能够使这一影响最小化。

(6)考虑同步路径的相互作用。输电路径可能相互影响而使得每条路径不能同时运行在最大功率交换能力上。TRM 可以用来解释输电路径的恒定功率交换能力和该路径的最大功率交换能力的差。

(7)发电调度的变化。发电调度随着季节的改变会发生变化，例如，具有负荷跟踪能力的发电机组的数量、可得到的发电出力、发电厂内的出力条件及经济因素，保持一定的裕度有利于解释这些变化对输电系统的影响。

(8)短期的调度员操作/运行储备。一个故障发生后，系统调度员会及时采取措施，或单独行动或与其他调度员采取一致的行动以保持输电系统的可靠性。电力系统必须保持一定的输电容量以保证故障后调度的灵活性。为了保证可靠性，控制区域之间的协议应该存在以便输电线路或发电机故障后执行快速和相互配合的调整。运行储备程序(至少是部分的)用于给输电网调度员提供所需的步骤以保持可靠性。所以，故障后并在市场做出响应前(通常达到 59 分钟)的阶段，获得运行储备或执行运行储备分摊协议所需的输电容量是 TRM 的一个成分。

运行储备是额外的容量，或者来自于在线的发电机组或者来自于短期内(通常是 10 分钟内)用于对故障做出响应的发电机组。互联电网的存在允许控制区域之间分享运行储备，这减小了每一个区域必须拥有的运行储备量。

另外，上述 TRM 的组成部分具有如下统一的特征：

(1)裕度的受益者是更大的团体而不是单一的可识别的一组用户，TRM 的利益覆盖大的地理区域及多个输电网提供商。

(2)TRM 的各组成部分是系统考虑各种不确定性因素后的结果，这种不确定性不能够通过单一的输电网所有商或区域性的部门单方面加以减轻。

3. 输电可靠性裕度的计算方法

在 ATC 的计算中，输电网提供商应当考虑到裕度的各个不同的组成部分。当前，输电网提供商往往根据实际情况将这些不同的成分的全部或部分设置为零，输电网提供商在估算每一个不同的组成成分并将它们的值组合在一起时应当谨慎，因为这种方法会导致 TRM 的值过分保守。

由于目前有关输电可靠性裕度组成成分的构成、各部分的计算方法以及不同情况下各组成部分的取舍还没有达成统一的标准，因此，目前在实际计算中有不同的 TRM 计算方法，归纳起来有以下几种。

1)通过额定值降低计算 TRM

对于一个系统，如果不确定性在其所有设备中分布相对均匀的话，对所有输电设备使用 TRM 是合适的。这种情况下，TRM 的应用是相对于设备额定值的本身而言，在设备额定值降低一定百分比情况下计算，额定值的降低通常是 2%～5%，并且随着时间范围的扩大而增加。通过下面两个步骤完成这一计算：

(1) 使用通常的额定值(正常或紧急故障情况下的额定值)计算 TTC 值和 ATC 值(即假定 TRM 值为零)。

(2) 使用降低的额定值计算 ATC 值。TRM 值是使用通常的额定值计算出的 ATC 值和使用降低的额定值计算 ATC 值的差值。

目前，美国的 AEP(American electric power)、Ameren Services 等系统便采用这一方法。AEP 的设备调整值见表 2-1。

表 2-1　设备额定值调整表

交易时间范围	调整原因			
	天气	经济	不可预期的外部因素	总和
1 周	0%	0%	5%	5%
1 周到 1 年	4%	0%	5%	9%
1 年到 5 年	4%	2%	5%	11%
5 年到 10 年	4%	4%	5%	13%

2) 通过断面计算 TRM

在不确定性可以归因于专门的断面的系统中，对于专门的临界断面计算 TRM 是合适的。以这种方式计算 TRM 的系统，能够通过对以往输电负荷的分析量化与 TRM 各组成成分相关的不确定性。在这种情况下，TRM 的应用是相对于一个设备或一组设备，通过输电能力数量的减少来衡量 TRM。以这种方式计算的 TRM 相对恒定，但可能会随着实际经验的积累发生变化。

3) 通过现存输电协议来估算 TRM

基于实际经验，将系统条件的不确定性解释为现存输电协议的一个百分比的降低。通常可以取现存输电协议的 5%～10%，例如，美国的 Dayton Power & Light Co.便采用这一方法。

4) 在 ATC 的计算中不考虑 TRM 值，令其为零

在设备额定值保守的系统中，如果输电网提供商认为其系统允许有充足的时间纠正由于各种不确定性因素引发的问题，则其在 ATC 的计算中不考虑 TRM 值，令其为零。

例如，美国的 WUMS(Wisconsin upper Michigan systems) 系统发现 ATC 计算中的潜在不确定性并未妨碍其系统运行的灵活性，也没有降低 WUMS 系统运行的可靠性，所以，该系统的输电网提供商在当前的 ATC 计算中不考虑 TRM。另

外，Cinergy、Duquesne 等系统也采用这一方法。需要注意的是，尽管上述系统目前不考虑 TRM 值，但它们无一例外地认为随着零售和批发电力市场的发展，TRM 的要求必将发生变化。

2.4.2 容量效益裕度

1. CBM 的定义

CBM 定义为负荷供应单位储备的输电网功率交换能力的数量，以确保从互联系统获得出力，满足发电安全性要求。提供负荷的单位储备的 CBM 允许该单位装机容量少于没有互联电网时所需要的装机容量，从而也可以满足发电安全性需要。

2. CBM 的特征

同 TRM 相比，CBM 是一个更局部化的量。TRM 在更大程度上是一个网络裕度。因此，出于发电安全性的目的，在某种程度上，负荷提供单位支持有关 CBM 政策的出台和方法的研究。在计算 ATC 时，CBM 应该包括在预约或现存的输电协议的使用中。在输电系统的发展中，应当不断地考虑这些 CBM。此外，不同于 TRM，CBM 的受益人是可以鉴别出来的，这些受益人是负荷提供单元(load serving etities, LSES)，它们是输电网提供商的网络使用客户(包括本地负荷)。LSES 从 CBM 获得的好处是分享在互联网络中其他地方的装机容量储备，这种分享减少了装机容量的需求，并且最终降低了用户的费用。

3. CBM 的计算

同 TRM 的计算类似，CBM 的计算和应用还处于不断发展完善中，目前，尚无统一规范的计算方法，在实际计算中，不同的输电网提供商采用了不同的方法，一般有确定性的方法和概率性的方法。

(1) 确定性计算方法一般是保持一个专门的预约或容量裕度或基于系统能够承受最大机组故障开断后的损失进行计算。对于确定性方法，一个常用的标准是输电网提供商的系统内单机容量最大的发电机组的组合或倍数。例如，美国的 Ameren Services 系统采用的 CBM 为两台最大在线发电机组的容量和。

(2) 概率性的计算方法(如负荷损失概率)包括发电机组的被迫停运、检修、最小停机时间及负荷预测等。一个常用的标准是发电储备的水平达到负荷损失概率为 0.1 天/年。

另外，还有其他的计算方法，如美国的 Cinergy 系统 CBM 的计算是基于一种最严重情况的假设，即在轻负荷最小的旋转储备情况下最大机组的开断。Cinergy

系统最大的单机容量为 630MW，在远离峰荷时旋转储备为 210MW，故 CBM 为 420MW。CBM 把为 LSES 确定的发电容量储备转化为功率交换能力的数量，一般而言，确定性 CBM 包括以下几步的过程：①确定所需要的额外外部发电容量以达到一可靠性水平指标。②从所需要的外部发电容量确定必要的最大输电量以输入所需的外部的发电储备。③最大输电量必须分配给输入功率可能会流过的专门的输电系统的断面或路径。

4. CBM 的使用

正如对任何裕度一样，随着系统运行条件的变化，发电储备的要求应当被重新计算。如果由于当前或预测的条件，在专门输电路径上的 CBM 的变化是比较保守的话，只要该路径上有充足的可用功率交换能力，主输电系统提供商(和/或者 LSE)都有可能改变它们在该路径上的 CBM。如果该路径上没有充足的可用功率交换能力，主输电网提供商(和/或者 LSE)则不能单方面地替换其他断面上现存的不可以撤销的输电服务。

CBM 仅用于紧急条件下容量的短缺，其使用不应当单纯由经济原因决定，而应当基于功率真正的紧急短缺，只有所有可用的其他选择耗尽时才要求使用 CBM。

2.5　可用输电能力的商业化成分

2.5.1　规划和预约的输电服务

为更好地定义 ATC，必须考虑输电服务专门的商业化成分，以下介绍两个概念：可削减的输电服务和可撤销的输电服务。

可削减的输电服务(curtailability)——输电网提供商由于有减少输电网络提供输电服务能力的约束存在而中断所有或部分输电服务的权力。输电服务只有在系统可靠性遭到威胁或紧急条件存在时才能被削减，在输电服务费用中要指出削减的步骤、条款和状况。当这些约束不再限制输电网络输电能力时，输电服务可被重新恢复。可削减的输电服务不适用于由于经济原因中断输电服务的情况。

可撤销的输电服务(recallability)——输电网提供商由于各种原因(包括经济性的)中断所有或部分输电服务的权力。这与 FERC 政策和输电网提供商输电服务费用或合同条款是一致的。

基于可撤销的输电服务概念，定义 ATC 两个商业方面的应用：

不可撤销的可用功率交换能力(non-recallable ATC, NATC)——TTC 减去 TRM，再减去不可撤销的预约输电服务(non-recallable reserved, NRES)(包括 CBM)。

NATC 用数学公式表示为

$$\mathrm{NATC}=\mathrm{TTC}-\mathrm{TRM}-\mathrm{NRES}(包括\ \mathrm{CBM})$$

可撤销的可用功率交换能力(recallable ATC, RATC)——TTC 减去 TRM，减去可撤销的预约输电服务(recallable reserved, RRES)，再减去 NRES(包括 CBM)。RATC 在运行和规划范围内必须分别考虑。

RATC 用数学公式表示为

规划范围：$\mathrm{RATC}=\mathrm{TTC}-a(\mathrm{TRM})-\mathrm{RRES}-\mathrm{NRES}$(包括 CBM)

运行范围：$\mathrm{RATC}=\mathrm{TTC}-b(\mathrm{TRM})-\mathrm{RSCH}-\mathrm{NSCH}$(包括 CBM)

式中，$0\leqslant a\leqslant 1$，$0\leqslant b\leqslant 1$，其值由输电网提供商基于网络可靠性考虑确定，在实际计算时，还要考虑到服务的优先级。不可撤销和可撤销的输电服务必须坚持一组广泛应用于整个电力市场的优先级以避免混淆,下面的部分讨论输电服务的优先级。

2.5.2　输电服务的优先级

不可撤销和可撤销的输电服务必须坚持一组广泛应用于整个电力市场的标准优先级以避免混淆,这些优先级描述如下。

不可撤销的服务比可撤销的服务具有优先级,可撤销的预约或计划传输可以因为有不可撤销的输电服务请求而被取消。一般来说，当需要的时候，可撤销输电服务仅应用在网络约束的区域而并不是片面地应用于整个网络。

输电服务的所有请求将会以优先级评估，这种优先级通过适当的输电服务费用条款建立。

如果已预约输电服务的用户想利用预约的功率交换能力时，可以撤销那些可撤销的计划输电服务，那么，这些可撤销的计划传输也可以使用预约的功率交换能力。

对于在给定的时段内，已经计划和预约的不同类型的输电服务，NATCS 和 RATCS 几种可能的关系如图 2-3 所示，下面的描述适用于负荷预测的各个时段，所以不考虑时间方面的问题。

不可撤销的计划(NSCH)输电服务具有最高的优先级(所有的例子)，除非系统安全性遭到威胁或紧急情况存在的情况下，否则，NSCH 输电服务不能被输电网提供商削减。所有的 NSCH 输电服务减少了 ATC 的值。

RATC 可以包括当前被 NRES 所占有的功率交换能力。然而，如果 NRES 输电服务请求者想要利用输电网络，从 RATC 中计划的新的输电服务必须中断。

NATC 不能包括当前被 NRES 占有的功率交换能力，因为预约的输电服务比任何新的不可撤销的输电服务具有优先权。

NATC 能够包括当前被 RSCH 占有的功率交换能力，因为不可撤销的输电服务比可撤销的输电服务具有优先权。

RATC 不能包括当前被 RSCH 使用的功率交换能力，因为计划的输电服务比任何新的输电服务具有优先权。

NATC 和 RATC 都能够包括 RRES(见所有的例子)，然而，如果 RRES 输电服务请求者想要利用输电网络，就不得不中断新的可撤销的输电服务。

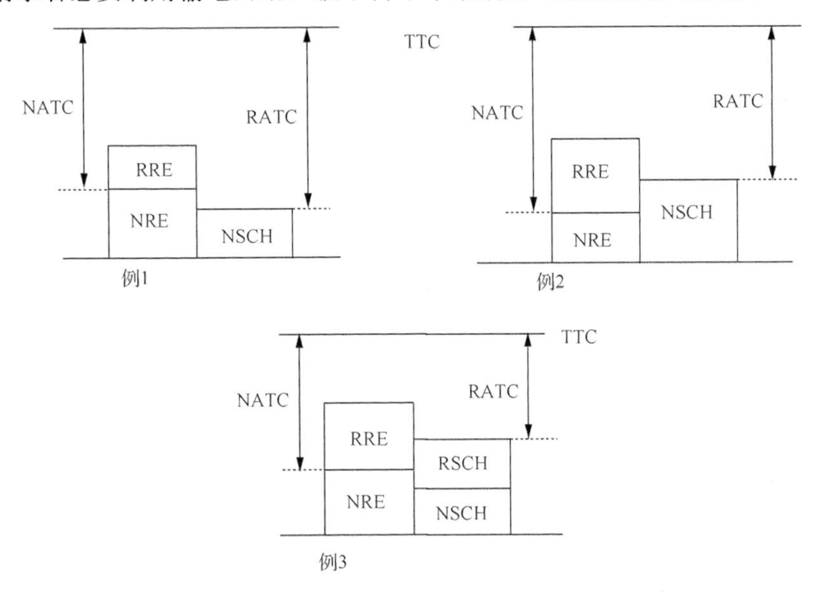

图 2-3　ATC 的关系及优先级

图 2-3 中的例子说明了 ATC 如何应用于商业交易的经营中，这些定义对于网络能支持多少额外输电服务的实际计算没有影响。

2.6　ATC 的在线应用框架

图 2-4 给出了实际在线计算 ATC 的框架[11]。在一个 EMS 中，ATC 程序与如下模块连接：状态估计(state estimation, SE)、安全分析(security analysis, SA)、实时运行规划系统(current operating plan，COP)和 OASIS。

由状态估计获得系统当前状态；由安全分析获得事故预想集；由 COP 获得负荷预测、发电规划和故障设备信息。所计算的 ATC 值传送并发布在 OASIS 上。传送至 OASIS 的典型值包括断面标识、运行日期和时间、约束设备列表、最大输电能力及可用输电能力。重点是可用输电能力信息的发布及使用。

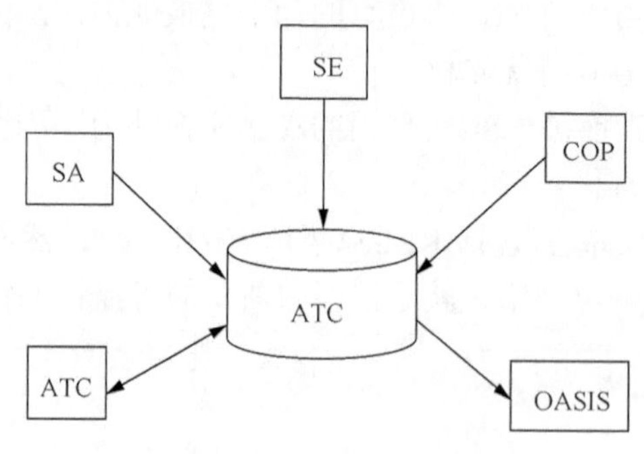

图 2-4　在线 ATC 应用框架

2.7　发布 ATC 信息的 OASIS

OASIS 是一个基于互联网的系统，在北美的一些国家，该系统用以提供电力传输方面相关的服务，是使用高压传输线进行大规模电力交易的主要手段。OASIS 这一概念的最初设想源于 1992 年的能源政策法案，并在 1996 年由 NERC 颁布的 888 号令和 889 号令中正式形成。

OASIS 是实时信息网络/电子发布平台[12]，不管用户的地理位置如何，都可以通过网络访问该平台。这一新系统的发展已应用于电力市场下的各方参与者如各种交易商、经纪人、规划者和负荷用户的商业运作中。它使得网络开放及提供非歧视性输电服务成为现实，因为它能够把功率交换能力信息及时公布到电力市场中去，并且保证了输电网提供商与输电网用户同时获得同样的信息。

OASIS 发布的信息主要有以下四类：

(1) 输电系统信息——可用输电能力，最大输电能力，系统可靠性，对应的系统状况，发布信息的日期及时间。

(2) 输电服务信息——完整的费用表，服务条目，辅助服务，当前的运行及经济状况。

(3) 输电服务请求及响应数据——输电规划，服务中断及削减，服务单位标识。

(4) 一般信息——各种通告，有偿增加的服务。

其中，所需要的最基本、最重要的类型的信息便是可用输电能力和最大输电能力。因此，发展 OASIS 网络模拟器的主要挑战在于快速、准确地计算出网络的可用输电能力和最大输电能力。

参考文献

[1] North American Electricity Reliability Council. Transmission transfer capability: A reference documents for calculating and reporting the electric power transfer capability of interconnected electric systems. Technical Report, NERC, 1995.

[2] 李国庆. 基于连续型方法的大型互联电力系统区域间输电能力的研究. 天津: 天津大学博士学位论文, 1998.

[3] 李国庆, 王成山, 余贻鑫. 大型互联电力系统区域间功率交换能力研究综述. 中国电机工程学报, 2001, 21(4): 20-25.

[4] 王成山, 李国庆, 余贻鑫. 电力系统区域间功率交换能力的研究(一)——连续型方法的基本理论及应用. 电力系统自动化, 1999, 23(3): 23-26.

[5] 王成山, 李国庆, 余贻鑫. 电力系统区域间功率交换能力的研究(二)——最大交换功率的模型与算法. 电力系统自动化, 1999, 23(4): 5-9.

[6] North American Electric Reliability Council. Available transfer capability definitions and determination: A reference document prepared by TTC task force. Technical Report, NERC, 1996.

[7] 李国庆, 董存. 电力市场下区域间输电能力的定义和计算. 电力系统自动化, 2001, 25(5): 6-9.

[8] Shaaban M, Ni Y X, Wu F F. Consideration in calculating total transfer capability. 1998 International Conference on Power Systems Technology Proceedings. Beijing, 1998, 18(5): 1356-1360.

[9] Federal Energy Regulatory Commission. Open Access Same-Time Information System(Formerly Real-Time Information Networks) and Standards of Conduct. Docket No. R M95-9-000, Order 889, 1996.

[10] Federal Energy Regulatory Commission. Open Access Same-Time Information System(Formerly Real-Time Information Networks) and Standards of Conduct, Order 890, 2007.

[11] Ilic M D, Yoon Y T, Zobian A. Available transmission capacity (ATC) and its value under open access. IEEE Transactions on PWRS, 1997, 12(2): 636-645.

[12] Tian Y, Gross G . OASISNET: An OASIS network sismulator. IEEE 1998 PES Winter Meeting, PE-139-PWRS-1-10-1997. Tampa, 1998.

第3章　数学理论基础

3.1　引　　言

电力系统是一个非线性动力系统，其输电能力是一个受众多因素影响的物理量，包括负荷水平、负荷分布、网络拓扑结构、发电调度等，需要考虑静态及动态等约束限制。计算时不仅涉及电力系统正常运行方式，而且要考虑预想事故发生的影响。由输电能力的定义可知，它是一个时间和空间上的动态量，是一组可变且相互影响的参数的函数。因此，对输电能力的分析与计算需要以大量数学理论为基础，本章简要介绍本书内容所涉及的主要数学基础知识，包括非线性动力系统、概率论与数理统计、连续性方法和最优化技术。

3.2　非线性动力系统

本节主要介绍非线性动力系统的基本概念。依据本书的需要，将简要介绍平衡点稳定性理论和结构稳定性理论。

3.2.1　非线性动力系统稳定性的基本概念

动力系统(dynamics or dynamical system)常可以看成是微分方程的化身。简单地说，常微分方程及其差分方程可以分别看成是有限维连续和离散的动力系统，偏微分方程及其差分方程可以分别看成是无穷维连续和离散的动力系统，而拓扑和几何中，微分流形上的方程可以看成是微分流形上的动力系统。本书中涉及的是 R^n 上的动力系统，即 n 维动力系统。

1. 系统状态与平衡点

非线性动力系统可描述为如下一组 n 个一阶非线性常微分方程：

$$\dot{x}_i = f_i(x_1, x_2, \cdots, x_n), \qquad i = 1, 2, \cdots, n \tag{3-1}$$

式中，n 为系统阶数。写成向量形式为

$$\dot{x} = f(x) \tag{3-2}$$

式中，列向量 x 指状态向量，x_i 为第 i 个状态变量。

系统状态是状态空间法的基础，它代表了有关系统在任意时刻 t_0 的最少信息，使得它未来的行为可以在没有 t_0 之前的输入量的条件下也能确定。状态变量可能是系统中的各种物理量，如角度、速度、电压、功率或者是与描述系统动态的微分方程相关的抽象数学变量。状态变量的选择不是唯一的，但这并不意味着任何时间系统的状态不是唯一的，而仅仅是表示系统状态信息的方式不是唯一的。

系统状态可在一个 n 维欧几里得空间(简称欧氏空间 R^n)上来表示。当选择不同组状态变量来描述系统时，实际上是在选择不同的坐标系统。无论何时，当系统不在平衡点时，系统状态将随时间而变。当系统变化时，在状态空间上跟踪系统状态所得到的点的集合称为状态轨迹。

动力系统的平衡点是动力系统变量的一组值，对于这组值，系统不随时间变化而变化，即平衡点是不随时间而变化的解[1]。也就是说，平衡点是当所有的微分 $\dot{x}_1, \dot{x}_2, \cdots, \dot{x}_n$ 同时为零的点，它们定义了轨迹上速度为零的点。相应系统处于静止状态(平衡状态)，所有变量都是恒定的且不随时间变化。因此，平衡点必须满足如下方程：

$$f(x_0) = 0 \tag{3-3}$$

式中，x_0 为式(3-2)的一个解，也是动力系统的一个平衡状态。

一个确定的状态对应着状态空间的一个确定的点，故把平衡状态 x_0 称为平衡点。平衡点是动态系统行为的真实特性，可从它们的特性中得出有关稳定性的结论。

2. 非线性动力系统的稳定性分类

非线性动力系统的稳定性取决于输入的类型、幅值和初始状态。这些因素在定义非线性系统的稳定性时必须加以考虑。

非线性动力系统的稳定性可分为平衡点的稳定性(运动稳定性)和结构稳定性。

平衡点的稳定性是考虑一个具体的运动状态在受到扰动后的运动行为问题，所讨论的是系统在给定的一种具体运动状态下的性质，结论只有两个：稳定或不稳定。

结构稳定性考虑整个系统在受到扰动后，若仍然保持运动的拓扑性不变，则称系统是稳定的，否则系统是不稳定的。所研究的对象是整个动力系统，是系统所有运动状态的性质。结构稳定性更注重于系统会出现的结构不稳定形式的研究，以及各种结构不稳定形式下系统的动态行为的研究。与平衡点的稳定性相比，结构稳定性更能深刻、全面地反映系统的整体稳定性，其结构不稳定条件必定包含平衡点的稳定性的临界条件。

若按照状态向量在状态空间的区域大小来划分非线性系统的稳定性，则其分类有：局部稳定性、有限稳定性、全局稳定性。

1) 局部稳定性

当系统遭受扰动后仍回到围绕平衡点的小邻域内，则该系统在这个平衡点上是局部稳定的。如果随着 t 的增加，系统返回到原始状态(原始平衡点)，则系统是局部渐近稳定的。

2) 有限稳定性

如果系统的状态保留在一个有限区域 R 内，则认为在 R 内是稳定的；假设系统状态在 R 内的任何点出发仍能回到原始平衡点，则认为它在有限区域 R 内是渐近稳定的。

3) 全局稳定性

当系统遭受扰动后，系统的状态仍保留在整个有限空间 R 内，则系统是全局稳定的。如果随着 t 的增加，系统返回到原始平衡点，则系统是全局渐近稳定的。

若系统遭受的是小扰动，则可以通过把非线性系统方程在所关注的平衡点处线性化来进行研究；若系统遭受的是大扰动，则必须通过显式求解系统微分方程或李雅普诺夫第二定理(直接法)来判断系统的稳定性。

3.2.2 非线性动力系统运动稳定性

1. 平衡点的稳定性[2]

动力系统的奇点(或平衡点)：它是动力系统变量的一组值，关于这组值，系统不随时间变化而变化，即平衡点是不随时间而变化的解。

考虑微分方程

$$\dot{x}=f(x);\ \ f:W\to R^n;\ \ W\subset R^n\text{开集} \tag{3-4}$$

式中，$\dot{x}=\mathrm{d}x/\mathrm{d}t$；$f$ 具有 n 阶连续导数的可微映射；对于点 $x_\mathrm{e}\in W$，若 $f(x_\mathrm{e})=\mathrm{d}x_\mathrm{e}/\mathrm{d}t=0$，则称 x_e 为式(3-4)的一个解。如果 W 是 $\dot{x}=f(x)$ 所描述系统的状态空间，则 x_e 是非线性系统的一个平衡状态。因为一个确定的状态对应着状态空间的一个确定的点，故平衡状态 x_e 又称为平衡点。

若将 $f(x_\mathrm{e})$ 的几何意义理解为速度向量场，因为 x_e 是 $f(x)=0$ 的一组解，即在 x_e 这点上，系统所有状态变量 $x_1,x_2,\cdots,x_n$ 的运动速度皆为零，即

$$
\begin{aligned}
\frac{\mathrm{d}x_1}{\mathrm{d}t} &= f_1(x_{e1}, x_{e2}, \cdots, x_{en}) = 0 \\
\frac{\mathrm{d}x_2}{\mathrm{d}t} &= f_2(x_{e1}, x_{e2}, \cdots, x_{en}) = 0 \\
&\vdots \\
\frac{\mathrm{d}x_n}{\mathrm{d}t} &= f_n(x_{e1}, x_{e2}, \cdots, x_{en}) = 0
\end{aligned}
\tag{3-5}
$$

这意味着，系统在 x_e 处，不考虑外界干扰作用的前提下，系统的状态将没有任何变化趋势。

假定 f 是线性的：$W = R^n$ 且 $\dot{x} = f(x) = Ax$，线性系统只有一个平衡点，即坐标原点。因为其状态方程形式为 $\dot{x} = Ax$，故 $x_e = 0$。所以，对于线性系统，若在 $x_e = 0$ 处系统是稳定的，则整个系统就是稳定的。由 Lyapunov 第一定理可知：线性系统稳定的充要条件是线性系统状态矩阵 A 的特征值实部小于零，即 $\mathrm{Re}(\lambda_i) < 0, i = 1, 2, 3, \cdots, n$。

将式(3-4)在奇点 x_e 处泰勒级数展开，将 f 在 x_e 处的导数 $Df(x_e) = A$ 看作在 x_e 附近趋近于 f 的线性向量场，称 A 为 f 在 x_e 的线性部分。若 $Df(x_e)$ 的所有特征值都有负实部，则称平衡点 x_e 是收点。由于非线性系统一般有多个平衡点，因而方程 $f(x) = 0$ 一般有多组解。因此，对于非线性系统的稳定性，只是系统相对于某个平衡点 x_e 处的稳定性。

定义 3.1　设 ϕ_t 代表微分方程(3-4)对所有的 $t \in R$ 都是有定义的流。式(3-4)的一个平衡点 x_e 是稳定的，如果对任意给出的 $\varepsilon > 0$，存在 $\delta > 0$，使得对所有的 $x \in N_\delta(x_e)$ 和 $t > 0$ 都有 $\phi_t(x) \in N_\varepsilon(x_e)$。否则，称 x_e 为不稳定平衡点；若 x_e 是稳定的，如果存在 $\delta_1 > 0$，使得对所有的 $x \in N_{\delta_1}(x_e)$，有 $\lim\limits_{t \to \infty} \phi_t(x) = x_e$，则称 x_e 为渐近稳定的。

定理 3.1　若 x_e 是非线性系统(3-4)的汇点，并且矩阵 $Df(x_e)$ 所得特征值 λ_i 的实部 $\mathrm{Re}(\lambda_i) < -\alpha < 0$，则对于任给的 $\varepsilon > 0$，存在 $\delta > 0$，使得对所有的 $x \in N_\delta(x_e)$，式(3-5)的流 ϕ_t 对所有的 $t > 0$ 满足 $\left|\phi_t(x) - x_e\right| \leqslant \varepsilon \mathrm{e}^{-\alpha t}$。

定理 3.2　若 x_e 是式(3-4)的稳定平衡点，则 $Df(x_e)$ 没有正的特征值。

定理 3.3　设 $W \subset E$ 是开的且 $f: W \to E$ 连续可微。假定 $f(x_e) = 0$ 且 x_e 是方程 $\dot{x} = f(x)$ 的平衡点，则 $Df(x_e)$ 的特征值没有正实部。若导数 $Df(x_e)$ 不具有实部为零的特征值，则称平衡点 x_e 是双曲的。

推论 3.1　双曲平衡点是不稳定或渐近稳定的。

2. Lyapunov 函数[3]

在上节我们定义了动力系统 $\dot{x}=f(x)$ 的平衡点 x_e 的稳定性和渐近稳定性，其中，$f:W\to R^n$ 是开集 $W\subset R^n$ 上的 C^1 的映射。判断 x_e 是一个收点，可通过考察线性算子 $Df(x_e)$ 的特征值判定其稳定性，但对于电力系统这样一个大系统来说，系统阶数很高，容易造成维数灾，即使找到所有的解也没有办法确定解的稳定性。

由 Lyapunov 直接法我们可以通过构造非线性系统的 Lyapunov 函数来判别系统在平衡点邻域的稳定性以避免求解电力系统的微分方程。

定理 3.4 设 $x_e\in W$ 是式(3-1)的一个平衡点。设 $V:U\to R$ 是定义在 x_e 邻域 $U\subset W$ 上的一个连续函数，在 $U-x_e$ 上可微，且使得

(1) $V(x_e)=0$，且$x\neq x_e$时$V(x)>0$；

(2) 对所有的 $x\in U-x_e$，$\dot{V}(x)\leqslant 0$，则 x_e 是稳定的；

(3) 对所有的 $x\in U-x_e$，$\dot{V}(x)<0$，则 x_e 是渐近稳定的；

(4) 对所有的 $x\in U-x_e$，$\dot{V}(x)>0$，则 x_e 是不稳定的。

满足(1)、(2)的函数 V 称为 x_e 的 Lyapunov 函数，若(3)也成立则称 V 为严格条件下的 Lyapunov 函数，在此情况下 x_e 一定是孤立的平衡点。

需要指出的是，目前尚没有构造 Lyapunov 函数的通用方法，每种方法都需要反复试验和一定的求解技巧。

3.2.3 非线性动力系统结构稳定性

结构稳定性问题是动力系统理论的中心课题之一，并且对实际应用中的非线性系统稳定性研究十分重要。所谓结构稳定性或鲁棒性是指当动力系统受到小扰动后拓扑结构保持不变的特性；而与结构稳定性问题密切相关的问题之一就是所谓的分叉问题，当某个动力系统结构不稳定时，任意小的扰动都可能使系统的拓扑结构发生改变，这种变化即为分叉。

1. 非线性动力系统的分叉[4]

对于含参量(控制变量)的动力系统，当参量变动并经过某些临界值时，系统的定性性态(如平衡状态、稳定性等)会发生突然变化，这种变化称为分叉(bifurcation)。分叉是一类常见的重要非线性现象，并与其他非线性现象(如混沌、分形、突变等)密切相关。

分叉：当系统受到小的扰动时，其拓扑结构发生变化，即扰动后的系统与原系统不拓扑等价，这种现象就是分叉。若向量场为含参数的向量场，即 $F(x,\mu)$，$x\in U\subset R^n,\mu\in J\subset R^m$，如果 $\mu_0\in J$，在 μ_0 的任意小 ε 邻域中均存在 $\mu_0\neq\mu_1$，使

向量场 $F(x,\mu_0)$ 与向量场 $F(x,\mu_1)$ 不拓扑等价，则称含参数向量场的 $F(x,\mu)$ 在 μ_0 处发生分叉现象，称 μ_0 为分叉值，(x,μ_0) 称为分叉点。

定理 3.5　设 $f:W\to R^n$ 为开集 $W\supset D^n$ 上的 C^1 向量场，它具有下列性质。

(1) f 有一个平衡点 $x_{\mathrm{e}}\in D^n$，恰好是一个收点；

(2) f 沿 D^n 的边界 ∂D^n 指向内侧，即当 $x\in\partial D^n$ 时 $\left[f(x),x\right]<0$；

(3) 对所有 $x\in D^n$，$\lim\limits_{t\to\infty}\phi_t(x)=x_{\mathrm{e}}$，其中 ϕ_t 是 f 的流；

则 f 在 D^n 上的拓扑结构是稳定的，其中 $D^n\triangleq\left\{x\in R^n \middle| \ \|x\|\leqslant 1\right\}$。

为便于理解，本小节主要介绍有限维欧氏空间 R^n 中含参数动力系统分叉的一些基本概念。对于含参数(参量)的非线性动力系统

$$\dot{x}=f(x,\mu),\qquad x\in R^n,\ \mu\in R^m \tag{3-6}$$

式中，x 是状态变量，μ 是分叉参量(亦称控制变量)。

当参数 μ 连续变化且通过 μ_0 时，如果系统(3-6)失去结构稳定性，即系统的定性性态(拓扑结构)发生突然变化，则称该系统在 μ_0 处出现分叉，μ_0 成为分叉值。为清晰描述由分叉所引起的系统定性性态变化的情况，可在 (x,μ) 空间中画出该系统的极限集(如平衡点)随参数 μ 变化的图形，这种图形称为分叉图，它反映了动力系统的定性性态随参数变化的情况。

一般来说，完整的分叉分析需要了解动力系统的全局拓扑结构，这是十分复杂的，甚至是难以做到的。实际应用中，有时只需考虑在某个平衡点附近动力系统拓扑结构的变化，即只研究在它们的邻域内局部向量场的分叉。这类分叉问题称为局部分叉(平衡点分叉)。如果分叉分析涉及向量场的大范围拓扑结构，则称为全局分叉[5]。

下面以单参数动力系统为例，介绍两种典型的平衡点分叉，并设参数 μ 是标量。

1) 鞍节(saddle-node)分叉

考虑如式(3-7)的系统在点 $(x,\mu)=(0,0)$ 出现分叉：

$$\dot{x}=\mu-x^2,\qquad x\in R,\ \mu\in R \tag{3-7}$$

当 $\mu=0$ 时，此系统有非双曲平衡点 $O(0,0)$。因为其向量场 $f(x,\mu)$ 在该处的导算子 $Df(0,0)=\begin{pmatrix}0 & 0\\ 0 & -1\end{pmatrix}$ 有零特征值。此系统在 $\mu<0$ 无平衡点；对 $\mu=0$ 有一个在原点处的平衡点(鞍结点)；而对于 $\mu>0$ 有两个平衡点：一个是结点，另一个是鞍点。

2) 霍普夫(Hopf)分叉

考虑系统

$$\begin{aligned}\dot{x} &= -y + x[\mu - (x^2 + y^2)] \\ \dot{y} &= x + y[\mu - (x^2 + y^2)]\end{aligned} \qquad (x,y) \in R^2 \tag{3-8}$$

此系统对任何 $\mu \in R$ 都只有一个平衡点 $O(0,0)$，向量场在该处的导算子为

$$Df(0,0,\mu) = \begin{pmatrix} \mu & -1 \\ 1 & \mu \end{pmatrix} \tag{3-9}$$

当 $\mu=0$ 时，$Df(0,0,0)$ 有一对纯虚特征值 $\pm i$，因而点 O 是非双曲平衡点。事实上，当 $\mu \leqslant 0$ 时，点 O 是稳定交点；当 $\mu > 0$ 时，点 O 是不稳定交点。因此，当 μ 增加并经过 $\mu=0$ 时，虽然平衡点的数目没有变化，但它由稳定变为不稳定，即稳定性发生突变；此外，还有一个稳定极限环突然从平衡点处"冒出"。这种分叉称为 Hopf 分叉。

在单参数控制下的非线性动力系统中只有两种分叉，一种是鞍结点分叉(属于静分叉)，一种是 Hopf 分叉(属于动分叉)。

电力系统实际上是一个含多参数的非线性动力系统，当其参数发生变化时，系统的稳定性将会受到影响。因此，研究含参数向量场中的电力系统分叉现象，可以深入了解电力系统失稳的一系列详细过程，并根据这一过程采取对应的防御系统失稳的措施。

2. 中心流形定理

中心流形定理提供了一种降低所研究系统维数的方法，它在研究系统的分叉问题方面有着重要作用[6]。在运动稳定性中，当奇点的线性算子的特征根实部都不是零时，其稳定性可通过 Lyapunov 稳定性来确定。当有零特征根时，就不能用 Lyapunov 稳定性来判断，但可以用中心流形定理来判断。中心流形定理在线性微分方程中使用十分简单，这是因为线性算子的特征值对应的特征向量可以分成三部分：一部分是实部大于零的特征值对应的特征向量构成的扩张子空间；一部分是实部小于零的特征值对应的特征向量所构成的收缩子空间；最后一部分是实部为零的特征值对应的特征向量构成的周期轨。中心流形定理的这种分解可以推广到非线性系统中，对于平面和三维系统，可以直接画出相图。然而，对于高维系统只能抽象地画出相图。在非线性系统中很难得到像线性系统情况下，奇点的线性算子的所有正实部特征根对应的特征向量张成一个解子空间，其原因有：第一，在非线性系统的解空间中没有代数运算；第二，一般不存在这样的整体空间。因此，将用局部不变流形的概念来代替不变子空间。

定义 3.2　如果对于任何 $x_0 \in S, S \subset R^n$，在 $t=0$ 时，该方程组过 x_0 点的解 $x(t,0,x_0) \in S$（对所有可能的时间 $t \in R$），则 R^n 中的子集 S 称为微分方程组 $\dot{x}=f(x)$ 的一个不变子流形。

例　考虑平面系统

$$\begin{aligned} \dot{x} &= -y + x[u-(x^2+y^2)] \\ \dot{x} &= x + y[u-(x^2+y^2)] \end{aligned} \tag{3-10}$$

式中，$u>0$。显然，圆周 $x^2+y^2=u$ 是该方程组的一个解。因此，该圆周、圆周的内部以及圆周的外部都是该方程的不变流形。

设 x_e 是方程(3-10)的一个奇点，令 $y=x-x_e$，将式(3-10)泰勒级数展开则有

$$\dot{y} = f(y+x_e) = Df(x_e)y + R(y) \tag{3-11}$$

式中，$R(y)=O(|y|^2)$，记 $A=D(f(x_e))$，那么方程(3-11)可以写为

$$\dot{y} = Ay + R(y) \tag{3-12}$$

由线性代数知识可知存在矩阵 T，使得

$$T^{-1}AT = \begin{bmatrix} A_s & 0 & 0 \\ 0 & A_u & 0 \\ 0 & 0 & A_c \end{bmatrix} \tag{3-13}$$

式中，$A_s \in R^s$，其所有特征值的实部都小于零；$A_u \in R^u$，且其所有特征值的实部都大于零；$A_u \in R^c$，且其所有特征值的实部都等于零。其中 $s+u+c=n$。于是方程(3-13)可改写为

$$\dot{y} = T\begin{bmatrix} A_s & 0 & 0 \\ 0 & A_u & 0 \\ 0 & 0 & A_c \end{bmatrix}T^{-1}y + R(y) \tag{3-14}$$

即

$$T^{-1}\dot{y} = \begin{bmatrix} A_s & 0 & 0 \\ 0 & A_u & 0 \\ 0 & 0 & A_c \end{bmatrix}T^{-1}y + T^{-1}R(y) \tag{3-15}$$

令 $T^{-1}y=(u,v,w)^T \in R^s \times R^u \times R^c = R^n$，则式(3-14)可进一步表示为

$$\begin{bmatrix} \dot{u} \\ \dot{v} \\ \dot{w} \end{bmatrix} = \begin{bmatrix} A_s & 0 & 0 \\ 0 & A_u & 0 \\ 0 & 0 & A_c \end{bmatrix} \begin{bmatrix} u \\ v \\ w \end{bmatrix} + \begin{bmatrix} R_s(u,v,w) \\ R_u(u,v,w) \\ R_c(u,v,w) \end{bmatrix} \tag{3-16}$$

将式(3-16)进一步采用分量形式描述为

$$\begin{aligned} \dot{u} &= A_s u + R_s(u,v,w) \\ \dot{v} &= A_u v + R_u(u,v,w) \\ \dot{w} &= A_c w + R_c(u,v,w) \end{aligned} \tag{3-17}$$

因此，对于非线性系统式(3-10)，在奇点 x_e 附近，可经过适当的线性变换将其化为式(3-17)，且其奇点 x_e 变为方程(3-17)的原点 $(u_0,v_0,w_0)=(0,0,0)$，式(3-17)在原点的线性化算子的特征值由各分块矩阵来决定。

定理 3.6 （局部不变流形和中心流形定理）设 A_s、A_u、A_c 各自特征值对应的特征向量张成的特征子空间分别为 E^s、E^u、E^c，那么存在奇点 $(u_0,v_0,w_0)=(0,0,0)$ 的邻域 U，及 U 中的 C^r -流形 $W^s_{\text{loc}}(0)$、$W^u_{\text{loc}}(0)$、$W^c_{\text{loc}}(0)$ 满足以下条件：

(1)在奇点处，分别与 E^s、E^u、E^c 相切；

(2)都是式(3-17)解的不变子流形；

(3)式(3-17)的解在 $W^s_{\text{loc}}(0)$ 是压缩的，而在 $W^u_{\text{loc}}(0)$ 上是扩张的；

(4) $W^s_{\text{loc}}(0)$ 及 $W^u_{\text{loc}}(0)$ 是唯一的，但 $W^c_{\text{loc}}(0)$ 不一定唯一；

(5) $\dim W^s_{\text{loc}}(0)=\dim E^s, \dim W^u_{\text{loc}}(0)=\dim E^u, \dim W^c_{\text{loc}}(0)=\dim E^c$。

可以证明，方程组(3-17)的解在奇点 x_e 附近拓扑等价于下列方程组 $\dot{\varepsilon}=g(\varepsilon)$，$\dot{\eta}=-\eta$，$\dot{\rho}=\rho$ 的解，（ε，η，ρ）$\in W^s_{\text{loc}}(0)\times W^u_{\text{loc}}(0)\times W^c_{\text{loc}}(0)$。因此，中心流形定理是在一维或二维空间中，寻找一个保留原 n 维系统的全部定性性质的简化系统对系统失去稳定性时的系统状态点的路径进行等值描述，起到约化维数的作用。

3.3　概率论和数理统计

3.3.1　概率论基础

在人们的实践活动中，所遇到的现象一般可以分为两类：确定性现象和随机现象。

确定性现象就是在一定的条件下，必然会出现某种确定性的结果。

随机现象就是在一定的条件下，可能会出现各种不同的结果，也就是说，在完全相同的条件下，进行一系列观测或实验，却未必出现相同的结果。

对于随机现象，人们通过实践观察证明，在相同的条件下，对随机现象进行大量的重复试验(观测)，其结果总能呈现出某种规律性。我们把随机现象的这种规律性称为随机现象的统计规律。

概率论就是研究随机现象统计规律的一门数学学科[7]。

1. 概率论的基本概念

在概率论中，我们将具有下述三个特点的试验称为随机试验(random experiment)。

(1)可以在相同的条件下重复地进行；

(2)每次试验的可能结果不止一个，并且能事先明确试验的所有可能结果；

(3)进行一次试验之前不能确定哪一个结果会出现。

随机试验是一种含义较为广泛的术语，它包括对随机现象进行观察、测量、记录和科学试验等。随机试验也简称为试验，记为 E。

对于随机试验，尽管在每次试验之前不能预知试验的结果，但试验的一切可能的结果是已知的，我们把随机试验 E 的所有可能结果组成的集合称为 E 的样本空间(sampling space)，记为 S。样本空间的元素，即 E 的每个结果，称为样本点(sampling point)。

在随机试验中，可能发生也可能不发生的事件就叫随机事件(random event)。

对于一个试验 E，在每次试验中必然发生的事件，称为 E 的必然事件(certain event)；在每次试验中都不发生的事件，称为 E 的不可能事件(impossible event)。空集 Φ 是不可能事件。必然事件与不可能事件虽已无随机性可言，但在概率论中，常把它们当做两个特殊的随机事件，这样做是为了数学处理上的方便。

定义 3.3　设 E 为任一随机试验，A 为其中任一事件，在相同条件下，把 E 独立的重复做 n 次，n_A 表示事件 A 在这 n 次试验中出现的次数(称为频数)。比值 $f_n(A)=n_A/n$ 称为事件 A 在这 n 次试验中出现的频率(frequency)。

定义 3.4　设有随机试验 E，若当试验的次数 n 充分大时，事件 A 的发生频率 $f_n(A)$ 稳定在某数 p 附近波动，且随着试验次数 n 的增加，其波动幅度越来越小，则称 p 为事件的概率(probability)，记为：$P(A)=p$。

定义 3.5　设 A、B 是两个事件，且 $P(A)>0$，称 $P(B \mid A)=P(AB)/P(A)$ 为在事件 A 发生的条件下事件 B 发生的条件概率(conditional probability)。

计算条件概率可选择以下两种方法之一：

(1)在缩小后的样本空间 S_A 中计算 B 发生的概率 $P(B \mid A)$。

(2)在原样本空间S中，先计算 $P(AB)$、$P(A)$，再按公式 $P(B \mid A)=P(AB)/P(A)$ 计算，求得 $P(B \mid A)$。

定义 3.6　设 A、B 为同一样本空间 S 中的两个事件，若 $P(AB)=P(A)P(B)$，

则称A与B互相独立，简称A、B独立。

定义 3.7　设$A_1, A_2, \cdots, A_n (n \geqslant 2)$是$n$个事件，若对其中任意$k(2 \leqslant k \leqslant n)$个事件$A_{i1}, A_{i2}, \cdots, A_{ik}$有$P(A_{i1}A_{i2}\cdots A_{ik}) = P(A_{i1})P(A_{i2})\cdots P(A_{ik})$，则称这$n$个事件互相独立。

2. 随机变量及其数字特征

在随机试验中，若把试验中观察的对象与实数值对应起来，即建立一种对应关系Y，使其对试验的每个结果e，都有一个实数$Y(e)$与之对应。这样，Y的取值随着试验的重复而变化，且试验前Y的取值无法预知，即Y是一个随机取值的变量。

定义 3.8　设E为一随机试验，S为E的样本空间，若对S中每个基本事件$\{e\}$都有唯一的实数Y与之对应，则称Y为随机变量。

引入随机变量后，就可以采用随机变量Y来描述随机事件。

定义 3.9　设Y是一个随机变量，y是任意实数，则函数$F\{y\} = p(Y \leqslant y)$称为$Y$的分布函数。

定义 3.10　设离散型随机变量Y可能取的值为$y_1, y_2, \cdots, y_n$，且Y取这些值的概率为：$P\{Y=y_k\} = p_k\ (k=1, 2, \cdots, n)$，则称上述一系列等式为随机变量$Y$的概率分布。

定义 3.11　设随机变量Y的分布函数为$F(y)$，如果存在一个非负可积函数$f(y)$使得对任意实数y，有$F(y) = \int_{-\infty}^{y} f(t)\mathrm{d}t$，则称$Y$为连续随机变量，而$f(y)$称为$Y$的分布密度函数(density function distribution)或概率密度函数(probability density function)，简称分布密度或概率密度。

定义 3.12　设离散型随机变量Y的分布律为$P(Y=y_k) = p_k\ (k=1,2,\cdots, n,\cdots)$，若级数$\sum_{k=1}^{\infty} y_k p_k$绝对收敛，则称其为随机变量$Y$的数学期望(mathematical expectation)或均值(average)。记为$E(Y) = \sum_{k=1}^{\infty} y_k p_k$。若级数$\sum_{k=1}^{\infty} y_k p_k$发散，则称随机变量$Y$的数学期望不存在。

定义 3.13　设连续型随机变量Y的分布密度函数为$f(y)$，若积分$\int_{-\infty}^{+\infty} yf(y)\mathrm{d}y$绝对收敛，则称其为$Y$的数学期望或均值，记为$E(Y)$，$E(Y) = \int_{-\infty}^{+\infty} yf(y)\mathrm{d}y$。

定义 3.14　设Y是随机变量，若$E[Y - E(Y)]^2$存在，则称其为Y的方差，记为$D(Y)$，即$D(Y) = E[Y - E(Y)]^2$，称$\sqrt{D(Y)}$为Y的均方差或标准差，记为σ_Y。

由方差的定义可以看出，随机变量 Y 的方差描述 Y 的取值与其数学期望的偏离程度。

对于离散型随机变量 Y，设其分布律为 $P\{Y=y_k\}=p_k$ $(k=1,2,\cdots,n,\cdots)$，按方差的定义，有 $D(Y)=\sum_{k=1}^{\infty}[y_k-E(Y)]^2 p_k$。

对于连续型随机变量 Y，设其分布密度为 $f(y)$，有 $D(Y)=\int_{-\infty}^{+\infty}[y-E(Y)]^2 f(y)\mathrm{d}y$。

随机变量的方差可以按 $D(Y)=E(Y^2)-[E(Y)]^2$ 计算。

3.3.2 数理统计基础[8]

数理统计学是概率论在实际问题中的应用和发展，概率论是在已知(或假设已知)随机变量 X 的概率分布的条件下研究随机变量 X 的各种性质，而数理统计是在对随机事件概率、随机变量的概率分布和数字特征未知的条件下对随机变量的性质进行推断。

1. 数理统计的基本概念

数理统计学将研究对象的全体称为总体，而组成总体的每一个对象称为个体。总体根据所包含的个体数量是有限个或无限个，又分为有限总体和无限总体。总体是一个具有确定概率分布的随机变量，常用大写字母 X、Y 来表示，而单个个体则是随机变量的一次观测值。由于总体的概率分布是确定的，但其参数全部或部分未知，为研究总体的情况，必须在总体中抽取一定数量的个体进行观测，这个过程称为抽样(或采样、取样)。从总体 Y 中抽取的 n 个个体观测值 $(y_1,y_2,\cdots,y_n)$ 称为取自总体 Y 的一个样本，样本中个体的数量 n 称为样本容量。样本是对总体进行统计分析和推断的依据，它在抽样之前是一个(n 维)随机变量，进行一次具体的抽样之后它就是一个数组，这就是样本的二重性。为使样本能够很好地反映总体，抽样得到的个体应具有独立性和代表性，凡是满足这两个条件的所得样本称为简单随机样本。

定义 3.15　设随机变量 $Y_1,Y_2,\cdots,Y_n$ 相互独立，且每一个 $Y_i(i=1,2,\cdots,n)$ 与总体 Y 有相同的概率分布，则称 $(Y_1,Y_2,\cdots,Y_n)$ 为来自总体 Y 的容量为 n 的简单随机样本。

数理统计中研究的样本基本上都是简单随机样本。简单随机样本可利用概率论中对独立同分布的随机变量序列所建立的很多重要的定理为数理统计提供必要的理论基础。

定理 3.7　若 $(Y_1,Y_2,\cdots,Y_n)$ 为来自总体 Y 的样本，设 Y 的分布函数为 $F(y)$，则样本 $(Y_1,Y_2,\cdots,Y_n)$ 的联合分布函数为 $\prod_{i=1}^{n}F(y_i)$。

定义 3.16　设 $(Y_1,Y_2,\cdots,Y_n)$ 为取自总体 Y 的一个样本，$T(Y_1,Y_2,\cdots,Y_n)$ 为定义

在$(Y_1,Y_2,\cdots,Y_n)$不含任何未知参数的一个实值函数，则称$T=T(Y_1,Y_2,\cdots,Y_n)$为一个统计量。

统计量是样本的实值函数，由样本的二重性决定统计量也具有二重性，即统计量$T(Y_1,Y_2,\cdots,Y_n)$也是具有确定性的概率分布的随机变量，称之为抽样分布。

在工程应用中常用的重要统计量有：样本均值、样本方差、样本标准差、样本k阶原点矩、样本k阶中心矩，其定义如下。

定义 3.17 设$(Y_1,Y_2,\cdots,Y_n)$是从总体Y中抽取的一个样本，下列统计量分别称为

样本均值：$\overline{Y}=\dfrac{1}{n}\sum\limits_{i=1}^{n}Y_i$

样本方差：$S^2=\dfrac{1}{n-1}\sum\limits_{i=1}^{n}(Y_i-\overline{Y})^2$

样本标准差：$S=\sqrt{\dfrac{1}{n-1}\sum\limits_{i=1}^{n}(Y_i-\overline{Y})^2}$

样本k阶原点矩：$M_k=\dfrac{1}{n}\sum\limits_{i=1}^{n}Y_i^k$， $k=1,2,\cdots$

样本k阶中心矩：$M'_k=\dfrac{1}{n}\sum\limits_{i=1}^{n}(Y_i-\overline{Y})^k$， $k=2,3,\cdots$

计算抽样样本统计量是为了得到某个(或某几个)数量指标以及该指标在总体中的概率分布情况(即分布函数)来研究总体的统计特性。总体的分布函数称为理论分布函数，样本的分布函数称为经验分布函数。

定义 3.18 设$(Y_1,Y_2,\cdots,Y_n)$为取自总体Y的一个样本，$(y_1,y_2,\cdots,y_n)$是样本的一个观测值，将这些值按从小到大的顺序排列成$y_1\leqslant y_2\leqslant\cdots\leqslant y_n$。

并作函数

$$F_n(y)=\begin{cases}0\ , & y<y(k)\\ \dfrac{k}{n}\ , & y(k-1)\leqslant y\leqslant y(k)\\ 1\ , & y\geqslant y(n)\end{cases}$$

称$F_n(y)$为总体Y的经验分布函数。

由格列汶科定理可知，当样本容量n足够大时，可用样本的经验分布函数去估计总体的理论分布函数，这是数理统计中样本进行估计和推断的理论依据。数理统计中常见的概率分布有：χ^2分布、t分布、F分布。

定义 3.19 设$X_1,X_2,\cdots,X_n$为n个$(n\geqslant 1)$相互独立的随机变量，且都服从标准正态分布$N(0,1)$，$Y=\sum\limits_{i=1}^{n}X_i^{\ 2}$，则随机变量$Y$的分布称为自由度为$n$的$\chi^2$分布，

记为 $\chi^2(n)$。任何服从 $\chi^2(n)$ 分布的随机变量 Y 称为自由度为 n 的 χ^2 变量，简称 χ^2 变量，并记作 $Y \sim \chi^2(n)$。

定义 3.20　设随机变量 X、Y 相互独立，且 $X \sim N(0,1)$，$Y \sim \chi^2(n)$，则称随机变量 $T = \dfrac{X}{\sqrt{Y/n}}$ 所服从的分布为自由度为 n 的 t 分布，记为 $t(n)$。

定义 3.21　设随机变量 X、Y 相互独立，且 $X \sim \chi^2(n), Y \sim \chi^2(m)$，则称随机变量 $F = \dfrac{X/n}{Y/m} = \dfrac{m}{n}\dfrac{X}{Y}$ 所服从的分布为第一自由度为 n，第二自由度为 m 的 F 分布，记为 $F(n,m)$。

2. 参数估计[9]

数理统计的核心是统计推断问题，统计推断是根据样本所提供的信息，为总体的分布以及分布的数字特征作出推断，这个问题的一类是已知总体的分布类型，求总体的参数。例如，已知一个总体是泊松分布 $\xi \sim P(\lambda)$，λ 未知，只要对 λ 作出推断，也就对总体的分布作出了推断。通过矩估计、极大似然估计等点估计的方法来对参数进行估计，用无偏性、有效性、相合性的估计量评价标准来评价针对不同的点估计方法所得到的估计量的优劣性。参数估计的另一类是总体的分布类型未知，通过区间估计来求出估计值的误差范围和估计的可信程度，尽可能精确、可靠推断出总体的参数信息。

定义 3.22　设 $Y_1, Y_2, \cdots, Y_n$ 为总体 Y 的样本，$y_1, y_2, \cdots, y_n$ 为样本观测值，θ 为总体 Y 的一个未知参数，统计量 $T(y_1, y_2, \cdots, y_n)$ 为 θ 的估计值，统计量 $T(Y_1, Y_2, \cdots, Y_n)$ 为 θ 的估计量。θ 的估计量和估计值统称为 θ 的估计，记为 $\hat{\theta}$，这种寻求未知参数的估计值与估计量的方法称为参数的点估计。

点估计中的矩估计法是利用总体 Y 的 k 阶矩 $E(Y^k)$ 存在且有限，用样本矩函数对总体的未知参数估计，而极大似然估计是将随机试验中使试验结果中概率最大的事件 A 出现的概率最大的参数值作为参数的估计值。

定义 3.23　设 $\hat{\theta} = \hat{\theta}(Y_1, Y_2, \cdots, Y_n)$ 是 θ 的一个估计量，若对任意的 $\theta \in \Theta$ 都有 $E(\widehat{\theta}) = \theta$，则称 $\hat{\theta}$ 为 θ 的无偏估计。无偏估计表示 $\hat{\theta}$ 围绕被估计参数 θ 波动，以至平均误差为零，即用 $\hat{\theta}$ 估计 θ 时没有系统性误差。

定义 3.24　设 $\hat{\theta}_1 = \hat{\theta}_1(Y_1, Y_2, \cdots, Y_n)$ 和 $\hat{\theta}_2 = \hat{\theta}_2(Y_1, Y_2, \cdots, Y_n)$ 是 θ 的两个无偏估计量，如果对一切 $\theta \in \Theta$ 都有 $D(\hat{\theta}_1) \leqslant D(\hat{\theta}_2)$，且在 Θ 中至少有一个 θ 使不等式严格成立，则称 $\hat{\theta}_1$ 比 $\hat{\theta}_2$ 有效。

定义 3.25　设对每个自然数 n，$\hat{\theta}_n = \hat{\theta}_n(Y_1, Y_2, \cdots, Y_n)$ 是 θ 的一个估计量，如果

$\hat{\theta}_n$ 依概率收敛于 θ，任意的 $\varepsilon > 0$，对于一切 $\theta \in \Theta$ 恒有 $\lim\limits_{n\to\infty} P\left\{\left|\hat{\theta}_n - \theta\right| \geqslant \varepsilon\right\} = 0$，则称 $\hat{\theta}_n$ 是 θ 的相合估计。相合性反映了随着样本容量的增大，一个好的估计量与被估计参数任意接近的可能性随之增大。

定义 3.26 设总体 Y 的分布函数 $F(y,\theta)$ 含有一个未知参数 θ，对于给定的 α 值 $(0<\alpha<1)$，若由样本 $Y_1,Y_2,\cdots,Y_n$ 确定的两个统计量 $\hat{\theta}_1 = \hat{\theta}_1(Y_1,Y_2,\cdots,Y_n)$ 和 $\hat{\theta}_2 = \hat{\theta}_2(Y_1,Y_2,\cdots,Y_n)$ 满足 $P(\hat{\theta}_1 < \theta < \hat{\theta}_2) = 1-\alpha$，则称随机区间 $(\hat{\theta}_1,\hat{\theta}_2)$ 为参数 θ 的置信水平为 $1-\alpha$ 的置信区间，$\hat{\theta}_1$、$\hat{\theta}_2$ 分别为置信下限和置信上限，$1-\alpha$ 为置信度。

3.3.3 随机过程

随机过程是概率论的继续和发展，被称为概率论的“动力学”部分。它的研究对象是随时间演变的随机现象，用数学语言来表达，就是事物变化的过程不能用一个(或几个)时间的确定性函数加以描述，从另一个角度来看，对事物变化的全过程进行一次观察得到的结果是一个时间的函数，但对同一事物的变化过程独立地重复进行多次观察所得的结果是不相同的，而且每次观察之前试验结果是未知的。

1. 随机过程的基本概念

定义 3.27 设 (Ω,∂,ℓ) 是一个概率空间，T 是一个实参数，定义在 ℓ 和 T 上的二元函数 $Y(\omega,t)$ 如果对于任意的 $t \in T$，$Y(\omega,t)$ 是 (Ω,∂,ℓ) 上的随机变量，则称 $\{Y(\omega,t),\omega\in\ell,t\in T\}$ 为该概率空间上的随机过程，简记为 $\{Y(t),t\in T\}$。

定义 3.28 设 $\{Y(t),t\in T\}$ 是随机过程，当 t 固定时，$Y(t)$ 是随机变量，记为 $\{Y(t), t\in T\}$ 在 t 时刻的状态，随机变量 $Y(t)$（t 固定，$t\in T$）所有可能的取值构成的集合，称为随机变量的状态空间。

定义 3.29 设 $\{Y(t),t\in T\}$ 是随机过程，当 $\omega\in\ell$ 固定时，$Y(t)$ 是定义在 T 上的不具有随机性的普通函数，记为 $y(t)$，称为随机过程的一个样本函数。

随机过程可以根据参数集和状态空间是离散集还是连续集分为四大类：离散参数、离散状态的随机过程；离散参数、连续状态的随机过程；连续参数、离散状态的随机过程；连续参数、连续状态的随机过程。随机过程是概率论的继续，通常以求该过程的有限维分布函数族的方法来研究统计的特性。随机过程的有限维分布函数族能够完整地描述随机过程的概率特征[10]。

定义 3.30 设 $\{Y(t),t\in T\}$ 是随机过程，对任意固定的 $t_1,t_2,\cdots,t_n\in T$，$Y(t_1),Y(t_2),\cdots,Y(t_n)$ 是 n 个随机变量，称 $F(t_1,t_2,\cdots,t_n;y_1,y_2,\cdots,y_n) = P(Y(t_1)\leqslant y_1,\ Y(t_2)\leqslant y_2,\cdots,Y(t_n)\leqslant y_n)$，$Y_i\in R,\ t_i\in T,\ i=1,2,\cdots,n$ 为随机过程 $\{X(t),t\in T\}$ 的有限维分布函数。

定义 3.31　设$\{Y(t),t\in T\}$是随机过程，其一维分布函数、二维分布函数、……、n维分布函数的全体

$$F=\{F(t_1,t_2,\cdots,t_n;y_1,y_2,\cdots,y_n),\ y_i\in R,\ t_i\in T,\ i=1,2,\cdots,n,\ n\in N\}$$

称为随机过程$\{Y(t),t\in T\}$的有限维分布函数族。

同随机变量一样，由于实际的困难和研究的目的，在实际应用中也采用数字特征来描述随机过程的统计特性。

定义 3.32　设$\{Y(t),t\in T\}$是一随机过程，$\forall t\in T,Y(t)$是一个随机变量，常用的数字特征定义如下：

随机过程的均值函数　$m_y(t)=E[Y(t)]=\int_{-\infty}^{+\infty}y(t)\mathrm{d}F(t;y),\ \ t\in T$

随机过程的方差函数　$D_y(t)=D[Y(t)]=E[Y(t)-m_y(t)]^2,\ \ t\in T$

随机过程的协方差函数

$$\begin{aligned}C_y(s,t)=\mathrm{cov}(Y(s),Y(t))&=E[(Y(s)-m_y(s))(Y(t)-m_y(t))]\\&=E[Y(s)Y(t)]-m_y(s)m_y(t),\quad s,t\in T\end{aligned}$$

随机过程的相关系数　$R_y(s,t)=E[Y(s)Y(t)]\quad s,t\in T$

随机过程的均方值函数　$\phi_y(t)=E[Y(t)]^2\quad s,t\in T$

随机过程数字特征的关系为　$C_y(s,t)=R_y(s,t)-m_y(s)m_y(t),\quad s,t\in T$

$$\phi_y(t)=R_y(t\ ,t),\quad t\in T$$

$$D_y(t)=C_y(t\ ,t),\quad t\in T$$

从上述随机过程数字特征的关系中可以看出，均值函数和相关函数是随机过程的两个本质数字特征，其他的数字特征可以通过这两个数字特征获取。另外，随机过程的均值函数称为随机过程的一阶矩，均方值函数称为随机过程的二阶矩。显然，相关函数、协方差函数、方差函数也是随机过程的一种二阶矩。重要的几类随机过程有：二阶矩过程、正态过程、正交增量过程、独立增量过程、维纳(Wiener)过程、泊松(Poisson)过程、平稳过程、马尔可夫过程[11]。

定义 3.33　如果随机过程$\{Y(t),t\in T\}$的一阶、二阶矩存在(有限)，则称$\{Y(t),t\in T\}$是二阶矩过程。

定理 3.8　若$\{Y(t),t\in T\}$为二阶矩过程，则相关函数$R_y(s,t)$具有下列性质：

共轭对称性　$\overline{R_y(s,t)}=R_y(s,t),\ \ s,t\in T$

非负定性　对于任意的$n\geqslant 1$，任意$t_1,t_2,\cdots,t_n\in T$和任意的复数$\lambda_1,\lambda_2,\cdots,\lambda_n$，

有$\sum_{k=1}^{n}\sum_{l=1}^{n}R_y(t_k,t_l)\lambda_k\lambda_l \geqslant 0$。

定义 3.34　随机过程$\{Y(t),t\in T\}$，如果对于任意$n\geqslant 1$和任意$t_1,t_2,\cdots,t_n\in T$，$(Y(t_1),Y(t_2),\cdots,Y(t_n))$是$n$维正态随机变量，则称$\{Y(t),t\in T\}$为正态过程。

定义 3.35　设$\{Y(t),t\in T\}$是一个二阶矩过程，如果对于任意的$t_1<t_2<t_3<t_4\in T$，有$E[\overline{(Y(t_2)-Y(t_1))}(Y(t_4)-Y(t_3))]=0$，则称$\{Y(t),t\in T\}$为一正交增量过程。

定义 3.36　设$\{Y(t),t\in T\}$是一个随机过程，如果对任意的$t_1<t_2<\cdots<t_n\in T$，$Y(t_2)-Y(t_1),Y(t_3)-Y(t_2),\cdots,Y(t_n)-Y(t_{n-1})$是相互独立的随机变量，则称$\{Y(t),t\in T\}$是独立增量过程。

定理 3.9　独立增量过程的有限维分布函数由其一维分布函数和增量分布函数确定。

定义 3.37　若随机过程$\{W(t),t\geqslant 0\}$满足下列三个条件：

(1) $W(0)=0$；

(2) $\{W(t),t\geqslant 0\}$是平稳的独立增量过程；

(3) $\forall 0\leqslant s<t;W(t)-W(s)\sim N(0,\sigma^2(t-s))$；

则$\{W(t),t\geqslant 0\}$是参数为σ^2的 Wiener 过程。

定理 3.10　Wiener 过程是正态过程。

定义 3.38　若计数过程$\{N(t),t\geqslant 0\}$满足如下条件：

(1) $N(0)=0$；

(2) $\{N(t),t\geqslant 0\}$是平稳的独立增量过程；

(3) $\forall 0\leqslant s<t,N(t)-N(s)$代表时间间隔$(t-s)$内发生的随机事件数；

则称$\{N(t),t\geqslant 0\}$是参数为$\lambda(\lambda>0)$的 Poission 过程。

2. 典型随机过程——马尔可夫过程[12]

马尔可夫过程是一种无后效性的随机过程，在已知过程的“现在”的条件分布下，其“将来”的条件分布不依赖于“过去”，即马尔可夫过程在时刻$t>t_0$所处的状态只与t_0有关而与t_0之前所处的状态无关。马尔可夫过程的参数集和状态空间可以是连续的或离散的，参数集和状态空间都是离散的马尔可夫过程称为马尔可夫链。

定义 3.39　设$\{Y_n,n\geqslant 0\}$是马尔可夫链，称$\{Y_n,n\geqslant 0\}$在n时处于状态i的条件下经过k步转移，于$n+k$时到达状态j的条件概率$p^{(k)}{}_{ij}(n)=P(Y_{n+k}=j\ |Y_n=i)$，$i,j\in S,\ n\geqslant 0,\ k\geqslant 1$为$\{Y_n,n\geqslant 0\}$的$k$步转移概率；称以$p_{ij}^{(k)}(n)$为第$i$行第$j$列元素的矩阵$P^{(k)}(n)=(p_{ij}^{(k)}(n))$为$\{Y_n,n\geqslant 0\}$在$n$时的$k$步转移概率矩阵。特别的，当

$k=1$ 时的一步转移概率和一步转移概率矩阵分别简记为 $p_{ij}(n)$ 和 $P(n)$ 。

定义 3.40　称有限维矩阵 $P=(p_{ij})$ 为随机矩阵，$\{X_n, n \geqslant 0\}$ 的 k 步转移概率矩阵 $P^{(k)}(n)$ 是随机矩阵。

定理 3.11

$$p_{ij}^{(n+k)}(n)=\sum_{l} p_{il}^{(k)}(n) p_{lj}^{(k+m)}(n+k) \quad n,k,m \geqslant 0,\ i,j \in S$$

或

$$P^{(k+m)}(n)=P^{(k)}(n) P^{(m)}(n+k)$$

定理 3.12　马尔可夫链的 k 步转移概率由一步转移概率完全决定。

3.4　连续型方法

电力系统通常可以用如下的微分代数方程来描述：

$$\begin{aligned} \dot{x} &= f(x,\lambda) \\ 0 &= g(x,\lambda) \end{aligned} \tag{3-18}$$

式中，$\lambda \in R$ 为一有物理意义的参数，$x \in R^n$ 为系统状态变量。

从非线性动力学的概念上讲，方程组(3-18)是一个单参数动力系统，在电力系统的应用中，当仅考虑汇集在母线上的发电与用电注入变化时，电力系统就是一单参数动力系统。当参数 λ 变化时，系统(3-18)的解可能会发生质的变化。

例如，对于不同的 λ 值，系统(3-18)可能有解，也可能无解。如果在某一点 $(x^{\omega},\lambda^{\omega})$ 系统(3-18)的解发生了质的变化，则该点 $(x^{\omega},\lambda^{\omega})$ 叫做分叉点，参数值 λ^{ω} 叫做分叉值。

通常电力系统运行在某一稳定平衡点附近。当物理参数 λ 远离任一分叉值 λ^{ω} 并连续缓慢变化时，原来的稳定平衡点将改变位置并达到一个新的稳定平衡点，或原稳定平衡点位于新稳定平衡点的稳定域内，从而形成系统的运行轨迹 $x_s(\lambda)$ 。当参数 λ 变化时，方程(3-18)所描述的非线性动力系统失去稳定的典型途径是：

(1) 稳定平衡点 $x_s(\lambda)$ 将与另一平衡点 $x_1(\lambda)$ 相遇，并且在鞍点(saddle-node)分叉点 $(x^{\omega},\lambda^{\omega})$ 消失。

(2) 稳定平衡点 $x_s(\lambda)$ 和一不稳定极限环 $x_1^t(\lambda,t)$ 相遇并消失，且在次临界(subcritical) Hopf 分叉点处出现一不稳定平衡点。

(3) 稳定平衡点 $x_s(\lambda)$ 在超临界(supercritical) Hopf 分叉点处分叉成由一稳定极限环包围的不稳定平衡点。

当分叉出现以后，系统(3-18)根据其动态特性而变化，分叉后的动态特性决定系统稳定与否，若系统是不稳定的，动态特性也决定系统的失稳模式。在鞍点分叉前，系统(3-18)的雅可比矩阵的所有特征值均具有负实部，其中有一个特征值接近于 0；当鞍点分叉发生时，其雅可比矩阵有一个 0 特征值，其余均为负实部；当 λ 继续变化并超过分叉值 λ^{ϖ} 时，系统(3-18)无解[13]。

3.4.1 PC 连续型方法的起源

连续型方法起源于用于改善迭代法收敛特性的嵌入法(imbedding method)。

对一具有 N 个变量的非线性方程组：

$$F(x)=0 \tag{3-19}$$

式中，F: $R^N \to R^N$ 为一光滑映射。所谓光滑映射，是指在每一点都连续可导。若给定一恰当的初值，则可用牛顿型算法中的迭代公式求解出方程的解，即

$$x_{i+1}=x_i-A_i^{-1}F(x_i), \qquad i=0,1,\cdots \tag{3-20}$$

式中，A_i 是雅可比矩阵 $F'(x_i)$ 的某一近似。

如果所给定的初值不当或很难找到适合的初始值，则式(3-20)的迭代计算将不收敛，式(3-19)的求解将失败。作为一种修正办法，定义一个同伦映射 $H: R^N \times R \to R^N$，使得

$$H(x,1)=G(x), \quad H(x,0)=F(x) \tag{3-21}$$

式中，$G: R^N \to R^N$ 为一已知零点的光滑映射且 H 也是光滑的。

典型情况下，H 可选为一凸同伦(convex homotopy)，即

$$H(x,\lambda)=\lambda G(x)+(1-\lambda)F(x) \tag{3-22}$$

或选择为一全局同伦(global homotopy)，即

$$H(x,\lambda)=F(x)-\lambda F(x_1) \tag{3-23}$$

这样，若能有效地从一起始点$(x_1,1)$追踪一隐含的曲线 $c(s)\in H^{-1}(0)$ 到一解点$(\bar{x},0)$，则可以得到 F 的一个零点(初始值)。

为了能追踪曲线 $c(s)$，可采用经典嵌入法，前提是曲线 $c(s)$ 可用参数 λ 予以参数化。这一工作已经被 Ficken 和 Wacker 等较好地解决了。然而，嵌入法存在的一个问题是，在曲线的转弯处，这一方法将失效。究其失效原因是参数 λ 的选择不当，如图 3-1 所示的点 τ。

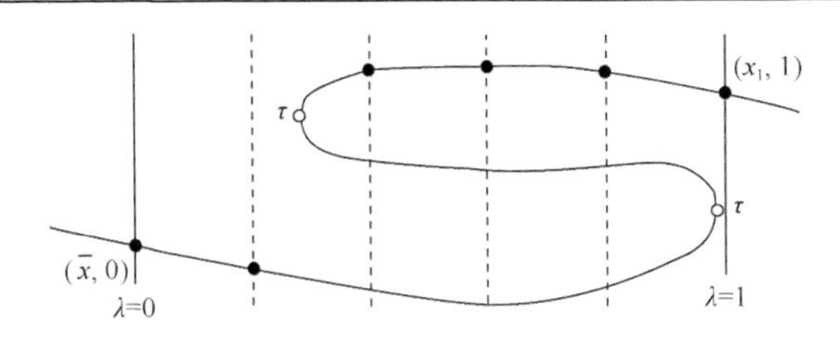

图 3-1　在转弯点处嵌入法失效

由于曲线的弧长可较准确地反映曲线的自然特性，为了解决这个问题，选择弧长 s 为曲线参数化的参数，此时，曲线 $c(s)$ 的求解可由下列微分方程决定的初值问题获得

$$H(c(s)) = 0 \tag{3-24}$$

对于 s

$$H'(c)\dot{c} = 0,\ \|\dot{c}\| = 1,\ c(0) = (x_1, 1) \tag{3-25}$$

所以，追踪(求解)曲线 c 是通过对式(3-25)进行近似的数值积分来实现的，这正是 PC 连续型方法的一般思想。

3.4.2　隐式定义曲线

下面引入一些基本概念及定理，作为下一节连续型方法的基础。

假定 3.1　$H: R^{N+1} \to R^N$ 为一个光滑映射。

假定 3.2　存在一个点 $u_0 \in R^{N+1}$，使得：

(1) $H(u_0) = 0$；

(2) 雅可比矩阵 $H'(u_0)$ 有最大的秩，即 $\mathrm{rank}(H'(u_0)) = N$。

给定假定 3.1 和假定 3.2，选择一个指标 i，$1 \leqslant i \leqslant N+1$，这样，通过消除第 i 列而得到的雅可比矩阵 $H'(u_0)$ 的子阵是非奇异的。依据隐函数定理，解集 $H^{-1}(0)$ 可相对于第 i 坐标进行局部参数化，通过一个参数化过程，可以得到如下结论。

命题 3.1[25]　在假定 3.1 和假定 3.2 的前提下，对于任一包含零的开区间 $J \in R$，存在一光滑的曲线 $\alpha \in J \mapsto c(\alpha) \in R^{N+1}$，使得对于所有的 $\alpha \in J$ 有

(1) $c(0) = u_0$；

(2) $H(c(\alpha)) = 0$；

(3) $\mathrm{rank}(H'(c(\alpha))) = N$；

(4) $c'(\alpha) \neq 0$。

由方程 $H(c(\alpha)) = 0$，切线 $c'(\alpha)$ 满足下面的方程

$$H'(c(\alpha))c'(\alpha) = 0 \tag{3-26}$$

因此，$c'(\alpha)$ 正交于 $H'(c(\alpha))$ 的所有行向量，以下就可用弧长参数 s 方便地对

曲线进行参数化，即

$$\mathrm{d}s=\left[\sum_{j=1}^{N+1}\left(\frac{\mathrm{d}_{c_j}\alpha}{\mathrm{d}\alpha}\right)^2\right]^{\frac{1}{2}}\mathrm{d}\alpha \tag{3-27}$$

式中，c_j表示 c 的第 j 个坐标，对某一新的开区间，在式(3-27)中用 s 替换，有

$$\|\dot{c}(s)\|=1, \qquad s\in J \tag{3-28}$$

式中，$\dot{c}=\dfrac{\mathrm{d}c}{\mathrm{d}s}$，$\|x\|$为 x 的欧氏范数。

雅可比矩阵 $H'(c(s))$的核有两个单位范数的向量，这两个向量对应于与曲线相交的两个可能的方向，当然，最好沿相同的方向交于解曲线。为了确定相交方向，引入$(N+1)\times(N+1)$阶的增广雅可比矩阵：

$$\begin{pmatrix} H'(c(s)) \\ \dot{c}(s)^{\mathrm{T}} \end{pmatrix} \tag{3-29}$$

式中，$c(s)^{\mathrm{T}}$表示 $c(s)$的转置。

由于切线$\dot{c}(s)$正交于雅可比矩阵 $H'(c(s))$的 N 个线性独立的行，故对于所有 $s\in J$，增广矩阵(3-29)是非奇异的，这样，增广矩阵的行列式的符号在 J 内保持不变，依此可确定与曲线相交的方向，把上述内容归纳如下。

命题 3.2[25]　令 $c(s)$是用弧长 s 参数化的正定的解曲线，并且对于 s 在某一包含零的开区间内满足 $c(0)=u_0$ 和 $H(c(s))=0$，则对于所有的 $s\in J$，切线$\dot{c}(s)$满足下列三个条件：

(1) $H'(c(s))\,\dot{c}(s)=0$；

(2) $\|\dot{c}(s)\|=1$；

(3) $\det\begin{pmatrix} H'(c(s)) \\ \dot{c}(s)^{\mathrm{T}} \end{pmatrix}>0$。

这三个条件唯一地确定了切线$\dot{c}(s)$。

为不失一般性，也可把上述内容描述如下。

定义 3.41　令 A 是一个 $N\times(N+1)$阶矩阵，且 $\mathrm{Rank}(A)=N$，唯一的向量，$t(A)\in R^{N+1}$满足以下三个条件：

(1) $At(A)=0$；

(2) $\|t(A)\|=1$；

(3) $\det\begin{pmatrix} A \\ t^{\mathrm{T}}(A) \end{pmatrix} > 0$。

则 $t(A)$ 被称为由 A 所诱导的切线向量。

命题 3.3[25]　所有具有最大秩 N 的 $N\times(N+1)$ 阶矩阵 A 的集合 M 是 $R^{N\times(N+1)}$ 的一个子集，且映射 $A\in M\mapsto t(A)$ 是光滑的。

命题 3.2 和定义 3.41 说明，解曲线 $c(s)$ 的导数 $\dot{c}(s)$ 是由雅可比矩阵 $H'(c(s))$ 诱导的切线向量，而解曲线 $c(s)$ 也是下面定义 3.42 所描述的初值问题的局部解。

定义 3.42　定义初值问题：

(1) $\dot{u}=t(H'(u))$；

(2) $u(0)=u_0$。

定义 3.43　令 $f: R^p\to R^q$ 是一光滑映射，若雅可比 $f'(x)$ 有最大的秩 $\min\{p,q\}$，则称点 $x\in R^p$ 为 f 的一个正则点；若对于所有的 $x\in f^{-1}(y)$，x 是 f 的一个正则点，则称值 $y\in R^q$ 为一正则值。

命题 3.4[25]　令 $f: R^p\to R^q$ 是一个光滑映射，则集合

$$\left\{x\in R^p \mid x\text{是 } f \text{ 的一个正则点}\right\}$$

是开集。

命题 3.5[25]　若 $u(s)$ 是微分方程 $\dot{u}=t(H'(u))$ 的一个解，则 $H(u(s))$ 是常数。

证明：由于 $H(u(s))$ 对 s 的导数是 $H'(u(s))\dot{u}(s)$，且向量场 $t(H'(u))$ 代表核 Ker $(H'(u))$，因此 $\frac{\mathrm{d}}{\mathrm{d}s}H(u(s))=0$，所以 $H(u(s))$ 是常数。

命题 3.6[25]　若 $-\infty<a$，则曲线 $c(s)$ 收缩到一个极限点 $\tilde{u}$，当 $s\to a, s>a$, a 是 H 的一个奇异零点；若 $b<\infty$，则相似的描述存在。

综合上述命题及定义，可得出定理 3.13。

定理 3.13[25]　令零为 H 的一个正则值，则可在所有 R 上定义一个曲线 c，且满足下列两个条件之一：

(1) 曲线 c 对于一个环是微分同胚的，即当且仅当 s_1-s_2 是 T 的一个整数倍时，存在一个周期 $T>0$，使得 $c(s_1)=c(s_2)$；

(2) 曲线 c 对于实线是微分同胚的，即 c 是内射的，且对 $s\to\pm\infty$，$c(s)$ 没有聚点。

由于解曲线 c 是由定义 3.42 所定义的初值问题来表征，因此，可用解初值问题的数值方法来获得曲线 c，然而，这通常不是有效的方法，原因是这些方法并没有考虑曲线 c 相关于牛顿型迭代方法的收敛特性，而真正有效的方法则是下面要介绍的预测-校正连续型方法，简称 PC 连续型方法。

3.4.3　PC 连续型方法的基本思想

所谓 PC 连续型方法就是研究如何追踪解曲线 c，它是通过沿满足一给定准则的曲线所产生的一系列点 $u_i(i=1,2,\cdots,n)$ 来实现的，选定的准则为：对任一 $\varepsilon>0$，$\|H(u_i)\|\leqslant\varepsilon$ 。

可以证明：对任一充分小的 $\varepsilon>0$，存在一个唯一参数值 s_i，使得曲线上的点 $c(s_i)$ 在欧氏范数下最接近于 u_i，如图 3-2 所示。

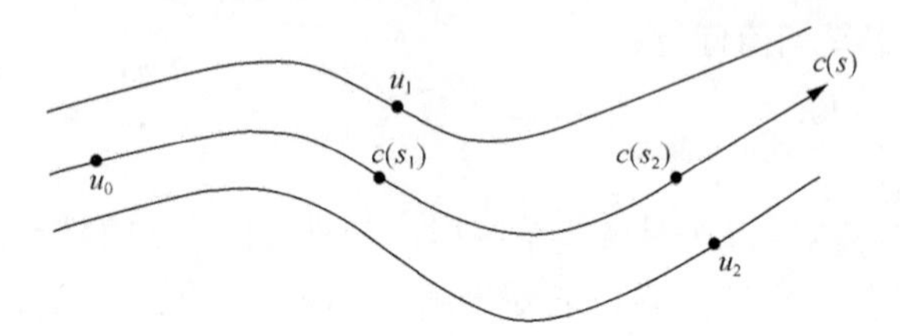

图 3-2　点 $c(s_i)$ 是曲线 c 上 u_i 的最佳近似

为说明 u_i 沿曲线 c 产生的过程，假设某一点 $u_i\in R^{N+1}$ 已满足 $\|H(u_i)\|\leqslant\varepsilon$ ，若 u_i 是 H 的一个正则点，则可使用 3.4.2 节中给出的定理。因此，存在一个唯一的解曲线 c_i：$J\in R^{N+1}$ 满足初值问题

$$\begin{aligned}\dot{u}&=t(H'(u))\\u(0)&=u_j\end{aligned}\tag{3-30}$$

为沿着曲线 c 得到新的点 u_{i+1}，先采用预测环节，用欧拉(Euler)预测，即

$$v_{i+1}=u_i+ht(H'(u_i))\tag{3-31}$$

式中，$h>0$ 表示步长，再经一个迭代校正环节使 v_{i+1} 迅速收敛到解曲线 c。设 w_{i+1} 表示最接近 v_{i+1} 的曲线 c 上的点，如图 3-3 所示，它可由下面的优化问题求解：

$$\|w_{i+1}-v_{i+1}\|=\min_{H(w)=0}\|w-v_{i+1}\|\tag{3-32}$$

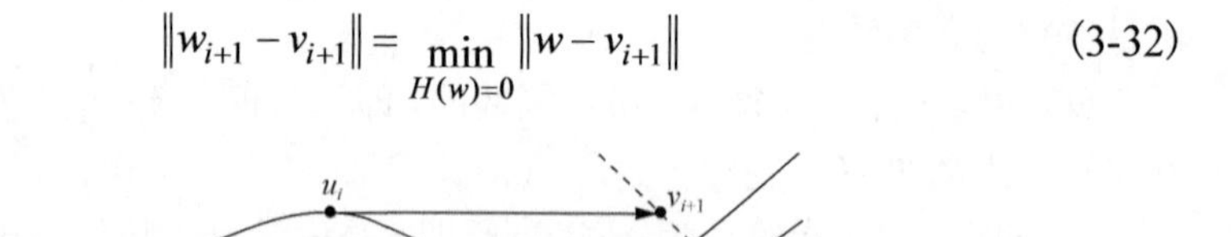

图 3-3　预测点 v_{i+1} 和校正点 u_{i+1}

若 u_i 充分接近曲线 c 且步长 h 充分小，则预测点 v_{i+1} 将会充分地接近曲线 c，以致式(3-32)所描述的优化问题有一个唯一解 w_{i+1}，而式(3-32)中的 w_{i+1} 可用牛顿

数值方法近似求解。如果经牛顿方法的一次或二次迭代后得到一个点 u_{i+1} 在 $\|H(u_{i+1})\| \leqslant \varepsilon$ 内接近 w_{i+1}，则可把 u_{i+1} 选作为沿曲线的下一个点，PC 方法就是通过重复预测某一校正环节获得曲线 c。

3.4.4　鞍点处病态的消除

众所周知，一般的非线性代数方程在“鼻”点(鞍点)附近会出现病态解，即在该点附近牛顿法将不收敛。从数值分析的观点来看，导致这种病态出现的原因是：由于在鞍点处，两个平衡点相聚形成一个平衡点，雅可比矩阵有一零特征值，因此使得方程出现病态解。用连续型方法可解决因鞍点处方程病态解而造成求解非线性代数方程的困难。具体过程如下。

1. 连续型方法的初始化

假设（$x_0 = x(s_0), \lambda_0 = \lambda(s_0)$）为式 $f(x,\lambda)=0$ 的一初始解(用 $f(x,\lambda)$ 代替前述的 $H(x,\lambda)$)，当 λ 在一给定范围$[\lambda_0,\lambda_1]$内变化时，用连续型方法就可以由此初值 (x_0,λ_0) 开始追踪其解曲线。这里，(x_0,λ_0) 是一固定点，且此处的雅可比矩阵 $f_x(x_0,\lambda_0)$ 非奇异。根据隐函数定理，随着 λ 的变化，在 (x_0,λ_0) 的邻域内有且只有一条解曲线通过 (x_0,λ_0) 点。因此，可以在此解曲线上求下一个新解 $x(\lambda)$。

首先，可采用 $N\times(N+1)$ 维的初值雅可比矩阵来确定解曲线的方向$[f_x(x_0,\lambda_0)|f_\lambda(x_0,\lambda_0)]$，简记为 $v(\dot{x},\dot{\lambda})$。由于 (x_0,λ_0) 是固定点，$v(\dot{x},\dot{\lambda})$ 可以用下式确定：

$$\begin{bmatrix} f_x(x_0,\lambda_0) & f_\lambda(x_0,\lambda_0) \\ 0 & 1 \end{bmatrix} v = \begin{bmatrix} 0 \\ 1 \end{bmatrix} \tag{3-33}$$

然后，对 $v(\dot{x},\dot{\lambda})$ 进行规范化可得

$$\dot{x}^{\mathrm{T}}\dot{x} + \dot{\lambda}^2 = 1 \tag{3-34}$$

为适应各种不同结构的系统，一般在连续型方法的预测环节中用式(3-34)的加权规范化结果

$$k_x\dot{x}^{\mathrm{T}}\dot{x} + k_\lambda\dot{\lambda}^2 = 1 \tag{3-35}$$

式中，k_x 和 k_λ 分别为 $\dot{x}$ 和 $\dot{\lambda}$ 的加权因子。

2. 弧长参数的连续型方法

已知解$\left(x_{j-1},\lambda_{j-1}\right)$和$\left(\dot{x}_{j-1},\dot{\lambda}_{j-1}\right)$，由扩展方程(3-36)可求解$\left(x_j,\lambda_j\right)$：

$$\begin{aligned}&f(x_j,\lambda_j)=0\\&(x_j-x_{j-1})^{\mathrm{T}}\dot{x}_{j-1}+(\lambda_j-\lambda_{j-1})^{\mathrm{T}}\dot{\lambda}_{j-1}-\Delta s=0\end{aligned}\tag{3-36}$$

式中，Δs是沿曲线弧长定义的步长。为了提高计算速度，可近似地用插值法来代替切线法的预测值$\left(\dot{x}_{j-1},\dot{\lambda}_{j-1}\right)$：

$$\dot{x}_{j-1}\approx\frac{1}{\Delta s}(x_{j-1}-x_{j-2})\quad,\quad\dot{\lambda}_{j-1}\approx\frac{1}{\Delta s}(\lambda_{j-1}-\lambda_{j-2})\tag{3-37}$$

但必须对此预测值进行校正，以满足

$$\dot{x}_{j-1}^{\mathrm{T}}\dot{x}_{j-1}+\dot{\lambda}_{j-1}^2=1\tag{3-38}$$

3. 方程病态的消除

采用扩展方程(3-36)的优点是它可以消除在极限点处雅可比矩阵的病态，此时扩展雅可比矩阵为

$$\begin{bmatrix}f_x(x_0,\lambda_0)&f_\lambda(x_0,\lambda_0)\\\dot{x}&\dot{\lambda}\end{bmatrix}\tag{3-39}$$

当$\dim(\aleph(f_x))=1$且$f_\lambda\notin\Re(f_x)$时，扩展雅可比矩阵是非奇异的(其中$\aleph$表示零空间，$\Re$表示值域)；当$\dim(\aleph(f_x))=1$且$f_\lambda\in\Re(f_x)$时，扩展雅可比矩阵在分叉点奇异，此时，在分叉点处将有两条解曲线相交：

(1) 正在追踪的解曲线；

(2) 分叉子支路。

由于这种情况下在奇异点的两侧都有解，所以用连续型方法很容易穿越此奇异点。

4. 检测分叉点

通过考察扩展雅可比矩阵的行列式，能够确定分叉点的位置。在分叉点处扩展雅可比矩阵奇异(即其行列式为 0)，这样就可通过检测其行列式是否变号来搜索到分叉点。当检测到行列式变号时，用式(3-40)的插值法计算的值近似代替 0 值，则可令矩阵变非奇异，并且通过检测$\mathrm{d}\lambda/\mathrm{d}s$的符号，在式(3-40)中令

$q(s)=\mathrm{d}\lambda/\mathrm{d}s$ ，就可计算出精确的分叉点

$$s_{j+1}=s_j-\frac{s_j-s_{j-1}}{q(s_j)-q(s_{j-1})}q(s_j) \tag{3-40}$$

式中，$q(s)$ 为行列式的值。

3.5　最优化技术

最优化是一个古老而常见的课题。长期以来，人们从未停止过对最优化问题的探讨和研究。早在 17 世纪，英国科学家牛顿发明微积分时，就提出了极值问题，后来又出现了拉格朗日乘数法、最速下降法等。1939 年苏联科学家 Канторович 提出了线性规划问题的求解方法。自此以后，解线性规划、非线性规划以及随机规划、非光滑规划、多目标规划、几何规划、整数规划等各种最优化问题的理论研究发展迅速，新方法不断出现，实际应用日益广泛。优化方法涉及的领域很广，问题的种类与性质繁多。最优化理论与方法已经在工程设计、经济计划、生产管理、交通运输等方面得到了广泛应用，成为一门十分活跃的学科。

3.5.1　最优化问题的分类及最优化方法的结构

最优化问题通常可以表示为函数的极值问题，即

$$\min_{x\in R^n} f(x) \tag{3-41}$$

式中，$f:S\subset R^n\to R^1$ 为实值函数，称为目标函数，S 为 $f(x)$ 的定义域，也可以写成更一般的形式：

$$\begin{aligned}&\min_{x\in S}\ f(x)\\&\text{s.t.}\ \varphi(x)=0\\&\psi(x)\leqslant 0\end{aligned} \tag{3-42}$$

式中，$x=(x_1,\cdots,x_n)^{\mathrm{T}}, \varphi(x)=(\varphi_1(x),\cdots,\varphi_n(x))^{\mathrm{T}}$， $\psi(x)=(\psi_1(x),\cdots,\psi_n(x))^{\mathrm{T}}$ 。

在式(3-41)中，自变量 x 可以取遍定义域 S 内的任意值而不受限制，故称为无约束极值问题，而在式(3-42)中，$x\in S$ 必须受到一定的约束，即

$$\varphi_i(x)=0,\qquad i=1,\cdots,n \tag{3-43}$$

$$\psi_i(x)\leqslant 0,\qquad i=1,\cdots,m \tag{3-44}$$

故称式(3-42)为约束极值问题。式(3-43)和式(3-44)均称为式(3-42)的约束条件，其中，式(3-43)为等式约束，式(3-44)为不等式约束。

上述问题又称为数学规划问题，按照目标函数以及约束条件中约束函数的类型和自变量取值状态，还可以划分为不同形式的数学规划。

当 $f(x)$、$\varphi_i(x)$、$\psi_i(x)$ 均为线性函数时，称为线性规划，当其中任一个为非线性函数时，称为非线性规划；当 $f(x)$ 为二次函数，$\varphi_i(x)$、$\psi_i(x)$ 均为线性函数时，称为二次规划；当 x 的各个分量全部或部分只取离散值(如取整数值)时，称为整数规划；在整数规划中，当 x 的各个分量只取 0 与 1 两个值时，称为 0-1 规划。除此之外，还有几何规划、动态规划等[26]。

最优化方法通常采用迭代法求其最优解[27]，其基本思想是：给定一个初始点 $x_0 \in R^n$，按照某一迭代规则产生一个点列 $\{x_k\}$，使得当 $\{x_k\}$ 是有穷点列时，其最后一个点是最优化模型问题的最优解，当 $\{x_k\}$ 是无穷点列时，它有极限点，且其极限点是最优化问题的最优解。一个好的优化算法应该具备如下典型特征：迭代点 x_k 能稳定地接近局部极小点 x^* 的邻域，然后迅速收敛于 x^*；当给定的某种收敛准则满足时，迭代立即终止。

设 x_k 为第 k 次迭代值，d_k 为第 k 次搜索方向，α_k 为第 k 次迭代步长因子，则第 k 次迭代为

$$x_{k+1} = x_k + \alpha_k d_k \tag{3-45}$$

从该迭代格式可以看出，不同的步长因子 α_k 和不同的搜索方向 d_k 构成了不同的方法，因此，步长因子 α_k 和搜索方向 d_k 是非常重要的。在最优化方法中，搜索方向 d_k 是在 x_k 点处的下降方向，即 d_k 满足

$$\nabla f(x_k)^{\mathrm{T}} d_k < 0 \tag{3-46}$$

或

$$f(x_x + \alpha_k d_k) < f(x_k) \tag{3-47}$$

最优化方法的基本结构为

(1)给定初始点 x_0；

(2)确定搜索方向 d_k，即依照一定规则，构造 f 在 x_k 点处的下降方向作为搜索方向；

(3)确定步长因子 α_k，使目标函数值有某种意义的下降；

(4)令 $x_{k+1} = x_k + \alpha_k d_k$，若 x_{k+1} 满足某种终止条件，则停止迭代，得到近似最优解 x_{k+1}，否则，重复以上步骤。

收敛速度也是衡量优化算法有效性的重要指标，设算法产生的迭代点列$\{x_k\}$在某种范数意义下收敛，即

$$\lim_{k\to\infty}\left\|x_k - x^*\right\| = 0 \tag{3-48}$$

若存在实数$\alpha>0$及一个与迭代次数k无关的常数$q>0$，使得

$$\lim_{k\to\infty}\frac{\left\|x_{k+1}-x^*\right\|}{\left\|x_k - x^*\right\|^{\alpha}} = q \tag{3-49}$$

则称算法产生的迭代点列$\{x_k\}$具有$Q-\alpha$阶收敛速度，特别地

(1) 当$\alpha=1, q>0$时，迭代点列$\{x_k\}$叫做具有$Q-$线性收敛速度；

(2) $1<\alpha<2, q>0$或$\alpha=1, q=0$时，迭代点列$\{x_k\}$叫做具有$Q-$超线性收敛速度；

(3) $\alpha=2$时，迭代点列$\{x_k\}$叫做具有$Q-$二阶收敛速度。

另一种收敛速度是$R-$收敛速度(根收敛速度)，设

$$R_p = \begin{cases} \limsup\limits_{k\to\infty}\left\|x_k - x^*\right\|^{\frac{1}{k}}, & p=1 \\ \limsup\limits_{k\to\infty}\left\|x_k - x^*\right\|^{\frac{1}{p^k}}, & p>1 \end{cases} \tag{3-50}$$

如果$R_1=0$，则称x_k超线性收敛于x^*；如果$0<R_1<1$，则称x_k线性收敛于x^*；如果$R_1=1$则称x_k次线性收敛于x^*。

类似的，如果$R_2=0$，则称x_k超平方收敛于x^*；如果$0<R_2<1$，则称x_k平方收敛于x^*；如果$R_2\geqslant 1$，则称x_k次平方收敛于x^*。

一般认为，具有超线性收敛速度和二阶收敛速度的方法是比较快速的。不过还应该意识到，对任何一种算法，收敛性和收敛速度的理论结果并不能保证算法在实际执行时一定有好的计算结果。这一方面是由于这些结果本身并不能保证算法一定有好的特性，另一方面是由于这些算法忽略了计算过程中十分重要的舍入误差的影响。此外，这些结果通常对函数$f(x)$加上了某些不易验证的限制，这些限制条件实际上并不一定能得到满足[27]。

下面的定理给出了算法超线性收敛的一个特征，它对于构造终止迭代所需的收敛准则是有用的。

定理 3.14　如果序列$\{x_k\}$超线性收敛于x^*，那么

$$\lim_{k\to\infty}\frac{\left\|x_{k+1}-x_k\right\|}{\left\|x_k-x^*\right\|}=1$$

但反之不成立。

3.5.2 Newton 方法及其改进

本节讨论 Newton 方法及改进它的几种修正策略以及执行算法所采取的各种保护措施[27]。

1. *Newton 方法及其局限性*

Newton 方法的基本思想是用一个二次函数去近似目标函数，然后精确求出这个二次函数的极小点，以它作为目标函数极小点的近似值。

设 $f:R^n\to R^1$ 在其极小点 x^* 的某一开邻域 $D=\left\{x\middle|\ \left\|x-x^*\right\|<\delta\right\}$ 内二次可微，将 $f(x)$ 在 x_k 处展开到二次项

$$f(x)=f(x_k)+g_k^{\mathrm{T}}(x-x_k)+\frac{1}{2}(x-x_k)^{\mathrm{T}}G_k(x-x_k) \tag{3-51}$$

式中，$g_k=\nabla f(x_k)$；$G_k=\nabla^2 f(x_k)$。令

$$Q(x)=f(x_k)+g_k^{\mathrm{T}}(x-x_k)+\frac{1}{2}(x-x_k)^{\mathrm{T}}G_k(x-x_k) \tag{3-52}$$

当 G_k 正定时，二次函数 $Q(x)$ 有极小点，若 $f(x)$ 在 x^* 处可微，且 x^* 为 $f(x)$ 的局部极小点，则 $\nabla f(x^*)=0$；若 $f(x)$ 在 x^* 处二次可微，且 x^* 为 $f(x)$ 的局部极小点，则 Hessen 矩阵 $H(x^*)$ 半正定。所以 $\nabla Q(x)=g_k+G_k(x-x_k)=0$。

由此可得，$x=x_k-G_k^{-1}g_k$ 即是 $Q(x)$ 的极小点，令

$$x_{k+1}=x_k-G_k^{-1}g_k \tag{3-53}$$

用 x_{k+1} 作为 $f(x)$ 极小点 x^* 的第 k+1 次近似，式(3-53)中，$p=-G_k^{-1}g_k$ 是 $f(x)$ 在 x_k 处的 Newton 方向，因此称该式为 Newton 迭代公式。

以二元函数为例说明 Newton 方法的几何意义。如果 G_k 正定，则式(3-52)所示的二次函数 $Q(x)$ 等值线是一族椭圆，由式(3-53)可得的 x_{k+1} 恰为这族椭圆的中心。若以过 x_k 点的椭圆近似代替 $f(x)$ 过 x_k 点的等值线，则 x_{k+1} 可作为 $f(x)$ 的极小点 x^* 的第 k+1 级近似值，见图 3-4。

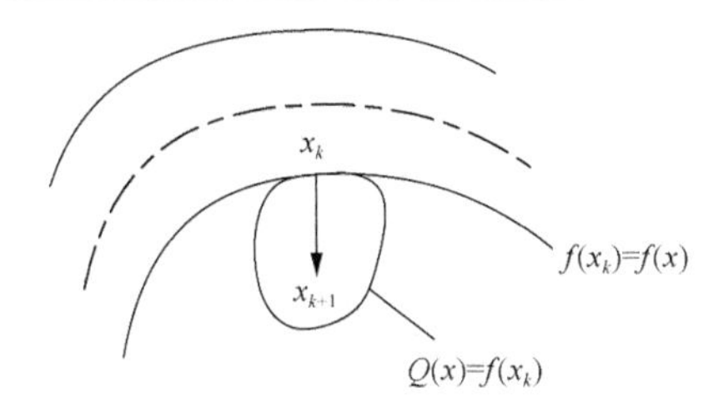

图 3-4　二次函数 $Q(x)$ 等值线

算法 3.1

设 x_0 是 $f(x)$ 极小点 x^* 的初始近似。

①置 $k=0$；

②计算 $g_k=(g_1^{(k)},\cdots,g_1^{(k)})^{\mathrm{T}}$ 和 $G_k=(G_{ij}^{(k)}), i,j=1,2,\cdots,n$；其中，

$$g_i^{(k)}=\frac{\partial f(x_k)}{\partial x_i^{(k)}}, i=1,2,\cdots,n, \quad G_{ij}^{(k)}=\frac{\partial^2 f(x_k)}{\partial x_j^{(k)}\partial x_i^{(k)}}, i,j=1,2,\cdots,n;$$

③计算迭代方向 p_k： $G_k p_k=-g_k$；

④计算 $x_{k+1}=x_k+p_k$。

检查迭代终止条件，若满足，则输出 x_{k+1}，停止计算，否则，置 $k=k+1$ 转②。不失一般性，可以证明，如果初始点 x_0 充分接近 x^*，在一定条件下，由算法 3.1 所产生的点列 $\{x_k\}$ 以二阶收敛速度收敛于 $f(x)$ 的稳定点(驻点)。若对 $f(x)$ 加上凸性的假定，则 x^* 为 $f(x)$ 的局部(或全局)极小点。在实际应用中，通常由于 x_0 远离 x^*，从而使 Newton 方法可能出现一些如下异常情况(如考虑 k 次迭代的情形)。

异常情况一：G_k^{-1} 不存在，导致 $p_k=-G_k^{-1}g_k$ 无意义；

异常情况二：G_k^{-1} 存在但不正定，由于 $g_k^{\mathrm{T}}p_k=-g_kG_k^{-1}g_k$ 非负，故知 p_k 非下降方向，导致 $f_{k+1}\geqslant f_k$；

异常情况三：G_k^{-1} 存在且正定，但若 p_k 很大，则算法 $x_{k+1}=x_k+p_k$ 不能保证 $f_{k+1}<f_k$；

异常情况四：p_k 与 g_k 正交，p_k 既非下降方向亦非上升方向。

当出现上述任何一种情形时，Newton 迭代法便无法继续下去。

定理 3.15　(牛顿法收敛定理)设 $f\in C^2$，x_k 充分靠近 x^*，$\nabla f(x^*)=0$，如果 $\nabla^2 f(x^*)=0$ 正定，且 Hessen 矩阵 $G(x)$ 满足 Lipchitz 条件，即存在 $\beta>0$，使得对所有 i,j 有

$$\left|G_{ij}(x)-G_{ij}(y)\right|\leqslant\beta\|x-y\|$$

式中，$G_{ij}(x)$ 是 Hessen 矩阵 $G(x)$ 的 (i, j) 元素。则对一切 k，Newton 方法迭代有定义，且所得序列 x_k 收敛于 x^*，并且有二阶收敛速度。

下面讨论为了避免出现前面所列出的异常情形而采取的一些修正措施，即讨论 Newton 方法的几种修正策略。

2. Newton 方法的改进

(1) 若出现上述异常情况一，可改变搜索方向，采用最速下降方向替换 Newton 方向，即取 $x_{k+1} = x_k + \alpha_k p_k$。

(2) 若出现上述异常情况二，即 $x_{k+1} = x_k + \alpha_k p_k$，当 $x_{k+1} = x_k + \alpha_k p_k$ (非正交) 时，显然 Newton 方向非下降方向，但其反方向 $x_{k+1} = x_k + \alpha_k p_k$ 为下降方向，故可沿此方向进行搜索。

(3) 若出现上述异常情况三，即 $x_{k+1} = x_k + \alpha_k p_k$ 过大，我们采用对步长阻尼的办法，令 $x_{k+1} = x_k + \alpha_k p_k$，其中 x_k 称为迭代步长的阻尼系数，可由下面的算法给出。

算法 3.2 (子程序)

设 x_k，p_k，f_k，$\varepsilon > 0$ 已给定

①置 $\alpha = 1$。

②计算 $x = x_k + \alpha p_k$，$f = f(x)$。

③检查 $f < f_k$？是，令 $\alpha_k = \alpha$，$f_{k+1} = f$，返回主程序，计算 x_{k+1}。

④检查 $|\alpha| < \varepsilon$？是，停止计算 (算法失败)，否则转⑤。

⑤置 $\alpha = \dfrac{\alpha}{2}$，转②。

(4) 若出现上述异常情况四，即 $g_k^{\mathrm{T}} P_k = 0$，在实际计算中，当 $\left|g_k^{\mathrm{T}} P_k\right| \leqslant \varepsilon \|g_k\| \cdot \|p_k\|$ 时，即说明 p_k 几乎与 g_k 正交，显然此时的 Newton 方向 p_k 是不利方向，可改变迭代方向，令 $p_k = -g_k$。

综合以上讨论，得到如下改进的 Newton 方法。

算法 3.3

①置 x_0，$\varepsilon > 0$。

②置 $k = 0$。

③计算 g_k 和 G_k：

$$g_i^{(k)} = \frac{\partial f(x_k)}{\partial x_i^{(k)}}, \qquad i = 1, 2, \cdots n$$

$$G_{ij}^{(k)} = \frac{\partial^2 f(x_k)}{\partial x_j^{(k)} \partial x_i^{(k)}}, \qquad i, j = 1, 2, \cdots n$$

④检查 $\det(G_k)=0$？是，转⑫。

⑤计算 $p_k=-G_k^{-1}g_k$，或解方程组 $G_k p_k=-g_k$。

⑥检查 $\left|g_k^{\mathrm{T}}P_k\right|\leqslant\varepsilon\|g_k\|\cdot\|p_k\|$？是，转⑫。

⑦检查 $g_k^{\mathrm{T}}P_k>\varepsilon\|g_k\|\cdot\|p_k\|$？是，转⑬。

⑧执行算法 3.2。

⑨置 $x_{k+1}=x_k+\alpha_k p_k$。

⑩执行算法 H – 终止准则判断，不满足 H – 终止准则转⑪，否则转⑭。

⑪置 $k=k+1$，转③。

⑫置 $p_k=-g_k$，转⑧。

⑬置 $p_k=-p_k$，转⑧。

⑭置 $x^*=x_{k+1}$。

⑮结束。

3.5.3　惩罚函数法

本节介绍另一类约束最优化方法——惩罚函数法，这类方法的基本思想是，借助惩罚函数将约束问题转化为无约束问题，进而采用无约束最优化方法来求解[28]。

1. 罚函数的概念

本节考虑带约束条件的优化问题

$$\begin{aligned}&\min f(x)\\&\text{s.t.}\quad g_i(x)\geqslant 0,\ \ i=1,\cdots,m\\&\qquad\ \ h_j(x)=0,\ \ j=1,\cdots,l\end{aligned}\tag{3-54}$$

式中，$f(x)$、$g_i(x)(i=1,\cdots,m)$ 和 $h_j(x)(j=1,\cdots,l)$ 为 R^n 上的连续函数，研究这类问题的求解方法。

由于上述问题的约束非线性，不能采用消元法将此类问题化为无约束问题，因此，求解时必须同时兼顾使目标函数值下降与满足约束条件这两个方面。实现这一点的一种途径是将目标函数和约束函数组成辅助函数，把原来的约束问题转化为极小化辅助函数的无约束问题。

例如，对于等式约束的优化问题

$$\begin{aligned}&\min f(x)\\&\text{s.t.}\quad h_j(x)=0,\ \ j=1,\cdots,l\end{aligned}\tag{3-55}$$

可定义辅助函数

$$F_1(x,\sigma) = f(x) + \sigma\sum_{j=1}^{l} h_j^2(x) \tag{3-56}$$

式中，参数σ是很大的正数。这样就把式(3-55)转化为无约束的优化问题

$$\min F_1(x,\sigma) \tag{3-57}$$

显然，式(3-57)的最优解必须使得$h_j(x)$接近零，因为如若不然，式(3-56)的第二项将是很大的正数，当前点必不是极小点。可见，求解式(3-57)能够得到式(3-55)的近似解。

对于不等式约束的优化问题

$$\begin{aligned} &\min f(x) \\ &\text{s.t.} \quad g_i(x) \geqslant 0, i = 1,\cdots,m \end{aligned} \tag{3-58}$$

辅助函数的形式与等式约束情形不同，但构造辅助函数的基本思想是一致的，即在可行点，辅助函数值等于原来的目标函数值，在不可行点，辅助函数值等于原来的目标函数值加上一个很大的正数。根据这样的原则，对于不等式约束问题式(3-58)，我们定义函数

$$F_2(x,\sigma) = f(x) + \sigma\sum_{j=1}^{m}\left[\max\{0,-g_i(x)\}\right]^2 \tag{3-59}$$

式中，σ是很大的正数，当x为可行点时

$$\max\{0,-g_i(x)\} = 0 \tag{3-60}$$

当x不是可行点时

$$\max\{0,-g_i(x)\} = -g_i(x) \tag{3-61}$$

这样，可将式(3-58)转化为无约束的优化问题

$$\min F_2(x,\sigma) \tag{3-62}$$

通过式(3-62)求得式(3-58)的近似解。

将上述思想加以推广，对于一般情形式(3-54)，可以定义函数

$$F(x,\sigma)=f(x)+\sigma P(x) \tag{3-63}$$

式中，$P(x)$ 具有下列形式：

$$P(x)=\sum_{i=1}^{m}\phi(g_i(x))+\sum_{j=1}^{l}\psi(h_j(x)) \tag{3-64}$$

式中，ϕ 和 ψ 是满足下列条件的连续函数：

$$\phi(y)=0,\ y\geqslant 0$$

$$\phi(y)>0,\ y<0$$

$$\psi(y)=0,\ y=0$$

$$\psi(y)>0,\ y\neq 0$$

函数 ϕ 和 ψ 的典型取法如 $\phi=\left[\max\{0,-g_i(x)\}\right]^{\alpha}$，$\psi=\left|h_j(x)\right|^{\beta}$，其中，$\alpha\geqslant 1$，$\beta\geqslant 1$，均为给定常数，通常取 $\alpha=\beta=2$。

这样，把约束问题式(3-54)转化为无约束问题

$$\min F(x,\sigma)\overset{\text{def}}{=}f(x)+\sigma P(x) \tag{3-65}$$

式中，σ 是很大的正数；$P(x)$ 是连续函数。

根据定义，当 x 为可行点时，$P(x)=0$，从而有 $F(x,\sigma)=f(x)$；当 x 不是可行点时，在 x 处，$\sigma P(x)$ 是很大的正数，它的存在是对迭代点脱离可行域的一种惩罚，其作用是在极小化过程中迫使迭代点靠近可行域。因此，求解式(3-65)能够得到约束问题式(3-54)的近似解，而且 σ 越大，近似程度越好。通常 $\sigma P(x)$ 为惩罚项，σ 为惩罚因子，$F(x,\sigma)$ 为惩罚函数。

2. 外点罚函数计算步骤

实际计算中，惩罚因子 σ 的选择十分重要。如果 σ 过大，则给惩罚函数的极小化增加计算难度；如果 σ 太小，则惩罚函数的极小点远离约束问题的最优解，计算效率差。因此，一般策略是取一个趋向无穷大的严格递增正数列 $\{\sigma_k\}$，从某个 σ_1 开始，对每个 k 求解式(3-66)

$$\min f(x)+\sigma_k P(x) \tag{3-66}$$

从而得到一个极小点的序列 $\{\overline{x}_{\sigma_k}\}$，在适当的条件下，这个序列将收敛于约束问题的最优解。如此通过求解一系列无约束问题来获得约束问题最优解的方法称

为序列无约束极小化方法，简称为 SUMT 方法。

外点罚函数法计算步骤如下：

(1)给定初始点$x^{(0)}$，初始罚因子σ_1，放大系数$c>1$，允许误差$\varepsilon>0$，置$k=1$。

(2)以$x^{(k-1)}$为初点，求解无约束问题$\min(f(x)+\sigma_k P(x))$，设其极小点为$x^{(k)}$。

(3)若$\sigma_k P(x^{(k)})<\varepsilon$，则停止计算，得到点$x^{(k)}$；否则，令$\sigma_{k+1}=c\sigma_k$，置$k=k+1$，返回步骤(2)。

外点罚函数法的收敛性由以下两个引理和一个定理给出，首先介绍两个引理。

引理 3.1

设$0<\sigma_k<\sigma_{k+1}$, $x^{(k)}$和$x^{(k+1)}$分别为取罚因子σ_k及σ_{k+1}时无约束问题的全局极小点，则下列各式成立：

(1) $F(x^{(k)},\sigma_k)\leqslant F(x^{(k+1)},\sigma_{k+1})$；

(2) $P(x^{(k)})\geqslant P(x^{(k+1)})$；

(3) $f(x^{(k)})\leqslant f(x^{(k+1)})$。

引理 3.2

设$\overline{x}$是式(3-54)的最优解，且对任意的$\sigma_k>0$，由式(3-63)定义的$F(x,\sigma_k)$存在全部极小点$x^{(k)}$，则对每一个k有

$$f(\overline{x})\geqslant F(x^{(k)},\sigma_k)\geqslant f(x^{(k)}) \tag{3-67}$$

由以上两个引理可以得出如下定理：

设式(3-54)的可行域S非空，且存在一个$\varepsilon>0$，使得集合

$$S_\varepsilon=\left\{x\middle|g_i(x)\geqslant-\varepsilon,i=1,\cdots,m,\left|h_j(x)\right|\leqslant\varepsilon,j=1,\cdots,l\right\} \tag{3-68}$$

是紧的，设$\{\sigma_k\}$是趋向无穷大的严格递增正数列，且对每个k，式(3-66)存在全局最优解$x^{(k)}$，则$\{x^{(k)}\}$存在一个收敛子序列$\{x^{(k_j)}\}$，并且任何这样的收敛子序列的极限都是式(3-54)的最优解。

以上两个引理和一个定理便是把$\sigma_k P(x^{(k)})<\varepsilon$作为终止准则的原因。

3. 内点罚函数的基本思想

内点罚函数法总是从内点出发，并保持在可行域内部进行搜索。因此，这种方法适用于下列只含有不等式约束的优化问题：

$$\begin{aligned}&\min f(x)\\&\text{s.t.}\quad g_i(x)\geqslant 0,\qquad i=1,\cdots,m\end{aligned}\tag{3-69}$$

式中，$f(x)$、$g_i(x)(i=1,\cdots,m)$是连续函数，现将可行域记作

$$S=\{x\,|\,g_i(x)\geqslant 0,i=1,\cdots,m\}\tag{3-70}$$

保证迭代点位于可行域内部的方法是定义障碍函数

$$G(x,r)=f(x)+rB(x)\tag{3-71}$$

式中，$B(x)$是连续函数，当x趋向可行域边界时，$B(x)\to+\infty$。

$B(x)$的两种最重要形式为

$$B(x)=\sum_{i=1}^{m}\frac{1}{g_i(x)}\tag{3-72}$$

$$B(x)=-\sum_{i=1}^{m}\log g_i(x)\tag{3-73}$$

式中，r为非常小的正数。这样，当x趋向边界时，函数$G(x,r)\to+\infty$；否则，由于r取值很小，则函数$G(x,r)$的取值近似$f(x)$。因此，可以通过求解下列问题得到约束式(3-69)的近似解：

$$\begin{aligned}&\min G(x,r)\\&\text{s.t.}\quad x\in\text{int }S\end{aligned}\tag{3-74}$$

由于$B(x)$的存在，在可行域边界形成“围墙”，因此，约束问题式(3-74)的解$\bar{x}_r$必存在于可行域的内部。

式(3-74)仍含约束条件的优化问题，且它的约束条件比原含约束条件的优化问题还要复杂。但由于函数$B(x)$的阻拦作用是自动实现的，因此从计算的角度看，式(3-74)可当作无约束问题来处理。

根据障碍函数$G(x,r)$的定义，显然，r取值越小，约束问题式(3-74)的最优解越接近约束问题式(3-69)的最优解。但是，这里存在与外点法类似的问题，如r太小，则将给约束问题式(3-74)的计算带来很大困难。因此，仍可采取序列无约束极小化方法(SUMT)来解决该问题，取一个严格单调递减且趋于零的罚因子(障碍因子)数列$\{r_k\}$，对每一个k，从内部出发，求解优化问题

$$\begin{aligned}&\min G(x,r_k)\\&\text{s.t.}\quad x\in\text{int }S\end{aligned}\tag{3-75}$$

内点法计算步骤如下：

(1) 给定初始内点 $x^{(0)} \in \text{int } S$，允许误差 $\varepsilon > 0$，初始参数 r_1，缩小系数 $\beta \in (0,1)$，置 $k = 1$。

(2) 以 $x^{(k-1)}$ 为初始点，求解下列问题

$$
\begin{aligned}
&\min(f(x) + r_k B(x)) \\
&\text{s.t.} \quad x \in \text{int } S
\end{aligned}
$$

式中，$B(x)$ 由式(3-72)或式(3-73)定义，设求得的极小点为 $x^{(k)}$。

(3) 若 $r_k B(x^{(k)}) < \varepsilon$，则停止计算，得到点 $x^{(k)}$；否则，令 $r_{k+1} = \beta r_k$，令 $k = k+1$，返回步骤(2)。

关于内点罚函数法的收敛性有下列定理。

定理 3.16　设在式(3-69)中，可行域内部 int S 非空，且存在最优解，又设对每一个 r_k，障碍函数 $G(x, r_k)$ 在 int S 内存在极小点，并且内点罚函数法产生的全局极小点序列 $\{x^{(k)}\}$ 中存在子序列收敛到 $\bar{x}$，则 $\bar{x}$ 是式(3-69)的全局最优解。

上面介绍的外点法和内点法均采用序列无约束极小化方法，该方法简单，使用方便，并能用来求解导数不存在的问题，因而，该算法已在实际优化问题的求解中得到了广泛的应用。但是，上述罚函数法存在固有的缺点，就是随着罚因子趋向其极限，罚函数的 Hessen 矩阵的条件数无限增大，因而越来越趋于病态。罚函数的这种性态给无约束极小化带来很大困难。为克服这个缺点，Hestenes 和 Powell 于 1969 年各自独立地提出了乘子法，下边我们介绍乘子法的具体内容。

4. 乘子法的基本思想

我们首先考虑只有等式约束的优化问题

$$
\begin{aligned}
&\min f(x) \\
&\text{s.t.} \quad h_j(x) = 0, \qquad j = 1, \cdots, l
\end{aligned} \tag{3-76}
$$

式中，f 与 $h_j (j = 1, \cdots, l)$ 是二次连续可微函数，$x \in R^n$。

运用乘子法需要先定义增广 Lagrange 函数(乘子罚函数)

$$
\begin{aligned}
\phi(x, v, \sigma) &= f(x) - \sum_{j=1}^{l} v_j h_j(x) + \frac{\sigma}{2} \sum_{j=1}^{l} h_j^2(x) \\
&= f(x) - v^{\mathrm{T}} h(x) + \frac{\sigma}{2} h(x)^{\mathrm{T}} h(x)
\end{aligned} \tag{3-77}
$$

式中，$\sigma>0$，$v=\begin{bmatrix} v_1 \\ \vdots \\ v_l \end{bmatrix}$，$h(x)=\begin{bmatrix} h_1(x) \\ \vdots \\ h_l(x) \end{bmatrix}$。

$\phi(x,v,\sigma)$ 与 Lagrange 函数的区别在于增加了罚项 $\sigma h(x)^{\mathrm{T}} h(x)/2$，而与罚函数的区别在于增加了乘子项（$-v^{\mathrm{T}} h(x)$）。这种区别使得增广 Lagrange 函数与 Lagrange 函数及罚函数具有不同的性态。对于 $\phi(x,v,\sigma)$，只要取足够大的罚因子 σ，不必趋向无穷大，就可以通过极小化 $\phi(x,v,\sigma)$，求得式(3-76)的局部最优解。为证明该结论，我们做如下假设：

设 $\bar{x}$ 是等式约束问题式(3-76)的一个局部最优解，且满足二阶充分条件，即存在乘子 $\bar{v}=(\bar{v}_1,\cdots,\bar{v}_l)^{\mathrm{T}}$，使得

$$\nabla f(\bar{x})-A\bar{v}=0 \tag{3-78}$$

$$h_j(\bar{x})=0,\qquad j=1,\cdots,l \tag{3-79}$$

且对每一个满足 $d^{\mathrm{T}}\nabla h_j(\bar{x})=0(j=1,\cdots,l)$ 的非零向量 d，有

$$d^{\mathrm{T}}\nabla_x^2 L(\bar{x},\bar{v})d>0 \tag{3-80}$$

$$A=(\nabla h_1(\bar{x}),\cdots,\nabla h_l(\bar{x})) \tag{3-81}$$

$$L(x,v)=f(x)-v^{\mathrm{T}}h(x) \tag{3-82}$$

由以上假设可以得到如下定理：

定理 3.17　设 $\bar{x}$ 和 $\bar{v}$ 满足式(3-76)的局部最优解的二阶充分条件，则存在 $\sigma'\geqslant 0$，使得对所有的 $\sigma>\sigma'$，$\bar{x}$ 是 $\phi(x,v,\sigma)$ 的严格局部极小点；反之，若存在点 $x^{(0)}$，使得 $h_j(x^{(0)})=0,\ j=1,\cdots,l,$ 且对于某个 $v^{(0)}$，$x^{(0)}$ 是 $\phi(x,v^{(0)},\sigma)$ 的无约束极小点，又满足极小点的二阶充分条件，则 $x^{(0)}$ 是式(3-62)的严格局部最优解。

根据上述定理，如果知道最优乘子 $\bar{v}$，那么只要取充分大的罚因子 σ，不需要趋向无穷大，就能通过极小化 $\phi(x,\bar{v},\sigma)$ 求出式(3-76)的解。但是最优乘子 $\bar{v}$ 事先未知，因此，需要研究如何确定 $\bar{v}$ 和 σ，特别是 $\bar{v}$。一般方法是先给定充分大的 σ 和 Lagrange 乘子的初始估计 v，然后在迭代过程中修正 v，力图使 v 趋向 $\bar{v}$。修正 v 的公式不难给出，设在第 k 次迭代中，Lagrange 乘子向量的估计为 $v^{(k)}$，罚因子取 σ，得 $\phi(x,v^{(k)},\sigma)$ 的极小点 $x^{(k)}$，这时有

$$\nabla_x\phi(x^{(k)},v^{(k)},\sigma)=\nabla f(x^{(k)})-\sum_{j=1}^{l}(v_j^{(k)}-\sigma h_j(x^{(k)}))\nabla h_j(x^{(k)})=0 \tag{3-83}$$

对于式(3-76)的最优解$\bar{x}$，当$\nabla h_1(\bar{x}),\cdots,\nabla h_l(\bar{x})$线性无关时，有

$$\nabla f(\bar{x})-\sum_{j=1}^{l}\bar{v}_j\nabla h_j(\bar{x})=0 \tag{3-84}$$

假如$x^{(k)}=\bar{x}$，则必有$\bar{v}_j=v_j^{(k)}-\sigma h_j(x^{(k)})$，然而，一般来说，$x^{(k)}$并非是$\bar{x}$，因此，该等式并不成立，但由此可以给出修正乘子$v$的公式，令

$$v_j^{(k+1)}=v_j^{(k)}-\sigma h_j(x^{(k)}),\qquad j=1,\cdots,l \tag{3-85}$$

然后进行第$k+1$次迭代，求$\phi(x,v^{(k+1)},\sigma)$的无约束极小点。如此可使$v^{(k)}\to\bar{v}$，从而使$x^{(k)}\to\bar{x}$，若$\{v^{(k)}\}$不收敛，或者收敛太慢，则增大参数σ，再进行迭代。算法的收敛性一般可用$\left\|h(x^{(k)})\right\|/\left\|h(x^{(k-1)})\right\|$来衡量。

等式约束问题乘子法计算步骤如下：

(1)给定初始点$x^{(0)}$，乘子向量初始估计$v^{(1)}$，参数σ，允许误差$\varepsilon>0$，常数$\alpha>1$，$\beta\in(0,1)$，置$k=1$；

(2)以$x^{(k-1)}$为初点，解无约束问题$\min\phi(x,v^{(k)},\sigma)$；

(3)若$\left\|h(x^{(k)})\right\|<\varepsilon$，则停止计算，得到点$x^{(k)}$；否则，转步骤(4)；

(4)若$\dfrac{\left\|h(x^{(k)})\right\|}{\left\|h(x^{(k-1)})\right\|}\geqslant\beta$，则置$\sigma=\alpha\sigma$，转步骤(5)；否则，回到步骤(3)；

(5)用式(3-85)计算$\bar{v}_j^{(k+1)}(j=1,\cdots,l)$，置$k=k+1$，转步骤(2)。

不等式约束的乘子法：

先考虑只有不等式约束的优化问题

$$\begin{aligned}&\min f(x)\\&\text{s.t.}\quad g_j(x)\geqslant 0,\qquad j=1,\cdots,m\end{aligned} \tag{3-86}$$

为利用关于等式约束问题所得到的结果，引入变量y_j，将不等式约束问题的式(3-86)化为等式约束问题

$$\begin{aligned}&\min f(x)\\&\text{s.t.}\quad g_j(x)-y_j^2=0,\qquad j=1,\cdots,m\end{aligned}$$

此时，可定义增广 Lagrange 函数

$$\tilde{\phi}(x,y,w,\sigma)=f(x)-\sum_{j=1}^{m}w_j(g_j(x)-y_j^2)+\frac{\sigma}{2}\sum_{j=1}^{m}(g_j(x)-y_j^2)^2$$

从而将式(3-86)转化为求解

$$\min\ \tilde{\phi}(x,y,w,\sigma) \tag{3-87}$$

求 $\tilde{\phi}(x,y,w,\sigma)$ 关于 y 的极小值，由此解得 y，将 y 代入式(3-87)，将其化为只关于求 x 极小值的问题。为此求解

$$\min_{y}\ \tilde{\phi}(x,y,w,\sigma) \tag{3-88}$$

用配方法将 $\tilde{\phi}(x,y,w,\sigma)$ 化为

$$\begin{aligned}\tilde{\phi}&=f(x)+\sum_{j=1}^{m}\left[-w_j(g_j(x)-y_j^2)+\frac{\sigma}{2}(g_j(x)-y_j^2)^2\right]\\&=f(x)+\sum_{j=1}^{m}\left\{\frac{\sigma}{2}\left[y_j^2-\frac{1}{\sigma}(\sigma g_j(x)-w_j)\right]^2-\frac{w_j^2}{2\sigma}\right\}\end{aligned} \tag{3-89}$$

为使 $\tilde{\phi}$ 关于 y_j 取极小值，y_j 取值如下：

(1) 当 $\sigma g_j(x)-w_j \geqslant 0$ 时，$y_j^2=\frac{1}{\sigma}(\sigma g_j(x)-w_j)$；

(2) 当 $\sigma g_j(x)-w_j<0$ 时，$y_j=0$。

综合以上两种情形，即

$$y_j^2=\frac{1}{\sigma}\max\{0,\sigma g_j(x)-w_j\} \tag{3-90}$$

将式(3-90)代入式(3-89)，由此定义增广 Lagrange 函数

$$\phi(x,w,\sigma)=f(x)+\frac{1}{2\sigma}\sum_{j=1}^{m}\left\{\left[\max(0,w_j-\sigma g_j(x))\right]^2-w_j^2\right\} \tag{3-91}$$

求解式(3-86)转化为求解无约束的优化问题

$$\min\ \phi(x,w,\sigma) \tag{3-92}$$

对于既含有不等式约束，又含有等式约束的优化问题

$$
\begin{aligned}
&\min f(x) \\
&\text{s.t.} \quad g_j(x) \geqslant 0, \qquad j=1,\cdots,m \\
&\qquad\ \ h_j(x)=0, \qquad j=1,\cdots,l
\end{aligned} \tag{3-93}
$$

定义增广 Lagrange 函数

$$
\begin{aligned}
\phi(x,w,v,\sigma) = f(x) + \frac{1}{2\sigma}\sum_{j=1}^{m}\left\{\left[\max(0, w_j - \sigma g_j(x))\right]^2 - w_j^2\right\} \\
- \sum_{j=1}^{l} v_j h_j(x) + \frac{\sigma}{2}\sum_{j=1}^{l} h_j^2(x)
\end{aligned} \tag{3-94}
$$

在迭代求解过程中，与只有等式约束问题类似，取充分大的参数σ，并通过修正k次迭代中的乘子$w^{(k)}$和$v^{(k)}$，得$k+1$次迭代中的乘子$w^{(k+1)}$和$v^{(k+1)}$。修正公式如下：

$$
\begin{aligned}
&w_j^{(k+1)} = \max(0, w_j^{(k)} - \sigma g_j(x^{(k)})), \qquad j=1,\cdots,m \\
&v_j^{(k+1)} = v_j^{(k)} - \sigma h_j(x^{(k)}), \qquad j=1,\cdots,l
\end{aligned} \tag{3-95}
$$

计算步骤与等式约束情形相同。

在乘子法中，由于参数σ不必趋向无穷大就能求得约束问题的最优解，因此不会出现罚函数法中的病态。计算经验表明，乘子法优于罚函数法。

3.5.4　二次规划

1. 二次规划问题及其 K-T 条件

根据约束条件的不同，二次规划问题可以有多种表示形式。

二次规划问题一：

$$
\begin{aligned}
&\min Q(x) = \frac{1}{2}x^{\mathrm{T}}Hx + p^{\mathrm{T}}x \\
&\text{s.t.} \quad Ax = b \\
&\qquad\ \ x \geqslant 0
\end{aligned} \tag{3-96}
$$

式中，H是n阶对称半正定矩阵；p是n维列向量；A是$m \times n$阶矩阵；b是m维列向量。

二次规划问题二：

$$\begin{aligned}&\min Q(x)=\frac{1}{2}x^{\mathrm{T}}Hx+p^{\mathrm{T}}x\\&\text{s.t.}\quad Ax\leqslant b\\&\qquad\quad x\geqslant 0\end{aligned}\tag{3-97}$$

式中，H 是 n 阶对称半正定矩阵；p 是 n 维列向量；A 是 $m\times n$ 阶矩阵；b 是 m 维列向量。

二次规划问题三：

$$\begin{aligned}&\min Q(x)=\frac{1}{2}x^{\mathrm{T}}Hx+p^{\mathrm{T}}x\\&\text{s.t.}\quad Ax\geqslant b\\&\qquad\quad x\geqslant 0\end{aligned}\tag{3-98}$$

式中，H 是 n 阶对称半正定矩阵；p 是 n 维列向量；A 是 $m\times n$ 阶矩阵；b 是 m 维列向量。

二次规划在实际应用中很重要，此外，二次规划解法也经常是解一般非线性约束最优化问题的工具，故二次规划的计算方法越来越引起人们的注意。下面我们简要介绍二次规划的 K-T 条件以作为后续优化算法讲解的基础。

不失一般性，设二次规划问题为

$$\begin{aligned}&\min Q(x)=\frac{1}{2}x^{\mathrm{T}}Hx+p^{\mathrm{T}}x\\&\text{s.t.}\quad Ax-b\leqslant 0\\&\qquad\quad x\geqslant 0\end{aligned}\tag{3-99}$$

引入 Lagrange 函数

$$L(x,u)=\frac{1}{2}x^{\mathrm{T}}Hx+p^{\mathrm{T}}x+u^{\mathrm{T}}(Ax-b)\tag{3-100}$$

在适当的条件下，式(3-99)的二次规划问题的 K-T 条件可写为

$$\begin{aligned}&\nabla_x L(x,u)=Hx+p+A^{\mathrm{T}}u\geqslant 0\\&x^{\mathrm{T}}\nabla_x L(x,u)=x^{\mathrm{T}}(Hx+p+A^{\mathrm{T}}u)=0\\&x\geqslant 0\\&\nabla_u L(x,u)=Ax-b\leqslant 0\\&u^{\mathrm{T}}\nabla_u L(x,u)=u^{\mathrm{T}}(Ax-b)=0\\&u\geqslant 0\end{aligned}\tag{3-101}$$

引入 $v\geqslant 0$，$y\geqslant 0$，式(3-101)可写为

$$
\begin{aligned}
& Hx + p + A^{\mathrm{T}} - v = 0 \\
& x^{\mathrm{T}} v = 0 \\
& x' \geqslant 0 \\
& Ax - b + y = 0 \\
& u^{\mathrm{T}} y = 0 \\
& u \geqslant 0
\end{aligned} \tag{3-102}
$$

由 $x \geqslant 0$，$v \geqslant 0$，$y \geqslant 0$，$u \geqslant 0$，式(3-102)可进一步写为

$$
\begin{aligned}
& Ax + y = b \\
& Hx + p + A^{\mathrm{T}} u - v = 0 \\
& x \geqslant 0, v \geqslant 0, y \geqslant 0, u \geqslant 0 \\
& x^{\mathrm{T}} v + u^{\mathrm{T}} y = 0
\end{aligned} \tag{3-103}
$$

为使用方便，后面再给出另外两种形式的二次规划问题的 K-T 条件。

对于二次规划问题一，K-T 条件为

$$
\begin{aligned}
& Ax = b \\
& Hx + p + A^{\mathrm{T}} u - v = 0 \\
& x \geqslant 0, v \geqslant 0 \\
& x^{\mathrm{T}} v = 0
\end{aligned} \tag{3-104}
$$

对于二次规划问题三，K-T 条件为

$$
\begin{aligned}
& Ax + y = b \\
& Hx + p + A^{\mathrm{T}} u = 0 \\
& y \geqslant 0, u \geqslant 0 \\
& u^{\mathrm{T}} y = 0
\end{aligned} \tag{3-105}
$$

显然，这些条件都是二次规划解的必要条件。有关充分条件，我们仅就问题二进行讨论。为了问题描述的需要，给出如下定理：

若对满足 K-T 条件的点 (x^*, v^*, y^*, u^*)，满足

$$
Q(x) - Q(x^*) \geqslant (x - x^*)^{\mathrm{T}} \nabla Q(x^*) \tag{3-106}
$$

则 x^* 是二次规划的最优解。

对二次规划问题二，由于 $H(x)$ 是半正定矩阵，则 $Q(x) = \dfrac{1}{2} x^{\mathrm{T}} Hx + p^{\mathrm{T}} x$ 是凸函数，又由 $Q(x)$ 的凸性可推出式(3-106)成立。

H 为半正定矩阵，则 K-T 条件便是二次规划最优解的充分条件，这也是许多二次规划计算方法的理论基础。

2. 序列二次规划算法

序列二次规划算法是将二次规划问题的求解方法推广应用于求解一般非线性规划问题的一种寻优方法。

序列二次规划算法的基本思想是：在每一个迭代点 $x^{(k)}$，构造一个二次规划子问题，以这个子问题的解作为迭代的搜索方向 d_k，并沿该方向作一维搜索，即

$$x^{(k+1)} = x^{(k)} + \alpha_k d_k$$

此时可得 $x^{(k+1)}$，重复上述迭代过程，直至点列 $\{x^{(k+1)}(k=0,1,2\cdots)\}$ 最终逼近原问题的近似约束最优点 x^*。

对于具有线性约束的非线性规划问题

$$\begin{aligned} &\min f(x) \\ &Ax \geqslant b \end{aligned} \tag{3-107}$$

若在迭代点 $x^{(k)}$ 处，对目标函数 $f(x)$ 作 Taylor 展开，忽略三阶及以上高阶项，得

$$f(x) = f(x^{(k)}) + \nabla f(x^{(k)})^{\mathrm{T}}(x - x^{(k)}) + \frac{1}{2}(x - x^{(k)})^{\mathrm{T}} H_k (x - x^{(k)})$$

式中，$H_k = \begin{bmatrix} \dfrac{\partial^2 f(x^{(k)})}{\partial x_1^2} & \dfrac{\partial^2 f(x^{(k)})}{\partial x_1 \partial x_2} \cdots & \dfrac{\partial^2 f(x^{(k)})}{\partial x_1 \partial x_n} \\ \dfrac{\partial^2 f(x^{(k)})}{\partial x_2 \partial x_1} & \dfrac{\partial^2 f(x^{(k)})}{\partial x_2^2} \cdots & \dfrac{\partial^2 f(x^{(k)})}{\partial x_2 \partial x_n} \\ \vdots & \vdots & \vdots \\ \dfrac{\partial^2 f(x^{(k)})}{\partial x_n \partial x_1} & \dfrac{\partial^2 f(x^{(k)})}{\partial x_n \partial x_2} \cdots & \dfrac{\partial^2 f(x^{(k)})}{\partial x_n^2} \end{bmatrix}$ 为点 $x^{(k)}$ 处的 Hessen 矩阵。

此时，可得式(3-107)在迭代点 $x^{(k)}$ 处的近似二次规划问题

$$\begin{aligned} &\min Q(y) = \frac{1}{2} y^{\mathrm{T}} H_k y + y^{\mathrm{T}} \nabla f(x^{(k)}) \\ &\text{s.t.} \quad \alpha_i^{\mathrm{T}} y \geqslant 0, \qquad i \in I_k \\ &\qquad\ \ |y_i| \leqslant \delta, \qquad i = 1,2,\cdots,n \end{aligned} \tag{3-108}$$

式中，$y = x - x^{(k)}$；$I_k = \left\{ i \middle| \alpha_i^{\mathrm{T}} x^{(k)} = b_i, i = 1,2,\cdots,n \right\}$。

求解上述二次规划问题，得其最优解 y^*，详细算法如下：

①置 $k=0$；

②求 $I_k=\left\{i\left|\alpha_i^{\mathrm{T}}x^{(k)}=b_i,i=1,2,\cdots,m\right.\right\}$；

③若 $I_k\neq\phi$，则令 $-\nabla f(x^{(k)})=d_k$，转至⑤；否则转至④；

④求解子二次规划

$$\begin{aligned}\min\quad & Q(y)=\frac{1}{2}y^{\mathrm{T}}H_k y+y^{\mathrm{T}}\nabla f(x^{(k)})\\ \text{s.t.}\quad & \alpha_i^{\mathrm{T}}y\geqslant 0,\qquad i\in I_k\\ & |y_i|\leqslant\delta,\qquad i=1,2,\cdots,n\end{aligned}$$

得最优解 y^*；

⑤若 $\|d_k\|\leqslant\varepsilon$, 则 $x^*=x^{(k)}$，停止；否则令 $x^{(k+1)}=x^{(k)}+u_k d_k$，$u_k=\min\{u_1,u_2\}$，且 $f(x^{(k)}+u_1 d_k)=\min\limits_{u} f(x^{(k)}+u d_k)$, $u_2=\min\{\beta_i\}$，s.t. $\alpha_i^{\mathrm{T}}(x^{(k)}+\beta_i y)=b_i,i\in I_k$, 其中，$I_k=\left\{i\left|\alpha_i^{\mathrm{T}}y<0,i\in\{1,2,\cdots,m\}/I_k\right.\right\}$，令 $k=k+1$，转至②。

对于非线性规划问题

$$\begin{aligned}&\min f(x),\qquad x\in R^n\\ &\text{s.t.}\quad h_i(x)=0,\qquad i=1,2,\cdots,l\\ &\qquad g_i(x)\geqslant 0,\qquad i=1,2,\cdots,m\end{aligned}\tag{3-109}$$

由其算法思想可知，序列二次规划算法的关键是构造并求解原非线性约束问题的一系列二次规划子问题。而在迭代点 $x^{(k)}$ 构造的子问题为

$$\begin{aligned}\min\ & \left[\nabla f(x^{(k)})\right]^{\mathrm{T}}d+\frac{1}{2}d^{\mathrm{T}}H_k d\\ \text{s.t.}\ & h_i(x^{(k)})+\left[\nabla h_i(x^{(k)})\right]^{\mathrm{T}}d=0,\qquad i=1,2,\cdots,l\\ & g_i(x^{(k)})+\left[\nabla g_i(x^{(k)})\right]^{\mathrm{T}}d\geqslant 0,\qquad i=1,2,\cdots,m\end{aligned}\tag{3-110}$$

式中，搜索方向 $d=\left[d_1,d_2,\cdots,d_{\mathrm{n}}\right]^{\mathrm{T}}$ 为变量，$\nabla f(x^{(k)})$、$\nabla h_i(x^{(k)})$、$\nabla g_i(x^{(k)})$、H_k 均为确定的量。因此，该子问题是一个以 d 为变量的二次规划问题，其中 H_k 是 Lagrange 函数

$$L(x,u,v)=f(x)-\sum_{i=1}^{l}v_i h_i(x)-\sum_{i=1}^{m}u_i g_i(x)\tag{3-111}$$

在点 $x^{(k)}$ 处的 Hessen 矩阵，即

$$
\begin{aligned}
H_k &= \nabla_x^2 L(x^{(k)}, u, v) \\
&= \nabla^2 f(x^{(k)}) - \sum_{i=1}^{l} v_i \nabla^2 h_i(x^{(k)}) - \sum_{i=1}^{m} u_i \nabla^2 g_i(x^{(k)})
\end{aligned}
\tag{3-112}
$$

由于按此式计算 Hessen 矩阵 H_k 非常困难，故序列二次规划算法是采用变尺度法逐次由变尺度矩阵 A_k 构造变尺度矩阵 A_{k+1} 以逼近 Hessen 矩阵 H_k ，其迭代公式为

$$
A_{k+1} = A_k + \Delta A_k \tag{3-113}
$$

式中，ΔA_k 为校正矩阵，且

$$
\Delta A_k = \frac{A_k \Delta x^{(k)} \left[\Delta x^{(k)}\right]^{\mathrm{T}} A_k}{\left[\Delta x^{(k)}\right]^{\mathrm{T}} A_k \Delta x^{(k)}} + \frac{\Delta S^{(k)} \left[\Delta S^{(k)}\right]^{\mathrm{T}}}{\left[\Delta S^{(k)}\right]^{\mathrm{T}} \Delta S^{(k)}} \tag{3-114}
$$

式中，$\Delta x^{(k)} = x^{(k+1)} - x^{(k)}$，$\Delta S^{(k)} = \nabla_x L(x^{(k+1)}, \lambda_{k+1}) - \nabla_x L(x^{(k)}, \lambda_k)$，迭代开始时，一般可取 $A_0 = I$ 。

因序列二次规划法中采用了变尺度的方法构造 Hessen 矩阵，故称之为约束变尺度法，该方法同时也具备了变尺度法的优点。

3.5.5 内点法

1. 内点法简介

早在 1954 年，Frish 就提出了最早的内点法，它是基于线性规划(linear programming, LP)而提出的一种求解无约束优化问题的障碍参数法。随后，在 1967 年，Huard 和 Dikin 又分别提出了多面体中心和变量仿射的内点法。随着线性代数技术的发展以及计算机计算能力和速度的提高，1984 年，AT&T 贝尔实验室印度籍数学家 Karmarkar 提出了一种新的具有多项式时间复杂性的线性规划内点法[29]，其基本思想是：给定一个可行内点，对解空间进行变换，使得现行解位于变换空间中多个胞形的中心附近，然后使它沿着最速下降方向移动，求一个改进的可行点，再作逆变换，将在变换空间中求得的点映射回原来的解空间，得到新的内点，如此重复直至得到最优解。随后，Gill 将内点法进一步推广到非线性规划领域。

内点法要求迭代过程始终在可行域内部进行，其基本思想就是把初始点设定在可行域内部，并在可行域上设置一道“障碍”，使迭代点靠近可行域边界时，给出的目标函数值迅速增大，并在迭代过程中适当控制步长，从而使迭代点始终在

可行域内部，随着障碍因子的减少，障碍函数的作用逐渐减弱，算法收敛于原问题的极值。依据搜索方向的不同，目前内点法主要有如下分支。

投影尺度法(projective methods)：即 Karmarkar 原型算法，其基本思想是当迭代点位于可行域边界上时，将该点的最速下降方向——负梯度方向向约束区域的边界上投影，以保证问题的可行性。该方法建立在构造的线性规划标准形上，要求问题具有特殊的单纯形结构和最优目标为零，在实际计算中，需要复杂的变换将问题转换为这种标准形。因此，这种方法在实际中较少应用。

仿射尺度法(affine-scaling methods)：这是一种较为成熟的算法，它的原理是作一变换，将点 x^k 移至充分远离可行域 S 的边界，使 x^k 向目标函数减少最快的方向 d^k 移动，然后再作逆变换，将求得的点变换回原空间。其最初由 Dikin 于 1967 年提出，后来 Barnes 和 Banderbei 提出了原仿射法，Adler 提出了对偶仿射法。原仿射法和对偶仿射法只需要进行线性变换就可以直接求解常规的线性规划问题，无须进行投影法的非线性变换，计算速度有所提高，具有全局收敛特性。但该方法的致命弱点是没有可以使搜索路径远离可行域边界的中心方向，为防止出现数值稳定问题就必须采用小步长，从而使算法的迭代次数增多，所以该方法目前较为少见。

路径跟踪法(path following methods)：又称跟踪中心轨迹法，最先由 Megiddo 于 1986 年提出，这种方法先由对数障碍函数(logarithmic barrier function)得到中心路径，然后采用牛顿法跟踪该路径，直到得到最优解。因此，该算法本质上是拉格朗日函数、牛顿法和对偶障碍函数法三者结合，追踪最优解的“中心路径”。该方法收敛迅速、鲁棒性强、对初值的选择不敏感，已在优化领域中得到广泛的应用，是目前最具发展力的一类内点法。其中，在障碍函数的选择上有倒数法和对数法，现常用的是基于对数障碍函数的原-对偶内点法(primal-dual interior point method)[30-32]。同时，也有许多在原-对偶内点法基础上形成的改进算法，如引入预测-校正处理过程的预测-校正内点法，但所有改进的内点算法均属于路径跟踪法。

2. 内点法计算原理

无论是解决线性规划的内点法还是用于非线性规划的内点法，它们的计算原理都是一致的。因此，下面以原-对偶内点法为例，说明其计算原理。

原-对偶内点法又可称为基于对数障碍函数的内点法(障碍函数选为对数障碍函数)，它本质上是拉格朗日函数、牛顿法和对数障碍函数三者的结合，在保持解的原始可行性和对偶可行性的同时，沿原-对偶路径搜索目标函数的最优解。它很好地继承了基于牛顿法的优化算法的优点，并且可以更方便地处理不等式约束。

对于如下优化问题

$$\begin{aligned}&\min f(x)\\&\text{s.t.}\quad g(x)=0\\&h_{\min}(x)\leqslant h(x)\leqslant h_{\max}(x)\end{aligned} \tag{3-115}$$

首先，引入松弛变量将不等式约束转化为等式约束，其原则是在变量初值条件下，选择适当的非负的松弛变量使转换后的等式约束初值为零，则转换后的最优问题为

$$\min f(x)$$

$$\text{s.t.}\ g(x)=0 \tag{3-116}$$

$$h(x)+s_u-h_{\max}=0 \tag{3-117}$$

$$h(x)-s_d-h_{\min}=0 \tag{3-118}$$

$$s_u,s_d\geqslant 0 \tag{3-119}$$

式中，s_u、s_d是引入的松弛变量，分别对应不等式约束的上下限。

基于式(3-116)～式(3-119)，构建对应的拉格朗日函数，用统一的障碍因子μ处理各松弛变量，则对应的拉格朗日函数为

$$\begin{aligned}\min F=f(x)-\lambda^{\mathrm{T}}g(x)-u^{\mathrm{T}}\left(h(x)+s_u-h_{\max}\right)-v^{\mathrm{T}}\left(h(x)-s_d-h_{\min}\right)-\\ \mu\left(\sum_i \ln s_{ui}+\sum_i \ln s_{di}\right)\end{aligned} \tag{3-120}$$

式中，x、s_u、s_d称为原始变量；λ、μ、v 分别是对应的拉格朗日乘子，称为对偶变量；i 表示向量的第 i 个分量；μ 为障碍因子。

对式(3-120)中的各变量求一阶偏导，可得式(3-120)的最优条件，即 Kuhn–Tucker 条件：

$$\frac{\partial F}{\partial x}=\nabla f(x)-J^{\mathrm{T}}(x)\lambda-B^{\mathrm{T}}(x)(u+v)=0 \tag{3-121}$$

$$\frac{\partial F}{\partial \lambda}=-g(x)=0 \tag{3-122}$$

$$\frac{\partial F}{\partial u}=h(x)-h_{\max}+s_u=0 \tag{3-123}$$

$$\frac{\partial F}{\partial v} = h(x) - s_d - h_{\min} = 0 \tag{3-124}$$

$$\frac{\partial F}{\partial s_u} = -u - \mu[s_u]^{-1} e = 0$$

等效为

$$-[s_u]u - \mu e = 0 \tag{3-125}$$

$$\frac{\partial F}{\partial s_d} = -v - \mu[s_d]^{-1} e = 0$$

$$-[s_d]v - \mu e = 0 \tag{3-126}$$

式中，$\nabla f(x)$是原目标函数的梯度向量；$J(x)$是等式约束$g(x)$的雅可比矩阵；$B(x)$是不等式约束$h(x)$的雅可比矩阵；$[s_u]$、$[s_d]$分别是以s_u、s_d的元素为对角元构成的对角阵；e是元素全部为 1 的列向量。

对式(3-120)的 Kuhn–Tucker 条件，采用牛顿法求解，可得修正方程，求解该修正方程，得各变量的修正量，乘以一定的步长后再将各修正量带入修正方程进行下一轮的迭代，直到符合收敛条件后求得最优解为止。

式(3-125)和式(3-126)是定义μ的互补性条件，可等价为$s_u > 0, u > 0, s_u u = \mu$和$s_d > 0, v > 0, s_d v = \mu$，其中，$(s_u, s_d) \geqslant 0$，$(u, v) \geqslant 0$，即所谓的正条件。

由于需采用牛顿法求解非线性方程组，所以需先确定迭代步长，在早期的内点法中一般只设置一个迭代步长，这个步长就是原变量步长和对偶变量步长之较小者。但实践表明，原变量和对偶变量分别取不同的步长更利于算法的收敛，可使整个算法的迭代次数减少 10%～20%[33]。因此，目前的原-对偶内点法对原变量和对偶变量都是分别取不同的步长，分别如下：

$$\begin{aligned} \alpha_{\mathrm{p}} &= \gamma \min\left\{ \min_i \left(\frac{-s_{ui}}{\Delta s_{ui}}, \Delta s_{ui} < 0; \frac{-s_{di}}{\Delta s_{di}}, \Delta s_{di} < 0 \right), 1 \right\}, \qquad i = 1, 2, \cdots, r \\ \alpha_{\mathrm{d}} &= \gamma \min\left\{ \min_i \left(\frac{-v_i}{\Delta v_i}, \Delta v_i < 0; \frac{-u_i}{\Delta u_i}, \Delta u_i > 0 \right), 1 \right\}, \qquad i = 1, 2, \cdots, r \end{aligned} \tag{3-127}$$

式中，γ为安全因子，通常可以取$\gamma = 0.99995$，以保证变量更新后$(l, u, z, \text{-}w) > 0$。于是，在第k次迭代后得到新的原-对偶变量为

$$
\begin{aligned}
&x^{k+1}=x^{k}+\alpha_{p}\Delta x,\ \ y^{k+1}=y^{k}+\alpha_{d}\Delta y\\
&s_{u}^{k+1}=s_{u}^{k}+\alpha_{p}\Delta s_{u},\ \ u^{k+1}=u^{k}+\alpha_{d}\Delta u\\
&s_{d}^{k+1}=s_{d}^{k}+\alpha_{p}\Delta s_{d},\ \ v^{k+1}=v^{k}+\alpha_{d}\Delta v
\end{aligned}
\tag{3-128}
$$

得到新的原-对偶变量后，又以它们为初值进入下一次迭代，直到得到最优解。

原-对偶内点法虽然不用从严格的内点开始迭代，但它的每个解在每次迭代中都必须满足正条件，这就使得其迭代轨迹只能沿着满足正条件的方向迭代，大大限制了其求解效率。

3. 内点法的求解步骤

内点法的求解步骤见图 3-5。

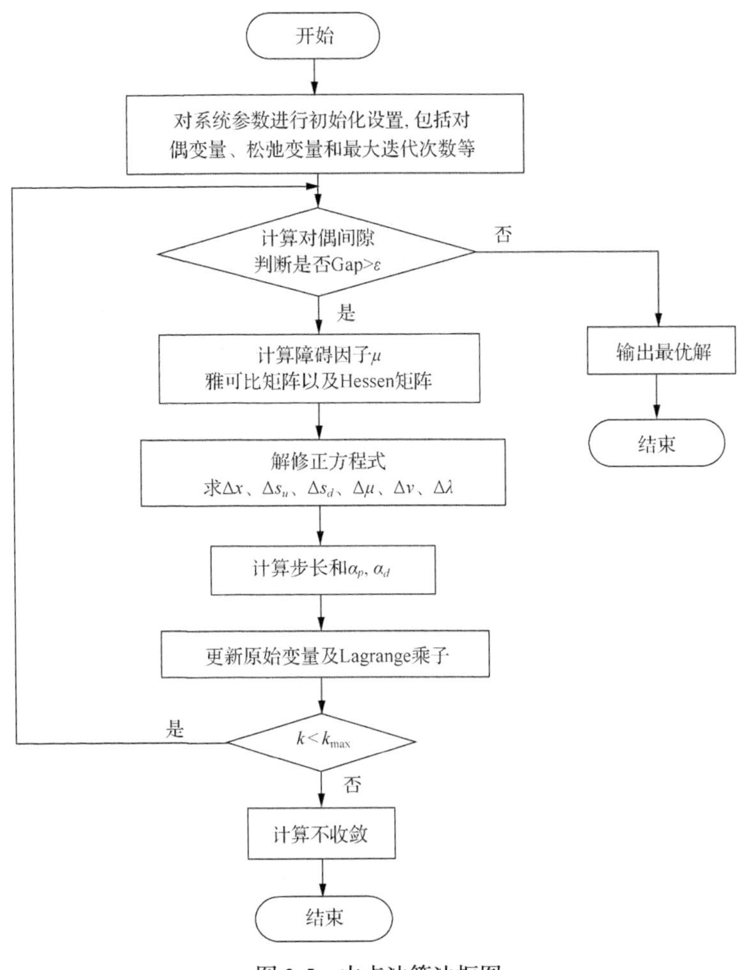

图 3-5　内点法算法框图

参 考 文 献

[1] Prabha K. 电力系统稳定与控制. 北京: 中国电力出版社, 2001.
[2] 余贻鑫, 王成山. 电力系统稳定性理论与方法. 北京: 科学出版社, 1999.
[3] 高普云. 非线性动力学. 长沙: 国防科技大学出版社, 2005.
[4] 谢应齐, 曹杰. 非线性动力学数学方法. 北京: 气象出版社, 2002.
[5] 彭志炜, 胡国根, 韩帧祥. 基于分叉理论的电力系统电压稳定性分析. 北京: 中国电力出版社, 2005.
[6] 曹建福, 韩崇昭, 方洋旺. 非线性系统理论及应用. 西安: 西安交通大学出版社, 2001.
[7] 威廉费勒. 概率论及其应用. 胡迪鹤译. 北京: 人民邮电出版社, 2006.
[8] Stone C J. A course in Probability and Statistics. 北京: 机械工业出版社, 2003.
[9] Albert. Inverse Problem Theory and Methods for Model Parameter Estimation. 北京: 科学出版社, 2009.
[10] Johnson D. Applied Multivariate Methods for Data Analysis. 北京: 高等教育出版社, 2005.
[11] Johnson R A, Wichern D W. Applied Multivariate Statistical Analysis (sixth edition). 北京: 清华大学出版社, 2008.
[12] 李裕奇, 刘赪, 王沁. 随机过程. 北京: 国防工业出版社, 2008.
[13] de Souza A C Z, Lopes B I L, Guedes R B L. Saddle-node index as bounding value for hopf bifurcations detection. IEE Proceedings-Generation, Transmission and Distribution, 2005, 152 (5): 737-742.
[14] Chiang H D, Conneen T P, Flueck A J. Bifurcations and chaos in electric power system: Numerical studies. Journal of the Frunklin Institute, 1994, 331B (6): 1001-1036.
[15] Abbott J P. An efficient algorithm for the determination of certain bifurcation points. Journal of Computational and Applied Mathematics, 1976, 4 (1): 19-27.
[16] Keller H B. Numerical solution of bifurcation and nonlinear eigenvalue problems. Applications of Bifurcation Theory, 1977: 359-384.
[17] Keller H B. Numerical Methods in Bifurcation Problems. New York: Springer-Verlag, 1987.
[18] Rheinboldt W C. Numerical Analysis of Parametrized Nonlinear Equations. New York: John Wiley & Sons, 1986.
[19] Rheinboldt W C, Burkardt J V. A locally parameterized continuation process. ACM Transaction on Mathematical Software, 1983, 9 (2): 215-235.
[20] Ponish G, Schwetlick H. Computing turning points of curves implicitly defined by nonlinear equations depending on a parameter. Computing, 1981, 26 (2): 107-121.
[21] Melhem R G, Rheinboldt W C. A comparison of methods for determining turning points of nonlinear equations. Computing, 1982, 29 (3): 201-226.
[22] Griewank A, Reddien G W. Characterization and computation of generalized turning points. SIAM Journal on Numerical Analysis, 1984, 21 (1): 176-185.
[23] Seydel R. Tutorial on continuation. International Journal of Bifurcation and Chaos, 1991, 1 (1): 3-11.
[24] Seydel R. From Equilibrium to Chaos: Practical Bifurcation and Stability Analysis. New York: Elsevier, 1988.
[25] Allgower E L, Georg K. Numerical Continuation Methods. New York: Springer-Verlag, 1990.
[26] 张光澄, 王文娟, 韩会磊, 等. 非线性最优化计算方法. 北京: 高等教育出版社, 2005.
[27] 黄平. 最优化理论与方法. 北京: 清华大学出版社, 2009.
[28] 陈宝林. 最优化理论与算法. 北京: 清华大学出版社, 2005.

[29] Astfalk G, Lustig I, Marsten R. The interior-point method for linear programming. IEEE Software, 1992, 9(4): 61-68.

[30] Yan W, Yu J, Yu D C. A new optimal reactive power flow model in rectangular form and its solution by predictor corrector primal dual interior point method. IEEE Transactions on Power Systems, 2006, 21(1): 61-67.

[31] Zhou W, Peng Y, Sun H. Probabilistic wind power penetration of power system using nonlinear predictor-corrector primal-dual interior-point method. Third International Conference on Electric Utility Deregulation and Restructuring and Power Technologies. Nanjing, 2008.

[32] Carvalho L M R, Oliveira A R L. Primal-dual interior point method applied to the short term hydroelectric scheduling including a perturbing parameter. Latin America Transactions, IEEE, 2009, 7(5): 533-538.

[33] Villalobos M C, Zhang Y. A trust-region interior-point method for nonlinear programming. Richard Tapia Celebration of Diversity in Computing Conference. Albuquerque, 2005.

第 4 章　基于鞍点分叉的故障排序方法

4.1　引　言

计算系统区域间最大交换功率的前提是对于一给定的运行方式，在安全约束条件下，考虑任一支路开断故障，不断增加相关区域间的负荷功率供求差，直到系统达到其安全稳定运行极限，此时的功率交换量即为系统在此运行方式下的最大功率交换量。或者说，研究系统区域间功率交换能力的主要目的是在系统安全约束条件下，考虑任一支路开断故障，计算系统所能允许的最大交换功率。对于实际大型电力系统来说，由于支路众多，因此存在着大量的支路故障方式，对所有故障逐一进行分析会耗费巨大的计算时间，既不现实，也没必要。正如常规静态安全分析所采取的策略一样，需首先进行严重故障识别，找出对系统区域间交换功率影响严重的故障集，因此，需要对系统故障进行基于鞍点分叉、支路过负荷及母线电压越限的排序。

当不考虑系统动态约束时(如暂态稳定约束)，鞍型分叉点(saddle node bifurcation, SNB)即可以看做是系统的安全稳定运行极限，也就是说，SNB 是系统最大功率交换量的上限。在任一事故情况下(任一支路开断)，系统的鞍结点分叉的位置会因系统拓扑结构的改变而发生变化，因此，计算最大功率交换量的关键之一，是在于找出对 SNB 影响最大的故障。用连续型潮流方法逐一开断所有支路计算 SNB 值的方法固然最为准确，但由于支路众多，逐一计算几乎是不可能的。

早期的基于支路潮流过负荷和电压越限的故障排序方法有很多[1-4]，文献[5]～文献[12]根据故障对电压越限影响的严重程度进行排序，目的是预防电压崩溃等问题的发生。上述这些方法都只是在某一正常运行点处对系统进行故障排序分析，因此，当系统发电机功率及负荷变化时，都需要重新进行故障排序，并且无法考虑到系统在鞍点附近的情况，即这些方法都不是基于 SNB 的排序。文献[13]提出一种基于鞍点分叉进行故障排序的方法，但其只是用大量的算例来寻找支路故障与鞍点的某种关系，并没有严格的数学模型为依据。

基于上述原因，由于对支路热极限过负荷和电压越限的故障排序方法已有很多，本章主要介绍基于支路与鞍点分叉之间关系的两种快速有效的故障排序方法，即基于模态分析的故障排序法和基于 $\Delta L / \Delta P_{ij}$ 灵敏度的故障排序法[14]，在此基础上，介绍基于这两种方法初步筛选的故障排序新策略。

4.2　基于模态分析的故障排序方法

4.2.1　模态分析的基本原理

基本的潮流方程可以简单地表示为

$$\begin{bmatrix} \Delta P \\ \Delta Q \end{bmatrix} = \begin{bmatrix} J_{P\theta} & J_{PV} \\ J_{Q\theta} & J_{QV} \end{bmatrix} \begin{bmatrix} \Delta \theta \\ \Delta V \end{bmatrix} \tag{4-1}$$

一般来讲，系统的有功和无功变化都会影响系统的电压稳定性，但是由于支路的电抗远大于支路的电阻，所以母线电压对无功注入 Q 的变化远比对有功注入 P 的变化更为敏感。因此，为简化计算，在每个运行点上只考虑 Q 和 V 之间的关系。在式(4-1)中，令 $\Delta P = 0$，得

$$\Delta Q = \left[J_{QV} - J_{Q\theta} J_{P\theta}^{-1} J_{PV} \right] \Delta V = J_R \Delta V \tag{4-2}$$

$$\Delta V = {J_R}^{-1} \Delta Q \tag{4-3}$$

式中，$J_R = J_{QV} - J_{Q\theta} J_{P\theta}^{-1} J_{PV}$ 为降阶雅可比矩阵，它反映了母线电压值的变化 ΔV 与无功注入的变化 ΔQ 间的线性关系。

需要指出的是，用降阶雅可比矩阵进行系统分析时，尽管在方程中忽略了有功注入 P 的影响，但系统的有功注入变化 ΔP 是通过设定一系列不同的负荷及有功输出水平 P 来体现的。

对式(4-2)和式(4-3)中的 J_R 进行特征分析得

$$J_R = \Phi \Lambda \Gamma \tag{4-4}$$

式中，Φ 为 J_R 的规范化的右特征向量矩阵；Γ 为 J_R 的规范化的左特征向量矩阵；Λ 为 J_R 的特征值对角矩阵。

进一步由式(4-4)得

$$ {J_R}^{-1} = \Phi \Lambda^{-1} \Gamma \tag{4-5}$$

由式(4-3)和式(4-5)得

$$\Delta V = \sum_i \frac{\phi_i \gamma_i}{\lambda_i} \Delta Q \tag{4-6}$$

式中，λ_i 是 J_R 的第 i 个特征值；ϕ_i 是 J_R 的第 i 列右特征向量；γ_i 是 J_R 的第 i 行

左特征向量。J_R 的每一个特征值 λ_i 和其相关的特征向量 ϕ_i 及 γ_i 定义了系统电压稳定的第 i 个模态。

定义 4.1 第 i 个模态的无功注入变化为

$$\Delta Q(mi) \equiv k_i \phi_i \tag{4-7}$$

式中，k_i 是对 $\Delta Q(mi)$ 进行规范化的比例因子，且有

$$k_i^2 \sum_j \phi_{ij}^2 = 1 \tag{4-8}$$

ϕ_{ij} 为 ϕ_i 的第 j 个元素，相应的第 i 个模态的电压变化为

$$\Delta V(mi) = \frac{1}{\lambda_i} \Delta Q(mi) \tag{4-9}$$

根据式(4-9)，可得到命题 4.1。

命题 4.1 判断在第 i 个模态下系统电压稳定与否的充分条件是

(1) 当 $\lambda_i > 0$ 时，ΔV 与 ΔQ 的变化趋势相同，此时系统是电压稳定的；

(2) 当 $\lambda_i < 0$ 时，ΔV 与 ΔQ 的变化趋势相反，此时系统是电压不稳定的；

(3) 当 $\lambda_i = 0$ 时，无功的微小变化都会引起电压的剧烈变化，系统的电压已经崩溃。

由于任一无功注入变化 $\Delta Q \in R^m$，可用 m 个线性独立的向量 ϕ_i 生成，即

$$\Delta Q = \sum_{i=1}^{m} \alpha_i \phi_i = \sum_{i=1}^{m} \frac{\alpha_i}{k_i} \Delta Q(mi) \tag{4-10}$$

所以有如下命题。

命题 4.2 $\lambda_i > 0, \forall i \Rightarrow$ 系统是电压稳定的。

$\lambda_i < 0, \forall i \Rightarrow$ 系统是电压不稳定的。

定义 4.2 称 J_R 的特征值中第一个由负变正的特征值 λ_i 为临界特征值，与其相关的电压失稳模态为临界模态。

母线的 V-Q 灵敏度是指当其他母线的无功注入变化全为 0，仅考虑此母线的电压大小与此母线无功注入变化之间的比率。

定义 4.3 母线 k 的 V-Q 灵敏度是

$$\frac{\partial V_k}{\partial Q_k} \equiv \Delta V_k \big|_{\Delta Q_k = e_k} \tag{4-11}$$

式中，ΔV_k 是向量 ΔV 的第 k 个元素；e_k 是除第 k 个元素为 1 外，其余元素都为 0 的单位向量。

再由式(4-6)和式(4-7)得

$$\frac{\partial V_k}{\partial Q_k}=\sum_i \frac{\phi_{ik}\gamma_{ki}}{\lambda_i} \tag{4-12}$$

式中，ϕ_{ik} 和 γ_{ki} 分别为向量 ϕ_i 和 γ_i 的第 k 个元素。

假设 4.1　支路电阻很小，可以忽略，且网络导纳阵是对称的。

在假设 4.1 的前提下，不难证明 J_R 也是对称的，从而得出定理 4.1。

定理 4.1　在假设 4.1 的前提下，J_R 是对称的，从而得出如下结论：

(1) 在 J_R 的全部特征值和特征向量都为实数，且同一特征值的左、右特征矢量相等。

(2) 如果 J_R 的全部特征值为正，则由式(4-12)可得所有母线的 V-Q 灵敏度都为正，表明系统是电压稳定的。

(3) 如果 J_R 的特征值中至少有一个为 0，则有一些母线的 V-Q 灵敏度为∞，此时系统是临界状态。

(4) 如果 J_R 的特征值中有小于 0 者，则系统已经进入电压不稳定区。

定理 4.1 的证明并不难，这里从略。

4.2.2　方法的描述

采用模态分析得到的特征值不但可以表征某种模态下的系统是否电压稳定及其稳定裕度的大小，而且可以计算此模态下系统元件对系统电压稳定的影响程度。这种影响程度是通过计算每一个元件的稳定相关因子来实现的。

1) 用母线相关因子对母线排序

定义 4.4　母线 k 对于临界模态 i 的相关因子为

$$R_{ki}=\phi_{ik}\gamma_{ki} \tag{4-13}$$

由式(4-12)可知，R_{ki} 实际上就是特征值 λ_i 对母线 k 的 V-Q 灵敏度的影响系数。R_{ki} 越大，表明 λ_i 的影响程度越高，也就是说，此时 R_{ki} 所代表的母线 k 在临界模态 i 下具有相对较弱的稳定性。按 R_{ki} 的大小对母线进行排序就可找到系统的最弱母线及由 R_{ki} 值较大的一些母线所定义出的最弱区域。

2) 用支路相关因子对支路排序

由潮流公式

$$\tilde{S}_{ij}=\dot{V}_i\overset{*}{I}_{ij}=\dot{V}_i(\overset{*}{V}_i\overset{*}{Y}_{i0}+(\overset{*}{V}_i-\overset{*}{V}_j)\overset{*}{Y}_{ij})$$

可以方便地得到支路的无功潮流及无功损耗，如式(4-14)、式(4-15)所示，而无功是影响鞍型分叉点或电压稳定性的关键，所以这里只考虑无功损耗。

$$Q_{ij}^{\text{flow}}=\frac{XV_i^2-XV_iV_j\cos(\theta_i-\theta_j)-RV_iV_j\sin(\theta_i-\theta_j)}{R^2+X^2}-\frac{B}{2}V_i^2 \tag{4-14}$$

$$Q_{ij}^{\text{loss}}=\frac{V_i^2+V_j^2-2V_iV_j\cos(\theta_i-\theta_j)}{R^2+X^2}X-\frac{B_i}{2}V_i^2-\frac{B_j}{2}V_j^2 \tag{4-15}$$

对式(4-14)和式(4-15)线性化得

$$\Delta Q_{ij}^{\text{flow}}=a_1\Delta V_i+a_2\Delta V_j+a_3\Delta\theta_i+a_4\Delta\theta_j \tag{4-16}$$

$$\Delta Q_{ij}^{\text{loss}}=b_1\Delta V_i+b_2\Delta V_j+b_3\Delta\theta_i+b_4\Delta\theta_j \tag{4-17}$$

令临界模态 i 的无功注入 $\Delta Q=\Delta Q(mi)$，母线电压变化为 $\Delta V(mi)$，由式(4-1)得模态 i 的相角变化为

$$\Delta\theta(mi)=-J_{P\theta}^{-1}J_{PV}\Delta V(mi) \tag{4-18}$$

将求得的电压及相角变化量代入式(4-17)便可求得 $\Delta Q_{ij}^{\text{loss}}$ 。

定义 4.5　支路 j 对于临界模态 i 的相关因子为

$$R_{ji}\equiv\frac{\Delta Q_j^{\text{loss}}(mi)}{\max\limits_k(\Delta Q_k^{\text{loss}}(mi))} \tag{4-19}$$

支路的相关因子并不像母线的相关因子那样容易解释其与系统稳定性之间的关系，但从式(4-19)可以看出，支路相关因子的值反映了在指定的模态下支路无功损耗的大小，从而反映了对系统鞍型分叉点或电压稳定性的影响。而实际应用计算表明，以支路参与因子进行的排序更为方便和可信。

由以上分析可知，若研究各个支路对系统鞍点值影响的大小，只需在连续潮流算出的最大负荷点(即鞍点)附近对系统进行模态分析，同时，对支路相关因子较大的一些支路进行排序即可。该方法只需在鞍点附近对系统进行一次模态分析，就可以完成支路的初步筛选，去除大多数非主要支路，从而大大提高排序的速度。

4.2.3　基于模态分析的故障排序算法框图

由上述推导，可得基于模态分析的故障排序方法计算框图，如图 4-1 所示。

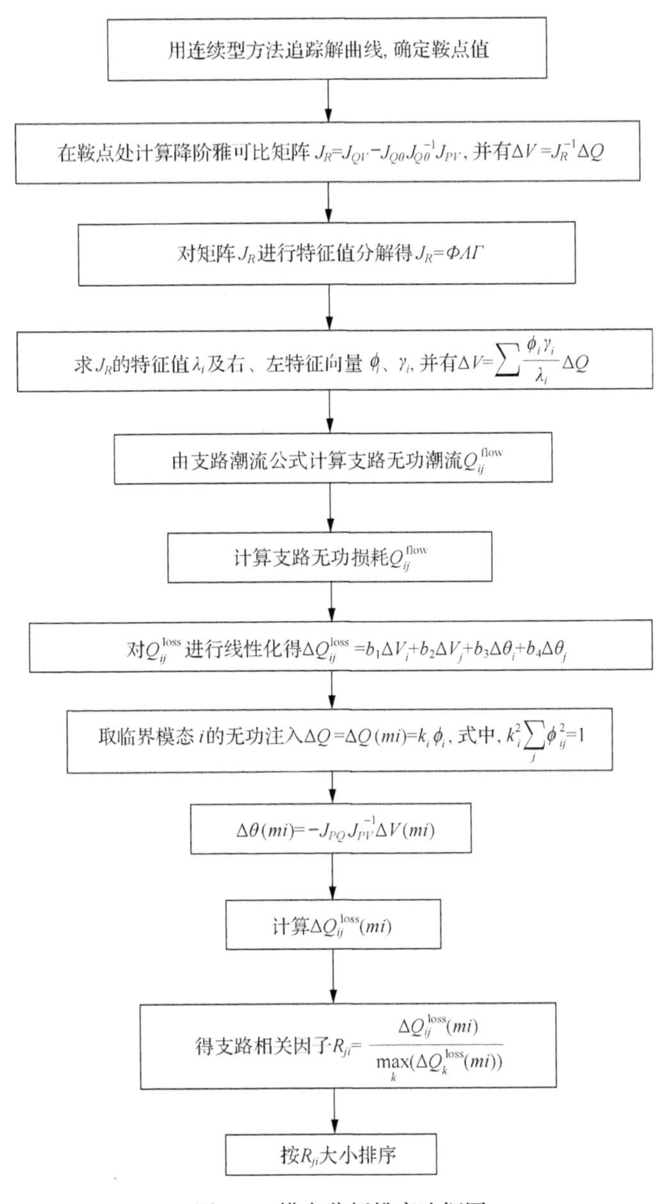

图 4-1　模态分析排序法框图

4.2.4　算例分析

以 New-England 39 母线系统[15]为例，在正常运行情况下，系统总的负荷为 5104MW，为找到系统的最大负荷点，令系统中所有的负荷按一定的负荷增长方向增加，系统所增加的负荷由所有发电机按同一比例平均分担。最终求得的系统在此负荷增长方向的鞍点处最大负荷为 14408.31MW。

1. 准备工作

为准确比较所用排序方法的精度，首先对整个系统的支路进行准确的故障排序。一条支路故障所对应的鞍点值，可以在切除该支路后，利用连续潮流求得解曲线的鼻点(鞍点)来精确地计算。鞍点处的最大负荷值越小，则切除该支路的故障越严重。对整个系统进行准确排序的方法如图 4-2 所示。

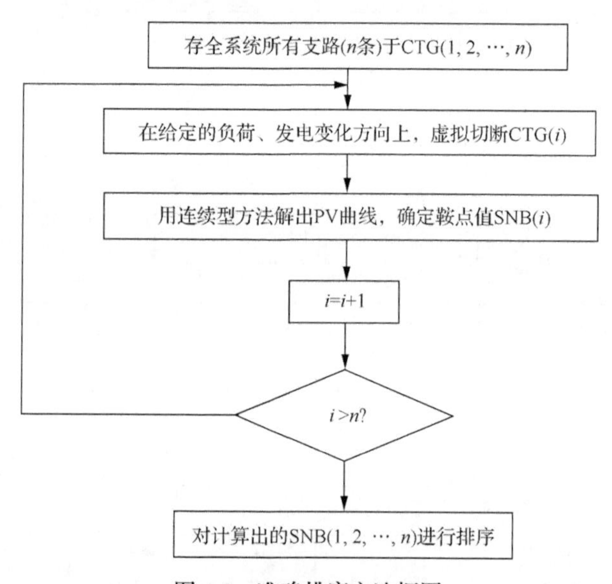

图 4-2　准确排序方法框图

分别切除 New-England 系统的所有支路，并计算其鞍点处的最大负荷值所得的准确排序如表 4-1 所示。这里需要说明的是：

(1) 如果切除与发电机相连的支路，则会引起系统发电功率的丢失，所以这里只考虑切除那些不会引起发电机母线孤立的支路。

(2) 虽然逐一切除支路后对鞍点进行精确排序是最准确的，但对于大系统来说，在实际应用中这几乎是不可能的，本例为了比较不同的排序方法才事先采用此种方法。

表 4-1　基于鞍点值的精确排序表

排序号	支路两端母线号	精确鞍点值
1	16–19	6158.31
2	21–22	9882.53
3	15–16	11338.78
4	16–21	12340.35
5	23–24	12589.56
6	2–3	12706.36
7	6–11	12834.09
8	8–9	12975.89
9	9–39	13022.77
10	6–7	13033.70
⋮	⋮	⋮

2. 用模态分析法进行的排序

在所求得的最大负荷点(14408.31)处对系统进行模态分析，并按支路相关因子的大小排序，结果如表 4-2 所示。

表 4-2　按支路相关因子排序结果表

估计序号	支路两端母线号	相关因子
1	10–32	1.0000
2	6–31	0.5364
3	6–31	0.5364
4	8–9	0.3638
5	22–35	0.3199
6	16–19	0.2688
7	21–22	0.2347
8	23–36	0.2257
9	2–3	0.2068
10	3–4	0.1942
11	9–39	0.1529
12	23–24	0.1498
13	19–33	0.1457
14	2–30	0.1216
15	6–7	0.1167
16	15–16	0.1041
17	4–5	0.0734
18	13–14	0.0651
19	26–27	0.0644
20	20–34	0.0634
⋮	⋮	⋮

不考虑与发电机相连的变压器支路后，排序的结果与正确排序对比如表4-3所示。

表4-3　基于模态分析的故障排序结果表

估计序号	支路两端母线号	参与因子	正确序号
1	8–9	0.3638	8
2	16–19	0.2688	1
3	21–22	0.2347	2
4	2–3	0.2068	6
5	3–4	0.1942	13
6	9–39	0.1529	9
7	23–24	0.1498	7
8	6–7	0.1167	10
9	15–16	0.1041	3
10	4–5	0.0734	23
⋮	⋮	⋮	⋮

由表4-3可以看出，通过模态分析对系统故障排序的前10位中，捕获了正确排序前10位中的8位，捕获率达到80%。所以，用模态分析方法对整个系统的全部支路进行初步排序，可以排除系统中绝大多数的非主要支路，然后再对剩下的极少数对鞍点影响很大的支路用虚拟切断求解精确鞍点的方法得出正确的顺序。

4.3　基于$\Delta L/\Delta P_{ij}$灵敏度的故障排序方法

4.3.1　方法的提出

由于功率交换量是考虑要交换的两区域间的断面所包含的全部支路的有功潮流，因此，可以找到支路有功潮流ΔP_{ij}和最大负荷点(鞍点)位移之间的某种关系，并以此为依据进行支路排序。

基本的潮流方程可以表示为

$$f(x,\lambda,X_{ij})=0 \tag{4-20}$$

式中，x为原方程的状态变量(包括母线电压、相角等)；λ为负荷水平向量；X_{ij}为支路阻抗。

在式(4-20)中，令λ_0为某一平衡点的负荷水平，指定负荷增长方向为$\hat{k}$（$\hat{k}$为单位相量），则鞍点处的负荷为

$$\lambda=\lambda_0+\hat{k}L \tag{4-21}$$

式中，L 为负荷裕度，$L \in R$；由于 $\hat{k}$ 为单位向量，有 $L = \|\lambda - \lambda_0\|_\infty$。

命题 4.3　令 $f: R^n \times R^m \times R^l \to R^n$ 是一个光滑函数，使得式(4-20)的解是靠近 $(x_*, \lambda_*, X_{ij*})$ 的系统平衡点。

假设 4.2　f 在点 $(x_*, \lambda_*, X_{ij*})$ 出现鞍点分叉，且满足下列条件

$$F(a): \quad f(x_*, \lambda_*, X_{ij*}) = 0$$

$$F(b): \quad f_x|_{(x_*, \lambda_*, X_{ij*})} \text{有秩 } n-1$$

$$F(c): \quad \omega f_\lambda|_{(x_*, \lambda_*, X_{ij*})} \hat{k} \neq 0$$

式中，ω 是一非零矢量，且满足 $\omega f_x|_{(x_*, \lambda_*, X_{ij*})}=0$。

命题 4.4　鞍点处系统的雅可比矩阵 f_x 奇异，则对应于 f_x 的零特征值必有一个相应的左特征向量 $\omega(x, \lambda, X_{ij})$，使得

$$\omega(x, \lambda, X_{ij}) f_x(x, \lambda, X_{ij}) = 0 \tag{4-22}$$

在鞍点 $(x_*, \lambda_*, X_{ij*})$ 处，对方程(4-20)线性化得

$$f_x|_{(x_*, \lambda_*, X_{ij*})} \Delta x + f_\lambda|_{(x_*, \lambda_*, X_{ij*})} \Delta\lambda + f_{X_{ij}}|_{(x_*, \lambda_*, X_{ij*})} \Delta X_{ij} = 0 \tag{4-23}$$

式中，f_λ 是 f 对 λ 的导数；$f_{X_{ij}}$ 是 f 对 X_{ij} 的导数；在鞍点处有 $\omega = \omega(x_*, \lambda_*, X_{ij*})$，左乘式(4-23)，再由式(4-22)可得

$$\omega f_\lambda|_{(x_*, \lambda_*, X_{ij*})} \Delta\lambda + \omega f_{X_{ij}}|_{(x_*, \lambda_*, X_{ij*})} \Delta X_{ij} = 0 \tag{4-24}$$

再对式(4-21)进行线性化得 $\Delta\lambda = \hat{k}\Delta L$，代入式(4-24)得

$$\omega f_\lambda|_{(x_*, \lambda_*, X_{ij*})} \hat{k}\Delta L + \omega f_{X_{ij}}|_{(x_*, \lambda_*, X_{ij*})} \Delta X_{ij} = 0 \tag{4-25}$$

整理可得，负荷裕度相对参数 X_{ij} 变化的灵敏度为

$$\frac{\Delta L}{\Delta X_{ij}} = -\frac{\omega f_{X_{ij}}|_{(x_*, \lambda_*, X_{ij*})}}{\omega f_\lambda|_{(x_*, \lambda_*, X_{ij*})} \hat{k}} = C \tag{4-26}$$

式(4-23)含有 n+1 个线性方程组，假设 4.2 中的条件 $F(b)$ 则说明这 n+1 个线性方程组的秩是 n，且有唯一的解。然后由计算支路潮流的公式

$$\tilde{S}_{ij} = \dot{V}_i \overset{*}{I}_{ij} = \dot{V}_i(\overset{*}{V}_i \overset{*}{Y}_{i0} + (\overset{*}{V}_i - \overset{*}{V}_j)\overset{*}{Y}_{ij}) \tag{4-27}$$

可以得到支路有功潮流 P_{ij} 关于支路阻抗 X_{ij} 的函数

$$P_{ij} = \frac{V_i V_j \sin(\theta_i - \theta_j)}{X_{ij}} \tag{4-28}$$

定义 4.6 当支路阻抗 X_{ij} 变化时，其函数 P_{ij} 的变化对负荷裕度的灵敏度为

$$\frac{\Delta L}{\Delta P_{ij}} = A \tag{4-29}$$

以上述定义的灵敏度公式为依据，对系统中的所有支路进行灵敏度 $\Delta L / \Delta P_{ij}$ 的计算，据此便可进行故障排序。

由式(4-26)可知，负荷裕度(鞍点)灵敏度的计算仅取决于鞍点处的计算，因此计算简单；当计算鞍点值时，同时需要计算左特征向量 ω 和系统潮流方程对参数 X_{ij} 在鞍点处的导数值 $f_{X_{ij}}|_{(x_*,\lambda_*,X_{ij*})}$，在很多情况下，$f_{X_{ij}}|_{(x_*,\lambda_*,X_{ij*})}$ 仅有一或两个非零项，因此计算也较简单。$\Delta L / \Delta P_{ij}$ 定量地反映了支路有功功率变化对负荷裕度(鞍点值)影响的灵敏度关系，亦即支路有功功率变化对系统鞍点的影响程度。

4.3.2 基于 $\Delta L / \Delta P_{ij}$ 灵敏度的故障排序算法框图

由上述推导，可得基于 $\Delta L / \Delta P_{ij}$ 灵敏度的排序方法计算框图，如图 4-3 所示。

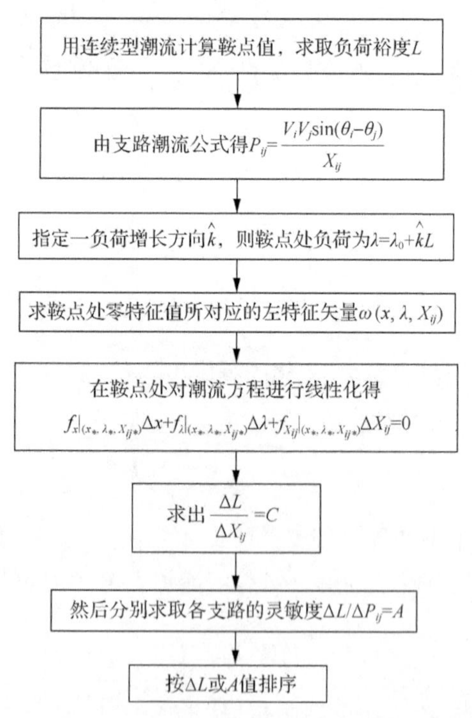

图 4-3 基于 $\Delta L / \Delta P_{ij}$ 灵敏度的排序方法计算框图

4.3.3 算例分析

仍以 New-England 39 母线系统为例，根据 4.2.2 节的推导，计算出当支路阻抗 X_{ij} 变化时 $\Delta L / \Delta P_{ij}$ 的灵敏度，并对该系统所有的支路进行排序，结果如表 4-4 所示。

由表 4-4 可见，基于 $\Delta L / \Delta P_{ij}$ 灵敏度对系统故障排序的前 10 位中，同样捕获了正确排序前 10 位中的 8 位，捕获率为 80%，所以，此方法同样可获得较好的初步筛选排序支路，然后再用精确计算鞍点的方法排出正确顺序。

表 4-4　基于 $\Delta L / \Delta P_{ij}$ 灵敏度的支路故障排序

估计序号	支路两端母线号	计算出的 ΔL_*	正确序号
1	16–19	4055.79	1
2	22–23	2364.67	2
3	6–11	1604.21	7
4	2–3	1469.66	6
5	15–16	1212.35	3
6	10–11	1201.04	11
7	23–24	1165.27	5
8	16–21	1059.37	4
9	6–7	952.70	10
10	26–27	896.46	12
⋮	⋮	⋮	⋮

4.4 基于鞍点分叉的故障排序新策略

故障排序方法虽能够实现严重故障的快速筛选，但作为代替精确计算排序的一种快捷方法，其排序结果往往存在一定的误差。在 4.2 节和 4.3 节中详细介绍了基于模态分析和基于 $\Delta L / \Delta P_{ij}$ 灵敏度的故障排序方法，这两种方法的捕获率都可达到 80%。其中，模态分析法只需进行一次鞍点处的特征值计算便可完成故障的初步筛选，非常快捷，但由算例分析可以看出，前十个严重故障中，较为靠前的第 4 个和第 5 个故障被忽略掉了；基于 $\Delta L / \Delta P_{ij}$ 灵敏度的方法几乎可以捕获到所有严重性靠前的故障支路，但 4.3.3 节的算例分析中，前十条支路漏掉了第 8 条和第 9 条。由此可知，故障排序首先应使用上述两种排序方法中的任意一种对故障进行初步的筛选，然后再用精确计算鞍点值的方法排出准确顺序。这是一种有效的基于鞍点分叉的故障排序新策略[14]，计算步骤如下。

第一步：用模态分析法或基于 $\Delta L / \Delta P_{ij}$ 灵敏度的故障排序法对整个系统支路故障进行初步排序，仅保留排在前面的少数对鞍点影响大的支路，筛去排在后面的对鞍点影响小的绝大多数支路，即剔除系统中绝大多数非主要支路。

第二步：对剩余的少数对鞍点影响严重的支路用求解精确鞍点的方法排出正确的顺序。

这种策略既大大提高了故障排序的速度，又保证了排序的准确性。同时，上述两种排序方法是以负荷及发电机功率变化为前提，克服了其他故障排序方法中存在的无法适应负荷及发电机功率变化的缺点，具有较好的鲁棒性。图 4-4 为精确排序算法框图。

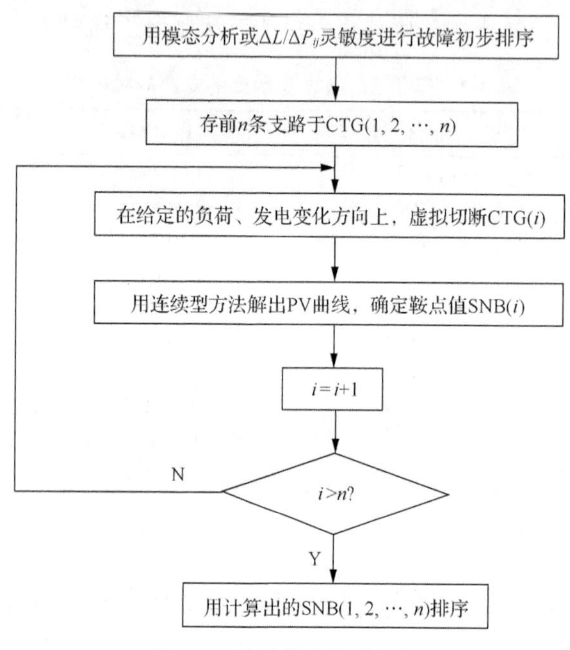

图 4-4　故障排序算法框图

4.5　其他的几种故障排序方法

4.5.1　行为指标法

线路过负荷、母线电压过低都是制约输电能力的重要因素，因而可以通过构造系统行为指标(performance index, PI)来表征各种事故情况下线路潮流越限与母线电压越限的严重程度，并作为评判系统事故严重程度的标准，进行故障排序[1,16,17]。下面介绍两种系统行为指标，即有功功率行为指标和无功功率行为指标。

1. 有功功率行为指标

有功功率行为指标用来衡量线路有功功率越限的程度，表示为

$$PI_P = \sum_{\alpha} \omega_P \left(\frac{P_l}{P_l^{\max}} \right)^2 \tag{4-30}$$

式中，ω_P 为有功功率权重因子；P_l 为线路 l 中的有功潮流；$P_l^{\max}$ 为线路 l 的有功潮流限值；α 为有功功率过负荷的线路集合。

2. 无功功率行为指标

无功功率行为指标用来衡量电压幅值越限和无功功率越限的程度，表示为

$$PI_{VQ} = \sum_{\beta} \omega_V \frac{\left| V_i - V_i^{\lim} \right|}{V_i^{\lim}} + \sum_{\gamma} \omega_Q \frac{\left| Q_i - Q_i^{\lim} \right|}{Q_i^{\lim}} \tag{4-31}$$

式中，V_i 为节点 i 的电压幅值；$V_i^{\lim}$ 为节点 i 的电压幅值限值；ω_V 为电压权重因子；Q_i 为注入节点 i 的无功功率；$Q_i^{\lim}$ 为注入节点 i 的无功功率限值；ω_Q 为无功功率权重因子；β 为电压幅值发生越限的节点集合；γ 为无功功率发生越限的节点集合。

在上述两种行为指标的表达式中，α、β、γ 均只限于发生越限的线路或节点，ω_P、ω_V、ω_Q 的值取决于系统的运行经验和在不同越限情况下相关线路的重要程度，当权重因子取为 0 时，即认为该线路越限并不重要，可排除在集合之外。

4.5.2　二次曲线拟合法

所谓二次曲线拟合法就是根据 PV 曲线的二次曲线特征，采用计算 3 个点的二次曲线拟合法来快速估算系统在不同故障下的稳定裕度，以此来进行故障排序[18]。

系统的 PV 曲线可以近似地看成二次曲线，即可将负荷水平 λ 用二次多项式来表示，即

$$\lambda = a_2 x^2 + a_1 x + a_0 \tag{4-32}$$

为完整地描述上式表示的二次曲线，只需求出 a_0、a_1、a_2 这三个参数即可。从初始的潮流解 x_1 出发，设 λ_1 为初始情况下的负荷裕度，沿预定的负荷增长方向 b，增大 λ，可以得到 PV 曲线上的另外两个点（x_2, λ_2）和（x_3, λ_3），且满足 $\lambda_3 > \lambda_2 > \lambda_1$。代入式(4-32)，可得到如下的线性方程组：

$$\begin{aligned} \lambda_i^{(1)} &= a_{1i}(x_i^{(1)})^2 + a_{2i}x_i^{(1)} + a_{3i} \\ \lambda_i^{(2)} &= a_{1i}(x_i^{(2)})^2 + a_{2i}x_i^{(2)} + a_{3i} \\ \lambda_i^{(3)} &= a_{1i}(x_i^{(3)})^2 + a_{2i}x_i^{(3)} + a_{3i} \end{aligned} \tag{4-33}$$

联立求解上述线性方程组，得到二次曲线的 3 个参数后，就可以采用式(4-34)估计 λ 的极值：

$$\lambda^* = \frac{n_c}{\sum_{i=1}^{n_c} \lambda_i^*} \tag{4-34}$$

式中，$\lambda_i^* = -\dfrac{a_{2i}^2}{2a_{1i}} + a_{3i}$；$n_c$ 为负荷发生变化的母线总数；x 为节点电压幅值。

在实际电力系统中，追踪大型电力系统的 PV 曲线是非常复杂的，由于有载调压变压器分接头和并联电容电抗器的调节等离散事件以及发电机无功输出极限值的约束等原因，PV 曲线仅是分段连续且不光滑的。大量计算表明，上述二次曲线拟合方法的精确性严重依赖于第二点在实际 PV 曲线上的位置[19,20]。若第二点远离稳定临界点，则计算结果将存在很大误差；若第二点靠近稳定曲线鼻点，则该方法精度可得到保证。

4.5.3　潮流多解法

潮流多解法就是利用 λ-V 曲线上稳定平衡点和不稳定平衡点处电压对负荷变化因子的灵敏度近似估算不同故障下的负荷裕度，并进行排序选择[21]。

如图 4-5 所示，SEP 为 λ-V 曲线上稳定平衡点，UEP 为不稳定平衡点，CEP 为发生电压崩溃的临界点，C 为电压崩溃的估计点。在进行故障排序时，精确计算电压崩溃点是没有必要的，可以用估计点代替实际崩溃点，从而近似地计算负荷裕度。

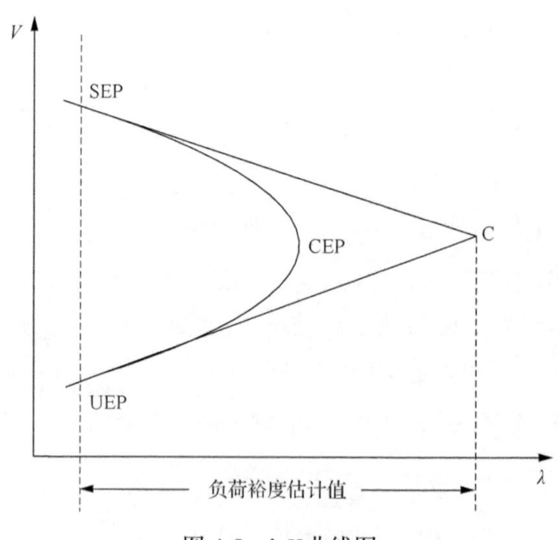

图 4-5　λ-V 曲线图

节点 i 电压幅值对负荷变化因子的灵敏度为

$$\frac{\partial V_i}{\partial \lambda}=\sum_{j\in N}\left(\frac{\partial V_i}{\partial P_j}\frac{\partial P_j}{\partial \lambda}+\frac{\partial V_i}{\partial Q_j}\frac{\partial Q_j}{\partial \lambda}\right) \tag{4-35}$$

式中，V_i 为节点 i 的电压幅值；P_i、Q_i 分别为注入节点 i 的有功和无功；λ 为负荷变化参数；N 为节点总数。

设定 b 为系统负荷增长方向的方向向量，b 中元素为

$$\frac{\partial P_i}{\partial \lambda}=b_{2i-1} \tag{4-36}$$

$$\frac{\partial Q_i}{\partial \lambda}=b_{2i} \tag{4-37}$$

$\frac{\partial V_i}{\partial P_j}$、$\frac{\partial V_i}{\partial Q_j}$ 均为 J^{-1} 中的元素，令 $m_i^{\text{sep}}=\frac{\partial V_i^{\text{sep}}}{\partial \lambda}$，即平衡点处电压对负荷变化因子的灵敏度，而令 $m_i^{\text{uep}}=\frac{\partial V_i^{\text{uep}}}{\partial \lambda}$，即不平衡点处电压对负荷变化因子的灵敏度，则可分别计算出 λ-V 曲线上两点 sep、uep 的斜率。

综上，可得到负荷裕度的估计值计算式如下：

$$\Delta\lambda=\frac{V_i^{\text{sep}}-V_i^{\text{uep}}}{m_i^{\text{uep}}-m_i^{\text{sep}}} \tag{4-38}$$

4.5.4 测试函数法

测试函数的概念是由 Seydel 提出的[22]，用来保证跟踪轨迹变化时不漏掉分叉点。文献[23]应用测试函数来估算负荷参数 λ 的极值，下面对该方法进行介绍。

Seydel 提出的测试函数定义如下：

$$t=e_l^{\mathrm{T}}J(x,\lambda)v \tag{4-39}$$

式中，e_l 为单位向量；J 为系统方程的雅可比矩阵；v 为式(4-40)的解，即

$$(I-e_le_l^{\mathrm{T}})Jv+e_le_k^{\mathrm{T}}v=e_l \tag{4-40}$$

由测试函数的表达式可知，在分叉点 λ^* 处，测试函数的值为 0，而系统的雅可比矩阵在该点处奇异。因此，可利用测试函数来近似计算负荷参数的极值 λ^*，即 λ^* 的二次近似为

$$\lambda^* = \lambda_1 - \frac{1}{2} \times \frac{t(x_1, \lambda_1)}{t'(x_1, \lambda_1)} \tag{4-41}$$

λ^* 的四次近似为

$$\lambda^* = \lambda_1 - \frac{1}{4} \times \frac{t(x_1, \lambda_1)}{t'(x_1, \lambda_1)} \tag{4-42}$$

在实际计算中，为减少求解 t' 时的计算量，可通过下式来进行近似求解，即

$$t' \approx \frac{t(x(\lambda_1 + \delta\lambda), \lambda_1 + \delta\lambda) - t(x_1, \lambda_1)}{\delta\lambda} \tag{4-43}$$

式中，$\delta\lambda$ 在计算时取潮流计算允许误差值的倍数。

参 考 文 献

[1] Lo K L, Peng L J, Macqueen J F. Fast real power contingency ranking using a counter propagation network. IEEE Transactions on Power Systems, 1998, 13(4): 1259-1264.

[2] Stefopoulos G K, Yang F, Cokkinides G J, et al. Advanced contingency selection methodology. Proceedings of the 37th Annual North American Power Symposium. Ames, 2005.

[3] Meng Z J, Xue Y, Lo K L. A new approximate load flow calculation method for contingency selection. Power Systems Conference and Exposition 2006 IEEE PES. Atlanta, 2006.

[4] Srinivas T S N R K, Reddy K R, Devi V K D. Application of fuzzy logic approach for obtaining composite criteria based network contingency ranking for a practical electrical power systems. IEEE Student Conference on Research and Development (SCOReD), 2010, 1(6): 389-391.

[5] Musirin I, Khawa T, Rahman A. Simulation technique for voltage collapse prediction and contingency ranking in power system. IEEE Student Conference on Research and Development (SCOReD), 2002, 23(1): 188-191.

[6] Sundhararajan S, Pahwa A, Starett S, et al. Convergence measures for contingency screening in continuation power flow. Transmission and Distribution Conference and Exposition, IEEE PES, 2003, 1: 169-174.

[7] Poshtan M, Rastgoufard P, Singh B. Contingency ranking for voltage stability analysis of large-scale power systems. Power Systems Conference and Exposition, IEEE PES 2004. New York, 2004.

[8] Amjady N, Esmaili M. Application of a new sensitivity analysis framework for voltage contingency ranking. IEEE Transactions on Power Systems, 2005, 20(2): 973-983.

[9] Srivastava A K, Flueck A J. A novel and fast two-stage right eigenvector based branch outage contingency ranking. IEEE Power Engineering Society General Meeting. San Francisco, 2005.

[10] Su S, Tanaka K. An efficient voltage stability ranking using load shedding for stabilizing unstable contingencies. Proceedings of the 44th International Universities Power Engineering Conference (UPEC). Glasgow, 2009.

[11] Srinivas T S N R K, Reddy K R, Devi V K D. Composite criteria based network contingency ranking using fuzzy logic approach. IEEE International Advance Computing Conference, IACC 2009. Patiala, 2009.

[12] Subramani C, Dash S S, Arun Bhaskar M, et al. Line outage contingency screening and ranking for voltage stability assessment. International Conference on Power Systems, ICPS '09. Kharagpur, 2009.

[13] Chiang H D, Wang C S, Flueck A J. Look-ahead voltage and load margin contingency selection functions for large-scale power system. IEEE Transactions on Power Systems, 1997, 12(1): 173-180.

[14] 李国庆. 基于连续型方法的大型互联电力系统区域间输电能力的研究. 天津: 天津大学, 1998.

[15] 姜涛, 李国庆, 贾宏杰, 等. 电压稳定在线监控的简化 L 指标及其灵敏度分析方法. 电力系统自动化, 2012, 36(21): 13-18.

[16] Agreira C I F, Ferreira C M M, Pinto J A D. The performance indices to contingencies screening. International Conference on Probabilistic Methods Applied to Power Systems. Stockholm, 2006.

[17] 诸骏伟. 电力系统分析. 北京: 水利电力出版社, 1995.

[18] Ejebe G C, Irisarri G D, Mokhtari S, et al. Methods for contingency screening and ranking for voltage stability analysis of power systems. IEEE Transactions on Power Systems, 1996, 11(1): 350-356.

[19] Jia Z, Jeyasurya B. Contingency ranking for on-line voltage stability assessment. IEEE Transactions on Power Systems, 2000, 15(3): 1093-1097.

[20] 赵晋泉, 江晓东, 张伯明. 一种用于电力系统静态稳定性分析的故障筛选与排序方法. 电网技术, 2005, 29(10): 62-67.

[21] Yokoyama A, Sekine Y. A static voltage stability index based on multiple load flow solutions. Proceedings of the Bulk Power System Voltage Phenomena-Voltage Stability and Security. Potosi, 1989.

[22] Seydel R. From Equilibrium to Chaos: Practical Bifurcation and Stability Analysis. Amsterdam: Elsevier Science Publishers, 1988.

[23] Chiang H D, Jean-Jumeau R. Toward a practical performance index for predicting voltage collapse in electric power system. IEEE Transactions on Power Systems, 1995, 10(2): 584-592.

第5章　基于直流潮流的输电能力快速计算方法

5.1　引　　言

基于直流潮流的输电能力的计算方法是以直流潮流为基础，考虑各种安全约束条件，利用线性规划进行计算，一般用到多种线性分布因子。该方法的优点是简单明了，不需要迭代，因而计算速度快。但无法计及无功潮流和电压的影响，不适用于缺乏无功支持和有效电压控制的重负荷系统。

文献[1]在20世纪70年代初最早采用直流潮流模型，基于线性规划理论，用功率传输分布因子(power transfer distribution factor，PTDF)及线路开断分布因子(line outage distribution factor，LODF)来求解系统区域间最大传输功率，并开发出输电能力计算程序。虽然该方法只考虑了输电线路的热极限限制，但由于其具有较快的计算速度，一度被认为是一种有效的系统输电能力分析工具。此后，又有许多文献对此类方法进一步完善。文献[2]提出将输送的有功功率表示为系统发电量和输电网络的线性函数，即增加了发电机停运分布因子，应用线性规划技术求解同时满足发电出力约束和输电线路极限约束的系统最大传输功率，其主要目的是用于系统的可靠性评价。文献[3]指出为最有效地提高系统供电能力，应采用电源或电网的扩展方案，从而可以用于电网的规划设计。文献[4]在线性计算 ATC 方法的基础上，计及无功功率的影响，对热稳极限做进一步的研究。该方法有效计及了线路无功功率变化对有功功率传输的影响，从而能够更准确地计算 ATC。而文献[5]提出的基于网络响应(network response method)和额定系统路径(rated system path method)的 ATC 计算方法也属于这类方法。

5.2　基于网络响应法的可用功率交换能力计算

网络响应法又称分布因子法或直流灵敏度法，它基于直流潮流，假设节点电压的标幺值恒为1，从而可以不计及电压幅值约束，只需考虑线路热稳定极限约束。用于输电能力计算的分布因子(也可称为灵敏度)可在系统直流潮流模型基础上获得，它们的值与电网结构有关，而与系统运行状态无关，因此可以预先计算。基于分布因子的输电能力算法的优点是当市场交易变化、电网支路断开或发电机中断，以及电力市场其他因素改变后，可快速计算出各种影响因素对输电能力的作用，从而在系统状态改变后，获得新的特定断面上的输电能力。该方法可方便考虑“N–1”静态安全约束和支路过负荷约束。在计算过程中不需要迭代，求解速度快，满足在线应用。

网络响应法适用于高密度、复杂的输电网络，网络中负荷、电源及输电系统紧密相连[6]。计算 ATC 需要把区域间的电力交易转化为输电网络上的电力潮流，而网络的响应特性基于线路开断和功率传输分布因子。

当两个区域间有电力交易存在时，整个网络的潮流都会发生变化，每条输电路径上的潮流按照与路径对传输响应的比例发生变化。每条输电路径上潮流的变化取决于网络拓扑、发电调度、负荷需求水平等。

输电网络个别设备未使用的容量是设备额定值与当前潮流负荷的差值，也称之为可用负荷容量。对于区域间的电力传输，可用负荷容量除以路径设备的响应特性，得出特定路径的 ATC。对于一个不同的电力交易，需要一组新的网络响应和一组新的极限设备的可用容量来计算该传输方式下各路径的 ATC。作为一个整体，网络的 ATC 代表了每一时段内由每一个设备所确定的 ATC 中的最小值，对于不同时段，ATC 是不同的，不同的时段可由不同的设备决定。

5.2.1　功率传输分布因子和线路开断分布因子的定义

在功率交换能力的计算和其他系统分析中使用的分布因子表明了电力传输对系统设备的影响或者系统元件或设备的开断对其他设备的影响，使用功率传输分布因子和线路开断分布因子两个概念计算 ATC 十分有效。

北美电力系统可靠性委员会 1995 年 3 月给出以下定义[7]。

功率传输分布因子：用来衡量由于从一个区域到另外一个区域的电力传输发生变化时，系统设备上电力负荷的响应或变化的程度，以功率传输变化的百分比来表示。功率传输分布因子可应用于所研究的互联系统故障前的结构分析。

线路开断分布因子：用来衡量单一系统设备或元件开断所引起的系统其他设备上电力负荷的重新分配的程度，以故障前故障设备上电力负荷的百分比来表示。

5.2.2　功率传输分布因子和线路开断分布因子的数学推导

在这两个公式的推导过程中使用的是直流潮流的模型。直流潮流模型假定只有母线电压的相角发生变化并且变化很小，认为电压幅值恒定，输电线路没有电阻，因而没有损耗。这些假定形成了对真正系统较为合理的近似，具有计算速度快的优点。另外，它有一些有用的特性。

(1) 线性：如果从一个区域到另外一个区域的电力交易加倍，该交易量产生的潮流也加倍。

(2) 叠加性：断面的潮流能够分解成不同的部分，每一部分由系统的一个交易产生。

根据上面的假设，连接母线 i 和 j 的一条输电线路的潮流 P_{ij} 的公式如下：

$$P_{ij} = \frac{1}{x_{ij}} \left(\theta_i - \theta_j\right) \tag{5-1}$$

式中，x_{ij} 是线路电抗的标幺值；θ_i 是母线 i 的电压相角；θ_j 是母线 j 的电压相角。

母线的功率注入 P_i 一定等于输电线路上流出母线的功率，因此

$$P_i = \sum_j p_{ij} = \sum_j \frac{1}{x_{ij}} \left(\theta_i - \theta_j\right) \tag{5-2}$$

这可以表示成一个矩阵方程，即

$$\begin{bmatrix} p_1 \\ \vdots \\ p_n \end{bmatrix} = B_x \begin{bmatrix} \theta_1 \\ \vdots \\ \theta_n \end{bmatrix} \tag{5-3}$$

式中，电纳矩阵 B_x 中的元素是线路阻抗 x_{ij} 函数。由于忽略了线路的对地支路，B_x 阵奇异，因此，无法通过直接求取逆阵的方法求出它的电抗矩阵。选取一条母线的电压相角为 0，在电纳矩阵中去掉该行该列，此时的电纳矩阵非奇异，通过求取逆阵得到电抗矩阵。下面的方程表明母线相角是母线功率注入的函数：

$$\begin{bmatrix} \theta_1 \\ \vdots \\ \theta_n \end{bmatrix} = X \begin{bmatrix} P_1 \\ \vdots \\ P_n \end{bmatrix} \tag{5-4}$$

这里相角为 0 的母线的功率注入是系统中其他母线注入和的负值。

1. PTDF 的推导

从潮流的观点来看，一个电力交易可以看做由一台发电机在系统的一个区域注入而在另外一个区域流出供给一个负荷的专门的功率量。一个电力交易量与一条线路上潮流的线性关系的系数称为 PTDF。功率传输分布因子也称为灵敏度，因为它将交易量的改变量与另外一个量——一条线路上的潮流的变化量联系在一起。

PTDF 是不同区域间的交易发生时在一条已知输电线路上流过潮流的比例。$\text{PTDF}_{ij,mn}$ 是区域 m 到区域 n 的电力交易流经节点 i 到节点 j 的一条线路上潮流的比例。下面给出 PTDF 的公式：

$$\mathrm{PTDF}_{ij,mn}=\frac{X_{im}-X_{jm}-X_{in}+X_{jn}}{x_{ij}} \tag{5-5}$$

式中，x_{ij} 为连接节点 i 到节点 j 间一条输电线路的阻抗；X_{im} 为母线电抗阵的第 i 行第 m 列元素。

下面给出这一公式的推导过程。

令任意两区间 m、n 有交易为 P_{mn}，其他区域间的交易功率为零，则 P_m=P_{mn}，P_n =-P_{mn}。

$$\begin{bmatrix}\theta\\ \vdots\\ \theta_s\end{bmatrix}=X\begin{bmatrix}P_1\\ \vdots\\ P_m\\ \vdots\\ P_n\\ \vdots\\ P_s\end{bmatrix}=X\begin{bmatrix}0\\ \vdots\\ P_{mn}\\ \vdots\\ -P_{mn}\\ \vdots\\ 0\end{bmatrix}$$

则

$$\theta_i=X_{im}P_{mn}-X_{in}P_{mn}$$

$$\theta_j=X_{jm}P_{mn}-X_{jn}P_{mn}$$

$$\because P_{ij}=\frac{1}{x_{ij}}\left(\theta_i-\theta_j\right)=\frac{X_{im}-X_{jm}-X_{in}+X_{jn}}{x_{ij}}P_{mn}$$

$$\therefore \mathrm{PTDF}_{ij,mn}=\frac{X_{im}-X_{jm}-X_{in}+X_{jn}}{x_{ij}}$$

上面已经给出了功率传输分布因子的推导过程，对于一个新交易，线路的潮流变化如下：

$$\Delta P_{ij}^{\text{new}}=\mathrm{PTDF}_{ij,mn}P_{mn}^{\text{new}} \tag{5-6}$$

式中，i 和 j 为所监测线路的两端母线号；m 和 n 为交易始端和末端的区域号；P_{mn}^{new} 为新的有功交易量。

如果交易量是 50MW，PTDF 为 0.7，则连接母线线路上的潮流为 35MW，每个断面的 PTDF 通过把该断面上所有运行中线路的 PTDF 相加得到。PTDF 可以用来计算区域间的交易对断面的影响，例如，对于某一交易，其中一个断面的 PTDF 是 0.376，则在该交易下该断面的有功功率是 1000×0.376=376MW。如果该断面已经存在一个有功功率，则该断面总的潮流为原有的潮流加上 376MW。如果交易量是反方向，则断面的 PTDF 符号为负。

2. LODF 的推导

除了监测所有运行中输电线路的极限(NERC 称之为 N-0 状态)，在系统单一元件开断的情况下，输电系统也必须保持在极限内。当单一元件开断时测试输电系统是否过负荷称为 N-1 校验。一般情况下，系统运行要满足 N-0 和 N-1 校验。当一个线路开断时，流经开断线路上的潮流将重新分配到系统其他线路上。这种重新分配的程度可以使用 LODF 来衡量。$\mathrm{LODF}_{ij,rs}$ 是开断前区域 r 到区域 s 线路上的潮流现在流经节点 i 到节点 j 的线路上的比例。下面给出 $\mathrm{LODF}_{ij,rs}$ 的公式：

$$\mathrm{LODF}_{ij,rs}=\frac{x_{rs}}{x_{ij}}\cdot\frac{\left(X_{ir}-X_{is}-X_{jr}+X_{js}\right)}{\left[x_{rs}-\left(X_{rr}+X_{ss}-2X_{rs}\right)\right]} \tag{5-7}$$

式中，x_{ij} 和 X_{ir} 同式(5-5)中的意义相同。

下面给出这一公式的推导过程：

令开断支路为 rs，支路开断后，网络各节点相对于平衡节点的新 θ 值将等于基态下各节点 θ 值与 $\Delta P_r=P_{rm}$、$\Delta P_s=-P_{rm}$ 施加在开断网络上导致的 $\Delta\theta$ 之和。由于基态潮流解可由任一种潮流算法所提供，下面只研究节点 $\Delta\theta$ 增量时的情况。我们有

$$\begin{bmatrix}\Delta\theta_1\\ \vdots\\ \Delta\theta_r\\ \vdots\\ \Delta\theta_s\\ \vdots\\ \Delta\theta_n\end{bmatrix}=\begin{bmatrix}X_{11}^0 & \cdots & X_{1r}^0 & \cdots & X_{1s}^0 & \cdots & X_{1n}^0\\ & & & \vdots & & & \\ X_{r1}^0 & \cdots & X_{rr}^0 & \cdots & X_{rs}^0 & \cdots & X_{rn}^0\\ & & & \vdots & & & \\ X_{s1}^0 & \cdots & X_{sr}^0 & \cdots & X_{ss}^0 & \cdots & X_{sn}^0\\ & & & \vdots & & & \\ X_{n1}^0 & \cdots & X_{nr}^0 & \cdots & X_{ns}^0 & \cdots & X_{nn}^0\end{bmatrix}\begin{bmatrix}0\\ \vdots\\ \Delta P_r\\ \vdots\\ \Delta P_s\\ \vdots\\ 0\end{bmatrix} \tag{5-8}$$

或写作

$$\Delta\theta=X^0\Delta P \tag{5-9}$$

式中，X^0 表示支路 rs 断开后的阻抗矩阵，取 $\Delta P_r=P_{rs},\Delta P_s=-P_{rs}$ 根据上式 rs 支路断开后，任一节点 i 的 $\Delta\theta_i$ 为

$$\Delta\theta_i=X_{ir}^0\Delta P_r+X_{is}^0\Delta P_s=\left(X_{ir}^0-X_{is}^0\right)P_{rs} \tag{5-10}$$

式中，P_{rs} 是基态下支路 rs 中流过的潮流值。

X_{ir}^0 和 X_{is}^0 与支路开断前，原电抗阵的关系可以利用支路追加法获得。支路 rs 开断，相当于在 r、s 节点间追加一个链支，其电抗值等于支路电抗值 X_{rs} 的负值。由于该链支与原 rs 支路并联，所以节点 r、s 间的阻抗变为

$$\frac{X_{rs}\left(-X_{rs}\right)}{X_{rs}+\left(-X_{rs}\right)}=\infty$$

假定在原节点 r、s 之间，追加链支 X_b，这时，自 r 和 s 点注入无源网络的 P_r'、P_s' 分别为

$$\begin{aligned} P_r' &= P_r + P \\ &\vdots \\ P_s' &= P_s - P_b \end{aligned} \tag{5-11}$$

因此，节点 1 的网络方程式变为

$$\theta_1' = X_{11}P_1 + X_{12}P_2 + \cdots + X_{1r}P_r' + \cdots + X_{1s}P_s' + \cdots + X_{1n}P_n \tag{5-12}$$

将式(5-11)代入得

$$\theta_1' = X_{11}P_1 + X_{12}P_2 + \cdots + X_{1r}P_r + \cdots + X_{1s}P_s + \cdots + X_{1n}P_n + \left(X_{1r} - X_{1s}\right)P_b \tag{5-13}$$

从而，对所有节点可写出

$$\theta_i' = X_{i1}P_1 + X_{i2}P_2 + \cdots + X_{ir}P_r + \cdots + X_{is}P_s + \cdots + X_{in}P_n + \left(X_{ir} - X_{is}\right)P_b \tag{5-14}$$

在追加链支 X_b 后，在 θ_r' 和 θ_s' 间，将存在如下关系：

$$\theta_r' = \theta_s' - X_b P_b \tag{5-15}$$

将式(5-14)代入得

$$\begin{aligned} &X_{r1}P_1 + X_{r2}P_2 + \cdots + X_{rr}P_r + \cdots + X_{rs}P_s + \cdots + X_{rn}P_n + \left(X_{rr} - X_{rs}\right)P_b \\ &= X_{s1}P_1 + X_{s2}P_2 + \cdots + X_{sr}P_r + \cdots + X_{ss}P_s + \cdots + X_{sn}P_n + \left(X_{sr} - X_{ss}\right)P_b - X_bP_b \end{aligned}$$

整理后得

$$\begin{aligned} 0 = &\left(X_{r1} - X_{s1}\right)P_1 + \cdots + \left(X_{rr} - X_{sr}\right)P_r + \cdots + \left(X_{rs} - X_{ss}\right)P_s + \cdots \\ &+ \left(X_{rn} - X_{sn}\right)P_n + \left(X_b + X_{rr} - X_{rs} + X_{ss} - X_{sr}\right)P_b \end{aligned} \tag{5-16}$$

将式(5-14)和式(5-16)合写为矩阵形式，并计及 $X_{rs}=X_{sr}$，于是有

$$\begin{bmatrix}\theta_1'\\ \theta_2'\\ \vdots\\ \theta_n'\\ \vdots\\ 0\end{bmatrix}=\begin{bmatrix} & & & (X_{1r}-X_{1s})\\ & & & (X_{2r}-X_{2s})\\ & [X] & & \vdots\\ & & & (X_{nr}-X_{ns})\\ & & & \vdots\\ (X_{r1}-X_{s1}) & (X_{r2}-X_{s2}) & \cdots & (X_b+X_{rr}+X_{ss}-2X_{rs})\end{bmatrix}\begin{bmatrix}P_1\\ P_2\\ \vdots\\ P_n\\ \vdots\\ P_b\end{bmatrix}\tag{5-17}$$

式(5-17)可分别写成

$$\theta'=[X][P]+\begin{bmatrix}X_{1r}-X_{1s}\\ X_{2r}-X_{2s}\\ \vdots\\ X_{nr}-X_{ns}\end{bmatrix}P_b\tag{5-18}$$

和

$$0=\left[(X_{r1}-X_{s1}),\cdots,(X_{rn}-X_{sn})\right][P]+(X_b+X_{rr}+X_{ss}-2X_{rs})P_b\tag{5-19}$$

将式(5-19)中的 P_b 代入式(5-18)，得

$$\begin{aligned}[\theta']&=[X][P]+\frac{-1}{X_b+X_{rr}+X_{ss}-2X_{rs}}\begin{bmatrix}X_{1r}-X_{1s}\\ X_{2r}-X_{2s}\\ \vdots\\ X_{nr}-X_{ns}\end{bmatrix}\left[(X_{r1}-X_{s1}),\cdots,(X_{rn}-X_{sn})\right][P]\\ &=\left[X^0\right][P]\end{aligned}$$

式中，

$$\left[X^0\right]\overset{\Delta}{=}[X]+\frac{-1}{X_b+X_{rr}+X_{ss}-2X_{rs}}\begin{bmatrix}X_{1r}-X_{1s}\\ X_{2r}-X_{2s}\\ \vdots\\ X_{nr}-X_{ns}\end{bmatrix}\left[(X_{r1}-X_{s1}),\cdots,(X_{rn}-X_{sn})\right]\tag{5-20}$$

式中，$\left[X^0\right]$就是节点开断后的电抗矩阵。

由式(5-20)得

$$
\begin{aligned}
X_{ir}^{0} &= X_{ir} + \frac{1}{x_{rs} - X_{rr} - X_{ss} + 2X_{rs}}\left(X_{ir} - X_{is}\right)\left(X_{rr} - X_{sr}\right) \\
X_{is}^{0} &= X_{is} + \frac{1}{x_{rs} - X_{rr} - X_{ss} + 2X_{rs}}\left(X_{ir} - X_{is}\right)\left(X_{rs} - X_{ss}\right)
\end{aligned} \tag{5-21}
$$

式中已将 $X_b = -X_{rs}$ 代入。

将式(5-21)代入式(5-10)，可得支路 rs 开断后，系统中各节点的 $\Delta\theta_i$ 为

$$
\begin{aligned}
\Delta\theta_i &= \left(X_{ir} - X_{is}\right)\left[1 + \frac{X_{rr} - X_{sr}}{X_{rs} - X_{rr} - X_{ss} + 2X_{rs}} - \frac{X_{rs} - X_{ss}}{X_{rs} - X_{rr} - X_{ss} + 2X_{rs}}\right]P_{rs} \\
&= \left(X_{ir} - X_{is}\right)\left(\frac{x_{rs}}{x_{rs} - X_{rr} - X_{ss} + 2X_{rs}}\right)P_{rs}
\end{aligned} \tag{5-22}
$$

在求得各节点的 $\Delta\theta$ 后，在支路 rs 开断的情况下，其他支路中的潮流变化为

$$
\Delta P_{ij} = \frac{\Delta\theta_i - \Delta\theta_j}{x_{ij}} \tag{5-23}
$$

式中，x_{ij} 为支路 ij 的电抗值。

将式(5-22)代入式(5-23)得

$$
\Delta P_{ij} = \frac{x_{rs}\left(X_{ir} - X_{is} - X_{jr} + X_{js}\right)}{x_{ij}\left(x_{rs} - X_{rr} - X_{ss} + 2X_{rs}\right)}P_{rs}
$$

所以，$\mathrm{LODF}_{ij,rs} = \dfrac{x_{rs}\left(X_{ir} - X_{is} - X_{jr} + X_{js}\right)}{x_{ij}\left(x_{rs} - X_{rr} - X_{ss} + 2X_{rs}\right)}$，推导完毕。

5.2.3　基于分布因子的 ATC 计算

1. 使用 PTDF 计算正常情况下的 ATC

当两个区域间存在电力交易时，系统中的所有断面都会有潮流流过，但断面潮流不应越限。随着交易量的增加，在某一交易量上，会有断面上的支路达到极限。当一断面上支路达到极限时，区域间的交易量将无法再增加。

当系统中存在电力交易时，任意两个区域间的一条线路上的输电量将发生变化，令其变化量为 ΔP_{ij}，该线路上新的输电量为现存的输电协议量 P_{ij}^{0} 加上该变化

量ΔP_{ij}。新的输电量应小于线路功率交换能力的极限$P_{ij}^{\max}$，则

$$P_{ij}^{\text{new}} = P_{ij}^{0} + \Delta P_{ij} \leqslant P_{ij}^{\max} \tag{5-24}$$

由此得出

$$P_{ij,mn}^{\max} \leqslant \frac{P_{ij}^{\max} - P_{ij}^{0}}{\text{PTDF}_{ij,mn}} \tag{5-25}$$

式中，$P_{ij,mn}^{\max}$是由节点i到节点j的线路所限制的区域m到区域n的最大允许交易量。区域m到区域n的 ATC 为所有线路最大允许交易量中的最小值，即

$$\text{ATC}_{mn} = \min_{ij} P_{ij,mn}^{\max} \tag{5-26}$$

2. 使用 LODF 计算故障情况下的 ATC

故障情况下，系统的 ATC 会受到很大的影响。可以使用直流潮流计算线路开断的影响，然后应用 PTDF 计算输电极限。如果同时使用 PTDF 和 LODF 计算故障下的功率交换能力，则可以加快计算的速度。考虑一个从区域m到区域n的交易时，节点r到节点s的一条线路开断的情形。由于交易，线路rs上的输电量变化为

$$\Delta P_{rs}^{\text{new}} = \text{PTDF}_{rs,mn} P_{mn}^{\text{new}} \tag{5-27}$$

当线路rs开断时，部分输电量将出现在线路ij上。这样，由于区域m到区域n的交易及线路rs开断所导致的线路ij上输电量的变化为

$$\Delta P_{ij,rs}^{\text{new}} = \left(\text{PTDF}_{ij,mn} + \text{LODF}_{ij,rs}\text{PTDF}_{rs,mn}\right) P_{mn}^{\text{new}} + \text{LODF}_{ij,rs} P_{rs}^{0} \tag{5-28}$$

根据式(5-25)，线路rs开断时，由线路ij限制的区域m到区域n的最大交易量为

$$P_{mn,ij,rs}^{\max} \leqslant \frac{P_{ij}^{\max'} - P_{ij}^{0} - \text{LODF}_{ij,rs} P_{rs}^{0}}{\text{PTDF}_{ij,mn} + \text{LODF}_{ij,rs}\text{PTDF}_{rs,mn}} \tag{5-29}$$

式中，$P_{ij}^{\max'}$指的是线路ij故障后功率交换能力的极限。

为寻找由于故障限制的 ATC，必须核查所有可能的线路开断与极限线路的组合。这时，整个系统的 ATC 为

$$\mathrm{ATC}_{mn,rs}=\min\left(\min_{ij}P_{mn,ij}^{\max},\min_{ij,rs}P_{mn,ij,rs}^{\max}\right) \tag{5-30}$$

根据式(5-30)，通过计算 ATC，可以核实任意时段内申请的交易量。如果该交易量小于 ATC 值，它是被允许的，否则必须放弃该交易或者将该交易限制为所计算出的 ATC。

5.2.4　算例分析

1. 4 区域系统

有关 4 区域系统的详细参数，请详见文献[8]。每一区域内各节点紧密连接忽略区域内的过负荷。这样，在潮流计算中，各区域可被当做一单一节点进行处理，每个断面由多条相同的输电线路组成。

讨论从区域 1 到区域 4 的电力交易。现存输电协议量 P_{ij}^{0} 为 20MW(包括 CBM)，该交易下的 PTDF 如表 5.1 所示。

表 5-1　各种交易的 PTDF

监测断面	交易为区域 1 到区域 4 时的 PTDF
1 到 2	0.3768
1 到 3	0.6232
2 到 3	0.0580
2 到 4	0.3188
3 到 4	0.6812

1) 正常情况下的 ATC

经过计算，正常情况下，对于该算例，交易为区域 1 到区域 4 时，极限断面为区域 1 到区域 3，ATC 为

$$\mathrm{ATC}_{14}=\min_{13}P_{14,13}^{\max}=(80-20\times0.6232)/0.6232=108.4\mathrm{MW}$$

采用 2.3.1 节中计算 TRM 的第一种方法，将输电线路的额定值降低 5%，计算得到输电可靠性裕度 TRM 为 6.4MW。正常运行情况下系统的 ATC 为 102MW。

2) 故障情况下的 ATC

使用 LODF 来计算 ATC，各种情况下的 LODF 如表 5-2～表 5-6 所示。

表 5-2　支路 12 开断时的 LODF 值

LODF	支路 12 的一条线路开断
$LODF_{12,12}$	0.3529
$LODF_{13,12}$	0.6471
$LODF_{23,12}$	–0.4118
$LODF_{24,12}$	–0.2353
$LODF_{34,12}$	0.1176

表 5-3　支路 13 开断时的 LODF 值

LODF	支路 13 的一条线路开断
$LODF_{12,13}$	0.5000
$LODF_{23,13}$	0.6364
$LODF_{24,13}$	0.3636
$LODF_{34,13}$	0.1818

表 5-4　支路 23 开断时的 LODF 值

LODF	支路 23 的一条线路开断
$LODF_{12,23}$	–0.2059
$LODF_{13,23}$	0.4118
$LODF_{24,23}$	0.5882
$LODF_{34,23}$	–0.2941

表 5-5　支路 24 开断时的 LODF 值

LODF	支路 24 的一条线路开断
$LODF_{12,24}$	–0.1429
$LODF_{13,24}$	0.2858
$LODF_{23,24}$	0.7143
$LODF_{34,24}$	0.5000

表 5-6　支路 34 开断时的 LODF 值

LODF	支路 34 的一条线路开断
$LODF_{12,34}$	0.0482
$LODF_{13,34}$	–0.0964
$LODF_{23,34}$	–0.2410
$LODF_{24,34}$	–0.3374
$LODF_{34,34}$	0.6626

经过计算，故障情况下，对于本算例，交易为区域 1 到区域 4 时，故障极限为区域 3 到区域 4 的一条线路开断，依据公式(3.29)，ATC 为

$$\text{ATC}^{\max}{}_{14,34,34}=\frac{P_{34}^{\max'}-P_{34}^{0}-\text{LODF}_{34,34}P_{34}^{0}}{\text{PTDF}_{34,14}+\text{LODF}_{34,34}\text{PTDF}_{34,14}}=64.6\text{MW}$$

采用同样的输电裕度的计算方法，可得 TRM 为 4.9MW。故障情况下的可用功率交换能力为 $\text{ATC}^{\max}{}_{14,34,34}$=59.7MW。

综上所述，交易为区域 1 到区域 4 时，该系统的 ATC 为

$$\text{ATC}_{mn,rs}=\min\left(\min_{ij}P_{mn,ij}^{\max},\min_{ij,rs}P_{mn,ij,rs}^{\max}\right)=59.7\text{MW}$$

2. 11 区域系统

有关 11 区域系统的详细参数，详见文献[8]。

假定交易为区域 1 到区域 11。经过计算，正常情况下的 ATC 为 2070.8MW，故障情况下的 ATC 为 1608.5MW，所以交易为区域 1 到区域 11 时，系统的 ATC 为

$$\text{ATC}_{mn,rs}=\min\left(\min_{ij}P_{mn,ij}^{\max},\min_{ij,rs}P_{mn,ij,rs}^{\max}\right)=1608.5\text{MW}$$

几点需要注意的问题：

(1) 当 ISO 发布从区域 i 到区域 j 的 ATC 值时，它意味着对于一个起始节点为节点 i、终点为节点 j 的电力交易，所发布的 ATC 值是整个网络能够承担传输的功率而不是连接区域 i 和区域 j 之间断面的容量。例如，对于一个区域 4 到区域 6 的电力交易，ATC 值为 3547MW，而上述两区域之间的断面容量为 2000MW，该值小于 ATC 值，即 ATC 量度的是整个网络承担交易的能力，而非单个区域间承担交易的能力。

(2) 对于一电力交易，不是交易起点及终点的其他区域也能对该电力交易产生影响。例如，一 3000MW 的电力交易发生在区域 4 和区域 9 之间时，在没有任何电力交易的情况下，区域 1 和区域 11 的 ATC 从 1608.5MW 降至 1020.7MW。这是因为每一个电力交易都会使网络剩余的输电容量减少，从而影响其他区域的交易。

(3) 每一个区域的 ISO 只计算该区域内及与该区域直接相连的断面的 ATC 值，而不计算不与其直接相连区域的 ATC 值(否则，每个区域都解决相同的问题，而不存在区域间的区分点)。例如，OASIS 网页上，区域 A 的 ISO 计算及发布 ATC 信息的断面为 1-2，2-1，1-3，3-1，2-3，3-2，2-4，2-5，3-8，3-9。

(4)功率交换能力本质上是有方向性的，即区域 A 到区域 B 的可用输电能力一般不等于区域 B 到区域 A 的 ATC，因此必须被分别计算。

电力市场下计算系统区域间 ATC 的网络响应法中使用了功率传输分布因子和线路开断分布因子，由于该方法基于直流潮流模型，具有线性、叠加性的特点，因而计算快速、便捷。

由于 OASIS 上发布的是包括下一个小时、一天、一周、一个月甚至更长时间尺度的可用功率交换能力信息，而且 ATC 计算方案潜在的数量是巨大的，所以尽管网络响应法中的约束条件只考虑了热负荷限制，但由于其计算快速，仍是一种有效的方法。所计算出的结果作为一个市场信号可以给电力市场下各方参与者以较好的指导，预期电力交易的成功与否。

参考文献

[1] Landgren G L, Terhune H L, Angel R K. Transmission interchange capability analysis by computer. IEEE Transactions on Power Apparatus and Systems, 1972, 91(6): 2405-2414.

[2] Garver L L, Van Horne P R, Wirgau K A. Load supplying capability of generation-transmission networks. IEEE Transactions on Power Apparatus and Systems, 1979, 98(3): 957-962.

[3] Pereira M V F, Pinto L M V G. Application of sensitivity analysis of supply capability to interactive transmission expansion planning. IEEE Transactions on Power Apparatus and systems, 1985, 104(2): 381-389.

[4] Grijalva S, Sauer P W. Reactive power considerations in linear ATC computation. Proceedings of the 32nd Hawaii International Conference on System Sciences. Maui, 1999.

[5] North American Electric Reliability Council. Available transfer capability definitions and determination: A reference document prepared by TTC Task Force. June 1996.

[6] Christie R D, Wollenberg B F. Transmission management in the deregulated environment. Proceeding of the IEEE, 2000, 88(2): 170-195.

[7] North American Electric Reliability Council. Transmission transfer capability: A reference document for calculating and reporting the electric power transmission capability of interconnected electric systems. May 1995.

[8] 董存. 电力市场下可用功率交换能力的分析与计算. 吉林: 东北电力大学, 2000.

第6章 基于连续型方法求解输电能力的模型与算法

6.1 引　　言

电力系统区域间功率输送能力的计算至今已有30年的历史。在传统的电力工业运行模式下，输电能力的计算结果一方面用于评估系统互联强度，另一方面也可以比较不同输电系统结构的优劣。而在电力市场环境下，由于系统中存在着大量频繁变化的电力交易，使得输电系统出现负荷增加、网络环流增大、容量裕度降低、稳定裕度减少等现象，这样，使得电力系统的安全与稳定问题更加突出。在上述背景下，为保证电力系统的安全运行，需要快速、有效的输电能力计算方法，实时评估电力系统运行的安全水平，以减少阻塞发生的概率，为市场参与者提供电网运行状况的详细信息，以指导他们参与市场的行为。

在电力系统中，无论是系统输电能力的计算，还是在静态电压稳定分析中PV曲线的追踪，连续型方法都占有举足轻重的地位。作为一种求解非线性代数方程的数值方法，连续型方法在20世纪70年代就已经引起了人们的关注。最初，该方法只是作为对常规潮流计算方法的一种补充，并没有产生其真正的价值。到了90年代，经过多年的研究，无论从理论上还是从实践中，人们发现一大类的电压稳定性问题都与电力系统潮流方程解的鞍型分叉有关。对这类问题的分析最终取决于能否获得反映系统电压稳定性极限点的潮流方程鞍型分叉点。由于在鞍型分叉点处潮流方程的雅可比矩阵存在一零特征值，这使得常规的潮流计算方法在求解该点时根本无法工作，而连续型潮流计算方法在电压稳定性研究方面发挥了其独特的优越性。因而，该方法真正引起了人们的注意。

由于在电压稳定性研究方面有其独特的优越性，目前，连续型方法已被广泛应用于计算静态电压稳定 PV 曲线中的极限功率点。计算潮流的常规牛顿法在电压稳定极限点附近因雅可比矩阵奇异，引起潮流不收敛。而连续型潮流计算方法可从当前潮流解出发，逐步增加指定送端母线功率，通过迭代求解，沿 PV 曲线准确得到极限功率点相应的发电功率，因而可以被方便地用来计算静态电压稳定约束下的输电能力。

解决电力系统区域间输电能力的分析计算问题的难点主要反映在两个方面：其一，电力系统本身是一个复杂的非线性动力系统，随着系统区域间功率交换量的增大，诸如鞍点分叉或Hopf分叉等非线性动力系统中的典型现象都可能出现，从而破坏系统的安全性。其二，这一问题不仅要考虑系统的正常运行方式，而且要考虑故障情况的影响；不仅要考虑系统电压水平和线路负荷水平等静态安全约束条件，还要考虑稳定性这样的动态约束条件。由于连续型潮流计算方法解决了潮流方程雅可比矩阵在临界点处奇异的难题，克服了常规潮流在临界点的解病态，该方法应用在输电能力的求取问题中，同样具有不可替代的优势。

研究大型互联电力系统区域间功率交换能力时，非相关区域也能通过相邻区域对功率交换产生影响，而这些非线性影响不能准确地用线性方法模拟和分析，连续型潮流方法则是一种行之有效的工具。首先，它是根据系统的当前运行状态逐步过渡到系统的功率传输极限点，因而所计算出的输电极限更具有实际价值。此外，更重要的一点是这种方法对使用者而言具有完全的开放性，使用者可以根据需要考虑各种约束条件，包括动态约束条件。

连续潮流方法一般分为参数化连续潮流法和非参数化连续潮流法两种。在输电能力的计算中一般采用非参数化连续潮流法，通过预测–校正环节克服潮流在极限点收敛困难的问题。该方法的优点在于能考虑系统非线性以及无功的影响和静态电压稳定性。它可以避免重复潮流方法在电压稳定极限附近的病态问题。

6.2 连续型潮流计算方法

6.2.1 负荷及发电机功率变化时潮流方程的描述

在实际电力系统中，负荷及发电机输出功率都在不断地发生变化，系统的稳态运行点也随着这种变化而移动。当不考虑这些变化所导致的动态行为，也即假定这些变化是缓慢的条件下，这种负荷及发电机输出功率变化对系统的影响可用一参数化的潮流方程来描述。

一般的，在潮流计算中，当系统负荷水平及发电机输出功率确定时，常规的系统潮流方程可用式(6-1)表示：

$$
\begin{aligned}
P_i &= \sum_{j=1}^{n} V_i V_j \left(G_{ij}\cos\theta_{ij} + B_{ij}\sin\theta_{ij} \right) \\
Q_i &= \sum_{j=1}^{n} V_i V_j \left(G_{ij}\sin\theta_{ij} - B_{ij}\cos\theta_{ij} \right)
\end{aligned}
\tag{6-1}
$$

式中，θ_{ij} 为母线 i 与母线 j 间电压相位差，$\theta_{ij}=\theta_i-\theta_j$；$P_i=P_{\mathrm{G}i}-P_{\mathrm{D}j}$，$P_{\mathrm{G}i}$ 为节点 i 发电机发出的有功功率；$P_{\mathrm{D}i}$ 为节点 i 负荷有功功率；$Q_i=Q_{\mathrm{G}i}-Q_{\mathrm{D}i}$，$Q_{\mathrm{G}i}$ 为节点 i 发电机输出的无功功率，$Q_{\mathrm{D}i}$ 为节点 i 负荷无功功率；n 为系统母线数。

为描述方便，定义向量 $x=(V,\theta)$，其中 V 和 θ 分别表示系统电压幅值向量与相角向量，定义 P 和 Q 分别为式(6-1)中等号左端 P_i 和 Q_i 构成的向量，$P(x)$ 和 $Q(x)$

为分别与等号右端对应的向量，则潮流方程可用下述紧凑形式描述：

$$g(x)=\begin{bmatrix}P(x)-P\\Q(x)-Q\end{bmatrix}=0 \tag{6-2}$$

当系统中发电机功率或负荷发生缓慢变化时，也即向量 P 和 Q 的元素发生变化，如果用 P^0 和 Q^0 表示对应于系统当前状态下的节点有功向量和无功向量，用 $\tilde{P}$ 和 $\tilde{Q}$ 表示节点注入变化后的节点有功向量和无功向量，则可将系统潮流方程参数化为如下形式：

$$f(x,\lambda)=g(x)-\lambda b=0 \tag{6-3}$$

式中，$b\equiv\begin{bmatrix}\tilde{P}-P^0\\\tilde{Q}-Q^0\end{bmatrix}$。显然，$f(x,0)\equiv\begin{bmatrix}P(x)-P^0\\Q(x)-Q^0\end{bmatrix}$；$f(x,1)\equiv\begin{bmatrix}P(x)-\tilde{P}\\Q(x)-\tilde{Q}\end{bmatrix}$。

当 $\lambda=0$ 时，$f(x,0)$ 与系统当前状况相对应；当 $\lambda=1$ 时，$f(x,1)=g(x)-b$ 与节点注入变化后的系统相对应；当 $\lambda\in(0,\ 1)$ 或 $\lambda>1$ 时，式(6-3)与系统注入沿向量 b 所定义的方向上变化的某一系统运行点相对应。其中，b 为系统节点功率注入变化的方向向量，称 λ 为节点注入变化条件数。

6.2.2　连续型潮流方程的求解方法

假定式(6-1)为 n 维潮流方程组，则式(6-3)与之对应为 n 个方程 n+1 个变量组成的非线性代数方程组，其解在 n+1 维空间上定义了一个一维曲线 $x(\lambda)$。连续型潮流计算方法将要解决的问题就是从一已知点 (x^0,λ^0) 开始，在所需要的参数变化方向获得 $x(\lambda)$ 曲线上一系列的点 (x^i,λ^i)。最常用的连续型方法是预测(predictor)-校正(corrector)方法，即 PC 方法。该方法的主要思想是，在已知 $x(\lambda)$ 曲线上点 (x^{i-1},λ^{i-1}) 条件下，用简单的方法获得 (x^i,λ^i) 的近似点，例如点 $(\overline{x}^i,\overline{\lambda}^i)$，然后以该近似点作为初始点，采用一些非线性方程的求解方法获得式(6-3)的准确解 (x^i,λ^i)。其中，获得点 $(\overline{x}^i,\overline{\lambda}^i)$ 的过程称为预测过程，获得点 (x^i,λ^i) 的过程称为校正过程。具体来说，可将 PC 方法分为以下几个环节：①方程参数化；②预测环节；③校正环节；④步长控制。

1. 方程参数化

在 PC 连续型方法中，方程参数化有两方面的含义：其一是如何选择控制参数以有效地区分稳态解曲线上各点的先后顺序；其二是通过参数化方程的建立，克服方程在鞍型分叉点处的病态。连续型方法不对式(6-3)单独求解，而是求解下述扩展方程：

$$\begin{aligned} f(x,\lambda)=0 \\ P(x,\lambda)=0 \end{aligned} \tag{6-4}$$

式中的第二个方程即为参数化方程，它是一个一维方程式。作为一个参数化方程，需要满足一个重要的条件，即它能够保证最终形成的扩展方程的雅可比矩阵

$$\tilde{J}(x,\lambda)=\begin{bmatrix} f_x(x,\lambda) & f_\lambda(x,\lambda) \\ P_x(x,\lambda) & P_\lambda(x,\lambda) \end{bmatrix} \tag{6-5}$$

在潮流方程的鞍型分叉点处非奇异。

控制参数选择的方法有多种，对于选定的控制参数，其参数化方程的建立也不是唯一的[2, 3]。上述条件的函数 $P(x,\lambda)$ 都可用于建立参数化方程但不同参数化方程所构成的连续型潮流算法的计算效率将会有一定的差异。在目前所采用的 PC 连续型潮流算法中，有两种最为典型的参数化方法。

(1)局部参数化方法：以状态向量 x 的某一分量 x_k 作为参数。随解的变化，所选取的参数也可以相应变化，此时的参数变化步长为 Δx_k，参数化方程可选取为

$$P(x^i,\lambda^i)=({x_k}^i-{x_k}^{i-1})^2-\Delta {x_k}^2=0 \tag{6-6}$$

上式的含义很清楚，当沿解曲线从 (x^{i-1},λ^{i-1}) 向 (x^i,λ^i) 点过渡时，作为控制参数的状态 x 的分量 x_k 的变化量应保持为其步长值 Δx_k 不变。

在电压稳定性分析中，当采用这种参数化方法时，常选取求解过程中电压下降最快的节点电压(这样的节点又称主导节点)作为控制参数。

(2)弧长参数化方法：以解曲线的弧长 s 作为控制参数，此时的参数变化步长为

$$\Delta s=\left\{\sum_{j=1}^{n}(x_j^i(s)-x_j^{i-1}(s))^2+(\lambda^i(s)-\lambda^{i-1}(s))^2\right\}^{\frac{1}{2}}$$

对应于弧长控制参数，一种参数化方程可选取为

$$P(x^i,\lambda^i)=\left\{\sum_{j=1}^{n}(x_j^i(s)-x_j^{i-1}(s))^2+(\lambda^i(s)-\lambda^{i-1}(s))^2\right\}^{\frac{1}{2}}-\Delta s=0 \tag{6-7}$$

式(6-7)的含义是，当沿解曲线从(x^{i-1},λ^{i-1})向(x^i,λ^i)点过渡时，作为控制参数的解曲线弧长增量保持为相应的步长值Δs不变。

2. 预测环节

假设已知方程式(6-3)第 i–1 步的解(x^{i-1},λ^{i-1})，预测环节的目的是为了给下一步校正环节中计算第 i 步的准确解(x^i,λ^i)提供一个良好的近似初始值$(\overline{x}^i,\overline{\lambda}^i)$。预测环节中所得到近似初值的好坏直接影响着校正环节中准确解的迭代次数。如果近似值$(\overline{x}^i,\overline{\lambda}^i)$和准确值$(x^i,\lambda^i)$之间的误差很小，那么校正环节只通过几次迭代就可以找到准确解；否则，将有可能通过多次迭代才能收敛，甚至会出现不收敛的情形。预测环节的结果将直接影响整个连续型方法的计算效率。在电力系统潮流方程连续型方法中，预测环节最常用的方法是切线法和插值法。

1) 切线法

应用切线法，首先要求计算扩展方程式(6-4)中每一个状态变量x_1，x_2，…，x_n以及参数λ对于控制参数的导数。以弧长控制参数为例，首先将式(6-3)对该控制参数求一阶导数可得

$$Df\left[\frac{\mathrm{d}x}{\mathrm{d}s},\frac{\mathrm{d}\lambda}{\mathrm{d}s}\right]^{\mathrm{T}}=0 \tag{6-8}$$

式中，$Df\in R^{n\times n+1}$定义为

$$Df=\begin{bmatrix}\dfrac{\partial f_1}{\partial x_1} & \dfrac{\partial f_1}{\partial x_2} & \cdots & \dfrac{\partial f_1}{\partial x_n} & \dfrac{\partial f_1}{\partial \lambda}\\ \vdots & \vdots & & \vdots & \vdots\\ \dfrac{\partial f_n}{\partial x_1} & \dfrac{\partial f_n}{\partial x_2} & \cdots & \dfrac{\partial f_n}{\partial x_n} & \dfrac{\partial f_n}{\partial \lambda}\end{bmatrix}$$

假定以式(6-7)作为参数化方程，则可以得到

$$\left(\frac{\mathrm{d}x_1}{\mathrm{d}s}\right)^2+\cdots+\left(\frac{\mathrm{d}x_n}{\mathrm{d}s}\right)^2+\left(\frac{\mathrm{d}\lambda}{\mathrm{d}s}\right)^2=1 \tag{6-9}$$

将式(6-7)和式(6-8)联立求解，可得所要的各个导数。

切线法以系统解轨迹中第i–1 点上状态变量及参数λ对于弧长s的导数构成方向向量，以Δs为步长预测的第 i 点$\left(\overline{x}^i,\overline{\lambda}^i\right)$如下式：

$$\begin{aligned} \bar{x}^i &= x^{i-1} + \Delta s \left.\frac{\mathrm{d}x}{\mathrm{d}s}\right|_{(x^{i-1},\lambda^{i-1})} \\ \bar{\lambda}^i &= \lambda^{i-1} + \Delta s \left.\frac{\mathrm{d}\lambda}{\mathrm{d}s}\right|_{(x^{i-1},\lambda^{i-1})} \end{aligned} \tag{6-10}$$

2)插值法

当已经求得系统稳态轨迹上的前 m 个点后，可不必像切线法那样通过复杂的计算得到下一步的预测值，而是通过简单的多项式插值法预测。这样可以在保证计算精度的前提下提高计算速度。

假定选择弧长为控制参数，利用前两次计算的结果 (x^{i-2},λ^{i-2}) 、(x^{i-1},λ^{i-1}) 求解近似值 $(\bar{x}^i,\bar{\lambda}^i)$ 的两点插值公式为

$$\left(\bar{x}^i,\bar{\lambda}^i\right)=\left(x^{i-1},\lambda^{i-1}\right)+\Delta s\left(x^{i-1}-x^{i-2},\lambda^{i-1}-\lambda^{i-2}\right) \tag{6-11}$$

在预测环节中，切线法和插值法常可以同时采用，例如，当仅获得了解曲线 $x(\lambda)$ 的第一点时，可以用切线法启动连续型方法，待已获得了解曲线的多个点(至少两个点)后，再采用插值法。当然，两种方法也可以完全单独使用。值得注意的是，当单独采用插值法时，可以直接以解曲线第一个点作为第二个点的近似以便启动连续型方法。

3. 校正环节

在预测环节获得了点 $(\bar{x}^i,\bar{\lambda}^i)$ 后，校正环节将以该点为初始点，通过解扩展方程式(6-4)计算出准确点 (x^i,λ^i) 。为清楚地说明这一过程，图 6-1 和图 6-2 分别以局部参数化(参数化方程取为式(6-9))和弧长参数化(参数化方程取为式(6-7))为例，给出了相应的 PC 连续型方法示意图。现以弧长参数化方法为例加以解释(图 6-2)。

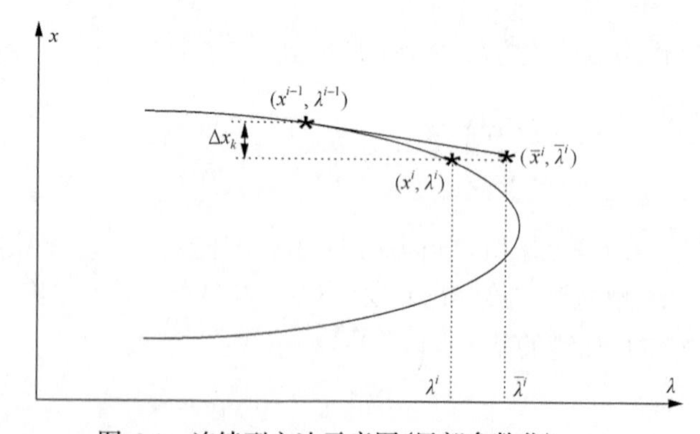

图 6-1　连续型方法示意图(局部参数化)

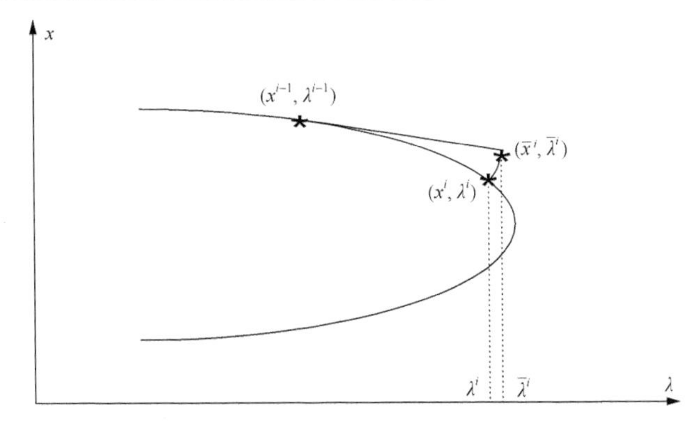

图 6-2　连续型方法示意图(弧长参数化)

当采用切线法获得点$(\bar{x}^i,\bar{\lambda}^i)$后，由于点$(x^i,\lambda^i)$必须满足扩展方程式(6-4)，因此，点$(x^i,\lambda^i)$到点$(x^{i-1},\lambda^{i-1})$的解曲线弧长应等于给定的步长$\Delta s$。注意到此时$\lambda^i \neq \bar{\lambda}^i$，校正环节所要做的工作就是将预测点$(\bar{x}^i,\bar{\lambda}^i)$移到解曲线$x(\lambda)$上，并满足弧长步长的要求。图 6-1 也可类似加以解释。在连续型方法中，好的参数化方程应使得预测点$(\bar{x}^i,\bar{\lambda}^i)$到准确点$(x^i,\lambda^i)$间的距离尽可能小，以保证校正环节的计算效率和收敛性。虽然图 6-1 和图 6-2 仅是示意图，但不难发现，弧长参数化要较局部参数化更好。除本书已介绍的局部参数化和弧长参数化方程形式外，还有多种不同的建立参数化方程的方法，如超平面方法[2]、混合参数化方法[3]等，其目的都是想缩小预测点$(\bar{x}^i,\bar{\lambda}^i)$到准确点$(x^i,\lambda^i)$间的距离。

当已知初始点$(\bar{x}^i,\bar{\lambda}^i)$后，在校正环节中原则上可以采用任何一种有效的非线性代数方程求解方法，其中，牛顿法最为常用。在牛顿法中，为了在迭代过程中获得第v次迭代的校正量$(\Delta x^{(v+1)},\Delta\lambda^{(v+1)})$，需要反复求解下述方程：

$$\begin{bmatrix} f_x(x^{(v)},\lambda^{(v)}) & f_\lambda(x^{(v)},\lambda^{(v)}) \\ P_x(x^{(v)},\lambda^{(v)}) & P_\lambda(x^{(v)},\lambda^{(v)}) \end{bmatrix} \begin{bmatrix} \Delta x^{(v+1)} \\ \Delta\lambda^{(v+1)} \end{bmatrix} = -\begin{bmatrix} f(x^{(v)},\lambda^{(v)}) \\ P(x^{(v)},\lambda^{(v)}) \end{bmatrix} \tag{6-12}$$

式中，(v)表示牛顿法的迭代次数；$(x^{(v)},\lambda^{(v)})$表示求解点(x^i,λ^i)时的第v次迭代结果。在常规的牛顿法中，每次迭代过程都需对雅可比矩阵元素进行更新，计算量相对较大。为此，人们提出了适用于求解大型非线性代数方程组的多种近似牛顿算法，如 Chord 方法。在 Chord 方法中，整个迭代过程仅计算一次雅可比矩阵，对雅可比矩阵仅进行一次 LU 分解，每一步所需计算量大幅下降。与式(6-12)对应的方程为

$$\begin{bmatrix} f_x(x^{(0)},\lambda^{(0)}) & f_\lambda(x^{(0)},\lambda^{(0)}) \\ P_x(x^{(0)},\lambda^{(0)}) & P_\lambda(x^{(0)},\lambda^{(0)}) \end{bmatrix} \begin{bmatrix} \Delta x^{(v+1)} \\ \Delta\lambda^{(v+1)} \end{bmatrix} = -\begin{bmatrix} f(x^{(v)},\lambda^{(v)}) \\ P(x^{(v)},\lambda^{(v)}) \end{bmatrix} \tag{6-13}$$

虽然 Chord 方法本身仅具有线性收敛性，一般所需的迭代次数较多，但对大型系统而言，由于不需更新雅可比矩阵并进行多次 LU 分解，其总的计算效率还是高于常规牛顿法。

4. 步长控制

步长控制是 PC 连续型方法关键的一步。虽然小的步长对任何连续过程都是适用的，然而会降低解曲线的追踪效率；同样，过大的步长可能导致解的不收敛。理想的步长控制方法应能够随曲线形状的变化而调整，在曲线平坦部分用大的步长，而在曲线的弯曲部分改用小的步长。但由于解曲线的形状有时很难预测，目前尚没有完全自适应的比较有效的步长控制方法。常用的方法是一种试探法，即事先设定一个标准迭代次数，然后在进行连续计算的每一步都测试实际的迭代次数，如果它小于标准迭代次数，则在下一步计算时采用稍大的步长，如果它大于标准迭代次数，则在下一步计算时采用稍小的步长。实践证明，这种试探法是非常有效的。

应当指出的是，步长控制的设定与预测环节、校正环节及所考虑的问题有关，步长选择方法应当综合加以考虑。

当利用连续型方法求取电力系统潮流方程鞍型分叉点时，在解曲线跟踪过程中，一些对鞍型分叉点有显著影响的因素必须加以考虑，其中一些典型因素包括：

(1) 发电机无功功率极限约束；

(2) 有载调压变压器及移相器分接头变化；

(3) 各种无功补偿装置的控制作用；

(4) 发电机有功功率的经济调度。

当考虑上述这些因素的影响时，由于一些变化量为离散量，例如各种分接头的变化，而有些因素对方程的结构将产生影响，例如发电机无功功率极限约束将会使系统 PV 母线变为 PQ 母线，将大大增加解曲线跟踪的难度。为了保证结果的正确性，此时，控制参数的步长应适当减小，以保证预测环节的有效性。

6.2.3　连续型潮流计算方法的有效性验证

众所周知，在系统的鞍点分叉处潮流方程的雅可比矩阵奇异，因而使得牛顿法等一般的潮流计算方法常常会不收敛，而连续型方法则通过参数化扩展潮流方程的建立，巧妙地解决了鞍点分叉附近的病态潮流问题。下面以三机九节点系统和 New England 系统的计算为例加以说明。

1. 三机九节点系统

有关三机九节点系统的各种详细参数，请参阅文献[5]。

这里仅考虑负荷节点5的有功和无功变化，而其余节点的有功和无功负荷维持不变。节点5的有功和无功负荷分别按无功不变和1∶0.1和1∶0.2的模式增长。系统所增加的有功负荷由三台发电机按同一比例均匀负担。此时，用系数λ来表示系统的负荷水平。当$\lambda=0$时，对应正常工况；$\lambda=1$时，表示节点5的有功负荷增加1个标幺值。

显然，随着λ的增加，系统的潮流方程的一对解所形成的运行轨迹将在鞍点分叉处最终会合，此时，潮流方程的雅可比矩阵奇异。描述系统中各个节点的电压随λ变化的曲线类似于众所周知的PV曲线，这里称为λ-V曲线。我们分别对上述三种负荷增长方式利用连续性方法计算了λ-V曲线。在图6-3中依次分别以曲线1、曲线2和曲线3表示节点5的无功不变以及有功、无功以1∶0.1和1∶0.2的比例增长的λ-V曲线。

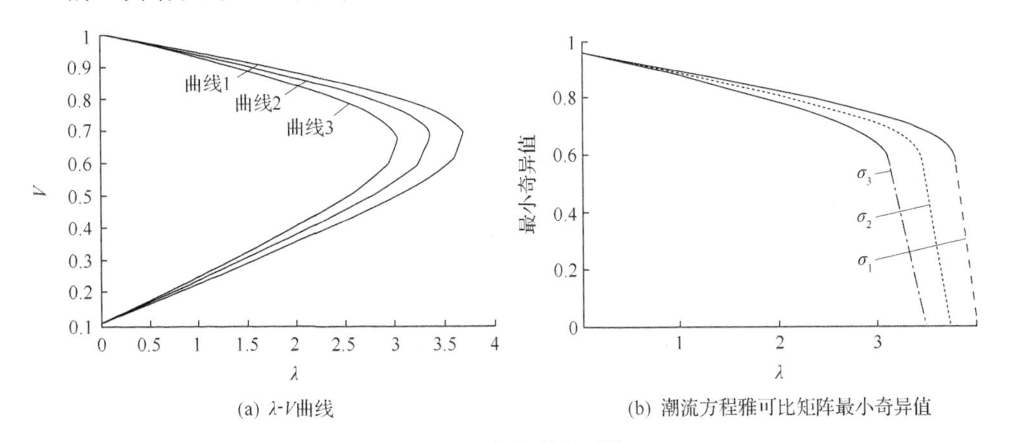

(a) λ-V曲线　(b) 潮流方程雅可比矩阵最小奇异值

图6-3　三机九节点系统

此外，我们还计算了三种负荷增长方式下潮流方程雅可比矩阵的最小奇异值，如图6-3(b)所示。为了显示清楚，在图6-3(b)中只画出了系统在λ-V曲线上半部分运行时，潮流方程雅可比矩阵的最小奇异值。由图可见，在鞍点分叉处潮流方程雅可比矩阵奇异，因而常规的潮流计算方法无法获取系统模型的鞍点分叉点。

2. New England 系统

有关New England系统的详细参数，请见文献[6]。

这里仅考虑节点12的负荷变化，其有功负荷和无功负荷维持不变。而节点12的有功负荷和无功负荷分别按上一算例模式进行变化，即无功负荷不变、1∶0.1和1∶0.2。系统中所增加的负荷由所有发电机按同一比例均匀负担。此时，同样采用λ表示系统的负荷水平。当$\lambda=0$时，对应正常工况；$\lambda=1$时，表示节点12的有功负荷增加1个标幺值。

对上述三种负荷增长方式利用连续型方法计算了 λ-V 曲线。在图 6-4(a)中依次分别以曲线 1、曲线 2 和曲线 3 表示节点 12 的无功不变以及有功、无功以 1∶0.1 和 1∶0.2 的比例增长的 λ-V 曲线。其各自对应的潮流方程雅可比矩阵的最小奇异值如图 6-4(b)的 σ_1、σ_2 和 σ_3 所示。

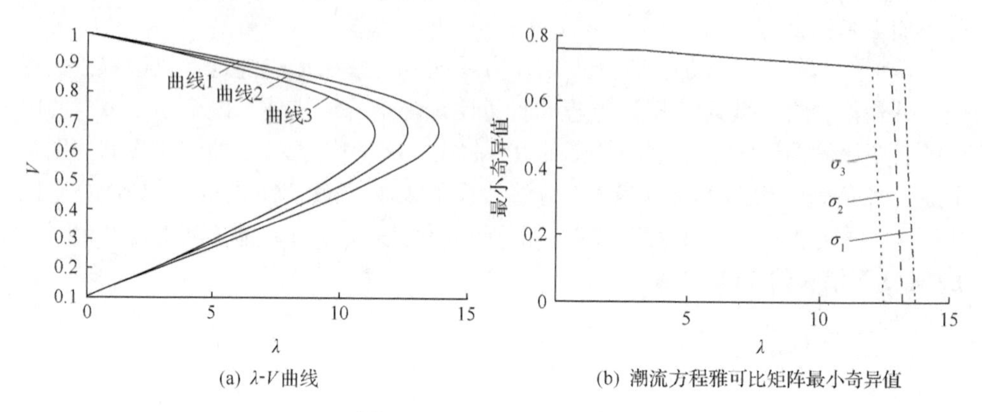

(a) λ-V 曲线　　(b) 潮流方程雅可比矩阵最小奇异值

图 6-4　New England 系统

由图 6-3 和图 6-4 可以看出，连续型方法可以有效地克服系统在鞍点分叉附近的病态潮流问题，准确地获得系统的鞍点分叉点。

6.3　基于连续型方法的系统区域间最大交换功率的模型与算法

6.3.1　描述输电能力数学模型的建立

选定一种区域间功率交换量的定义方式，可以给出求取有关区域间最大允许功率交换量的数学描述。现以图 2-1 所示系统为例，假定所研究的是区域 A 向区域 B 和区域 C 的功率输送能力问题。对该系统而言，针对该问题两种功率交换量的定义方式是等价的，均为(T_{AB}+T_{AC})。给定一个故障集合 $R_c=\{C_1,C_2,\cdots,C_m\}$，令 $P_A^{\max}$ 为相对该故障集合定义的区域 A 与区域 B 和区域 C 间的最大功率交换量，用 J_A、J_B 和 J_C 分别表示区域 A、B 和 C 的母线集合，则可给出如下形式的数学描述[7]。

1) 目标函数

$$P_A^{\max}=\max_{p_{Gi},q_i}\left[T_{AB}\left(p_{Gi},q_i\right)+T_{AC}\left(p_{Gi},q_i\right)\right],\qquad i\in J_A\cup J_B\cup J_C \tag{6-14}$$

2) 静态安全性约束条件

(1) 潮流方程约束

$$f(x, p_{Gi}, p_L, q_i) = 0 \tag{6-15}$$

(2) 正常运行条件下，电压、线路电流及设备负荷约束

$$\begin{aligned} V_{\min} &\leqslant V(x, p_{Gi}, p_L, q_i) \leqslant V_{\max} \\ I_{\min} &\leqslant I(x, p_{Gi}, p_L, q_i) \leqslant I_{\max} \\ S_{\min} &\leqslant S(x, p_{Gi}, p_L, q_i) \leqslant S_{\max} \end{aligned} \tag{6-16}$$

(3) 事故发生且系统功率振荡平息后，在调度员进行故障相关的系统运行方式调整之前，电压、线路电流和设备负荷约束

$$\begin{aligned} V_P^{\min} &\leqslant V(x, p_{Gi}, p_L, q_i, c_k) \leqslant V_P^{\max}, \quad c_k \in R_c \\ I_P^{\min} &\leqslant I(x, p_{Gi}, p_L, q_i, c_k) \leqslant I_P^{\max}, \quad c_k \in R_c \\ S_P^{\min} &\leqslant S(x, p_{Gi}, p_L, q_i, c_k) \leqslant S_P^{\max}, \quad c_k \in R_c \end{aligned} \tag{6-17}$$

3) 动态安全性约束条件

(1) 小扰动功角稳定性约束

$$\begin{aligned} &g_1(x, p_{Gi}, p_L, q_i) \leqslant 0, \quad \text{正常方式} \\ &g_2(x, p_{Gi}, p_L, q_i, c_k) \leqslant 0, \quad c_k \in R_c \end{aligned} \tag{6-18}$$

(2) 电压稳定性约束

$$\begin{aligned} &g_3(x, p_{Gi}, p_L, q_i) \leqslant 0, \quad \text{正常方式} \\ &g_4(x, p_{Gi}, p_L, q_i, c_k) \leqslant 0, \quad c_k \in R_c \end{aligned} \tag{6-19}$$

(3) 暂态稳定性及暂态过程电压约束

$$\begin{aligned} &g_5(x, p_{Gi}, p_L, q_i, c_k) \leqslant 0, \quad c_k \in R_c \\ &V_T^{\min} \leqslant \min V(x, p_{Gi}, p_L, q_i, c_k, t), \quad c_k \in R_c,\ t \in [t_0, t_e] \\ &\max V(x, p_{Gi}, p_L, q_i, c_k, t) \leqslant V_T^{\max}, \quad c_k \in R_c,\ t \in [t_0, t_e] \end{aligned} \tag{6-20}$$

上述数学描述中，x 表示系统状态向量；p_{Gi} 和 q_i 分别表示 i 母线上的发电机有功功率注入(若非发电机母线则为零)和无功功率注入(若无无功注入则为零)；p_L 表示给定的负荷水平(也可以是负荷水平集合)；有关约束函数 g_i (i=1,⋯,5)的具

体表达式取决于所选择的稳定性分析方法。式(6-14)的目标函数中仅选择了p_{Gi}和q_i作为优化函数的调节变量，事实上，诸如变压器或移相器的分接头位置等也都可作为调节变量。式(6-20)给出的暂态过程电压约束条件是指当故障发生且系统功率振荡平息前各母线电压所应满足的条件，$[t_0,t_e]$表示所考虑的暂态时间段。

这里所给出的区域间最大交换功率计算的数学模型描述实际上是一种简化形式，它仅能看作是对最大交换功率计算这一复杂问题的概念上的示意。在实际系统中所应考虑的因素可能比模型中涉及的要复杂得多。如果分析的不是区域A向区域B和区域C的功率输送能力问题，而仅是区域A与区域B间的功率交换能力问题，则此时区域C是一个功率由区域A流向区域B的过路系统，除上述约束条件外，可能还需增加与区域C相关的特殊约束，问题将更为复杂。

6.3.2 输电能力的分析与计算方法

1. 方法的提出

系统区域间的功率交换能力与相关子系统母线负荷以及发电机功率变化的模式直接相关。在实际系统中，由于其母线负荷以及发电机功率变化千差万别，考虑到所有的变化模式是不现实的，也是不必要的，这样做也可能给出过于保守的结果。一种更为实际的方式是在系统母线负荷以及发电机功率所有可能变化模式构成的集合中选择一个子集进行分析。

在实际电力系统运行过程中，未来时刻的系统母线负荷及发电机功率可通过负荷预测程序及经济调度程序获得。在获得了未来某一时刻的系统母线负荷及发电机功率后，该时刻的系统是否满足安全性要求，按照从目前到所给定时刻负荷及发电机功率变化模式变化，系统区域间的功率交换量还有多大的裕度，也就是沿着现在的负荷及发电机功率变化模式发展下去，系统区域间的最大功率交换能力如何，这将是系统运行者十分关心的问题。据此所选定的系统母线负荷以及发电机功率变化模式将具有非常重要的实际意义。

我们讨论了用式(6-21)所示方程描述系统母线负荷以及发电机功率变化的方法，这种方法可以满足上述要求。

$$f(x,\lambda)=g(x)-\lambda b=0 \tag{6-21}$$

在式(6-21)中，b称为方向向量，它决定了当母线注入条件数λ变化时，系统母线负荷以及发电机功率相应的变化模式。随着参数λ的变化，式(6-21)表示一组特定母线负荷以及发电机功率变化模式下的系统潮流方程，它可以很好地用于求解区域间最大功率交换能力问题。

从上节给出的求解区域间最大功率交换能力问题的数学描述可以看出，由于有许多诸如电压稳定性等复杂条件的约束，运用常规的最优化方法求解此问题是不可能的。采用式(6-21)给出的潮流方程描述方法，适当地定义方向向量 $\boldsymbol{b}$，无论是哪一种功率交换量定义方式，系统区域间的功率交换量都可等价地用节点注入变化条件数 λ 进行描述。求解考虑安全性约束下的最大功率交换能力问题可转化为下述问题来表征[8]。

最大化：节点注入变化条件数 λ

约束条件：式(6-15)～式(6-20)

基于连续性潮流计算的区域间功率交换能力分析方法原则上不是一种优化方法，而是依据系统母线负荷及发电机功率的变化模式，借助式(6-21)确定出一条描述系统稳态运行点的变化轨迹，即式(6-21)的解曲线，通过对这一解曲线上的点测试约束条件式(6-15)～式(6-20)是否满足，获得沿方向向量 b 满足系统安全性约束条件的参数 λ 最大值，并在此基础上根据相应的定义求得区域间所允许的最大功率交换量。由于这是一种运行点检测法，因而可以很容易考虑各种约束条件的影响。

假定 T_{XY} 定义为区域 X 与区域 Y 间的断面潮流，当利用基于连续性潮流计算的区域间功率交换能力分析方法分析区域 X 向区域 Y 的功率输送能力时，先在系统中选定故障集合，且分别在各故障状态下按方向向量 b 确定的模式调整区域 X 和区域 Y 的电力输出(和/或负荷需求)，以便能在区域 X 中出现功率过剩，在区域 Y 中出现功率缺乏，这样就自然地在区域 X、区域 Y 间形成了功率交换。持续地加大两区域间的此类调整，使区域 X 和区域 Y 间的功率交换量不断增加，直到系统达到由式(6-15)～式(6-20)限定的极限值。针对故障集可获得一组功率交换量的极限值，其中，最小极限值即为系统所允许的区域 X 向区域 Y 的最大功率输送量，所对应的故障称为最严重故障。

2. 算法及框图

给定发电机功率和负荷变化方向(其方向由向量 b 表示)的电力系统，其在方向 b 上的最大区域间功率交换量可表示为

$$\text{目标函数：}\ P_{\max}(b) = \min_{i\in(0,1,\cdots,n)} \mathrm{PTC}_i(b) \tag{6-22}$$

约束条件：式(6-15)～式(6-20)

式中，n 为系统支路数；$\mathrm{PTC}_i(b)$ 为支路 i 故障时方向 b 上的区域间最大交换功率量。

如果切除某一支路 i 后，对于所有的 λ 值，潮流方程都不能满足约束条件，

则认为支路 i 为危险支路，并令 $PTC_0(b)=0$。基于式(6-22)和第 4 章所提出的故障排序方法等，区域间最大交换功率量计算的流程图如图 6-5 所示。

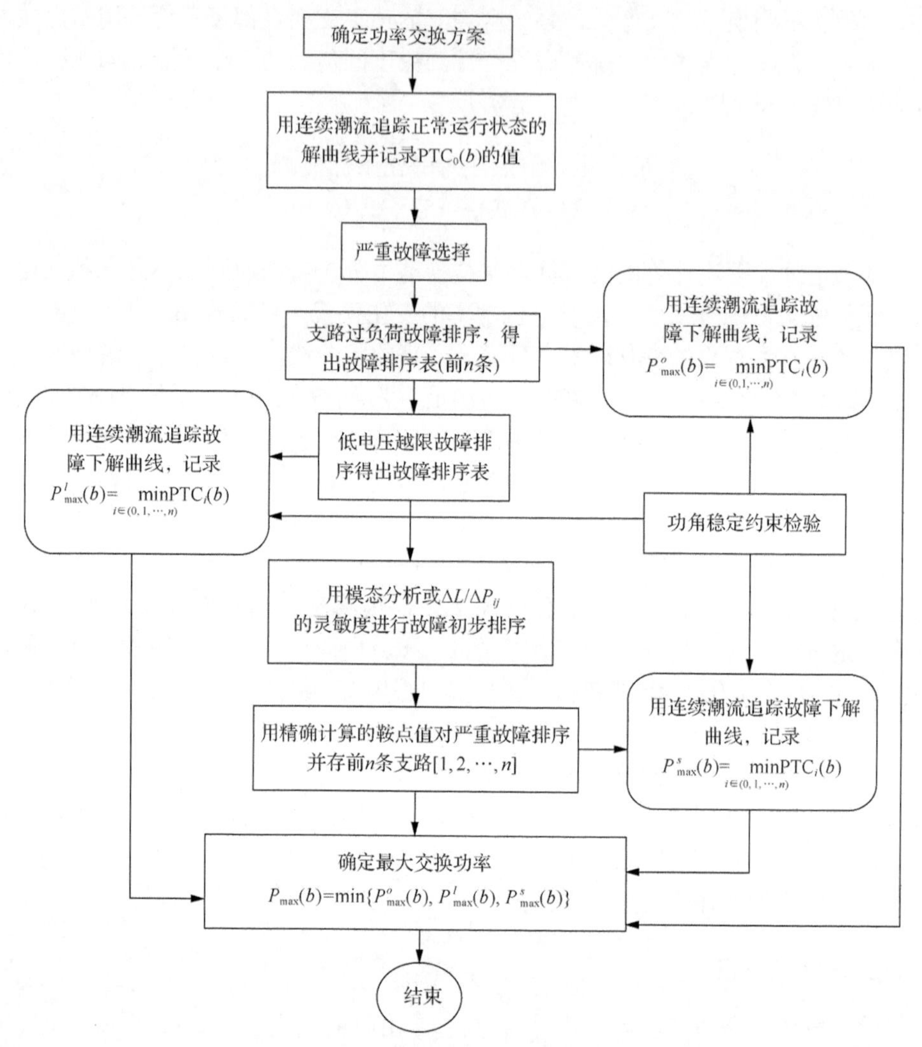

图 6-5　计算区域间最大交换功率量的流程图

下面对图 6-5 中的各部分进行简要说明。

(1) 确定功率交换方案。

确定负荷变化方向 b，分两步完成。

①指定区域负荷增加方式：设定某一区域需变化的负荷所在母线、变化大小及变化方式。

②指定相关区域发电调节：由于系统负荷的改变，必须对某些发电机的输出

进行适当的调节，以保证系统的功率平衡；调节的方式有很多，如 AGC、经济调度、比例分配模式及计划分配模式等。

(2) 当由确定功率交换方案确定了负荷变化方向 b 后，利用连续潮流法求解正常运行状态下的 PV 曲线，并记录由鞍点及各种约束确定的最大负荷 $\text{PTC}_0(b)$。

(3) 严重故障选择。

在所确定的功率交换方案下，分别对系统进行基于支路过负荷、低电压越限和鞍点分叉的故障排序。

(4) 对严重故障选择中排出的前 n 个严重故障，分别用连续潮流法求解故障下的解曲线，并记录对应这些约束下的系统区域间最大功率交换量，分别记为 $P_{\max}^{o}(b)$，$P_{\max}^{l}(b)$，$P_{\max}^{s}(b)$。

(5) 确定区域间最大功率交换量。

利用前面第 (4) 步的结果，求取 $P_{\max}(b)=\min\{P_{\max}^{o}(b),P_{\max}^{l}(b),P_{\max}^{s}(b)\}$，确定区域间最大功率交换量。

6.3.3　实际系统算例

本节根据前面提出的计算区域间最大功率交换量的模型与算法，以东北三省的实际电力系统为例(网架图见参考文献[9])，进行了细致的计算和分析。东北三省的实际设备简况如表 6-1 所示。

表 6-1　实际设备简况表

设备名称	数量	设备名称	数量
母线	496	发电机	98
负荷	235	固定电抗器	11
交流线路	389	固定变压器	252

依据东北电网的实际地理分布情况，考虑黑龙江省具有典型功率交换的两个区域——大庆地区和黑龙江省其他地区间的负荷及发电变化。将系统划分为三个区域，为了叙述方便，令吉辽两省为 1 区，大庆地区为 3 区，黑省其他地区为 2 区。黑龙江省系统的负荷中心主要集中在 2 区，正常情况下，由 3 区向 2 区供电。

1. *确定功率交换方案*

在 2 区中，对某些负荷母线逐渐增加负荷，使 2 区中产生一种负荷需求趋势，并逐渐增大此种需求，增加负荷的母线名为：215、22F、296、QITAIZ(七台河变)、SHUZ(舒兰变)、LISUT(梨树变)；3 区中的发电机按比例分配模式输出来供应 2 区中负荷增加的需要；计及发电机的无功极限限制。

在负荷及发电机输出功率逐渐变化的过程中，一些母线的电压及发电机的无功剩余将发生变化。图 6-6 和图 6-7 分别为此时母线 HEGANGT（鹤岗厂母线）和 FENGLET（丰乐变母线）的 PV 曲线以及发电机 DAQING2G（大庆厂 2 号机）和 HARE5G（哈尔滨电厂 5 号机）相应于负荷增加的无功剩余。即在先不考虑故障的情况下，确定的最大负荷 $PTC_0(b)$（即从 3 区向 2 区输送的最大功率）为率 1350.56MW；最大负荷裕度为 1350.56–549=801.56MW（549MW 为负荷及发电机输出功率变化前的负荷值）。

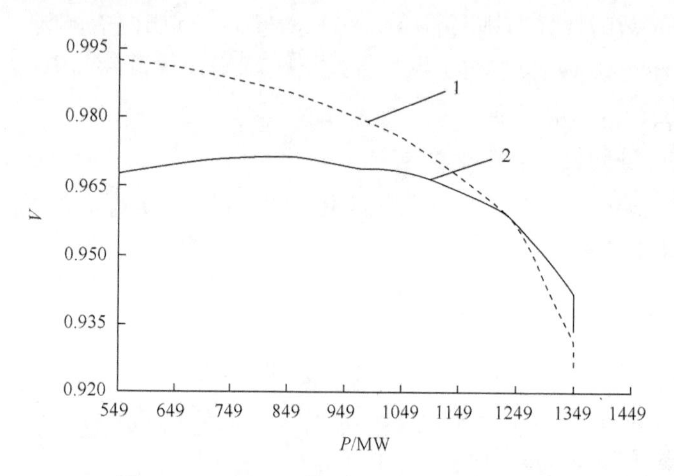

图 6-6　HEGANG 与 FENGLET 的 PV 曲线

曲线 1 为母线 HEGANGT 的 PV 曲线；曲线 2 为母线 FENGLET 的 PV 曲线

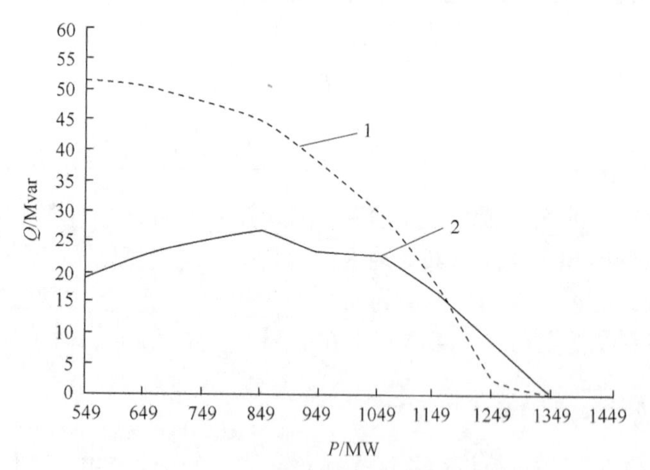

图 6-7　DAQING2G 与 HARE5G 的 QV 曲线

曲线 1 为发电机 HARE5G 的无功剩余；曲线 2 为发电机 DAQING2G 的无功剩余

2. 严重故障选择

1) 不同支路故障情况下鞍点位置的变化

在所确定的方案下，考虑下面三条支路分别故障时，系统鞍点值的情况：

(1) 故障支路为母线 192—母线 202；

(2) 故障支路为母线 HASAP220—母线 HAXIT(哈三厂—哈西变)；

(3) 故障支路为母线 HASAP220—母线 HADONGT(哈三厂—哈东变)。

图 6-8 为此三种故障情况下母线 FENGLET(丰乐变)的 PV 曲线。

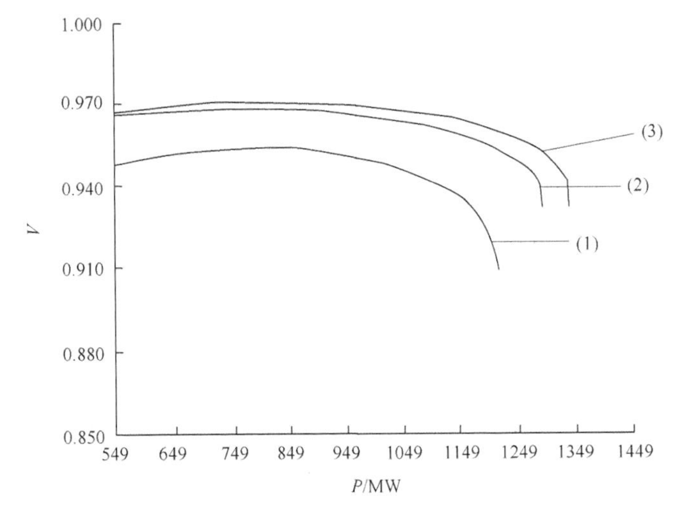

图 6-8　不同故障情况下母线 FENGLET 的 PV 曲线

(1) 故障支路为母线 192—母线 202；(2) 故障支路为母线 HASAP220—母线 HAXIT；(3) 故障支路为母线 HASAP220—母线 HADONGT

由图 6-8 可以看出，不同的故障会产生不同的 SNB 点，而 SNB 点数值的大小反映了支路故障对系统电压稳定和区域间功率交换能力的影响。产生越小数值 SNB 点的支路故障对系统的电压稳定及区域间功率交换能力的影响越大，越是应在计算和分析中加倍注意的。

2) 严重故障选择

为选择严重的支路故障，按图 6-5 给出的算法框图对支路故障进行排序，最终结果及对应这些故障情况下的最大允许传输功率如表 6-2 所示。

3. 区域间最大交换功率的确定

针对已确定的功率交换方案及所选择的故障集，给定各种约束，采用连续型方法沿节点功率变化条件数增加的方向进行系统解曲线追踪，直至系统中某个安全性约束条件违背或解曲线到达潮流方程鞍型分叉点，确定相应的最大负荷

$PTC_i(b)$。计算结果如表 6-2 所示。

表 6-2　最终的支路故障排序结果及对应这些故障情况下最大允许传输功率

故障线路 (排序)始端—末端	最大允许传 输功率/MW
461—431	777.12
431—432	949.78
432—318	960.43
430—466	1024.00
318—436	1191.53
192—198	1216.48
469—461	1293.92

从表 6-2 可以看出，相对已给的功率交换方案及故障集，最严重支路故障(排在第一位的 461—431 线路故障)对应的最大负荷 $PTC_i(b)$=777.12MW，所以 777.12MW 就为此支路故障所确定的最大交换功率，即区域 2 和区域 3 间最大交换功率量为

$$P_{\max}(b)=\min_{i\in(0,1,\cdots,n)} PTC_i(b)=777.12\text{MW}$$

6.4　小　　结

本章以连续型潮流计算方法为基础，建立了描述互联电力系统区域间功率交换能力的数学模型，提出了基于连续型方法的系统区域间输电能力的模型与算法。

通过对连续型潮流计算方法进行详细的研究分析得知，该方法主要在两个方面克服了传统潮流计算方法的不足：①通过参数化潮流方程的建立，获得了扩展的潮流方程，克服了常规潮流方程在鞍型分叉点的病态，使得鞍型分叉点的求解变为可能；②高效的预测–校正环节的建立及适当的步长控制，大大提高了解曲线的计算效率，同时也提高了计算结果的可靠性。连续型方法是求解潮流方程鞍型分叉点最为可靠的方法。在因负荷及发电机功率变化时系统静态特性的分析及电压稳定性研究等方面，连续型潮流计算方法因其可靠性而具有其他方法无法替代的作用。

基于连续潮流的输电能力求解方法既可以考虑诸如电压水平、线路过负荷水平等静态安全性约束条件，也可以考虑由于潮流方程解的鞍点分叉导致的电压稳定性约束以及其他动态约束条件的影响；不仅能考虑系统的正常运行方式，而且能计及各种故障情况的影响，因而具有重要的实用价值。由于应用了基于鞍点分叉的快速故障排序方法，大大地提高了计算的效率，使要处理大量数据的繁复过程变得简单。虽然这种方法的计算速度尚不能满足电力系统在线分析的要求，但可以作为一种非常有效的离线分析手段，实际系统算例分析充分证明了这一点。

参 考 文 献

[1] Iba K, Suzuki H, Egava M, et al. Calculation of critical loading condition with nose curve using homotopy continuation method. IEEE Transactions on Power Systems, 1991, 6(2): 584-593.

[2] Keller H B. Numerical solution of bifurcation and nonlinear eigenvalue problems. In Applications of Bifurcation Theory. New York: Academic Press. 1997.

[3] Flueck A J, Chiang H D, Shah K S. Investigating the installed real power transfer capability of a large scale power system under a proposed multiarea interchange schedule using CPFLOW. IEEE Transactions on Power Systems, 1996, 11(2): 883-889.

[4] Chiang H D, Flueck A J, Shah K S, et al. CPFLOW: A practical tool for tracing power system steady state stationary behavior due to load and generation variations. IEEE Transactions on Power Systems, 1995, 10(2): 623-634.

[5] 董存, 余晓丹, 贾宏杰. 一种电力系统时滞稳定裕度的简便求解方法. 电力系统自动化, 2008, 32(1): 6-10.

[6] 姜涛, 李国庆, 贾宏杰, 等. 电压稳定在线监控的简化 L 指标及其灵敏度分析方法. 电力系统自动化, 2012, 36(21): 13-18.

[7] 王成山, 李国庆, 余贻鑫, 等. 电力系统区域间功率交换能力的研究(一)——连续型方法的基本理论及应用. 电力系统自动化, 1999, 23(3): 23-26.

[8] 王成山, 李国庆, 余贻鑫, 等. 电力系统区域间功率交换能力的研究(二)——最大交换功率的模型与算法. 电力系统自动化, 1999, 23(4): 5-9.

[9] 李国庆. 基于连续型方法的大型互联电力系统区域间输电能力的研究. 天津: 天津大学博士学位论文, 1998.

第7章　基于优化方法求解输电能力的模型与算法

7.1　引　言

最优化是一个古老而常见的课题。长期以来，人们从未停止过对最优化问题的探讨和研究[1-3]。早在 17 世纪，人们就提出了极值问题，后来又出现了拉格朗日乘数法、最速下降法等。1939 年，苏联科学家 Канторович 提出了线性规划问题的求解方法。至此以后，线性规划、非线性规划以及随机规划、非光滑规划、多目标规划、几何规划、整数规划等各种最优化问题的理论研究发展迅速，新方法不断出现，应用日益广泛，涉及的领域日趋增多。最优化理论与方法已经在工程设计、经济计划、生产管理、交通运输等方面得到了广泛应用，成为了一门十分活跃的学科[4]。

在电力系统中，最优化方法最主要的应用在于最优潮流模型的建立和求解。最优潮流是指从电力系统稳定运行的角度来调整系统中各种控制设备的参数，在满足节点正常功率平衡及各种安全指标的约束下，实现目标函数最优，通常的目标函数是发电费用、发电耗量或全网网损等。由于电力系统的最优潮流是同时考虑网络安全性和经济性的分析方法，是传统的经济调度方法无法取代的，因此，在电力系统的安全运行、经济调度、电网规划、复杂系统的可靠性分析、传输阻塞的经济控制、能量管理系统等方面得到广泛的应用。

从 20 世纪 60 年代提出最优潮流问题到今天，许多学者对这一问题做了深入的研究。从数学上讲，电力系统的最优潮流问题是一个多变量、高维数、多约束、连续和离散变量共存的混合非线性优化问题。目前，解决该优化问题比较成熟的优化方法有线性规划法、非线性规划法、二次规划法等。

20 世纪 80 年代以来，出现了一些新颖的优化算法，如遗传算法、内点法、演化规划、模拟退火，禁忌搜索、粒子群优化、分散搜索、混沌及其混合优化策略等，这些优化算法是通过模拟或揭示某些自然现象或过程而发展起来的，为解决复杂问题提供了新的思路和手段，这些算法被称为现代优化算法。这些优化算法的出现也为最优潮流的求解提供了新思路。这些算法并不致力于在较短的计算时间内求得问题的最优解，而是在计算时间和得到的最优解之间折中，以较小的计算量来得到近似最优解或满意解。由于很多实际优化问题的难解性和现代优化算法在一些问题中的成功应用，使得现代优化算法成为解决优化问题的一种有力工具。

在传统电力工业运行模式下，最优潮流技术被用于处理实时或准实时的电力系统运行优化问题。而在电力市场环境下，市场机制激励竞争，市场主体追求利益最大化，这就增大了调度和运行状态的不确定性。最优潮流作为经典经济调度理论的发展与延伸，可将经济性与安全性近乎完美地结合在一起，已成为一种不可缺少的网络分析和优化工具。

最优潮流作为电力系统运行和分析的一个强有力的工具，将控制和常规潮流计算融为一体。最优潮流强调于调整，能够最优配置资源，同时，对约束条件有很强的处理能力，能够考虑约束，因此，非常适合电力系统输电能力的计算。

输电能力是指在一定的系统条件下，一个区域与另一个区域之间所有的输电路径能可靠地转移或传输功率能力的量度[5]。从概念上理解，它可作为一个典型的最优潮流问题来求解。尤其是近些年来，世界范围内的电力工业改革使得各国建立了多种形式的电力市场。在这种新的形势下，形成了一系列技术性和经济性相互制约的优化问题，在输电能力的研究领域更加突显，其主要表现为多目标、多约束和随机因素的增加。

最优潮流将输电能力的计算描述为一个非线性优化问题，将受电区域节点负荷及送电区域发电机功率作为控制变量，在发电机容量限制、电压水平、线路和设备过负荷、暂态稳定等系统安全性约束条件下，使某一目标函数达到最优的条件下获得区域间最大输电能力的计算结果[6-11]。目前，众多学者已应用了大量的优化算法来研究输电能力(可用输电能力)的优化问题。

本章介绍了基于最优潮流的各种求解输电能力的方法，包含了各种经典的优化算法和最新发展的各种现代优化算法。结果表明，在求解输电能力方面，尤其是电力市场下输电能力求解方面，最优潮流方法模型清晰，考虑因素完备且可扩展性强，求解方法多样而有效，是一种实用而有效的计算输电能力的方法。

7.2　最 优 潮 流

7.2.1　最优潮流的发展

如何将最优化理论应用到电力系统的调度、控制以及规划等方面，以求得技术和经济最优化的问题，是一个迫切需要研究领域。20 世纪 30 年代，动力系统经典的调度方法开始形成，其核心就是微增率分配原则。微增率分配原则的经典调度方法虽然具有简单、计算速度快和适宜于实时应用等优点，但在处理节点电压越限以及线路过负荷等安全约束的问题上却无能为力，而且，在处理网损修正这类问题时，计算网损微增率的工作量十分巨大。而以数学规划问题作为基本模式的最优潮流在约束条件的处理上具有很强的能力，并且能够将电力系统对经济性、安全性以及电能质量等多方面的要求完美地统一起来。

建立在严格的数学基础上的最优潮流模型是由法国人 Carpentier 在 20 世纪 60 年代初期提出的。自从最优潮流模型被提出以来，广大学者对最优潮流问题做了大量的研究。除了提出由所采用的目标函数以及包含的约束条件的不同而构成的应用于不同范围的最优潮流模型之外，更多的研究侧重于从改善收敛性能、提高计算速度等目标出发而提出最优潮流的各种模型和求解算法。

7.2.2　最优潮流的数学模型

在最优潮流算法中，常将所涉及的变量分为状态变量 $\boldsymbol{x}$ 和控制变量 $\boldsymbol{u}$ 两类。控制变量通常由调度人员可以调整、控制的变量组成；控制变量确定后，状态变量也就可以通过潮流计算而确定下来[12]。

由此，电力系统最优潮流的数学模型可以表示为

$$
\begin{aligned}
&\min_{u} f(x,u) \\
&\text{s.t.} \quad \begin{cases} g(x,u)=0 \\ h(x,u)\leqslant 0 \end{cases}
\end{aligned}
\tag{7-1}
$$

式中，目标函数 f、等式约束 g 和不等式约束 h 大部分是变量的非线性函数，因此电力系统的最优潮流计算是一个典型的有约束的非线性规划问题。采用不同的目标函数并选择不同的控制变量，并和相应的约束条件相结合，就可以构成不同应用场景的最优潮流问题。

目前，已提出的求解最优潮流的模型和方法很多，归纳起来可分为传统的经典优化方法以及近年来涌现出的很多现代优化算法[13-17]。

7.2.3　基于最优潮流求解输电能力的数学模型

一般而言，在确定的系统运行状态下，两区域间的输电能力是指在非送电区域发电机有功出力和非受电区域负荷均不改变的条件下，送电区域发电机有功出力与受电区域有功负荷同时增加，在不违反系统约束情况下的最大输电增量。

输电能力一般基于区域计算，区域间输电断面一般由输电线路组成，并形成一个割集。区域间输电能力是指定区域间输电断面的最大输电容量。输电能力计算是在基态潮流基础上，研究特定区域间进行电能交易所能够传输的最大电力。

根据 NERC 的规定，输电能力应满足 N-1 静态安全约束。显然，理论上将 N-1 静态安全约束条件直接纳入优化问题的数学模型中考虑即可。然而，为了减少计算的复杂性，目前普遍的做法是：对所有 N-1 系统故障(实际中，一般仅选取严重的系统故障)分别求各区域或者节点间的最大剩余输电容量，取各故障态中最大剩余输电容量的最小值即为该运行状态下的系统的 ATC[18]。

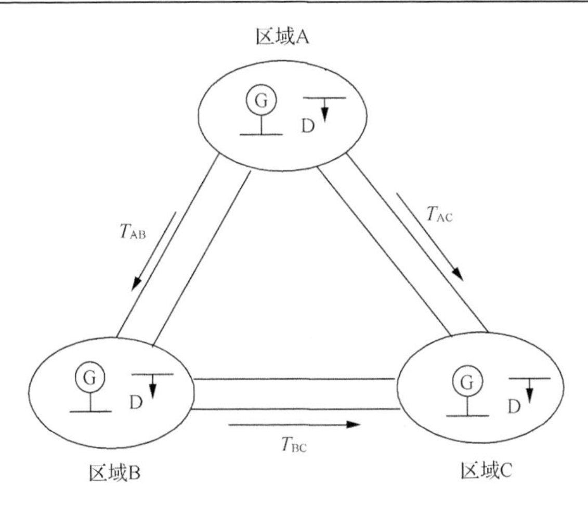

图 7-1　简单互联系统示意图

选定一种区域间输电能力的定义方式，可以给出求取有关区域间最大允许输电能力的数学描述。

数学描述 1：

现以图 7-1 所示系统为例，假定所研究的是区域 A 向区域 B 和区域 C 的功率输送能力问题。对该系统而言，针对该问题两种功率交换量的定义方式是等价的，均为 $(T_{AB}+T_{AC})$。给定一个故障集合 $R_C=\{C_1,C_2,\cdots,C_m\}$，令 $P_A^{\max}$ 为相对该故障集合定义的区域 A 与区域 B 和区域 C 间的最大功率交换量，用 J_A、J_B 和 J_C 分别表示区域 A、B 和 C 的母线集合，则可给出如下形式的数学描述。

1) 目标函数

$$P_A^{\max}=\max_{p_{Gi},q_i}\left[T_{AB}\left(p_{Gi},q_i\right)+T_{AC}\left(p_{Gi},q_i\right)\right]$$
$$i\in J_A\cup J_B\cup J_C \tag{7-2}$$

2) 静态安全性约束条件

(1) 潮流方程约束

$$f(x,p_{Gi},p_L,q_i)=0 \tag{7-3}$$

(2) 正常运行条件下，电压、线路电流及设备负荷约束

$$\begin{aligned}V_{\min}\leqslant V(x,p_{Gi},p_L,q_i)\leqslant V_{\max}\\I_{\min}\leqslant I(x,p_{Gi},p_L,q_i)\leqslant I_{\max}\\S_{\min}\leqslant S(x,p_{Gi},p_L,q_i)\leqslant S_{\max}\end{aligned} \tag{7-4}$$

(3)事故发生且系统功率振荡平息后，在调度员进行故障相关的系统运行方式调整之前，电压、线路电流和设备负荷约束

$$
\begin{aligned}
&V_P^{\min} \leqslant V(x, p_{\mathrm{G}i}, p_{\mathrm{L}}, q_i, c_k) \leqslant V_P^{\max}, && c_k \in R_c \\
&I_P^{\min} \leqslant I(x, p_{\mathrm{G}i}, p_{\mathrm{L}}, q_i, c_k) \leqslant I_P^{\max}, && c_k \in R_c \\
&S_P^{\min} \leqslant S(x, p_{\mathrm{G}i}, p_{\mathrm{L}}, q_i, c_k) \leqslant S_P^{\max}, && c_k \in R_c
\end{aligned} \tag{7-5}
$$

3)动态安全性约束条件

(1)小扰动功角稳定性约束

$$
\begin{aligned}
&g_1(x, p_{\mathrm{G}i}, p_{\mathrm{L}}, q_i) \leqslant 0, && \text{正常方式} \\
&g_2(x, p_{\mathrm{G}i}, p_{\mathrm{L}}, q_i, c_k) \leqslant 0, && c_k \in R_c
\end{aligned} \tag{7-6}
$$

(2)电压稳定性约束

$$
\begin{aligned}
&g_3(x, p_{\mathrm{G}i}, p_{\mathrm{L}}, q_i) \leqslant 0, && \text{正常方式} \\
&g_4(x, p_{\mathrm{G}i}, p_{\mathrm{L}}, q_i, c_k) \leqslant 0, && c_k \in R_c
\end{aligned} \tag{7-7}
$$

(3)暂态稳定性及暂态过程电压约束

$$
\begin{aligned}
&g_5(x, p_{\mathrm{G}i}, p_{\mathrm{L}}, q_i, c_k) \leqslant 0, && c_k \in R_c \\
&V_T^{\min} \leqslant \min V(x, p_{\mathrm{G}i}, p_{\mathrm{L}}, q_i, c_k, t), && c_k \in R_c,\ t \in [t_0, t_e] \\
&\max V(x, p_{\mathrm{G}i}, p_{\mathrm{L}}, q_i, c_k, t) \leqslant V_T^{\max}, && c_k \in R_c,\ t \in [t_0, t_e]
\end{aligned} \tag{7-8}
$$

上述数学描述中，x 表示系统状态向量；$p_{\mathrm{G}i}$ 和 q_i 分别表示母线 i 上发电机有功功率注入(若非发电机母线则为零)和无功功率注入(若无无功注入则为零)；p_{L} 表示给定的负荷水平(也可以是负荷水平集合)；有关约束函数 $q_i(i=1,\cdots,5)$ 的具体表达式取决于所选择的稳定性分析方法。式(7-2)的目标函数中仅选择了 $p_{\mathrm{G}i}$ 和 q_i 作为优化函数的调节变量，事实上，诸如变压器或移相器的分接头位置等也都可作为调节变量。式(7-8)给出的暂态过程电压约束条件是指当故障发生且系统功率振荡平息前，各母线电压所应满足的条件，$[t_0,t_e]$表示所考虑的暂态时间段。

数学描述 2：

针对具体区域 i 到区域 j 的输电能力计算，作出以下假设。

(1)给定系统基本潮流方式；

(2)区域 i 所有负荷节点固定在基态潮流，并和基态潮流相同；

(3)区域 j 所有发电节点固定在基态潮流，并和基态潮流相同；

(4) 除去区域 i 和区域 j，其他区域所有发电节点和负荷节点固定在基态潮流，并和基态潮流相同；

(5) 增加区域 j 节点负荷，并相应增加区域 i 节点发电，直到系统达到任何安全约束为止。

基于以上假设，可得出以下定理。

定理： 在以上假设的前提下，计算区域 i 到区域 j 的输电能力，若不考虑采用不同计算方法计算区域 i 到区域 j 输电能力结果的网损差异，则下列6个命题等价。

(1) 区域 i 所有发电节点有功出力累加达到最大；

(2) 区域 j 所有负荷节点有功出力累加达到最大；

(3) 区域 i 所有发电节点有功出力和区域 j 所有负荷节点有功出力累加达到最大；

(4) 区域 i 对外所有联络线输出功率累加达到最大；

(5) 区域 j 对外所有联络线输入功率累加达到最大；

(6) 区域 i 对外所有联络线输出功率和区域 j 对外所有联络线输入功率累加达到最大。

1) 目标函数

基于 OPF 计算指定区域间输电能力，例如，计算区域 i 和区域 j 在基态潮流基础上的传输容量，其形成的 OPF 问题，等式约束为潮流方程，不等式约束包括节点电压约束、节点发电和负荷约束、支路潮流约束等。对于目标函数，计算区域 i 到区域 j 的传输容量，可定义为上述定理给出的6种情况。

对于系统内区域 $k(k=1,\cdots,M)$，设其对外联络线集合表示为 $\varGamma_{\mathrm{T}k}$；发电节点集合表示为 $\varGamma_{\mathrm{G}k}$；负荷节点集合表示为 $\varGamma_{\mathrm{L}k}$。对于节点 $i(i=1,\cdots,N)$，其有功发电、无功发电分别表示为 $p_{\mathrm{G}i}$、$q_{\mathrm{G}i}$；有功负荷、无功负荷分别表示为 $p_{\mathrm{L}i}$、$q_{\mathrm{L}i}$。对于线路 ij, 其有功潮流、无功潮流分别表示为 p_{ij}、q_{ij}。则采用的6种目标函数可分别表示为

(1) 极大化区域 i 所有发电节点有功出力累加值：$f_1=\max\left(\sum\limits_{k\in\varGamma_{\mathrm{G}i}} p_{\mathrm{G}k}\right)$；

(2) 极大化区域 j 所有负荷节点有功出力累加值：$f_2=\max\left(\sum\limits_{l\in\varGamma_{\mathrm{L}j}} p_{\mathrm{L}l}\right)$；

(3) 极大化区域 i 所有发电节点有功出力和区域 j 所有负荷节点有功出力累加值：$f_3=\max\left(\sum\limits_{k\in\varGamma_{\mathrm{G}i}} p_{\mathrm{G}k}+\sum\limits_{k\in\varGamma_{\mathrm{L}j}} p_{\mathrm{L}l}\right)$；

(4) 极大化区域 i 对外所有联络线输出功率累加值：$f_4=\max\left(\sum_{ij\in\Gamma_{\mathrm{T}i}} p_{ij}\right)$；

(5) 极大化区域 j 对外所有联络线输入功率累加值：$f_5=-\max\left(\sum_{ij\in\Gamma_{\mathrm{T}j}} p_{ij}\right)$；

(6) 极大化区域 i 对外所有联络线输出功率和区域 j 对外所有联络线输入功率累加值：$f_6=\max\left(\sum_{ij\in\Gamma_{\mathrm{T}i}} p_{ij}-\sum_{ij\in\Gamma_{\mathrm{T}j}} p_{ij}\right)$。

2) 约束条件

设节点 i 电压幅值为 V_i；电压相角为 θ_i；电压幅值最小、最大限值分别表示为 $V_i^{\min}$、$V_i^{\max}$；有功发电最小、最大限值分别表示为 $p_{\mathrm{G}i}^{\min}$、$p_{\mathrm{G}i}^{\max}$；无功发电最小、最大限值分别表示为 $q_{\mathrm{G}i}^{\min}$、$q_{\mathrm{G}i}^{\max}$；有功负荷最小、最大限值分别表示为 $p_{\mathrm{L}i}^{\min}$、$p_{\mathrm{L}i}^{\max}$；无功负荷最小、最大限值分别表示为 $q_{\mathrm{L}i}^{\min}$、$q_{\mathrm{L}i}^{\max}$。节点导纳矩阵元素为 $G_{ij}+\mathrm{j}B_{ij}$。

(1) 潮流约束：

$$\begin{aligned}
&p_{\mathrm{G}i}-p_{\mathrm{L}i}-V_i\sum_{j=1}^{n}V_j(G_{ij}\cos\theta_{ij}+B_{ij}\sin\theta_{ij})=0\\
&q_{\mathrm{G}i}-q_{\mathrm{L}i}-V_i\sum_{j=1}^{n}V_j(G_{ij}\sin\theta_{ij}-B_{ij}\cos\theta_{ij})=0
\end{aligned}\tag{7-9}$$

(2) 节点电压约束：

$$V_i^{\min}\leqslant V_i\leqslant V_i^{\max}\tag{7-10}$$

(3) 节点功率约束：

$$\begin{aligned}
p_{\mathrm{G}i}^{\min}&\leqslant p_{\mathrm{G}i}\leqslant p_{\mathrm{G}i}^{\max}\\
q_{\mathrm{G}i}^{\min}&\leqslant q_{\mathrm{G}i}\leqslant q_{\mathrm{G}i}^{\max}\\
p_{\mathrm{L}i}^{\min}&\leqslant p_{\mathrm{L}i}\leqslant p_{\mathrm{L}i}^{\max}\\
q_{\mathrm{L}i}^{\min}&\leqslant q_{\mathrm{L}i}\leqslant q_{\mathrm{L}i}^{\max}
\end{aligned}\tag{7-11}$$

(4) 线路功率约束：

$$\left|p_{ij}\right|\leqslant p_{ij}^{\max}\tag{7-12}$$

7.3　基于经典优化算法的输电能力求解

用于求解输电能力的经典优化算法主要是指以牛顿类法、梯度类法和内点法为代表的基于线性规划和非线性规划的方法。本节将给出上述算法的原理、求解过程和实际算例。这类算法的特点是以一阶或二阶梯度作为寻找最优解的主要信息。

7.3.1　牛顿类方法

1. 牛顿法及其数学描述

在非线性规划算法中，牛顿法是最引人注目的，由于用到了潮流方程式及各约束条件的二阶偏导数，故又称其为二阶法。起初，牛顿法用于最优潮流的计算过于复杂，人们一直在探索如何使其简捷化。

最初，Sasson、Viloria 和 Aboytes 等在最优潮流解算过程中，试图将海森矩阵稀疏技术因子表化。Rashed 等则将寻优搜索降维到控制变量的子空间，其海森矩阵只需求目标函数对控制变量的二阶偏导数。经过许多人的努力，在 1984 年由 Sun 等提出了实用化的牛顿法最优潮流，找到了适应电力系统特点的途径。该算法通过把状态变量及其对偶关系变量(即 Lagrange 乘子)按节点穿插排序，使每个节点对应的状态变量及其对偶关系变量排在一起，这样可以使 Lagrange 函数扩展海森矩阵(由 Hessian 矩阵和 Jaccobian 矩阵构成)的稀疏子块类似于系统导纳矩阵的稀疏结构，从而便于采用稀疏解算技术；另外，通过二次罚函数和 Lagrange 乘子法能使约束收紧，在不多的迭代次数下，能收敛于 Lagrange 函数的 Kuhn-Tucher 条件。

现在，牛顿法往往要和其他处理方法相结合，如与解耦潮流计算方法[7]、梯度法[8]、内点法[13]等相结合来求解优化问题。除了求解电力系统的优化问题外，牛顿法还被广泛应用于研究电力系统的电压稳定性中[8, 9, 14]。

总之，牛顿法自问世以来就在各种 OPF 算法中脱颖而出，被公认为当代最优秀的 OPF 算法。下面介绍几种牛顿法的基本思想及计算过程。

1) 经典的一维搜索牛顿法

所谓一维搜索牛顿法，本质上是一维搜索中的函数逼近法，其基本思想是，在极小值附近用二阶 Taylor 多项式近似一维目标函数 $f(x)$，进而求出极小点的估计值。

牛顿法计算步骤：

(1) 给定初始点 $x^{(0)}$，允许误差 $\varepsilon>0$，置 $k=0$；

(2)若 $|f'(x^{(k)})|<\varepsilon$，则停止迭代，得到点 $x^{(k)}$；

(3)计算点 $x^{(k+1)}$

$$x^{(k+1)} = x^{(k)} - \frac{f'(x^{(k)})}{f''(x^{(k)})}$$

令 $k=k+1$，转步骤(2)。运用牛顿法时，初值选择十分重要，若接近极小点，则可能快速收敛，反之有可能不收敛。

2)原始牛顿法(求解一般无约束问题的牛顿法)

一维搜索牛顿法的直接推广，以二次可微实函数 $f(x)$ 为例，设 $x^{(k)}$ 是 $f(x)$ 的极小值的一个估计值，将 $f(x)$ 在 $x^{(k)}$ 展开为 Taylor 级数，并取二阶近似，得

$$f(x) \approx \phi(x) = f(x^{(k)}) + \nabla f(x^{(k)})^{\mathrm{T}}(x - x^{(k)}) + \frac{1}{2}(x - x^{(k)})^{\mathrm{T}} \nabla^2 f(x^{(k)})(x - x^{(k)}) \quad (7\text{-}13)$$

式中，$\nabla^2 f(x^{(k)})$ 为 $f(x)$ 在 $x^{(k)}$ 处的 Hesseian 矩阵。

考虑到求 $\phi(x)$ 的平稳点，令 $\nabla\phi(x)=0$，即

$$\nabla f(x^{(k)}) + \nabla^2 f(x^{(k)})(x - x^{(k)}) = 0 \quad (7\text{-}14)$$

$\nabla^2 f(x^{(k)})$ 可逆，则可得牛顿法的迭代公式为

$$x^{(k+1)} = x^{(k)} - \nabla^2 f(x^{(k)})^{-1} \nabla f(x^{(k)}) \quad (7\text{-}15)$$

式中，$\nabla^2 f(x^{(k)})^{-1}$ 是 Hesseian 矩阵 $\nabla^2 f(x^{(k)})$ 的逆矩阵。

3)阻尼牛顿法

阻尼牛顿法与原始牛顿法的区别在于增加了沿牛顿方向的一维搜索，其迭代公式为

$$x^{(k+1)} = x^{(k)} + \lambda_k d^{(k)} \quad (7\text{-}16)$$

式中，$d^{(k)}=-\nabla^2 f(x^{(k)})^{-1} * \nabla^2 f(x^{(k)})$ 为牛顿方向，λ_k 是由一维搜索得到的步长，即满足

$$f(x^{(k)} + \lambda_k d^{(k)}) = \min_{\lambda} f(x^{(k)} + \lambda d^{(k)}) \quad (7\text{-}17)$$

阻尼牛顿法的计算步骤如下：

(1)给定初始点 $x^{(1)}$，允许误差 $\varepsilon>0$，置 $k=1$；

(2)计算 $\nabla f(x^{(k)})$ 和 $\nabla^2 f(x^{(k)})^{-1}$；

(3)若 $\left\|\nabla f(x^{(k)})\right\| < \varepsilon$，则停止迭代，否则，令 $d^{(k)} = -\nabla^2 f(x^{(k)})^{-1} \nabla f(x^{(k)})$；

(4) 从 $x^{(k)}$ 出发，沿方向 $d^{(k)}$ 作一维搜索，$f(x^{(k)}+\lambda_k d^{(k)})=\min\limits_{\lambda} f(x^{(k)}+\lambda d^{(k)})$，令 $x^{(k+1)}=x^{(k)}+\lambda_k d^{(k)}$；

(5) 置 $k=k+1$，转步骤(2)。

4) 拟牛顿法

拟牛顿法是为了克服牛顿法的缺点，如需要计算二阶偏导数、目标函数的 Hesseian 矩阵不正定等问题而提出的。其基本思想是采用不包含二阶导数的矩阵近似牛顿法中的 Hesseian 矩阵的逆矩阵，由于构造近似矩阵的方法不同，因而出现不同的拟牛顿法，例如，采用秩 1 校正公式：

$$H_{k+1}=H_k+\frac{(p^{(k)}-H_k q^{(k)})(p^{(k)}-H_k q^{(k)})^{\mathrm{T}}}{q^{(k)\mathrm{T}}(p^{(k)}-H_k q^{(k)})} \tag{7-18}$$

采用 DFP 算法的近似矩阵

$$H_{k+1}=H_k+\frac{p^{(k)}p^{(k)^{\mathrm{T}}}}{p^{(k)^{\mathrm{T}}}q^{(k)}}-\frac{H_k q^{(k)}q^{(k)^{\mathrm{T}}}H_k}{q^{(k)^{\mathrm{T}}}H_k q^{(k)}} \tag{7-19}$$

取代 Hesseian 矩阵。

5) 光滑牛顿法

以 OPF 问题为例，将 OPF 的数学描述

$$\begin{aligned}&\min f(x,u)\\&\text{s.t.}\begin{cases}g(x,u)=0\\h(x,u)\leqslant 0\end{cases}\end{aligned} \tag{7-20}$$

转化为

$$\begin{aligned}&\min f(x,u)\\&\text{s.t. } F(x,u)=\begin{pmatrix}g(x,u)\\\max\{h_L(x),h_V(x),h_Q(x,u)\}\end{pmatrix}=0\end{aligned} \tag{7-21}$$

然后辅以光滑化技术。

令 $y=(x,u)$，$z=(t,y)$，若原函数有如下形式：

$$h(y)=\max_{i=1,2,\cdots,m}[h_i(y)] \tag{7-22}$$

则对任意 $t>0$，定义为其对应的光滑函数 $h_{\mathrm{s}}(t,y)$ 如下：

$$h_{\mathrm{s}}(t,y)=\begin{cases} t\ln\left(\sum_{i=1}^{m} e^{h_i(y)/t}\right), & t\neq 0 \\ ma, & t=0 \end{cases} \tag{7-23}$$

式中，t 为光滑化参数，数学上已证明上述函数是光滑的。

2. 基于牛顿法的输电能力计算模型

本节基于上述光滑牛顿法改进的半光滑牛顿法给出计算区域间输电能力的数学模型并进行相关分析。

牛顿法最优潮流问题的数学模型为

$$\begin{aligned} &\min f(x,u) \\ &\text{s.t.} \begin{cases} g(x,u)=0 \\ h(x,u)\leqslant 0 \end{cases} \end{aligned} \tag{7-24}$$

具体地，定义 S 为特定的参与区域间交易的发电机集合，R 为特定的受电负荷集合。该优化问题的控制变量包括：发电机有功出力 $P_{\mathrm{G}i}(i\in S)$，负荷有功 $P_{\mathrm{D}i}(i\in R)$，发电机的无功出力 $Q_{\mathrm{G}i}$(无功补偿后)。状态变量包括各节点的电压幅值和相角。

(1) 目标函数

$$\min f(x,u)=-\sum_{i\in S} P_{\mathrm{G}i} \tag{7-25}$$

(2) 等式约束为潮流方程

$$\begin{aligned} P_i &= U_i \sum_{j\in N_i} U_j (G_{ij}\cos\theta_{ij} + B_{ij}\sin\theta_{ij}) \\ Q_i &= U_i \sum_{j\in N_i} U_j (G_{ij}\sin\theta_{ij} - B_{ij}\cos\theta_{ij}) \end{aligned} \tag{7-26}$$

节点 i 注入的有功功率和无功功率定义为

$$\begin{aligned} P_i &= P_{\mathrm{G}i} - P_{\mathrm{D}i} \\ Q_i &= Q_{\mathrm{G}i} - Q_{\mathrm{D}i} \end{aligned} \tag{7-27}$$

式中，$P_{\mathrm{G}i}$、$Q_{\mathrm{G}i}$、$P_{\mathrm{D}i}$ 和 $Q_{\mathrm{D}i}$ 分别为发电机和负荷的有功功率、无功功率；U_i 和 θ_i 分别为节点 i 的电压幅值和相角；$\theta_{ij}=\theta_i-\theta_j$；$G_{ij}$ 和 B_{ij} 分别为节点导纳矩阵的实部和虚部。

(3) 不等式约束

①发电机和负荷的有功功率、无功功率限制

$$
\begin{aligned}
&P_{\mathrm{G}}^{\min} \leqslant P_{\mathrm{G}i} \leqslant P_{\mathrm{G}i}^{\max}, && i \in S \\
&Q_{\mathrm{G}i}^{\min} \leqslant Q_{\mathrm{G}i} \leqslant Q_{\mathrm{G}i}^{\max}, && i \in S \\
&P_{\mathrm{D}i}^{\min} \leqslant P_{\mathrm{D}i} \leqslant P_{\mathrm{D}i}^{\max}, && i \in R \\
&Q_{\mathrm{D}i}^{\min} \leqslant Q_{\mathrm{D}i} \leqslant Q_{\mathrm{D}i}^{\max}, && i \in R
\end{aligned} \tag{7-28}
$$

②节点电压约束

$$U_i^{\min} \leqslant U_i \leqslant U_i^{\max} \tag{7-29}$$

③考虑动稳及热稳极限的输电线路的电流幅值约束

$$0 \leqslant I_{ij} \leqslant I_{ij}^{\max} \tag{7-30}$$

以上各式中，上角标 max、min 分别为变量所代表实际意义的上、下限。

为便于计算，将上述公式写为

$$
\begin{aligned}
&\min f(x,u) \\
&\text{s.t.} \quad \begin{cases} f_1(x,u)=0 \\ f_2(x,u)=0 \\ h_1(x,u) \geqslant 0 \\ h_2(x,u) \geqslant 0 \end{cases}
\end{aligned} \tag{7-31}
$$

式(7-31)的 Lagrange 方程为

$$L(y)=C(x,u)-\lambda_1^{\mathrm{T}} f_1(x,u)-\lambda_2^{\mathrm{T}} f_2(x,u)-\mu_1^{\mathrm{T}} h_1(x,u)-\mu_2^{\mathrm{T}} h_2(x,u) \tag{7-32}$$

式中，λ_1、λ_2、μ_1、μ_2 是相应的 Lagrange 乘子向量。

由非线性优化问题的一阶必要条件(Karush-Kuhn-Tucker 条件)可知，若 $f^*=(x^*,u^*)$ 是最优解，则存在 Lagrange 乘子向量 λ_1^*、λ_2^*、μ_1^*、μ_2^*，使得 $y^*=(x^*,u^*, \lambda_1^*, \lambda_2^*, \mu_1^*, \mu_2^*)$ 是如下方程的解(略去 * 号简化表示)：

$$
\begin{aligned}
\nabla_c L(x,u,\lambda_1,\boldsymbol{\mu}_1,\boldsymbol{\lambda}_2,\boldsymbol{\mu}_2)=0 \\
f_1(x,u)=0 \\
f_2(x,u)=0
\end{aligned}
$$

$$
\begin{aligned}
&\begin{cases} h_1(x,u) \geqslant 0, \\ \mu_1 \geqslant 0, & i=1,2,\cdots,p_1 \\ h_{1i}\mu_{1i}=0, \end{cases} \\
&\begin{cases} h_2(x,u) \geqslant 0, \\ \mu_2 \geqslant 0, & i=1,2,\cdots,p_2 \\ h_{2i}\mu_{2i}=0, \end{cases}
\end{aligned} \tag{7-33}
$$

引入 Fischer-Burmeister(FB)函数

$$\phi(a,b)=a+b-\sqrt{a^2+b^2} \tag{7-34}$$

利用 FB 函数，可以将式(7-33)的互补松弛条件写为

$$\begin{aligned}&\phi_{1i}=\phi(\mu_{1i},h_{1i}(x,u))=0, \qquad i=1,2,\cdots,p_1\\&\phi_{2i}=\phi(\mu_{2i},h_{2i}(x,u))=0, \qquad i=1,2,\cdots,p_2\end{aligned} \tag{7-35}$$

因此，可将式(7-32)转化为一个非光滑方程

$$H(y)=\begin{bmatrix}\nabla_c L(x,u,\lambda_1,\mu_1,\lambda_2,\mu_2)\\ f_1(x,u)\\ \varPhi_1(x,u,\mu_1)\\ f_2(x,u)\\ \varPhi_2(x,u,\mu_2)\end{bmatrix}=0 \tag{7-36}$$

式中，$\varPhi_1(x,u,\mu_1)=(\phi_{11},\phi_{12},\cdots,\phi_{1p_1})^{\mathrm{T}};\varPhi_2(x,u,\mu_2)=(\phi_{21},\phi_{22},\cdots,\phi_{2p_2})^{\mathrm{T}}$。

利用半光滑牛顿算法解(7-36)，设当前的迭代点为 y^k，半光滑牛顿法的搜索方向由式(7-37)决定：

$$H_k+V_k d^k=0 \tag{7-37}$$

为了测试$\|H(y)\|$的下降性，定义效益函数

$$\varPsi(y)=\frac{1}{2}\|H(y)\|^2 \tag{7-38}$$

综上，计算输电能力的半光滑牛顿算法的流程图如图 7-2 所示。

3. 算例分析

过去 20 年间，半光滑牛顿法在电力领域得到了很大的发展，已被证明是一种高效的优化算法。对于本节的输电能力问题，其主要优势表现在以下几个方面。

(1) 处理不等式约束的能力。

通过引入非线性互补问题函数 FB 函数，得到了新的 ATC 问题的表述。不等式约束均转化为等式，原优化问题转化为了非线性方程组的求解问题，从而避免了牛顿类优化算法起作用约束集的识别问题，提高了算法效率。

(2) 牛顿类算法的二阶收敛特性。

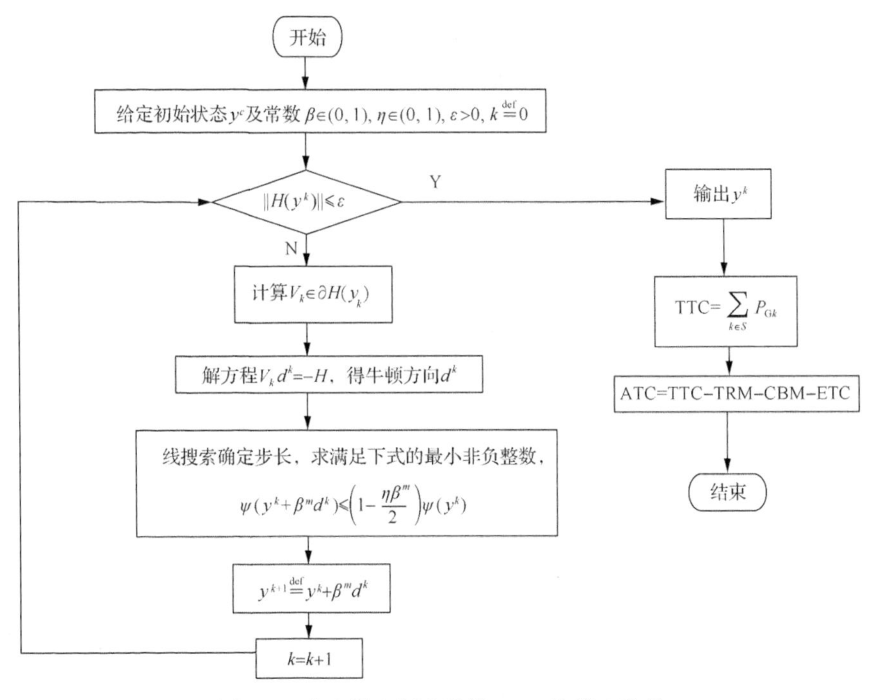

图 7-2　半光滑牛顿法计算 ATC 的算法流程

(3) 全面性的算法。

本算法为全局算法。通过搜索确定牛顿方向的步长，从而避免了内点法等优化算法对初值敏感的问题。

(4) 处理大系统的能力。

利用上述算法对 IEEE-30 节点进行测试，取得了良好的收敛效果。构造的算例分为两类：第一类为特定的发电节点与负荷之间的 ATC；第二类为特定的发电机集合与负荷集合之间的 ATC。

本节仅给出 30 节点系统的计算结果，见表 7-1。

表 7-1　IEEE-30 节点系统的 ATC 计算结果

交易编号	发电机节点	负荷节点	ETC/MW	TTC/MW	ATC/MW
1	27	20	26.91	40.75	13.84
2	22	8	21.59	21.83	0.24
4	13,23	10,21,24～26,29,30	56.20	70.00	13.80
5	22,27	12,14～20,23	48.50	91.66	43.16

发电机节点 13、23 到负荷节点 10、21、24～6、29、30 的初始传输功率为 56.20MW，用本算法计算得到其最大可传输功率为 70MW。起作用的约束包括：

节点 1、12 的电压达到上限，节点 30 的电压达到下限；同时，发电机节点 13 和 23 的有功容量达到上限；线路 6～8 过负荷，ATC 为 13.80MW。

7.3.2 梯度类方法

1. 几种梯度类方法的数学描述

1) 梯度法

梯度法又称作最速下降法，1847 年由法国数学家 Cauchy 提出，它是根据梯度来求取最速下降的搜索方法。

考虑无约束问题：

$$\min f(x), \qquad x \in R^n \tag{7-39}$$

式中，$f(x)$ 具有一阶连续偏导数。

求 $f(x)$ 在点 x 处的下降最快方向，可归结为求解下列非线性规划：

$$\begin{aligned} &\min \ \nabla f(x)^{\mathrm{T}} d \\ &\text{s.t.} \ \ \|d\| \leqslant 1 \end{aligned} \tag{7-40}$$

在点 x 处的最速下降方向即为负梯度方向：

$$d = -\frac{\nabla f(x)}{\|\nabla f(x)\|} \tag{7-41}$$

最速下降法的迭代公式为

$$x^{(k+1)} = x^{(k)} + \lambda_k d^{(k)} \tag{7-42}$$

式中，$d^{(k)}$ 是从 $x^{(k)}$ 出发的搜索方向，这里取在点 $x^{(k)}$ 处的最速下降方向，即

$$d^{(k)} = -\nabla f(x^{(k)}) \tag{7-43}$$

λ_k 是从 $x^{(k)}$ 出发沿方向 $d^{(k)}$ 进行一维搜索的步长，即 λ_k 满足

$$f(x^{(k)} + \lambda_k d^{(k)}) = \min_{\lambda \geqslant 0} f(x^{(k)} + \lambda_k d^{(k)}) \tag{7-44}$$

计算步骤如下：

(1) 给定初始点 $x^{(1)} \in E^n$，允许误差 $\delta > 0$，置 $k = 1$；

(2) 计算搜索方向 $d^{(k)} = -\nabla f(x^{(k)})$；

(3) 若$\left\|d^{(k)}\right\| \leqslant \delta$，则停止计算，否则，从$x^{(k)}$沿$d^{(k)}$进行一维搜索，求$\lambda_k$，使$f(x^{(k)}+\lambda_k d^{(k)})=\min\limits_{\lambda\geqslant 0} f(x^{(k)}+\lambda_k d^{(k)})$；

(4) 令$x^{(k+1)}=x^{(k)}+\lambda_k d^{(k)}$，置$k=k+1$，转(2)。

2) 共轭梯度法

共轭梯度法最初由Hesteness和Stiefel于1952年提出，其基本思想是把共轭性与最速下降法相结合，利用已知点处的梯度构造一组共轭方向，并沿这组方向进行搜索，求出目标函数的极小值点。

下面为一般函数的共轭梯度法PRP算法。

(1) 取初始点x_0；

(2) 取$P_0=-g_0, k=0$；

(3) 求$\alpha^{(k)}$，使$f(x^{(k)}+\alpha^{(k)}P^{(k)})=\min f(x^{(k)}+\alpha^{(k)}P^{(k)})$；

(4) 计算$x^{(k+1)}=x^{(k)}+\lambda^{(k)}P^{(k)}$；

(5) 计算$g^{(k+1)}=\nabla f(x^{(k+1)})$；

(6) 计算$\beta^{(k)}=\dfrac{(g^{(k+1)})^{\mathrm{T}}(g^{(k+1)}-g^{(k)})}{\left\|g^{(k)}\right\|_2^2}$；

(7) 计算$P^{(k+1)}=-g^{(k+1)}+\beta^{(k)}P^{(k)}$；

(8) 置$k=k+1$，转(3)。

3) 简化梯度法

1968年，Dommel和Thiney最先将梯度法用于最优潮流计算，他们基于牛顿-拉弗森潮流程序，采用梯度法进行搜索，形成了简化梯度法。这个算法在最优潮流领域内具有重要的地位，是最优潮流问题被提出以后，能够成功地求解较大规模的最优潮流问题并被广泛采用的第一个优化算法，直到现在仍被看成是一种成功的优化算法。

最优潮流计算的简化梯度算法是以极坐标形式的牛顿潮流算法作为基础，其主要思想是以构造拉格朗日函数的方法处理等式约束，以罚函数法处理不等式约束，最终构成一个新的无约束的优化问题，即可用迭代下降法求最优解，下面分别介绍等式约束和不等式约束的处理方法。

考虑如下的最优潮流规划模型：

$$\begin{aligned} \min\ & P(u,x) \\ \text{s.t.}\ & g(u,x)=0 \\ & h(u,x)\geqslant 0 \end{aligned} \tag{7-45}$$

式中，目标函数 $P(u,x)$ 可根据关注的重点具体定义；等式约束 $g(u,x)$ 为潮流方程；不等式约束 $h(u,x)$ 可定义为网络中应当考虑的各种安全性约束；u 为控制变量；x 为状态变量。

1) 等式约束的处理

不计及不等式约束，则对于仅有等式约束的最优潮流计算问题可表示为

$$\begin{aligned} &\min \ P(u,x) \\ &\text{s.t.} \quad g(u,x)=0 \end{aligned} \tag{7-46}$$

应用经典的拉格朗乘子法，引入与等式约束 $g(u,x)=0$ 中方程式个数相同的拉格朗日乘子 λ，构成的拉格朗日函数

$$L(u,x)=f(u,x)+\lambda^{\mathrm{T}}g(u,x) \tag{7-47}$$

式中，λ 为由拉格朗日乘子所构成的向量。这样便把原来的有约束最优化问题变成一个无约束最优化问题。

采用经典的函数求极值的方法，分别令拉格朗日函数 $L(u,x)$ 对变量 u,x 及 λ 求导等于零，即得式(7-46)取极值的必要条件为

$$\frac{\partial L}{\partial x}=\frac{\partial f}{\partial x}+\left(\frac{\partial g}{\partial x}\right)^{\mathrm{T}}\lambda=0 \tag{7-48}$$

$$\frac{\partial L}{\partial u}=\frac{\partial f}{\partial u}+\left(\frac{\partial g}{\partial u}\right)^{\mathrm{T}}\lambda=0 \tag{7-49}$$

$$\frac{\partial L}{\partial \lambda}=g(u,x)=0 \tag{7-50}$$

这是三个非线性代数方程，每组的方程式个数分别等于向量 u 、x 和 λ 的维数，最优潮流的解必须同时满足这三组方程。

直接联立求解这三个极值条件方程，可以求得此非线性规划问题的最优解。但通常由于方程式的高难度和非线性性，联立求解的计算量非常巨大，有时还相当困难。这里采用的是一种迭代下降算法，其基本思想是从一个初始点开始，确定一个搜索方向，沿着这个方向移动一步，使目标函数有所下降，然后由这新的点开始，再重复进行上述步骤，直到满足一定的收敛判据为止。结合具体模型，则这个迭代求解算法的基本要点如下。

(1) 令迭代记数 $k=0$；

(2) 假定一组控制变量 $u^{(0)}$；

(3) 由于式(7-50)就是等式约束，即潮流方程，所以通过潮流计算就可以由已知的 u 求得相应的 $x^{(k)}$；

(4) 再观察式(7-48)，$\dfrac{\partial g}{\partial x}$ 就是牛顿法潮流计算的雅可比矩阵 J，利用求解潮流时已经得到的雅可比矩阵 J 及其 LU 三角因子矩阵，可方便地求得

$$\lambda=-\left[\left(\frac{\partial g}{\partial x}\right)^{\mathrm{T}}\right]^{-1}\frac{\partial f}{\partial x} \tag{7-51}$$

(5) 将已经求出的 u,x 和 λ 代入式(7-49)，则有

$$\frac{\partial L}{\partial u}=\frac{\partial f}{\partial u}-\left(\frac{\partial g}{\partial u}\right)^{\mathrm{T}}\left[\left(\frac{\partial g}{\partial x}\right)^{\mathrm{T}}\right]^{-1}\frac{\partial f}{\partial x} \tag{7-52}$$

(6) 若 $\dfrac{\partial L}{\partial u}=0$，则说明这组解就是待求的最优解，计算结束，否则，转入下一步；

(7) 这里 $\dfrac{\partial L}{\partial u}\neq 0$，为此，必须按照能使目标函数下降的方向对 u 进行修正：

$$u^{(k+1)}=u^{(k)}+\Delta u^{(k)} \tag{7-53}$$

然后回到步骤(3)，重复进行上述过程，直到式(7-49)得到满足，即 $\dfrac{\partial L}{\partial u}=0$ 为止，这样便求得了最优解。

这里对 $\dfrac{\partial L}{\partial u}$ 需稍加说明。由下面可以看出，它是在满足等式约束条件即式(7-47)的情况下，目标函数对于控制变量 u 的梯度向量 ∇f。

由式(7-43)，目标函数 $f=P(u,x)$，则

$$\partial f=\left(\frac{\partial f}{\partial u}\right)^{\mathrm{T}}\mathrm{d}u+\left(\frac{\partial f}{\partial x}\right)^{\mathrm{T}}\mathrm{d}x \tag{7-54}$$

为建立 $\mathrm{d}x$ 与 $\mathrm{d}u$ 的关系，将潮流方程 $g(u,x)=0$ 在原始运行点附近展开成泰勒级数并忽略其高阶项后可得

$$\left(\frac{\partial g}{\partial x}\right)\mathrm{d}x+\left(\frac{\partial g}{\partial u}\right)\mathrm{d}u=0 \tag{7-55}$$

$$\mathrm{d}x = -\left(\frac{\partial g}{\partial x}\right)^{-1}\left(\frac{\partial g}{\partial u}\right)\mathrm{d}u = S\mathrm{d}u \tag{7-56}$$

式中，S 为灵敏度矩阵：

$$S = -\left(\frac{\partial g}{\partial x}\right)^{-1}\left(\frac{\partial g}{\partial u}\right)\mathrm{d}u \tag{7-57}$$

将式(7-56)代入式(7-51)，得

$$\mathrm{d}f = \left(\frac{\partial f}{\partial u}\right)^{\mathrm{T}}\mathrm{d}u - \left(\frac{\partial f}{\partial x}\right)^{\mathrm{T}}\left(\frac{\partial g}{\partial x}\right)^{-1}\left(\frac{\partial g}{\partial u}\right)\mathrm{d}u \tag{7-58}$$

按任一多变量函数 $f = f(u)$ 的全微分定义，有 $\mathrm{d}f = \nabla f^{\mathrm{T}}\mathrm{d}u$，则由式(7-58)，有梯度向量

$$\nabla f = \frac{\partial f}{\partial u} - \left(\frac{\partial g}{\partial u}\right)^{\mathrm{T}}\left[\left(\frac{\partial g}{\partial x}\right)^{\mathrm{T}}\right]^{-1}\frac{\partial f}{\partial x} \tag{7-59}$$

比较式(7-59)和式(7-52)，可见二者完全相同，于是得到证明：

$$\nabla f = \frac{\partial L}{\partial u} \tag{7-60}$$

由于通过潮流方程，变量 x 的变化可以用控制变量 u 的变化来表示，$\dfrac{\partial L}{\partial u}$ 是在满足等式约束的条件下目标函数在维数较小的 u 的空间上的梯度，所以也称为简化梯度(reduced gradient)。

下面再讨论一下前面介绍过的迭代算法。

在前述的迭代算法中，必须作仔细研究的是第(7)步当中 $\dfrac{\partial L}{\partial u} \neq 0$ 时，如何进一步对 u 进行修正，也就是如何决定式(7-53)中 $\Delta u^{(k)}$ 的问题，这也是该算法极为关键的一步。

由于某一点的梯度方向是该点函数值变化率最大的方向，因此，若沿着函数在该点的负梯度方向前进时，函数值下降最快，所以，简单方便的办法就是取负梯度作为下次迭代的搜索方向，即取

$$\Delta u^{(k)} = -c\nabla f \tag{7-61}$$

式中，∇f 为简化梯度 $\dfrac{\partial L}{\partial u}$； c 为步长因子。

在非线性规划中，这种以负梯度作为搜索方向的算法，也称为梯度法或最速下降法。式(7-61)中步长因子的选择对算法的收敛过程有很大影响，选得太小会使迭代次数增加，选得太大将导致在最优点附近来回振荡。最优步长的选择是一个一维搜索问题，可以采用抛物线插值等方法来确定。

2) 不等式约束的处理

优化潮流的不等式约束条件数目很多，按其性质的不同分成两大类：第一类是关于控制变量 u 的不等式约束；第二类是状态变量 x 以及可表示为 u 和 x 的函数的不等式约束条件，这一类约束可以统称为函数不等式约束。以下分别讨论这两类不等式约束在算法中的处理方法。

(1) 控制变量不等式约束。

控制变量的不等式约束比较容易处理，若按式(7-53)中 $u^{(k+1)}=u^{(k)}+\Delta u^{(k)}$ 对控制变量进行修正，如果得到的 $\Delta u^{(k)}$ 使任一个 $u_i^{(k+1)}$ 超过其极限 $u_{i\max}$ 或 $u_{i\min}$ 时，则该越界的控制变量就被强制在相应的界上，即

$$u_i^{(k+1)}=\begin{cases} u_{i\max}, & u_i^{(k)}+\Delta u_i^{(k)}>u_{i\max} \\ u_{i\min}, & u_i^{(k)}+\Delta u_i^{(k)}<u_{i\min} \\ u_i^{(k)}+\Delta u_i^{(k)}, & \text{不越界时} \end{cases} \tag{7-62}$$

控制变量按这种方法处理以后，按照库恩塔克条件(Karush-Kuhn-Tucker，KKT)条件，在最优点处简化梯度的第 i 个分量 $\dfrac{\partial f}{\partial u_i}$ 应有

$$\begin{aligned} &\frac{\partial f}{\partial u_i}=0, && u_{i\min}<u_i<u_{i\max} \\ &\frac{\partial f}{\partial u_i}\leqslant 0, && u_i=u_{i\max} \\ &\frac{\partial f}{\partial u_i}\geqslant 0, && u_i=u_{i\min} \end{aligned} \tag{7-63}$$

式中，后面两个式子也可以这样来理解，即若对 u_i 设有上界或下界的限制而容许其继续增大或减少时，目标函数能进一步减少。

(2) 函数不等式约束。

函数不等式约束 $h(u,x)\geqslant 0$ 无法采用与控制变量不等式约束相同的办法来处理，因此这样处理起来比较困难。目前比较通行的一种方法是采用罚函数法来处理。罚函数法的基本思想是将约束条件引入原来的目标函数而形成一个新的函数，将原有约束最优化问题的求解转化成一系列无约束最优化问题的求解。具体做法如下。

将越限不等式约束以惩罚项的形成附加在原来的目标函数 $f(u,x)$ 上，从而构成一个新的目标函数(即惩罚函数) $F(u,x)$ 如下：

$$\begin{aligned} F(u,x) &= f(u,x) + \sum_{i=1}^{S} \gamma_i^{(k)} \{\max[0, h_i(u,x)]\}^2 \\ &= f(u, x + \sum_{i=1}^{S} w_i) \\ &= f(u,x) + W(u,x) \end{aligned} \tag{7-64}$$

式中，S 为函数不等式约束数；$\gamma_i^{(k)}$ 为指定的正整数，称为罚因子，其数值可随着迭代而改变；$\max[0,h_i(u,x)]$ 取值为

$$\max[0,h_i(u,x)] = \begin{cases} 0, & h_i(u,x) \leqslant 0，即不越界时 \\ h_i(u,x), & h_i(u,x) > 0，即越界时 \end{cases} \tag{7-65}$$

其中，附加在原来目标函数上的第二项 w_i 和 W，称为惩罚项。例如，对状态变量 x_j 的惩罚项为

$$w_j = \begin{cases} \gamma_j (x_j - x_{j\max})^2, & x_j > x_{j\max} \\ \gamma_j (x_j - x_{j\min})^2, & x_j < x_{j\min} \\ 0, & x_{j\min} \leqslant x_j \leqslant x_{j\max} \end{cases} \tag{7-66}$$

而对于要表示成变量函数式的不等式约束 $h_i(u,x)$ 的惩罚项为

$$w_i = \begin{cases} \gamma_i h_j(u,x)^2, & h_j(u,x) > 0 \\ 0, & h_j(u,x) \leqslant 0 \end{cases} \tag{7-67}$$

对于这个新的目标函数按无约束极值的方法求解，使得最终求得的解在满足上述约束条件的前提下能使原来的目标函数达到最小。对惩罚函数法的简单解释就是当所有不等式约束都满足时，惩罚项 w_j 等于零。只要有某个不等式约束不能满足，就将产生相应的惩罚项 w_j，而且越限量越大，处罚项的数值也越大，从而使目标函数(现在是惩罚函数 F)额外地增大，这就相当于对约束条件未能满足的一种惩罚。当罚因子 γ 足够大时，惩罚函数所占比重也大，优化过程只有使惩罚项逐步趋于零时，才能使惩罚函数达到最小值，这就迫使原来越界的变量或函数向其约束限值靠近或回到原来规定的限值之内。

惩罚项的数值和罚因子γ_i的大小有关，见图 7-3，对于一定的越限量，γ_i值取得越大，ω的值也越大，从而使相应的越界约束条件重新得到满足的趋势也越强。为避免造成计算收敛性变差，γ_i并不是在一开始便取很大的数值，而是随着迭代的进行，按照该不等式约束被越限的次数，逐步按照一定倍数增加，是一个递增趋于正无穷大的数列。

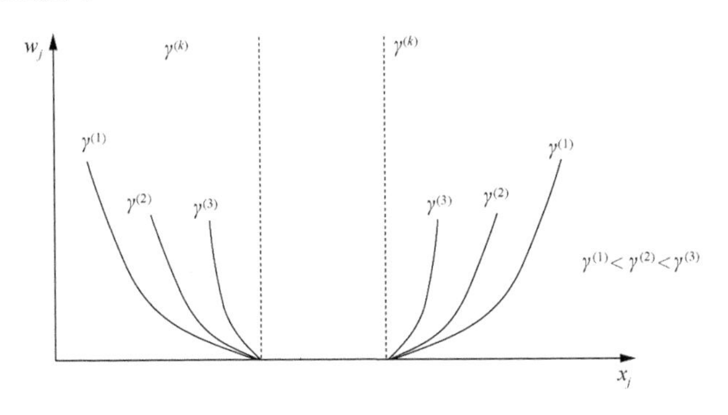

图 7-3　惩罚项的意义

综合以上讨论，现在可以研究同时计及等式和不等式约束条件的最优潮流算法。在采用罚函数法处理函数不等式约束以后，原来以式(7-47)表示的仅计及等式约束的拉格朗日函数中的$f(u,x)$将必须用惩罚函数来代替，于是有

$$L(u,x)=f(u,x)+\lambda^{\mathrm{T}}g(u,x)+W(u,x) \tag{7-68}$$

相应的极值条件式(7-48)～式(7-60)将变为

$$\frac{\partial L}{\partial x}=\frac{\partial f}{\partial x}+\left(\frac{\partial g}{\partial x}\right)^{\mathrm{T}}_{\lambda}+\frac{\partial w}{\partial x}=0 \tag{7-69}$$

$$\frac{\partial L}{\partial u}=\frac{\partial f}{\partial u}+\left(\frac{\partial g}{\partial u}\right)^{\mathrm{T}}_{\lambda}+\frac{\partial w}{\partial u}=0 \tag{7-70}$$

$$\frac{\partial L}{\partial \lambda}=g(u,x)=0 \tag{7-71}$$

以式(7-51)表示的λ将变成

$$\lambda=-\left[\left(\frac{\partial g}{\partial x}\right)^{\mathrm{T}}\right]^{-1}\left(\frac{\partial f}{\partial x}+\frac{\partial w}{\partial x}\right) \tag{7-72}$$

而简化梯度∇f将必须以式(7-73)表示

$$\nabla f = \frac{\partial L}{\partial u} = \left(\frac{\partial f}{\partial u}\right) + \left(\frac{\partial g}{\partial u}\right)^{\mathrm{T}} \lambda + \frac{\partial w}{\partial u} \tag{7-73}$$

则控制变量修正量$\Delta u^{(k)}$可表示为

$$\Delta u^{(k)} = -c\nabla f \tag{7-74}$$

3）广义简化梯度法（generalized reduced gradient，GRG）

Peschon 在 1971 年将 GRG 用于最优潮流的求解。GRG 在处理函数不等式约束时，不用罚函数，当求解过程中发现约束被破坏时，将有关联的控制变量与状态变量暂时加以对调。通过潮流计算及函数不等式约束检查，倘若发现有越限情况，譬如 PV 节点j的无功功率越限，就将Q_j固定在边界上，将 PV 点转化为 PQ 节点，也就是将作为控制变量（给定量）的节点电压V_j暂时转为状态变量，而将作为状态变量的Q_j转为给定量。在此转变条件下，再解潮流，求得有关节点的电压和无功功率应调整到的值，继续进行优化。

GRG 可以求解以下形式的约束极小化问题：

$$\begin{aligned} &\min \ P(u,x) \\ &\text{s.t.} \quad g(u,x)=0 \\ &u_{\min} < u < u_{\max} \end{aligned} \tag{7-75}$$

GRG 法从一个可行解(u_0, x_0)出发，然后经过以下步骤。

（1）计算简化精度。

由式（7-52）可得

$$\left(\frac{\partial L}{\partial u}\right)^{\mathrm{T}} = \left(\frac{\partial f}{\partial u}\right)^{\mathrm{T}} - \left(\frac{\partial f}{\partial x}\right)^{\mathrm{T}} \left(\frac{\partial g}{\partial x}\right)^{-1} \frac{\partial g}{\partial u} \tag{7-76}$$

可按照上式计算简化梯度。

（2）计算Δu。

$$\Delta u_i = -\frac{\partial f}{\partial u_i} \begin{cases} u_{i\min} < u_i < u_{i\max} \\ u_i = u_{i\max} \text{且} \dfrac{\partial f}{\partial u_i} > 0 \\ u_i = u_{i\min} \text{且} \dfrac{\partial f}{\partial u_i} < 0 \end{cases} \tag{7-77}$$

否则，$\Delta u_i = 0$。

(3)用式(7-52)和式(7-53)的一阶近似计算 x 的相应变化。

$$\left(\frac{\partial g}{\partial x}\right)\mathrm{d}x+\left(\frac{\partial g}{\partial u}\right)\mathrm{d}u=0 \tag{7-78}$$

$$\mathrm{d}x=-\left(\frac{\partial g}{\partial x}\right)^{-1}\left(\frac{\partial g}{\partial u}\right)\mathrm{d}u \tag{7-79}$$

(4)选择步长因子 K 。

①求极大值 K_u ，且 $u_{\min}<u+K_u\Delta u<u_{\max}$ ；

②求极大值 K_x ，且 $u_{\min}<u+K_x\Delta x<u_{\max}$ ；

③决定步长因子 K ，满足 $f(x+K\Delta x,u+K\Delta u)=\min f(x+K\Delta x,u+K\Delta u)$ 以及 $0\leqslant K\leqslant\min(K_x,K_u)$ 。

(5)得出新点 $u=u+K\Delta x$ ，新的 x 满足潮流方程 $g(u,x)=0$ 。如果 x 可行，转向步骤(1)进行新的迭代。

(6)如果 x 某个分量 x_j 在其极限 $x_{j\min}$或$x_{j\max}$ ，则将变量 (u,x) 重新划分，变量 x_j 改成控制变量 u_i ，严格地在限制范围之内的控制变量转化为状态变量。对每一个在其限制上的状态变量 x_j 都要进行这种变量类型的重新转换。按变量 (u,x) 的新划分再去进行新的迭代。

2. GRG 求解输电能力的模型及分析

1)数学描述

在这里，ATC 的评估问题可以被描述为一个最优化的问题，问题的基本求解过程如下，为取 TTC 的最大值而需要调整的变量为

$$u=\begin{bmatrix}P_{\mathrm{G}}\\Q_{\mathrm{G}}\\V_{\mathrm{G}}\end{bmatrix} \tag{7-80}$$

式中， P_{G} 是不包含松弛节点，在故障状态前发电机发出有功功率，是 $(m-1)$ 维向量； Q_{G} 是故障前 PV 节点电源发出的无功功率，是 m_{PQ} 维向量； V_{G} 是不包含松弛节点，在故障之前 PV 节点的电压，是 m_{PV} 维矢量。假定 $m_{\mathrm{PQ}}+m_{\mathrm{PV}}=m-1$ 。通过改变 u，我们可以改变初始状态和 $\bar{r}$ 点设置。

(1)目标函数。

ATC 最优化问题的主要目的是使得属于临界断面上的传输线路的 TTC 最大。

因此，假定目标函数为

$$C_1(V_S) = -\alpha_1 \sum_{j \in \Omega_k} P_{lj}(V_S) \tag{7-81}$$

式中，V_S 是节点电压的稳态向量；P_{lj} 代表在特定的方向上传输的有功功率，假定功率传输方向是从区域 A 到区域 B；Ω_k 是一系列属于 k-th 临界断面的线路；参数 α_t 是加权因数。所有的问题被描述成一个最小化问题。求取电能传输的最大值，可等价为求取其负的最小值这就是在式(7-81)中使用负号的原因。

(2)功角稳定的不等式约束。

为确保功角稳定，有

$$P_i(y_i, \overline{r}) = \sum_{j=1}^{m} (\vartheta_{i,j} - \vartheta_j{}^S) \tag{7-82}$$

式中，P_a 和 ϑ 表示惯性中心(center of inertra，COI)各自的功率和转子角，上标 S 是稳定平衡点(stable equilibrium point，SEP)上已求值的数量。

进一步，每一时段的状态可表示为

$$P_i(y_i, \overline{r}) < 0, \qquad i = n_c, \cdots, n_T \tag{7-83}$$

由于在故障以后的线路中采用了点乘检测，不等式约束的时间就从 n_c 开始。

(3)传输能力方向上的不等式约束。

方向性约束定义如下：

$$\sum_{j \in \Omega_k} P_{lj}(V_S) \geqslant 0, \qquad j \in \Omega_k \tag{7-84}$$

式中，P_{lj} 表示在集合 Ω_k 中通过线路从 A 区域到 B 区域传输的电能。

(4)静态等式约束。

在稳态和故障前 $2n$ 个负荷的潮流方程为

$$f_{0-}(V_{0-}, u) = 0 \tag{7-85}$$

这里下标 0 – 表示故障前状态。在稳态和故障后 $2n$ 个负荷的潮流方程为

$$f_S(V_S, u) = 0 \tag{7-86}$$

这里下标 S 表示故障前状态。

初始稳态运行点的状态向量，可通过负荷潮流分析得到：

$$h(x_{0-}, V_{0-}, u) = 0 \tag{7-87}$$

通常情况下，可以从负荷潮流的解中得到x_{0-}，记为

$$x_{0-}=\xi(V_{0-},u)$$

$2m$个初始点的方程

$$r(y_{0-},\overline{r})=0 \tag{7-88}$$

式中，$\overline{r}=\rho(y_{0-})$。

(5)动态等式约束。

$$\hat{H}(\hat{y},x_{0-},\overline{r})=0 \tag{7-89}$$

式中，$\hat{H}=\begin{bmatrix}H_{0+}^{\mathrm{T}} & H_1^{\mathrm{T}} & \cdots & H_i^{\mathrm{T}} & \cdots & H_{n_T}^{\mathrm{T}}\end{bmatrix}^{\mathrm{T}}$；$\hat{y}=\begin{bmatrix}y_{0+}^{\mathrm{T}} & y_1^{\mathrm{T}} & \cdots & y_i^{\mathrm{T}} & \cdots & y_{n_T}^{\mathrm{T}}\end{bmatrix}^{\mathrm{T}}$；式(7-89)描述系统的暂态过程，是$(p+2n)\times(n_T+1)$个代数方程。

(6)稳态下的安全性约束。

发电机节点的有功功率和无功功率以及节点电压满足以下不等式约束条件：

$$\begin{aligned}&P_{\mathrm{G}\min_j}\leqslant P_{\mathrm{G}_j}\leqslant P_{\mathrm{G}\max_j}, && j=1,\cdots,m\text{-}1\\&Q_{\mathrm{G}\min_j}\leqslant Q_{\mathrm{G}_j}\leqslant Q_{\mathrm{G}\max_j}, && j=1,\cdots,m\text{-}1\\&V_{\mathrm{G}\min_j}\leqslant V_{\mathrm{G}_j}\leqslant V_{\mathrm{G}\max_j}, && j=1,\cdots,m\text{-}1\end{aligned} \tag{7-90}$$

稳态的线路过负荷约束可由以下不等式约束条件表示：

$$I_i(V_S)\leqslant I_{i\max},\qquad i=1,\cdots,n_{\mathrm{b}} \tag{7-91}$$

式中，$I_i(V_S)$是第i条支路上流过的电流；$I_{i\max}$为第i条支路所允许的最大电流；n_{b}为系统总的支路表。

(7)整体最优化问题。

在先前的假设条件下，整体最优化问题的目标函数可以表述为

$$\min_u C_1 \tag{7-92}$$

等式约束

$$\begin{aligned}&f_{0-}(V_{0-},u)=0\\&f_S(V_S,u)=0\\&h(x_{0-},V_{0-},u)=0\\&r(y_{0-},\overline{r})=0\\&\hat{H}(\hat{y},x_{0-},\overline{r})=0\end{aligned} \tag{7-93}$$

不等式约束

$$\sum_{j\in\Omega_k} P_{lj}(V_S) \geqslant 0, \qquad j\in\Omega_k \tag{7-94}$$

$$P_i(y_i,\overline{r})<0, \qquad i=n_c,\cdots,n_T \tag{7-95}$$

$$\begin{aligned} &P_{G\min_j} \leqslant P_{G_j} \leqslant P_{G\max_j}, && j=1,\cdots,m\text{-}1 \\ &Q_{G\min_j} \leqslant Q_{G_j} \leqslant Q_{G\max_j}, && j=1,\cdots,m\text{-}1 \\ &V_{G\min_j} \leqslant V_{G_j} \leqslant V_{G\max_j}, && j=1,\cdots,m\text{-}1 \end{aligned} \tag{7-96}$$

$$I_i(V_S) \leqslant I_{i\max}, \qquad i=1,\cdots,n_b \tag{7-97}$$

2)算法框图

图 7-4 是运用 GRG 来求解优化问题的流程图。

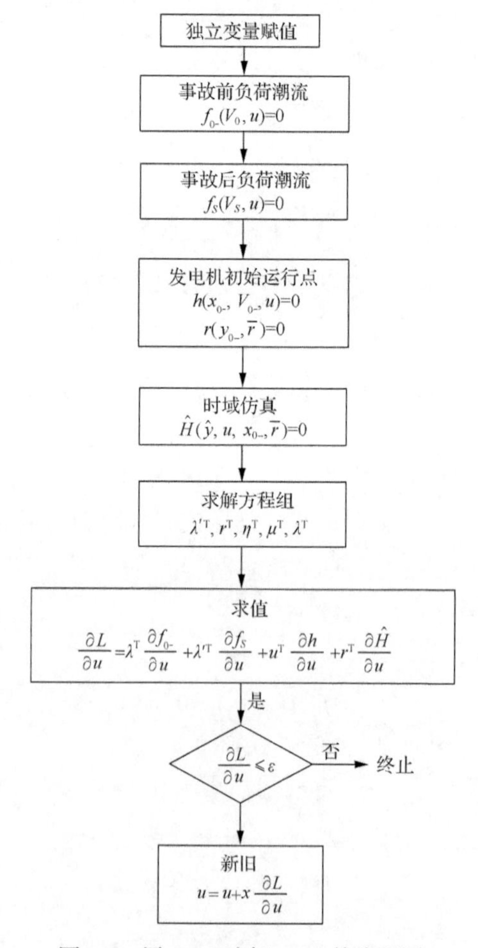

图 7-4　用 GRG 法解 ATC 的流程图

3)算例分析

本节以 ENEL 系统为例进行了分析，该系统共有 614 个节点、630 条传输线路、220 台变压器和 141 个电源点。

研究中以从意大利北部和中部系统通过一条处于临界状态的输电走廊向南部地区供电的 ATC 为例，如图 7-5 所示，处于临界断面上的线路为：Latina-Garigliano (380KV 双回线)；Valmontone-Presenzano (380KV)； Villanova-Larion (380KV)；Popoli-Capriati (220KV)。

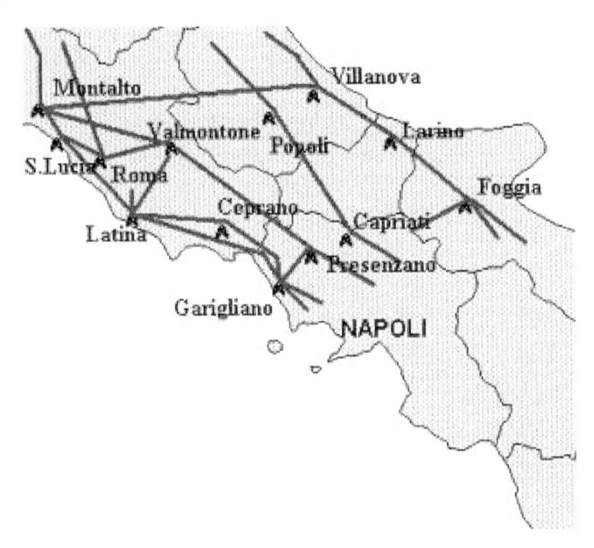

图 7-5　临界断面

我们假定 3 相故障在 0.2S 发生在 Rome (Valmontone) 和 Valmontone-Presenzano 之间的母线上。

可以用八个控制区概括意大利电网的特征。为使穿过临界断面的 TTC 为最大，算例进行 2 个场景的仿真。

场景 1：在最大电能传输中隶属于八个区域中的所有供电单位都重新制定发电计划。

场景 2：只有两个区域(Milan 和 Naples)重新制定发电计划。

在仿真中，先进行正常运行状态下的迭代。在表中我们可以看到在理想的方向上通过临界断面传输的电能达到最大。

表 7-2 是反复迭代计算 TTC 的过程。观察表 7-2 可以发现，在每次迭代中，通过临界断面的传输功率都在增加。即使某一约束条件越限，这一方法也是能够适应的。在这种情况下，程序会通过减少临界断面的传输功率来满足约束条件的要求。当达到收敛后，传输的功率会逐渐增加。

在这个例子中，TTC 的计算结果是 3473MW。在最优结果附近的一系列约束条件可以通过实行另一个迭代过程来获得。结果显示，在最优解附近起约束作用的是 Gariglinao-Latina 之间线路的热稳定极限。

反方向的 TTC 计算结果如表 7-3 所示，此场景下，意大利南部发电量分配量无法使断面潮流方向反转。

场景 2 下的叠代过程如表 7-4 所示，由表 7-4 可知，此场景下的 TTC 值为 2910MW。图 7-6、图 7-7 给出了所选电源有功功率和无功功率的分配结果，由于由北向南方向的功率交换量经过最大化处理，因此北部发电机组增加了有功出力和无功出力，而南部发电机以相反趋势变化。

表 7-2　场景 1：从北部到南部的叠代

叠代次数#	传输功率/MW	C_2 /(10^8 p.u.)	C_3 /MW	C_4 /(10^3 p.u.)
1	1280	0	0	0
2	1765	0	0	0
3	2403	0	0	0
4	2990	0	0	0
5	3692	9.3	0	4593
6	3517	0	0	312
7	3451	0	0	0
8	3473	0	0	0

表 7-3　场景 1：中从南部到北部的叠代

叠代次数#	传输功率/MW	C_2 /(10^8 p.u.)	C_3 /MW	C_4 /(10^3 p.u.)
1	–1280	0	510	0
2	–718	0	170	0
3	–718	0	170	0

表 7-4　场景 2：中从北部到南部的叠代

叠代次数#	传输功率/MW	C_2 /(10^8 p.u.)	C_3 /MW	C_4 /(10^3 p.u.)
1	1280	0	0	0
3	1667	0	0	0
5	2037	0	0	0
7	2398	0	0	0
9	2706	0	0	0
11	2954	0	0	0.89
13	2910	0	0	0

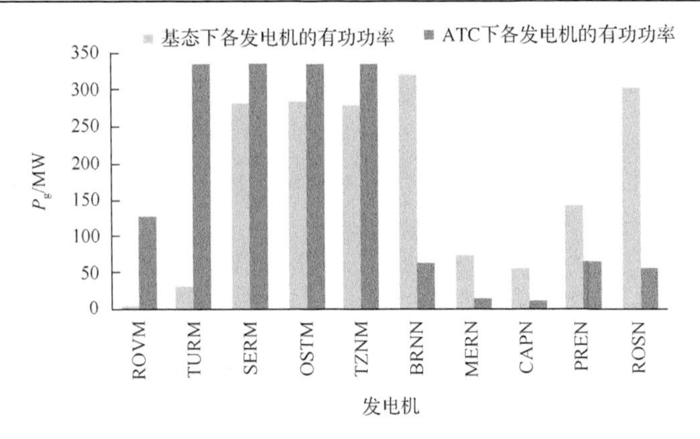

图 7-6　场景 2 中有功功率在所选电源中的分配

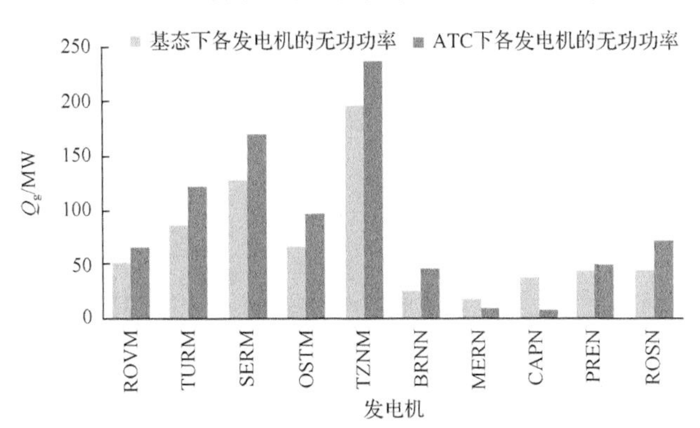

图 7-7　场景 2 中无功功率在所选电源中的分配

7.3.3　内点法

原-对偶内点算法又称为基于对数障碍函数的内点法(障碍函数选为对数障碍函数)，它本质上是拉格朗日函数、牛顿法和对数障碍函数三者的结合，在保持解的原始可行性和对偶可行性的同时，沿原-对偶路径找到目标函数的最优解[13,15-17,18]。它很好地继承了牛顿最优潮流法的优点，还可以更方便地处理不等式约束。

1. 内点法求解输电能力的模型及分析

本节采用了原-对偶内点法，对考虑暂态稳定约束情况下的 ATC 的优化模型进行计算，从而得到最优解。

暂态稳定情况下可用输电能力的数学模型可表示为

$$
\begin{aligned}
&\max\ z(x) \\
&\text{s.t.}\quad g(x)=0 \\
&h_{\min} < h(x) < h_{\max}
\end{aligned}
\tag{7-98}
$$

式中，x为系统状态变量和控制变量及对应暂态稳定分析的变量，其中状态变量为每个节点的电压和相角，控制变量包括发电机和负荷的有功功率、无功功率，对应暂态稳定分析的变量为故障后各差分时刻发电机的转速和转子角度以及故障时刻发电机暂态电势的幅值；$z(x)$为目标函数；$g(x)$为等式约束；$h(x)$为不等式约束；$h_{\max}$、$h_{\min}$为不等式约束的上、下限。

令目标函数为区域A到区域B的所有联络线上的功率与现存输电协议下功率之差，则式(7-98)的详细表达式为

$$\min z(x)=\sum_{i\in \mathrm{A},j\in \mathrm{B}}P_{ij}(x)-\sum_{i\in \mathrm{A},j\in \mathrm{B}}P_{ij} \tag{7-99}$$

$$\begin{cases}P_{\mathrm{G}i}-P_{\mathrm{D}i}-V_i^2G_{ii}-V_i\sum\limits_{j\neq i}V_j[G_{ij}\cos(\theta_i-\theta_j)+B_{ij}\sin(\theta_i-\theta_j)]=0\\Q_{\mathrm{G}i}-Q_{\mathrm{D}i}+V_i^2B_{ii}-V_i\sum\limits_{j\neq i}V_j[G_{ij}\sin(\theta_i-\theta_j)-B_{ij}\cos(\theta_i-\theta_j)]=0\end{cases} \tag{7-100}$$

$$\begin{cases}\delta_i(t+\Delta t)-\delta_i(t)-\dfrac{\Delta t}{2}[\omega_i(t)+\omega_i(t+\Delta t)]\omega_0=0\\\omega_i(t+\Delta t)-\omega_i(t)-\dfrac{\Delta t}{2M_i}[P_{mi}(t)-P_{ei}(t)+P_{mi}(t+\Delta t)-P_{ei}(t+\Delta t)]\end{cases} \tag{7-101}$$

$$\begin{cases}E_i'V_i\sin(\delta_i(0)-\theta_i)-x_{\mathrm{D}i}'P_{\mathrm{G}i}=0\\V_i^2-E_i'V_i\cos(\delta_i(0)-\theta_i)+x_{\mathrm{D}i}'Q_{\mathrm{G}i}=0\end{cases} \tag{7-102}$$

$$\begin{cases}P_{\mathrm{G}i\min}\leqslant P_{\mathrm{G}i}\leqslant P_{\mathrm{G}i\max}, & i\in S_{\mathrm{A}}\\Q_{\mathrm{G}i\min}\leqslant Q_{\mathrm{G}i}\leqslant Q_{\mathrm{G}i\max}, & i\in S_{\mathrm{A}}\\P_{\mathrm{D}i\min}\leqslant P_{\mathrm{D}i}\leqslant P_{\mathrm{D}i\max}, & i\in S_{\mathrm{B}}\\Q_{\mathrm{D}i\min}\leqslant Q_{\mathrm{D}i}\leqslant Q_{\mathrm{D}i\max}, & i\in S_{\mathrm{B}}\\V_{i\min}\leqslant V_i\leqslant V_{i\max}, & i\in S_{\mathrm{N}}\\P_{ij\min}\leqslant P_{ij}\leqslant P_{ij\max}, & i,\ j\in S_{\mathrm{N}}\end{cases} \tag{7-103}$$

$$\begin{cases}\delta_{\min}\leqslant\delta_i(0)-\delta_{\mathrm{COI}}(0)\leqslant\delta_{\max}\\\delta_{\min}\leqslant\delta_i(t)-\delta_{\mathrm{COI}}(t)\leqslant\delta_{\max}\end{cases} \tag{7-104}$$

其中，式(7-99)为目标函数，$P_{ij}(x)$为各节点电压和相角的函数；式(7-100)～式(7-102)为等式约束，其中式(7-100)为潮流方程，$i\in S_{\mathrm{N}}$，S_{N}为所有节点集合；$P_{\mathrm{G}i}$和$Q_{\mathrm{G}i}$分别为节点i的发电机有功功率和无功功率；$P_{\mathrm{D}i}$和$Q_{\mathrm{D}i}$分别为节点i的负荷有功功率和无功功率；V_i和θ_i分别为节点i的电压幅值和相角；$G_{ij}+\mathrm{j}B_{ij}$为

系统节点导纳阵中的元素。

式(7-101)为转子运动方程，$i \in S_G$；Δt 为积分步长，$t \in [0,T]$，T 为所研究的故障时间段(包括故障发生及故障切除后一段时间)；由于假设输入的机械功率不变，且故障前发电机的机械功率等于电磁功率，因此，式中的 $P_{mi}(t)$ 可由故障前的系统变量得到，并为一常数；设 t_c 为故障切除时间，则 t_c 前、后由于系统网络结构不同，简化导纳阵中的元素是不同的。

式(7-102)为初值方程，$i \in S_G$；$\delta_i(0)$ 为转子角的初始值；式(7-103)和式(7-104)为不等式约束；式(7-103)为静态安全约束；式(7-104)为转子角约束，其中 $\delta_{COI} = \dfrac{1}{M_T}\sum_{i=1}^{n_g} M_i \delta_i$，$M_T = \sum_{i=1}^{n_g} M_i$，$i \in S_G$，$t \in S_T$；上、下限 δ_{max} 和 δ_{min} 可依据实际运行经验确定。

根据上述所建立的可用输电能力的数学模型及所介绍的原-对偶内点法，可得到原-对偶内点法计算可用输电能力的流程图，如图 7-8 所示。

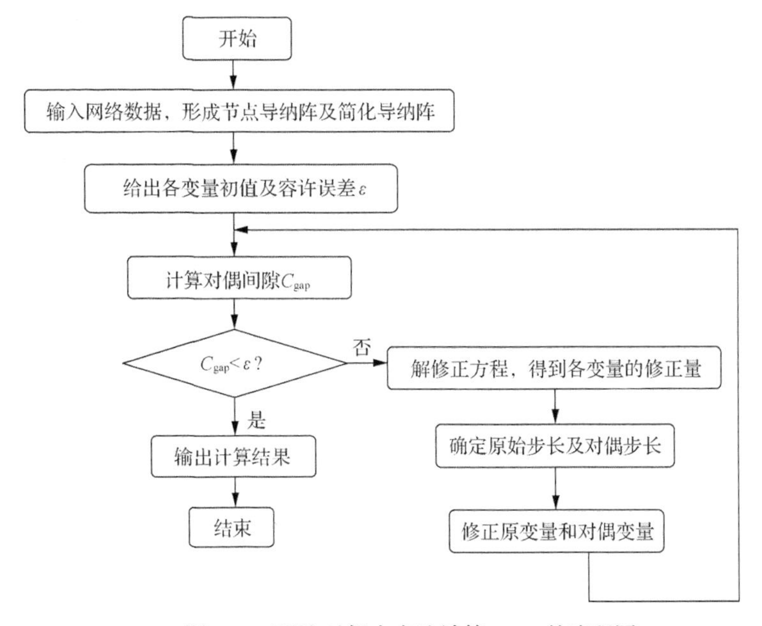

图 7-8　用原-对偶内点法计算 ATC 的流程图

2. 算例分析

以文献[18]所示的 7 节点系统为例，根据上式所建立的数学模型及原-对偶内点法进行可用输电能力的分析计算。7 节点系统有 3 台发电机，7 条线路，划分为两个区域。

计算区域 1 到区域 2 的可用输电能力，因此，调节区域 1 的发电量和区域 2 的负荷需求量，形成区域 1 到区域 2 的功率交换，假设区域 1 的发电机均为无功可调母线。因此，7 节点系统中变量 x 应包括如下：区域 1 的发电机有功功率、无功功率；区域 2 的负荷有功功率、无功功率；系统所有节点的电压幅值和相角；系统中所有发电机的暂态电势幅值以及各差分点上的发电机转子角度和转速。

在计算 ATC 时，选取积分步长为 Δt=0.1s；容许误差 ε 为 0.0001；取上、下限值 $\delta_{\max}$ 和 $\delta_{\min}$ 分别为+100°和–100°；电压上、下限分别为 1.05p.u.和 0.95p.u.。此外，假设如下扰动：系统发生三相短路故障，0.2s 切除。7 节点系统故障发生在线路 B4-B3 靠近节点 B4 侧；36 节点系统故障发生在线路 22-23 靠近节点 23 侧。两个试验系统 ATC 计算结果见表 7-5。

表 7-5　ATC 计算结果

算例系统	基态潮流/MW	可用功率交换能力/MW	
		不考虑暂稳	考虑暂稳
7 节点系统	498	507	450
36 节点系统	612	99	86

表 7-5 中的计算结果表明，考虑暂态稳定约束时得到的 ATC 值比不考虑暂态稳定时偏小，这与实际情况是相符的，说明暂态稳定约束确实是限制区域间功率交换能力的重要因素之一，不考虑暂态稳定约束时，可能过高地估计系统的 ATC 水平，难以满足系统稳定运行的要求。

以 7 节点系统为例，在最优解处各发电机发电量及负荷大小(保持不变的除外)与基态潮流情况下值的比较见表 7-6。

表 7-6　7 节点系统变量取值比较

标幺值	P_{G1}	Q_{G1}	P_{G2}	Q_{G2}	P_{D6}	Q_{D6}
基态潮流时	12	3	18	11.15	10	5
最优解处	20	5	16.9	12.3	14.2	3

从表 7-6 可以看出，在计算 ATC 时，分别调节了区域 1(送电区域)的发电量和区域 2(受电区域)的负荷大小，从而形成两区域间的功率交换，直到达到由某一运行约束限制的最大交换功率为止，这时，两个区域间所传送的功率就是区域间的最大功率交换能力，减去现存输电协议量即得到两区域间的可用功率交换能力。

7.3.4　逐步二次规划法

1. 求解输电能力的模型及分析

本节同样基于最优潮流，建立了计及统一潮流控制器(unified power flow controller，UPFC)的可用输电能力的计算模型。由于 UPFC 的引入，在 ATC 最优潮流模型中需要增加新的状态变量和约束条件，模型中不但要修改系统中 UPFC 装置关联节点的注入功率方程，而且要考虑 UPFC 控制变量的运行可行域。最优潮流基本模型如下。

1) 目标函数

目标函数为区域 A 到区域 B 的所有联络线上的有功功率与基态传输功率之差，即

$$\max f(x) = \sum_{i\in \mathrm{A}, j\in \mathrm{B}} P_{ij}(x) - \sum_{i\in \mathrm{A}, j\in \mathrm{B}} P_{ij} \tag{7-105}$$

式中，$\sum P_{ij}$ 为区域 A 到区域 B 所有联络线上的基态潮流；$\sum P_{ij}(x)$ 为区域 A 到区域 B 所有联络线上的现有有功功率。

2) 等式约束

ATC 计算模型中的等式约束为潮流方程，当线路未装设 UPFC 时，等式约束为普通的潮流方程。用公式表示为

$$\begin{aligned} &P_i - V_i \sum_{k=1}^{n} V_k (G_{ik}\cos\theta_{ik} + B_{ik}\sin\theta_{ik}) = 0 \\ &Q_i - V_i \sum_{k=1}^{n} V_k (G_{ik}\sin\theta_{ik} - B_{ik}\cos\theta_{ik}) = 0 \end{aligned} \tag{7-106}$$

式中，n 为节点总数；P_i、Q_i 分别为节点 i 注入的净有功功率和无功功率；$V_i\angle\theta_i$ 为节点 i 的电压相量，$\theta_{ij} = \theta_i - \theta_j$；$G_{ij} + \mathrm{j}B_{ij}$ 为系统节点导纳矩阵 Y 中相应的元素。

当线路装设 UPFC 时，含有 UPFC 线路的潮流方程发生变化，与原有潮流方程相比，增加了 UPFC 的附加功率，在最优潮流的计算过程中要计入相应附加功率的影响，假设在线路 ij 的节点 i 侧加入 UPFC，线路 ij 的潮流方程用公式表示为

$$
\begin{aligned}
&P_i - V_i\sum_{k=1}^{n}V_k(G_{ik}\cos\theta_{ik} + B_{ik}\sin\theta_{ik}) - P_i^{\mathrm{F}} = 0 \\
&Q_i - V_i\sum_{k=1}^{n}V_k(G_{ik}\sin\theta_{ik} - B_{ik}\cos\theta_{ik}) - Q_i^{\mathrm{F}} = 0 \\
&P_j - V_j\sum_{k=1}^{n}V_k(G_{jk}\cos\theta_{jk} + B_{jk}\sin\theta_{jk}) - P_j^{\mathrm{F}} = 0 \\
&Q_j - V_j\sum_{k=1}^{n}V_k(G_{jk}\sin\theta_{jk} - B_{jk}\cos\theta_{jk}) - Q_j^{\mathrm{F}} = 0
\end{aligned}
\tag{7-107}
$$

式中，P_i^{F} 和 Q_i^{F} 分别为 UPFC 对节点 i 的附加注入有功功率和无功功率；P_j^{F} 和 Q_j^{F} 分别为 UPFC 对节点 j 的附加注入有功功率和无功功率。

等式约束中还应考虑 UPFC 本身的有功功率平衡，即串联电压源向系统注入的有功功率等于并联电流源从系统吸收的有功功率。

3) 不等式约束

ATC 计算模型中的不等式约束首先应考虑发电容量约束、负荷容量约束、节点电压约束及线路热极限约束等静态安全性约束，即

$$
\begin{aligned}
&P_{\mathrm{G}i}^{\min} \leqslant P_{\mathrm{G}i} \leqslant P_{\mathrm{G}i}^{\max}, && i \in S_{\mathrm{G}} \\
&Q_{\mathrm{G}i}^{\min} \leqslant Q_{\mathrm{G}i} \leqslant Q_{\mathrm{G}i}^{\max}, && i \in S_{\mathrm{G}} \\
&P_{\mathrm{L}di}^{\min} \leqslant P_{\mathrm{L}di} \leqslant P_{\mathrm{L}di}^{\max}, && i \in S_{\mathrm{L}} \\
&Q_{\mathrm{L}di}^{\min} \leqslant Q_{\mathrm{L}di} \leqslant Q_{\mathrm{L}di}^{\max}, && i \in S_{\mathrm{L}} \\
&V_i^{\min} \leqslant V_i \leqslant V_i^{\max}, && i \in S_{\mathrm{N}} \\
&P_{ij}^{\min} \leqslant P_{ij} \leqslant P_{ij}^{\max}, && i,j \in S_{\mathrm{N}}
\end{aligned}
\tag{7-108}
$$

式中，$P_{\mathrm{G}}^{\max}$、$P_{\mathrm{G}}^{\min}$ 分别为发电机有功功率出力的上、下限；$Q_{\mathrm{G}}^{\max}$、$Q_{\mathrm{G}}^{\min}$ 分别为发电机无功功率出力的上、下限；$P_{\mathrm{L}d}^{\max}$、$P_{\mathrm{L}d}^{\min}$ 分别为负荷有功功率的上、下限；$Q_{\mathrm{L}d}^{\max}$、$Q_{\mathrm{L}d}^{\min}$ 分别为负荷无功功率的上、下限；$V_i^{\max}$、$V_i^{\min}$ 分别为节点电压上、下限；$P_{ij}^{\max}$、$P_{ij}^{\min}$ 分别为线路 ij 所传输的有功功率的上、下限。

此外，还应考虑 UPFC 控制变量约束，这里指 UPFC 的串联电压源及并联电流源幅值和相角的限制，即

$$
\begin{aligned}
&E_c^{\min} \leqslant E_c \leqslant E_c^{\max} \\
&\theta_{E_c}^{\min} \leqslant \theta_{E_c} \leqslant \theta_{E_c}^{\max} \\
&I_c^{\min} \leqslant I_c \leqslant I_c^{\max} \\
&\theta_{I_c}^{\min} \leqslant \theta_{I_c} \leqslant \theta_{I_c}^{\max}
\end{aligned} \tag{7-109}
$$

式中，$E_c^{\max}, E_c^{\min}, \theta_{E_c}^{\max}, \theta_{E_c}^{\min}$ 分别为 UPFC 串联电压源幅值和相角的上、下限，$I_c^{\max}, I_c^{\min}, \theta_{I_c}^{\max}, \theta_{I_c}^{\min}$ 分别为 UPFC 并联电流源幅值和相角的上、下限。

本节不引入 UPFC 的控制目标整定方程，而是在 UPFC 控制变量的运行可行域内进行寻优，因此，可以考虑 UPFC 的多种调节方式。

2. 基于逐步二次规划法的输电能力的求解

逐步二次规划法源于拟牛顿法，拟牛顿法是无约束最优化方法中最有效的一类算法，将拟牛顿法用于带约束的极小化问题这一研究，自 1976 年开始后获得很大发展，Powell 等在基本方法及收敛性分析方面都做了很多工作。这一方法是在当前的迭代点 x_k 处，利用目标函数的二次近似和约束函数的一次近似构成一个二次规划问题，通过求解这个二次规划问题获得下一迭代点 x_{k+1}。这种将求解非线性规划问题转化为求解一系列二次规划问题的方法，称为逐步二次规划法。逐步二次规划法的基本原理在前边已经叙述，在此不再阐述，本节将逐步二次规划法应用到可用输电能力的计算中。求解过程如下。

逐步二次规划法将求解无约束问题的拟牛顿法用于带约束的最优化问题。在当前的迭代点 x_k 处，利用目标函数的二次近似和约束函数的一次近似构成一个二次规划，通过求解这个二次规划问题获得下一迭代点 x_{k+1}。逐步二次规划法在具有整体收敛性的同时保持局部超一次收敛性。

对于一般非线性约束问题：

$$
\begin{aligned}
&\min f(x) \\
&\text{s.t.}\quad c_i(x) = 0, \qquad i \in E \\
&\qquad\ \ c_i(x) \geqslant 0, \qquad i \in I
\end{aligned} \tag{7-110}
$$

构造等价子问题：

$$
\begin{aligned}
&\min \nabla f^{\mathrm{T}}(x_k)d + \frac{1}{2}d^{\mathrm{T}}B_k d \\
&\text{s.t.}\quad c_i(x_k) + \nabla c_i^{\mathrm{T}}(x_k)d = 0, \qquad i \in E \\
&\qquad\ \ c_i(x_k) + \nabla c_i^{\mathrm{T}}(x_k)d \geqslant 0, \qquad i \in I
\end{aligned} \tag{7-111}
$$

式中，d_k 为第 k 次迭代的优化搜索方向；E 为等式约束指标集；I 为不等式约束指标集。

本节采用解二次规划问题的有效集法来求解上述子问题即式(7-108)，得到最优搜索方向 d_k 。再通过一维搜索得到最优步长 α_k ，于是 x 可修正为

$$x_{k+1} = x_k + \alpha_k d_k \tag{7-112}$$

对于逐步二次规划法的实现，主要有以下三个问题，分述如下。

1)效益函数

在无约束拟牛顿法中，通过对目标函数的线性搜索确定步长 α_k ，使无约束拟牛顿法具有整体收敛性。但是对于约束问题，不仅要考虑目标函数的下降，还应使迭代点越来越接近可行域，因此，需建立一种既包含目标函数信息，又包含约束条件信息在内的函数作为线性搜索的辅助函数，即效益函数，本节采用如下效益函数：

$$M(x,\mu) = f(x) + \sum_{i\in E}\mu_i \left| c_i(x) \right| + \sum_{i\in I}\mu_i \max\left[0, -c_i(x)\right] \tag{7-113}$$

效益函数右边的第一项为目标函数值，第二项对等式约束和不等式约束分别进行处理，可以表明点 x 的可行性程度。随着 x 远离可行域，效益函数的值会变得很大。但如果 x 是原问题的可行解，则第二项为零，此时的效益函数的值也就是目标函数值。

在线性搜索中，使 $M(x,\mu)$ 值下降，相当于兼顾了 $f(x)$ 的下降和约束条件越限程度的降低，两者的轻重以 μ_i 加以调节。

2) μ_i 的选取与步长 α_k 的确定

对于 μ_i 的自动调节公式如下：

$$\mu_i^{(k)} = \begin{cases} \left| \lambda_i^{(k)} \right|, & k = 1 \\ \max\left[\left| \lambda_i^{(k)} \right| \ , \dfrac{1}{2}\left(\mu_i^{(k-1)} + \left| \lambda_i^{(k)} \right|\right) \right], & k \geqslant 2 \end{cases} \tag{7-114}$$

式中，λ_i 为二次规划的最优乘子向量。

理论上可以证明，这样选取的 μ_i 值，可以保证 d_k 为 $M(x,\mu)$ 的下降方向，因而总能找到 $\alpha_k > 0$ ，使 $M(x_k + \alpha_k d_k\ ,\ \mu_k) < M(x_k\ ,\ \mu_k)$ 。

通过线性搜索确定 α_k ，本节中线性搜索采用黄金分割法，在搜索步长时会出现无法满足效应函数下降的情况，即出现 Maratos 效应。为解决此问题，本节松弛接受试探步的条件，即在保证收敛的前提下，尽可能地接受 $\alpha_k = 1$ 的步长因子。

3) 矩阵 B_k 的修正

由于拟牛顿法中 BFGS 算法的数值结果最好，故对于矩阵 B_k 的修正，此处选用拟牛顿法中的 BFGS 公式进行修正，并作如下修改：

$$L(x,\lambda)=f(x)-\sum_{i\in E}\lambda_i c_i(x)-\sum_{i\in I}\lambda_i c_i(x) \tag{7-115}$$

式中，λ_i 为二次规划(7-115)的最优乘子，记

$$s=x_{k+1}-x_k$$

$$r=\nabla_x L(x_{k+1},\lambda)-\nabla_x L(x_k,\lambda) \tag{7-116}$$

为保持 B_k 的正定性，要求 $r^{\mathrm{T}}s>0$，由于该线性搜索是对 $M(x,\mu)$ 进行，而不是对 $L(x,\lambda)$ 进行，因此未必有 $r^{\mathrm{T}}s>0$，为此令

$$y=\theta r+(1-\theta)Bs,\qquad \theta\in[0,1] \tag{7-117}$$

其中

$$\theta=\begin{cases}1, & r^{\mathrm{T}}s\geqslant 0.2s^{\mathrm{T}}Bs\\ \dfrac{0.8s^{\mathrm{T}}Bs}{s^{\mathrm{T}}Bs-r^{\mathrm{T}}s}, & r^{\mathrm{T}}s<0.2s^{\mathrm{T}}Bs\end{cases} \tag{7-118}$$

B_k 的修正公式为

$$B_{k+1}=B_k-\frac{B_k ss^{\mathrm{T}}B_k^{\mathrm{T}}}{s^{\mathrm{T}}Bs}+\frac{yy^{\mathrm{T}}}{y^{\mathrm{T}}s} \tag{7-119}$$

由式(7-115)和式(7-116)，有 $y^{\mathrm{T}}s\geqslant 0.2s^{\mathrm{T}}Bs$，当 B_k 正定时，$y^{\mathrm{T}}s\geqslant 0.2s^{\mathrm{T}}Bs>0$，从而保证 B_{k+1} 正定。

采用逐步二次规划法计算 ATC 的流程图如图 7-9 所示，具体计算步骤如下：

(1) 选定初始点 x_0，初始正定矩阵 B_0，给定控制误差 $\varepsilon>0$，令 $k=0$。

(2) 求解二次规划

$$\begin{aligned}\min\quad & \nabla f^{\mathrm{T}}(x_k)d+\frac{1}{2}d^{\mathrm{T}}B_k d\\ \text{s.t.}\quad & c_i(x_k)+\nabla c_i^{\mathrm{T}}(x_k)d=0, && i\in E\\ & c_i(x_k)+\nabla c_i^{\mathrm{T}}(x_k)d\geqslant 0, && i\in I\end{aligned} \tag{7-120}$$

得最优搜索方向 d_k 及相应的 Lagrange 乘子 λ_k。

(3) 按式(7-114)求 μ_k，并代入效益函数式(7-113)，由黄金分割法作线性搜索得 α_k，令 $x_{k+1}=x_k+\alpha_k d_k$。计算 $s_k=x_{k+1}-x_k$，当 $\|s_k\|<\varepsilon$ 时，则 x_{k+1} 为近似最优

解，停；否则计算r_k，再按式(7-117)、式(7-118)求y_k，代入$B_{k+1}=B_k-\dfrac{B_k ss^{\mathrm{T}} B_k^{\mathrm{T}}}{s^{\mathrm{T}} Bs}+\dfrac{yy^{\mathrm{T}}}{y^{\mathrm{T}} s}$得$B_{k+1}$。令$k=k+1$，转步骤(2)。

3. 算例分析

为验证该算法的有效性，对 IEEE-30 节点系统进行分析计算。IEEE-30 节点系统的具体数据(包括发电机数据、负荷数据、支路数据、变压器数据等)详见文献[19]。该系统包括 6 台发电机、41 条支路、21 个负荷节点。为计算区域间的可用输电能力，将其划分为 3 个区域，文献[19]中给出该系统支路连接及区域划分情况。其中，发电机节点 2、5、8、11、13 为无功可调节点。

考虑含有及不含有统一潮流控制器两种情况，计算区域 1 到区域 2 的可用输电能力。区域间的传输线路及传输方向由计算需要确定，本例中为节点 4 到节点 12 的传输线。因本节算例考虑计及 UPFC 装置的可用输电能力，所以为和本节算例的模型一致，在线路 4-6、27-29 的节点 4 及节点 27 处分别装设 UPFC 装置。

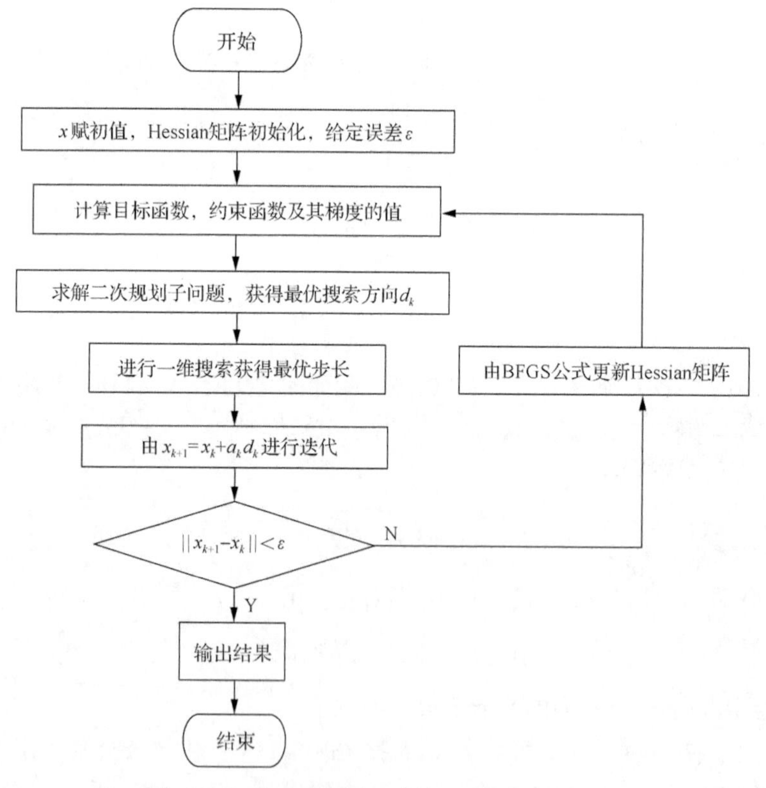

图 7-9 逐步二次规划法计算 ATC 的计算框图

所选取变量为：所有节点电压的幅值和相角、发电机有功功率及无功功率、负荷有功功率及无功功率、UPFC 装置控制变量(包括串联电压源及并联电流源的幅值和相角)。需要的初始数据包括：网络参数、变压器数据、节点电压上下限、发电机有功功率及无功功率上下限、负荷有功功率及无功功率上下限、UPFC 装置控制变量的上下限。

为求得区域 1 到区域 2 之间的最大传输功率，本算法使系统中发电机的有功功率及无功功率、负荷的有功功率及无功功率、节点电压等变量均在给定范围内变化，直到区域间传输功率达到最大值。所有节点电压的上、下限分别取 1.1p.u. 和 0.97p.u.。发电功率上、下限由原潮流中各发电母线的发电功率值做适度扩展后取得；负荷上、下限由原潮流中各负荷母线的负荷功率值做适度扩展后取得。

UPFC 可控电压源及电流源的幅值和相角均可在一定范围内调节。其中幅值的调节要受到 UPFC 容量等因素的限制，而相角可在 $0\sim2\pi$ 之间任意变化。本节中，UPFC 控制变量上、下限分别取

$$
\begin{aligned}
&0\leqslant E_c\leqslant 0.2\\
&0\leqslant \theta_{E_c}\leqslant 2\pi\\
&0\leqslant I_c\leqslant 1\\
&0\leqslant \theta_{I_c}\leqslant 2\pi
\end{aligned}
\tag{7-121}
$$

在应用逐步二次规划法求解非线性规划问题时，迭代初始值的选取会影响到算法的收敛性。由于 UPFC 的引入，增加了模型的非线性，表现在计算中，会出现由该原因引起的迭代振荡。特别是 UPFC 控制变量初值的选取更会对算法的收敛性产生较大的影响。经过大量计算实践，本节选取如下初值，能够使计算有较好的收敛性：变量 x 取原始基态潮流值，UPFC 控制变量取 $E_c=0.1$，$\theta_{E_c}=60°$，$I_c=0.4$，$\theta_{I_c}=85°$，且两台 UPFC 取相同初值。

Hessian 矩阵初始化为单位阵。在每次迭代中，用逐步二次规划法中所提出的公式对其进行修正，可保证 Hessian 矩阵的正定性。

首先计算未装设 UPFC 装置时的可用输电能力，计算得区域 1 到区域 2 的可用输电能力为 12.72MW。

在线路 4-6、27-29 装设 UPFC 后，ATC 计算模型中新增 8 个 UPFC 控制变量，8 个不等式约束，等式约束个数由 60 增加为 62，并且在节点 4、6、27、29 的潮流方程中计及 UPFC 的附加注入功率。注意到，附加功率部分只与 UPFC 支路参数和相连节点变量以及控制参数本身有关。因此，由于引入 UPFC 控制参数和附加功率所引起的对雅可比矩阵的修改和计算量都很小。计算得区域 1 到区域 2 的

可用输电能力为18.37MW。最优解处UPFC控制变量取值如表7-7所示。

表7-7 UPFC控制变量最优解

控制变量	E_c	θ_{E_c}	I_c	θ_{I_c}
$UPFC_{4\text{-}6}$	0.115	77.31°	0.158	165.27°
$UPFC_{27\text{-}29}$	0.082	51.28°	0.354	59.16°

在线路中加入UPFC后，区域1到区域2的可用输电能力增加了5.65MW。联络线4-12虽未装设UPFC装置，但通过线路4-6、27-29上UPFC的优化控制，其传输功率可在较大范围内提高，同时，节点电压和支路电流均保证在允许范围内。

7.3.5 Benders分解算法

本节采用Benders分解算法处理静态安全约束ATC问题。从本质上，可将静态安全约束的ATC看作是一个数学规划问题，目标函数是使从给定的发电区域向给定的负荷区域输送的功率最大化，同时满足潮流约束方程、系统的运行极限和系统静态安全约束(静态安全约束采用N-1准则)。Benders分解法将问题分为主从两层，主问题处理基态潮流及相应约束，而每一个预想事故则形成一个子问题，每个子问题可单独求解，其要求的约束以Benders割(cut)的形式返回主问题，主、子问题反复叠代直至全部约束被满足，最优解收敛。Benders分解法在电力系统中已有多个应用[20-23]，它具有如下优点。

(1)能够很方便地与已有的其他算法或模型相结合。

(2)各个子问题可以独立求解，因而可应用并行计算处理技术。

(3)易于扩展到更复杂的模型结构。

(4)对同时含有连续变量和整数变量的问题有很强的处理能力，而且不需要任何线性化假设。

本节给出了有关ATC计算的数学模型和计算公式及Benders分解计算过程，提出并行与串行两种求解策略。4节点和IEEE-30节点系统的计算结果表明了该方法和求解策略的有效性。

1. SSC-ATC问题的数学模型

静态安全约束下采用N-1准则的ATC计算模型为

$$
\max_{u_0} J = \sum_{k \in S} P_{Gk}
$$

$$
\begin{aligned}
\text{s.t.}\quad & P_i^p - V_i^p \sum_{j=1}^{N} V_j^p (G_{ij} \cos\theta_{ij}^p + B_{ij} \sin\theta_{ij}^p) = 0 \\
& Q_i^p - V_i^p \sum_{j=1}^{N} V_j^p (G_{ij} \sin\theta_{ij}^p + B_{ij} \cos\theta_{ij}^p) = 0 \\
& P_{Gk}^{\min} \leqslant P_{Gk}^p \leqslant P_{Gk}^{\max}, \qquad k \in S, S \subset M \\
& Q_{Gm}^{\min} \leqslant Q_{Gm}^p \leqslant Q_{Gm}^{\max}, \qquad m \in M \\
& P_{Ld}^b \leqslant P_{Ld}^p \leqslant P_{Ld}^{\max}, \qquad d \in R \\
& V_i^{\min} \leqslant V_i^p \leqslant V_i^{\max}, \qquad i = 1, 2, \cdots, N \\
& \left| I_{ij}^p \right| \leqslant I_{ij}^{\max}, \qquad i, j = 1, 2, \cdots, N, i \neq j \\
& \left| P_{Gk}(u_0) - P_{Gk}^p(u_p) \right| \leqslant \Delta P_{Gk}^p, \qquad k \in S, p = 0, 1, 2, \cdots, N_C
\end{aligned} \tag{7-122}
$$

式中，S 为 ATC 计算给定的送电侧发电节点集合；R 为 ATC 计算给定的受电侧负荷节点集合；M 为整个系统的发电机集合；N 为网络节点总数；P_{Ld} 为负荷节点 d 的有功负荷；P 和 Q_i 为节点 i 的净有功注入功率和无功；$V_i\angle\theta_i$ 为节点 i 的电压相量；$\theta_{ij} = \theta_i - \theta_j$；$\left|I_{ij}^p\right|$ 和 $I_{ij}^{\max}$ 分别为线路的电流幅值和电流限值；ΔP_{Gk}^p 则反映了发电机组必须满足的爬坡约束；上标 $p=0$ 表示基态情况，$p = 1, 2, \cdots, N_C$ 表示预想事故情况，N_C 为预想事故个数；控制变量 u_0 包括 $P_{Gk}(k \in S)$、$P_{Ld}(d \in R)$ 和 $Q_{Gm}(m \in M)$；状态变量包括节点电压幅值和相角。

当系统规模较大时，所需要分析的 N-1 预想事故数量很多，计算量非常大，本节采用 Benders 分解法可有效地解决该问题。

2. Benders 分解法的算法分析

1) 子问题定义

Benders 分解算法的关键在于如何从子问题中得出信息并以 Benders 割的形式返回到主问题。Benders 分解方法将 ATC 的求解问题通过耦合变量分解为主问题和若干个子问题，每一种预想事故形成一个独立的子问题。第 p（$p = 1, 2, \cdots, N_C$）个预想事故子问题定义为

$$\begin{aligned}&\min\ e^{\mathrm{T}}\alpha_p\\&\text{s.t.}\quad g_p(x_p,u_p)=0\\&h_p(x_p,u_p)\leqslant 0\\&\left|\overline{u}_0^k-\overline{u}_p\right|-\alpha_p\leqslant\Delta\overline{u}_p\\&\alpha_p\geqslant 0\end{aligned}\tag{7-123}$$

式中，g 和 h 分别为等式约束和不等式约束；(x_p,u_p) 为第 p 个子问题的状态变量和控制变量；$e=(1,\cdots,1)^{\mathrm{T}}$；$\overline{u}_p$ 为 u_p 子集，是第 p 个预想事故下的发电集的发电量向量；$\overline{u}_0^k$ 为第 k 轮迭代的与 $\overline{u}_p$ 相对应的主子问题耦合向量，在该子问题的内部迭代求解中保持不变；$\Delta\overline{u}_p$ 为爬坡约束向量；α_p 为与主子问题耦合有关的罚向量，下面将进一步说明。

如果在求解得到的运行点上 $\alpha_p=0$，即对于子问题 p，所有的等式、不等式约束和发电机爬坡约束都满足，且此时 $\min e^{\mathrm{T}}\alpha_p=0$，则控制量 u_p 和状态量 x_p 就是第 p 个预想事故的一个可行运行点；当 α_p>0 则罚向量和与爬坡约束相应的拉格朗日乘子向量 $\overline{\lambda}_p$ 将返回到主问题形成 Benders 割，参与主问题的下一次迭代。

2) 主问题的定义

基于对偶理论，由子问题 p 返回的两个向量 α_p 和 $\overline{\lambda}_p$ 将以 Benders 割的形式反映子问题对主问题的影响。主问题可相应地定义为

$$\begin{aligned}&\max_{u_0}\ J=\sum_{k\in S}P_{\mathrm{G}k}\\&\text{s.t.}\quad g_0(x_0,u_0)=0\\&h_0(x_0,u_0)\leqslant 0\\&\alpha^*+\Lambda(\overline{u}_0-\overline{u}_0^k)\leqslant 0\\&\forall\alpha_p>0,p=1,2,\cdots,N_{\mathrm{C}}\end{aligned}\tag{7-124}$$

式中，u_0 为待求的满足约束的控制变量；$\Lambda=\mathrm{diag}(\overline{\lambda}_p),\alpha^*=\alpha_p$。

式(7-124)中最后一个约束就是 α_p>0 的子问题向主问题返回的 Benders 割表示的安全约束。显然，第一轮迭代时的初始值 $\overline{u}_0^0$ 的得出不需要考虑这个约束。

3. 基于 benders 分解法的输电能力求解

接下来将涉及两种具体的求解策略——并行策略和串行策略。

1) 并行策略

在并行策略中，第 k 轮迭代时所有目标函数 $e^{\mathrm{T}}\alpha_p$ 不为零的子问题的 Benders 割将同时反馈给主问题，主问题以式(7-121)所描述的包含所有 Benders 割的模型求得新的运行点 u_0^{k+1} 之后，所有的子问题将在新的 u_0^{k+1} 下重新并行求解，反复迭代直至在所有预想事故下均无越界发生。式(7-121)中同时考虑太多的 Benders 割的约束方程将使主问题的求解异常繁琐，因此，本节提出了一种“不诚实”(dishonest)的并行算法，如图 7-10 所示。其实质是取不同子问题返回的矢量 α_p 和 $\overline{\lambda}_p$ 的平均值来形成主问题的单一 Benders 割，这可能使收敛速度减慢，但却使每次迭代中主问题的求解时间缩短。由于收敛条件不变，所以在给定误差相同时，本改进策略不会影响计算精度。

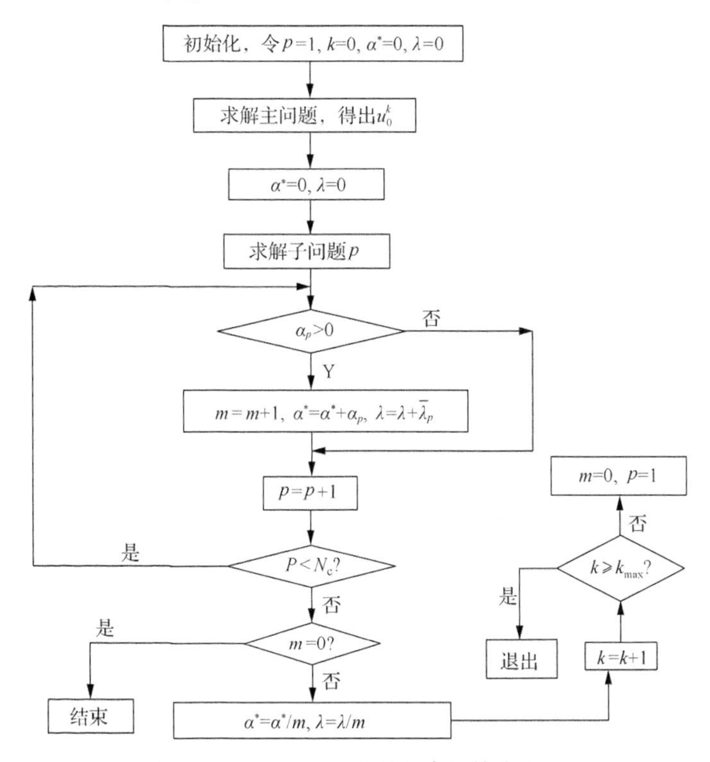

图 7-10　SSC-ATC 的并行求解策略流程

2) 串行策略

对于子问题，按顺序逐个求解，若发现某一子问题的目标函数 $e^{\mathrm{T}}\alpha_p>0$ (或某一给定误差)，则立即利用相应的拉格朗日乘子向量 $\overline{\lambda}_p$ 和耦合约束罚向量 α_p，形成 Benders 割，返回主问题，利用式(7-124)求得新的运行点 u_0^{k+1}，然后，基于 u_0^{k+1}

再从第一个子问题开始求解各子问题。不断作上述循环直至所有子问题的α_p均为0。相应流程框图见图 7-11。

显然，上述串行策略如果不对预想事故加以预处理的话，可能耗费大量的计算时间。如果在计算之前利用灵敏度方法挑选出比较严重的预想事故，并将其放在预想事故表的前端而给予优先预处理的话，则会大大缩短计算时间。因此，计算前的故障严重性排序对于串行处理策略来说是必要且有效的。

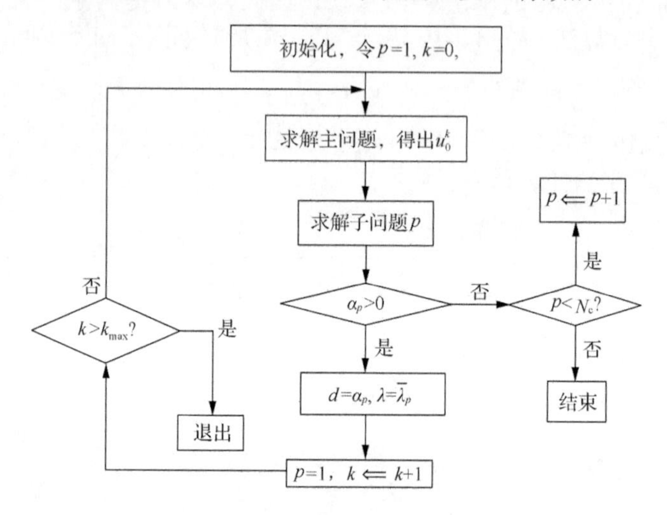

图 7-11　SSC.ATC 的串行求解策略流程图

4. 算例分析

本节以 4 节点系统为例进行分析，该系统包括 3 台发电机、7 条线路、3 个负荷，如图 7-12 所示。在此将计算由发电机母线 2 到负荷母线 1 的 SSC-ATC，$\bar{u}_0$即为P_{G2}，使用“不诚实”并行算法的计算结果如表 7-8 所示。初始迭代运行点为$\bar{u}_0^0$时，有 4 种预想事故导致越界（α_p非零）；经过 1 次迭代运行点为$\bar{u}_0^1$时，有 1 种预想事故导致越界；经过 2 次迭代运行点$\bar{u}_0^2$，α^*为零，计算结束。

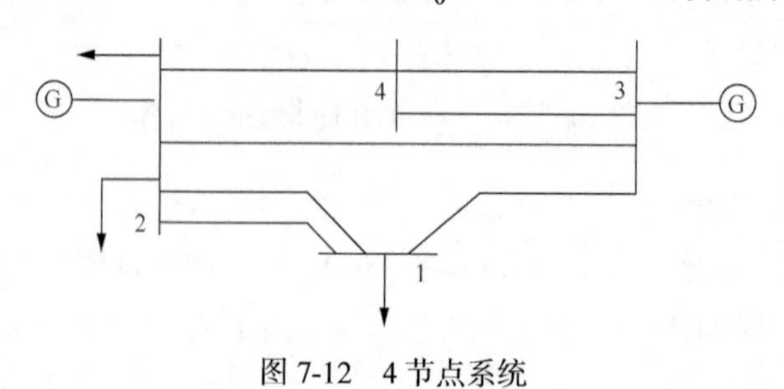

图 7-12　4 节点系统

这里爬坡约束 $\Delta\bar{u}_p$ 取为 $P_{G2}^{\max}$ 的 5%，结果显示，节点 2 到节点 1 的 SSC-ATC 在给定的可调节爬坡约束下为 T=74.88MW。其相对于不考虑静态安全约束的 ATC 值 123.35MW 有明显的减少。

表 7-8　从节点 2 到节点 1 的 ATC 计算结果

停运线路 i-j	$\lambda=1.0$　$\alpha^*=0.3048$		$\lambda=1.0$　$\alpha^*=0.2516$		$\lambda=0.0$　$\alpha^*=0.0$	
	$\bar{\lambda}_p$	α_p	$\bar{\lambda}_p$	α_p	$\bar{\lambda}_p$	α_p
1-2(1)	1.0000	0.2015	0.0000	0.0000	0.0000	0.0000
1-2(2)	1.0000	0.2015	0.0000	0.0000	0.0000	0.0000
1-3	1.0000	0.5564	1.0000	0.2516	0.0000	0.0000
2-3	0.0005	0.0000	0.0000	0.0000	0.0000	0.0000
2-4	1.0002	0.2599	0.0000	0.0000	0.0000	0.0000
3-4(1)	0.0000	0.0000	0.0000	0.0000	0.0000	0.0000
3-4(2)	0.0000	0.0000	0.0000	0.0000	0.0000	0.0000
输电能力	T=123.35MW u_0^0 =181.91MW		T=97.19MW u_0^1 =151.42MW		T=74.88MW u_0^2 =126.27MW	

对于 30 节点系统，采用并行和串行两种策略进行了算例研究，各区域之间的可用传输容量的结果见表 7-9。

表 7-9　考虑和没有考虑预想事故下的各区域间 ATC 值　（单位：MW）

电源区→负荷区	考虑线路停运		未考虑线路停运的 T
	并行策略	串行策略	
1→2	70.80	70.79	104.19
2→1	20.00	20.00	30.30
1→3	76.64	76.70	103.31
3→1	21.40	22.78	53.03
2→3	22.10	22.10	2.21
3→2	32.08	32.08	53.34

从表 7-9 可以看出，不考虑线路预想事故往往会得到非常乐观的 ATC 值，因此，计算 ATC 时必须要考虑线路故障。此外，2 种求解策略所得的结果几乎相同。当有并行计算机时，可采用并行计算方法以提高计算效率；反之，采用优先考虑关键事故的串行策略也具有很高的计算效率。

7.4　基于现代优化算法的输电能力求解

对于最优化问题而言，目标函数和约束条件种类繁多：有的是线性的，有的是非线性的；有的是连续的，有的是离散的；有的是单峰的，有的是多峰的。随着研究的深入，人们逐渐认识到在很多复杂的最优化问题中，要想完全精确地求出最优解是不可能的，也是不现实的，因此，求取出其近似最优解或者满意解是人们主要的着眼点之一。现代优化算法应运而生。

现代优化算法都是以一定的直观基础构造的算法，也称为启发式算法。启发式算法是基于自然进化机制以及自然群体智能的一类搜索算法。这类算法以独特的优点为解决复杂问题提供了新的思路和手段，当前主要应用于传统数学优化方法难以解决的大规模非线性优化问题。现代优化算法对目标函数的形态无任何要求，可以方便地考虑各种约束条件，很适合求解非线性、不可微的整数规划、混合整数规划以及组合优化问题，为优化问题的研究提供了新的途径。

现代优化算法作为一种全局优化搜索算法，以其简单通用、鲁棒性强、适于并行处理以及应用广泛等显著优点，奠定了它作为新世纪关键智能计算方法之一的地位。因此，对启发性算法的研究，对于算法本身的发展以及对于解决电力系统科学研究和工程技术中出现的日新月异的优化问题都有重要的意义。目前，已成功应用于电力系统输电能力求解的这类优化算法包括遗传算法、粒子群算法和人工神经网络等[24-35]。

7.4.1　遗传算法

1. 遗传算法的数学模型及求解步骤

遗传算法(genetic algorithms，GA)起源于对生物系统所进行的计算机模拟研究。早在20世纪40年代，就有学者开始研究如何利用计算机进行生物模拟的技术，他们从生物学的角度进行了生物的进化过程模拟、遗传过程模拟等研究工作。进入60年代后，美国Michigan大学的John Holland教授及其小组受到这种生物模拟技术的启发，创造出了一种基于生物遗传和进化机制的适合于复杂系统优化计算的自适应概率优化技术——遗传算法。遗传算法是建立在自然选择和群体遗传学机理基础上的随机迭代和进化[36,37]，具有广泛适用性的搜索方法，具有很强的全局优化搜索能力。它模拟了自然选择和自然遗传过程中发生的繁殖、交配和变异现象，根据适者生存、优胜劣汰的自然法则，利用遗传算子(选择、交叉和变异)逐代产生优选个体(即候选解)，最终搜索到较优的个体。

目前，国内学者和研究人员多将其算法用于电力系统无功优化[38,39]，国外已将其应用于ATC计算[40]。

遗传算法的基本思想是模拟自然界的进化过程，通过遗传操作不断产生新的个体，按照适者生存的原则对个体进行筛选，从而使得群体不断地进化，最终得到最优解。对于一般的优化问题而言，数值遗传算法是一种有效的全局优化方法。

对于一般的优化问题

$$\begin{aligned}&\min f(x,y,z)\\&\text{s.t.}\quad G(x,y,z)\geqslant 0\ ,\ (x,y,z)\in\Omega\end{aligned}\tag{7-125}$$

首先，将优化问题的一组基本可行解进行编码，表示为一组二进制的字符串。一个解的编码称为一个染色体，组成编码的元素称为基因，编码主要适用于优化问题解的表现形式以及后面遗传算法中的计算，开始一般总是随机产生一些个体(即初始解)，根据确定的优化问题的目标函数(适应度函数)，对每个个体进行评价，得出个体的适应度函数值，由适应度值的大小决定的概率分布来确定哪些染色体适应生存，哪些要被淘汰。然后选择出来的个体经过交换和变异进行组合，产生一个新个体。新个体的产生过程中可能发生基因变异，变异使某些解的编码发生变化，使解有更大的遍历性。新个体继承了上一代的优良特性。遗传算法就是通过对生物基因的复制、交换和变异这三种模拟来实现其优化过程的。

经典遗传算法的计算流程如图 7-13 所示。

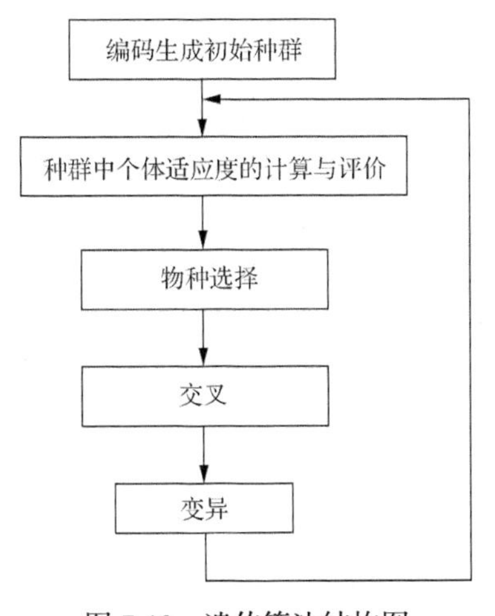

图 7-13　遗传算法结构图

从图 7-13 中可以看出，遗传算法是一种种群型算法，该算法以种群中的所有个体为对象。遗传算法来源于对人类遗传和自然进化的模仿。算法主要有五个部分：

(1)用染色体来代表表示个体的变量。

(2)初始种群。

(3)根据个体的适应值来决定个体存活概率的评价函数。

(4)决定下一代组成的遗传过程，其机制和有性繁殖相似。

(5)算法的各种参数值，包括种群的大小、遗传的各个概率等。

1) 算法表示

本节所考虑的优化问题是得到两区域间的总传输功率的最大值，主要是最大化一区域的发电量和另一区域的负荷量。总的输入到受电区域的电量即为 TTC 的值。

因为采用二进制编码的精度主要取决于编码的长度，所以，本节采用实数编码的方法。这种编码的方法方便快捷，且不会出现离散错误。每个染色体都由一组代表送电区的发电机的有功功率和受电区的负荷功率组成。

2) 初始化

初始种群是在控制变量范围里的随机选定的一组数。控制变量的区间约束使得种群的选择自行满足一定的范围。

3) 适应度评价

遗传算法通过最大化一个给定的适应函数来对最优解进行搜索，因而必须有一个对问题的解进行评价的评价函数。这个评价函数必须能够区分出在可行域和不可行域的好解和坏解。适应度的评价函数是遗传算法的关键，因为它决定了个体能否通过遗传的选择操作，从而将个体的特性繁殖到后代中。本节中将式(7-119)的目标函数作为适应度的评价函数。为满足 TTC 计算的各种约束，本节对此问题引入了罚函数的方法，罚函数通过惩罚串把罚项加入到适应函数，将不受约束的可行解引向可行边界。适应函数 F 可以以遗传的形式表示如下：

$$F = J(x) - \sum_{i=1}^{n} \lambda_i \varphi_i(x) \tag{7-126}$$

式中，x 是系统的状态变量；λ_i 和 φ_i 是不等式约束的罚因子和罚函数。

等式约束(潮流等式)通过快速解耦的方法解决，如果一个个体违反了潮流约束，罚项将被加到它的适应函数中，其他不等式约束的处理方法一样。约束分成三类：电压约束须加入平方罚项；无功功率约束加入平方根项；线路潮流的约束则直接加入到适应函数中。罚函数的加入使得可行解比不可行解得到更大的适应值，因而不可行解在遗传操作中作为父体的可能性很小。

4) 种群

通过种群操作或进化操作，才能使个体进行对后代的遗传。根据个体的适应值来决定他们是否加入到交配池中。适应值越大，对后代的贡献越大，适应值大的个体可能被选中到交配池中一次或一次以上。

5) 变异

变异操作是对染色体做随机的改变。变异操作可以人为地改变个体的多样性，从而避免了因早熟而导致的局部最优。本节采用动态的变异，该变异的处理思路为：当染色体的基因 v_k 被选种进行变异时，变异后的结果为(随机数为 0 时按上式变异，随机数为 1 时按下式变异)

$$v_k' = \left\langle \begin{matrix} v_k + (\text{UB} - v_k) f(t) \\ v_k - (v_k + \text{LB}) f(t) \end{matrix} \right\rangle \tag{7-127}$$

式中，LB 和 UB 是基因 v_k 的上下限；t 是当前的代数。函数 $f(t)$ 在开始时接近于 0，随着 t 的增加而增加。这种特性使得遗传操作刚开始时均匀的搜索可行的解空间，而在后期则进行局部搜索，因而比随机选择更能提高产生新个体的概率。

$$f(t) = \left(r \left(1 - \frac{t}{T} \right) \right)^b \tag{7-128}$$

式中，r 是区间[0, 1]上的一个随机数；T 是最大遗传代数；b 是根据迭代次数而决定的系统参数，这里取值为 3。

6) 交叉

交叉是遗传算法进行全局搜索的主要操作，主要是对两个不同个体的遗传信息进行结合，从而产生新的后代。本节采用算术交叉，如果 v_1 和 v_2 被选择进行交叉，则后代为

$$\begin{aligned} v_1' &= a v_1 + (1 - a) v_2 \\ v_2' &= a v_2 + (1 - a) v_1 \end{aligned} \tag{7-129}$$

式中，a 为 0 和 1 之间的一个随机数。

遗传算法是一种基于种群的搜索技术，沿多条线路展开搜索，能以较大的概率找到全局最优解，大规模寻优效果好。此方法可以考虑多种约束，适合并行计算。但是，遗传算法本质上仍然属于随机优化算法，约束项的处理和算法参数的选择对算法的效率影响较大，具有未成熟收敛的缺陷，并且算法收敛速度慢，计算时间长，当系统规模较大时，其搜索效果会受到较大影响。

2. 算例

本节对 4 节点系统采用遗传算法计算共输电能力，系统的网络结构和系统各初始参数见 7.3.5 节。

将对不同运行工况的计算结果与连续潮流求得的结果进行对比，验证遗传算法计算结果的可靠性。连续潮流通过负荷因子来追踪潮流解达到最大负荷点。对节点 2 和 3 的 TTC 进行研究，节点 3 的初始负荷为 60MW，节点 2 的发电量为

88.6MW。遗传算法的第一代求得节点 3 负荷增加到 133.3MW，节点 2 的发电量增加到 164.84MW。经过 50 次的遗传操作后，在线路 2-3 的热稳定约束下，求得线路 2-3 的 TTC 为 143MW。图 7-14 显示经过 50 次遗传后最优解的适应函数情况。此时，节点 2 的发电量由 88.6MW 增加到 175.51MW，系统的最低电压为节点 1 的 1.01p.u.。连续潮流计算的结果为 145MW，此时线路 3-4 将热稳定越限。实验证明采用遗传算法求解电力系统 TTC 的可行性。其他各线路的 TTC 情况见表 7-10。

表 7-10 遗传算法与连续潮流算法的结果比较 （单位：MW）

线路	GA	CPF
2-3	143	145
3-4	128	130
2-4	149	150
3-2	115	115

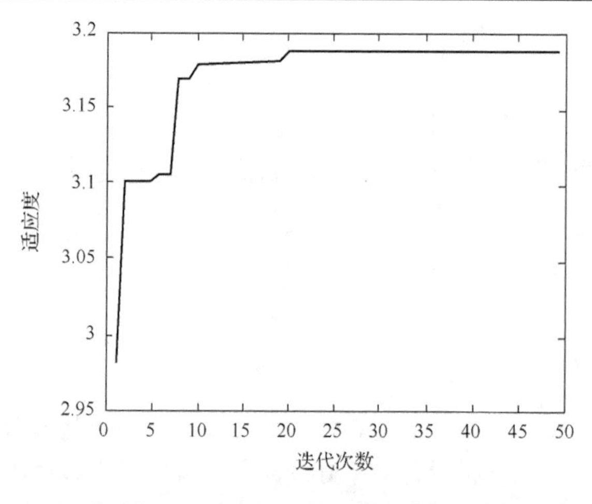

图 7-14 母线间 TTC 计算的适应度值

上述的所有检验结果表明，除了节点 3 和 2 之间的 TTC 计算是因为节点 3 的发电约束外，都表现为线路的热稳定约束。由表 7-11 可知，采用遗传算法求解电力系统的 TTC 切实可行。

7.4.2 粒子群算法求解输电能力

1. 算法简介

粒子群算法(particle swarm optimization，PSO)[41-43]是一种新型的群智能进化算法，其基本概念源于对鸟类觅食行为的研究。该算法由 Kenndy 和 Ebrhart 于 1995

年提出，它模拟鸟集群飞行觅食的行为，通过鸟之间的集体协作使群体达到目的。

粒子群的概念源自对简化了的社会系统的模拟，目的是为了模拟鸟群的协作过程。最初的模型仅包括对速度的模拟，即在飞行(迭代)过程中使鸟群的飞行速度达到统一。Ebrhart、Simpson 和 Dobbins 在 1996 年提出了最原始的算法描述模型。粒子群算法问世以来，已应用在航空、金融和医学等领域，并已成功运用于电力系统优化问题。特别需要提出的是，PSO 与 GA 相比，算法简单易行，无须 GA 的交叉和变异操作，更适合工程应用。PSO 由于其具有较强的优越性，自问世以来短短十年的时间里，已被应用于约束优化、函数优化、多目标优化、最大最小优化问题以及旅行商等典型优化问题的求解之中，在航空、金融、通信、机器人、交通运输、工业生产优化和生物医学等诸多领域得到应用，并已成功地运用于电力系统优化问题之中，如机组组合[44]、无功优化[45]、经济负荷分配[46]和 ATC[30,47-50]计算等。

2. *基本粒子群算法*(basic particle swarm optimization，BPSO)

在 PSO 系统中，每一个备选解都被称作一个“粒子”(particle)，多个粒子共存、合作寻优(近似鸟群寻找食物)，每个粒子根据它自身的“经验”和相邻粒子群的“最佳经验”在问题空间中向更好的位置飞行，搜索最优解。

设每个粒子的位置向量有一个评价标准，记为适应度函数 F，其输入是粒子的位置坐标。先随机初始化粒子的位置向量和速度向量。根据评价函数 F 找出最优粒子(适应值最大或最小)。记录下每个粒子的历史最优值 P_i 和群体最优值 G。在每一步迭代中更新粒子的位置和速度，并再次利用适应度函数加以评价。若某一粒子在迭代过程中出现的位置其适应值较历史状态优，则更新位置向量 P_i。将 P_i 和粒子当前的位置 X_i 的差值乘上一个随机系数，添加到当前粒子的速度之中，从而使粒子的轨迹在其最优点附近振荡。另外，若在迭代过程中出现了一新位置较群体的所有粒子及其历史位置优，则更新群体的最优值 G。G 和粒子当前的位置 X_i 的差值也乘上一个随机系数，添加到当前粒子的速度之中。经过这样的调整后，粒子一方面将沿着其历史最优值运动，另一方面将沿着群体的全局最优值运动。搜索空间为 D 维、总粒子数为 n 的粒子群中，其第 i 个粒子第 k+1 次迭代的 d 维分量更新的数学公式如下：

$$v_{id}^{k+1} = v_{id}^{k} + c_1 \times \mathrm{rand}(\ ) \times (p_{id}^{k} - x_{id}^{k}) + c_2 \times \mathrm{rand}(\ ) \times (g_{d}^{k} - x_{id}^{k}) \tag{7-130}$$

$$x_{id}^{k+1} = v_{id}^{k+1} + x_{id}^{k}, \qquad 1 \leqslant i \leqslant m, 1 \leqslant d \leqslant D \tag{7-131}$$

式中，i=1,2,⋯,n；d=1,2,⋯,D；向量 X_i、V_i 为粒子 i 的位置与速度；向量 G 为整个粒子群迄今为止搜索到的最优位置；向量 P_i 为粒子 i 迄今为止搜索到的自身最优位置；x_{id}、v_{id}、g_d、p_{id}分别表示X_i、V_i、G、P_i的d维分量；c_1，c_2称为加速因子，均为非负常数；rand( )是介于[0, 1]的随机数；粒子第 d 维的位置变化范围为$[-x_{\max,d},\ x_{\max,d}]$，速度变化范围为$[-v_{\max,d},\ v_{\max,d}]$(即在迭代过程中，若 x_{id} 和 v_{id} 超出了边界值，将其设为边界值)。

$v_{\max,d}$是一个很重要的参量，它决定了粒子的搜索空间。若 $v_{\max,d}$太大，则粒子可能很快就飞出最优点；若其太小，则粒子可能无法越过局部最优点，从而陷入局部最优。加速因子 c_1 和 c_2 是使粒子向最优位置 P_i 和 G 飞行的权重因子，它是系统的张力因子。较小的 c_1 和 c_2 会使粒子以较小的速度向目标区域飞行，较大的 c_1 和 c_2 则可能会使粒子很快飞越目标。算法刚提出时，通过很多试验，提出者建议 $c_1=c_2=2.0$。

3. *改进粒子群算法*(improved particle swarm optimization，IPSO)

在 PSO 算法的不断应用过程中，人们针对粒子群算法的特点，提出了一系列的改进方案。目前，已有多种改进粒子群算法，下面简单介绍几种典型的 IPSO。

1) 带惯性权重的 PSO 算法

在基本粒子群算法中，$v_{\max,d}$ 的作用是控制算法向全局收敛的约束因子。$v_{\max,d}$ 较大则有利于全局范围内搜索，较小则有利于进行局部范围搜索。引入惯性权重的目的是为了去除 $v_{\max,d}$的约束，即用惯性权重代替 $v_{\max,d}$对算法的控制作用。Shi 和 Eberhart 最先提出了惯性权重的概念。搜索空间为 D 维、总粒子数为 n 的粒子群中，其第 i 个粒子，第 k+1 次迭代的带有惯性权重因子的 d 维分量更新的数学公式可由式(7-124)和式(7-125)改进为

$$v_{id}^{k+1}=\omega\times v_{id}^{k}+c_1\times \text{rand}(\ )\times(p_{id}^{k}-x_{id}^{k})+c_2\times \text{rand}(\ )\times(g_{d}^{k}-x_{id}^{k}) \tag{7-132}$$

$$x_{id}^{k+1}=\beta\times v_{id}^{k+1}+x_{id}^{k},\qquad 1\leqslant i\leqslant m,\ 1\leqslant d\leqslant D \tag{7-133}$$

ω 较大适于对空间进行大范围搜索，较小则适于进行小范围搜索。β 称为约束因子，是控制速度的权重。很多应用实例证明，引入惯性权重有利于提高 PSO 系统的性能。在迭代过程中，ω 一般在 0.9～0.4 线性变化。恰当地选择惯性权重，将使算法在全局探查和局部开挖间保持一种平衡。外在就表现为达到最优解时的迭代步数大大减少[49]。

在随后的进一步实验中，研究者发现，若将 $v_{\max,d}$ 设为每一维变量的边界值 $x_{\max,d}$，PSO 算法将会有更好的收敛，这样就不用为每次如何设置 $v_{\max,d}$而考虑了。

2) 自适应 PSO 算法

上文中提到较大的 ω 有利于跳出局部最优点，而较小的 ω 有利于算法收敛。研究者着手于惯性因子 ω 对优化性能的影响提出了自适应调整 ω 的策略，即随着

迭代的进行，线性或者非线性地变化 ω 的值。

惯性权重(inertia weight)法：这种方法随着迭代的进行，线性地减少 ω 的值，假设算法迭代次数共为 t 次，第 k 次迭代时，ω 变化方式为

$$\omega^k = \frac{\omega^l - \omega^h}{t} \times k \tag{7-134}$$

分段调整 ω 的策略：这种方法将迭代过程分为 n 段，每段的调整公式为

$$\omega^k = \frac{\omega^l - \omega^h}{t_2 - t_0} \times k + \frac{t_2\omega^l - t_0\omega^h}{t_2 - t_0}, \qquad t_0 \leqslant t \leqslant t_2 \tag{7-135}$$

式中，t_0 和 t_2 分别为该阶段的迭代初始值和迭代终止值；ω^l、ω^h 为 t_0 和 t_2 代对应的 ω 值。在分两段调整的情况下，在“粗搜索”阶段通常取 ω 为 1.4～0.7，在“细搜索”阶段取 ω 为 0.6～0.1。

模糊惯性权重(fuzzy inertia weight)法：这种方法构造一个 2 输入、1 输出的模糊推理机来动态修改惯性权重因子 ω。模糊推理机的两个输入分别是当前 ω 值以及规范化的当前最好性能演化(the normalized current best performance evaluation，NCBPE)，输出的是 ω 的增量。粒子群算法在当前迭代为止发现的最好候选解的性能测度为 CBPE(the current best performance evaluation)。CBPE 可以有不同的定义方法，但是一般都定义为最好候选解的适应度值。NCBPE 用下式计算：

$$\text{NCBPE}=\frac{\text{CBPE}-\text{CBPE}_{\text{min}}}{\text{CBPE}_{\text{max}}-\text{CBPE}_{\text{min}}} \tag{7-136}$$

式中，CBPE_{max} 和 CBPE_{min} 分别是 CBPE 可能取值的上下限。

由适应度函数值动态改变 ω 的策略：这种方法采用改善每次迭代时 ω 的平滑度的策略，使得

$$\omega^k = e^{-\lambda} \tag{7-137}$$

$$\lambda = \frac{a^k}{a^{k-1}} \tag{7-138}$$

$$\alpha^k = \frac{1}{m}\sum_{i=1}^{m}\left|F(X_i^k) - F(X_{\min}^k)\right|, \qquad k = 0,1\cdots,n \tag{7-139}$$

$$F(X_i^k) = F(x_{i,1}^k, x_{i,2}^k, \cdots, x_{i,D}^k) \tag{7-140}$$

$$F(X_{\min}^k) = \min_{i=1,2,\cdots m} F(X_i^k) \tag{7-141}$$

式中，$F(X_i^k)$为第 i 个粒子在第 k 次迭代时对应的适应度函数值；$F(X_{\min}^k)$为最优粒子在第 k 次迭代时对应的适应度函数值。

α^k 指标用来判断适应度函数的平整度，如果 α^k 较大，则适应度函数的平整度较差。每次迭代时，α^k 根据所计算的适应度函数值进行变化，使得传统上随着搜索过程线性减小的 ω 变成随搜索位置的变化而动态改变的 ω^k。ω^k 中充分利用了目标函数的信息，使得搜索方向的精确度得到了启发性加强。不同的迭代次数中的比值 λ 有可能变化过大，因此，采用工程计算中常用的 e 指数函数，可以明显降低其变化幅度，改善 ω^k 的平滑度，并且使得改进后的 ω^k 的取值范围在区间[0,1]，这样就与 ω 在[0.4,0.9]单一线性减小的策略相近似。

类似的，约束因子 β 对优化性能的影响也引起了人们的注意，并提出了自适应改变 β 的值从而改善优化性能的策略。

这一类自适应 PSO 算法对许多问题都能取得满意的结果，通过自适应调整全局系数，兼顾搜索效率和搜索精度，是一类有效的算法。

3) 引入压缩因子(constriction factor)的 PSO 算法

粒子群算法刚提出时，描述的是社会系统，是基于社会系统的建模。所以对于算法的数学基础及其包含的数学机理并没有做深入的研究。随着应用的广泛深入，此算法的理论研究才有所发展。

Clerc 发现引入收缩因子将有助于算法的收敛。一个简单的引入压缩因子的方法如式(7-142)所示，式中，K 是 c_1、c_2 的函数，如式(7-143)所示：

$$v_{id}^{k+1} = K\times[v_{id}^k + c_1\times \text{rand}(\ )\times(p_{id}^k - x_{id}^k) + c_2\times \text{rand}(\ )\times(g_d^k - x_{id}^k)] \tag{7-142}$$

$$K = \frac{2}{\left|2-\varphi-\sqrt{\varphi^2-4\varphi}\right|},\quad \varphi = c_1 + c_2 \tag{7-143}$$

这一组典型的数值是 φ=4.1 时，K=0.729，这将使 c_1、c_2 均要乘以 0.729，则 $\left(p_{id}^2 - x_{id}^2\right)$ 前的系数就变为 0.729×2.05=1.49445，Clerc 从简化系统模型的角度证明了若适当选择系数 K、c_1、c_2，将不需要对 $v_{\max,d}$ 进行限制，算法依旧收敛。虽然 Clerc 取消了条件 $v_{\max,d}$ 的限制，验证了其结论，但随着实验的深入，研究者发现将 $v_{\max,d}$ 设置与 $x_{\max,d}$ 相等，则算法收敛效果要更好。

4) 杂交(breeding)PSO 算法

借鉴遗传算法的思想，有研究者提出了杂交粒子群算法的概念。粒子群中的粒子被赋予一个杂交概率，这个杂交概率是用户确定的，与粒子的适应度值没有关系。在每次迭代中，依据杂交概率选取指定数量的粒子放入一个池中。池中的粒子随机地两两杂交，产生同样数目的子粒子，并用子粒子代替父粒子，以保持

种群的粒子数目不变。子粒子的位置由父粒子的位置的算术加权和计算得到，即

$$\text{child}_1(x) = p \times \text{parent}_1(x) + (1-p) \times \text{parent}_2(x) \tag{7-144}$$

$$\text{child}_2(x) = p \times \text{parent}_2(x) + (1-p) \times \text{parent}_1(x) \tag{7-145}$$

式中，$\boldsymbol{x}$ 是 D 维的位置向量；$\text{child}_k(x)$ 和 $\text{parent}_k(x)$ 分别指明是子粒子和父粒子的位置；p 是 D 维均匀分布的随机数向量，p 的每个分量都在[0, 1]中取值。子粒子的速度分别由下面的公式得到：

$$\text{child}_1(v) = \frac{\text{parent}_1(v) + \text{parent}_2(v)}{\left|\text{parent}_1(v) + \text{parent}_2(v)\right|} \times \left|\text{parent}_1(v)\right| \tag{7-146}$$

$$\text{child}_2(v) = \frac{\text{parent}_1(v) + \text{parent}_2(v)}{\left|\text{parent}_1(v) + \text{parent}_2(v)\right|} \times \left|\text{parent}_2(v)\right| \tag{7-147}$$

式中，v 是 D 维的速度向量；$\text{child}_k(v)$ 和 $\text{parent}_k(v)$ 分别指明是子粒子和父粒子的速度。杂交粒子群算法能够有效地保证粒子间多样性差异，通过优化信息在子群间交互，有效地促进整个群体的进化收敛速度。

4. 基于改进粒子群算法求取输电能力的模型与算法

本节采用的 IPSO 算法为上文中提到的由适应度函数值动态改变 ω 的策略。

1) 电力系统区域间输电能力的数学模型

一般而言，在确定的系统运行状态下，两区域间的 ATC，就是指在非送电区域发电机有功出力和非受电区域负荷均不改变时，送电区域发电机有功出力与受电区域有功负荷同时增加，在不违反系统约束情况下的最大化输电增量。

该例中，以 $\varGamma$ 表示全网节点集合，$\varGamma_{\mathrm{A}}$、$\varGamma_{\mathrm{B}}$ 分别表示设定的送电区域 A、受电区域 B 的节点集合，$\Delta P_{\mathrm{L}i}$ 为负荷有功的增量。利用最优化方法对区域间可用输电能力进行数学建模如下。

(1) 目标函数。

ATC 计算目标函数为极大化受电区域 $\varGamma_{\mathrm{B}}$ 的所有节点上的有功功率的增量，具体可描述为

$$f(x) = \max\left(\sum_{i \in \varGamma_{\mathrm{B}}} \Delta P_{\mathrm{L}i}\right) \tag{7-148}$$

(2) 等式约束。

等式约束为潮流约束，表示为

$$
\begin{aligned}
&P_{\mathrm{G}i}-P_{\mathrm{D}i}-V_i\sum_{j=1}^{n}V_j(G_{ij}\cos\theta_{ij}+B_{ij}\sin\theta_{ij})=0\\
&Q_{\mathrm{G}i}-Q_{\mathrm{D}i}-V_i\sum_{j=1}^{n}V_j(G_{ij}\sin\theta_{ij}-B_{ij}\cos\theta_{ij})=0
\end{aligned}
\tag{7-149}
$$

(3)不等式约束。

不等式约束主要考虑电压约束、发电机出力约束、线路热极限约束，可表示为

$$
\begin{aligned}
&V_i^{\min}\leqslant V_i\leqslant V_i^{\max}, && i\in\Gamma\\
&P_{\mathrm{G}i}^{\min}\leqslant P_{\mathrm{G}i}\leqslant P_{\mathrm{G}i}^{\max}, && i\in\Gamma_{\mathrm{A}}\\
&Q_{\mathrm{G}i}^{\min}\leqslant Q_{\mathrm{G}i}\leqslant Q_{\mathrm{G}i}^{\max}, && i\in\Gamma_{\mathrm{A}}\\
&P_{\mathrm{D}i}^{\min}\leqslant P_{\mathrm{D}i}\leqslant P_{\mathrm{D}i}^{\max}, && i\in\Gamma_{\mathrm{B}}\\
&Q_{\mathrm{D}i}^{\min}\leqslant Q_{\mathrm{D}i}\leqslant Q_{\mathrm{D}i}^{\max}, && i\in\Gamma_{\mathrm{B}}\\
&\left|P_{ij}^{\max}\right|\leqslant P_{ij}^{\max}, && i,j\in\Gamma\text{且}i\neq j
\end{aligned}
\tag{7-150}
$$

式中，i=1,2,⋯, N；j=1,2,⋯,N；N 为网络节点总数；$P_{\mathrm{G}i}$、$Q_{\mathrm{G}i}$ 分别为发电机 i 的有功和无功出力；$P_{\mathrm{D}i}$、$Q_{\mathrm{D}i}$ 分别为负荷节点 i 上的有功和无功功率；P_{ij} 表示从节点 i 到节点 j 的线路输送的有功功率；V_i、θ_i 分别为节点 i 的电压幅值和相角；$\theta_{ij}=\theta_i-\theta_j$；$G_{ij}+\mathrm{j}B_{ij}$ 为系统节点导纳矩阵中相应的元素；变量上角标 min、max 分别表示变量的下限和上限。

2)约束处理

用 PSO 算法求解约束优化问题时，如何处理约束条件是得到最优解的关键。惩罚函数法处理优化问题时，罚因子取得过大，容易陷入局部最优解；罚因子取得过小，算法很难收敛到满意的最优解。因此，本节采用了动态调整惩罚函数的策略，根据不等式约束在计算过程中越界量大小，动态地调节其惩罚函数，从而替代了传统上选取常数作为罚因子的策略。本节提出的 IPSO 算法首先通过潮流计算消去等式约束，降低问题的复杂程度，然后采用惩罚函数法处理不等式约束，将原约束的最优化问题的求解转化为无约束优化问题的求解。

对于原优化问题的抽象数学模型：

$$
\begin{aligned}
&\max\ f(x,u)\\
&\text{s.t.}\ \begin{cases}g(x,u)=0\\ h(x,u)\leqslant 0\end{cases}
\end{aligned}
\tag{7-151}
$$

首先，将不等式约束的越界量以惩罚项的形式附加在原来的目标函数 $f(x, u)$

上，构造出改进粒子群算法的适应度函数(即惩罚函数) $F(x, u)$，即

$$\min \ F(x,u) = -f(x,u) + p(k) * H(x,u) \tag{7-152}$$

式中，$f(x, u)$ 为原目标函数；$p(k)$ 为惩罚系数，其数值随着迭代次数的增加而变化，若当前的迭代次数为 k，$p(k) = k\sqrt{k}$；$H(x, u)$ 为惩罚项，则

$$\begin{aligned} H(x,u) &= \sum_{i=1}^{n} \theta(t) * t^{\gamma(t)} \\ t &= \max\{0, h_i(x,u)\} \end{aligned} \tag{7-153}$$

式中，$\theta(t)$ 为惩罚系数；$\gamma(t)$ 为惩罚力度。可以看出，惩罚系数 $\theta(t)$ 与惩罚力度 $\gamma(t)$ 的值随着不等式约束条件的越界函数 $h_i(x,u)$ 的量的大小而动态调整。在本节中，惩罚函数参数选择如下：

$$r(t) = \begin{cases} 1, & t \leqslant 1 \\ 2, & t > 1 \end{cases} \tag{7-154}$$

$$\theta(t) = \begin{cases} 10, & t \leqslant 0.001 \\ 20, & 0.001 < t \leqslant 0.1 \\ 100, & 0.1 < t \leqslant 1 \\ 300, & t > 1 \end{cases} \tag{7-155}$$

3) 利用 PSO 方法求解区域间可用输电能力的算法框图(图 7-15)

粒子群优化算法是最近十年发展起来的一种智能算法，PSO 算法从本质上说也是进化算法，具有隐并行性。与遗传算法比较，其优势在于概念简单，容易实现，同时又有深刻的智能背景，既适合科学研究，又特别适合工程应用。PSO 算法是一种新兴的、有潜力的优化算法，但是如同其他的进化算法一样，针对具体问题如果使用不恰当的 PSO 算法容易陷入局部极值，导致算法早熟。所以，对于具体应用问题深化研究 PSO 算法是特别值得提倡的，而且大量研究表明，PSO 算法与其他算法或技术的结合对算法的全局寻优能力、速度和收敛性都是大有益处的。

5. 结果分析

采用修改后的 IEEE-30 节点系统，计算基态下的 ATC 值，并与基本粒子群算法 BPSO 比较分析，此处的 BPSO 算法为上文中提到的在区间[0.9, 0.4]线性减少 ω 的策略的 PSO 方法。该系统共有 6 台发电机、41 条线路，划分为 3 个区，详见图 7-16。此处的粒子群算法种群规模为 m=40，c_1=c_2=2，算法分别独立运行 30 次，表 7-12 中列出的结果为算术平均值。

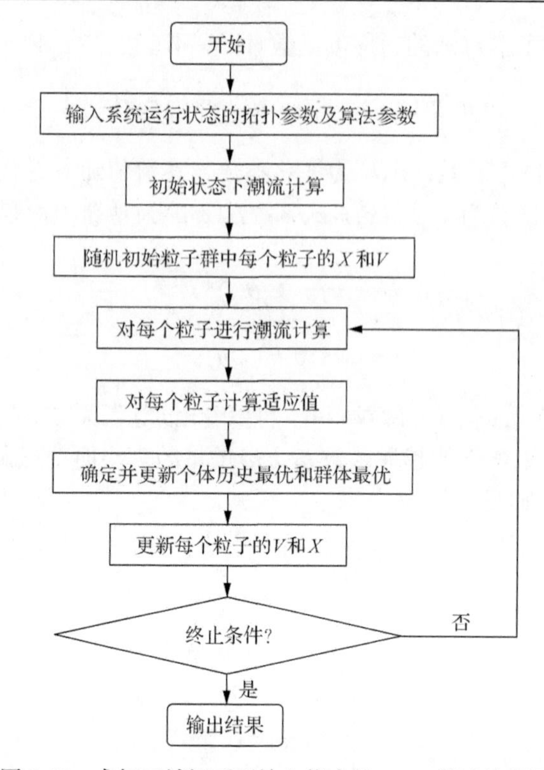

图 7-15　求解区域间可用输电能力的 IPSO 算法流程图

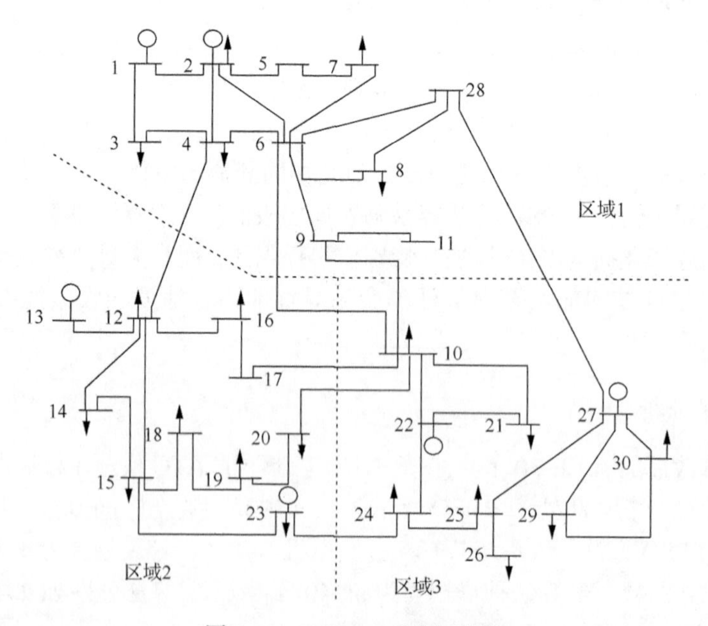

图 7-16　IEEE-30 系统拓扑图

表7-11为IPSO与BPSO的ATC计算结果。从中可以看出，IPSO算法得到的最优解优于基本粒子群算法得到的最优解。结果表明，基于并行搜索策略的粒子群算法具有更强的跳出局部最优的能力，更有能力找到最优解。

表7-11　IPSO与BPSO和Benders的计算结果比较

区域间	ATC均值/MW	
	BPSO	IPSO
1区→2区	105.21	106.23
1区→3区	102.54	104.76
3区→2区	55.45	61.33

表7-12列出了采用IPSO与BPSO两种不同粒子群算法计算区域1→2的ATC结果。从ATC均值和平均计算时间来比较，可以看出IPSO算法明显优于BPSO算法，且耗时最少，表明该算法能更快地收敛到最优解；而IPSO的方差小，表明了IPSO具有更好的计算稳定性。

表7-12　不同粒子群算法计算结果比较

算法	1区→2区ATC/MW	平均迭代次数	样本方差/MW
IPSO	106.23	14	7.11
BPSO	105.21	30	24.32

7.4.3　人工鱼群算法

1. 人工鱼群算法简介

人工鱼群算法[28,51-53](artificial fish swarm algorithm，AFSA)是由李晓磊等于2002年提出的一种新型的寻优算法。该算法模拟鱼群游弋觅食的行为，通过鱼个体之间的集体协作使群体到达目的地。在AFSA中，每个备选解被称为一条人工鱼个体，多条人工鱼个体共存合作寻优，类似鱼群寻找食物。

假设在一个D维的目标搜索空间中，有n条人工鱼个体组成一个人工鱼群，其中第i条人工鱼个体的状态表示为向量$X_i=(x_{i1},x_{i2},x_{i3},\cdots,x_{in})$。每条人工鱼个体的状态就是一个潜在的解，将$X_i$代入被优化的函数就可计算出函数值，根据函数值的大小衡量X_i的优劣。初始化生成人工鱼群(随机解)，通过迭代搜寻最优解，在每次迭代过程中，人工鱼个体通过模拟执行觅食、聚群及追尾等行为来更新自己的状态，从而实现寻优。

2. 人工鱼群算法原理和流程

1) 算法原理

人工鱼群算法是一种模拟自然界鱼群行为的群优智能算法。在一片水域中，鱼往往能自行或尾随其他鱼找到营养物质多的地方，因而鱼生存数目最多的地方一般就是本水域中营养物质最多的地方。

首先，标准 AFSA 需初始化一组鱼群，每条人工鱼个体对应 ATC 问题的一个解状态，即每条人工鱼个体中所含的变量代表受电区域中每个负荷节点的有功增量；人工鱼个体所在位置的食物浓度代表该人工鱼个体的解状态对应的 ATC 的值。然后，鱼群通过模拟执行觅食、聚群及追尾行为向食物浓度更大的区域游动，从而向 ATC 最优解附近的区域靠近。人工鱼行为的具体描述如下。

(1) 觅食行为：一般情况下，鱼在水中随机、自由地游动，当发现食物时，则会向着食物逐渐增多的方向快速游去。

设人工鱼当前状态为 X_i，在其可见域($d_{i,j}\leqslant \text{visual}$)随机选择一个状态 $\boldsymbol{X}_j$，当该状态食物浓度大于当前状态时，则向该方向前进一步；反之，则重新随机选择状态 X_j，判断是否满足前进条件；反复几次后，如果仍不满足前进条件，则随机移动一步。用数学表达式表示为

$$x_{i\text{next}k} = x_{ik} + \text{random}(\text{step})(x_{jk} - x_{ik}) \Big/ \left\| X_j - X_i \right\|, \quad \text{FC}_j > \text{FC}_i \tag{7-156}$$

$$x_{i\text{next}k} = x_{ik} + \text{random}(\text{step}), \quad \text{FC}_j \leqslant \text{FC}_i \tag{7-157}$$

式中，k=1,2,…,k；x_{jk}、x_{ik} 和 $x_{i\text{next}k}$ 分别表示状态向量 X_j、X_i 及人工鱼下一步状态向量 $X_{i\text{next}}$ 的第 k 个元素；random() 表示[0, step]间的随机数。以下各式中的符号含义与此相同。

(2) 聚群行为：鱼在游动过程中为了保证自身的生存和躲避危害，会自然地聚集成群，鱼聚群时所遵守的规则有 3 条：一是分隔规则，即尽量避免与临近伙伴过于拥挤；二是对准规则，即尽量与临近伙伴的平均方向一致；三是内聚规则，即尽量朝临近伙伴的中心移动。

设人工鱼当前状态为 X_i，设其可见域内的伙伴数目为 n_f，形成集合 KJ_i，且

$$KJ_i = \left\{ X_j \middle| \ \left\| X_j - X_i \right\| \leqslant \text{visual} \right\} \tag{7-158}$$

若 $KJ_i \neq \varnothing$ ($\varnothing$ 为空集)，表明其可见域内存在其他伙伴，即 $n_f \geqslant 1$ 则搜索伙伴中心位置 X_c。

$$X_{ck} = \left(\sum_{j=1}^{n_f} X_{jk} \right) \bigg/ n_f \tag{7-159}$$

式中，X_{ck}表示中心位置状态向量X_c的第k个元素；X_{jk}表示第j（j=1,2,…,n_f）个伙伴X_j的第k个元素。计算该中心位置的食物浓度值FC_c，如果满足

$$FC_c/\delta > FC_i, \qquad \delta > 1 \tag{7-160}$$

表明伙伴中心位置安全度较高且不太拥挤，则执行式(7-161)；否则人工鱼执行觅食行为。

$$x_{inextk} = x_{ik} + \text{random(step)}(x_{ck} - x_{ik}) / \| X_c - X_i \| \tag{7-161}$$

若$KJ_i = \varnothing$,表明可见域内不存在其他伙伴，则执行觅食行为。

(3)追尾行为：当鱼群中的一条或几条鱼发现食物时，其临近的伙伴会尾随其快速到达食物点。

设人工鱼当前状态为X_i，搜索可见域内(即$d_{i,j}$≤visual)的伙伴中FC最大的伙伴X_{max}，如果$FC_{max}>\delta FC_i$，表明伙伴X_{max}的食物浓度高且其周围不太拥挤，则执行式(7-156)；否则执行觅食行为。

$$x_{inextk} = x_{ik} + \text{random(step)} \times (x_{\max k} - x_{ik}) / \| X_{\max} - X_i \| \tag{7-162}$$

式中，$x_{max,k}$表示状态向量X_{max}的第k个元素。若人工鱼在当前可见域内没有其他伙伴,也执行觅食行为。

(4)公告板：人工鱼群算法采用公告板的方式来获取最优解。各人工鱼个体在寻优过程中，每次行动完毕就检验自身状态与公告板的状态，如果自身状态优于公告板状态，就将公告板的状态改写为自身状态，这样就使公告板记录下历史最优的状态。

鉴于以上描述的人工鱼模型及其行为，每个人工鱼探索它当前所处的环境状况(包括目标函数的变化情况和伙伴的变化情况)，从而选择一种行为，最终，人工鱼集结在几个局部极值周围。一般情况下，对于求解极大值问题，拥有较大食物浓度值的人工鱼处于目标值较大的极值域周围，这有助于获取全局极值域；而目标值较大的极值区域周围一般能集结较多的人工鱼，这有助于判断并获取全局极值。如图 7-17 所示，I代表整个解空间；$G1$代表全局极值；$G2$代表局部极值；S代表满意解的区域。S就是所获取的全局极值域，可以再根据该域的特性来获取较精确的极值。

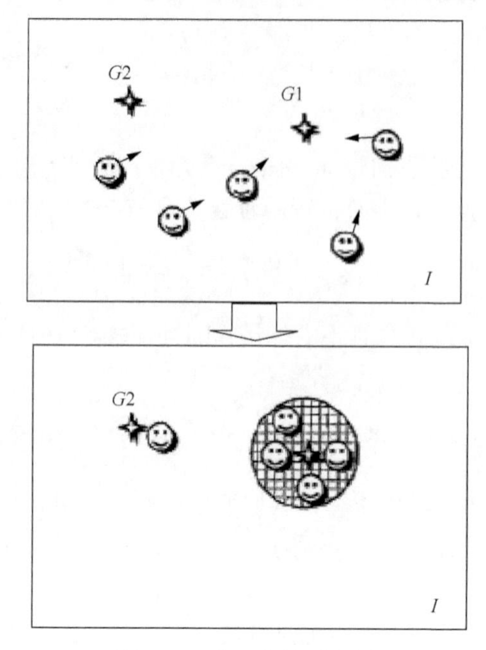

图 7-17　鱼群算法示意图

2) 算法全局收敛基础

对于一种算法，其收敛性往往是人们首要关心的问题。在人工鱼群算法中，人工鱼的觅食行为奠定了算法收敛的基础，聚群行为增强了算法收敛的稳定性和全局性，追尾行为则增强了算法收敛的快速性和全局性，其行为评价也对算法收敛的速度和稳定性提供了保障。总的来说，算法中对各参数的取值范围还是很宽容的，并且对算法的初值也基本无要求。

算法中，使人工鱼逃逸局部极值实现全局寻优的因素主要有以下几点。

(1) 觅食行为中尝试次数较少时，为人工鱼提供了随机游动的机会，从而能跳出局部极值的邻域。

(2) 随机步长的采用，使得在前往局部极值的途中，有可能转而游向全局极值，当然，其相反的一面也会发生，即在去往全局极值的途中，可能转而游向局部极值，这对一个个体当然不易判定它是否可搜索到全局最优，但对于一个群体来说，好的一面往往会具有更大的机率搜索到全局最优。

(3) 拥挤度因子的引入限制了聚群的规模，只有较优的地方才能聚集更多的人工鱼，使得人工鱼能够更广泛的寻优。

(4) 聚群行为能够促使少数陷于局部极值的人工鱼向多数趋向全局极值的人工鱼方向聚集，从而逃离局部极值。

(5) 追尾行为加快了人工鱼向更优状态的游动，同时也能促使陷于局部极值的人工鱼向趋向全局极值的更优人工鱼方向的追随而逃离局部极值域。

3) 算法流程

人工鱼群算法具体流程见图 7-18，步骤叙述如下：

(1) 初始化鱼群，在控制变量可行域内随机生成 n 条人工鱼个体。

(2) 设置公告板，公告板用来记录人工鱼群寻到的最优值及对应的人工鱼个体状态。

(3) 对鱼群中的每条人工鱼个体所在位置的食物浓度进行评价。

(4) 按照式(7-156)、式(7-157)、式(7-161)和式(7-162)，每条人工鱼个体分别模拟执行追尾行为和聚群行为，选择行动后食物浓度较大值的行为实际执行，缺省行为方式为觅食行为。

(5) 更新公告板，每条人工鱼个体每行动一次后，检验自身的食物浓度值与公告板的食物浓度值，如果优于公告板，则以自身取代之。

(6) 判断迭代是否停止，若是，则输出结果，否则转向步骤(3)。

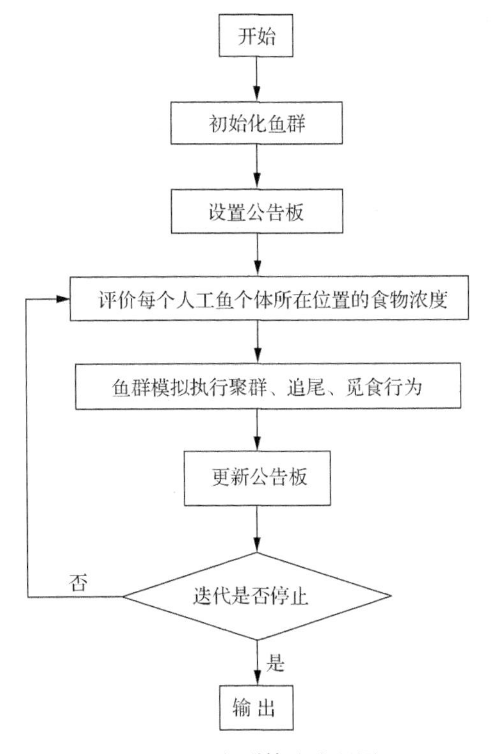

图 7-18　鱼群算法流程图

4) 算法的参数

人工鱼群算法需设置的参数较多，包括鱼群规模、视野范围、步长参数、拥挤度因子和尝试次数。须注意的是，不恰当的参数设置将直接影响算法的寻优结果，甚至会导致不收敛。人工鱼群算法是新提出的群优智能算法，不像粒子群算法和遗传算法应用较为广泛，有经验值可以借鉴；通过仿真试验发现，人工鱼群算法对问题的依赖性较强，处理不同的优化问题需要设置不同的参数，没有太多可借鉴性。参数的选择对算法性能有十分显著的影响。

下面将简单介绍这些参数对算法收敛特性的影响。

(1)鱼群规模。一般来说，人工鱼的数目越多，跳出局部极值的能力越强，同时，收敛的速度也越快(从迭代次数来看)，但代价是算法每次迭代的计算量也越大，因此，在满足稳定收敛的前提下，应尽可能的减少个体的数目。为兼顾计算精度和计算速度，人工鱼数目一般选取几十为佳。

(2)视野范围。视野范围对算法收敛性能有着很大的影响。当视野范围较小时，鱼群的觅食行为和随机游动比较突出，此时，算法的寻优过程表现出较强的随机性，不能保证搜索方向是向着最优解的区域进行；而当视野范围较大时，鱼群的聚群行为和追尾行为比较突出，此时，算法跳出局部极值的能力较弱，容易陷入局部极值。因此，视野范围必须控制在一定范围以内。

(3)步长参数。步长参数对算法的收敛速度和收敛精度影响很大。采用过大的步长可以在搜索前期达到很快的收敛速度，但是在搜索后期，随着鱼群向最优解区域聚集，大步长可能会降低算法在最优解区域内的局部搜索能力，不能找出精确的最优解；若采用过小的步长会使算法的爬坡速度很慢。

(4)尝试次数因子。该参数是人工鱼个体执行觅食行为时的参数。觅食行为的尝试次数越少，鱼群的随机搜索的次数越大，跳出局部极值的能力越强；觅食行为的尝试次数越多，鱼群算法克服局部极值的能力越弱，但是收敛效率越高。

(5)拥挤度因子 δ。拥挤度因子用来限制人工鱼群聚集的规模，在较优状态的邻域内，希望聚集较多的人工鱼，而次优状态的邻域内，希望聚集较少的人工鱼或不聚集人工鱼。

3. 算法的改进方案

在鱼群觅食行为中的视野概念，由于视点的选择是随机的，移动的步长也是随机的，虽然在一定程度上扩大寻优的范围，尽可能保证寻优的全局性，但是会使算法的收敛速度降低，大量的时间浪费在随机移动中。为此，引入自适应步长。

对于人工鱼当前状态 $X=(x_1,x_2,x_3,\cdots,x_n)$ 和所探索的下一个状态 $X_v=(x_1^v,x_2^v,x_3^v,\cdots,x_n^v)$，其表示如下：

$$x_i^v = x_i + \text{visual}\times\text{rand}(), i=\text{rand}(n) \tag{7-163}$$

$$X_{\text{next}} = \frac{X_v - X}{\|X_v - X\|} \times \left|1 - \frac{Y}{Y_v}\right| \times \text{step} \tag{7-164}$$

式中，rand 函数为产生 0 到 1 之间的随机数；Y_v 为 X_v 状态的目标函数值；Y 为 X 状态的目标函数。即本次移动步长的大小取决于当前所在的状态和视野中视点感知的状态。

人工鱼群算法中，当寻优的域较大或处于变化平坦的区域时，一部分人工鱼将处于无目的的随机移动中，这将影响寻优的效率，下面，引入生存机制和竞争机制加以改善。

1) 生存机制

在此，我们引入生存周期的概念，即随着人工鱼所处环境的变化，赋予人工鱼一定的生存能力，这样，就使得人工鱼在全局极值附近拥有最强的生命力，从而具有最长的生命周期；位于局部极值的人工鱼将会随着生命的消亡而重生，如随机产生该人工鱼的下一个位置，从而展开更广的搜索，这样不仅节省了存储空间，同时也提高了寻优能力和效率。

生存机制的描述如下：

$$h = \frac{E}{\lambda T}; \quad \begin{cases} h \geqslant 1 & :: AF\_\text{move} \\ h < 1 & :: AF\_\text{init} \end{cases} \tag{7-165}$$

式中，h 为生存指数；E 为人工鱼当前所处位置的食物能量值；T 为人工鱼的生存周期；λ 为消耗因子，即单位时间内消耗的能量值。

即当人工鱼所处位置的食物能量足以维持其生命时，人工鱼将按照正常的行为寻优，当此处的能量低于其维持生命所需时，此时通常人工鱼处于非全局极值点附近，寻优通常会没有结果。所以，强制该人工鱼初始化，例如，可以随机产生该人工鱼的位置，使其跳出该区域，这样就相当于利用相同的存储空间增加了寻优人工鱼的个数，从而提高了算法的效率。

2) 竞争机制

竞争机制就是实时的调整人工鱼的生存周期，其描述如下：

$$T = \varepsilon \frac{E_{\max}}{\lambda} \tag{7-166}$$

式中，$E_{\max}$ 为当前所有的人工鱼中所处位置的食物能量的最大值；ε 为比例系数。即随着寻优的逐步进行，人工鱼的生存周期将被其中最强的竞争者所提升，从而使得那些处于非全局极值点附近的人工鱼能有机会展开更广范围的搜索。

4. 基于改进人工鱼群算法计算 ATC 的流程

本节详述基于改进鱼群算法计算 ATC 的步骤，其流程如图 7-19 所示，具体步骤如下。

(1) 输入原始数据，获取节点信息和支路信息，获得控制变量的个数及各自的取值范围，获取人工鱼群的群体规模 N，最大迭代次数 gen_{max}，人工鱼的可见域 visual，人工鱼的移动步长最大值 step，拥挤度因子 δ 等参数。

(2) 当前迭代次数 $gen_{max}=0$，利用随机数产生器在控制变量可行域内随机生成 N 条人工鱼个体，形成初始鱼群。

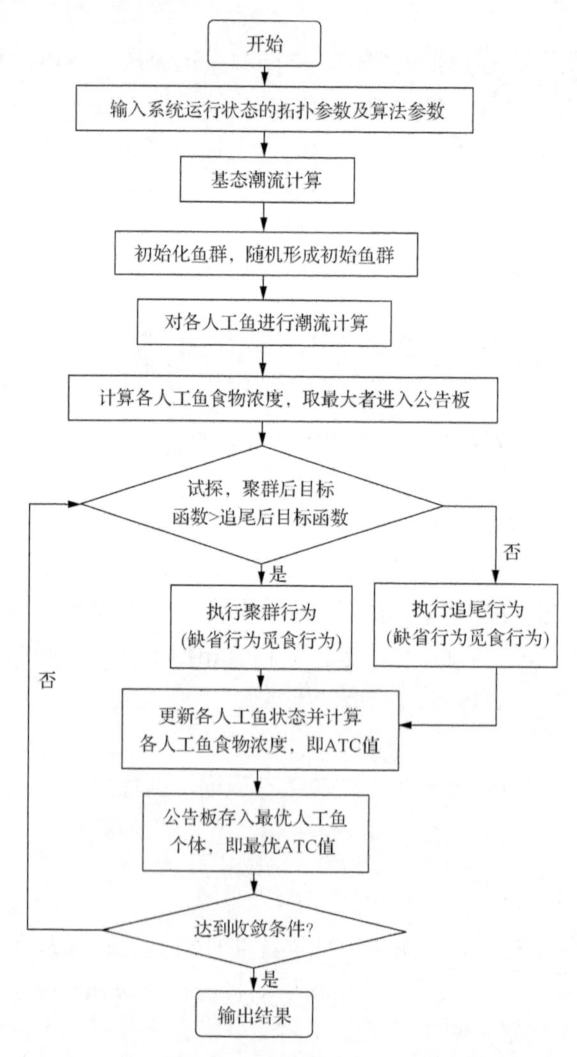

图 7-19　基于改进人工鱼群算法的 ATC 的计算流程图

(3) 计算初始鱼群各人工鱼个体当前位置的食物浓度值，并比较大小，取食物浓度 FC (food consistence) 最大值者进入公告板，保存其状态及 FC 值。

(4) 各人工鱼分别模拟执行追尾行为和聚群行为，选择行动后 FC 值较大者的行为实际执行，缺省行为方式为觅食行为。

(5) 各人工鱼每行动一次后，检验自身状态与公告板状态，如果优于公告板状态，则以自身状态取代之。

(6) 中止条件判断。判断是否已达到预置的最大迭代次数 gen_{max}，若是，则输出计算结果(即公告板的值)，否则 gen=gen+1，转步骤(4)。

5. 算例分析

采用 Matlab7.1 编写程序，对于 IEEE-30 节点系统进行算例分析。

算例对采用的 IEEE-30 节点系统的参数做了一些修改，详细数据请参见 7.4.2 节。该系统共有 6 台发电机，41 条线路，划分为 3 个区，如图 7-20 所示。

参数的选择对算法性能有十分显著的影响。同时，参数值的大小依赖于问题本身，针对不同的问题，参数值的设定并不相同。经过大量实验，算例参数选择如下：

人工鱼群规模 $N=60$，移动步长 step＝5，尝试次数 try-number＝5，人工鱼的可见域 visual＝30，拥挤度因子 $\delta=1.01$，$\varepsilon=0.618$，S_B=100MV·A。

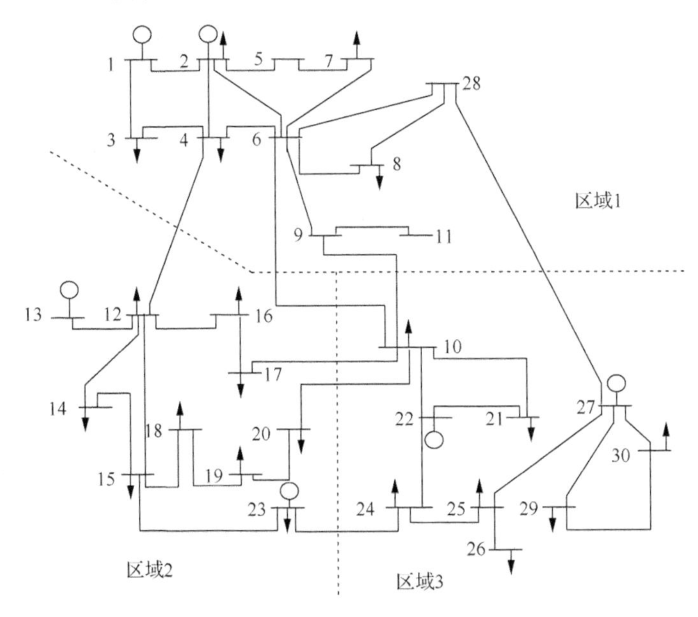

图 7-20　IEEE-30 节点系统

1) IAFSA 与 Benders、IPSO 算法全局寻优能力比较

算法的全局寻优能力是检验算法最重要的标准之一，直接决定着算法的可行性。将基于 IAFSA 算法的 ATC 计算结果与文献[23]中所列的 benders 分解法、文献[30]中 IPSO 算法的计算结果相对比，用来验证算法的有效性。表 7-13 列出了运用 IAFSA 优化算法、Benders 分解算法、IPSO 计算不同区域间的 ATC 值的结果比较。

表 7-13　不同算法计算结果比较

发电区-受电区	ATC/MW		
	Benders	IPSO	IAFSA
1-2	104.19	106.52	110.79
2-1	30.300	57.150	54.830
1-3	103.31	104.99	105.23
3-1	53.030	95.010	92.850
2-3	32.210	43.230	44.980
3-2	53.340	63.610	78.450

注：表中的 IPSO 和 IAFSA 的值均为 30 次运行结果的平均值；IAFSA 在寻优过程中，最优解连续多次不变，则认为搜索到最优解而中止搜索。本算法中连续不变的次数/代设为 10。

从表 7-13 中可以看出，IPSO 和 IAFSA 这两种优化算法所得的最优解基本一致且均优于 Benders 分解法所得最优解。可明显看出 Benders 算法所得区域 2-1 和区域 3-1 的最优解远小于 IPSO 和 IAFSA 算法所得的最优解。这说明 Benders 分解算法在计算这些区域的 ATC 时陷入了局部最优，这也正是智能算法基于群体迭代和采用并行搜索机制的优势所在，智能算法不仅具有更强的全局搜索机制，而且具有一定的跳出局部最优的能力，所以得到的解要优于基于单一搜索机制的 Benders 分解法。

2) IAFSA 与 AFSA 算法收敛性比较

本节进一步采用 IAFSA 和 AFSA 两种方法，对区域 2 到区域 3 的 ATC 进行计算。其计算结果与迭代次数对比如表 7-14 所示，收敛特性对比曲线如图 7-21 所示。

表 7-14　AFSA 与 IAFSA 算法计算结果比较

算法	$ATC_{2\text{-}3}$ 平均值/MW	迭代次数
AFSA	44.98	25
IAFSA	44.52	14

从表 7-15 中可以看出，IAFSA 和 AFSA 的 ATC 值很接近。然而，AFSA 算

法的迭代次数为 25 次，而 IAFSA 的迭代次数为 14 次，较 AFSA 算法而言，明显少得多。可以看出改进人工鱼群算法在提高收敛速度的同时，对计算结果的准确性影响不大。这表明对标准人工鱼群算法的改进是有效的。

对比图 7-21 中的两种人工鱼群算法的收敛特性曲线可以看出，两种算法收敛曲线的初始点和收敛特性在前 4 代基本一致，两条曲线的爬坡速度都很快，随着迭代次数的增加，基本人工鱼群算法的鱼群多样性降低，使人工鱼种群在某个局部极值区域过度聚集，曲线爬坡速度明显降低。而改进后的人工鱼群算法经过较少的迭代次数就可以迅速逼近最优解附近的区域，这是由于自适应步长的引入避免了大量的时间浪费在随机移动中；生存机制和竞争机制的引入，增强了鱼群的多样性，保证了算法能够很快跳出局部极值，继续向全局最优解范围的方向搜索，大幅度地提高了计算速度。

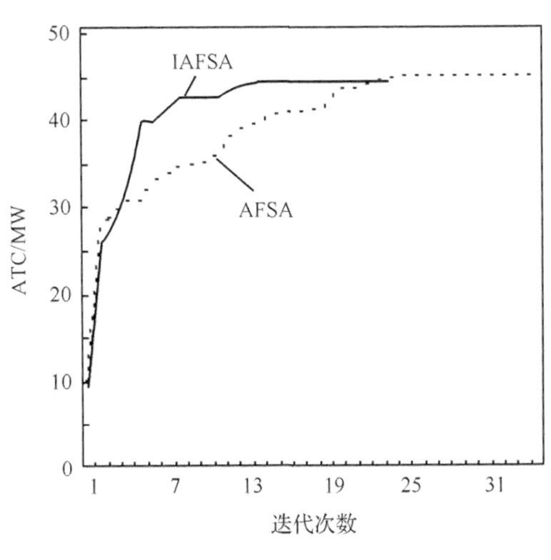

图 7-21　收敛特性曲线

7.4.4 蚁群算法及混合连续蚁群(hybrid continuous ant colony optimization，HCACO)算法

1. 蚁群算法简介及原理

Quinlan 把机器学习领域的现代启发式方法分为两类：基于实体(instance-based)方法和基于模型(model-based)的方法。基于实体的方法用当前的解或解的种群本身来产生新的候选解，遗传算法等进化算法属于该类方法；基于模型的方法通过一个解空间的参数化概率分布模型来产生候选解，此模型的参数用以前产生的解来进行更新，使得在新模型上的搜索能集中在高质量的解搜索空间内，基本蚁群优化算法属于这一类方法。

1991 年，意大利学者 M.Dorigo 首次提出了蚂蚁系统(ant system，AS)开创了蚁群优化算法研究的先河。此后，经 Dorigo、Colorni、Stiitzle、Hoos、Bilchev、Gambardella 等多位学者的发展，从 AS 开始，先后有 Ant-Q、蚁群系统(ant colony system, ACS)、最大最小蚂蚁系统(max-min AS，MMAS)等。1999 年，Dorigo 在这些改进的基础上提出了蚁群优化(ant colony optimization)的通用框架[54]，使之具有更坚实的基础和良好的性能，其应用范围也拓展到车间调度、交通路由、资源分配、图着色、大规模集成电路设计、通信网络中的路由问题以及负载平衡等问题。

蚁群算法是一种群智能算法。所谓群智能，是指一种通过大量数目的智能体群来实现的智能方式。单个的智能个体本身在没有得到智能体群的总体信息反馈的时候，在解空间中的运动是完全没有规律的。研究社会性生物群体的科学家发现群体中个体之间存在高度自组织的协作行为，它们的协调行为通过个体之间的交互行为直接实现，或者通过个体与环境的交互行为间接实现。虽然这些交互行为非常简单，但是他们聚在一起却能快速有效地解决一些难题。这种潜在方式的集群智能已经逐渐为人们所认识，并得到广泛的应用[55-61]。

1)真实蚂蚁的行为

蚁群优化算法模拟了真实的蚂蚁行为。真实的蚂蚁能够在没有任何视觉线索的情况下找到从食物源到蚁穴的最短路径，并且能够适应环境的改变，比如在旧的路径上放置一障碍物，此时蚂蚁能够很快找到一条新的最短路径。如图 7-22 所示。

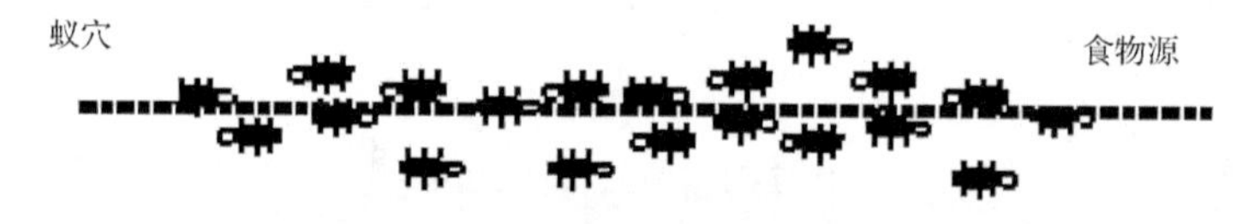

图 7-22　蚁群的初始路径

生物学家的研究发现，蚂蚁建立和维持这一运动主要是依靠这条路径的“信息素”，蚂蚁在运动过程中，能够在它经过的路径上沉积一定的信息素，而且蚂蚁在运动过程中能够感知这种物质的存在及其强度，以此指导自己的运动方向，蚂蚁倾向于朝着该物质强度高的方向移动。

如图 7-23 所示，那些刚好在障碍物前的蚂蚁不能继续沿着以前有信息素的路径运动，这样，它们必须选择向左或向右。假设这时一半的蚂蚁向左，而另一半的蚂蚁向右，如图 7-24 所示，在障碍物另一侧的蚂蚁也是同样的情形。

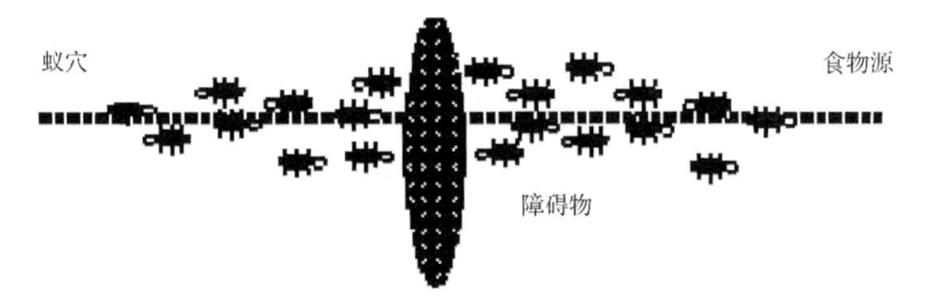

图 7-23　原路径上突然出现障碍物

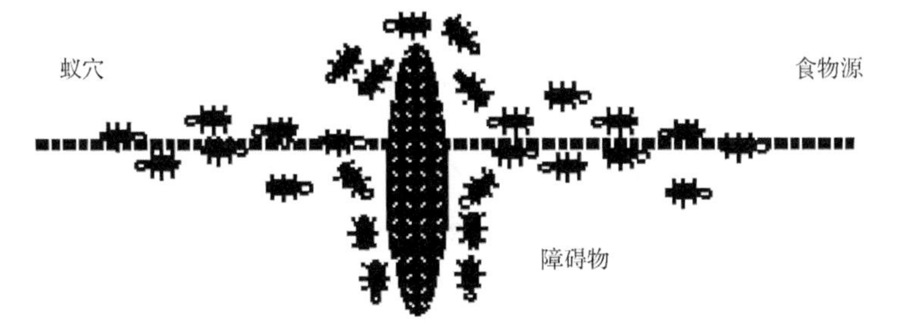

图 7-24　蚂蚁以相同的概率决定转移方向

那些选择较短路径的蚂蚁将比那些选择较长路径的蚂蚁更快重建被阻隔的信息素路径。因此，短路径上沉积的信息量更多，这就导致更多的蚂蚁选择这条较短的路径，最终所有的蚂蚁将全部选择这条较短的路径，如图 7-25 所示。

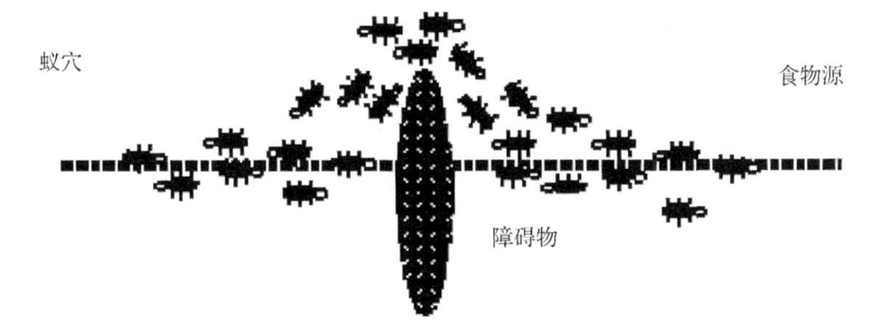

图 7-25　蚂蚁最终选择较短的路径

这一过程称为“正反馈”。蚂蚁个体就是通过这种信息的交流达到搜索事物的目的。

2) 蚁群算法的实现

为了便于理解，以旅行商问题为例说明基本蚁群的系统模型。设 m 为蚁群种蚂蚁数量；$d_{ij}(i, j=1,2,\cdots,n)$ 表示城市 i 和 j 的距离；η_{ij} 为 d_{ij} 的倒数，表示城市 i 转移到城市 j 的期望程度；$\tau_{ij}(t)$ 表示 t 时刻在路径 ij 上的信息量。初始时刻，各路径上的信息量相等，设 $\tau_{ij}(0)=C$（C 为常数）。蚂蚁从某城市出发，按照状态转移规则选择下一个城市，式(7-167)给出了蚂蚁从城市 i 转移到城市 j 的概率：

$$\rho_{ij}=\begin{cases}\dfrac{\tau_{ij}{}^{\alpha}(t)\eta_{ij}{}^{\beta}}{\sum\tau_{ij}{}^{\alpha}(t)\eta_{ij}{}^{\beta}}, & j,s\notin \text{tabu}_{(k)}\\ 0, & \text{else}\end{cases} \tag{7-167}$$

式中，$\text{tabu}_{(k)}$（$k=1,2,\cdots,m$）为 tabu 表，用以记录蚂蚁 k 已经走过的城市，它随着进化过程做动态调整，蚂蚁在后来的运动中不能选择那些已记录在 tabu 表中的城市；s 表示蚂蚁 k 下一时刻所允许转移的城市，即不在 tabu 表中的城市；α、β 分别表示蚂蚁在运动过程中所积累的信息及启发式因子在蚂蚁选择路径的过程中所起的不同作用。蚂蚁按照上述状态转移规则选择城市并最终形成一条封闭路径，当所有的蚂蚁完成了它们的闭合路径后，即一次迭代结束，利用全局信息更新规则来更新路径的信息量，开始下一次迭代直到达到最大迭代次数或最大停滞次数。

蚁群算法的全局更新信息如式(7-168)和式(7-169)所示：

$$\tau_{ij}(t+n)=\rho\times\tau_{ij}(t)+\sum_{k=1}^{m}\Delta\tau_{ij}(k) \tag{7-168}$$

$$\Delta\tau_{ij}(k)=\begin{cases}\dfrac{Q}{d_{ij}}, & \text{ant } k \text{ pass road } ij\\ 0, & \text{else}\end{cases} \tag{7-169}$$

式中，ρ 为信息残留程度，即旧的信息素相对于新的信息素所占比重；Q 为与 $\tau_{ij}(0)$ 有关的常数；k 为当前迭代次数；m 为最大迭代次数；在每次迭代的初始时刻，$\Delta\tau_{ij}=0$。

Dorigo 曾给出三种不同的模型，分别称为蚁群系统(ant-colony system)、蚁量系统(ant-quantity system)、蚁密系统(ant-density system)。它们的差别在于全局信息更新规则的不同。

在蚁群系统模型中：

$$\Delta\tau_{ij}(k)=\begin{cases}\dfrac{Q}{d_{ij}}, & \text{ant } k \text{ pass road } ij\\ 0, & \text{else}\end{cases}$$

在蚁量系统模型中：

$$\Delta\tau_{ij}(k)=\begin{cases}\dfrac{Q}{d_{ij}}, & \text{ant } k \text{ pass road } ij\\ 0, & \text{else}\end{cases}$$

在蚁密系统模型中：

$$\Delta\tau_{ij}(k)=\begin{cases}Q, & \text{ant } k \text{ pass road } ij\\ 0, & \text{else}\end{cases}$$

从以上三个表达式中不难看出，后两种模型中利用的是局部信息，而前者利用的是整体信息。蚁群系统在求解旅行商问题时性能较好，因此常作为基本模型，称之为基本蚁群优化算法(basic ant colony optimization algorithm，BACO)。

2. 蚁群算法的优缺点

蚁群算法具有较强的适应性，算法虽然是基于旅行商问题提出的，但只需稍加修改，便可应用于其他问题。该算法有很强的发现较好解的能力，算法不仅利用了信息正反馈原理，在一定程度上加快进化进程，而且本质上是一种并行算法，易于并行实现，不同个体之间不断进行信息交流和传递，从而相互协作，有利于发现较好解。此外，蚁群算法中，由于解是在解构造过程中一步步用解构成元素组合而成的，在这个过程中可以方便地结合领域的先验知识。而遗传算法的交叉、变异机制就不能有效的利用先验知识。蚁群算法的解构造机制还有一个非常好的优点，就是能够方便地处理约束条件，即可以在解构造过程中动态的调整蚂蚁下一步可访问的结点从而保证解的可行性，而处理复杂约束则是遗传算法的一个薄弱环节。

但是，蚁群算法易出现停滞现象，搜索进行到一定程度后，所有蚂蚁搜索到的解完全一致，不能对空间进行进一步搜索和发现更好解；算法本质上是离散的，只适合于组合优化问题，对于连续优化问题无法直接应用，限制了算法的应用范围。

针对前几点不足，国内外学者研究得很多，也提出了很多改进型算法，如自适应蚁群算法、具有变异特征的蚁群算法、多重蚁群算法、基于免疫的蚁群优化算法、具有分工的蚁群算法以及并行蚁群优化算法等等，在不同程度、不同方面改善了蚁群算法的性能，取得了很好的效果。

3. HCACO 算法原理和流程

由于各种算法的搜索机制、特点和适用域存在一定的差异，实际应用时为选取适合问题的具有全面优良性能的算法，往往依赖于丰富的经验和大量的实验结论，而且参数的选择也往往依靠经验。在算法设计时，总是希望优化算法具有各种优良的性能，对复杂问题尤其要求算法具有避免陷入局部极小的全局优化能力。但是应该看到，依赖于单一邻域结构的搜索算法一般难以实现高效的优化。

1997 年，Wolpe 和 Macready 在 *IEEE Transactions on Evolutionary Computation* 上发表了题为“No Free Lunch Theorems for Optimization”的论文，提出并严格论证了所谓的无免费午餐定理。该定理的主要思想可以描述为：假定有 A、B 两种

任意不同的优化算法，对于所有的问题集，它们的平均优化性能是相同的。

根据 NFL 定理可得出这样的结论：没有一种算法对任何问题都是最优的。不同的算法都有其不同的应用优势与不足，算法之间存在着互补性。从解决实际问题角度出发融合不同类型机制的优化算法，充分发挥它们各自的优势，是拓宽算法适用域和提高算法性能的有效手段，是解决问题的必然发展趋势，NFL 定理为这种趋势提供了理论支持。国内外对于混合优化算法的研究结果表明，混合算法在结果寻优效率及找到的最优解方面明显比单一优化算法要好。鉴于算法混合在提高优化精度和寻优效率的潜力，混合优化算法成为一些学术会议专门的研讨方向。

蚁群算法之所以能引起相关领域研究者的广泛关注，是因为这种求解模式能够将问题求解的快速性、全局优化性以及在有限时间内解的合理性结合起来。然而，由于基本蚁群优化算法本质上的离散性，使得它只能用于求解离散的组合优化问题。而相当多的实际工程应用中的问题都可以归结为一个连续优化(函数优化)问题，此时，基本蚁群优化算法将无法直接应用于这样的问题求解。

混合优化策略的成功给新型算法的设计以很大的启发，将蚁群优化的思想集成到一个混合优化算法的框架中，不但可以利用其他算法的机制完成优化的任务，而且能利用蚁群优化策略有效地提高混合算法的性能。混合连续蚁群算法就是基于上述思想产生的。

1) 算法的机理

针对基本蚁群优化算法只适用于离散问题的局限性，混合的连续蚁群优化算法将蚁群算法与演化算法相结合。算法保留了连续问题可行解的原有形式，同时融入了实数编码的遗传算法的种群与操作功能。HCACO 将蚁群分工为全局蚂蚁和局部蚂蚁，在由遗传操作产生的初始种群中，通过两种蚂蚁的寻优，不断改变运动路径(可行解)上存在的信息素，当信息素完全集中于某一路径上时，所有蚂蚁只沿此路径运动，搜索结束，算法达到最优解。

2) 算法的实现

(1) 相关定义。

两个种群：HCACO 保留了连续问题解的原有形式，将每个可行解写成 $x=(x_1, x_2, \cdots, x_n)^{\mathrm{T}}$ 的形式，可以直接编码，形成 GA 的种群，种群规模为 N_{r}；另一个群体是蚁群，蚁群规模为 N_{a}，($N_{\mathrm{a}} \leqslant N_{\mathrm{r}}$)，蚁群中的蚂蚁选择并引导种群中的个体进行寻优。

个体适应度值：种群中的每一个个体具有与优化函数相关的适应度值 fitness(x)，

算法根据个体适应度值的大小来判断该个体的优劣，一般规定适应度值越大个体越优。根据待优化问题的不同类型，需要进行变换，如果目标问题是求最大值，则 fitness$(x)=f(x)$；如果目标问题是求最小值，则 fitness$(x)=-f(x)$。

信息素存在方式：信息素依附于种群的个体上，表示该个体对蚂蚁的吸引程度，蚂蚁在引导个体寻优后将在该个体上释放信息素。第 t 轮迭代时个体 x 上的信息素记为 trail(x, t)。

个体吸引度：蚂蚁根据种群中个体的吸引度概率来选择它要引领的个体，个体吸引度定义为

$$P_k(t)=\frac{\text{trail}(x_t,t)}{\sum_{j=1}^{N_\text{r}}\text{trail}(x_j,t)}\qquad k=1,2,\cdots,N_\text{r} \tag{7-170}$$

蚁群分工：蚁群中的蚂蚁按功能分为全局蚂蚁和局部蚂蚁，分别有 G、L 只，且 $L+G=N_\text{a}$，算法中采用全局蚂蚁的比例来表示蚁群的分工情况，全局蚂蚁的比例定义为 $X_G=G/N_\text{a}\times100\%$。两类蚂蚁采用不用的寻优方式，全局蚂蚁带领个体以探索方式在整个解空间内发现新解，局部蚂蚁带领个体以挖掘方式在局部范围内寻觅更优解。

HCACO 以个体作为信息载体，其适应度值即为启发信息，个体还承载激励信息——信息素。蚂蚁寻优时将释放信息素于引领的个体上，各个体的信息为蚁群共享。HCACO 将切换寻优方式，调度两类蚂蚁的活动，迭代地寻优，使各有分工的蚂蚁在独立完成各自任务的同时，能交换信息，相互激励，协同工作，使蚁群成为多智能体系统，高效地实现全局寻优。当迭代至一定次数，所得结果在连续 10 代保持不变时，算法收敛于最优解。

(2) 相关优化操作。

HCACO 将执行全局蚂蚁的探索式寻优操作、局部蚂蚁的挖掘式寻优操作以及与信息素相关的操作。

a. 全局蚂蚁的探索式寻优操作。

全局蚂蚁的探索式寻优中引入了 GA 的两种操作：交叉和变异。两种操作序贯执行，全局蚂蚁在引领个体完成交叉操作生成新个体后，接着对该个体进行变异操作。

选择操作：全局蚂蚁根据式(7-170)中定义的个体吸引度按概率从种群中选择父代个体 fprt 和母代个体 mprt 个体，采用轮盘赌方法选择上代个体。

所谓轮盘赌方法又称为适应度比例法，是目前遗传算法中最基本也是最常用的选择方法。其基本思想是：各个个体的选择率与其适应度大小成正比。这种方法利用比例于各个个体适应度值的概率来决定其后代的遗传可能性。设群体的规

模大小为 N，个体的适应度值为 f_i，则个体 i 被选择的概率为 p_{si}：

$$p_{si} = \frac{f_i}{\sum_{j=1}^{N} f_i} \tag{7-171}$$

从式(7-171)可以看出，概率 p_{si} 反映了个体 i 的适应度值在整个群体适应度总和中所占的比例，如前所述，个体的适应度值越大，它被选中的概率就越高，反之越小。当选择概率确定以后，将[0, 1]区间按群体中 N 个数字串的选择率分为 N 个小区间。若任一小区间的长度为 l_j，则

$$l_j = p_{si}, \qquad j \in [1, N] \tag{7-172}$$

用随机变量试验，产生[0, 1]区间内的随机数，随机变量值落入哪个小区间，则相应的个体就被选中。尽管选择的过程是随机的，但是每个个体被选择的机会都是直接与其适应度值成比例的。没有被选中的个体则从群体中淘汰出去。于是选择率大的个体就能多次被选中和参加交配，它的遗传因子就会在群体中扩大。

交叉操作：以交叉概率 P_c 调用式(7-173)生成子代个体 cld 的各个分量，若因概率影响而使 cld 的分量尚未全部生成，则继续选择另两个父代个体，以同样方式生成 cld 的其余分量，直至其分量全部生成。这种方式使得子代个体 cld 的分量可能来自多组父代个体，增加了种群的多样性。新个体 cld 上的信息素由式(7-174)确定。

$$\text{cld}_i = \lambda_i \times \text{mprt}_i + (1-\lambda_i) \times \text{fprt}_i, \qquad i = 1, \cdots, n \tag{7-173}$$

$$\text{trail}(\text{cld}, t) = \frac{1}{n}\sum_{i=1}^{n}\left[\varepsilon_i \times \text{trail}(\text{mprt}, t) + (1-\varepsilon_i) \times \text{trail}(\text{fprt}, t)\right] \tag{7-174}$$

式中，λ 与 ε 为[0, 1]间的随机数。

变异操作：对新得到的个体 cld 上的各分量，以变异概率 P_m 调用式(7-175)计算，生成变异后的子代个体。

$$\text{cld}_i = \text{cld}_i + \theta_i R_i \exp(-\gamma \times (t-1)^b / w), \qquad i = 1, \cdots, n \tag{7-175}$$

式中，t 为当前迭代次数；R_i 为第 i 个分量的最大变异步长；b、w 为非负数，用来控制非线形度与变异步长的衰减速率；γ、θ_i 为[0, 1]间的随机数。变异量将随迭代次数的递增而衰减，以此收缩变异搜索的范围。

经变异后的个体上的信息素按式(7-176)更新。

$$\text{trail}(x_{\text{new}}, t) = \text{trail}(x_{\text{old}}, t) + \Delta_t \tag{7-176}$$

$$\Delta_t = \text{sign}(\Delta_f)\left|\Delta_f\right|^{\alpha} \tag{7-177}$$

式中，a 为调节因子，在[0, 1]内；Δ_f 为新旧个体的适应度值之差。

用全局蚂蚁产生的新个体代替原种群中适应度差的个体，完成种群更新。

b. 局部蚂蚁的挖掘式寻优操作。

该操作由局部蚂蚁执行，局部蚂蚁根据式(7-170)中定义的个体吸引度按概率从种群中选择第 k 个体 x_k。以该个体为起始点，用适当的优化方法在其邻域内进行局部搜索，得到搜索终点 x_k'，如果 fitness(x_k') < fitness(x_k)，则说明局部蚂蚁未能搜得更优值，那么，该个体保持位置不变；如果 fitness(x_k')≥fitness(x_k)，说明 x_k' 比 x_k 更优，则个体 k 移动到 x_k'，并按式(7-176)更新其信息素值。

有多种局部搜索算法可供局部蚂蚁选择，如局部随机搜索算法、共轭梯度法、Powell 法、模式搜索法等都可以用作局部寻优，不同的局部搜索方法也会影响局部蚂蚁的搜索效果。由于模式搜索法在解空间中逐维搜索，寻优效率高。本节采用模式搜索法进行局部寻优。

模式搜索法是由 Hooke 和 Jeeves 于 1961 年提出的，该方法的基本思想，从几何意义上讲，是寻找具有最小函数值的“山谷”，力图使迭代产生的序列沿“山谷”逼近最小点。算法从初始基点开始，包括两种类型的移动，即探测移动和模式移动。探测移动依次沿 n 个坐标轴进行，用以确定新的基点和有利于函数值下降的方向。模式移动沿相邻两个基点连线方向进行，试图顺着“山谷”使函数值更快减少。两种移动交替进行，如此继续下去，直到满足精度要求，即步长 δ 小于给定的某个小的正数 ε 为止。

模式搜索法的计算步骤如下：

①设目标函数为 $f(x)$，给定初始点 $x^{(1)} \in E^n$，n 个坐标方向 $e_1, e_2, \cdots, e_n$，初始步长 δ，加速因子 $\alpha \geqslant 1$，缩减率 $\beta \in (0,1)$，允许误差 $\varepsilon > 0$，置 $y^{(1)} = x^{(1)}$，$k=1$，$j=1$。

②如果 $f(y^{(j)} + \delta e_j) < f(y^{(j)})$，则令 $y^{(j+1)} = y^{(j)} + \delta e_j$，进行步骤④；否则，进行步骤③。

③如果 $f(y^{(j)} - \delta e_j) < f(y^{(j)})$，则令 $y^{(j+1)} = y^{(j)} - \delta e_j$，进行步骤④，否则，令 $y^{(j+1)} = y^{(j)}$，进行步骤④。

④如果 $j<n$，则置 $j=j+1$，转步骤②；否则，进行步骤⑤。

⑤如果 $f(y^{(n+1)}) < f(x^k)$，则进行步骤⑥；否则，进行步骤⑦。

⑥置 $x^{(k+1)} = y^{(n+1)}$，令 $y^{(1)} = x^{(k+1)} + \alpha(x^{(k+1)} - x^{(k)})$，置 $k = k+1$，$j = 1$，转步骤②。

⑦如果 $\delta \leqslant \varepsilon$，则停止迭代，得到 $x^{(k)}$；否则，置 $\delta = \beta\delta$，$y^{(1)} = x^{(k)}$，$x^{(k+1)} = x^{(k)}$，置 $k = k+1$，j=1，转步骤②。

c. 信息素的操作。

当个体在蚂蚁引领下，从空间的原位置移动到新位置后，该个体上的信息素将按式(7-176)更新；随着时间的推移，个体的信息素逐渐减少，称为信息素挥发，按式(7-178)进行操作：

$$\text{trail}(x, t+1) = \rho \times \text{trail}(x, t) \tag{7-178}$$

式中，ρ 为挥发因子，$0 < \rho < 1$。

d. 强制搜索。

在 HCACO 算法中，变异操作是产生新解的重要手段，变异结果的好坏对算法的性能有着很大的影响。在具体操作中，采用强制寻优策略。算法的前期，为了加快收敛速度，在交叉操作产生待变异个体后，解空间还存在大量的更优个体，采用变异操作获得更优个体的几率较大，变异后，若经潮流计算后新个体不大于变异前个体，则对原个体继续进行变异操作，直至产生较优解，同时，防止计算的大量时间浪费在变异操作中，规定若连续变异一定次数，算法还找不到较优解，则直接保留交叉后的个体；在算法后期，在 GA 种群外存在的较优个体已经很少，蚂蚁已在最优路径附近运动，变异操作产生较优个体的困难度大大增加，为了防止算法陷入局部最优解，将交叉后的个体在其微小邻域内进行微调，文中采用 Powell 算法对交叉后个体直接进行优化，代替原有的变异操作，由于 Powell 法具有二次截止性，算法能够很快找到较大值，比较优化前后的个体，保留较大个体。通过强制寻优策略，使得HCACO算法在交叉操作后找到较优个体的能力大大加强，加快了算法的收敛速度，增强了算法的全局寻优能力，能够有效避免算法“早熟”。

4. 基于 HCACO 的输电能力计算

(1) 初始化种群：初始化的算法参数有种群规模 N_r、蚂蚁总数 N_a、全局蚂蚁比例 X_G、信息素挥发因子 ρ、交叉概率 P_c、变异概率 P_m、变异操作的最大变异步长 R 及参数 b、w。在定义域内，随机产生 N_r 个可行解构成初始种群，并为各个体赋予相同的信息素初值。产生 N_a 只蚂蚁，其中有 $(N_a * X_G)$ 只全局蚂蚁，$(N_a - N_a * X_G)$ 只局部蚂蚁。

(2) 全局探索式寻优：逐个调动全局蚂蚁执行探索式寻优操作，将得到 G 个子代个体，并用以替代当前种群的 G 个最差个体，完成种群信息的更新，形成新的 GA 种群。

(3) 局部挖掘式寻优：逐个调动局部蚂蚁执行挖掘式寻优操作，各局部蚂蚁将引领个体到更优的位置，代替原个体，同时完成种群信息的更新，形成新的 GA 种群。

(4)信息素蒸发：经过一轮迭代后，对各个体执行信息素挥发操作。

(5)检查终止条件：至此，蚁群完成一轮搜索，种群被更新，将检查是否满足算法的终止条件，若否，即转至(2)，开始下一轮迭代搜索；若是，则输出蚁群当前所找到的最优解，算法结束。

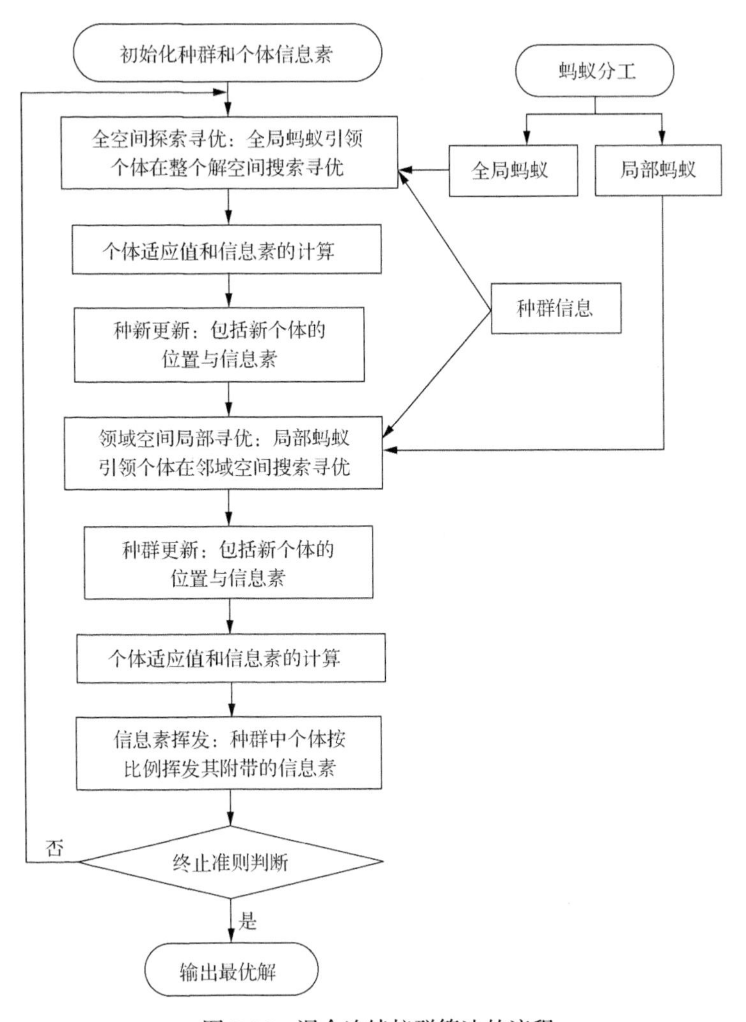

图 7-26　混合连续蚁群算法的流程

5. 算例分析

基于 HCACO 的 ATC 的计算步骤，将 HCACO 应用于 ATC 的计算，以 IEEE-30

节点系统为例对其 ATC 进行计算，并将 3 个区域的 6 个仿真结果与经典优化算法 benders 算法、现代启发式算法遗传算法和改进粒子群算法 IPSO 进行对比，比较分析结果表明：HCACO 算法能够有效处理连续优化问题，具有很强的全局收敛能力和较高的结果稳定性，进而说明将 HCACO 算法应用 ATC 的计算是有效的，合理的。

1) ATC 的计算步骤

以式(7-98)为 ATC 的目标函数，忽略 TRM 和 CRM 对 ATC 结果的影响，则基于 HCACO 的 ATC 的计算流程如下。

(1) 初始化种群：输入原始数据，获取节点信息和支路信息，获得控制变量的个数及各自的取值范围，确定初始种群数目、蚂蚁数目、全局蚂蚁比例、信息素挥发因子、交叉概率、变异概率、变异操作最大变异步长。在可行域内，初始化的 GA 种群服从随机分布，但必须在基态潮流附近，以免在最初几代内就生成大量的非可行解，产生超级个体而导致早熟。

(2) 全局探索式寻优：逐个调动全局蚂蚁引领 GA 种群中的个体执行探索式寻优操作，对 GA 种群中新个体解潮流方程，并将得到的潮流计算结果较大的个体替换当前种群中的最差个体。

(3) 局部挖掘式寻优：逐个调动局部蚂蚁引领 GA 种群中的个体执行挖掘式寻优操作，经过模式搜索后，各局部蚂蚁将引领个体到最优的位置。

(4) 信息素蒸发：经过一轮迭代后，对各个体执行信息素挥发操作。

(5) 检验终止条件：至此完成一轮搜索，种群被更新，检查输出的最优值是否连续 10 代保持不变，若否，转至(2)，开始下轮搜索；若是，则输出蚁群找到的最优解，算法结束。

采用 Matlab7.1 编写程序，在计算过程中，全局蚂蚁和局部蚂蚁的数量影响着算法的寻优性能，全局蚂蚁比例不宜过大或过小，否则就需要更多的计算力来寻找最优解；为有较好的全局寻优性能，其值可稍高一些，这里取 X_G=0.8；随着信息素挥发因子 ρ 增大，算法的迭代次数有先减少后增加的趋势，此处取 ρ=0.8；随着种群规模的增大，找到最优解所需的迭代轮数开始时快速下降，而当种群(蚁群)达到一定规模后，这个趋势就变得很缓慢，而找到最优解所需的计算时间随着种群(蚁群)规模的增大一直在快速增长。种群(蚁群)规模太小，将难以找到问题的最优解，而规模过大将导致算法的寻优效率严重降低；在问题维数不太高时，种群规模在 100 以内即可，这里选取种群规模 $N_r = 40$，蚂蚁总数 $N_a = 30$；交叉概率 $P_c = 0.8$，变异概率 $P_m = 0.1$，最大变异步长 $R_i = 8$，$a = 0.5$，$b = 0.5$，$w = 20$；采用轮盘赌方法选择算子选择个体；收敛条件为输出的最优值连续 10 代保持不变。

2) 全局寻优能力比较

算法的全局寻优能力是检验算法最重要的标准之一，直接决定着算法的可行性。将基于 HCACO 算法的 ATC 计算结果与文献[23]中的列出的 benders 分解法以及文献[30]的 IPSO 算法的计算结果相对比，用来验证算法的有效性。

表 7-15 为几种优化算法全局寻优能力的比较。其中，在 2-1 区、1-3 区、3-1 区和 2-3 区，HCACO 算法与 IPSO 算法的计算结果相差无几，这说明 HCACO 算法克服了 ACO 算法只适用于离散系统的弊端，能够有效地处理连续优化问题，且计算结果较为准确；在 1-2 区、2-1 区、3-1 区、2-3 区和 3-2 区，HCACO 算法在满足系统各种约束条件下，其计算结果要比使用传统优化算法大的多，这说明 HCACO 算法能够克服传统优化算法容易陷入局部最优解的弊端，表明基于并行搜索机制的群智能算法比单一搜索机制的传统算法具有更强的跳出局部最优解的能力；在 1-2 区，3-2 区，HCACO 算法比 IPSO 算法的计算结果有显著提高，说明 HCACO 具有更强的全局寻优能力，这也表明混合算法比单一算法在处理优化问题上具有更大的优势。

表 7-15　不同算法之间的计算结果比较

区域间	ATC/ MW		
	Benders	IPSO	HCACO
1-2	104.19	106.52	115.46
2-1	30.30	57.15	56.94
1-3	103.31	104.99	103.43
3-1	53.03	95.01	94.81
2-3	32.21	43.23	45.18
3-2	54.34	63.61	79.42

3) 结果稳定性比较

现代智能算法本身是基于随机搜索技术的(种群的产生及优化操作)，随机性因素对算法性能不可避免的产生影响。稳定性好的算法对于随机因素的影响有较好的适应性，也就是说，该算法能够以更高的概率找到最优解。一般的做法是将相同的测试重复独立地运行若干次。为了检验算法的稳定性，这里采用在 30 次独立实验中比较算法所找到最优值的平均值和方差。

表 7-16 列出了两种智能算法在各区域间 ATC 的平均值和样本方差的 30 次统计结果。从平均值来看，在 6 个区域对中，HCACO 算法计算得到的最优值均好于采用了最优个体保存策略的 GA 算法，这表明 HCACO 算法的寻优能力要比 GA 算法高，算法具有较高的求解精度；从样本方差来看，在 6 个区域对中，最优值的整体波动很小，特别是在 2-1 区、3-1 区和 2-3 区，HCACO 算法最优解的波动程度非常小，表明 HCACO 算法受随机性因素的影响较小，具有较高的结果稳定性。

表 7-16　两种智能算法结果稳定性比较

区域间	GA		HCACO	
	ATC/MW	样本方差	ATC/MW	样本方差
1-2	106.54	5.584	115.46	5.844
2-1	55.18	0.142	56.84	0.351
1-3	98.85	12.22	103.43	5.426
3-1	93.73	0.255	94.81	0.155
2-3	42.85	2.235	45.18	0.199
3-2	71.30	5.040	79.42	2.280

4) 收敛性分析

表 7-17 是采用强制搜索与采用非强制搜索的 HCACO 算法和 GA 算法收敛代数的比较，此处只列出了 2-3 区的 ATC 比较结果。从结果来看，HCACO 算法的迭代次数要远小于 GA 算法的迭代次数，且采用了强制搜索的 HCACO 算法在满足结果合理性的前提下，迭代次数减少更为明显。

表 7-17　迭代次数的比较

算法	$ATC_{2\text{-}3}$/MW	迭代次数
强制搜索	45.18	20
非强制搜索	43.64	36
GA	42.85	85

图 7-27 是几种方法的收敛特性曲线比较。由图可见，GA 算法在前几代有较大的斜率，但后面变化极为缓慢，说明 GA 算法在算法前期能够较快的确定最优解的范围，但局部搜索能力较差，收敛速度较慢。

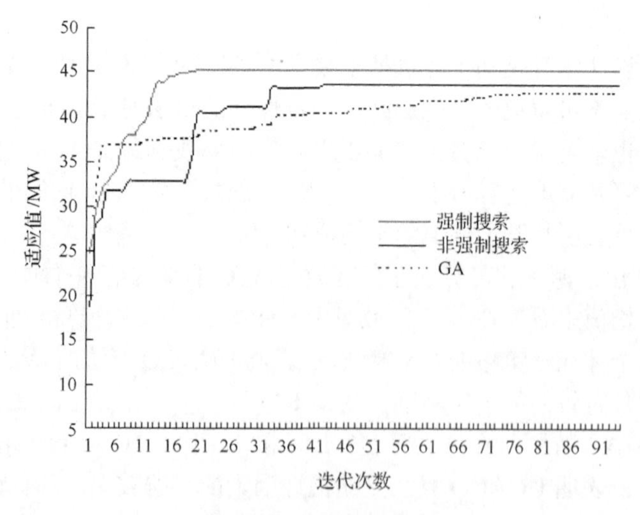

图 7-27　收敛特性比较

非强制搜索曲线有一个阶段基本无变化，且其对应数值与 benders 分解法数值接近，这说明随着迭代次数的增加，该方法可能出现搜索停滞现象，容易陷入局部最优解；而强制搜索能够在开始的几代内保持较大的斜率，较快的到达最优解附近，并在最优解附近迅速进行微调，到达最优解，表明该方法有快速的收敛速度和较强的全局寻优能力。

参 考 文 献

[1] 黄平. 最优化理论与方法. 北京: 清华大学出版社, 2009.

[2] 王凌, 郑大钟. 混合优化策略统一结构的探讨. 清华大学学报, 2002, 17 (1): 33-36.

[3] 陈宝林. 最优化理论与算法. 北京: 清华大学出版社, 2000.

[4] 张光澄. 非线性最优化计算方法. 北京: 高等教育出版社, 2005.

[5] 李国庆. 基于连续型方法的大型互联电力系统区域间输电能力的研究. 天津: 天津大学博士学位论文. 1998.

[6] 汪峰, 白晓明. 基于最优潮流的最大传输能力计算. 中国电机工程学报, 2002, 22(11): 35-40.

[7] Gravener M H, Chika N. Available transfer capability and first order sensitivity. IEEE Transactions on Power Systems, 1999, 14(2): 512-518.

[8] Tuglie E D, Dicorato M, Scala M L, et al. A static optimization approach to assess dynamic available transfer capability. IEEE Transactions on Power Systems, 2000, 15(3): 1069-1076.

[9] Yang B Y, Peng J C. A novel optimal power flow model and algorithm based on the imputation of an impedance-branch dissipation power. Asia-Pacific Power and Energy Engineering Conference. Wuhan, 2009.

[10] Ejebe G C, Tong J, Waight J G, et al. Available transfer capability calculations. IEEE Transactions on Power Systems, 1998, 13(4): 1521-1527.

[11] Mozafari B, Ranjbar A M, Shirani A R. A comprehensive method for available transfer capability calculation in a deregulated power system. 2004 IEEE International Conference on Electric Utility Deregulation，Restructuring and Power Technologies. Hong Kong, 2004.

[12] Alguaeil N, Conejo A J. Multi—period optical power flow using benders decomposition. IEEE Transactins on power system, 2000, 15(1): 196-201.

[13] Belati E A, de Sousa V A, Nunes L C T, et al. Newton's method associated to the interior point method for optimal reactive dispatch problem. Power Tech Conference Proceedings, 2003, 4: 6.

[14] Guo L, Zhang Y, W Z-G. An algorithm for voltage collapse point based on the theory of transversality in power systems. Transmission and Distribution Conference and Exhibition: Asia and Pacific. Dalian, 2005.

[15] Yang H P, Gu Y, Zhang Y. Reactive power optimization of power system based on interior point method and branch-bound method. 2nd International Conference on Power Electronics and Intelligent Transportation System (PEITS). Shenzhen, 2009.

[16] Zhou W, Peng Y, Sun H. Probabilistic wind power penetration of power system using nonlinear predictor-corrector primal-dual interior-point method. Third International Conference on Electric Utility Deregulation and Restructuring and Power Technologies. Nanjing, 2008.

[17] Carvalho L M R, Oliveira A R L. Primal-dual interior point method applied to the short term hydroelectric scheduling including a perturbing parameter. Latin America Transactions, IEEE, 2009, 7(5): 533-538.

[18] 李国庆, 沈杰, 申艳杰. 考虑暂态稳定约束的可用功率交换能力计算的研究. 电网技术, 2004, 28(15): 67-71.

[19] 李国庆, 赵钰婷, 王利猛. 计及统一潮流控制器的可用输电能力的计算. 中国电机工程学报, 2004, 24(9): 44-49.

[20] Haili M, Shahidehpour S M. Transmission constrained unit commitment based on benders decomposition. International Journal of Electrical Power&Energy Systems, 1998, 20(4):287-294.

[21] Binato S, Pereira M V F, Granville S. Approach to solve transmission network new benders design problems. IEEE Transactions on Power System, 2001, 16(2): 235-240.

[22] Susan A M, Benjamin F H, Ji Y D. Distributed utility planning using probabilistic production costing and generalized benders decomposition. IEEE Transactions on Power System, 2002, 17(2): 497-505.

[23] Li W X, Mou X M. A comprehensive approach for transfer capability calculation using benders decomposition. Third International Conference on Electric Utility Deregulation and Restructuring and Power technologies. Nanjing, 2008.

[24] 李国庆, 冀瑞芳, 张健, 等. 基于改进微分进化算法的可用输电能力研究. 电力系统保护与控制, 2011, 39(21): 23-33.

[25] 李国庆, 苏丹, 王建华. 基于免疫遗传算法的可用输电能力计算. 东北电力大学学报, 2011, 31(4): 1-7.

[26] 蒋黎莉, 李国庆, 戴丽丽. 基于思维进化算法的可用输电能力计算. 东北电力大学学报, 2011, 31(4): 23-29.

[27] 陈厚合, 廖海亮, 李国庆. 基于细菌群体趋药性算法的可用输电能力计算. 东北电力大学学报, 2011, 31(4): 8-15.

[28] 张瑞阳, 冯怀玉, 李国庆, 等. 基于模拟植物生长算法的电力系统 ATC 计算. 电力系统及其自动化学报, 2012, 24(1): 37-42.

[29] Li G Q, Sun H, Lv Z Y. Study of available transfer capability based on improved artificial fish swarm algorithm. Third International Conference on Electric Utility Deregulation and Restructuring and Power Technologies, DRPT 2008. Nanjing, 2008.

[30] Chen H H, Li G Q, Liao H L. A self-Adaptive improved particle swarm optimization algorithm and its application in available transfer capability calculation. Fifth International Conference on Natural Computation, ICNC '09. Tianjin, 2009.

[31] Li G Q, Liao H L, Chen H H. Improved bacterial colony chemotaxis algorithm and its application in available transfer capability. Fifth International Conference on Natural Computation, ICNC '09. Tianjin, 2009.

[32] Li G Q, Dai L L, S Y, et al. Study of available transfer capability based on real-coded mind evolution algorithm. 2010 International Conference on Measuring Technology and Mechatronics Automation (ICMTMA), Changsha, 2010.

[33] Jain T, Singh S N, Srivastava S C. Adaptive wavelet neural network-based fast dynamic available transfer capability determination. IET Generation, Transmission & Distribution, 2010, 4(4): 519-529.

[34] 李国庆, 赵钰婷, 王利猛. 计及统一潮流控制器的可用输电能力的计算. 中国电机工程学报, 2004, 24(9): 44-49.

[35] Wang F, Shrestha G B. Allocation of TCSC devices to optimize total transmission capacity in a competitive power market. Power Engineering Society Winter Meeting. Columbus, 2002.

[36] Shaaban M, Ni Y X, Wu F. Total transfer capability calculations for competitive power networks using genetic algorithms. International Conference on Electric Utility Deregulation and Restructuring and Power Technologies, 2000. Proceedings. DRPT 2000. London, 2000.

[37] Michalewicz Z. Genetic Algorithm+Data Structures=Evolution Programs. New York: Springer, 1996.

[38] 周晓娟, 蒋炜华, 马丽丽. 基于改进遗传算法的电力系统无功优化. 电力系统保护与控制, 2010, 38(7): 37-41.

[39] 向铁元, 周青山, 李富鹏, 等. 小生境遗传算法在无功优化中的应用研究. 中国电机工程学报, 2005, 25(17): 48-51.

[40] Gen M, C R W. Genetic algorithms and engineering design, USA: Wiley, 1997, 43 (4): 379-381.

[41] Kennedy J, Eberhart R. Particle swarm optimization. Proceedings of IEEE International Confereneeon Neural Networks, 1995, 4: 1942-1948.

[42] 蔡自兴, 徐光裕. 人工智能及其应用. 北京: 清华大学出版社, 2004.

[43] Kennedy J, Eberhart R. Particle swarm optimization. Proceedings of IEEE International Confereneeon Neural Networks, 1995, 4(8): 1942-1948.

[44] 胡家声, 郭创新, 曹一家. 一种适合于电力系统机组组合问题的混合粒子群优化算法. 中国电机工程学报, 2004, 24(4): 24-28.

[45] 赵波, 曹一家. 电力系统无功优化的多智能体粒子群优化算法. 中国电机工程学报, 2005, 25(5): 1-7.

[46] 侯云鹤, 鲁丽娟, 雄信良, 等. 改进粒子群算法及其在电力系统经济负荷分配中的应用. 中国电机工程学报, 2004, 24(7): 95-100.

[47] 黄海涛. 基于粒子群算法的可用输电能力分析方法研究. 北京: 华北电力大学硕士学位论文, 2006.

[48] 黄海涛, 郑华, 张粒子. 基于改进粒子群算法的可用输电能力研究. 中国电机工程学报, 2006, 26(20): 45-49.

[49] 李国庆, 陈厚合. 改进粒子群优化算法的概率可用输电能力研究. 中国电机工程学报, 2006, 26(24): 18-23.

[50] Li G Q, Chen H H. Study of probabilistic available transfer capability by improved particle swarm optimization. Proceedings of the Csee, 2006, 26(24): 1-6.

[51] 马建伟, 张国立. 人工鱼群神经网络在电力系统短期负荷预测中的应用. 电网技术, 2005, 29(11): 36-39.

[52] 郑华, 刘伟, 张粒子, 等. 基于改进人工鱼群算法的电网可用传输能力计算. 电网技术, 2008, 32(10): 84-88.

[53] 陈广洲, 汪家权, 李传军, 等. 一种改进的人工鱼群算法及其应用. 系统工程, 2009, 27(12): 105-110.

[54] Dorigo M, Stützle T. The ant colony optimization Meta-heuristic. New Ideals in Optimization, 1999, 57(3): 251-285.

[55] 赵宝江, 金俊, 李士勇. 一种求解函数优化的自适应蚁群算法. 计算机工程与应用, 2007, 43(4): 40-43.

[56] 朱庆保, 杨志军. 基于变异和动态信息素更新的蚁群优化算法. 软件学报, 2004, 15(2): 185-192.

[57] 熊伟清, 余舜杰, 赵杰煌. 具有分工的蚁群算法及应用. 模式识别与人工智能, 2003, 16 (3): 328-332.

[58] Randall M. A parallel implementation of ant colony optimization. Journal of Parallel and Distributed Computing, 2002, 62(9): 1421-1432.

[59] 程志刚. 连续蚁群优化算法的研究及其化工应用. 杭州: 浙江大学博士学位论文, 2005.

[60] 李国庆, 吕志远, 齐伟夫. 基于混合连续蚁群算法的可用输电能力研究. 浙江大学学报(工学版), 2009, 43(11): 2073-2078.

[61] Li G Q, Lv Z Y, Sun H. Study of available transfer capability based on hybrid continuous ant colony optimization. Third International Conference on Electric Utility Deregulation and Restructuring and Power Technologies. DRPT 2008. Nanjing, 2008.

第8章　基于暂态稳定约束的互联电网输电能力求解

8.1　引　　言

电力系统暂态稳定性是指系统受到严重的暂态扰动(如切机、短路、断线、切负荷、倒闸操作等情况)后，各发电机间能否保持同步运行，并具有可以接受的电压和频率水平的能力。按物理特性，又可将其划分为功角稳定、电压稳定、动态稳定等。在电力市场环境下，为最大限度地利用现有输电资源，可能会使输电网络运行在功率极限附近，这样在发生某些大的干扰的情况下，系统很可能会失去稳定，所以，系统的暂态稳定性也成为限制功率交换能力的重要因素。不考虑暂态稳定约束的影响可能会过高地估计系统的 ATC 水平，导致在其得到的运行方式下系统会面临暂态稳定性问题。因此，研究考虑暂态稳定约束的 ATC 计算，达到在电力市场化运营机制下系统的安全性和经济性的有机统一，更具有理论和实际意义。

目前，电力系统暂态稳定性分析方法主要概括有如下三种：一是时域仿真法；二是基于 Lyapunov 稳定性理论的直接法；三是时域仿真法与直接法相结合的混合方法。时域仿真法主要是针对现代优化算法尚不能直接处理微分方程问题而提出的，它的原理就是通过电力网络形成全系统的模型，这种模型是描述系统暂态过程的一组微分方程和代数方程组，然后以故障前系统稳态潮流解为初值，对故障中及故障后系统方程应用各种数值积分方法进行求解。该方法的优点是分析的可靠性高、系统模型适应性强，能够提供系统各种变量的时间响应，基本上能满足电力系统规划、设计和运行过程中所进行的离线暂态稳定分析对计算速度和精度的要求。其缺点是工作量太大，不能提供稳定性裕度指标，且耗时长，无法直接应用于在线动态安全性评估，具体应用于数值积分的方法有：隐式梯形法、改进欧拉法和龙格-库塔法等。

直接法基于现代微分动力系统理论，也可称为暂态能量函数方法(transient energy function method)[1-3]，是对李亚普诺夫直接法进行近似处理后发展而成的实用方法，它可以将简单系统中的稳定判别方法推广应用于多机系统。其基本思想是确定故障后的暂态稳定域，所谓“暂态稳定域”是故障后电力系统状态空间上的域，如果故障后的稳定平衡点和故障切除瞬间系统的状态处于该域中，则系统的轨迹将是稳定的。由于直接法只给出了稳定的充分条件而不是充要条件，所以，用直接法判断电力系统的暂态稳定性所得出的结果通常是保守的。

对暂态稳定约束的第三种处理方法是混合法，混合法是近年发展起来的一种比较实用的电力系统暂态稳定性分析方法。它的基本特征是将时域仿真法和直接法相结合，使其同时具有时域仿真不受模型限制、可进行多摇摆分析和直接法能求取稳定裕度的优点。因而一经问世便受到国内外工程界的普遍重视，而且现已开发应用于实际大型现代电力系统的在线暂态稳定分析中[4]。目前，在混合法的研究中主要沿用直接法分析的思路，采用全局能量函数以及网络简化模型，因此，也存在类似直接法的求解临界能量的精度问题，而且稳定性指标的计算方法也较复杂。

直接法能快速分析暂态稳定性但具有保守性，受限于方法本身的缺陷，采用直接法描述暂态稳定约束，所得到的优化模型为一类非光滑优化模型，在数学上对其求解十分困难，因此，不宜采用直接法来处理优化问题中的暂态稳定约束；而混合法存在与直接法同样的缺陷，也很少用于暂态稳定约束的处理；时域仿真法对系统模型适应性强，基于时域仿真优化方法不需要借助强假设来简化问题，广泛地用于暂态稳定约束的处理。本章将采用时域仿真法处理输电能力计算中的暂态稳定约束。

采用确定性模型时，输电能力的计算方法主要有 LPF 方法、基于 OPF 的计算方法、基于 CPF 的计算方法和灵敏度计算方法 4 类。下面主要介绍基于 OPF 和 CPF 的方法。

1) OPF 方法

OPF 可以方便地处理各种系统约束，对系统资源进行优化调度，非常适合于 ATC 的计算。如何在 OPF 中处理电力系统暂态稳定约束是基于 OPF 的计算方法在在线应用中首先要解决的问题。

OPF 中对于暂态稳定约束的处理可以采用以下三种方法：时域仿真法(time domain simulation method)、直接法(direct method)、结合前两种方法优点的混合法(hybrid method)。

2) CPF 方法

基于 CPF 方法可以根据发电计划和短期负荷预测来定义负荷和发电的功率增长方向，全面地考虑系统在各个预想故障集下的暂态稳定约束、静态稳定约束、电压和支路潮流等静态运行约束。本章介绍的方法在充分利用连续潮流能够有效地计及静态稳定和安全约束的优点的同时，采用快速时域仿真技术来处理暂态稳定约束[5]。

本章将分别对基于 OPF、CPF 的暂态稳定约束下的输电能力问题进行阐述。

8.2 时域仿真法计算暂态稳定约束下输电能力

8.2.1 约束转换法处理暂态稳定约束

使用考虑 OTS 来计算 ATC，实际上是求解一种包含微分和代数方程的函数空间的非线性优化问题。因为该问题包含微分方程且变量定义在函数空间，所以求解难度很大。

针对这类复杂的优化问题，近年来人们提出了两种求解方法。一种方法是将系统的动态方程差分化为等值的代数方程，并将功角稳定约束离散化为对应时间序列上的不等式约束，从而建立起 OTS 的静态优化模型，因此可采用各种常规的优化方法来求解。但由于该方法通过差分化将动态方程等值为代数方程，因此会产生一定的误差，而且在每次迭代过程中引入大量中间变量，会使求解问题的规模急剧增长，加重了计算的困难程度。另一种方法是使用约束转换技术处理附加的暂态稳定约束，将函数空间的优化问题转化为 Euclidean 空间的优化问题[6,7]。转化后的优化问题中不包含微分方程和随时间变化的量，且求解规模增加不大，是一种很有效的方法。但由于该方法每迭代一步都要进行数值积分，因此，对所采用优化算法的有效性和收敛性都有很高的要求。

8.2.2 OTS 在函数空间的优化模型

考虑暂态稳定约束的 ATC 计算的抽象数学优化模型可表示为

$$\begin{aligned}&\min f(x)\\&\text{s.t.}\ \ g(x)=0\\&h_{\min}\leqslant h(x)\leqslant h_{\max}\end{aligned}\tag{8-1}$$

式中，x 为系统状态变量和控制变量及对应暂态稳定分析的变量；$f(x)$ 为目标函数；$g(x)$ 为等式约束；$h(x)$ 为不等式约束。

考虑暂态稳定约束的最优潮流问题的关键在于如何处理表示暂态稳定约束的一系列微分方程，这里应用约束转换法。该方法利用约束转换技术处理包含微分方程的附加约束，相应地将函数空间的优化问题转换为常规的静态优化问题求解。

本章将对上述两类基于最优潮流考虑暂态稳定约束估算 ATC 问题方案[8]进行论述。为了说明问题，优化算法均选用原-对偶内点法。原-对偶路径跟踪内点法以其良好的鲁棒性和收敛性，在众多优化方法中显示出良好的优势。原-对偶内点算法本质上是拉格朗日函数、牛顿法和对数障碍函数三者的结合，在保持解的原始可行性和对偶可行性的同时，沿原-对偶路径找到目标函数的最优解。它可以很好地继承牛顿法最优潮流的优点、还可以更方便地处理不等式约束。

考虑暂态稳定约束的 ATC 计算模型可理解为：在满足系统稳态运行的前提下，可以同时满足发生预想事故时的暂态稳定约束，由此所确定的由发电区向受电区可传输的最大功率。

为了简化，本方案进行了一系列的规定和假设。

(1) 发电机模型采用多机电力系统的经典数学模型，各发电机用 x'_d 后的恒定电势 E' 来模拟，即

$$P_{ei} = E_i'^2 G'_{ii} + \sum_{\substack{j=1 \\ j \neq i}}^{n_g} \left[E'_i\ E'_j\ B'_{ij} \sin(\delta_i - \delta_j) + E'_i\ E'_j\ G'_{ij} \cos(\delta_i - \delta_j) \right] \tag{8-2}$$

式中，$i \in S_G$，S_G 为发电机节点集合；P_{ei} 为发电机的电磁功率；$Y'_{ij} = G'_{ij} + jB'_{ij}(i, j = 1, 2, \cdots, n_g)$ 为发电机内电势节点的自导纳 $(i = j)$ 和互导纳 $(i \neq j)$。

(2) 仅考虑第一摇摆周期的暂态稳定性，认为原动机输入的机械功率保持不变，其数值由扰动前的稳态运行状态决定。

(3) 负荷采用恒阻抗模型。

(4) 系统在到达鞍结分岔点造成电压失稳前，至少有一个节点电压越限。

(5) 暂态稳定约束采用功角稳定约束，即以惯性中心为参考，采用系统中任意一台发电机的转子角相对于惯性中心之间的角度差不超过某一极限作为判据，可描述为

$$\bar{h}_i^m = \left| \delta_{it}^m - \frac{\sum_{l=1}^{n_g} M_l \delta_{lt}^m}{\sum_{l=1}^{n_g} M_l} \right| - \delta_{\max} \leqslant 0, \qquad i \in S_G；\ t \in S_T \tag{8-3}$$

因此，OTS 在函数空间的优化模型为如下的含有微分方程的非线性规划问题：

$$\begin{aligned} &\min f(x_0, y_0) \\ &\text{s.t.} \begin{cases} G_0(x_0, y_0) = 0 \\ H_0(x_0, y_0) \leqslant 0 \end{cases} \end{aligned} \tag{8-4}$$

$$\dot{x}^m(t) = F^m[x^m(t), x_0, y_0] \tag{8-5}$$

$$\bar{H}^m[x^m(t)] \leqslant 0, \qquad t \in (0, T], m \in N_c \tag{8-6}$$

式中，式(8-4)为目标函数和为保证系统稳态运行所需满足的约束条件；G_0为潮流方程；H_0为系统静态安全约束，包括发电机容量约束，负荷水平约束，节点电压约束，线路热容量约束；式(8-5)为发电机转子运动方程；式(8-6)为功角稳定约束；$x^m(t)=\left[(\delta_t^m)^{\mathrm{T}},(\omega_t^m)^{\mathrm{T}}\right]^{\mathrm{T}}$；$x_0=(\delta^{\mathrm{T}},\omega^{\mathrm{T}})$为$x^m(t)$的初值向量，$y_0=[P_{\mathrm{G}}^{\mathrm{T}}, Q_{\mathrm{G}}^{\mathrm{T}}, P_{\mathrm{D}}^{\mathrm{T}}, Q_{\mathrm{D}}^{\mathrm{T}}, E'^{\mathrm{T}}, V^{\mathrm{T}}, \theta^{\mathrm{T}}]^{\mathrm{T}}$，$P_{\mathrm{G}}$、$Q_{\mathrm{G}}$、$P_{\mathrm{D}}$、$Q_{\mathrm{D}}$分别为发电机和负荷的有功出力和无功出力，$E'$为发电机暂态电势向量，$V$为节点电压幅值向量，$\theta$为节点电压相角向量。

本方法采用约束转换技术将此函数空间的复杂优化问题等值转化成了Euclidean空间的一般优化问题，使得问题的求解难度大大降低。

8.2.3 约束转换技术

所谓约束转化技术就是对系统运动方程进行数值积分，将其等值转化为各个积分段上的量并将这些量包含在功角稳定约束中。功角稳定约束是指系统中各发电机的转子角相对惯性中心的偏移不超过某一阈值。因此，在几何上可理解为δ-t坐标系中，摇摆曲线在研究时间范围[0，T]内的振荡不超过$\delta=\delta_{\max}$，这可以通过使摇摆曲线超出$\delta_{\max}$的部分为0来实现。在数学上可表示为：式(8-3)的越限部分在对应时间段上的积分小于等于0，由于实际计算中存在误差，因此，令其小于等于一个很小的正数σ，即

$$I_i^m[x^m(t)]=\int_0^T \max\left\{0,\bar{h}_i^m(x^m(t))\right\}\mathrm{d}t \leqslant \sigma, \qquad m\in N_{\mathrm{c}}, i\in N_{\mathrm{g}} \tag{8-7}$$

由于可以对式(8-5)进行数值积分将其等值为各个时刻的$x^m(t)$，因此，可将式(8-5)中各个时刻的$x^m(t)$记为以x_0和y_0为自变量的函数，即

$$x^m(t)=x_t^m(x_0,y_0) \tag{8-8}$$

将式(8-8)带入式(8-7)中得

$$I_i^m(x_0,y_0)=\int_0^T \max\left\{0,\bar{h}_i^m[x_t^m(x_0,y_0)]\right\}\mathrm{d}t \leqslant \sigma, \qquad m\in N_{\mathrm{c}}, i\in N_{\mathrm{g}} \tag{8-9}$$

即

$$H^m(x_0,y_0)=I_i^m(x_0,y_0)-\sigma \leqslant 0 \tag{8-10}$$

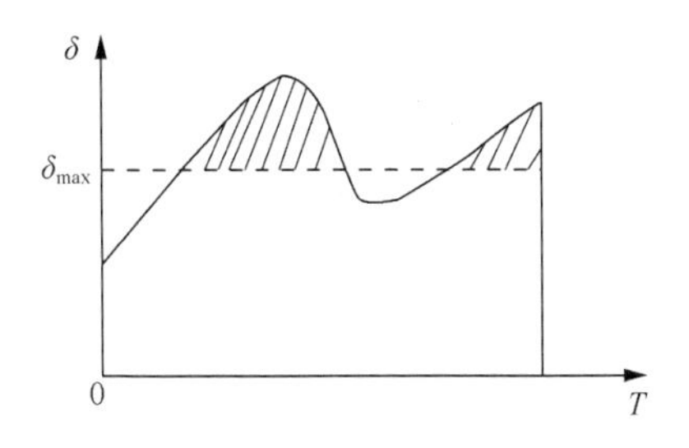

图 8-1　暂态稳定约束的几何意义

简而言之，约束转化技术就是对系统动态方程式(8-5)进行数值积分，使其变化为等价形式，如式(8-8)所示，并隐含在式(8-9)中，这样，就将原约束中的微分方程消去，且在优化过程中不引入随时间变化的量。

因此，基于 OTS 的计算 ATC 的函数空间优化模型可等值变换为如下的 Euclidean 空间优化模型：

$$\min f(x_0, y_0) \tag{8-11}$$

$$\text{s.t.}\begin{cases} G_0(x_0, y_0) = 0 \\ H_0(x_0, y_0) \leqslant 0 \end{cases} \tag{8-12}$$

$$H^m(x_0, y_0) \leqslant 0 \tag{8-13}$$

转换后的模型可视为在常规的 OPF 问题中只增加了不等式约束式(8-13)，系统求解规模增加不大，可用常规的优化方法求解。

8.2.4　模型的求解方法

1. 海森矩阵的计算

因本方案所使用的非线性互补方法是以原-对偶内点法为基础，所以也需要目标函数和各约束的二阶偏导信息。因此，与常规 OPF 相比，求解式(8-13)的海森矩阵是求解转换后模型的一大难点。

由式(8-9)可得，$\bar{h}_i^m[x_t^m(x_0, y_0)] > 0$ 时有

$$\frac{\partial I_i^m}{\partial p} = \int_0^T \frac{\partial \bar{h}_i^m[x_t^m(x_0, y_0)]}{\partial p}\mathrm{d}t \tag{8-14}$$

$$\frac{\partial^2 I_i^m}{\partial p \partial q} = \int_0^T \frac{\partial \bar{h}_i^m[x_t^m(x_0, y_0)]}{\partial p \partial q}\mathrm{d}t \tag{8-15}$$

式中，p 和 q 可以任意代替 x 或 y 向量中的元素。由多元复合函数的求导法则可得

$$\frac{\partial \bar{h}_i^m}{\partial p}=\frac{\partial \bar{h}_i^m}{\partial x_t}\cdot\frac{\partial x_t}{\partial p} \tag{8-16}$$

$$\frac{\partial^2 \bar{h}_i^m}{\partial p \partial q}=\frac{\partial^2 \bar{h}_i^m}{\partial x_t^2}\cdot\frac{\partial x_t}{\partial p}\cdot\frac{\partial x_t}{\partial q}+\frac{\partial \bar{h}_i^m}{\partial x_t}\cdot\frac{\partial^2 x_t}{\partial p \partial q} \tag{8-17}$$

由于 $\bar{h}_i^m[x_t^m(x_0,y_0)]$ 是 x_t 的显函数，所以，求解式(8-13)的海森矩阵只需求出 $\frac{\partial x_t}{\partial p}$ 和 $\frac{\partial^2 x_t}{\partial p \partial q}$ 即可。将式(8-5)对 p 求偏导得

$$\frac{\mathrm{d}}{\mathrm{d}t}\cdot\frac{\partial x_t}{\partial p}=\frac{\partial F^m}{\partial x_t}\cdot\frac{\partial x_t}{\partial p}+\frac{\partial F^m}{\partial p} \tag{8-18}$$

由于 $F^m(x(t),x_0,y_0)$ 是 $x(t)$、x_0 和 y_0 的显函数，所以，式(8-18)是以 $\frac{\partial x_t}{\partial p}$ 为自变量的常微分方程。式(8-18)两边再对 q 求偏导得

$$\frac{\mathrm{d}}{\mathrm{d}t}\cdot\frac{\partial^2 x_t}{\partial p \partial q}=\frac{\partial^2 F^m}{\partial x_t^2}\cdot\frac{\partial x_t}{\partial p}\cdot\frac{\partial x_t}{\partial q}+\frac{\partial F^m}{\partial x_t}\cdot\frac{\partial^2 x_t}{\partial p \partial q}+\frac{\partial^2 F^m}{\partial p \partial q} \tag{8-19}$$

式中，$\frac{\partial x_t}{\partial p}$ 可由式(8-18)求出，所以，式(8-19)是以 $\frac{\partial^2 x_t}{\partial p \partial q}$ 为自变量的常微分方程。因此，只需对式(8-18)、式(8-19)进行数值积分即可求出所需的所有量。

2. 非线性互补法

原-对偶内点法现在广泛地应用于大规模系统的优化问题中。该方法首先在优化模型中引入非负的松弛因子将不等式约束转化为等式约束，然后用拉格朗日法处理等式，用统一的障碍因子 μ(随迭代逐渐减小的正数)处理各松弛因子，形成扩展的目标函数如下：

$$\begin{aligned}L=&f(x)-\lambda^{\mathrm{T}}g(x)+v^{\mathrm{T}}\left(s_u+s_d-h_{\max}+h_{\min}\right)\\&+u^{\mathrm{T}}[h(x)-h_{\max}+s_u]-\mu\left(\sum_i \ln s_{ui}+\sum_i \ln s_{di}\right)\end{aligned} \tag{8-20}$$

式中，s_u、s_d 是松弛因子；x、s_u、s_d 称为原始变量；λ，u，v 分别是对应的拉格朗

日乘子，称为对偶变量；$g(x)$是等式约束；$h(x)$是不等式约束。

对式(8-20)中的各变量求一阶偏导，则可得式(8-20)的最优条件，即Kuhn-Tucker条件：

$$L_x = \nabla f(x) - J^{\mathrm{T}}(x)\lambda + B^{\mathrm{T}}(x)u = 0 \tag{8-21}$$

$$L_\lambda = -g(x) = 0 \tag{8-22}$$

$$L_u = h(x) - h_{\max} + s_u = 0 \tag{8-23}$$

$$L_v = s_u + s_d - h_{\max} + h_{\min} = 0 \tag{8-24}$$

$$L_{s_u} = [s_u]\ \hat{u} - \mu e = 0 \tag{8-25}$$

$$L_{s_d} = [s_d]\ v - \mu e = 0 \tag{8-26}$$

式中，$\hat{u}$ 为 $u+v$；$[s_u]$、$[s_d]$分别是以 s_u、s_d的元素为对角元构成的对角阵；$\nabla f(x)$是原目标函数的梯度向量；$J(x)$是等式约束 $g(x)$的雅可比矩阵；$B(x)$是不等式约束 $h(x)$的雅可比矩阵。

式(8-25)、式(8-26)是定义 μ 的互补性条件，可等价为 $s_u>0$，$\hat{u}>0$，$s_u\hat{u}=\mu$ 和 $s_d>0$，$v>0$，$s_d v=\mu$。其中$(s_u, s_d)\geqslant 0$，$(\hat{u},v)\geqslant 0$，即所谓的正条件。

原-对偶内点法虽然不用从严格的内点开始，但它的每个解在每次迭代中都必须满足正条件，这就使得其迭代轨迹只能沿着满足正条件的方向迭代，大大限制了其求解效率。

本方案采用的非线性互补方法引入了一个新函数对互补性条件进行等值转换，所以，这里先对该函数作简单的介绍。引入的函数被定义为含有如下特性的任何函数：

$$\varphi_\mu(a,b) = 0 \quad \Leftrightarrow a > 0, b > 0, ab = \mu > 0 \tag{8-27}$$

任何具有式(8-27)特性的函数被称为NCP(nonlinear complementarity problem)函数。近几年人们提出了多个NCP函数，其中比较著名的是Chen和Harker在文献[9]中提出的NCP函数：

$$\varphi_\mu(a,b) = a + b - \sqrt{a^2 + b^2 + 2\mu} \tag{8-28}$$

式中，μ 和在原-对偶内点法中定义的障碍因子一样，是一个逐渐减小至零的正数。

由于NCP函数式(8-28)具有式(8-27)的特性，因此，我们可以用函数式(8-28)等值的转换互补性条件式(8-25)、式(8-26)，这样，正条件被该函数所自动满足而不用强加额外的限制，所以，其初值和随后的迭代轨迹就不用再被正条件所约束，其求解空间为 $R^n \times R^n$。

式(8-28)引入 NCP 函数后的新 Kuhn-Tucker 条件为

$$\begin{aligned}
&L_x = \nabla f(x) - J^{\mathrm{T}}(x)\lambda + B^{\mathrm{T}}(x)u = 0 \\
&L_\lambda = -g(x) = 0 \\
&L_u = h(x) - h_{\max} + s_u = 0 \\
&L_v = s_u + s_d - h_{\max} + h_{\min} = 0 \\
&L_{s_u} = s_u + \hat{u} - \sqrt{s_u^2 + \hat{u}^2 + 2\mu} = 0 \\
&L_{s_d} = s_d + v - \sqrt{s_d^2 + v^2 + 2\mu} = 0
\end{aligned} \tag{8-29}$$

对其采用牛顿法求解，可获得如下修正方程：

$$\left(\nabla^2 f(x) - \sum_i \lambda_i \nabla^2 g_i(x) + \sum_i u_i \nabla^2 h_i(x)\right)\Delta x - J^{\mathrm{T}}(x)\Delta\lambda + B^{\mathrm{T}}(x)\Delta u = -L_{x0} \tag{8-30}$$

$$-J(x)\Delta x = -L_{\lambda 0} \tag{8-31}$$

$$B(x)\Delta x + \Delta s_u = -L_{u0} \tag{8-32}$$

$$\Delta s_u + \Delta s_d = -L_{v0} \tag{8-33}$$

$$[A_1]\Delta s_u + [A_2]\Delta\hat{u} = -L_{s_u 0} \tag{8-34}$$

$$[A_3]\Delta s_d + [A_4]\Delta v = -L_{s_d 0} \tag{8-35}$$

式中，

$$A_1：\ 1 - \frac{s_u}{\sqrt{s_u^2 + \hat{u}^2 + 2\mu}}，\quad A_2：\ 1 - \frac{\hat{u}}{\sqrt{s_u^2 + \hat{u}^2 + 2\mu}}，$$

$$A_3：\ 1 - \frac{s_d}{\sqrt{s_d^2 + v^2 + 2\mu}}，\quad A_4：\ 1 - \frac{v}{\sqrt{s_d^2 + v^2 + 2\mu}}$$

$[A_1]$、$[A_2]$、$[A_3]$、$[A_4]$分别是以 A_1、A_2、A_3、A_4 的元素为对角元构成的对角阵。

由以上各式可以推导出如下的降阶修正方程：

$$\begin{bmatrix} \hat{H}(\cdot) & -J^{\mathrm{T}}(x) \\ -J(x) & 0 \end{bmatrix}\begin{bmatrix} \Delta x \\ \Delta\lambda \end{bmatrix}=\begin{bmatrix} \hat{g} \\ g(x) \end{bmatrix} \tag{8-36}$$

$$\Delta s_u = -[B(x)\Delta x + L_{u0}] \tag{8-37}$$

$$\Delta s_d = -\left(L_{v0} + \Delta s_u\right) \tag{8-38}$$

$$\Delta v = -\left[A_4^{-1}\right]\left(A_3\Delta s_d + L_{s_d 0}\right) \tag{8-39}$$

$$\Delta u = -\left[A_2^{-1}\right]\left(A_1\Delta s_u + L_{s_u 0}\right) - \Delta v \tag{8-40}$$

式中，

$$\begin{aligned} \hat{H}(\cdot) = {} & \nabla^2 f(x) - \sum_i \lambda_i \nabla^2 g_i(x) + \sum_i u_i \nabla^2 h_i(x) \\ & + B^{\mathrm{T}}(x)\left(\left[A_2\right]^{-1}\left[A_1\right] + \left[A_4\right]^{-1}\left[A_3\right]\right)B(x) \end{aligned} \tag{8-41}$$

$$\begin{aligned} \hat{g} = {} & -L_{x0} - B^{\mathrm{T}}(x)\Big(\left[A_2\right]^{-1}\left(\left[A_1\right]L_{u0} - L_{s_u 0}\right) \\ & + \left[A_4\right]^{-1}\left(\left[A_3\right]\left(L_{u0} - L_{v0}\right) + L_{s_d 0}\right)\Big) \end{aligned} \tag{8-42}$$

至于本算法的其他部分，如障碍因子、对偶间隙以及迭代步长的设定与原-对偶内点法相同，可见 7.3.3 节中关于内点法的阐述。

8.2.5　算例和结果分析

本方案引用了文献[10]中 7 节点和 36 节点系统进行了 ATC 计算，并且通过与文献[10]所提的差分与原-对偶内点法（方法 1）相结合的分析方法的计算结果进行比较，验证本方案所提方法（方法 2）的正确性和有效性。

因为第一摇摆周期一般是 1～2s，所以本方案研究区间取为 2s；积分步长取为 0.02s；容许误差 ε 取为 0.0001；上、下限值 $\delta_{\max}$ 和 $\delta_{\min}$ 分别取+100°和–100°。

1. 7 节点系统

该系统包括 3 台发电机、7 条线路、2 个负荷，划分为两个区域，如图 8-2 所示。

假设在线路 B4-B3 靠近节点 B4 侧，系统发生三相短路故障，0.1s 切除。这里对考虑暂稳约束和不考虑暂稳约束两种情况分别计算从区域 1 到区域 2 的 ATC，并将计算结果和方法 1 进行比较，如表 8-1 所示。

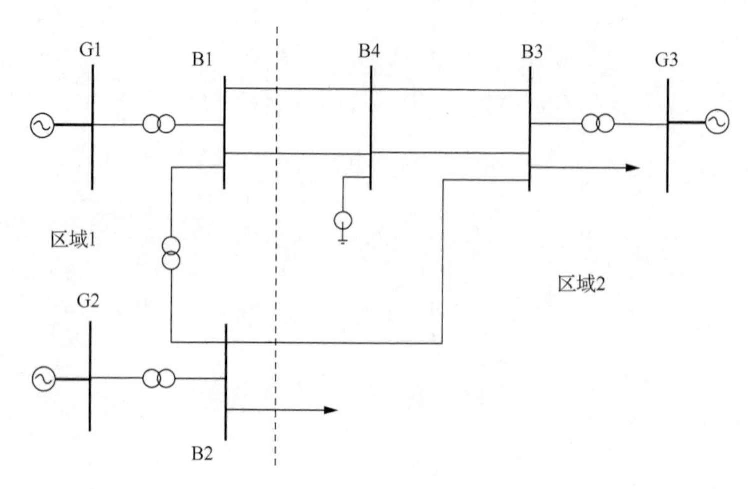

图 8-2　7 节点系统图

表 8-1　ATC 计算结果

优化方法	基态潮流/MW	可用输电能力/MW	
		不考虑暂稳	考虑暂稳
方法 1	498	507	450
方法 2	498	527	465

该表不但显示出本方案所使用方法的正确性，同时可以看出考虑暂态稳定约束后，ATC 下降了约 12%，所以，在 ATC 计算中如果不考虑暂态稳定性约束，很可能会高估 ATC 的值，使系统可能处于暂态不稳定状态。

2. 36 节点系统

该系统包括 8 台发电机、42 条线路、9 个负荷，划分为 3 个区域，如图 8-3 所示。

假设在线路 22-23 靠近节点 23 侧系统发生三相短路故障，0.1s 切除。计算结果表明，不考虑暂态稳定的情况 ATC 为 126MW，考虑暂态稳定的情况 ATC 为 96MW，说明了与表 8.1 相同的道理。

无论是方法 1 还是方法 2，对偶间隙的大小都是判断解的最优性和算法的收敛性的重要指标。图 8-4 为方法 1 和方法 2 的对偶间隙随迭代次数的变化关系曲线。从图中可以看出两种方法的对偶间隙下降的都很快，但方法 2 明显比方法 1 下降的更快。由此可以看出，虽然两种方法都很适合求解考虑暂态稳定约束的 ATC 问题，但方法 2 的求解效率更高。

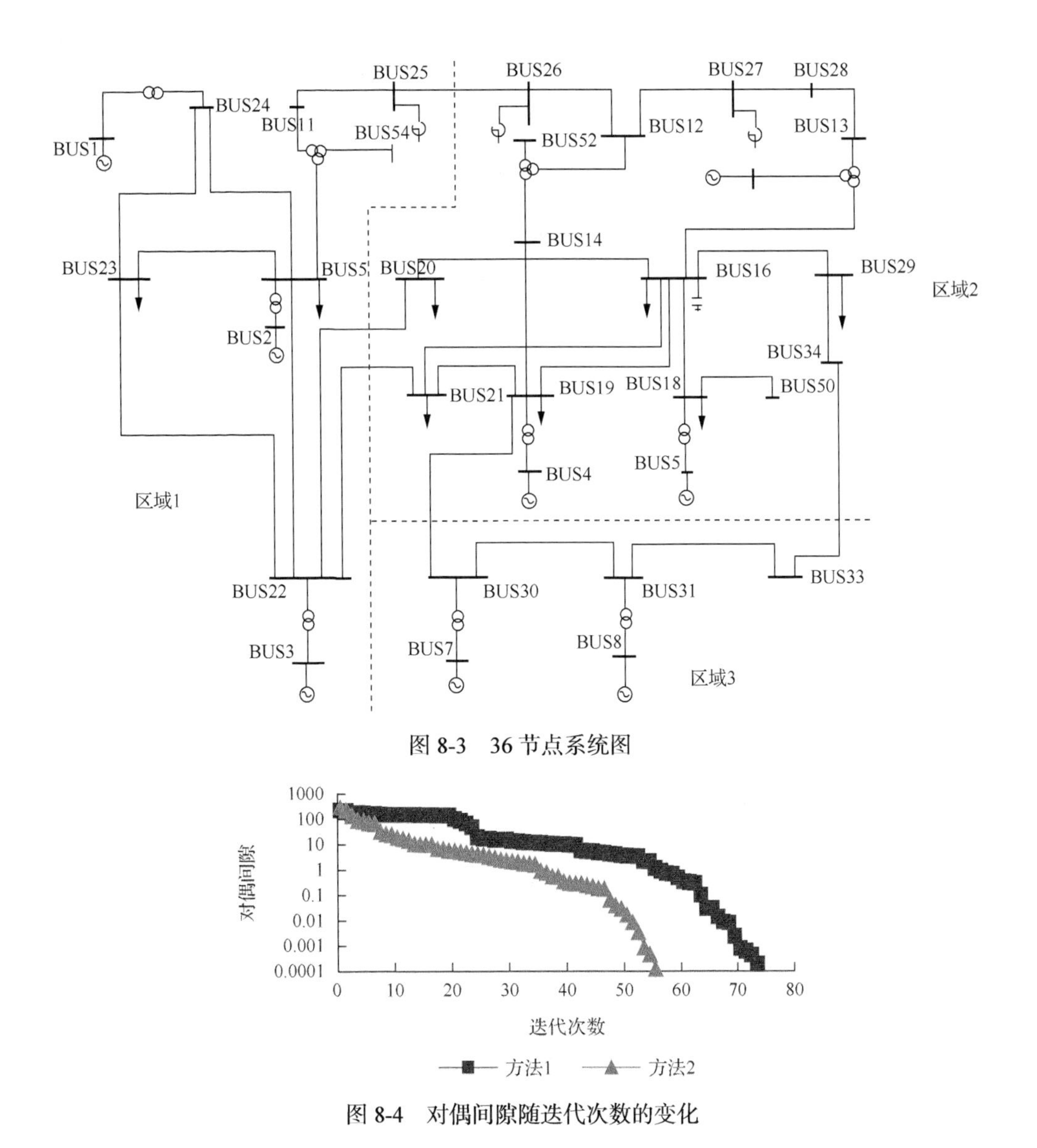

图 8-3　36 节点系统图

图 8-4　对偶间隙随迭代次数的变化

8.3　基于连续型方法的暂态稳定约束下输电能力计算

8.3.1　输电能力计算模型

如果 TTC 计算模型可定义为首故障极限传输容量模型[11](first contingency total transfer capability，FCTTC)，那么其表达式为

$$
\begin{aligned}
P_{\mathrm{G}i} &= P_{\mathrm{G}i,0} + \lambda \Delta P_{\mathrm{G}i}, & i \in \Omega_{\mathrm{sour}} \\
P_{\mathrm{D}j} &= P_{\mathrm{D}j,0} + \lambda \Delta P_{\mathrm{D}j}, & j \in \Omega_{\sin k} \\
Q_{\mathrm{D}j} &= Q_{\mathrm{D}j,0} + \lambda \Delta Q_{\mathrm{D}j}, & j \in \Omega_{\sin k}
\end{aligned} \tag{8-43}
$$

式中，Ω_{sour} 表示发电增长区域；$\Omega_{\sin k}$ 为负荷增长区域；$P_{\mathrm{G}i,0}$、$P_{\mathrm{D}j,0}$ 和 $Q_{\mathrm{D}j,0}$ 分别为初始有功发电和初始负荷；λ 为功率传输裕度的标量；$\Delta P_{\mathrm{G}i}$、$\Delta P_{\mathrm{D}j}$ 和 $\Delta Q_{\mathrm{D}j}$ 为根据发电计划和短期负荷预测得到的发电机和负荷的单位增长量，它们满足如下关系：

$$
\sum_{i \in \Omega_{\mathrm{sour}}} \Delta P_{\mathrm{G}i} = \sum_{j \in \Omega_{\sin k}} \Delta P_{\mathrm{D}j}
$$

$$
\Delta Q_{\mathrm{D}j} = \alpha_j \Delta P_{\mathrm{D}j}
$$

式中，α_j 为负荷无功比例因子。

1. TTC 问题的目标函数

$$
\max \quad \lambda \tag{8-44}
$$

TTC 问题需要满足的等式约束包含静态部分和动态部分。静态部分包括基态和故障后的参数化静态潮流方程，可简写为

$$
f(V,\theta,\lambda) = 0 \tag{8-45}
$$

$$
f_k(V_k,\theta_k,\lambda) = 0, \qquad k \in C \tag{8-46}
$$

式中，C 为预想故障集；V、θ 为基态下节点电压幅值和角度；V_k 和 θ_k 为故障 k 下的节点电压幅值和角度。

动态等式约束可以包括发电机的转子运动方程、励磁机、调速器、PSS 和 FACTS 设备的动态方程等。下面仅给出发电机转子运动方程：

$$
\begin{aligned}
&\dot{\delta}_{k,i} = \omega_{k,i} \\
&M_i \dot{\omega}_{k,i} = P_{mi} - P_{k,ei} - P_{k,\mathrm{D}i}(\omega_{k,i}), \qquad i \in G, k \in C
\end{aligned} \tag{8-47}
$$

式中，G 为发电机集合；$\delta_{k,i}$、$\omega_{k,i}$ 和 $P_{k,ei}$ 为故障 k 下发电机 i 的转子角、相对于同步转轴的角速度和电磁功率；M_i 为发电机 i 的惯性时间常数；P_{mi} 为原动机的机械功率；$P_{k,\mathrm{D}i}$ 为阻尼功率。

2. 不等式约束

1) 静态安全约束

$$
\begin{aligned}
&P_{Gi\min} \leqslant P_{Gi} \leqslant P_{Gi\max}, && i \in G \\
&P_{Gi\min} \leqslant P_{k,Gi} \leqslant P_{Gi\max}, && i \in G,\ k \in C \\
&Q_{Gi\min} \leqslant Q_{Gi} \leqslant Q_{Gi\max}, && i \in G \\
&Q_{Gi\min} \leqslant Q_{k,Gi} \leqslant Q_{Gi\max}, && i \in G,\ k \in C \\
&V_{i\min} \leqslant V_i(\lambda) \leqslant V_{i\max}, && i \in S_N \\
&V'_{i\min} \leqslant V_{k,i}(\lambda) \leqslant V'_{i\max}, && i \in S_N,\ k \in C \\
&\left|I_j(V,\theta,\lambda)\right| \leqslant I_{j\max}, && j \in S_L \\
&\left|I_{k,j}(V,\theta,\lambda)\right| \leqslant I'_{j\max}, && j \in S_L, k \in C
\end{aligned}
\tag{8-48}
$$

式中，S_N 为节点集合；S_L 为线路集合；$V_{i\min}$ 和 $V_{i\max}$ 为正常情况下节点 i 的电压上、下界；$V'_{i\min}$ 和 $V'_{i\max}$ 为故障 k 情形下节点 i 的电压上、下界；$I_{j\max}$ 和 $I'_{j\max}$ 为正常情况下和故障 k 下线路 j 的电流限值。

2) 暂态稳定约束

暂态稳定约束中的功角约束：

$$
\left|\delta_{k,i}(t) - \delta_{k,j}(t)\right| \leqslant \delta_{\max}, \qquad i,j \in G \;\; i \neq j, k \in C
$$

式中，$t\in[0,\ T]$，T 为所研究的暂态过程时间段(这里取 5s)；$\delta_{\max}$ 为允许的上限值(这里取 180°)；$\delta_{k,i}(t)$ 和 $\delta_{k,j}(t)$ 为故障 k 情形下 t 时刻任意 2 台发电机的转子角度。

暂态稳定约束也包括电压约束，称为暂态电压跌落可接受性约束[12]：

$$
\begin{aligned}
&V_{k,i}(t) \geqslant V_c, \qquad i \in S_N \\
&V_{k,i}(t) < V_c, \qquad t \in [t_1, t_2], \quad t_2 - t_1 < T_c
\end{aligned}
\tag{8-49}
$$

式中，V_c 为电压门槛值，此处取 0.77p.u.；T_c 为时间门槛值，取为 0.3。

3. 静态稳定约束

评估系统静态稳定性的指标主要有特征根、最小奇异值指标和负荷裕度指标等。特征根和最小奇异值指标并不具有清晰的物理意义，呈现出强烈的非线性，且无法有效计及发电机无功出力限制等约束的影响。而负荷裕度指标则具有清晰的物理意义，广为工业界所接受。当系统运行在 PV 曲线的鼻点附近时，对应的负荷裕度指标为零，系统雅可比矩阵有 1 个特征根为零，表明系统处于静态电压稳定临界点。采用负荷裕度作为指标，通过连续潮流来计算 PV 曲线和负荷裕度指标，校验静态稳定约束是否满足，其不等约束方程为

$$\lambda_{k,\max}(V_k,\theta_k) \geqslant \lambda_{\text{rep}}, \qquad k \in C \tag{8-50}$$

式中，$\lambda_{k,\max}$ 为故障 k 后系统在同一负荷变化方向下的负荷裕度；λ_{rep} 为必须满足的最小负荷裕度，这里取 10MW。

8.3.2　考虑暂态稳定约束的连续潮流算法

采用常规的数学规划方法求解由上述最优化问题将十分复杂，因此，本节采用一种考虑暂态稳定约束的连续潮流(transient stability constrained continuation power flow，TSCCPF)算法来在线计算 TTC。该算法充分利用了连续潮流技术可以有效计及静态稳定约束和静态安全约束的特性，并将快速时域仿真技术嵌入来考虑一个预想故障集下的暂态功角和暂态电压稳定约束，其表达式为

$$F(\boldsymbol{x},s)=\begin{pmatrix} f(\boldsymbol{x},\lambda) \\ e(\boldsymbol{x},\lambda,s) \end{pmatrix}=0 \tag{8-51}$$

式中，$\boldsymbol{x}$ 为 V、θ 组成的系统稳态状态向量；s 为连续步长；e 为一个标量方程，它和 n 维潮流方程 f 一起确定曲线上的 1 个点，它要使增广后的雅可比矩阵在静态稳定极限点(PV 曲线的鼻值点)处非奇异。

参数化方法是连续潮流的核心环节，本节采用以下局部参数化方法[13]：

$$x_k - s = 0 \tag{8-52}$$

式中，s 为步长；$x_k \in x$；下标 k 的取法为

$$x_k : |\dot{x}_k| = \max\{|\dot{x}_1|,|\dot{x}_2|,\cdots,|\dot{x}_n|\} \tag{8-53}$$

式中，$\dot{x}_1,\cdots,\dot{x}_n$ 为变量 $x_1,\cdots,x_n$ 的梯度；k 的取值在计算过程中是不断变化的。

步长控制策略对于此处的 TTC 计算具有重要影响。步长既不能太小(否则计算量太大)，也不能太大(否则不但影响校正过程的收敛性，而且大量约束违限后必须采用步长收缩策略重新计算)，本节采用基于带头约束的步长控制策略：①在连续潮流的一个解点，检查所有的静态约束，如果所有的约束都满足，则从中找出最接近约束限值的约束作为带头约束；②根据带头约束的接近程度来预估下一

步的步长，采用如下公式：

$$s = (V_{i,2} - V_i^{\min}) s_1 / (V_{i,1} - V_{i,2}) \tag{8-54}$$

式中，s_1 为前一步的步长；分别为带头电压约束 i 的前一点和当前点处的电压值；$V_i^{\min}$ 为电压下限值。节点 i 为没有局部自动电压控制装置的节点或虽有控制装置但已经失去调节能力的节点。类似的计算公式也适用于支路电流约束。其计算过程为在连续潮流计算的每个点处校验故障集中所有故障的暂态稳定约束，满足则继续，否则返回上一点，将步长收缩为原来一半，继续计算，直到两点间的步长小于一个允许值。图 8-5 给出了在线 TTC 计算的流程图。本章所提到的算法具有开放性，其中，暂态稳定约束校核环节既可以采用时域仿真法，也可以采用直接法或者二者相结合的混合法。采用直接法的优点是可以给出 TTC 下系统的暂稳裕度，缺点是会失去对复杂模型的适应性。

8.3.3　算例分析

1. 系统及数据准备

应用本章提到的模型和算法在我国某省电网上进行了测试。系统中有 300 个节点、451 条支路、100 台发电机、180 个负荷。全网负荷有功 8330MW。图 8-6 所示为算例系统 500kV 主干网联络图，图中，B 区是主要的供电区，B 区和 C 区通过双回 500kV b1-c1 线和 4 条 220kV 线向 A 区输送功率。负荷增长方式为：A 区为负荷增长区，B 区和 C 区为发电增长区，求取 B 区、C 区和 A 区之间线路断面的传输功率极限。考察断面的基态传输有功功率 397MW。基态系统节点电压上、下限值为 1.05p.u.和 0.95p.u.，故障后系统节点电压上、下限为 1.15p.u.和 0.85p.u.；故障后系统支路电流约束是基态时的 1.22 倍。

故障集由 50 个单一故障组成，分别为 a1、c1、c2、d1、d2 共 5 个变电站相连的主干线路及发电机出口线路首端三相短路接地，切除时间为 0.2s。

2. 结果分析

场景1：A 区增长的负荷完全由 B 区和 C 区的发电机来平衡，其传输功率-负荷电压曲线如图 8-7 所示。为便于比较，计算越过了静态稳定极限。第 1 个违限约束为基态系统的静态电压约束：c1 站 500kV 母线达到 0.948p.u.，越下限，此时的 TTC 为 1512MW。

场景2：将 D 区某发电厂的所有发电机参与增长负荷的平衡，其传输功率-负荷电压曲线如图 8-8 所示。算法在迭代过程中首先遇到暂态稳定约束违限，失

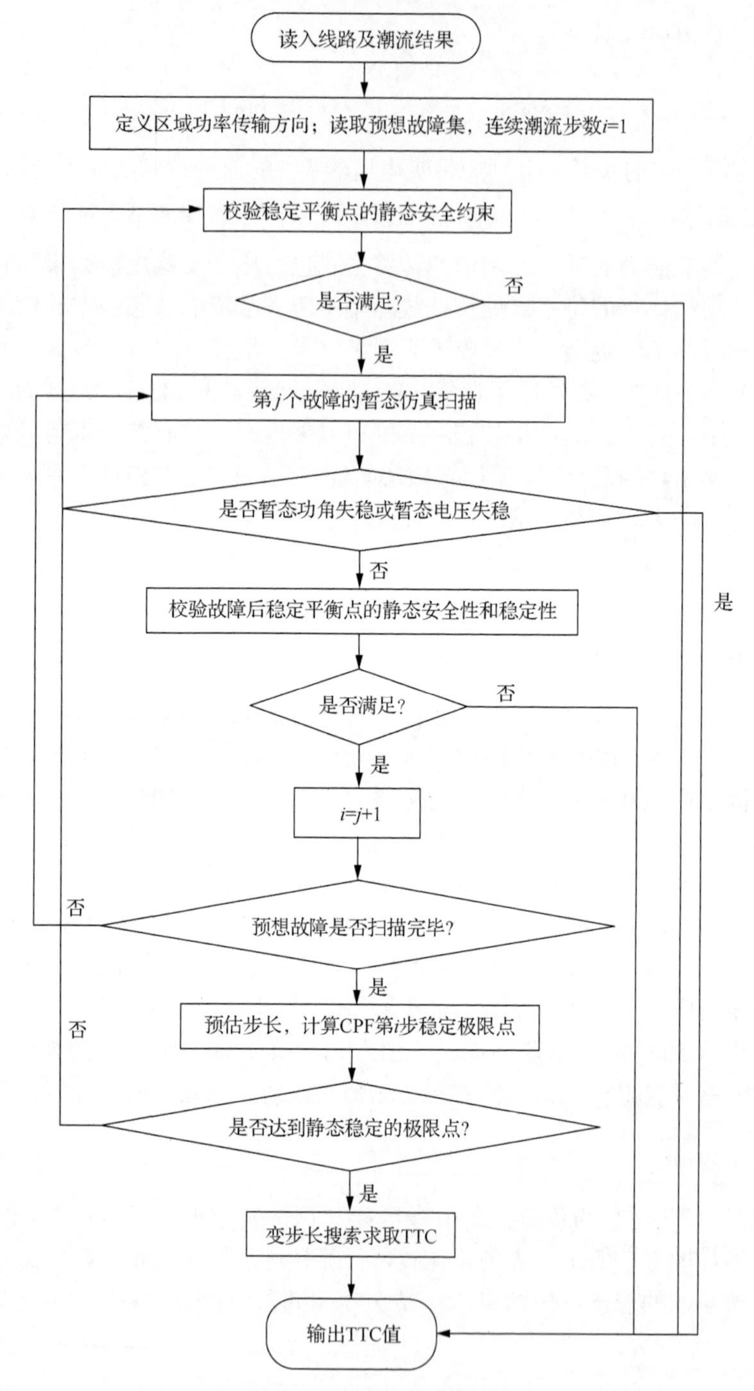

图 8-5　在线 TTC 计算的流程图

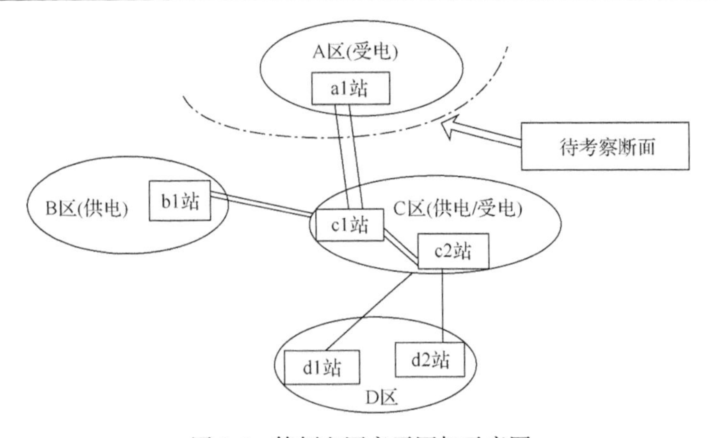

图 8-6　算例电网主干网架示意图

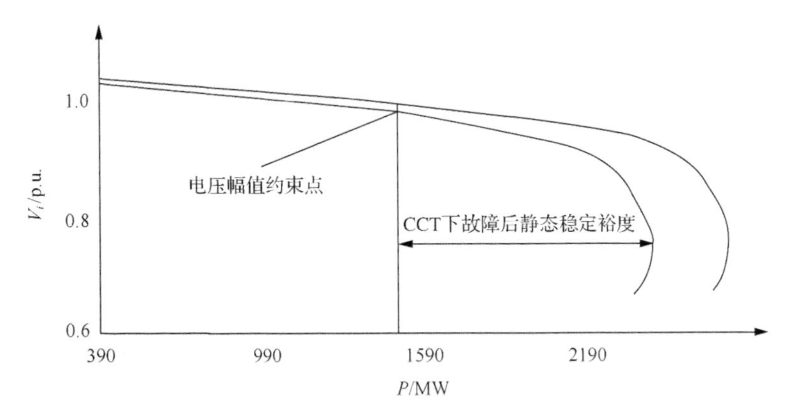

图 8-7　情形 1 的负荷节点 PV 曲线

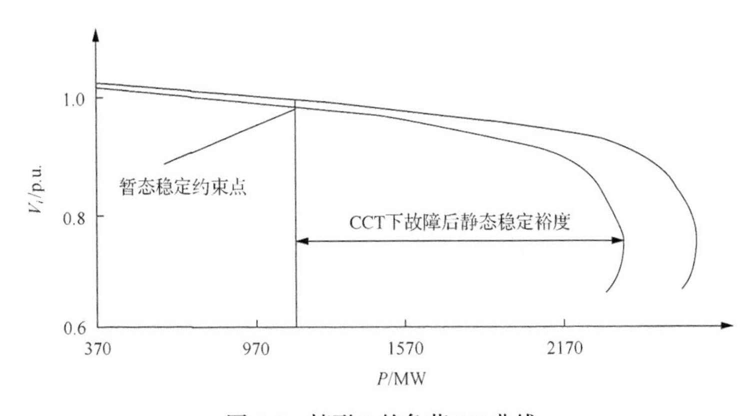

图 8-8　情形 2 的负荷 PV 曲线

稳故障为 c1-c2 线首端三相短路接地故障，0.2s 清除。此时，最接近静态电压约束限值的节点是 c1 站 500kV 母线，电压幅值为 0.955p.u.。此时的 TTC 为 1187MW，比场景 1 小。

场景 1 与场景 2 的 TTC 计算结果见表 8-2。表中，N_{step} 表示计算的总步数，L_{TTC} 表示 TTC 的计算值，V_{c1} 表示到达 TTC 时受监视节点(c1 站 500kV 母线)的电压幅值。$L_{k,min}$ 为故障后系统在同一负荷变化方向下的负荷裕度，k 对应该负荷裕度最小的故障。

表 8-2　TTC 计算结果

场景序号	N_{step}	L_{TTC} / MW	V_{c1} / p.u.	$L_{k,min}$ / MW
1	4	1512	0.948	991
2	5	1187	0.955	1296

场景 2 与场景 1 相比，D 区的发电机参与了 A 区负荷增长的平衡，由于这些发电机容易达到暂态失稳的临界值，限制了功率向 A 区的传输。因此，场景 2 不是一个合适的负荷发电增长方向。需要指出的是，因为场景 1 和场景 2 是来自实际系统的实时运行状态，运行在相对安全的状态下，所以 TTC 点离静态稳定极限点都较远。但这并不意味着在所有情况下都是如此，所以考虑故障后静态稳定运行点(stable equilibrium point, SEP)的静态稳定约束是必不可少的。

3. 计算速度分析

表 8-4 中，t_{CPF} 表示 CPF 计算时间；t_s 为单个故障暂态计算平均时间；$T_{TTC,step}$ 为 TTC 单步计算时间；T_{TTC} 表示 TTC 计算总时间，它和计算总步数 N_{step} 有关。同一问题若采用基于 OPF 的算法，如文献[10]介绍的原-对偶内点法，需要 25 步收敛，且每一步都要进行对故障集的仿真计算，计算量大，实用化存在一定的困难。为进一步提高计算速度，可以采用将故障分布到多节点机上的并行计算技术，场景 1 和 2 的测试条件和计算时间统计分别如表 8-3 和表 8-4 所示，其中，场景 1 算例在串行计算和使用 2CPU、3CPU 并行计算的时间与加速比如表 8-5 所示。由表 8-5 可见，采用 3 个节点机计算的速度相比串行计算时间可提高 2～3 倍。计算模型的选取为：发电机模型取各阶模型(2 阶、3 阶、5 阶)，考虑励磁器、调速器和 PSS。负荷模型为：恒阻抗、恒电流、恒功率。

表 8-3　测试条件

项目	内容
仿真的暂态过程	5s
积分步长	0.02s
计算机硬件	P4 2.4G，512M 内存，100M 网络

表 8-4 计算时间统计 (单位：s)

场景序号	t_{CPF}	t_s	$T_{TTC,step}$	T_{TTC}
1	0.04	0.34	0.34×50=17.0	0.04+17.0×4=68.04
2	0.05	0.35	0.35×50=17.5	0.05+17.5×5=87.55

表 8-5 情形 1 并行计算时间统计

串行计算时间	并行计算时间		并行计算时间	
	2CPU	加速比	3CPU	加速比
68.04	36.25	1.88	28.28	2.42

在实时调度中，若扫描的故障数目在 500 个以内，即使用单台计算机，算法的 TTC 计算时间也可控制在 10min 以内，对于每 15min 在线刷新一次 TTC 的要求是可以满足的。而本章采用分布式计算模式，如果采用 6 台机，则可以在 2min 内给出结果，完全可以满足在线应用的需要。

参 考 文 献

[1] Fang D Z, Chung T S, Zhang Y, et al. Transient stability limit conditions analysis using a corrected transient energy function approach. IEEE Transactions on Power Systems, 2000, 15(2): 804-810.

[2] Bedrinana M F, Paucar V L, Castro C A. Transient stability using energy function method in power systems close to voltage collapse. Large Engineering Systems Conference on Power Engineering. Montreal, 2007.

[3] Jiang N Q, Song W Z. Clarifications on the integration path of transient energy function. IEEE Transactions on Power Systems, 2005, 20(2): 883-887.

[4] Le-Thanh L, Tran-Quoc T, Devaux O, et al. Hybrid methods for transient stability assessment and preventive control for distributed generators. IEEE Power and Energy Society General Meeting-Conversion and Delivery of Electrical Energy in the 21st Century. Pittsburgh, 2008.

[5] 郭琦, 赵晋泉, 张伯明, 等. 一种线路极限传输容量的在线计算方法. 中国电机工程学报, 2006, 26(5): 1-5.

[6] Chen L, Tada Y, Okamoto H, et al. Optimal operation solutions of power systems with transient stability constraints. IEEE Transactions on Circuits and Systems I Fundamental Theory and Applications, 2001, 48(3): 327-339.

[7] 刘明波, 夏岩, 吴捷. 计及暂态稳定约束的可用传输容量计算. 中国电机工程学报, 2003, 23(9): 28-33.

[8] 李国庆, 郑浩野. 一种考虑暂态稳定约束的可用输电能力计算的新方法. 中国电机工程学报, 2005, 25(15): 20-25.

[9] Chen B, Harker P T. A noninterior-point continuation method for linear complementarity problems. SIAM Journal on Matrix Analysis and Applications, 1993, 14(10): 1168-1190.

[10] 李国庆, 沈杰, 申艳杰. 考虑暂态稳定约束的可用功率交换能力计算的研究. 电网技术, 2004, 28(15): 67-71.

[11] Tuglie E D, Dicorato M, Scala M L, et al. A static optimization approach to assess dynamic available transfer capability. IEEE Transactions on Power Systems, 2000, 15(3): 1069-1076.

[12] 瞿寒冰, 刘玉田. 计及暂态电压约束的负荷恢复能力快速计算. 电力系统自动化, 2009, 33(15): 8-12.

[13] Li S H, Chiang H D. Nonlinear predictors and hybrid corrector for fast continuation power flow. Generation, Transmission & Distribution, IET, 2008, 2(3): 341-354.

第9章　概率框架下的输电能力求解方法

9.1　引　　言

可用输电能力的模型可以分为确定性分析模型和概率性分析模型。一般在采用确定性分析模型时，就是以已知的系统基准状态为基础，选择一些可能最严重的系统故障，然后针对所选择的每种系统故障，应用恰当的优化算法估算这种故障发生时系统的 ATC 值，最后选取所有这些 ATC 值中的最小值作为所研究时段内区域间的 ATC 值。这样势必造成解得的 ATC 值偏于保守，不利于深入挖掘电网输电能力。而且，在所有考虑到的运行状态中，很多情况发生的概率极小，甚至在实际中可以忽略，可它们对 ATC 结果的影响却很大。在采用确定性模型估算系统区域间 ATC 时，由于忽略了大量不确定性因素的影响，因而提供的信息量是非常有限的。如果要克服上述确定性分析模型估算系统区域间 ATC 的缺陷，而且考虑到系统各种运行状态的发生概率，就必须选用概率性分析模型。

所谓基于概率的求解方法就是利用概率理论和数理统计分析确定输电系统的可用输电能力。基于电力系统所具有的随机特征，通过模拟发输电设备的随机开断及负荷变化确定系统可能出现的运行方式，然后使用适当的优化算法求解这些运行方式下系统的 ATC，最后综合分析各运行状态下的 ATC 值得到系统 ATC 的期望值。

概率模型中，把系统可能随机出现的各种运行状态、故障情况都列出来，在不同的故障运行方式下求取 ATC 值，然后用概率统计的方法，对所有的系统情况作分析，最终得到基于概率的 ATC 结果。由于电力系统所具有的随机特性，比如输电线路和发电机组的随机故障等不确定因素，在概率框架下研究系统可用输电能力的分析计算无疑是更为精确的。

目前，基于概率性模型提出的算法主要有下面列出的 3 种。

1. 随机规划法

文献[1]结合 CCP 和 SPR，提出一种混合算法。该算法考虑了发电机故障、输电线路故障和负荷预测误差 3 种不确定性因素影响。前 2 种不确定性因素是服从两点分布的随机变量，负荷预测误差是服从正态分布的随机变量。在计算 ATC 时，首先采用 SPR 算法将离散变量连续化，然后基于 SPR 的计算结果，采用 CCP 处理连续变量，求得概率意义下的 ATC。CCP 可以解决包含随机约束的问题，它最大的优点在于转化后的确定性方程的维数并不比原来的随机方程更大。但是，CCP 只能适用于连续性随机变量，为了解决既包含连续性随机变量，又包含间断性随机变量的问题，引入了 SPR。由此，将原来复杂的随机模式逐步转化成等价的确定性模式。该方法涉及概率潮流的计算、离散变量和连续变量的处理，计算效率不够理想。

2. 枚举法(或查点法)

文献[2]介绍了一种查点法，其主要优势在于可以计算输电能力的概率分布函数，描述输电能力的随机特性。它把问题分成三部分：故障选择、点模拟计算和概率计算。首先，选择对输电能力影响最大的故障集。然后对每个故障、每个负荷预测时刻所对应的点进行输电能力的计算。最后，用马尔可夫过程来组合各个点，计算各点的概率和点之间的转移概率，得出输电能力的概率分布情况。

文献[3]综合考虑电力系统动态时变性和不确定性因素对 ATC 的影响，把马尔可夫链引入 ATC 的计算中，建立了基于马尔可夫链的系统状态预测模型，描述系统的连续状态转移和随机因素对 ATC 的影响。在此基础上，结合故障枚举法列举各种可能的故障，并计算每种情况下的 ATC，最后以 ATC 的期望值作为某一时刻的 ATC。由于采用马尔可夫链可以预测得到系统的连续运行状态，该方法不仅能计算某一确定时刻的 ATC，而且可以估算出连续的 ATC 曲线。

文献[4]基于查点法概率模型，构造查点策略和样本计算方式，提出了一种新的计算可用输电能力的概率模型。此模型首先利用短期内提前获取的故障排序和负荷预测，寻找对 ATC 影响严重、出现可能性较大的运行方式，对这些运行方式做可用输电能力的分析计算。然后，以查点的方式对各运行方式的出现概率和其相应的传输能力进行概率统计分析，最终得到具有概率性的 ATC。

这类算法将系统状态枚举和优化算法结合，计算 ATC。但查点法的指数时间特性使得这类方法无法用于大系统的 ATC 研究。

3. 蒙特卡罗模拟法

文献[5]提出了一种基于直流潮流模型并结合蒙特卡罗模拟的方法来评估 ATC 中可撤销和不可撤销部分的分界点，从而促进电力市场参与者对 ATC 的最优使用。该方法首先通过蒙特卡罗模拟的方法获取系统的随机样本，然后用满足一定约束条件的线性化的优化潮流确定 ATC 中可撤销和不可撤销部分的分界点。文献[6]提出了将蒙特卡罗模拟法与 AC 优化潮流计算相结合计算大型互联系统区域间输电能力的方法，该方法基于系统元件(发电机、线路及负荷)的概率分布，采用蒙特卡罗模拟法获取系统状态的样本集，然后对所选择的每一种系统状态，基于直接内点算法求解系统的输电能力。

这类算法是将蒙特卡罗模拟法和优化算法结合求解 ATC，是对查点法的改进。蒙特卡罗模拟法能方便处理电网中数目庞大的不确定性因素，且计算时间不随系统规模或网络连接复杂程度的增加而急剧增加，因此，该算法非常适合大型互联系统离线 ATC 研究。需要注意的是，在蒙特卡罗模拟法中，系统元件运行状态的随机波动性常常用某一已知的概率分布曲线表示。但是所使用的概率分布曲线是否正确地反映了系统元件的不确定性，以及如何处理系统元件间的相关性，这些问题都是应用蒙特卡罗模拟法计算 ATC 时需要解决的。对这些问题的研究或涉及十分繁琐复杂的理论分析，或根本无法从理论进行解释，这使得人们对采用蒙特卡罗模拟法所估计的 ATC 的准确性提出了疑问。

9.2　基于随机规划法的可用输电能力计算

近年来，数学规划的理论日渐成熟，并在经济生产中发挥着越来越重要的作用。在普通的数学规划中，模型的系数一般都是确定的常量，但在现实世界中，特别是在人们更为关心的经济生活中，这种系数在相当多的情况下不是常量，而是呈现一定的随机性。因此，人们在普通数学规划的基础上发展了随机规划的理论，使之更符合客观实际情况[7,8]。

广义的说，凡是含有随机变量的数学规划都可以称为随机规划。如上所述，由于引进了随机因素，随机规划显得比普通数学规划更切合实际。显然，解决随机规划的关键在于如何处理模型中的随机变量。目前，解决随机规划的手段大致有两类：其一是对某些具有特殊结构的随机规划，通过各种办法，将其转化为确定性等价类，即将随机规划转化为确定性的数学规划，然后利用大量的已有的普通数学规划的理论去解决；其二是逼近的方法，正如在普通数学规划中利用线性规划去逼近非线性规划一样，在随机规划中也利用某些较为简单的随机线性规划去逼近其他的复杂的随机规划，或直接用确定性的数学规划去逼近随机规划。正是由于随机规划理论的不断发展，同时，求解随机规划的方法特别是基于随机模拟的遗传算法技术日趋成熟，使得求解一些复杂的随机规划问题成为现实，这对该理论在实践中的应用起到了重要的作用。

近几十年来，国内外不少学者对此类问题进行了大量卓有成效的研究，并在一些领域，如管理科学、运筹学、经济学、控制论等学科和应用中取得了一些可喜的成果。特别是近十多年来，国内外大量的学者已经认识到，采用确定的数学规划理论来描述真实世界的若干问题，它所反映的不是该问题的全部活动，仅是全部活动中的一种特殊现象，这为揭示真实事物的本质带来了无法克服的障碍。

这一原因促使各领域的科研工作者对随机规划的理论和方法开展了深入研究，使得随机规划的理论和方法成为世界范围内的一个研究热点。

当前，对随机规划的研究主要集中三个方面：其一是继续寻找随机规划的新的和更为有效的算法，但这方面的研究并没有取得太大的进展；其二是基于实际应用需要，同数学中许多其他的理论一样，深入研究随机规划问题的稳定性和敏感性，国内外不少学者都在这方面做出了努力，如 Gong[9]在分析了最短路径机会约束规划模型解的结构后，得到了机会约束规划的稳定性与敏感性的一些结论；其三是现有随机规划理论成果的应用。近年来，许多随机规划方面的文献都侧重于利用已经发展起来的随机规划的理论去解决现实生活中的规划问题。

在国内，随机规划也已经被应用在了一些领域，主要分为两个方面，即随机规划求解问题研究和在实际中的应用研究。

文献[10]在随机规划的几个概念即随机约束条件、随机可行域和随机可行解的基础上，总结出了对于一般的随机规划问题，随机约束条件的成立、随机可行域和随机可行解的可行性三者都有发生的可能性大小的问题，即可靠度的问题，因此引入了可靠度的含义，特别是对随机可行解引入可靠度，原因是随机规划可行解不像确定规划的可行解一样完全可行，而是在一定的可靠度下可行。在此基础上，又提出了可靠解的概念：即在随机规划中约束条件成立的可靠性大小(即概率)。$\alpha>0$ 以上时相应的随机可行解，叫做α可靠解。并提出了求解一般随机规划的新方法——α可靠解法。该解法是将随机规划转化为可靠规划(对确定性约束条件不需要转化)，再将可靠规划转换成等价确定性规划，最后用线性规划或非线性规划的方法求解该确定性规划，得到最优解，将该最优解称为随机规划的最优α可靠解。这样，随机规划问题就得到了解决。这种方法本身不局限于线性规划问题，只要概率分布函数能够求出，等价的确定规划能够求解，则可靠解法就能够求出一般随机规划问题的最优α可靠解以及最优值。这对随机规划理论在实际应用中的求解问题起到了重要的作用。

结合具体问题的特性，利用随机规划的方法建立优化模型，并且求出优化的结果。主要的求解思路是[10]：将建立的模型通过一定的数学转换使其成为确定性的数学规划，采用已有的普通数学规划理论去解决。对形式较为复杂的模型采用基于随机模拟的遗传算法求解，遗传算法主要通过随机模拟技术去处理机会约束规划中的约束条件，它不像一般的逼近方法那样需要繁杂的计算。

9.2.1　ATC 计算随机模型

当前，计算 ATC 值的大多数方法在考虑到系统中的不确定因素，如输电线开断、发电机开断和负荷预测误差时，存在一定的局限性[11]。它们有的是用一阶灵敏度方法考虑网络不确定性因素；有的是用最优潮流法对故障筛查，在不同的假设系统条件下进行大量的最优潮流计算。那么，如何更合理有效地考虑网络不确定性因素？随机规划法在这方面做出了探索。

用随机规划法计算出准确的 ATC 值，要考虑三种不确定因素：输电线开断、发电机开断和负荷预测误差[12]。根据数据特征，在模型中把发电机的可用性和输电线的可用性看做是服从 0-1 分布的离散型随机变量 ζ 和 η，如式(9-1)和式(9-2)所示，其中，$p(\tilde{\eta}_i)$ 和 $p(\tilde{\zeta}_i)$ 式中的 p 是对应不同状态的概率。

$$p(\tilde{\eta}_i)=\begin{cases}p_\eta^1\tilde{\eta}_i=1,\text{即输电线路}i\text{运行中}\\p_\eta^0\tilde{\eta}_i=0,\text{即输电线路}i\text{开断}\end{cases}\tag{9-1}$$

$$p(\tilde{\zeta}_i)=\begin{cases}p_\zeta^1\tilde{\zeta}_i=1,\text{即发电机}i\text{运行中}\\p_\zeta^0\tilde{\zeta}_i=0,\text{即发电机}i\text{开断}\end{cases}\tag{9-2}$$

将负荷变量看做是由于天气条件或预测误差等因素导致在预测值附近波动的连续型随机变量 ω。这里的负荷预测值是指在某一个时刻的预测值，它是负荷的近似值。由于天气条件或预测误差等因素导致在预测值附近波动，根据经验，预测的误差是服从正态分布的。一般来说，若影响某一数量指标的随机因素很多，而每个因素的随机影响所起的作用都不太大，则这个指标近似服从正态分布。而且在自然现象和社会现象中，大量随机变量都服从或近似服从正态分布。在模型中认为它是服从参数为 μ、σ 的正态分布 $\tilde{\omega}\sim N(\mu,\sigma^2)$，$\mu$ 为期望值，σ 是均方差。

$$f(\tilde{\omega})=\frac{1}{\sqrt{2\pi}\sigma}\mathrm{e}^{-\frac{(\tilde{\omega}-\mu)^2}{2\sigma^2}}\tag{9-3}$$

ATC 值的计算模型为

$$\text{P1}:\max F(X,\lambda_*,X_*)=\sum_{h\in\Omega}\left[P_{\mathrm{L}_h^*}(\lambda_*,X_*)-P_{\mathrm{L}_h}(X)\right]\tag{9-4}$$

$$\text{s.t.}\quad G(X,\tilde{\eta}^s,\tilde{\zeta}^s)=\tilde{\omega}\tag{9-5}$$

$$G(\lambda_*,X_*,\tilde{\eta},\tilde{\zeta})=\tilde{\omega}\lambda_*\tag{9-6}$$

$$L_{\min}\leqslant L(X),L(\lambda_*,X_*)\leqslant L_{\max}\tag{9-7}$$

这里，X 是状态向量，代表电压角度 δ 和电压幅值 V；Ω 是预定断面的线路集合；P_{L_h} 是输电线路 h 的有功功率，$h\in\Omega$；L 表示运行约束，包括节点电压约束和线路热稳定约束。带有*号表示临界状态，不带*号表示当前运行状态，min

和 max 分别表示变量约束的下限和上限。

P1 为目标函数，表示通过预定断面的线路有功传输容量在已成交的传输容量基础上，对市场交易还可提供的最大传输容量。式(9-4)是系统当前状态的潮流方程，式(9-6)是系统临界状态的潮流等式，即表示从当前状态等值点过渡到了对应于负荷因子 λ_* 的临界状态等值点。通过使所有的负荷在功率因数保持恒定的情况下，统一按负荷因子 λ 逐渐增加，一直达到线路热过载约束极限或节点电压约束极限(即临界状态)时，求得的预定断面增加的传输功率就是可用传输容量 ATC。

9.2.2　模型的求解方法

最优随机规划法的基本思想是把随机问题转化为等价的确定性问题，这样，常规的最优规划解法就可以被用来求出最优解。目前，求解随机规划有两种主要方法：SPR 和 CCP[13]。

SPR 是由 Dantzig 于 1955 年提出的，顾名思义，两阶段 SPR 的实施可分为 2 步，第 1 步是按照当前已知确定情况做决策，而在第 2 步中，试图极小化由第 1 步决策所导致的期望费用[14]。理论上说，这个期望费用的计算必须考虑随机变量的所有可能实现。因此不难看出，SPR 的最大缺点之一，是它将导致模型维数的急速膨胀，尤其是处理含有连续随机变量的问题，对于每个连续随机变量的模拟都是通过将其概率分布函数离散化来实现的，从而严重影响计算速度，加剧 CPU 计都算负担。

CCP 最早是由 Charnes 和 Cooper 提出的，CCP 可以解决随机约束问题[15]。主要针对约束条件中含有随机变量且必须在观测到随机变量的实现之前做出决策的问题。考虑到所作决策在不利的情况发生时可能不满足约束条件，而采用这样一种原则，即允许所作决策在一定程度上不满足约束条件，但该决策应使约束条件成立的概率不小于某一置信水平。CCP 的最大优点是它转化为确定性的数学规划问题的规模并不比原始的随机模型大，但由于它是利用连续随机变量的概率密度函数求解的，因此只能处理连续型变量。

为了有效地求解既包含离散型变量又包含连续型变量的随机模型，可首先用 SPR 算法将离散变量连续化，然后基于 SPR 的计算结果，采用 CCP 处理连续变量，求得概率意义下的 ATC。综合利用 SPR 和 CCP，逐步将原始复杂随机模型转化为等价的确定型模型。

1. 利用 SPR 消去离散随机变量

基于两阶段 SPR，针对消去模型中的离散随机变量，第一步是将原模型 P1 转化为只包含连续随机变量的过渡模型 P2，过程如下。

理论上，两阶段 SPR 的原理是把问题分成两个阶段，然后寻求阶段 1 的决策是目标最优，同时，优化阶段 2 作为阶段 1 决策后续措施的决策费用。具体到本节模型，在阶段 1，假定系统运行情况良好，没有负荷预测误差，求解阶段 1 决策变量得到当前理想假设情况下的最高 ATC 值。在阶段 2，同时考虑阶段 1 决策所得结果和离散随机变量所有可能实现的前提下，以 λ_* 的调整量作为决策变量。

原问题 P1 可被转化为一个只包含连续随机变量的两阶段优化模型 P2。

$$
\begin{aligned}
&\text{阶段 1}: \max \quad F(X,\lambda_*,X_*)=\sum_{k\in\Omega}\left[P_{\mathrm{L}_h^*}(\lambda_*,X_*)-P_{\mathrm{L}_h}(X)\right]\\
&\qquad \text{s.t.}\quad G(X)=E(\tilde{\omega})\\
&\qquad G(\lambda_*,X_*)=E(\tilde{\omega})\lambda_*\\
&\qquad L_{\min}\leqslant L(X),\quad L_*(\lambda_*,X_*)\leqslant L_{\max}
\end{aligned}
\tag{9-8}
$$

$$
\begin{aligned}
&\text{阶段 2}: \min\ Q=E_{\zeta\eta}\left[f\left(Y_*^{+s},Y_*^{-s}\right)+f_*\left(Y_*^{+s},Y_*^{-s}\right)\right]\\
&\qquad \text{s.t.}\quad Y^{+s}-Y^{-s}=G(X,\tilde{\eta}^s,\tilde{\zeta}^s)-\tilde{\omega}\\
&\qquad Y_*^{+s}-Y_*^{-s}=G(\lambda_*,X_*,\tilde{\eta}^s,\tilde{\zeta}^s)-\tilde{\omega}\lambda_*\\
&\qquad Y^{+s},Y^{-s},Y_*^{+s},Y_*^{-s}\geqslant 0,\qquad \forall s,\ s\in S_{\mathrm{c}}
\end{aligned}
\tag{9-9}
$$

带标号 s 的离散变量是表示其相应的实现，S_{c} 表示离散变量的所有可能情况，$E_{\zeta\eta}$ 表示 ζ 和 η 变量的期望值。第一阶段，假设系统未受扰动并且不存在负荷预测误差，确定 X 、X_* 和 λ_* 的值；第二阶段，$G(X,\tilde{\eta}^s,\tilde{\zeta}^s)$ 与 $\tilde{\omega}$ 的差额为$|Y|$，f 是差值$|Y|$的罚函数，这样，问题就表述为在约束条件下，阶段 2 的优化目标是使罚函数的期望值最小，该优化目标也被称为费用 Q。

2. 利用 CCP 消去连续随机变量

很明显，在上一步所形成的过渡模型 P2 中只包含连续随机变量 $\tilde{\omega}$ 。第二步的目标是针对消除这些连续随机变量，使模型彻底转化为一个确定性模型。由式(9-9)的第二项可知，$\tilde{\omega}$ 服从正态分布，那么 Y^{+s} 和 Y^{-s} 也应该是连续随机变量。进一步可知，对于任意运行方案 s 下 $\tilde{\omega}$ 的不同实现，寻求使 $G(X,\tilde{\eta}^s,\tilde{\zeta}^s)$ 与 $\tilde{\omega}$ 之间的差额最小就等同于使 Y^{+s} 和 Y^{-s} 的最大值最小。因此，阶段 2 的目标函数可写为

$$
Q=E_{\zeta\eta}\left[f\left(\max_{\omega}(Y^{+s}+Y^{-s})\right)+f_*\left(\max_{\omega}(Y_*^{+s}+Y_*^{-s})\right)\right]
$$

显然，由于阶段 2 的决策是基于已经决定的阶段 1 的决策，因而对于任意方

案 s，费用 Q 都只受 $\tilde{\omega}$ 的最大、最小值的直接影响。基于以上分析，首要任务是得到 $\tilde{\omega}$ 的最大、最小值。理论上来说，正态分布变量 $\tilde{\omega}$ 是没有边界的，然而对于电力系统负荷 $\tilde{\omega}$，其预测误差是极为有限的。因而只考虑 β 置信度区间，并令 $0.9 \leqslant \beta \leqslant 1$。为了计算 $\tilde{\omega}$ 的可能极值，引入以下概率约束：

$$P(\omega_{\min} \leqslant \tilde{\omega} \leqslant \omega_{\max}) = \beta \tag{9-10}$$

利用 CCP 来解决该问题，可以求得 $\tilde{\omega}$ 的极限值，并可以得到 S 情况下的 Y^{+s} 和 Y^{-s} 的极大值，类似的也可以得到 Y_*^{+s} 和 Y_*^{-s} 的极大值。

根据以上分析，我们可以从过渡模型 P2 中得到一个完整的确定的模型 P3，如下所示：

$$\begin{aligned}
&\max F\left(X,\lambda_*,X_*\right)-E_{\zeta\eta}\left[f\left(\max_{\omega}(Y^{+s}+Y^{-s})\right)+f_*\left(\max_{\omega}(Y_*^{+s}+Y_*^{-s})\right)\right]\\
&\text{s.t.}\quad G(X)=E\left(\tilde{\omega}\right)\\
&G(\lambda_*,X_*)=E\left(\tilde{\omega}\right)\lambda_*\\
&L_{\min} \leqslant L(X),\quad L_*(\lambda_*,X_*) \leqslant L_{\max}\\
&\max_{\omega} Y^{+s}=Y_+(X,\tilde{\eta}^s,\tilde{\zeta}^s,\tilde{\omega})\\
&\max_{\omega} Y^{-s}=Y_-(X,\tilde{\eta}^s,\tilde{\zeta}^s,\tilde{\omega})\\
&\max_{\omega} Y_*^{+s}=Y_{+*}(\lambda_*,X_*,\tilde{\eta}^s,\tilde{\zeta}^s,\tilde{\omega})\\
&\max_{\omega} Y_*^{-s}=Y_{-*}(\lambda_*,X_*,\tilde{\eta}^s,\tilde{\zeta}^s,\tilde{\omega})\\
&\max_{\omega} Y^{+s},\max_{\omega} Y^{-s},\max_{\omega} Y_*^{+s},\max_{\omega} Y_*^{-s} \geqslant 0,\qquad \forall s,\quad s\in S_{\mathrm{c}}
\end{aligned} \tag{9-11}$$

以上由 P1 型转换到 P2 型，是用 SPR 法处理离散变量，P2 型只含有连续型随机变量。由 P2 型转换到 P3 型是用 CCP 法处理连续型变量。

实际运算中，程序包含三个步骤：首先采用二阶段随机规划法和机会约束规划法将随机规划的交流潮流模型转化为确定性的交流潮流模型，然后运用负荷因子按常规最优规划法求解 ATC。

9.2.3　算例分析

为了验证模型的有效性，本方法采用一含 29 节点、69 支路的系统进行计算检验，系统拓扑图见图 9-1。此系统发电中心和负荷中心分布于上部和下部，这样导致大量电量由上至下通过输电走廊传输。

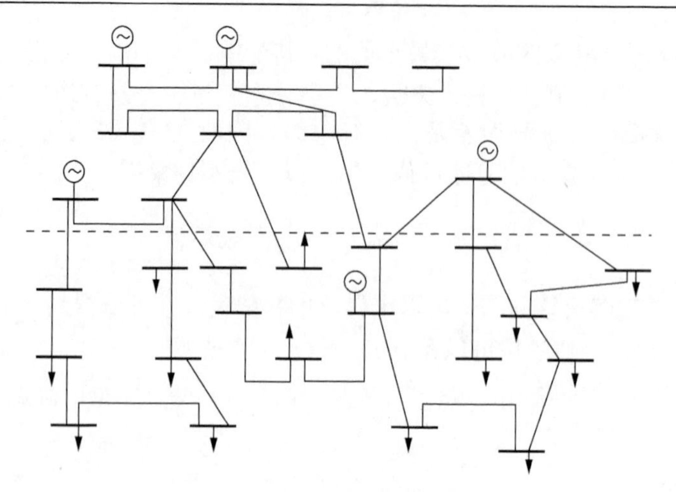

图 9-1　系统拓扑结构图

进行本算例计算和结果分析的前提假设和标准为：①在正常和事故情况下，所有节点电压应该保持在 0.90～1.10 范围内；②为简化计算，假设随机变量是相互独立的，发电机开断和线路开断不会同时发生。

计算过程中分 2 种情况求 ATC 值[16]：①考虑到三个主要的不确定因素时断面的 ATC 计算值；②未考虑到不确定因素时断面的 ATC 计算值。两种情况下的计算结果如表 9-1 所示。由表 9-1 中可明显发现，在 ATC 计算中忽略不确定性的影响将导致不必要的额外系统运行风险。

表 9-1　ATC 计算结果表

情况	描述	ATC/MW	λ_*
1	考虑不确定因素	4627.85	1.3648
2	不考虑不确定因素	4723.41	1.3791

9.3　基于故障枚举法的可用输电能力计算

枚举法是一种求解系统的状态空间模型稳态解的普通方法，它的特点是首先将系统可能出现的状态全部列出(当组成系统的设备为双状态且有 G 个时，系统的全部状态就有 2^G 个)，且已知各状态之间的转移率，然后在此基础上求系统故障的稳态概率。当系统设备数目不多时，应用状态枚举法的准确公式可以比较直观地求得系统的各种可能状态以及相应的概率指标[17]。但是，当系统规模较大、设备数目剧增时，状态空间将变得很大，如一个具有 100 台设备的系统就会有 2^{100}(约等于 10^{30})以上个状态，即使在计算机上处理，也会使问题变得非常困难，从而使这种方法不实用。为此，可采用如下两种实用算法：偶发故障枚举法和故障排序法。

由于电力系统所具有的随机特性，如设备的开断及负荷变化等，在概率框架下研究系统可用输电能力的分析计算无疑是更为精确的。从 20 世纪 70 年代起，就不断有人对此做出各种尝试。

文献[2]和文献[18]把系统可能随机出现的各种运行状态、故障情况都列了出来，在不同的情况下计算 ATC 值，然后用概率统计的方法，对所有的系统情况作分析，最终得到基于概率的 ATC 结果。具体计算流程为：首先，选择对 ATC 有重要影响的故障和规定时刻的系统负荷母线的负荷预测值。然后，对选定的每一种故障和每一种负荷状态组合成一种运行方式，计算其对应的可用输电能力，这里把它们称为单点的 ATC。计算各单点的出现概率，通过各单点 ATC 与系统正常运行时 ATC 值的比较，筛选合适的单点。然后，把这些单点用概率的方式排列，形成由故障和负荷状态构成的二维概率模型。最后，对此概率模型作概率统计运算，得到不同安全概率下的可用输电能力值[19]。由于这里给出的模型对故障和负荷状态选择的确定性，所以计算量相对于 Monte Carlo 方法较小，更适合于实时应用。

9.3.1　负荷水平的选择

负荷水平，即某一时刻所有负荷母线的负荷值所对应的一种整体负荷状态。在本节中，有两种负荷水平的选择方式：①在故障排序过程中，选择的负荷水平是历史短期内的负荷情况。由于这些历史负荷水平已经发生，具有确定性，所以在此基础上进行的故障排序准确性较高。②在 ATC 的实时计算程序中，选择的负荷水平是短期的负荷预测情况(例如从现在开始，每 2 秒为间隔的 10 次负荷预测)，以预测短期内的 ATC 值。

9.3.2　单点 ATC 的计算模型

计算可用输电能力的前提是：对于一给定的运行方式，在安全约束条件下，考虑任一支路开断故障，不断增加相关区域间的负荷功率供求差，直到系统达到其安全运行极限，此时的输电增加量即为系统在此运行方式下的 ATC。

与非概率模型中计算 ATC 一样，单点 ATC 的计算也是转化为一个最优潮流问题来求解。其最优化形式包括目标函数、等式约束条件和不等式约束条件。

$$\max \quad c(z) = \sum_{i\in \mathrm{A},\, j\in \mathrm{B}} P_{i-j}(z) - \sum_{i\in \mathrm{A},\, j\in \mathrm{B}} P_{i-j}$$

$$\text{s.t.} \quad \begin{cases} f(z) = 0 \\ h(z) \geqslant 0 \end{cases}$$

9.3.3 对单点 ATC 的概率统计计算

依据前面第四章介绍的最优潮流算法，可以计算出各种运行方式下的单点 ATC 值。如图 9-2 所示，由每一故障情况和每一负荷水平，唯一确定一种运行方式。这里的负荷水平是指某一时刻所有负荷母线的负荷值所对应的一种整体负荷状态。

每一种运行方式均有其存在的概率，可由故障发生的概率和负荷预测的精确度决定。其中，负荷水平由对负荷母线的负荷预测得到，相应概率由预测精度决定；故障情况由故障排序得到，可从系统的可靠性分析中得到各种可能故障发生的概率值，而概率极小的可以忽略[20]。各单点的发生概率值即等于相应的负荷水平概率和故障发生概率的乘积。值得注意的是，由于选择到的随机样本数量很多，此处的概率模型可以允许个别无法由优化方法计算出结果的事件发生(在统计计算中以个体失效处理)。

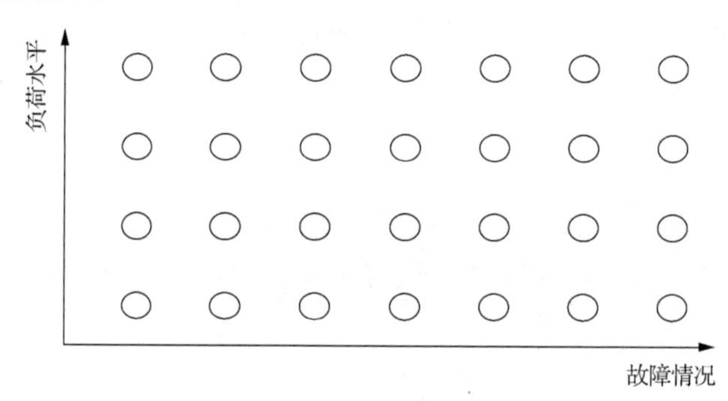

图 9-2 概率状态分布图

特别的，图 9-2 的故障情况中，最后一列被设为正常运行情况。由于系统大部分时间都是正常运行，ATC 值必须小于各负荷预测下正常情况 ATC 的最小值 $P_{\min}^{\text{normal}}$。所以在进行概率统计之前，要先处理不可信项，即大于 $P_{\min}^{\text{normal}}$ 的单点 ATC 项。所有不可信项的 ATC 值均以 $P_{\min}^{\text{normal}}$ 代替，其发生概率保持不变。

9.3.4 模型中涉及的概率统计的相关概念

在数理统计中，把所研究的随机现象看做是大量重复地进行同一随机试验的结果。所研究对象的全体称为一个总体(或全体)，组成总体的每一个单元称作一个个体。而研究的是对象的某一数量指标，如这里所研究的是各个单点对应的 ATC 值。这样，每个数据就代表一个个体，而总体正好体现了一个随机变数的分布。

要了解总体的性质，就必须对其中的个体进行观测统计，观测统计的方法有两类：第一类是全面观测统计，即对全部个体逐个进行观测统计。这样做当然可以达到了解总体的目的，但实际上全面观测统计在很多情况下是行不通的，比如有的总体包含个体数量很大，甚至是无穷的，事实上不可能逐个观察。第二类观测统计的方法是抽样统计，即从总体中抽取 n 个个体进行观测统计，然后根据这 n 个个体的性质来推断总体的性质。这被抽出的 n 个个体的集合叫做总体的一个样本，n 为样本容量。统计方法的基本特点就是从样本出发来推断总体的性质。由于总体中所包含的个体数量庞大，需采用抽样统计的方法来研究总体的相关性质。

9.3.5　概率统计在模型中的应用

根据模型要求，如未来时刻某运行状态的发生概率很高，则它对应的 ATC 值在整体统计中所占的比例也应该很高；同理，发生概率较低，ATC 值所占比例也较低。这样就可以准确地把握不同概率运行状态对 ATC 的影响。

根据上述信息，可以得到以下关于 ATC 的概率情况：

(1) ATC 的概率分布函数；

(2) ATC 期望值；

(3) 选定 ATC 变化区间对应的相对发生概率；

(4) 选定安全概率对应的 ATC。

1. ATC 的概率分布函数

随机变量可取值的范围和取这些值的相应概率，叫做随机变量的概率分布。研究一个随机变量，首要问题是弄清它的概率分布。在这里，ATC 的概率分布函数为

$$F_{\mathrm{ATC}}(A)=\sum_{i} P_{\mathrm{r}i}, \qquad i \in \phi\,[\mathrm{ATC}<A] \tag{9-12}$$

式中，$F_{\mathrm{ATC}}(A)$ 表示 ATC 值等于 A 时，系统能够达到的安全概率。此处的安全概率，即系统在充分利用 ATC 的情况下，发生严重故障后，仍能满足所有安全约束的概率，也即出现严重故障时，ATC 值的可信程度。$\phi[\mathrm{ATC}<A]$表示为单点 ATC 值小于 A 的所有单点的集合；$P_{\mathrm{r}i}$ 为第 i 个单点的相对概率值。相对概率值的公式如下：

$$P_{\mathrm{r}i}=\frac{p_i}{\sum_{j} p_j}, \qquad i, j \in \phi_{\mathrm{all}} \tag{9-13}$$

式中，p_i 为第 i 个单点的发生概率；ϕ_{all} 为所有单点的集合。

2. ATC 值的期望值

在研究随机变量分布特征时，最基本、最重要的是随机变量的均值(数学期望)。在经过概率统计后，可得到 ATC 值的期望值：

$$\overline{\text{ATC}} = \sum_{i} P_{ri}\text{ATC}_i, \qquad i \in \phi_{\text{all}} \tag{9-14}$$

式中，P_{ri} 是第 i 个单点的相对发生概率；ATC_i 是第 i 个单点对应的 ATC 值。ATC 期望值是当系统随机发生一个严重故障时，可用输电能力最具可能性的值。

3. 选定 ATC 变化区间对应的相对发生概率

选定 ATC 变化区间[a, b]对应的相对发生概率：

$$P_q(a,b) = \sum_{i} P_{ri}, \qquad i \in \phi \ (a \leqslant \text{ATC} \leqslant b) \tag{9-15}$$

即 ATC 值在区间[a, b]内的所有单点对应的相对概率之总和。其中，$\phi(a \leqslant \text{ATC} \leqslant b)$ 为单点 ATC 值在区间[a, b]内的所有单点的集合。

4. 选定安全概率对应的 ATC

选定安全概率对应的 ATC：

$$\text{ATC}_p = \text{ATC}[F_{\text{ATC}}(A) = p] \tag{9-16}$$

式中，$\text{ATC}[F_{\text{ATC}}(A) = p]$ 是概率分布函数中概率为 p 时对应的 ATC 值。

9.3.6 算例分析

以 IEEE-30 节点测试系统为例，采用改进牛顿法和 SUMT 内点算法进行可用输电能力的分析计算。通过 PSASP6.1 计算系统潮流，可得到正常运行情况下 AB 区域间传输功率为 8.211MW。

在本算例中，相关数据主要来自文献[21]IEEE-30 母线系统数据。为了突出区域间功率传输能力，系统中电源母线的位置根据文献[22]做了一定的变动。另外，这里需要的初始数据中，各区域的公共数据包括：系统中传输主体和传输参与区域的网络数据、变压器数据、各节点电压上下限、AB 区域间的传输线路及其方向、预想故障集及故障概率、十组负荷预测值及各组预测的概率(即预测精度)。

由于 ATC 实际在线计算是在能量管理系统中，所需相关数据主要应该由 EMS 提供。由状态估计获取系统当前状态；由安全分析获取事故预想集；由实时运行规划系统获取负荷预测、发电规划和故障设备信息。其中，各种故障的发生概率值通过对历史故障统计进行电力系统可靠性分析得出。

十组负荷预测值来自于对 IEEE-30 节点测试系统负荷数据的一定变动；严重故障集是对所有故障进行了单点 ATC 计算后，由选出的对 ATC 值影响较大的故障组成；AB 区域间的传输线路及其方向由计算需要确定，本例中为母线 4 到母线 12 的传输线；发电厂发电功率上、下限和无功可调母线的无功功率上、下限，分别由原潮流中各发电母线的发电功率值和无功可调母线的无功功率值上下做适度扩展后得到；负荷上限由负荷母线的负荷功率向上做适度扩展取得；其他数据主要由 IEEE-30 节点测试系统数据提供。

1. 计算结果

运用第 4 章的最优潮流算法，可以计算出单点 ATC 值，如表 9-2 所示。

表 9-2　单点 ATC 的运算结果　（单位：MW）

负荷预测序列号	故障线路							
	1-3	2-4	3-4	6-10	12-15	10-17	29-30	正常
1	3.839071	3.45546	1.194675	2.08997	3.824521	4.055083	2.599836	4.728271
2	3.748823	3.37333	1.129628	2.031379	3.723577	2.464477	2.483414	4.638105
3	3.879698	3.561099	1.353283	2.173938	3.937361	4.765108	2.714362	4.849055
4	3.684011	3.223529	0.8928041	1.886785	3.626159	4.195482	2.413084	4.536073
5	3.90414	3.4147	1.013048	2.037745	3.805376	4.759738	2.61378	4.737891
6	3.673336	3.213437	0.8847075	1.879599	3.61751	4.188582	2.401784	4.525132
7	3.842062	3.458139	1.196506	2.088497	3.815705	3.938514	2.603532	4.730582
8	4.10223	3.672458	1.310619	2.265502	4.036451	4.701164	2.850268	4.970641
9	3.839071	3.45546	1.194675	2.08997	3.824521	4.055083	2.599836	4.728271
10	3.503513	3.143274	0.9453983	1.870239	3.446609	1.819622	2.226426	4.388831

与表 9-2 中各不同运行方式下的 ATC 值相对应的，是各运行方式的发生概率，由负荷预测精度和故障发生概率决定，如表 9-3 所示。

得出表 9-2 和表 9-3 后，就可进行概率运算。但在此之前，必须去除不可信项，即所有表 9-2 中 ATC 值大于各正常情况中最小 ATC 值的相应运行状态。

因为最终 ATC 值必须小于各正常情况中最小 ATC 值，所以大于此值的单点 ATC 将不在概率统计中发挥作用。这些运行状态的概率将被视为 0。

模型的最终目的是可以计算各种所需安全要求下的 ATC，以满足电力市场用户和调度人员的不同需要。这里的安全要求，即系统在充分利用 ATC 的情况下，发生严重故障后，仍能满足所有安全限制的概率。

表 9-3 各单点的发生概率

负荷预测序列号	故障线路						
	1-3	2-4	3-4	6-10	12-15	10-17	29-30
1	0.162	0.2754	0.243	0.324	0.2025	0.2916	0.2835
2	0.19	0.323	0.285	0.38	0.2375	0.342	0.3325
3	0.156	0.2652	0.234	0.312	0.195	0.2808	0.273
4	0.17	0.289	0.255	0.34	0.2125	0.306	0.2975
5	0.182	0.3094	0.273	0.364	0.2275	0.3276	0.3185
6	0.154	0.2618	0.231	0.308	0.1925	0.2772	0.2695
7	0.158	0.2686	0.237	0.316	0.1975	0.2844	0.2765
8	0.192	0.3264	0.288	0.384	0.24	0.3456	0.336
9	0.176	0.2992	0.264	0.352	0.22	0.3168	0.308
10	0.18	0.306	0.27	0.36	0.225	0.324	0.315

根据处理后的以上 ATC 单点值(表 9-2)和单点值对应的概率(表 9-3)，得到 ATC 的概率分布，从而可计算不同安全概率下的从区域 A 到区域 B 的可用输电能力。

如表 9-4 所示，随着安全要求的加强(概率值更大)，考虑的运行方式增多，ATC 值将变小。而要求的安全概率不同，能得到不同大小的 ATC 值。概率为 1 时，ATC 值最小，即区域 A 可以在安全的状态下向区域 B 多传输 0.88MW 的功率。概率为 0.9 时，即在有 0.1 的风险可将系统运行引入不安全的条件下，区域 A 可向区域 B 多传输 0.95MW 的功率。而 ATC 均值的实际意义也就是当系统随机发生一个严重故障时，可用输电能力最具可能性的值。不同要求下的多种 ATC 值，可适应调度员和电力市场参与者的不同需要。在内点罚因子的选取上，本算例选取的是 0.0001。

表 9-4 不同安全概率下的 ATC 结果

安全概率	ATC/MW
0.6	1.149971
0.7	1.083655
0.8	1.017339
0.9	0.9510232
1	0.8847074
均值	2.860693

2. 算例分析总结

为了对介绍的算法进行验证，本节使用文献[23]提供的连续型 ATC 算法对算例进行了可用功率传输能力的计算，计算结果如下。

表 9-5　本节算法与连续型算法的比较

算法	ATC 值/MW
连续型 ATC 算法	5.1462
本文算法	2.860693(均值)

经分析，算法中可用输电能力数值较小的原因主要是由于考虑的运行方式较多，而连续型 ATC 算法只考虑单一运行方式。在计算速度上，在主频为 1.8G 的电脑上本算法计算一次的时间约为 15s，而连续型 ATC 算法计算时间约为 40s。

9.4　结合马尔可夫链和枚举法的可用输电能力计算

结合马尔可夫链和枚举法的 ATC 计算方法，就是综合考虑电力系统动态时变性和不确定性因素对 ATC 的影响，本节把马尔可夫过程引入 ATC 的计算中，建立了基于马尔可夫链的系统状态预测模型，描述系统的连续状态转移和随机因素对 ATC 的影响。在此基础上，采用故障枚举法列举各种可能的故障，并计算每种情况下的 ATC，最后以 ATC 的期望值作为某一时刻的 ATC。由于采用马尔可夫链可以预测得到系统的连续运行状态，所提方法不仅能计算某一确定时刻的 ATC，而且可以估算出连续的 ATC 曲线。

9.4.1　马尔可夫过程

马尔可夫过程(Markov process)是 20 世纪初由苏联学者马尔可夫在研究随机过程中得到的。该过程是研究随机事件状态变化及转移规律的一门科学，它根据事物的初始状态和可能状态之间的转移概率预测事物未来的发展趋势，能够反映各种随机因素的影响和事物各状态之间的内在规律[24]。

马尔可夫过程是具有所谓马尔可夫性的一类特殊的随机过程，意味着当过程在某时刻 t_k 所处的状态已知的条件下，过程在时刻 $t \geqslant t_k$ 处的状态只会与过程在 t_k 时刻的状态有关，而与过程在 t_k 以前所处的状态无关，这种特性亦称为无后效性。马尔可夫过程的数学定义[25]如下。

设随机过程$\{X(t),\ t\in T\}$，若集合$(t_1, t_2, \cdots, t_n)$中的时刻按次序 $t_1<t_2<\cdots<t_n$ 排列，在条件 $X(t_i)=x_i\,(i=1, 2, \cdots, n-1)$下，$X(t_n)=x_n$ 的分布函数恰好等于 $X(t_{n-1})=x_{n-1}$ 的分布函数，即条件概率分布函数满足关系式

$$F(x,t \mid x_n,x_{n-1},\cdots,x_2,x_1,t_n,t_{n-1},\cdots,t_2,t_1)=F(x,t \mid x_n,t_n) \tag{9-17}$$

可记为 $F_{x_n|x_1,x_2,\cdots,x_{n-1}}=F_{x_n|x_{n-1}}$，或相应的条件概率分布满足等式

$$P\{X(t)=x \mid X(t_n)=x_n,\cdots,X(t_1)=x_1\}=P\{X(t)=x \mid X(t_n)=x_n\}$$

或相应的条件概率密度满足等式

$$f(x,t \mid x_1,\cdots,x_n,t_1,\cdots,t_n)=f(x,t \mid x_n,t_n)$$

具有这种性质的过程称为马尔可夫过程或马氏过程。在马尔可夫过程中，t_n 时刻随机变量值只与 t_{n-1} 时刻随机变量的取值有关，而与 t_{n-1} 以前的过程无关。也就是说，当过程在时刻 t_0 所处状态已知时，在时刻 $t>t_0$ 所处的状态只与 t_0 时刻的状态有关，而与 t_0 时刻以前的状态无关，这种性质称为“无记忆性”或“无后效性”。

马尔可夫过程亦可根据参数空间与状态空间的离散与连续类型分为 4 种类型：离散参数集、离散状态集马氏过程；离散参数集、连续状态集马氏过程；连续参数集、离散状态集马氏过程；连续参数集、连续状态集马氏过程。其中第一种类型，即离散参数集、离散状态集的马氏过程，也称为马尔可夫链(Markov chain)。

9.4.2　马尔可夫链

马尔可夫过程的参数和状态空间可以是离散的或连续的，具有离散参数(即时间参数)和离散状态空间的马尔可夫过程称为马尔可夫链[26]。此时参数集常作为时间集，即取 $T=\{0,1,2,\cdots\}$，其中 $t=0$ 称为初始时刻，且状态集常取作整数集$\{0,\pm1,\pm2,\cdots\}$。若一随机试验序列，系统的可能离散状态为：$X_1=x_1$，$X_2=x_2$，…，如果式(9-18)成立，即

$$P\left[X_n=x_n \middle| (X_1=x_1)\cap(X_2=x_2)\cap\cdots\cap(X_{n-1}=x_{n-1})\right]=P\left[X_n=x_n \middle| X_{n-1}=x_{n-1}\right] \tag{9-18}$$

则称这一随机试验序列为马尔可夫链。

定义 $P[X_n=j|X_{n-1}=i]=p_{ij}$ 为转移概率，由于 p_{ij} 是在一步中完成从状态 i 到状态 j 的概率，故又称为一步转移概率。当状态数为 M 时，一步转移概率的矩阵形式为

$$P=\left[p_{ij}\right]=\begin{bmatrix} p_{11} & \cdots & p_{1M} \\ \vdots & & \vdots \\ p_{M1} & \cdots & p_{MM} \end{bmatrix} \tag{9-19}$$

式中，P 称为一步转移矩阵，对于所有的 i 与 j，$p_{ij} \geqslant 0$，且 P 中每一行之和为 1。

定义 m 步转移概率为 $P[X_{n+m}=j|X_n=i]=p_{ij}^{(m)}$，则 m 步转移矩阵记为 $P^{(m)}$，且 $P^{(m)}=P^m$，即 m 步转移矩阵是一步转移矩阵的 m 次方。

记系统的初始状态概率(行向量)为 $P(0)$，则 n 步后状态概率(行向量)$P(n)$ 由 $P(0)$和经过的转移步数 n 决定，即

$$P(n)=P(0)P^{(n)}=P(0)P^n \tag{9-20}$$

当步数 n 趋于无穷时，可求出系统的平稳状态概率，或称长期状态概率。满足以下条件的马尔可夫链称为各态经历的，或者叫它有遍历性[27]。

$$\lim_{x\to\infty} p_{ij}^{(n)} = p_j$$

上式的含义为：马尔可夫链不论从哪个状态出发(如从 i 状态出发)，当经过相当长的时间(或转移相当多的步数)时，到达 j 状态的概率都接近于 p_j，也就是说，当 n 足够大时，可用 p_j 近似等于 $p_{ij}^{(n)}$。p_j 为系统处于 j 状态下的平稳状态概率，或极限概率。这个概率是常数，与初始状态无关。经过 n 步转移后的极限状态，就是达到过程的平稳状态，即使再多转移一步，甚至多步，状态概率也不会有变化。

9.4.3 电力系统状态预测

电力系统主要由发电机、变压器、开关、线路等电气设备组成，这些设备都是可修复设备[28]。可修复设备的状态转移过程(从正常状态转移到故障状态，经维修转移到正常状态)可用马尔可夫链描述。

这里采用马尔可夫链预测系统未来时刻的状态。

(1)根据各设备 0 时刻状态，采用马尔可夫链预测时刻 1、时刻 2、时刻 3 等未来时刻各设备的状态概率。

(2)由各设备的状态推得系统的状态。

典型可修复设备投入运行早期、中期和后期的故障率分布呈浴盆曲线[29]。研究时可认为工作寿命(T_{u})、故障后的修复时间(T_{D})均呈指数分布，这样设备在使用寿命期内故障率λ及修复率 μ 均为常数。设备状态变化(故障、修复)可通过设备的初始状态和状态转移矩阵来确定。此处假设电气设备(发电机、变压器和线路)均为 2 状态设备(故障和运行)，采用马尔可夫链预测设备各时刻状态的具体方法如下。

对于 2 状态马尔可夫链，设设备的工作状态为 0 状态，停运状态为 1 状态，设备的故障率和修复率分别为λ和 μ，则设备的状态转移过程如图 9-3 所示。

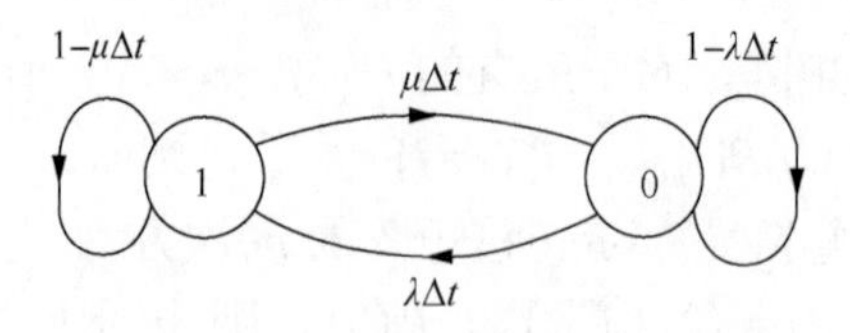

图 9-3　2 状态设备状态转移图

其一步概率转移矩阵为

$$P=\begin{bmatrix}1-\lambda\Delta t & \lambda\Delta t\\ \mu\Delta t & 1-\mu\Delta t\end{bmatrix} \tag{9-21}$$

从初始状态 0 出发，设当前时刻设备处于运行状态，则初始状态概率 $P(0)=[p_0(0)\quad p_1(0)]=[1\quad 0]$。

由 $P(n)=P(0)P^n$ 可推得 n 步以后的状态概率为

$$P(n)=\left[p_0(n)\quad p_1(n)\right]=\left[1\quad 0\right]\frac{1}{\lambda+\mu}\begin{bmatrix}\mu & \lambda\\ \mu & \lambda\end{bmatrix}+\left[1\quad 0\right]\frac{\left[1-(\lambda+\mu)\Delta t\right]^n}{\lambda+\mu}\begin{bmatrix}\lambda & -\lambda\\ -\mu & \mu\end{bmatrix} \tag{9-22}$$

即

$$\begin{aligned}p_0(n)&=\frac{\mu}{\lambda+\mu}+\frac{\lambda}{\lambda+\mu}\left[1-(\lambda+\mu)\Delta t\right]^n\\ p_1(n)&=\frac{\lambda}{\lambda+\mu}-\frac{\lambda}{\lambda+\mu}\left[1-(\lambda+\mu)\Delta t\right]^n\end{aligned} \tag{9-23}$$

式中，Δt 为时间步长，根据预测要求和设备的不同选取不同的值，对电力系统推荐$\Delta t=0.5\text{h}$；$p_0(n)$ 和 $p_1(n)$ 为 n 步后设备的运行概率和停运概率。

由式(9-23)可知，当步数 n 趋于无穷时，$p_0(n)$ 和 $p_1(n)$ 分别趋于一个确定的值 p_0 和 p_1，这就是设备平稳状态下的运行概率和停运概率，且

$$\begin{aligned}p_0&=\frac{\mu}{\lambda+\mu}\\ p_1&=\frac{\lambda}{\lambda+\mu}\end{aligned} \tag{9-24}$$

图 9-4 描述了马尔可夫链预测 2 状态设备状态的变化过程。可见随转移步数 n 的增加，设备的故障概率逐渐增加，运行概率逐渐降低，但是当 $n\to\infty$时，设备的状态概率达到平稳状态概率 p_0 和 p_1。将马尔可夫链应用于 ATC 计算时，即用马尔可夫链描述电力系统的状态变化，反映系统的动态时变性对 ATC 计算结果的影响。

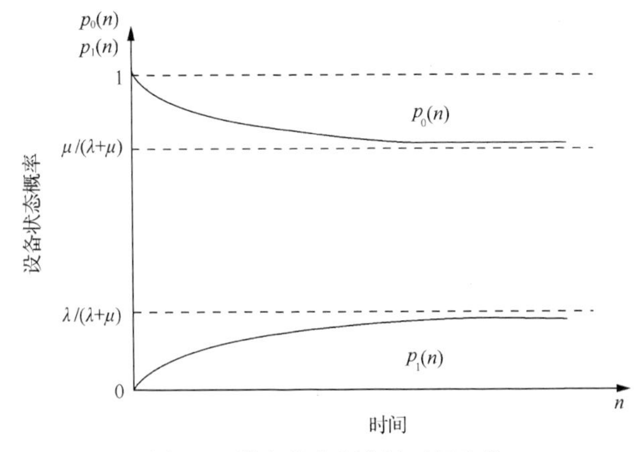

图 9-4　设备状态概率随时间变化

综合考虑电力系统动态时变性和不确定性因素对 ATC 的影响，把马尔可夫链引入 ATC 的计算中，建立基于马尔可夫链的系统状态预测模型，描述系统的连续状态转移和随机因素对 ATC 的影响。在此基础上，采用故障枚举法列举各种可能的故障，并计算每种情况下的 ATC，最后以 ATC 的期望值作为某一时刻的 ATC。由于采用马尔可夫链可以预测得到系统的连续运行状态，所提方法不仅能计算某一确定时刻的 ATC，而且可以估算出连续的 ATC 曲线，从而更好地指导电力市场交易的顺利进行。

基于马尔可夫链和故障排序的 ATC 求解思想大体可由 4 部分组成：

(1) 系统设备各时刻状态概率的预测。设仅考虑电力系统设备为 2 状态设备，即运行和故障。采用马尔可夫链的 2 状态模型，根据式(9-23)预测各时刻设备的运行概率和故障概率。

(2) 基于故障枚举法的系统状态枚举。采用马尔可夫链预测出系统中设备各时刻的状态概率后，采用故障枚举法[30]对每个时刻系统所有可能的状态进行枚举，根据式(9-25)得出各可能状态($L-k$ 故障，$k=0, 1, \cdots, L$)出现的概率 P_k，且系统所有可能状态出现概率之和为 1。

$$
\begin{aligned}
&P_k = \sum_{a=1}^{A} P_k^a \\
&\sum_{k=0}^{L} P_k = 1
\end{aligned}
\tag{9-25}
$$

式中，P_k 为系统 k 重故障出现的概率；$A=C_n^k$ 为 k 重故障可能的组合数；P_k^a 为 k 重故障中第 a 种故障组合出现的概率；L 为系统中设备的数量，这里指发电机和交流线的总和。

(3) 对枚举的所有系统状态进行评估，计算潮流收敛状态下的 ATC 值(潮流不收敛时 ATC 为 0，求期望值时需计入)，具体计算方法见 9.4.5 节中的 ATC 计算模型。

(4) 计算 ATC 期望值。某时刻的 ATC 值等于该时刻各种可能运行状态下的 ATC 值与对应状态出现概率的乘积之和。

9.4.4 计算模型及其计算步骤

1. ATC 的计算模型

采用故障枚举法列举出系统的可能状态后，针对每一确定的系统状态，采用如下优化模型来计算其 ATC 值。

为计算简便，给出如下假设：系统有足够的暂态稳定裕度，计算模型只考虑静态约束；各个时刻的负荷已预测出来，各发电机出力调整原则为按比例调整原则，即配合负荷增减，各个发电机的出力调整量与发电机的额定容量成正比。

目标函数为

$$\max\left[(1-k_1)\sum_{d\in R}P_{\mathrm{L}d}-\sum_{d\in R}P_{\mathrm{L}0}\right] \tag{9-26}$$

式中，$P_{\mathrm{L}d}$ 为母线 d 上的负荷；$P_{\mathrm{L}0}$ 为现存输电协议；R 为选定的负荷集合；k_1 为裕度系数，即为保证系统安全稳定运行留出的 CBM，这里取经验值 5%[31]。采用故障枚举法已经考虑了系统的各种可能故障，就无需单独考虑 TRM。

约束条件为

$$\begin{aligned}
&P_i-V_i\sum_{j=1}^{N}V_j(G_{ij}\cos\delta_{ij}+B_{ij}\sin\delta_{ij})=0\\
&Q_i-V_i\sum_{j=1}^{N}V_j(G_{ij}\sin\delta_{ij}-B_{ij}\cos\delta_{ij})=0\\
&V_i^{\min}\leqslant V_i\leqslant V_i^{\max},\qquad i\in N\\
&S_l^{\min}\leqslant S_l\leqslant S_l^{\max},\qquad l\in N_{\mathrm{L}}\\
&P_{\mathrm{G}k}^{\min}\leqslant P_{\mathrm{G}k}\leqslant P_{\mathrm{G}k}^{\max},\qquad k\in N_{\mathrm{G}}\\
&Q_{\mathrm{G}k}^{\min}\leqslant Q_{\mathrm{G}k}\leqslant Q_{\mathrm{G}k}^{\max},\qquad k\in N_{\mathrm{G}}
\end{aligned} \tag{9-27}$$

式中，N 为节点数；N_{L} 为支路数；N_{G} 为发电机数；$V_i^{\min}$ 和 $V_i^{\max}$ 为母线 i 的电压约束；$S_l^{\min}$ 和 $S_l^{\max}$ 为线路 l 的热稳定约束；$P_{\mathrm{G}k}^{\max}$、$P_{\mathrm{G}k}^{\min}$ 和 $Q_{\mathrm{G}k}^{\max}$、$Q_{\mathrm{G}k}^{\min}$ 分别为发电机 k 的有功出力约束和无功出力约束的上、下限。

2. 基于马尔可夫链和故障枚举法计算 ATC 的具体步骤

(1) 根据需要指定某一正常运行状态或选取任意一状态为系统的初始运行状

态，即 0 时刻状态。

(2) 在 0 时刻状态的基础上，取时间步长Δt，令 $t_n = n\Delta t(n=1, 2, \cdots)$，采用马尔可夫链预测 n 时刻系统各设备(发电机和线路)的状态概率。

(3) 调整各发电机出力满足 n 时刻的负荷需求。

(4) 根据式(9-25)对 m 时刻系统可能出现的状态进行枚举并得出相应的状态概率。

(5) 对步骤(4)所得到的系统状态逐个进行潮流计算，评估系统状态，如果系统正常运行，继续步骤(6)。否则该状态的 ATC 值记为 0。

(6) 采用基于灵敏度的线性迭代法[32]按照式(9-26)计算系统正常运行状态下的 ATC。

(7) 计算 n 时刻所有可能状态的 ATC 值，然后求得该时刻 ATC 的期望值即为此时刻的 ATC 值。

9.4.5　算例分析

采用 IEEE-14 节点系统进行验证，系统接线图及参数详见文献[33]，选定节点 12、13、14 为受端负荷节点。表 9-6 和表 9-7 分别给出了线路和非源点发电机的故障率和修复率。

表 9-6　线路的故障率和修复率

线路号	首末端节点号	故障率λ	修复率μ
1	1—2	0.00582	0.015
2	2—3	0.00438	0.010
3	2—4	0.00438	0.010
4	1—5	0.00438	0.010
5	2—5	0.00438	0.010
6	3—4	0.00438	0.010
7	4—5	0.00438	0.010
12	7—9	0.00445	0.012
13	9—10	0.00445	0.012
14	6—11	0.001653	0.008
15	6—12	0.001653	0.008
16	6—13	0.001653	0.008
17	9—14	0.001653	0.008
18	10—11	0.001653	0.008
19	12—13	0.001653	0.008
20	13—14	0.001653	0.008

表 9-7　发电机的故障率和修复率

发电机节点号	故障率 λ	修复率 μ
1	0.001	0.014
3	0.003	0.020
6	0.002	0.018
8	0.002	0.018

取Δt=0.5h，假设初始状态各设备均运行，即 $P(0)$=[1 0]，采用马尔可夫链结合 N–1 故障枚举法，分别得到系统设备状态概率和系统可能出现状态的概率随时间变化的曲线如图 9-5、图 9-6 所示，不同条件下的 ATC 结果见图 9-7～图 9-9。

图 9-5 是采用马尔可夫链预测的各发电机和线路的状态概率变化曲线，各设备的平稳状态概率值及其过渡时间由设备的故障率和修复率决定。

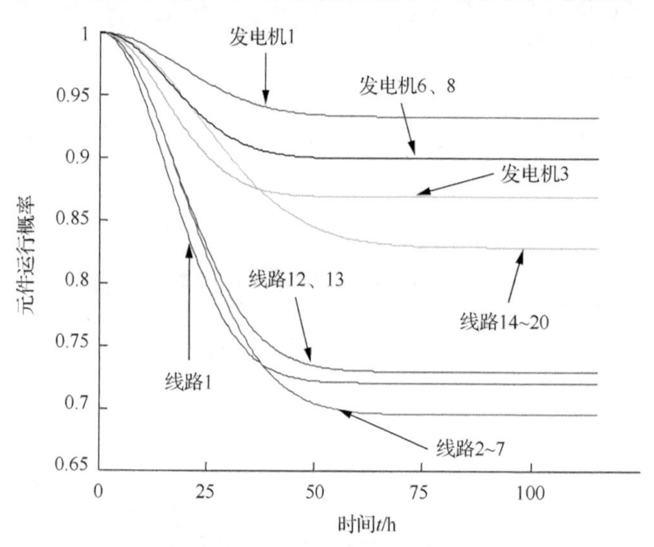

图 9-5　线路和发电机状态预测结果

为保证计算的快速性，采用 N–1 原则对系统状态进行故障枚举，得到系统状态可能出现的概率变化曲线如图 9-6 所示。系统状态可能出现的概率是各设备状态概率的函数，故图 9-5 的设备状态概率特性决定了图 9-6 的系统状态概率的极值特性和平稳特性。

图 9-6 为时刻 10(对应 t=5h)下系统各种可能状态出现的概率及对应的 ATC。由图 9-7 可知，大部分单一故障下的 ATC 与正常状态下的 ATC 相等，ATC 骤降的概率非常小，图中系统可能出现状态的排列顺序为无故障和各种 N–1 故障，该时刻 ATC 期望值为 68.514MW(无故障枚举时 ATC 值为 69.225MW)。图 9-7 的系统状态概率的极值特性和平稳特性决定了不考虑负荷变化时的 ATC 值也存在极

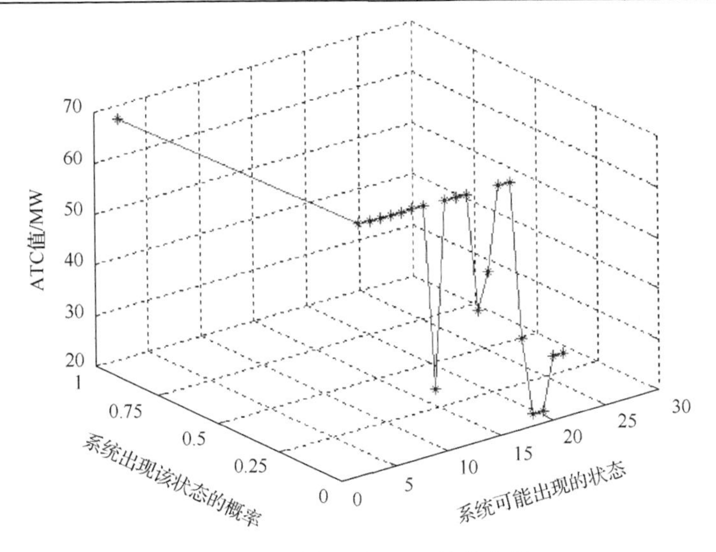

图 9-6　时刻 10 的 ATC 值分布图

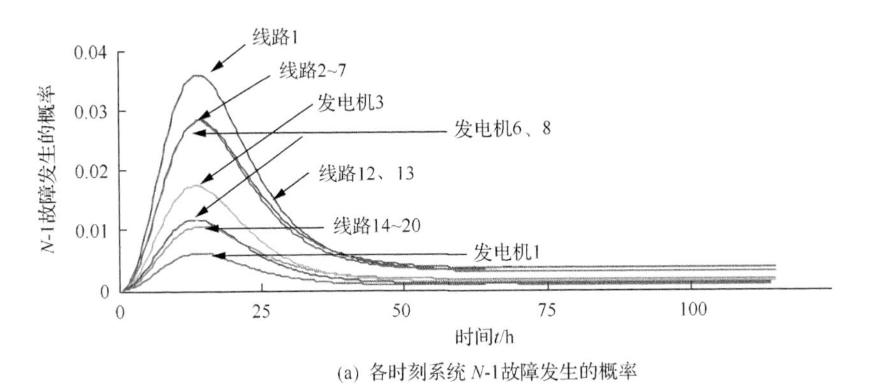

(a) 各时刻系统 N-1故障发生的概率

(b) 各时刻系统无故障的概率

图 9-7　各时刻系统可能状态出现的概率

值特性和平稳特性，如图 9-8 所示。当考虑系统的状态转移特性和负荷的连续变化时，ATC 的变化曲线如图 9-9 所示，可见 ATC 的变化趋势符合 ATC 的定义，反映了负荷的变化(即呈大致相反的趋势)，但是 ATC 的变化要比负荷变化剧烈得多，这是系统状态的时变性和计及各种随机因素影响的结果。

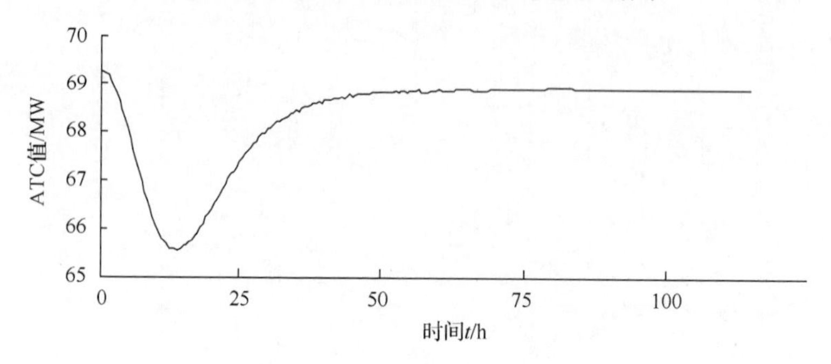

图 9-8　不计负荷变化时的 ATC

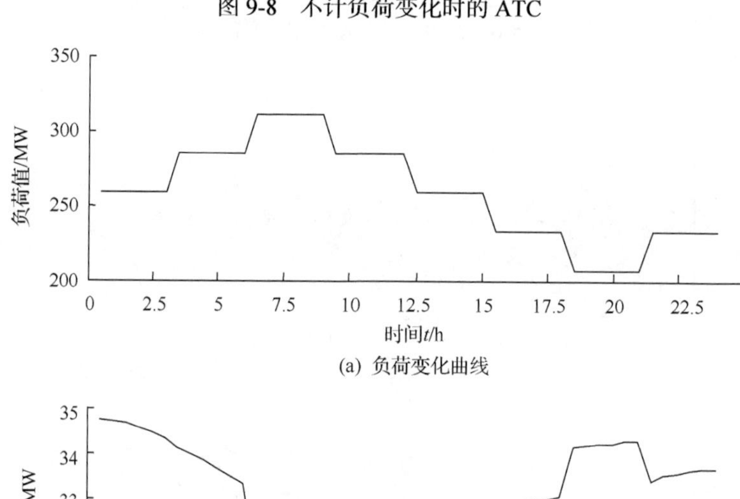

(a) 负荷变化曲线

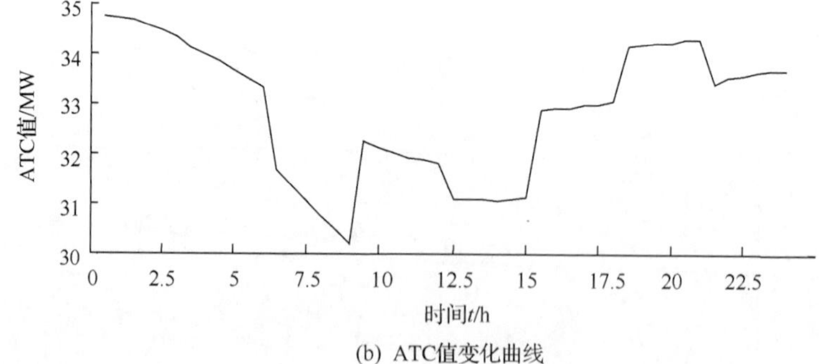

(b) ATC值变化曲线

图 9-9　计及负荷变化时的 ATC

从上述结果可知[3]：

(1) 马尔可夫链能够很好地描述电力系统的运行状态及其变化，正确地反映了系统的时变特性。

(2) 采用故障枚举法结合马尔可夫链能够准确描述各种随机因素对 ATC 的影响，给出更准确的 ATC 信息。

(3) 所提方法同时考虑了各种随机因素和系统动态时变性对 ATC 的影响，并得到 ATC 随时间变化的曲线，充分考虑了 ATC 在时间上的连续性，更准确地反映了 ATC 的变化，为电力市场下市场参与者提供更为准确的电网运行状况，为交易决策者提供了更有力的判定交易能否顺利执行的信息。

9.5 基于蒙特卡罗模拟法的可用输电能力计算

蒙特卡罗模拟法是利用随机数进行随机模拟的通用方法[34]。蒙特卡罗法的基本原理可追溯到 18 世纪。20 世纪 40 年代中期之后，随着科学技术的发展和电子计算机的发明，该方法得到了快速的发展和应用。1946 年，美国学者 von Neumann 和 S.Ulam 首先采用这种方法在数字电子计算机上模拟中子链式反应，并把第一个这样的程序命名为“Monte Carlo”程序。近年来，随着计算技术的迅速发展，蒙特卡罗方法的应用范围日趋广泛。目前，它已经被广泛应用到包括电力系统可靠性分析在内的多个研究领域中，成为计算数学的一个重要分支。

采用蒙特卡罗方法评估电力系统可靠性，存在着明显的优势。第一，在满足一定的精度要求下，蒙特卡罗方法的抽样次数与系统的规模无关，因此，特别适用于大型电力系统的评估计算；第二，采用蒙特卡罗方法评估可靠性，不但能够获得概率性指标，而且能够得到频率和持续时间指标，得到的可靠性信息更加丰富、实用；第三，基于蒙特卡罗方法的程序数学模型相对简单，且容易模拟负荷变化等随机因素和系统的校正控制措施，因此计算结果更加符合工程实际[35]。

当前，基于概率模型的输电能力研究中，蒙特卡罗仿真法(以下简称 MC 法)是使用最多的概率方法。此方法的计算量与系统规模的增长近似呈线性关系，而且还可以方便地计入各种实际运行的控制策略，发现一些人们难以预料的事故。此外，MC 法的计算效率不依赖元件故障的阶数(理论上可以模拟到任意阶)，而是取决于故障状态发生的概率，也就是说 MC 法在严重故障组合数目比较多时更加有效。我国电网与国外电网相比，网络的规模比较大，而电网的结构比较薄弱，多重严重故障出现的概率比较大，所以在大型电力系统的概率 TTC 计算中，MC 法更加适合于我国电网的实际情况。

经典的处理概率问题的数学方法常把概率问题变换为某个确定性问题。而 MC 法则是把不确定性问题与某个概率模型相联系，通过把随机抽样试验求得的统计估计值作为原始问题的近似解。这样，用 MC 法可以解决很多难以确定分布形式的变量参数问题。

MC 模拟的基本思想是：为了求解数学、物理、工程项目技术以及生物等方面的问题，首先建立一个概率模型或随机过程，使它的参数等于问题解；然后通过对模型或过程的观察或抽样试验来计算所求参数的统计特征，最后给出所求解的近似值[36]。MC 模拟法的计算精度与 $1/N$(N 为抽样点数)成正比，即需要较大的计算量才能达到较高的计算精度，在计算机应用没有普及的过去，难以普遍应用，但现在随着计算机的普及以及计算效率的提升，该方法在计算机上很容易实现。通过计算机编程实现 MC 模拟的基本流程为：假定已知某一随机变量的概率模型(可为历史统计分布或者某种概率分布)，通过计算机产生的随机数程序多次模拟该随机变量出现的累计概率，然后根据概率模型求出计算机模拟的随机变量的各种可能值[37]。

假定函数 $Y=f(X_1,X_2,\cdots,X_n)$，其中，变量 X_1、X_2、…、X_n 的概率分布已知。实际问题中，$Y=f(X_1,X_2,\cdots,X_n)$往往是未知的，或者是一个非常复杂的函数关系式，一般难以用解析法求解有关 Y 的概率分布及数字特征。MC 法利用一个随机数产生器，通过直接或间接抽样取出每一组随机变量 X_1，X_2，…，X_n 的值 x_{1i}，x_{2i}，…，x_{ni}，然后按 Y 对于 X_1，X_2，…，X_n 的关系式确定 Y 的值 y_i：

$$y_i=f(x_{1i},x_{2i},\cdots,x_{ni})$$

反复独立抽样(模拟)多次($i=1,2,\cdots,N$)，便可得到函数 Y 的一批抽样数据，当模拟次数足够多时，便可给出与实际情况相近的函数 Y 的概率分布及数字特征。采用 MC 法求解问题最简单的情况是模拟一个发生概率为 P 的随机事件 A，设一随机变量 ξ，若在一个试验中事件 A 出现，则 ξ 值为 1，若 A 不出现则 ξ 值取 0，那么随机变量 ξ 的数学期望值 $E(\xi)=1\times P+0\times(1-P)=P$，这是事件 A 在一次试验中出现的概率。假设在 N 次试验中事件 A 出现 v 次，那么观察频数 v 也是一个随机变量，令 $\overline{P}=v/N$，表示观察频率，则根据大数定理，当 N 充分大时，下式成立的概率为 1。

$$\overline{P}=v/N=E(\xi)=p$$

因此，上述模型得到的概率 $\overline{P}=v/N$ 近似等于所求量 p。这就说明了频率收敛于概率。以上结论可由大数定律得到。

由于 MC 法用某个随机变量的子样求算术平均值作为求解变量的近似值，那么将产生误差 ε：

$$\varepsilon=\frac{\lambda_\alpha\sigma}{\sqrt{N}}$$

式中，σ 为随机变量标准差；λ_α 为正态差；α 为显著水平。由上式可见，在固定 λ_α

条件下，为减少 MC 法产生的误差应在减少随机变量标准差 σ 同时增大抽样次数。

9.5.1　ATC 概率评估指标的定义

ATC 是时间和空间上动态变化的量，宜用概率统计结果来衡量，故通过蒙特卡罗仿真法计及系统的不确定性、随机性和时变性因素影响后，为准确描述系统各种可能状态对 ATC 的影响，定义一系列的 ATC 评估指标来量化这些因素对 ATC 的影响，以便更准确地描述电网的输电能力。评估指标的定义及计算公式如下。

(1) ATC 的期望值 (the expected value of ATC) $\overline{E}_{\mathrm{ATC}}$：

$$\overline{E}_{\mathrm{ATC}} = \frac{1}{N}\sum_{i=1}^{N} C_{\mathrm{ATC}}^{i}(\overline{X_i})$$

式中，X_i 是系统状态向量 $\overline{\boldsymbol{X}}$ 的第 i 个样本值；估计值 $\overline{E}_{\mathrm{ATC}}$ 的误差由其方差 $\overline{V}_{\mathrm{ATC}}$ 决定。

(2) ATC 的方差 (variance of ATC) $\overline{V}_{\mathrm{ATC}}$：

$$\overline{V}_{\mathrm{ATC}} = \frac{1}{N} V[C_{\mathrm{ATC}}^{i}(\overline{X_i})]$$

(3) ATC 的变异系数 (variation coefficient) β：

在电力系统的可靠性评估中，一般以方差系数 β 作为计算收敛的判据，即

$$\beta = \frac{\sqrt{V[C_{\mathrm{ATC}}^{i}(\overline{X_i})]/N}}{\overline{E}_{\mathrm{ATC}}}$$

(4) ATC 的最大值：

$$F^{\max} = \max\left[C_{\mathrm{ATC}}^{i}(X_i), i \in N \right]$$

(5) ATC 的最小值：

$$F^{\min} = \min\left[C_{\mathrm{ATC}}^{i}(X_i), i \in N \right]$$

(6) ATC 等于零的概率 (probability of ATC equal to zero) P_{PAEZ}，表示当前供电网络无法满足负荷需求，为保证正常供电必须采取措施，如发电再调度或削负荷等。

$$P_{\mathrm{PAEZ}} = \frac{M_{\mathrm{ATC}=0}}{N}$$

式中，$M_{ATC=0}$ 为 ATC 值等于零的仿真次数；N 为仿真的总次数。

(7) ATC 等于零的持续时间 (duration of ATC equal to zero) T_{DAEZ}：

$$T_{DAEZ} = \Delta h M_{ATC=0}$$

式中，Δh 为仿真步长。

(8) ATC 不足概率 (probability of ATC not satisfied) P_{PANS} 指 ATC 值小于特定值的概率，设 C 为特定值，则

$$P_{PANS} = \frac{M_{ATC<C}}{N}$$

式中，$M_{ATC<C}$ 为 ATC 值小于特定值 C 的仿真次数。

(9) ATC 不足持续时间 (duration of ATC not satisfied) T_{DANS}：

$$T_{DANS} = \Delta h M_{ATC<C}$$

(10) ATC 匮乏量 (the expected value of ATC not satisfied) E_{EANS}：

$$E_{EANS} = \sum_{x<A} \left(C - C_{ATC}(x) \right)$$

式中，A 为 ATC 值小于特定值 C 的系统状态集合。

当然，如果考虑按照时序在一个时间跨度上进行仿真即序贯仿真 (将在后面详述)，则要将以上指标表示为含有时刻 t 的量。

9.5.2　ATC 计算中的各种不确定因素及其概率模型

电力系统运行中 (如区域间的可用输电能力的计算) 要受到数量庞大的不确定性因素的影响，包括元件设备 (发电机组、输电线路、变压器、电抗器、电容器、保护元件、自动重合闸装置、母线等) 的故障概率和修复率、负荷和发电机出力分配的波动等。这样，在计算中不单要对这些可修复元件进行状态模拟，而且要考虑负荷和发电机出力分配的波动。

电力系统是一个动态的时变系统，其状态在各个运行时刻都在变化，而且电力系统的运行充满了不确定性。电力系统运行的不确定性通常是由天气因素、负荷波动、发电机调度、输电线路和变压器等设备的故障等引起的。这些不确定性因素的处理以及处理的合理程度决定着电网输电能力评估的准确性和可靠性。采用蒙特卡罗仿真法来模拟系统的可能运行状态，可以有效地考虑不确定性因素对电力系统运行的影响，且计算时间不随系统规模或电网连接的复杂程度的增加而急剧增加，非常适用于解决电网的输电能力概率评估问题。

采用模拟法对电力系统进行状态评估时，根据是否考虑系统状态的时序性，可将系统状态分为非序贯仿真、序贯仿真和准序贯仿真(伪序贯仿真)。

1. 序贯仿真(sequential simulation)

序贯仿真是按照时序，在一个时间跨度上进行仿真。它保留了系统的时序性，如负荷随时间变化情况、不同时间段线路检修情况等。最常见的是状态持续时间抽样法和系统转移抽样法[38]。首先，需要来了解一些相关概念。

1)设备与系统

电力系统包含发电机、变压器、开关、线路等多种电气设备，这些电气设备都统称为设备。根据设备使用情况，可以划分为两大类：不可修复设备(non-repairable component)和可修复设备(repairable component)[39]。不可修复设备是指设备投入使用后，一旦损坏，在技术上就无法修复，或者要修复也十分不经济，这类设备的特点是只需注意它投入使用到首次故障位置的寿命过程。可修复设备是指设备投入使用后，如果损坏可进行修复并能恢复到原有的功能得以再投入使用，这类设备的特点是寿命流程由交替着的工作和修复周期所组成。对电力系统来说，绝大多数设备都是可修复设备。由设备组成的系统也可以分为两类，即不可修复系统(non-repairable system)和可修复系统(repairable system)[40]。如果系统使用一段时间以后发生故障，经过修复能再次恢复到原来的工作状态，这种系统称为可修复系统；如果系统发生故障后，无法修复或无法恢复到原来的工作状态或这种修复很不经济，就称这种系统为不可修复系统。电力系统属于可修复系统。

2)可修复设备

电力系统中，可修复设备在投入使用后，经过 T_U 时间(设备的首次故障时间，是一个随机变量)发生故障，被迫退出工作进行紧急修理，直到恢复其正常功能再投入运行，这个过程叫修复过程。由于设备发生故障的原因、破坏的程度以及修理条件等多种因素对修复过程的影响，它所需要的修复时间 T_D 通常也是一个随机变量[41]。可见，可修复设备的整个寿命流程就是工作、修复(故障)、再工作、再修复的交替过程，见图 9-10。

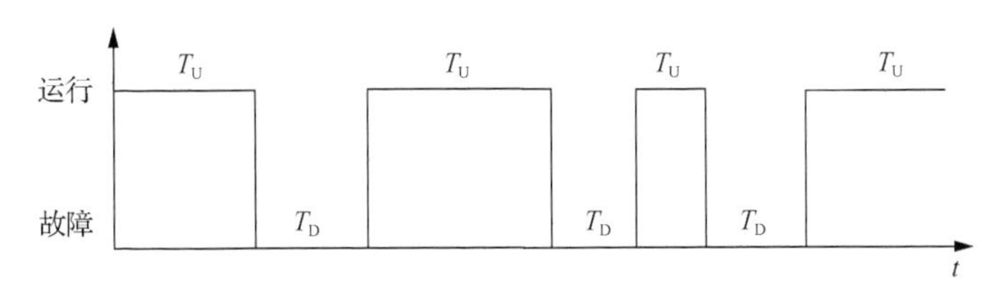

图 9-10　可修复设备的寿命流程图

这种设备只有正常工作和故障停运两种状态的模型称为双状态模型，其中 T_U 和 T_D 都是非负的随机变量。

可修复设备的工作寿命是指设备能保持原来的技术指标，完成各项规定功能的时间。可修复设备有多次寿命，而每次寿命都和前一次修复过程联系在一起，并受其影响[42]。衡量工作寿命的一个指标是平均无故障工作时间(mean time to failure，MTTF)；另一指标是平均相邻故障间隔时间(mean time between failure，MTBF)，它是指设备在相邻两次故障之间(包括修复时间在内)的时间均值，且

$$\mathrm{MTBF} = \mathrm{MTTF} + \mathrm{MTTR}$$

式中，MTTR(mean time to repair)为设备的平均修复时间。

可修复设备故障率(fault rate)$\lambda(t)$是指设备在 t 时刻以前正常工作，t 时刻以后单位时间发生故障的条件概率密度。由于可修复元件具有多次寿命，原则上每一个设备都可以作出故障率随时间变化的曲线，该曲线可以分成 3 个阶段：第 1 阶段为设备在开始试运行的调试阶段，故障率很高，经过调整和检修，故障率逐步降低趋于稳定；第 2 阶段为正常工作，在这一阶段设备达到预定的技术性能并保持稳定；第 3 阶段下，由于设备工作时间较长，部件严重耗损和老化，故障率迅速上升超过允许值，经过检修也不能达到原来的指标，且运行期越来越短，在经济上已经很不合算，要停止使用，更换新设备。

修复率(repair rate)表明可修复设备故障后修复的难易程度及效果，通常用 $\mu(t)$表示，它的定义为：设备在 t 时刻以前未被修复，而 t 时刻单位时间被修复的条件概率密度。可修复设备的故障率和修复率都是根据设备的运行记录数据加以统计处理来确定。

这里简单的将某可修复元件的故障率和修复率分别表示为 λ、μ，而前面提到平均无故障工作时间和平均维修时间分别为 MTTF、MTTR，则存在以下重要关系式：

$$\mathrm{MTTF} = 1/\lambda \tag{9-28}$$

$$\mathrm{MTTR} = 1/\mu \tag{9-29}$$

可修复设备的可用率 A(availability)是用来表示设备可以利用的程度。在不同的场合，可修复设备的可用率有不同的表达形式，最常用到的是用时间的平均值表示。这时，设备的可用率 A 定义为

$$A = \frac{\mathrm{MTTF}}{\mathrm{MTTR} + \mathrm{MTTF}} = \frac{\mu}{\lambda + \mu}$$

元件的强迫停运率(forced outage rate, FOR)可按式(9-30)确定：

$$\mathrm{FOR}=1-A=\frac{\mathrm{MTTR}}{\mathrm{MTTR}+\mathrm{MTTF}}=\frac{\lambda}{\lambda+\mu} \tag{9-30}$$

λ 和 μ 是蒙特卡罗算法中模拟元件持续时间与状态转移特性的基本参数。其反映的元件状态转移特性如图 9-11 所示，其数值可通过对元件长期运行的寿命过程和随机状态信息统计得到。

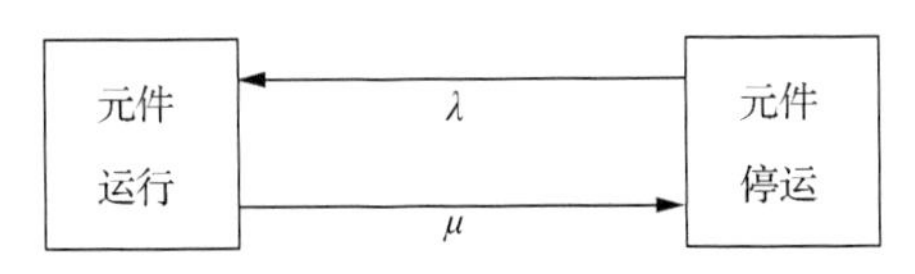

图 9-11　电力元件的状态转移图

序贯仿真中，假定元件的无故障工作时间和维修时间分别为 m、r 且均为服从指数分布的随机变量，则 m 和 r 的值按式(9-31)与式(9-32)抽样获得：

$$m=\frac{1}{\lambda}\ln\xi_1 \tag{9-31}$$

$$r=\frac{1}{\mu}\ln\xi_2 \tag{9-32}$$

式(9-31)与式(9-32)中，ξ_1、ξ_2 为[0, 1]上均匀分布的随机数。按照式(9-4)、式(9-5)所示的抽样原理，可获得各个元件在一定模拟时间内的运行状态序列，然后综合各元件的信息，获得系统的运行状态序列[43]。假定某简单系统由两个元件 A、B 构成，则通过对两个元件的状态序列模拟确定整个系统的状态转移的过程如图 9-3 所示。图中，“1”状态表示元件的运行状态，“0”状态表示元件的停运状态。“00”“01”“10”“11”表示由两个元件构成的系统组合状态。系统状态短时间的模拟具有较大的偶然性，但对系统长期运行过程的仿真计算所得到的可靠性指标则趋近系统的实际情况。由图 9-12 也可看出，系统相邻状态的差别仅在于一个元件的状态差别，这是造成序贯仿真收敛极其缓慢的根本原因。

2. 非序贯仿真(non-sequential simuation)

非序贯仿真又称为状态抽样(state sampling)，该方法的依据是：一个系统状态是所有设备状态的组合，且每一个设备的状态可由设备出现在该状态的概率进行抽样来确定[44]。

采用非序贯仿真法来仿真电力系统的状态时，需考虑的不确定性因素有：发电机随机故障、输电线路随机故障、变压器随机故障、变压器分抽头的调节和节点

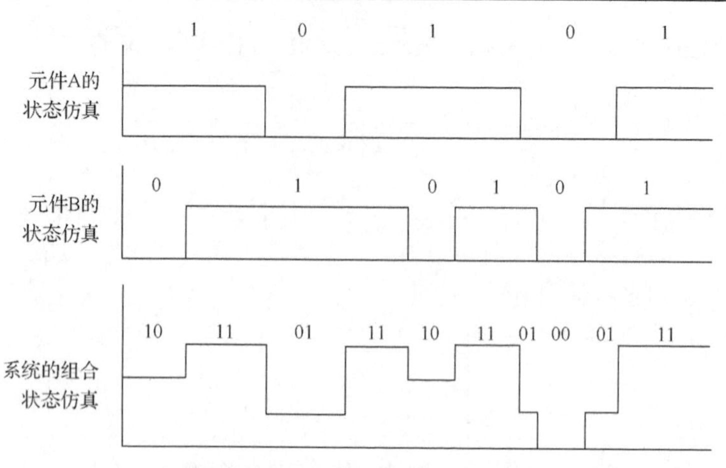

图 9-12　系统序贯模型仿真示意图

负荷的随机波动。采用非序贯蒙特卡罗法对系统状态进行抽样时，系统的状态由设备概率分布函数抽样确定。

对于发电机，将其作为一个 2 状态设备，即故障和运行，则其概率分布函数服从 2 点分布，抽取在[0, 1]间服从均匀分布的随机变量 R，若 $R \leqslant \mathrm{FOR}$，则该发电机故障，出力为 0；否则，发电机运行，且出力为额定出力。FOR 为强迫停运率，强迫停运率 FOR 反映了系统的“不可用度”，是非序贯仿真算法中抽样系统状态的基本参数。

对于变压器，除了有故障和运行两种状态外，还有分接头处于不同挡位的运行状态，所以在处理变压器状态时分两步，首先和处理发电机设备一样，假设变压器为一个 2 状态设备，概率分布函数服从 2 点分布，然后在状态为运行的变压器中，使其分抽头的调节服从一定的概率分布，具体的分布函数和参数根据具体的输电系统给出经验值。

对于线路，虽故障率一般比发电机和变压器要小的多，但线路发生故障时，电力系统的网络结构、运行方式和潮流分布都将产生重大变化。假定线路也是 2 状态设备，即故障和运行，其概率分布函数服从 2 点分布。抽取在[0, 1]间服从均匀分布的随机变量 R，若 $R \leqslant \mathrm{FOR}$，则该线路故障，退出运行；否则，线路运行。

对于负荷，认为各节点负荷的波动服从正态分布，即 $N(\mu, \sigma^2)$，参数 μ 是该分布的数学期望，一般为节点负荷的预测值；参数 σ^2 是该分布的均方差，它描述了系统实际负荷偏离预测值的程度，一般根据具体的输电系统给出其经验值。

非序贯仿真不考虑系统的时序性，并且一般也不考虑元件的修复情况，按抽样次数对可靠性进行统计：

$$E(F)=\frac{1}{\mathrm{NS}}\sum_{i=1}^{\mathrm{NS}}F(X_i)$$

式中，NS 为抽样次数；$F(X_i)$ 为第 i 次抽样的指标函数值。

对于具有 n 个元件的电力系统，用 n 维状态向量 $\overline{\boldsymbol{X}}$ 表示系统随机状态：

$$\overline{\boldsymbol{X}}=(X_1,X_2,\cdots,X_i,\cdots,X_n)$$

式中，X_i 为元件 i 的随机状态变量。当该元件处于停运状态时，X_i 取值为 0；当该元件处于运行状态时，X_i 取值为1。在非序贯概率仿真中，随机状态变量的值由随机数向量确定。通过伪随机数产生器产生 n 个在[0, 1]上均匀分布的随机变量 x_i，构成 n 维随机向量：

$$\overline{x}=\{x_1,x_2,\cdots,x_i,\cdots,x_n\}$$

X_i 与 x_i 的关系为

$$X_i=\begin{cases}0, & x_i<\mathrm{FOR}_i\\ 1, & x_i>\mathrm{FOR}_i\end{cases}$$

FOR_i 为第 i 个元件的强迫停运率。对后面将要介绍的伪序贯仿真算法，其概率模型则比较复杂，一般是上述序贯仿真和非序贯仿真两种概率模型的综合。

一个系统状态在抽样中被选定后，即可进行系统分析，求取相关的参数。当抽样的数量足够大时，系统状态 $\overline{x}$ 的抽样频率可作为其概率的无偏估计，即

$$P=\frac{S(\overline{x})}{\mathrm{NS}}$$

式中，$S(\overline{x})$ 表示抽样中系统状态 $\overline{x}$ 出现的次数。

非序贯仿真的计算速度较快，算法实现也较为简单，但因不考虑系统时序性，所以计算结果中一般没有有关故障频率和持续时间的可靠性指标，这是一个很大的缺点。近年来，研究人员探讨在非序贯仿真中加入元件的修复功能，并通过严格的推导得到了计算频率变化区间的方法。由于实际中采用各种简化措施，而且抽样次数有限，一般很难准确计算系统故障频率指标的准确值，因此，计算频率变化的上下限具有很重要的参考价值。

在非序贯仿真的实际应用中，应注意如下问题：①仿真中产生的随机数必须满足 3 个基本条件，即均匀性、独立性和足够长的重复周期；②蒙特卡罗法是一个波动收敛的过程，因此，估计出的参数总是有一个相应的置信范围，且置信范围会随样本数的增加而变窄；③非序贯仿真的收敛判据有两种，一是仿

真过程结束时，校验变异系数是否足够小，另一种是用预定的最大抽样数作为终止抽样的判据；④非序贯仿真过程仅需要设备的故障率作为抽样过程中的输入数据；⑤状态抽样的概率不仅适用于设备故障事件，而且也可推广到其他参数的状态抽样，且这个方法并不局限于年度作为基础的仿真，还可以很方便地进行任意时间段(周、月或季度)的仿真；⑥非序贯仿真不能计及时间相关事件的时序信息。

最后需要指出，将系统元件抽象为停运和运行的 2 状态模型是一种数学上的简化处理，有些元件如发电机组等除上述两种状态之外，还有其他状态(如降额状态等)的存在，然而可以通过一定的数学方法将其最终等效为 2 状态的模型而保证计算精度基本不变；有些文献虽未将多状态的元件等效为 2 状态模型处理，但对多状态元件的抽样方法与 2 状态也基本类似，为简单起见，这里一律按照 2 状态模型描述电力系统中的可修复元件。

除电力元件之外，建立准确的负荷模型对电力系统可靠性评估也有很重要的意义。常用的负荷模型主要有年峰荷模型、分级负荷模型、聚类负荷模型和时间序列负荷模型等，通常根据可靠性评估的目的、计算精度的要求以及系统负荷的特点来选择合适的负荷模型。

3. *伪序贯仿真*(pseudo-sequential simulation)

伪序贯仿真算法综合了非序贯法和序贯法的优点。一般来说，该类算法具有内存占用低、计算量相对较小、收敛较快的优点，同时又能够获得较为准确的可靠性频率及持续时间指标。国内外学者为探索实用的伪序贯仿真算法，开展了大量工作，其中 Mello 等提出的一种快速实用的伪序贯仿真算法获得了广泛的应用。该算法通过非序贯仿真来抽样系统的随机状态，经状态分析之后，对出现负荷切除的故障状态采用序贯仿真进行前向顺序仿真和后向顺序仿真，以考察该故障状态所从属的故障状态子序列并得到停电事故的完整时序信息以计算可靠性的频率与持续时间指标。该伪序贯仿真算法一方面不需要存储元件的状态序列和持续时间信息，对内存的占用很少；另一方面，以非序贯仿真算法为基础来获取系统随机状态，因此抽样效率较高，收敛特性与非序贯仿真算法接近。需要特别指出的是，基于非序贯仿真的各种改进的抽样方法能够很容易地被运用到该类伪序贯仿真算法中，而且在提高计算效率方面的效果是基本相同的。

电力系统负荷的一个特征就是具有不可控性，即负荷的变动具有随机性；另一个特征是负荷具有按天、按周以及按年的周期性变化特性[45]。负荷模型可以用一年内不同阶段(如按季节分为 4 个阶段)的负荷曲线表示，也可用每月、每天、每小时的负荷表示。负荷是通过预测得到的，因此存在一定的不确定性。处理负荷的不确定性有两种方法：一种是按各种可能的预测尖峰负荷计算系统指标，再用预测负荷的概率对系统的指标进行加权平均；另一种方法是把预测负荷看成一个随机变量，求出它的数学期望值和方差，这样，系统的指标也是随机变量，其数学期望和方差也可以根据预测负荷的数据求出。模拟负荷变化方式有很多种，这里主要介绍适用于蒙特卡罗仿真的负荷模型。

1) 对于非序贯仿真的负荷模型选择

适于非序贯仿真的负荷模型主要有 3 种：峰荷模型、分级负荷模型、聚类负荷模型。

(1) 峰荷模型。

各负荷节点采用年最大负荷 $P_{Li}^{\max}$，则系统负荷 $P_{LS}=\sum\limits_{i\in N_L}P_{Li}^{\max}$，$N_L$ 为系统的负荷节点数目。峰荷模型得到的系统指标反映了系统在最大负载下的安全经济性能，计算结果比实际运行情况严峻。

(2) 分级负荷模型。

若已知系统一年 8760h(365d) 的负荷分布 $P_{L1},P_{L2},\cdots,P_{L8760}$，则可以画出如图 9-13 所示的累积负荷曲线。

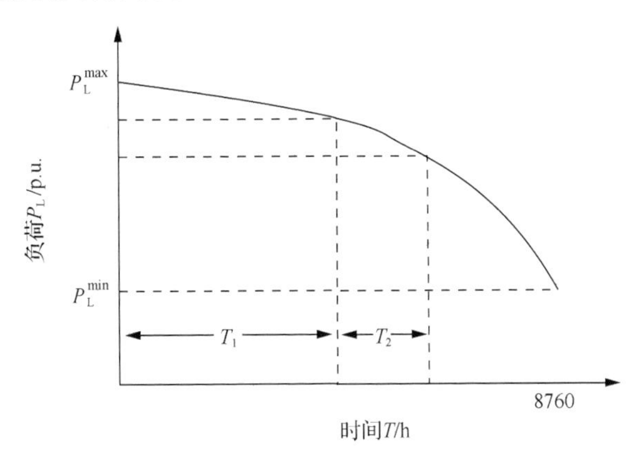

图 9-13　累积负荷曲线

设定分级区间数 n，按照平均分配或者制定范围将负荷[$P_L^{\min}$，$P_L^{\max}$]划分为 n 个区间：

$$P_{L0}=P_L^{\min}\to P_{L1}\to P_{L2}\to\cdots\to P_{Ln}=P_L^{\max} \tag{9-33}$$

8760h 的负荷落在 n 个区间的时间分别为 T_1，T_2，…，T_n，计算每个区间的分布概率 P_i 和均值 $\overline{P}_{Li}$ $(i=1,2,\cdots,n)$：

$$P_i = T_i / 8760$$
$$\overline{P}_{\mathrm{L}i} = \frac{\sum_{k \in T_i} P_k}{T_i} \tag{9-34}$$

(3)聚类负荷模型。

分级负荷模型可以大致划分负荷的时间分布情况，但分级数和区间划定都是人为制定的，有时不能准确地反映负荷的概率分布。另外，分级负荷中不能考虑节点负荷间变化的相关性，一般认为各节点负荷与系统负荷一样按相同比例增长。聚类负荷模型实际上也是一种分级负荷模型，但其分级数和区间划分由程序计算得到，并且可以综合考虑节点负荷变化的相关性和负荷预测的不确定性。采用均值聚类技术产生年负荷的多层模型。假设年负荷模型的 8760 个负荷点被分为 N_{C} 个负荷层，每个负荷层的恒定负荷值是该层负荷点的算术平均值，可按如下步骤获取：

①选择每层负荷的平均初始值 A_i $(i=1,2,\cdots,N_{\mathrm{C}})$；

②计算 8760 个负荷点 L_{dk} $(k=1,2,\cdots,8760)$ 到各负荷层的距离 $D_k=\left|A_i - L_{dk}\right|$；

③把离负荷层最近的负荷点归并到该负荷层，然后计算各负荷层新的平均负荷值：

$$A_i = \frac{\sum_{k \in \mathrm{NL}} L_{dk}}{N_{\mathrm{L}di}}$$

式中，$N_{\mathrm{L}di}$ 是第 i 层负荷层的负荷点数目；N_{L} 是属于该负荷层的负荷点集合；

④重复步骤②和步骤③，直到各负荷层的平均值在相邻 2 次迭代中保持不变。最后得到的 A_i 和 $N_{\mathrm{L}di}$ 即为第 i 层负荷层的负荷值和负荷点数目。

2)对于序贯仿真的负荷模型选择

采用序贯法仿真系统状态时，需采用相应的负荷模型来仿真系统各时刻与各节点的负荷，从而使仿真过程更贴近实际。考虑所有因素的时序负荷模型在实际计算中是很难实现的，故采用如下实用模型来仿真时序负荷：采用小时最大尖峰负荷与年最大负荷的比值来表示仿真时刻的负荷期望值，采用服从正态分布的负荷波动来仿真不确定性因素对负荷的影响。以小时为单位仿真时变负荷分以下几步：

(1)根据日最大负荷生成日负荷曲线(24h)；

(2)根据周最大负荷生成周负荷曲线(7d)；

(3)根据年最大负荷生成年负荷曲线(52w)；

(4) 根据式(9-35)求每小时负荷的期望值 $\hat{L}(t)$ [46]，即

$$\hat{L}(t) = P_{\mathrm{w}}(t) \times P_{\mathrm{d}}(t) \times P_{\mathrm{h}}(t) \times P_{\mathrm{L}}^{\max} \tag{9-35}$$

式中，$P_{\mathrm{L}}^{\max}$ 为年最大负荷；$P_{\mathrm{w}}(t)$ 为周负荷峰值占年负荷峰值的百分比；$P_{\mathrm{d}}(t)$ 为日负荷峰值占周负荷峰值的百分比；$P_{\mathrm{h}}(t)$ 为时负荷峰值占日负荷峰值的百分比。

(5) 采用标准正态分布来描述负荷预测受多种因素影响而存在的不准确性，即 t 时刻的负荷值 $L(t)$ 为 $L(t) = \hat{L}(t) + N(0,\sigma^2)$，$N(0,\sigma^2)$ 是均值为 0，方差为 σ^2 的标准正态分布。

9.5.3　负荷、发电机出力波动及考虑线路故障的 Monte Carlo 仿真方法

为了得到概率计算的样本集，我们首先根据历史经验给定负荷和发电机出力波动的概率分布，然后通过 Monte Carlo 仿真确定每个样本中的负荷有功增长和发电机有功出力分配系数。假定系统中参与功率增长的负荷数目为 n_1，参与功率分配的发电机数目为 n_2，具体过程如下。

(1) 各节点负荷波动采用以负荷预测值 μ_{1i}（$0 \leqslant \mu_{1i} \leqslant 1, \sum_{i=1}^{n1} \mu_{1i} = 1$）为期望值的正态分布函数 $N_{1i}(\mu_{1i}, \sigma_{1i}^2)$，$i = 1,2,\cdots,n_1$ 表示，参与功率分配的各节点发电机出力波动采用以发电机初始分配比例 μ_{2i}（$0 \leqslant \mu_{2i} \leqslant 1, \sum_{i=1}^{n2} \mu_{2i} = 1$）为期望值的正态分布函数 $N_{2i}(\mu_{2i}, \sigma_{2i}^2)$，$i = 1,2,\cdots,n_2$ 表示，正态分布的方差 σ_{1i}^2 和 σ_{2i}^2 根据历史经验给出。

(2) 分别抽取满足 $N_{1i}(\mu_{1i}, \sigma_{1i}^2)$，$i=1,2,\cdots,n_1$ 分布的随机数 $\{x_1,x_2,\cdots,x_{n1}\}$，同时分别抽取满足 $N_{2i}(\mu_{2i}, \sigma_{2i}^2)$，$i = 1,2,\cdots,n_2$ 分布的随机数 $\{y_1,y_2,\cdots,y_{n1}\}$。

(3) 分别对 $\{x_1,x_2,\cdots,x_{n1}\}$ 和 $\{y_1,y_2,\cdots,y_{n1}\}$ 进行归一化，作为该样本的负荷有功增长系数和发电机有功出力分配系数。

(4) 判断是否达到给定抽样次数，如果达到则结束，未达到则转(2)。通过上述步骤得到样本空间 $\{X_i \mid i = 1,2,\cdots,N\}$，其中，$N$ 是总样本数，X_i 包含负荷有功增长系数和发电机有功出力分配系数。这样，本节的样本空间就由注入空间中的负荷和发电机有功出力增长方向构成。

1. 常用的负荷、发电机出力波动的概率 ATC 计算模型

类似于文献[47]给出的概率模型，通过 Monte Carlo 仿真得到样本空间后，计算每个样本对应的 ATC。设 $C_{\mathrm{ATC}}^{i}(\overline{X_i})$ 为第 i 个样本对应的 ATC，N 是总的取样次数，根据概率理论，ATC 的期望值 $\overline{E}_{\mathrm{ATC}}$ 为

$$\overline{E}_{\mathrm{ATC}} = \frac{1}{N}\sum_{i=1}^{N} C_{\mathrm{ATC}}^{i}(\overline{X_i}) \tag{9-36}$$

式中，X_i 是系统状态向量 $\overline{\boldsymbol{X}}$ 的第 i 个样本值，估计值 $\overline{E}_{\mathrm{ATC}}$ 的误差由其方差 $\overline{V}_{\mathrm{ATC}}$ 决定，即

$$\overline{V}_{\mathrm{ATC}} = \frac{1}{N} V[C_{\mathrm{ATC}}^{i}(\overline{X_i})] \tag{9-37}$$

而在电力系统的可靠性评估中，一般以方差系数 β 作为计算收敛的判据，即

$$\beta = \frac{\sqrt{V[C_{\mathrm{ATC}}^{i}(\overline{X_i})]/N}}{\overline{E}_{\mathrm{ATC}}} \tag{9-38}$$

在抽样次数大于一定数值之后，$\overline{E}_{\mathrm{ATC}}$ 又可近似视为常数。由式(9-37)可知，计算精度最终取决于抽样次数 N 和试验函数的方差 $V[C_{\mathrm{ATC}}^{i}(\overline{X_i})]$。在对计算速度和精度均要求较高的情况下，减小 $V[C_{\mathrm{ATC}}^{i}(\overline{X_i})]$ 成为提高抽样效率和计算速度的有效措施，因此，相同可靠性指标所对应的试验函数的方差可作为衡量抽样算法优劣的重要标准。

2. 常用的考虑线路故障的 Monte Carlo 仿真方法

与前面相比，由于增加了线路故障的影响，样本空间的性质将会发生改变，从而必须修改概率 ATC 计算模型。其中，样本空间的变化可以通过增加线路故障样本的抽取来实现。

为抽取线路故障样本，首先根据历史经验给出各条线路的故障概率，然后通过 Monte Carlo 仿真确定每个样本对应的网络状态。假定系统共有 m 条线路，线路集合为 $Z\{z_i = 1,2,\cdots,m\}$，具体仿真过程如下。

(1) 给定每条线路的故障概率 $\{0 < P_i < 1 | i = 1,2,\cdots,m\}$；

(2) 随机抽取 m 个[0, 1]区间内均匀分布的随机数 $\{x_1, x_2, \cdots, x_m\}$；

(3) 判断线路状态，若 $x_i \leqslant P_i$，则线路 i 发生故障，否则线路 i 正常运行；

(4) 判断是否达到给定抽样次数，如果达到则结束，未达到则转(2)。

通过上述步骤得到 N 个样本，每个样本包含各条线路的状态。与使用确定性方法求解 ATC 时仅考虑 $N-1$ 故障不同，Monte Carlo 仿真根据给定的线路故障概率可以考虑任意阶数的故障，具有更大的灵活性。

将上述仿真步骤与前面给出的仿真步骤相结合，我们可以得到综合考虑负荷、发电机出力分配和线路故障概率的样本空间 $E\{X_i,Y_i \mid i=1,2,\cdots,N\}$，其中 N 是样本总数，每个样本由 X_i 和 Y_i 两部分构成，X_i 是负荷和发电机出力的有功增长比例系数，Y_i 是故障线路集合。

模型的优化方法简介：

1) 基于直流潮流的优化模型

根据等式和不等式约束条件的不同，潮流方程存在直流潮流与交流潮流两种类型。类似的，最优潮流模型也可分为基于直流潮流的优化模型和基于交流潮流的优化模型两大类。在发输电组合系统的可靠性评估中，基于直流潮流的优化模型的约束方程为直流潮流方程组，目标函数一般为控制变量和状态变量的线性表达式，因此，该优化问题属于线性规划问题。基于直流潮流的优化问题约束条件简单、变量数目较少，同时对线性规划问题存在着成熟的求解方法，计算速度快且收敛可靠，因此，基于直流潮流的优化模型在可靠性评估计算中得到了广泛应用。

2) 基于交流潮流的优化模型

基于直流潮流的优化模型的等式约束条件为基于直流潮流方程的节点有功功率平衡，不等式约束条件为机组有功出力和线路有功潮流的静态安全性约束，而未考虑节点电压与无功潮流以及有功网损的影响，因此，基于直流潮流的优化算法过高估计了系统承载负荷的能力，得到的可靠性指标也过于乐观，不能反映系统真实的运行状况。当系统对节点电压水平要求较高或无功容量显著不足时，在发输电组合系统可靠性评估中全面计入无功和电压的约束就非常重要，因此，基于交流潮流的优化模型得到的可靠性指标也更加精确。

9.5.4　算例分析

1. 基于非序贯仿真和直流潮流的 ATC 计算

1) 计算及评估流程

基于非序贯仿真和直流潮流线性规划的 ATC 计算及评估流程如下。

(1) 输入各设备数据，形成系统的基本信息。

(2) 确定抽样次数。

(3) 采用非序贯法对系统各个设备(发电机、变压器、线路以及节点负荷)进行状态抽样。

(4) 对抽样得到的系统状态进行评估，如果系统正常运行，继续步骤(5)，若系统出现解列、系统的发电与负荷不能平衡，或者是输电线路出现过负荷等情况，此时的系统不能满足安全稳定约束，返回步骤(3)，并记该状态的 ATC 为零。

(5)确定要评估的输电断面涉及的负荷和发电节点，基于直流潮流的线性规划模型，求解抽样状态下的 ATC，循环回到步骤(3)，直到达到抽样次数。

(6)统计得到 ATC 的概率评估指标。

2)基于非序贯仿真的算例及其分析

根据本章所提出的评估指标、模型和算法，采用 MATLAB6.5 编写基于非序贯仿真的 ATC 评估程序，采用 IEEE-14 节点系统来验证基于非序贯蒙特卡仿真的 ATC 评估算法，IEEE-14 节点系统接线图如图 9-14 所示。系统的基准容量为 100MW，选取负荷 12、13、14 为输电断面的负荷侧。设定抽样次数为 10000，采用非序贯仿真抽样系统的状态，具体参数见表 9-8。求得的部分状态下的 ATC 结果见表 9-9，求得的 ATC 概率指标见表 9-10，衡量 ATC 不足量的定值 C 为 50MW，ATC 值的概率分布见图 9-15。

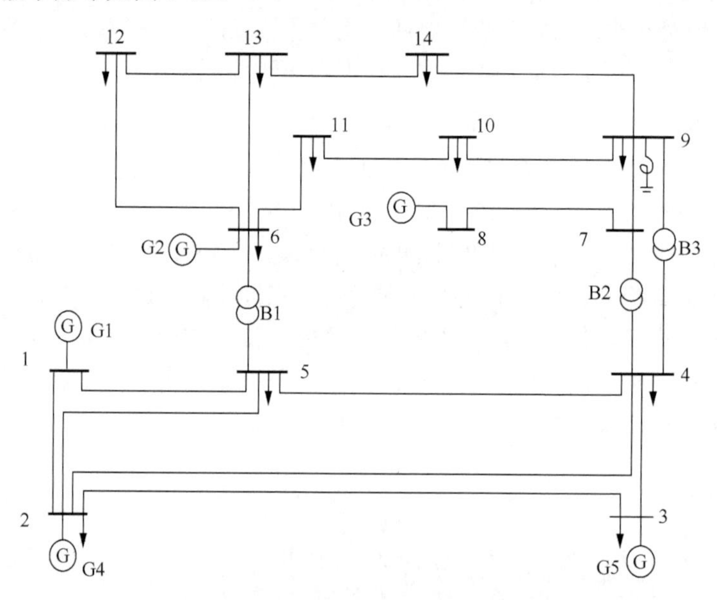

图 9-14　IEEE-14 节点标准系统电网接线图

表 9-8　非序贯仿真法抽样系统参数图

支路故障概率	发电机故障概率	变压器故障概率	变压器分抽头调节规律		负荷波动规律
0.02	0.01	0.01	105%档	0.10	服从 $\sigma=0.02$ 的正态分布
			102.5%档	0.15	
			100%档	0.5	
			97.5%档	0.15	
			95%档	0.10	

表 9-9　非序贯仿真法计算 ATC 的部分结果

序号	TTC/MW	ATC/MW	序号	TTC/MW	ATC/MW
1	65.511	58.9599	8	60.021	54.0189
2	63.435	57.0915	9	66.301	59.6709
3	22.341	20.1069	10	64.301	57.8709
4	67.065	60.3585	11	68.495	61.6455
5	65.196	58.6764	12	64.764	58.2876
6	0	0	13	70.354	63.3186
7	65.111	58.5999	14	64.386	57.9474

表 9-10　ATC 的概率指标

E_{ATC}/MW	V_{ATC}	β	F_{ATC}^{min}/MW	F_{ATC}^{max}/MW	P_{PAEZ}	P_{PANS}
58.062	16.138	0.004	0	67.865	0.0017	0.0367

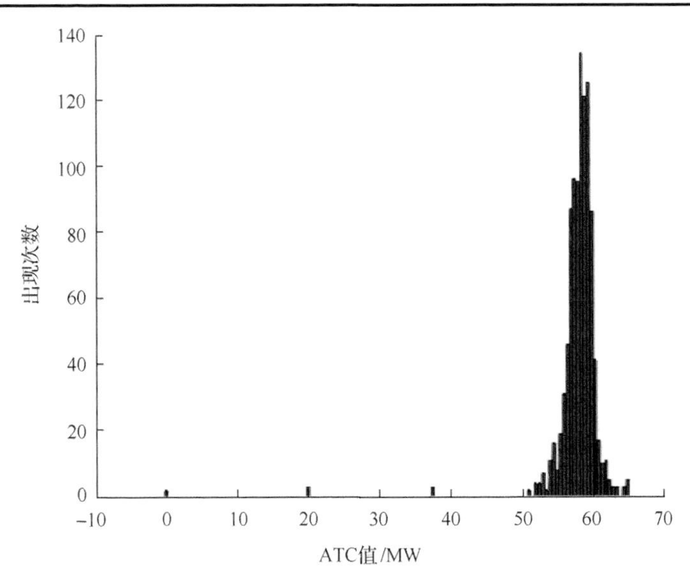

图 9-15　ATC 计算值的概率分布图

分析上述结果可知，采用非序贯仿真法求取 ATC 的概率评估指标，可以充分考虑系统不确定性因素的影响，得出各种可能 ATC 值的分布情况和出现概率，能为市场的参与者评估风险提供参考。市场参与者根据自身需要的特点可以决定自己的交易计划，系统运行人员可以根据 ATC 值的分布概率对系统的运行做到提前预知，对于一些可能的突发情况提早做好准备。但由于非序贯仿真无法仿真时序的系统状态变化，故无法对输电能力随时间变化的特性进行评估[48]。

2. 基于序贯蒙特卡罗仿真和直流潮流的 ATC 计算

1)计算及评估流程

基于序贯仿真和直流潮流线性规划的 ATC 计算及评估流程如下：

(1)输入各设备数据，形成系统的基本信息，确定系统的初始状态(一般假定初始状态为系统所有设备都运行)。

(2)确定仿真年限和仿真步长。

(3)在初始状态的基础上，采用序贯仿真法根据设备的故障率和修复率仿真系统各个设备在仿真年限内的时序状态变化过程。

(4)根据设备的状态变化过程导出系统在仿真年限内的状态变化过程。

(5)计算仿真年限内系统的时序负荷。

(6)确定要评估的输电断面涉及的负荷和发电节点，按步长，基于直流潮流的线性规划模型，逐步求解仿真年限内不同时刻不同状态的 ATC。

(7)统计得到 ATC 的概率评估指标。

2)基于序贯仿真的算例及其分析

根据本章所提出的评估指标、模型和算法，采用 MATLAB6.5 编写基于序贯仿真的 ATC 评估程序，并采用 IEEE-39 节点测试系统进行验证。序贯仿真中涉及的设备包括线路、发电机、联络变压器等。采用时序负荷模型仿真负荷变化。系统接线图和相关参数见文献[49]，算例中采用标幺值，系统基准容量为 100MVA。选定节点 32、33、34、35、36、39 为源节点，节点 14、15、16、17、18、19、20 为沟节点，假设初始状态为所有设备都处于运行状态。根据序贯仿真算法的特点，并参照电网可靠性评估的相关经验[50]，综合考虑仿真结果的可信度和计算时间，取仿真年限为 100 年。

图 9-16 为发电机 31 和线路 13 在仿真年限内由序贯仿真法得到的状态转移过程。发电机 31 的故障率为 0.29 次/年，修复时间为 60h；线路 13 的故障率为 0.44 次/年，修复时间为 16h[51]。图 9-17 为采用时序负荷模型仿真得到的第 35 年的系统时序负荷。

算例 I 只考虑时序负荷波动对 ATC 的影响，算例 II 综合考虑了设备故障和时序负荷波动对 ATC 的影响。计算上述两种算例下 ATC 的概率评估指标，特定值 C 取 1000MW。只考虑负荷波动时，ATC 的部分期望值曲线如图 9-18 所示；综合考虑设备故障和时序负荷波动时，ATC 的部分期望值曲线如图 9-19 所示。表 3-6 列出了仿真年限为 100 年时得到的 ATC 概率指标，其中，1800 代表 8736h 中的第 1800h。

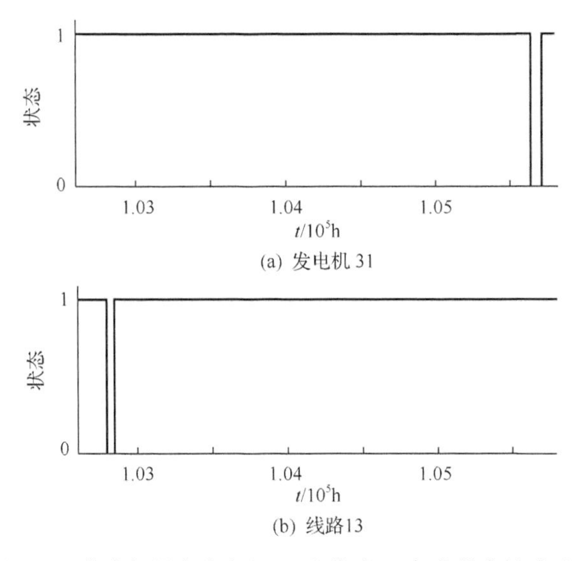

(a) 发电机31

(b) 线路13

图9-16　仿真年限内发电机31和线路13部分状态转移过程

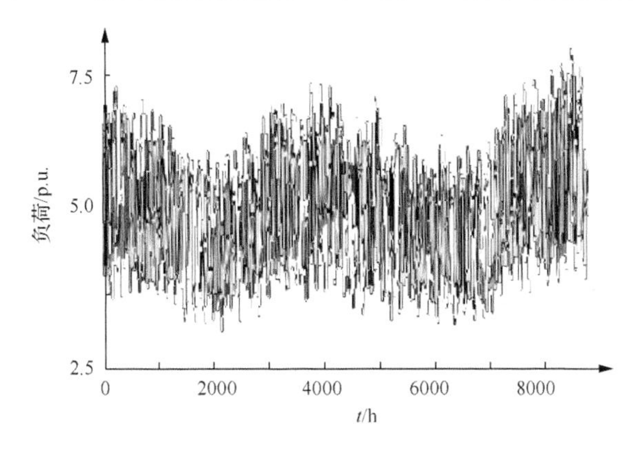

图9-17　第39年的时序负荷曲线

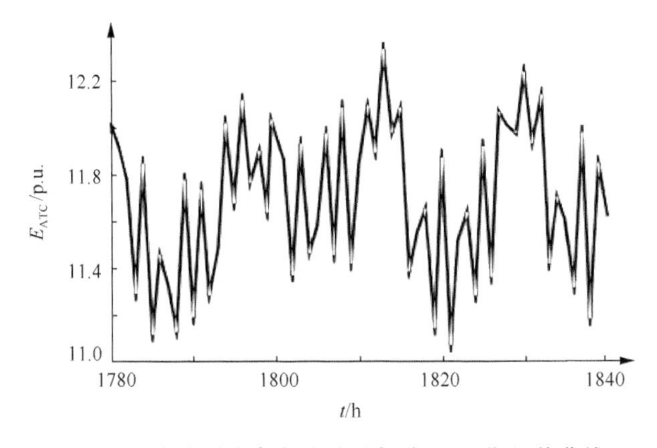

图9-18　考虑时变负荷影响的部分ATC期望值曲线

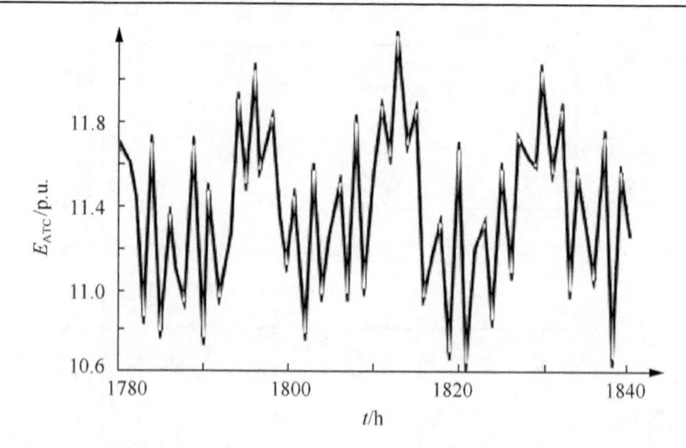

图 9-19　考虑时变负荷和故障影响的部分 ATC 期望值曲线

分析上述结果可知[52]：

(1) 负荷的时变性导致了 E_{ATC} 也是时变的。由图 9-18 可知，E_{ATC} 的变化趋势符合 ATC 的定义，反映了负荷的变化(即呈大致相反的趋势)。

(2) 考虑设备故障及其修复过程后得到的 E_{ATC} 减小了，但 V_{ATC} 增大了，即 ATC 的期望值减小了，但波动增大了。表现在图 9-19 中计及设备故障的 E_{ATC} 比图 9-18 要小；表 9-11 中算例Ⅱ的 E_{ATC} 比算例Ⅰ要小，而 V_{ATC} 比算例Ⅰ要大。说明系统中某些设备的故障会造成 ATC 减小，如发电机、重要线路或变压器的故障等，甚至某些故障会导致 ATC 骤减为 0。

(3) PPAEZ、TDAEZ、PPANS、TDANS 和 EEANS 都是用来描述 ATC 的概率指标。如果指标 PPAEZ 和 TDAEZ 比较高，说明网络的运行风险很高，需要采取一些必要的措施来保证现有输电任务的顺利执行，如发电再调度、削负荷、预防维修等。如果指标 PPANS、TDANS 和 EEANS 比较高，说明当输电任务增大时，尤其是输电任务超过了特定值时，网络的运行风险将会增加，如果网络的负荷持续增长，则应该考虑对相应区域的电网进行扩建或改造。

表 9-11　ATC 的概率指标

指标	算例Ⅰ	算例Ⅱ	指标	算例Ⅰ	算例Ⅱ
$E_{ATC}(1800)$/p.u.	11.82580	11.26980	P_{PAEZ}	0	0.00075
$V_{ATC}(1800)$	0.04550	0.16987	T_{DAEZ}/hour	0	6.56
$\beta(1800)$	0.01804	0.03625	P_{PANS}	0.01190	0.19070
$F_{ATCmin}(1800)$/p.u.	10.91408	6.54376	T_{DANS}/hour	103.70	2066.31
$F_{ATCmax}(1800)$/p.u.	12.56562	12.70109	E_{EANS}/MW/year	9298.7	38459.46

参 考 文 献

[1] Xiao Y, Song Y H, Sun Y Z. A hybrid stochastic approach to available transfer capability evaluation. IEE Proceeding Generation, Transmission and Distribution, 2001, 148 (5): 420-426.

[2] Feng X, Meliopoulos A P S. A methodology for probabilistic simultaneous transfer capability analysis. IEEE Transactions on Power Systems, 1996, 11 (3): 1269-1278.

[3] 高亚静, 周明, 李庚银, 等. 基于马尔可夫链和故障枚举法的可用输电能力计算. 中国电机工程学报, 2006, 29 (19): 41-46.

[4] 李国庆, 李雪峰, 沈杰, 等. 牛顿法和内点罚函数法相结合的概率可用功率交换能力计算. 中国电机工程学报, 2003, 23 (8): 17-33.

[5] Leite da Silva A M, Marangon Lima J W, Anders G J. Available transfer capability — Sell firm or interruptible? IEEE Transactions on Power Systems, 1999, 14 (4): 1299-1305.

[6] Mello J C O, Melo A C G, Granville S. Simultaneous transfer capability assessment by combining interior point method and monte carlo simulation. IEEE Transactions on Power Systems, 1997, 12 (2): 736-742.

[7] 郭乙木, 王双连, 蔡新. 工程优化: 原理、算法与实施. 北京: 机械工业出版社, 2008.

[8] 刘宝碇, 赵瑞清. 不确定规划及应用. 北京: 清华大学出版社, 2003.

[9] Gong. Sensitivity And Stability Analysis Of problems In Chnaee Constrained Progrmaming (CritiealPath), operation Reseach. 1991.

[10] 王永生, 刘静华. α 可靠规划与 α 可靠解法——解随机规划问题. 系统工程理论与实践, 1995, (1): 34-45.

[11] 李国庆, 王成山, 余贻鑫. 大型互联电力系统区域间功率交换能力研究综述. 中国电机工程学报, 2001, 21 (4): 20-25.

[12] 肖颖, 宋永华, 孙元章. 基于混合随机算法的可用输电能力计算. 电力系统自动化, 2002, 26 (13): 25-31.

[13] Kall P, Wallace S W. Stochastic Programming. New York: John Wiley and Sons, 1994.

[14] Dantzig G B. Linear programming under uncertainty. Management Science, 1955, 1 (12): 197-206.

[15] Charnes A, Cooper A A. Chance constrained programming. Management Science, 1959, 6 (6): 73-79.

[16] 谭永丽, 赵遵廉, 陈允平. 用随机规划法计算可用传输容量. 继电器, 2005, 33 (11): 1-4.

[17] Shao W W, Hu W B, Huang X J. A new implicit enumeration method for linear 0-1 programming. International Workshop on Modelling, Simulation and Optimization. Hong Kong, 2008.

[18] Xiao Y, Song Y H. Available transfer capability evaluation by stochastic programming. IEEE Power Engineering Review, 2000, 20 (9): 50-52.

[19] 李国庆, 陈厚合. 改进粒子群优化算法的概率可用输电能力研究. 中国电机工程学报, 2006, 26 (24): 18-23.

[20] 陈厚合, 李国庆, 张芳晶. 风电并网系统区域间概率可用输电能力计算. 电力系统保护与控制, 2014, 42 (21): 59-65.

[21] 张伯明, 陈寿孙, 严正. 高等电力网络分析. 北京: 清华大学出版社, 2007.

[22] 默哈莫德·夏班, 刘皓明, 李卫星, 等. 静态安全约束下基于 Benders 分解算法的可用传输容量计算. 中国电机工程学报, 2003, 23 (8): 7-11.

[23] 李国庆. 基于连续型方法的大型互联电力系统区域间输电能力的研究. 天津: 天津大学博士学位论文, 1998.

[24] 郭永基. 电力系统可靠性分析. 北京: 清华大学出版社, 2003.

[25] 李裕奇, 刘赪, 王沁. 随机过程. 北京: 国防工业出版社, 2008.

[26] Siniscalchi S M, Li J, Lee C H. Model-based margin estimation for hidden markov model learning and generalization. IET Signal Processing, 2013, 7 (8): 704-709.

[27] Han G, Marcus B. Analyticity of entropy rate of hidden markov chains. IEEE Transactions on Information Theory, 2006, 52(12): 5251-5255.
[28] 李文沅. 电力系统风险评估模型、方法和应用. 北京: 科学出版社, 2006.
[29] 冯长有, 王锡凡, 别朝红, 等. 考虑机组故障的系统机组检修计划模型. 电力系统自动化, 2009, 33(13): 32-36.
[30] 王韶, 周家启. 基于函数型连接神经网络的发输电系统可靠性评估研究. 中国电机工程学报, 2004, 24(9): 142-146.
[31] Sun R F, Chen L, Song Y H, et al. Capacity benefit margin assessment based on multi-area generation reliability exponential analytic model. Generation, Transmission & Distribution, IET, 2008, 2(4): 610-620.
[32] Audomvongseree K, Yokoyama A. Consideration of an appropriate TTC by probabilistic approach. IEEE Transactions on Power Systems, 2004, 19(1): 375-383.
[33] Zhang R Y, Li G Q, Chen H H. Study of probabilistic available transfer capability by improved particle swarm optimization. Power System Technology, 2006, 26(24): 1-6.
[34] Srinu Naik R, Vaisakh K, Anand K. Determination of ATC with PTDF using linear methods in presence of TCSC. The 2nd International Conference on Computer and Automation Engineering (ICCAE). Singapore, 2010.
[35] Du P W, Li W F, Ke X D, et al. Probabilistic-based available transfer capability assessment considering existing and future wind generation resources. IEEE Transactions on Sustainable Energy, 2015, 6(4): 1-9.
[36] 肖云茹. 概率统计计算方法. 天津: 南开大学出版社, 1994.
[37] Ramezani M, Falaghi H, Singh C. A deterministic approach for probabilistic TTC evaluation of power systems including wind farm based on data clustering. IEEE Transactions on Sustainable Energy, 2013, 4(3): 643-651.
[38] Wangdee W, Billinton R. Bulk electric system well-being analysis using sequential monte carlo simulation. IEEE Transactions on Power Systems, 2006, 21(1): 188-193.
[39] 王韶, 周家启. 双回平行输电线路可靠性模型. 中国电机工程学报, 2003, 23(9): 53-56.
[40] Falaghi H, Ramezani M, Singh C, et al. Probabilistic assessment of TTC in power systems including wind power generation. IEEE Systems Journal, 2012, 6(1): 181-190.
[41] 陆志峰, 周家启, 阳少华, 等. 多设备备用系统可靠性计算研究. 中国电机工程学报, 2002, 22(6): 52-61.
[42] 王锡凡. 电力系统优化规划. 北京: 水利电力出版社, 1998.
[43] 程林. 大规模电力系统充裕度和安全性算法的研究. 北京: 清华大学博士学位论文, 2000.
[44] 赵渊, 周家启, 刘志宏. 大电网可靠性的序贯和非序贯蒙特卡洛仿真的收敛性分析与比较. 电工技术学报, 2009, 24(11): 127-133.
[45] 刘洋. 发输电系统可靠性评估的蒙特卡罗模型及算法. 重庆: 重庆大学硕士学位论文, 2003.
[46] Wang P, Billinton R. Time sequential distribution system reliability worth analysis considering time-varying load and cost models. IEEE Transactions on Power Deliveity, 1999, 14(3): 1046-1051.
[47] 崔雅莉, 别朝红, 王锡凡. 输电系统可用输电能力的概率模型及计算. 电力系统自动化, 2003, 27(12): 36-40.
[48] 高亚静. 考虑不确定性因素的电网可用输电能力的研究. 北京: 华北电力大学博士学位论文, 2007.
[49] 谢开贵. 基于交流潮流的电力系统可靠性评估模型与算法研究. 重庆: 重庆大学博士学位论文, 2001.
[50] 宋晓通. 基于蒙特卡罗方法的电力系统可靠性评估. 济南: 山东大学博士学位论文, 2008.
[51] Galiana F D. Bound estimates of the severity of line outages in power system contingency analysis and ranking. IEEE Transactions on Power Apparatus and Systems, 1984, 103(9): 2612-2624.
[52] 李庚银, 高亚静, 周明. 可用输电能力评估的序贯蒙特卡罗仿真法. 中国电机工程学报, 2008, 28(25): 74-79.

第 10 章　计及经济性约束的可用输电能力计算

10.1　引　　言

全球范围内，解除电力工业的管制和实行电力市场的目标是为了打破垄断，提高效率。开放的输电网络给电力市场参与者提供了一个公平的竞争环境，但输电网络的输送容量是有限的，为保证电力系统的安全稳定运行，输电系统在通过确定性电能交易利用部分电网输电容量的前提下，若还需要进一步进行电能交易，就需要对电网输电能力做深入的分析和计算。因此，在电力市场条件下，研究和计算电网可用输电能力可以引导市场参与者进行电能交易，保证充分利用电网输电容量，促进电网运行的安全性、经济性和电能质量等要求的协调和统一。同时，对优化系统运行、保证区域电能的充分供给和能源的可持续发展也有很重要的意义。

目前，ATC 的研究主要集中在考虑发电机容量限制、电压水平、线路和设备过负荷等系统安全性约束条件下的 ATC 计算方面，即将受电区域节点负荷及送电区域发电机功率作为控制变量，在使某一目标函数达到最优的条件下完成的 ATC 计算，即没有考虑或只在初始运行点考虑发电成本。这一结果虽然能使发电和负荷达到最优分布，但没有按照发电成本在系统每一运行点经济分配送电区域各发电机组的有功出力，因而不能使系统的运行状态最经济。

文献[1]给出了只对系统初始运行点的有功发电量按照发电成本进行经济分配的 ATC 计算模型，同时结合双边交易模式，简单考虑了 TRM 和 CBM，但没有对系统其他运行点进行有功发电量的经济分配。文献[2]提出了一种计及发电燃料成本的 ATC 求解方法，以发电燃料成本和负荷切除量之和最小为目标对系统发电量进行调度，在求解 ATC 的过程中，只对引入的虚拟发电机的有功出力进行经济分配，而系统原发电机组保持初始运行点下的有功出力，没有参与再调度。同时，上述文献都只是简单地考虑系统的发电成本，而电力市场下的最优调度与传统的最优潮流的最大区别在于以发电厂的和用户的报价函数替代了实际成本及效益数据[3]。

本章首先介绍了一种在电力市场环境下考虑发电报价的可用输电能力计算方法[4]。该方法以优化潮流为基础，建立了在系统每一运行点都可根据发电机组的报价经济分配其有功出力的最优化计算模型，其优化目标函数选择送电区域所有发电机组有功出力累加值为最大，且发电总报价成本为最小。从而进一步优化了系统的资源配置，提高了电网的运行效益，实现了电力系统运行安全性与经济性的科学协调。

另外，ATC 计算需要模拟区域间的功率交换，即需要在售电区域设定发电机输出功率增长模式，在购电区域设定发电机输出功率减少或者负荷节点功率增长模式。通常认为，固定的功率变化模式(即发电机出力、负荷按固定的比例因子增长而不考虑其最优分布)会导致一个保守解，而将发电机输出功率、负荷功率看作可优化的变量，则会得到一个乐观解。在实际电力市场环境下，发电商和电力用户都有权根据自己的经济利益调整电能的生产和消费。无论保守解还是乐观解，都无益于 ATC 的市场指导意义。

如果不考虑经济性因素的影响，当区域间交换功率增加时，节点电价会显著变化[5]。电力市场中，当计及负荷价格反应时，在过高电价情况下仍认为该节点的负荷可以增长(如上述两种功率变化模式)是不合乎实际情况的[6]。因此，如何考虑经济性因素对功率变化模式的影响是一个需要研究的问题。由此，本章进一步介绍了计及发电机报价和负荷消费意愿的 ATC 计算模型[7]。

同时，影响 ATC 的不确定因素主要有输电线路和发电机组的随机故障、天气变化及负荷的随机变化等。其中，输电线路和发电机组的随机故障会导致区域间 ATC 的显著下降。所以，在概率框架下利用输电价格和中止协议赔偿系数计算出的经济性收益最大时的 ATC[8]，将更趋合理。

目前，用概率方法进行 ATC 决策时，都是在给定现存交易方式下进行的，因此，当某一不确定性因素使现存方式不可行时，必须采取校正措施，这是由于 ATC 与现存交易方式分离决策的缘故。其实，现存方式决策与 ATC 决策是密不可分的，弱化二者的关系必将使总效益受损。文献[9]从长期规划的角度，将寻求最优可交易对的位置、联络线的最大输电能力以及切负荷以价值的形式表达在一个目标函数中进行优化。因此，可以考虑经济上量化现存发电调度、切负荷及 ATC 间的有机联系，以综合效益最大为优化目标，基于非时序 Monte Carlo 模拟解决概率问题，对随机产生的每一种系统可行状态，构建线性规划模型，建立市场环境下基于概率风险的 ATC 优化决策模型[10]。

10.2 计及发电报价的可用输电能力计算

10.2.1 发电机组的有功报价

机组的发电成本由两部分构成：固定成本和可变成本。固定成本包括机组折旧、检修费、还贷付息和固定工资。可变成本是机组随出力变化而变化的成本，其主要部分是机组煤耗[11,12]。报价的单位可以是机组、发电厂和发电公司。实际电力市场中采用的报价形式有多种，如单段或分段常数不降报价、单段线性直线报价、连续可导的非线性曲线报价和非连续可导的多段曲线报价等。

在相关研究中，一般都假设每个发电商呈报一个价格，而实际电力市场中发电商通常呈报的是一条报价曲线，并非单个价格。假设每个发电商呈报的供给曲线是线性递增的，则发电机组的发电成本一般可以用其发电有功量的二次函数[13,14]近似表示为

$$C_{Gi}(P_i) = \frac{1}{2}a_i P^2 + b_i P + c_i \tag{10-1}$$

式中，a_i、b_i、c_i为成本系数。

根据微观经济学理论，在一个充分竞争的市场，客户将以其边际效益为报价，使其利润最大化，即如果每个发电机的报价等于其边际成本，则可以使其利润最大化，此时其报价函数为

$$C_{MGi}(P) = a_i P + b_i \tag{10-2}$$

式中，$C_{MGi}(P)$为边际成本函数。

10.2.2　考虑发电报价的可用输电能力计算模型

在传统电力工业运行模式下，OPF 技术被用于处理实时或准实时的电力系统运行优化问题。而在电力市场环境下，市场机制激励竞争，市场主体追求利益最大化，这就增强了调度和运行状态的不确定性。OPF 作为经典经济调度理论的发展与延伸，可将经济性与安全性近乎完美地结合在一起，已成为一种不可缺少的网络分析和优化工具[15]。

1) 目标函数

由于输电能力是由所研究的送电区域向受电区域送电，因此，要分别调节送电区域的发电量和受电区域的负荷，才能形成从送电到受电区域的功率交换。

计及发电报价的 ATC 计算模型中，其目标函数选择为极大化送电区域所有发电机组有功出力的累加值，同时极小化该区域的发电总报价，使得在系统每一运行点下，该区域的总购电成本极小化。由于发电机组的有功报价 C 可以表示为发电机组有功出力的线性函数(式 10-2)，则这两个优化目标函数随同一变量而变化，因而可以通过减号将这两个优化目标函数联系起来，从而计及发电报价的 ATC 计算模型中的目标函数为机组有功出力的线性函数。为简化计算，此处忽略 TRM、CBM，不考虑网损的分摊。由于相关文献[16]已在 ATC 计算中详尽考虑了暂态稳定的影响，同时在此也忽略暂态稳定的影响。

$$\max \sum_{i \in S_G} \left(P_{Gi} - C_{MGi} \right) \tag{10-3}$$

式中，S_G为所研究的送电区域中所有发电节点的集合；P_{Gi}为发电机i的有功功率；C_{MGi}为发电机i的有功报价。

2）等式约束

ATC 计算模型中的等式约束为潮流方程为

$$\begin{aligned} & P_{Gi} - P_{Di} - V_i \sum_{j=1}^{n} V_j (G_{ij} \cos\theta_{ij} + B_{ij} \sin\theta_{ij}) = 0 \\ & Q_{Gi} - Q_{Di} - V_i \sum_{j=1}^{n} V_j (G_{ij} \sin\theta_{ij} - B_{ij} \cos\theta_{ij}) = 0 \end{aligned} \tag{10-4}$$

式中，下标$i \in S_n$，S_n为所有节点的集合；P_{Gi}、Q_{Gi}分别为发电机i的有功功率和无功功率；P_{Di}、Q_{Di}分别为节点i上的负荷有功功率和无功功率；n为节点总数；V_i、θ_i分别为节点i的电压幅值和相角；$\theta_{ij} = \theta_i - \theta_j$；$G_{ij} + \mathrm{j}B_{ij}$为系统节点导纳矩阵$\boldsymbol{Y}$中相应的元素。

3）不等式约束

ATC 计算模型中的不等式约束首先应考虑发电容量约束、负荷容量约束、节点电压约束及线路热极限约束等静态安全性约束，即

（1）发电机组出力约束

$$\begin{aligned} & P_{Gi}^{*} \leqslant P_{Gi} \leqslant P_{Gi}^{\max}, \qquad i \in S_G \\ & Q_{Gi}^{*} \leqslant Q_{Gi} \leqslant Q_{Gi}^{\max}, \qquad i \in S_G \end{aligned} \tag{10-5}$$

（2）节点电压约束

$$V_i^{\min} \leqslant V_i \leqslant V_i^{\max}, \qquad i \in S_n \tag{10-6}$$

（3）线路容量约束

$$P_{ij}^{\min} \leqslant P_{ij} \leqslant P_{ij}^{\max}, \qquad i, j \in S_n \tag{10-7}$$

（4）交易约束

$$\begin{aligned} & Q_{Di}^{*} \leqslant Q_{Di} \leqslant Q_{Di}^{\max}, \qquad i \in S_G \\ & P_{Di}^{*} \leqslant P_{Di} \leqslant P_{Di}^{\max}, \qquad i \in S_D \end{aligned} \tag{10-8}$$

考虑交易约束是因为按照 ATC 的计算原则，新增的电能交易不能影响已有的电能交易，即原有负荷不能因为新增交易而削减。式中，S_D为所研究的受电区域所有负荷节点的集合；P_{ij}为节点 i、j 间的线路上传送的功率。变量上角标中的*、min、max 分别表示变量在基态潮流中的值、变量的下限和上限。

对于 $P_{Gi}(i \notin S_G)$ 和 $P_{Di}(i \notin S_D)$ 的发电和负荷节点固定在基态潮流。所有发电机的无功出力 $Q_{Gi}(i \in S_n)$ 也作为控制变量以便进行系统全局无功优化。

4) 基态潮流的求解

基态潮流是以如下目标函数确定的系统在初始运行点的潮流，即对基态下的系统所有发电机有功出力进行经济分配，目标是使全网总购电成本最小。初始运行点时的负荷可通过负荷预测确定。

$$
\min \sum_{i \in S_n} C_{MGi}
$$

$$
\text{s.t.} \begin{cases} P_{Gi}^{\min} \leqslant P_{Gi} \leqslant P_{Gi}^{\max}, & i \in S_G \\ Q_{Gi}^{\min} \leqslant Q_{Gi} \leqslant Q_{Gi}^{\max}, & i \in S_G \\ V_i^{\min} \leqslant V_i \leqslant V_i^{\max}, & i \in S_n \\ P_{ij}^{\min} \leqslant P_{ij} \leqslant P_{ij}^{\max}, & i,j \in S_n \end{cases} \tag{10-9}
$$

式中，下标 $i,j \in S_n$。需要注意的是，式(10-9)的不等式约束中发电机 i 的有功功率和无功功率的下限与式(10-5)不同。

10.2.3　算例分析

根据以上建立的计算 ATC 的数学模型及基于 NCP 函数的近似半光滑牛顿最优潮流算法，可得到计及发电报价的市场环境下可用输电能力计算的框图(图 10-1)。

算例对区域 1 到区域 2 的可用输电能力进行计算，区域间的输电线路及输电方向由计算需要确定。为说明发电报价对 ATC 值的影响，首先计算基态潮流，然后分别对考虑和不考虑发电报价两种情况下区域 1 到区域 2 的 ATC 值进行计算，并对结果进行比较和经济性对比分析。

1. 基态潮流的计算

系统中各发电机节点位置、有功功率上下限及有功发电边际成本函数如表 10-1 所示。

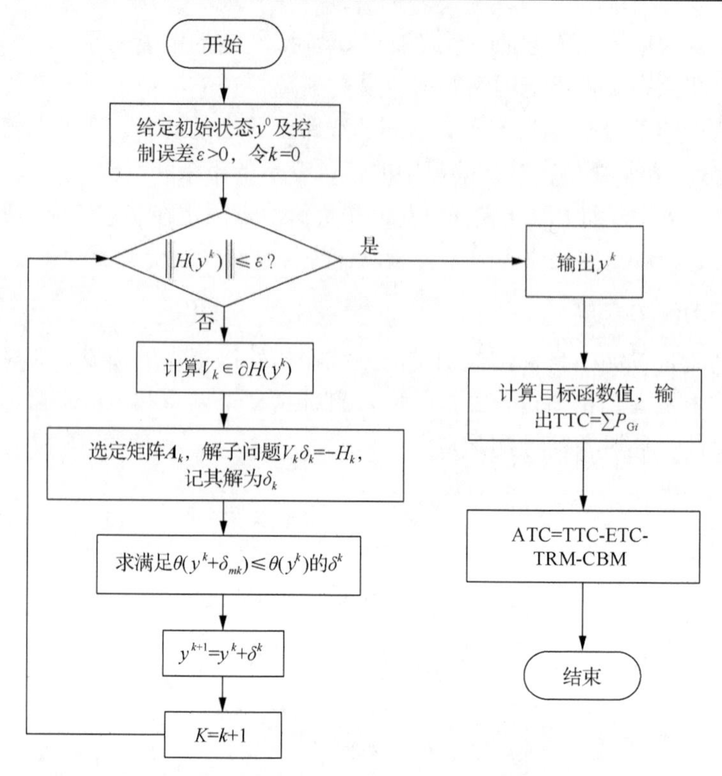

图 10-1　计及发电报价的市场环境下可用输电能力计算框图

表 10-1　IEEE-30 节点系统发电机参数

机组	节点位置	有功上限/MW	有功下限/MW	边际成本函数/[$/(MW · h)]
1	1	200	100	$0.015P+1$
2	2	100	20	$0.071P+1.1$
3	5	50	15	$0.005P$
4	8	50	20	$0.044P+3$
5	11	30	10	$0.078P+1.5$
6	13	30	10	$0.064P+4$

注：表中 P 为发电机有功出力；$表示某种货币单位。

假设所有发电机均运行正常，且按照边际成本函数曲线申报电价，所有节点的电压上、下限分别取 1.11p.u.和 0.97p.u.。同时，设定研究所针对的电力市场模式为联营体交易模式，且允许负荷侧投标。

首先，利用近似半光滑牛顿法计算出系统的基态潮流。求解中的 $A(y^k)$ 的选取如下：

$$A(y^k)=\operatorname{diag}V(y^k)+10E\quad(E\text{ 为单位矩阵})\tag{10-10}$$

基态潮流下各发电机出力情况如表 10-2 所示。此时，全网总购电成本为\$365.94，区域 1 到区域 2 的 ETC 为 26.24MW。

表 10-2　基态下 IEEE-30 节点系统各发电机出力

机组	节点位置	有功出力/MW	全网总购电成本/\$	区域 1 到区域 2 的 ETC/MW
1	1	137.54	365.94	26.24
2	2	30.78		
3	5	47.74		
4	8	34.22		
5	11	26.59		
6	13	11.81		

2. 考虑和不考虑发电机报价的 ATC 计算和分析

计算所选取变量为：所有节点电压的幅值和相角；1、2、3 号发电机(即区域 1 中的发电机)有功功率及无功功率；12、14、15、16、17、18、19、20、23 节点负荷(即区域 2 中的负荷)有功功率；所有负荷节点无功功率。

计算不考虑发电报价的 ATC 时，优化模型中的目标函数为送电区域所有发电节点有功出力累加和最大，即

$$\max \sum_{i \in S_{\mathrm{G}}} P_{\mathrm{G}i} \tag{10-11}$$

约束条件见式(10-4)～式(10-8)。系统在考虑和不考虑发电报价两种情况下的区域 1 到区域 2 间 ATC 及各发电机有功出力等如表 10-3 所示。上述计算中，不考虑发电报价时的起作用约束是节点 1、12 的电压达到上限；考虑发电报价时的起作用约束是 3 号发电机的有功出力达到上限。

表 10-3　不考虑和考虑发电报价时系统各发电机有功出力和 1-2 区域间 ATC

有功出力机组		不考虑发电报价/MW	考虑发电报价/MW
区域 1	1	153.8	153.3
	2	58.5	31.8
	3	27.2	50.0
区域 3	4	34.2	34.2
	5	26.6	26.6
区域 2	6	11.8	11.8
区域 1 总发电量/MW		239.5	235.1
区域 1 发电总报价/\$		224.2	192.7
1-2 区间 ATC/MW		10.67	6.83

对比计算结果可知，考虑发电报价对系统区域间可用输电能力有较大影响。考虑发电报价后，在系统每一运行点经济分配了区域 1 中各发电机组的有功出力。由于 2 号机组报价较高，而 3 号机组报价最低，所以，原来由 2 号机组供给的部分有功出力转由 3 号机组供给系统，使得区域 1 的总购电成本降低，从而使系统在保持原有安全性不变的情况下，提高了运行的经济性。

考虑发电报价相当于增加了系统运行的约束条件，从而改变了系统的潮流分布，使区域 1 到区域 2 的可用输电能力有所下降，这对电网公司也是经济损失。下面进行经济性对比分析。

为简化计算，假设区域 2 中的用户均为完全弹性用户，即它们固定其愿意支付的电价，在这个价格下，愿意购买任意数量的电能。设此需求报价为 C \$/(MW·h)，计及发电报价前后区域 1 总购电费用减少了 31.5\$，而同时区域 1 和 2 之间 ATC 下降了 3.84WM，则电网公司潜在的最大损失为 3.84C\$。负责系统运行的系统调度员进行预调度时，如果系统输电合同小于考虑发电报价后的 ATC 或大于考虑发电报价后的 ATC，而区域 2 用户的报价 C 小于\$8.2/(MW·h)(即 ATC 下降造成的损失小于区域 1 节省的总购电费用)时，则计及发电报价会使社会福利进一步增大，系统的运行经济性得到提高。因而研究计及发电报价的 ATC 计算，可以在确保系统安全性约束的前提下，进一步优化系统资源配置，提高电网的运行效益，为电网的运行和规划提供科学、有效的分析与决策。

10.3 计及发电机报价和负荷消费意愿的可用输电能力计算

10.3.1 考虑发电机报价和负荷消费意愿的 ATC 计算模型

1. 基态下 ATC 的计算模型

由于 ATC 定义为系统基本状态下的功率输电增量，因此发电机、负荷的有功下限为基本状态下的发电机出力和负荷有功消耗。为了简便起见，可以将基本的输电能力模型表示为如下形式：

$$\begin{aligned}&\max\ \lambda\\&\text{s.t.}\ \ g(x,P_{\mathrm{G}},P_{\mathrm{G0}},P_{\mathrm{D0}},\lambda,D)=0\\&l\leqslant h(x,P_{\mathrm{G}},P_{\mathrm{G0}},P_{\mathrm{D0}},\lambda,D)\leqslant u\end{aligned}\tag{10-12}$$

式中，$g(x,P_{\mathrm{G}},P_{\mathrm{G0}},P_{\mathrm{D0}},\lambda,D)=0$ 为以 λ 为参数的潮流等式方程组；x 为 PV 节点发电机无功出力、各节点电压幅值和相角等状态变量；P_{G} 为位于售电区域的发电机有功出力；P_{G0} 为其他发电机的初始有功出力；P_{D0} 为各节点的初始有功负荷；D 为节点负荷有功增长的方向向量；$h(x,P_{\mathrm{G}},P_{\mathrm{G0}},P_{\mathrm{D0}},\lambda,D)$ 为节点电压幅值、支路

电流、负荷和发电机有功及无功、断面潮流等设备容量约束表达式；u、l 分别为其上下限。

2. 节点边际电价的数学模型

在忽略系统损耗的情况下，文献[17]给出了目前广泛采用的节点边际电价数学模型，其中，节点潮流等式方程的 Lagrange 乘子 π 即为各节点的边际电价。

$$
\begin{aligned}
&\min \quad \sum_{i\in N_{\mathrm{G}}} f(P_{\mathrm{G},i}) \\
&\text{s.t.} \quad P_{\mathrm{G},i} - P_{\mathrm{D0},i} - \lambda D_i = \sum_{j\in i, j\neq i} \frac{\theta_i - \theta_j}{x_{ij}}, \qquad i = 1,2,\cdots,N \\
&\left|\frac{\theta_i - \theta_j}{x_{ij}}\right| \leqslant I_{ij}^{\max}, \qquad j\in i,\ \ j\neq i \\
&P_{\mathrm{G},k,\min} \leqslant P_{\mathrm{G},k} \leqslant P_{\mathrm{G},k,\max}, \qquad k\in N_{\mathrm{G}} \\
&\theta_s = 0
\end{aligned}
\tag{10-13}
$$

式中，N_{G} 为发电机节点集合；$f(P_{\mathrm{G},i})$ 为与节点 i 相连发电机的报价函数；$j\in i$ 表示与节点 i 有支路直接相连的节点；x_{ij} 为支路 i-j 的电抗；θ_s 为平衡节点 s 的相角。

与基态模型的处理方法相似，将节点边际电价模型简写为

$$
\begin{aligned}
&\min \quad \sum_{i\in N_{\mathrm{G}}} f(P_{\mathrm{G},i}) \\
&\text{s.t.} \quad d(y, P_{\mathrm{G}}, P_{\mathrm{G0}}, P_{\mathrm{D0}}, \lambda, D) = 0 \\
&k \leqslant c(y, P_{\mathrm{G}}, P_{\mathrm{G0}}, P_{\mathrm{D0}}, \lambda, D) \leqslant m
\end{aligned}
$$

式中，$d(y, P_{\mathrm{G}}, P_{\mathrm{G0}}, P_{\mathrm{D0}}, \lambda, D) = 0$ 为直流潮流方程；y 为节点状态向量；$c(y, P_{\mathrm{G}}, P_{\mathrm{G0}}, P_{\mathrm{D0}}, \lambda, D)$ 为支路电流、发电机有功等设备容量约束表达式；k、m 分别为 c 的上下限；下面取 s、t 分别为等式、不等式约束的 Lagrange 乘子。

发电机 i 的发电成本可以近似用其有功出力的二次函数表示：

$$
f(P_{\mathrm{G},i}) = a_i P_{\mathrm{G},i}^2 + b_i P_{\mathrm{G},i} + c_i
$$

式中，a_i、b_i、c_i 为成本系数，$a_i \geqslant 0$，在电力市场中用发电机组的报价函数代替。由于 $f(P_{\mathrm{G},i})$ 为一个二次函数，约束条件为线性代数式，因此，式(10-13)所描述的优化模型是一个凸规划问题，如果存在最优解，则最优解唯一。

10.3.2 考虑经济性约束的 ATC 计算模型

将上面两个优化模型合并，并加上节点边际电价约束条件，就形成了考虑经济性约束的 ATC 计算模型(以下简称 EATC 模型)：

$$\max \quad \lambda \tag{10-14}$$

$$\text{s.t.} \quad G(x, P_{\mathrm{G}}, P_{\mathrm{G0}}, P_{\mathrm{D0}}, \lambda, D, P_{\Delta\mathrm{G}}) = 0 \tag{10-15}$$

$$l \leqslant H(x, P_{\mathrm{G}}, P_{\mathrm{G0}}, P_{\mathrm{D0}}, \lambda, D, P_{\Delta\mathrm{G}}) \leqslant u \tag{10-16}$$

$$\min \quad \sum_{i \in N_{\mathrm{G}}} f(P_{\mathrm{G},i}) \tag{10-17}$$

$$\text{s.t.} \quad d(y, P_{\mathrm{G}}, P_{\mathrm{G0}}, P_{\mathrm{D0}}, \lambda, D) = 0 \tag{10-18}$$

$$k \leqslant c(y, P_{\mathrm{G}}, P_{\mathrm{G0}}, P_{\mathrm{D0}}, \lambda, D) \leqslant m \tag{10-19}$$

$$\pi \leqslant \mu \tag{10-20}$$

其中，式(10-17)～式(10-19)为下层优化问题，表示针对某一功率输电水平 λ，对发电机出力进行经济调度，因此，其控制变量为发电机出力 P_{G}。式(10-15)～式(10-20)构成上层优化问题的约束条件，其控制变量包括 P_{G}、$P_{\Delta\mathrm{G}}$ 和 λ。

在前两个模型的基础上，EATC 模型补充了常向量 $\boldsymbol{\mu}$ 和变量 $P_{\Delta\mathrm{G}}$，π 为节点所能接受的最高边际电价；$P_{\Delta\mathrm{G}}$ 表示对售电区域的发电机而言，允许在下层优化得到的发电机出力 P_{G} 的基础上(P_{G} 满足直流潮流等式约束)，增加一个微调分量，使得 $P_{\mathrm{G}} + P_{\Delta\mathrm{G}}$ 满足交流潮流等式约束(这与实际电力系统经济调度的过程类似。由于引入了新变量，相应的潮流方程和不等式约束也用 $G(\cdot)$ 和 $H(\cdot)$ 来代替)；π 表示子优化模型(式(10-17)～式(10-19))中的节点潮流等式方程的 Lagrange 乘子，也就是节点边际电价。

μ 是最近某段时期内(如 1 星期)负荷节点的最高报价，或者系统运行管理员(independent system operator，ISO)根据负荷所属行业经济形势、负荷最高边际电价报价历史数据、负荷消费意愿曲线等预测的当前节点所能接受的最高边际电价。预测的边际电价高，表明节点愿意承担高电价，则式(10-20)中对应约束成为起作用约束的可能性就小，节点消费的功率可能就大；预测边际电价低，表明节点不愿承担高电价，则相应的经济性约束就可能成为限制区域间功率交换增长的起作用约束，节点消费的功率可能就小。对于非购电区域的负荷节点及零弹性价格电力用户，可以将其边际电价设为足够大以至于不可能成为起作用约束。因此，补充式(10-17)～式(10-20)可以反映负荷侧的价格响应。

需要说明的是，实际电力市场中，影响节点边际电价的因素是系统全部发电机的报价函数和整体的阻塞情况。上述 EATC 模型中的节点边际电价的定义与此有所区别。EATC 模型中各节点的边际电价应理解为功率输出区域内的发电机报价以及两区域间阻塞情况对购电区域内负荷节点电价的影响。因此，EATC 模型中的节点边际电价模型主要用于评估区域间的功率交换对双方经济性的影响。

10.3.3　基于主从递阶决策的求解算法

1. 主从递阶决策求解方法

式(10-14)～式(10-20)所建立的数学模型属于主从递阶决策问题[18]。对于这类问题，通常都是先假设上层决策者已指定输电水平 λ，随后下层决策者在此前提下做出其最优的“合理反应”P_{G} 并得到相应的 Lagrange 乘子 π，然后将下层决策的结果返回给上层决策者，用于求解新的 λ 值。

10.3.1 节分析表明，下层优化问题是凸规划问题，其最优解唯一并满足 Kuhn-Tucker 条件(以下简称 KT 条件)，因此，可采用 KT 条件代替原子优化模型，将双层优化问题转化为单层优化问题：

$$\max \quad \lambda \tag{10-21}$$

$$\text{s.t.} \quad G(x, P_{\mathrm{G}}, P_{\mathrm{G0}}, P_{\mathrm{D0}}, \lambda, D, P_{\Delta\mathrm{G}}) = 0 \tag{10-22}$$

$$l \leqslant H(x, P_{\mathrm{G}}, P_{\mathrm{G0}}, P_{\mathrm{D0}}, \lambda, D, P_{\Delta\mathrm{G}}) \leqslant u \tag{10-23}$$

$$\nabla P_{\mathrm{G}} \sum_{i \in N_{\mathrm{G}}} f(P_{\mathrm{G},i}) - \omega^{\mathrm{T}} \nabla P_{\mathrm{G}} c(y, P_{\mathrm{G}}, P_{\mathrm{G0}}, P_{\mathrm{D0}}, \lambda, D) - \pi^{\mathrm{T}} \nabla P_{\mathrm{G}} d(y, P_{\mathrm{G}}, P_{\mathrm{G0}}, P_{\mathrm{D0}}, \lambda, D) = 0 \tag{10-24}$$

$$d(y, P_{\mathrm{G}}, P_{\mathrm{G0}}, P_{\mathrm{D0}}, \lambda, D) = 0 \tag{10-25}$$

$$\omega \geqslant 0 \tag{10-26}$$

$$k \leqslant c(y, P_{\mathrm{G}}, P_{\mathrm{G0}}, P_{\mathrm{D0}}, \lambda, D) \leqslant m \tag{10-27}$$

$$\omega^{\mathrm{T}} C(y, P_{\mathrm{G}}, P_{\mathrm{G0}}, P_{\mathrm{D0}}, \lambda, D, k, m) = 0 \tag{10-28}$$

$$\pi \leqslant \mu \tag{10-29}$$

式中，$C(y, P_{\mathrm{G}}, P_{\mathrm{G0}}, P_{\mathrm{D0}}, \lambda, D, k, m)$ 表示将式(10-27)的上下限约束形式转换为标准的不等式表达式形式。

2. 近似半光滑牛顿法

前面由节点边际电价模型所引入的式(10-26)～式(10-28)给上层优化问题带入了大量不等式约束和等式约束，显著增加了问题的规模。假设下层优化问题本身有 k 个不等式，则不等式 Lagrange 乘子 ω 的维数是 k，同时，式(10-28)中等式的数目也为 k。因此，将给上层优化问题引入 $3k$ 个约束条件。由于子优化问题本身的约束条件众多，$3k$ 个表达式在数量上将是巨大的。本章采用基于 NCP 函数的近似半光滑牛顿法来处理模型中的不等式约束[19]，使得引入上层优化问题的等式约束只有 k 个(详见文献[7])。

通过 NCP 函数，将式(10-26)～式(10-28)所代表的方程组用式(10-30)代替：

$$\phi(\omega, C(y, P_{\mathrm{G}}, P_{\mathrm{G0}}, P_{\mathrm{D0}}, \lambda, D, k, m)) = 0 \tag{10-30}$$

10.3.4 算例分析

以 IEEE-30 节点系统为例进行说明。发电机成本和节点允许边际电价见文献[7]。

这里求解区域 1 到区域 3 的 ATC，并假设区域 3 中的负荷节点按现有剩余容量等比例变化。表 10-4 给出了根据基态模型求得的区域 1 到区域 3 的 ATC 计算结果。

表 10-4　基态下 ATC 模型的计算结果

节点类型	节点编号	初始功率/MW	优化功率/MW	初始边际电价/[美元·(MW·h)$^{-1}$]	优化边际电价/[美元·(MW·h)$^{-1}$]	最高边际电价/[美元·(MW·h)$^{-1}$]
卖区发电机节点	1	131.44	173.70	27.09	27.09	-
	2	57.56	60.34	27.09	27.09	-
	5	24.56	24.56	27.09	27.09	-
	8	35.00	35.00	27.09	27.09	-
买区负荷节点	21	17.50	29.31	27.09	27.09	39.8
	23	3.200	5.360	27.09	27.09	31.4
	24	8.700	14.57	27.09	27.09	430
	26	3.500	5.860	27.09	27.09	37.6
	29	2.400	4.010	27.09	27.09	42.0
	30	10.60	17.75	27.09	27.09	36.0

注：初始边际电价表示初始状态下的节点边际电价；优化边际电价表示对优化后的结果求取节点电价；最高边际电价表示负荷节点允许的最高边际电价。

在不考虑经济性的情况下，区域 1 到区域 3 间的 ATC 为 30.99MW(由于交流模型存在损耗，不同的功率增长模式损耗不同，为与其他模型对比，这里以负荷节点增长的有功表示区域间的 ATC)。根据发电机的报价函数，在初始状态下，节点 5 和节点 8 上的发电机边际成本分别为 27.09 美元/(MW · h)和 31.37 美元/(MW · h)，节点 1 和节点 2 上的发电机边际成本分别为 42.69 美元/(MW · h)和 33.91 美元/(MW · h)。在 BATC 模型中，随着负荷的增长，边际成本更高的节点 1 和节点 2 上的发电机出力获得增长，这显然不符合电力市场的实际情况。

EATC 模型全面计及了系统经济性与安全性因素，更好地描述了电力市场的实际情况。对于上述 IEEE-30 节点系统计算区域 1 到区域 3 的算例，EATC 双层优化模型经 KT 条件转化为单层模型后，控制变量为 9 个，状态变量为 219 个。如果采用近似半光滑牛顿法，不等式约束为 234 个，等式约束为 225 个，计算时间为 113s；否则，不等式约束为 414 个，等式约束为 225 个，计算时间为 143s。可见，采用近似半光滑牛顿法后，减少了 180 个不等式约束，在本算例中相应的计算时间缩短了 21%。EATC 模型的 ATC 计算结果见表 10-5。

表 10-5 中，EATC 模型所得到的区域 1 到区域 3 间的 ATC 为 12.34MW，其中，节点 23 最高允许边际电价限制了该节点的负荷增长(由于此时负荷为等比例增长，因此其他负荷的功率也停止增长，当然也可考虑建立负荷为独立优化变量的模型)。计算结果表明，虽然物理网络中保有多达 30.99MW 的输电容量，但是超过 12.34MW 以后再增加的功率交换已不能满足负荷侧的经济性要求，也就是说，除非交易双方调整各自的报价，否则两区域在当前功率交换水平的基础上，可以继续交换的最大功率为 12.34MW。因此，如果电力用户试图购买更多的电能，就需要考虑提高报价(对于发电商也类似)。在电力市场中，ISO 同时发布 BATC 和 EATC 信息，作为发电商和电力用户选择交易对象以及调整报价的参考信号，这就是 EATC 模型的意义。限于篇幅，在此不再赘述。

表 10-5　EATC 模型计算结果

节点类型	节点编号	初始功率/MW	优化功率/MW	初始边际电价/[美元 · $(MW \cdot h)^{-1}$]	优化边际电价/[美元 · $(MW \cdot h)^{-1}$]	最高边际电价/[美元 · $(MW \cdot h)^{-1}$]
卖区发电机节点	1	138.50	131.44	27.09	31.40	-
	2	57.56	57.56	27.09	31.40	-
	5	24.56	36.86	27.09	31.40	-
	8	35.00	35.04	27.09	31.40	-
买区负荷节点	21	17.50	22.20	27.09	31.40	39.8
	23	3.20	4.06	27.09	31.40	31.4
	24	8.70	11.04	27.09	31.40	43.0
	26	3.50	4.44	27.09	31.40	37.6
	29	2.40	3.05	27.09	31.40	42.0
	30	10.60	13.45	27.09	31.40	36.0

注：初始边际电价表示初始状态下的节点边际电价；优化边际电价表示对优化后的结果求取节点电价；最高边际电价表示负荷节点允许的最高边际电价。

传统的 ATC 数学模型只考虑系统安全性的约束条件，这样得到的 ATC 结果往往过于乐观，从而可能误导电力市场双方做出错误的决策。而考虑了发电商的报价并计及了负荷消费意愿的模型，可以使计算出来的 ATC 信息更贴近电力市场的实际情况，也就更具有指导意义。

10.4 结合输电经济性和概率因素的可用输电能力计算

10.4.1 输电能力的计算模型及求解过程

前面已经对概率框架下的输电能力做了详尽阐述，这里主要考虑输电线路和发电机组的随机故障，输电线路和发电机组的随机故障可近似认为服从二次分布。若电力系统中各元件发生故障的概率具有相对独立性，则在任一负荷水平下，各种可能故障组合发生的概率可以由下面的式子确定：

$$P_C = \prod_{i \in C} U_i \prod_{i \notin C} A_i$$

$$A_i = \frac{\lambda_i}{\lambda_i + \mu_i}$$

$$U_i = \frac{\mu_i}{\lambda_i + \mu_i}$$

式中，P_C 为元件同时故障集合 C 出现的概率；U_i 和 A_i 分别为元件 i 的可用率和不可用率；λ_i 和 μ_i 为元件 i 的故障率和修复率。

对于上述每一种系统状态 i，都可以利用基于 SQP 的最优潮流方法求出与之相应的 TTC 值，记为 $T(i)$。假设各种状态下的 $T(i)$ 已按其值的大小重新进行了排列，如图 10-2 所示。

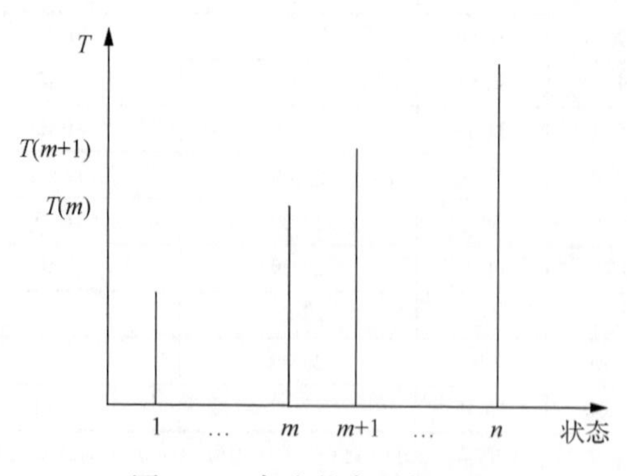

图 10-2 各个状态下的 TTC

假设 A_0 为输电协议价格，A_i 为由于在系统状态 i 下输电协议中断所支付的赔偿费用系数，它们的大小及与协议中断量的函数关系由输电协议双方共同确定，但需满足 $A_0 < A_i$，这样，输电公司的收益可按下式计算：

$$W = A_0 T - \sum_{i \in S} A_i (T - T(i)) P(i)$$

式中，T 为所要确定的最优 ATC；$P(i)$ 为系统状态 i 的概率；集合 S 为 $T(i)$ 不大于 T 的系统状态集合。

若 A_i 与输电协议中断量无关，并用 A_p 统一表示，则输电公司的收益 W 对 T 的导数为

$$\frac{\mathrm{d}W}{\mathrm{d}T} = A_0 - \sum_{i \in S} A_p P(i) \tag{10-31}$$

令 $\beta(T) = A_0 - \sum_{i \in S} A_p P(i)$，由于式(10-31)的离散性，最优 ATC 不能通过解数学方程的方式确定，而只能通过计算机数值搜索的方式完成。为不失一般性，假设 T 介于 $T(m)$ 与 $T(m+1)$ 之间，则由式(10-31)显然可以得出以下结论：

(1) 若 $\beta(T) > 0$，那么输电公司会通过提高最优 ATC 来获得更大的经济效益。如果 $\beta(T(m+1)) \leqslant 0$，那么 $T(m+1)$ 即为所求的最优 ATC；否则，继续进行搜索，直到首次出现 $\beta(T(m+1)) \leqslant 0$ 为止。

(2) 若 $\beta(T) < 0$，那么输电公司会通过降低最优 ATC 来获得更大的经济效益。由于 $\beta(T(m))$ 与此时的 $\beta(T)$ 相同(即小于 0)，所以 $\beta(T(m))$ 不可能是所求的最优 ATC。如果 $\beta(T(m-1)) \geqslant 0$，那么 $T(m-1)$ 即为所求的最优 ATC；否则，继续进行搜索，直到首次出现 $\beta(T(m-1)) \geqslant 0$ 为止。

(3) 若 $\beta(T) = 0$，那么 $\forall T \in [T(m),\ T(m+1)]$ 都可以作为最优 ATC，而不改变输电公司的收益。为了实现少送电多收益的目的，输电公司会将 $T(m)$ 作为最优 ATC(实际上，这种情况几乎是不会发生的)。

上述结论是在假设 $\exists \beta(T(i)) \leqslant 0$ 条件下得出的；否则，$T(n)$ 将为所求的最优 ATC。综上所述，最后所确定的最优 ATC 值一定会落在与某一状态 i 相对应的 $T(i)$ 上。

因此，最优 ATC 值的确定，可以从 $T(1)$ 开始，利用序列搜索法逐步向上搜索与比较，直到出现 $\beta(T(i)) \leqslant 0$ 或 $i = n$ 为止，这时的 $T(i)$ 即为所求的最优 ATC。然而，这种从最小 $T(i)$ 开始进行序列搜索的方法势必导致计算时间的延长。因此，

可以考虑采用二分法来加快对最优 ATC 进行搜索的速度。最优 ATC 的计算流程如图 10-3 所示。

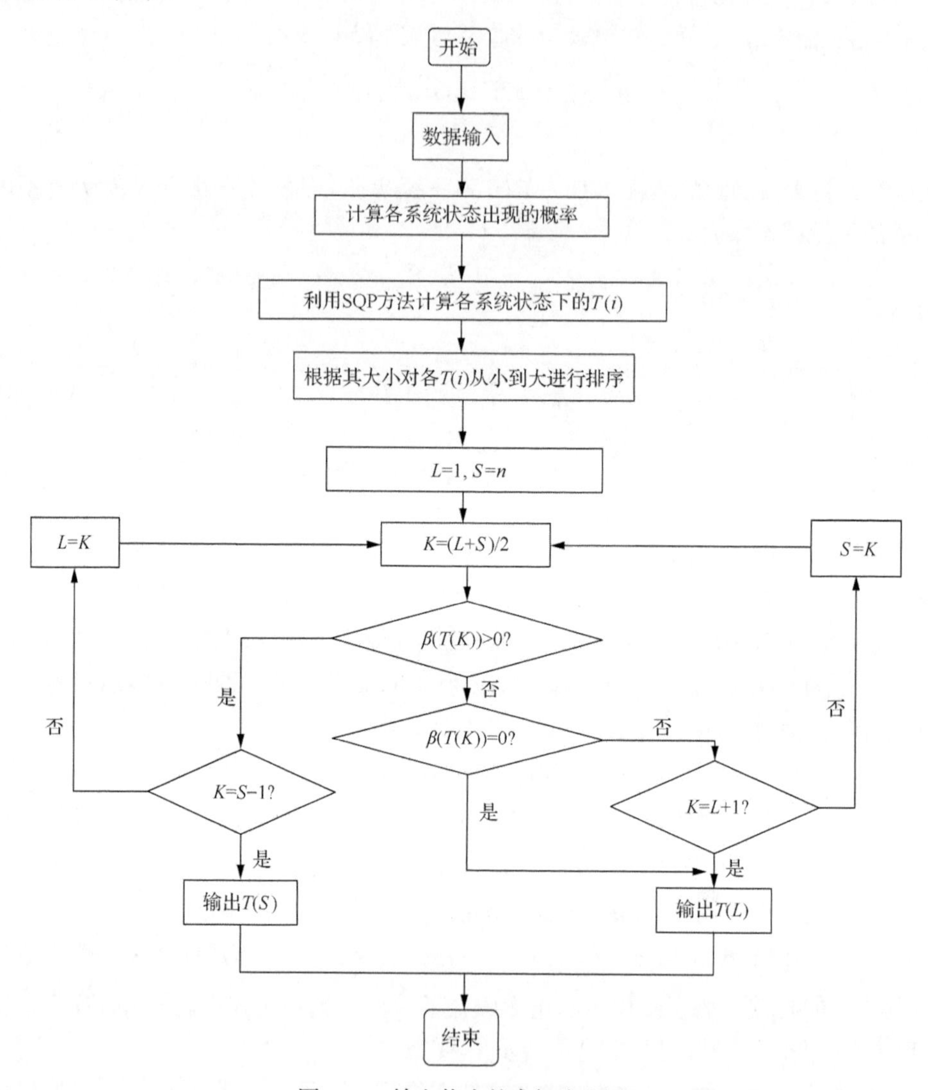

图 10-3　输电能力的求解流程图

10.4.2　ATC 计算问题探讨

目前，几乎所有讨论与 ATC 有关的经济性问题的文献都是以“A_i 与输电协议中断量无关”的假设为基础的[20]。下面对 A_i 随输电协议中断量变化时的结果做简单的推导和说明。

此时，式(10-31)将被表示为如下形式：

$$\frac{\mathrm{d}W}{\mathrm{d}T} = A_0 - \sum_{i \in S} \left(\frac{\partial A_i(\Delta T_i)}{\partial T} \Delta T_i + A_i(\Delta T) \right) P(i) \tag{10-32}$$

式中，$\Delta T_i = T - T(i)$ 为系统在状态 i 下的输电协议中断量。式(10-32)除了具有式(10-31)的离散性外，还具有对变量 T 的连续性。假设 $\left.\frac{\mathrm{d}W}{\mathrm{d}T}\right|_{T(m+1)} < 0, \left.\frac{\mathrm{d}W}{\mathrm{d}T}\right|_{T(m)} > 0$，那么在这种情况下，$T(m+1)$ 未必为所求的最优 ATC，最优 ATC 可能介于 $T(m)$ 与 $T(m+1)$ 之间。需要通过解下面的方程来进一步确定：

$$A_0 - \sum_{i \in S} \left(\frac{\partial A_i(\Delta T_i)}{\partial T} \Delta T_i + A_i(\Delta T) \right) P(i) = 0 \tag{10-33}$$

如果方程(10-33)有解，则解得的 T 为最优 ATC；否则，$T(m+1)$ 为最优 ATC。

10.4.3　算例分析

以 IEEE RTS-24 节点可靠性测试系统[21]为例进行仿真，为简化计算，此处仅考虑线路热极限、节点电压上下限和发电机出力上下限等静态安全性约束。

1. 各种状态下的 TTC 及其概率分布

图 10-4 所示的可靠性测试系统包含 32 台发电机和 38 条线路。由于双回线的两条线分别故障及相同节点的同类发电机分别故障均具有相同的 TTC 值，所以将它们分别合并后共有 48 种不同的单一故障状态。每种状态下的概率及 TTC 值如图 10-5 所示。从图 10-5 可以看出，大部分单一故障状态下的 TTC 与正常状态下的 TTC 近似或即使不近似但它们之间的值基本相等，所以这些故障状态可以通过故障筛选的办法首先挑出并进行分类，对每种类别下的各种故障状态的 TTC 仅需计算 1 个即可。二阶以上的高阶故障也具有类似的现象。这样，可以使计算量大大地得到减小。

如图 10-5 所示，仅考虑正常及单一故障状态，各种状态的概率之和不等于 1，因而会带来一定误差。所以，考虑二阶以上故障是极为必要的。然而，仿真表明对于大多数系统，模拟到二阶故障，其计算精度已比较高。对于含有众多故障率较高的发电机、故障率很低的输电线路的系统，对发电机和输电线路的故障分别模拟到三阶和一阶即可。为显示方便，图 10-5 只列出正常和单一故障状态下的 TTC 值及相应的状态概率。

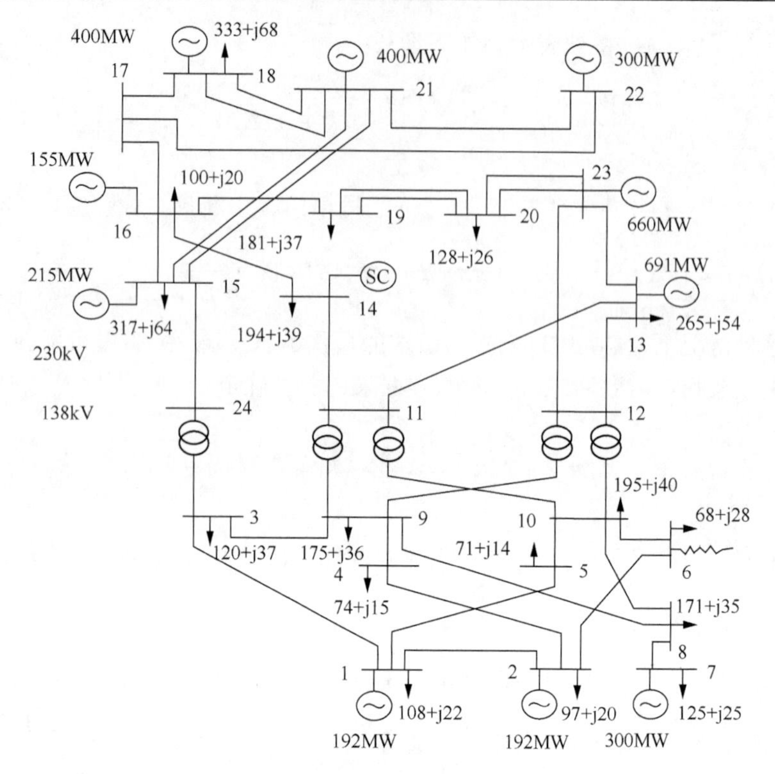

图 10-4　IEEE 可靠性测试系统

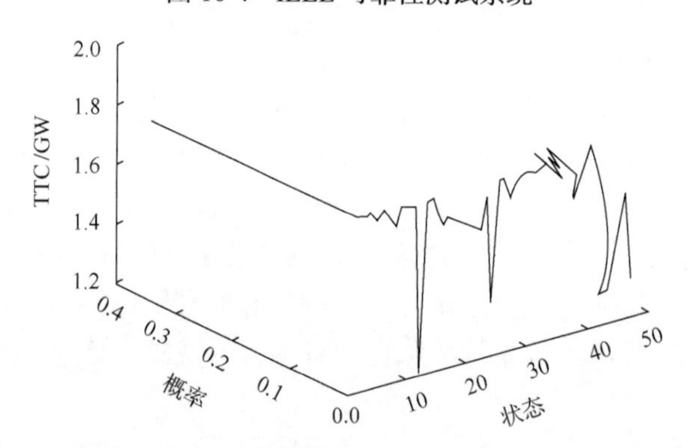

图 10-5　各状态下的 TTC 及其概率分布

2. 计算输电能力

图 10-6 和图 10-7 分别是利用二分法和序列搜索法确定最优 ATC 的过程。其中的状态数顺序是在图 10-5 的基础上按 TTC 的大小重新排列的。为方便起见，各故障状态下的 A_i 取为同一值，且为 A_0 的 3 倍。当然，对于具体系统应根据实际情况取值。从图中可以看出，两种方法虽然有不同的搜索过程，但最后的结果相

同，均为状态 29 所对应的 TTC，将该值减去基态下的交换功率即为所要确定的最优 ATC。如图 10-5 所示，二分法只需 5 步即可得出结果，它明显优于序列搜索法。

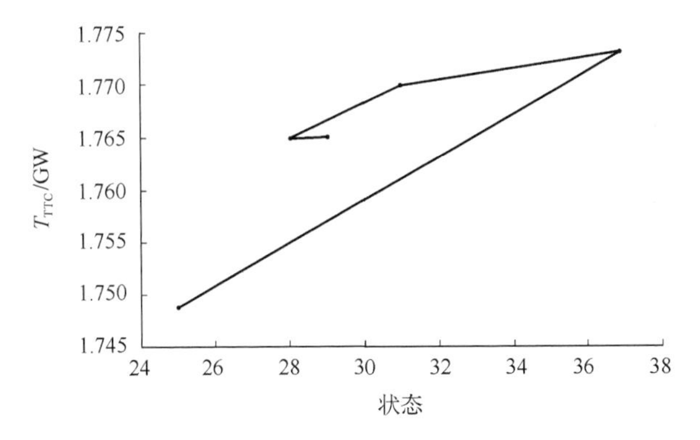

图 10-6　利用二分法确定最优 ATC

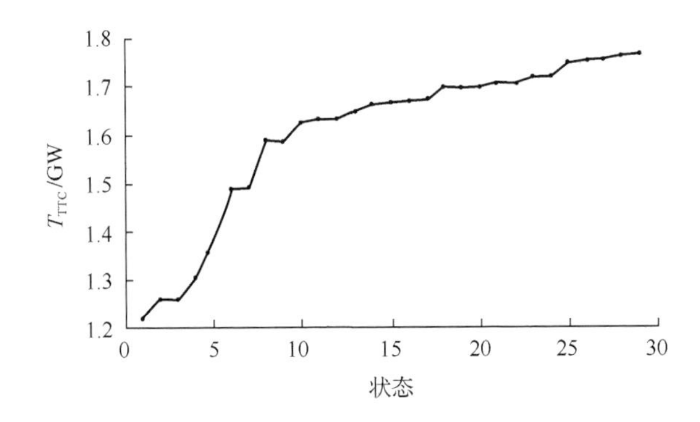

图 10-7　利用序列搜索法确定最优 ATC

对于考虑“N–1”安全约束的确定性方法而言，其 ATC 应该为状态 1 所对应的值，很显然它非常保守，使输电网络得不到充分利用。对于只考虑稳态约束的确定性方法而言，很显然系统的安全性会受到很大威胁。对于通常所采用的平均值方法而言，它不能反映任何经济信息，不能根据输电价格及赔偿协议来指导 ATC 的合理利用。而这里采用的方法，克服了上面所述的缺点，能充分利用市场信息，使 ATC 的确定更为经济合理。

10.5　基于风险分析和经济性的概率可用输电能力计算

对电力市场环境下的区域系统来讲，假设同时存在两种交易模式，即联营和双边交易模式。在考虑系统中不确定因素的概率分布规律下，完成优化决策的思想主要包括如下 4 个子问题：

①非时序 Monte Carlo 模拟；②某一随机状态下的拓扑结构分析；③随机可行状态下的优化模型建立与求解；④基于风险分析的最优 ATC 决策。

10.5.1　非时序 Monte Carlo 模拟

为使 Monte Carlo 模拟顺利进行，构成系统状态的每一元件状态的概率分布必须是已知的。针对与所研究问题有直接关系的 3 种不确定因素进行建模，包括发电机组、输电元件的随机故障以及负荷预测的不确定性。根据系统运行经验和可靠性理论，前两种不确定性因素假设为服从概率分布的两状态模型，即工作状态和故障停运状态；各节点负荷波动则用符合正态分布的随机规律来模拟。在给定各发电机组、输电元件的不可用率以及各负荷节点的预测负荷值和波动方差后，对于 2 状态元件，利用服从均匀分布 $U(0,1)$ 的随机数，确定发电机组和输电元件的随机状态。对于节点负荷，利用服从标准正态分布 $N(0,1)$ 的随机数，确定节点负荷的随机值，由此展开非时序 Monte Carlo 模拟。针对每一次随机抽取，均可确定一个系统可能存在的状态样本，具体方法见文献[22]。

10.5.2　随机状态样本的拓扑结构分析

对每一次随机抽取的系统状态样本，按元件(输电线路、变压器)运行或停运构成的网络拓扑结构是系统层次上的拓扑分析[23]，由此形成计算用的等值网络。分析结果仅对可行系统状态构造优化模型。

10.5.3　可行状态下的优化模型与求解

基于直流潮流，针对某一可行系统状态，构造如下的优化模型：

$$\begin{aligned}
&\max \quad \frac{1}{2}\lambda_C\left[\sum_{i\in\alpha}s_{pi}+\sum_{j\in\beta}r_{pj}\right]-\sum_{k\in N_{\mathrm{D}}}\chi_k d_k-\sum_{n\in N_{\mathrm{G}}}\eta_n p_n\\
&\text{s.t.}\quad A_{\mathrm{G}}(p+s_p)-A_{\mathrm{D}}(d^0-d+r_p)-A_{\mathrm{L}}f=0\\
&A_{\mathrm{C}}Xf=0\\
&\sum_{i\in\alpha}s_{pi}=\sum_{j\in\beta}r_{pj}\\
&p_{\min}<p<p_{\max}\\
&0\leqslant d\leqslant d^0\\
&s_p^{\min}<s_p+p<s_p^{\max}\\
&r_p^{\min}<r_p+d^0-d<r_p^{\max}\\
&-f_{\max}<f<f_{\max}
\end{aligned}\tag{10-34}$$

式中，λ_C为单位 ATC 的价值；α 和 β 分别为给定的送端和受端集合；s_{pi}和 r_{pj}分别对应送端和受端的注入和接收的功率，相应的向量分别为 s_p 和 r_p；p_n和 d_k分别为区域现存方式下的机组输出功率和切负荷量，相应的向量分别为 p 和 d；χ_k为单位切负荷损失价值；d^0为期望要满足的负荷功率的向量表示；N_{D}为对应负荷的集合；N_{G}为对应机组的集合；η_n为机组 n 发电的边际成本；A_{G}、A_{D}、A_{L}、A_{C}分别为节点与机组(含送端)、节点与负荷(含受端)、节点与支路、独立闭合回路与支路间的关联矩阵，其元素关联者为 1，非关联者为 0；f 为对应各输电元件有功潮流的列向量；X 为对应系统所有输电元件电抗构成的对角阵；$p_{\min}$ 和 $p_{\max}$ 分别为对应发电机组有功功率最小值和最大值；$s_p^{\min}$ 和 $s_p^{\max}$ 分别为送端允许注入的最小、最大功率；$r_p^{\min}$ 和 $r_p^{\max}$ 分别为受端允许接受的最小、最大功率向量；$f_{\max}$ 为输电元件的容许载荷量限制值；λ_C、χ_k、η_n 的单位均为美元/(MW·h)。

约束条件中，等式约束为直流潮流方程，第 3 个等式约束表示送端和受端的功率和必须相等，其中，送端或受端的功率和即为所求 ATC，下文用 P_{ATC}表示。该模型中决策量为 s_p，r_p，p，d，f。除 f 外，其余均为非负量，目标函数是关于决策量的线性函数。由此对支路量经非负处理后，通过对不等式约束引入松弛量，可得标准的线性规划模型：

$$
\begin{aligned}
&\min \quad c^{\mathrm{T}} x \\
&\text{s.t.} \quad Ax = b \\
&x \geqslant 0
\end{aligned}
$$

10.5.4 基于风险分析的最优 ATC 决策

通过模拟，可得到 ATC 的概率密度为

$$
f(P_{\mathrm{ATC}}) = \frac{N_i}{N} \tag{10-35}
$$

式中，N_i 为模拟结果中某一 ATC 值出现的次数；N 为总的模拟次数。

对应任意大小 ATC 值，T 的风险度为

$$
R_{\mathrm{risk}}(T) = \frac{N(T_i \leqslant T)}{N} \tag{10-36}
$$

式中，$N(T_i \leqslant T)$ 为模拟结果中 ATC 值不大于 T 出现的次数。

在此基础上，如指定可接受的风险水平，则可以很方便地进行 ATC 的决策，但此种方式难以体现经济意义。更合理的方法是考虑 ATC 收益及风险损失，从经

济性的角度寻求二者的最佳平衡点。此时，如何决策最优 ATC 与 ATC 存在的概率、价值以及双边交易合同中断的赔偿紧密相关，具体可描述为

$$\begin{aligned} &W(T)=B(T)-R(T) \\ &B(T)=\lambda_C T \\ &R(T)=\sum_{T_i} C_C(T-T_i)P_i \end{aligned} \tag{10-37}$$

式中，T 为所要决策的 ATC 量；$B(T)$ 为收益函数；$R(T)$ 为输电合同中断的风险损失函数；$W(T)$ 为净利润；为双边合同中断的赔偿费用系数；T_i 和 P_i 分别对应 ATC 概率分布中第 i 个 ATC 值及其发生的概率；$i=1,2,\cdots,n$，n 为 ATC 离散值的个数。

由于 $R(T)$ 是一个离散型的分布函数，难以通过直接求解获得最优值，因此，本处采用序列优化搜索的方法并结合插值技术，以得到所要确定的最优 ATC 值。具体实现步骤如下：

(1) 按由小到大的顺序对各 T_i 进行排序，待求 ATC 值以 T_k 表示，赋初值 $k=0$，$T_0=T_1$；

(2) 根据式(10-37)计算 $B(T_0)$、$R(T_0)$；

(3) 设定一微小 ATC 增量 ΔT(如 0.01)；

(4) $k=k+1$，$T_k=T_{k+1}+\Delta T$，根据式(10-37)计算 $B(T_k)$ 和 $R(T_k)$；

(5) 如满足 $B(T_k)-B(T_{k-1})<R(T_k)-R(T_{k-1})$，转入步骤(6)，通过插值方法改进最优值，否则，转步骤(4)；

(6) 所要确定的 ATC 值为

$$T^*=T_{k-1}+\frac{\left[\Delta B(T_{k-1})-\Delta R(T_{k-1})\right]\Delta T}{\Delta B(T_k)-\Delta R(T_k)+\Delta B(T_{k-1})-\Delta R(T_{k-1})}$$

式中，$\Delta B(T_k)=B(T_k)-B(T_{k-1})$，$\Delta R(T_k)=R(T_k)-R(T_{k-1})$。

10.5.5 算例分析

以文献[24]提供的 IEEE RTS-24 节点的测线系统为例，对上文所述模型和算法进行分析。相关计算条件为：采用标幺制，功率基准值取 100MV · A；以 1h 为研究时段；负荷波动方差取 0.02；模拟次数 1 万次；假定 λ_C 为 60 美元/(MW · h)，各节点 χ_k 均取 150 美元/(MW · h)，双边交易合同中断赔偿费用为 120 美元/(MW · h)。

计算背景：给定各负荷节点的初始负荷期望值后，假定区域内发电机组由系统统一调度来满足此部分现存负荷，同时考虑节点 21 与节点 8 之间存在双边交易

的需求；确定系统所应采取的现存方式调度方案并进行最优 ATC 的决策。

利用本方法和计算程序进行分析，在 Monte Carlo 模拟结束后可以得到系统现存调度和 ATC 的统计结果。表 10-6 以期望值的形式给出了式(10-34)目标函数中的各项结果；为对比分析，同时给出了按一般方法，即按安全经济调度安排现存方式，并以 ATC 最大为优化目标时相应各项的计算结果，同样以期望值表示。

表 10-6　本章方法与一般方法的比较

方法	现存方式总发电费用/美元	切负荷/MW	切负荷损失/美元	P_C/MW	输电收益/美元	综合效益/美元
本章方法	26283.5	3.06	459	317.2	19032	−7710.5
一般方法	24730.1	4.50	675	270.6	16236	−9169.1

分析表 10-6 结果可知，相比给定调度方式下，采用此方法的调度方案虽然较现存方式下总发电费用较高，但换来了更大的 ATC 值以及较小切负荷损失，就系统综合效益而言，显然取得了更好的效果。由此也说明了将现存方式和 ATC 统筹考虑，是市场环境下解决调度问题的一种好思路。

图 10-8 给出了送、受端间 ATC 的概率密度分布情况，在此基础上，通过构造式(10-37)的模型并加以寻优，可得到所要确定的最优 ATC 为 343.6MW。

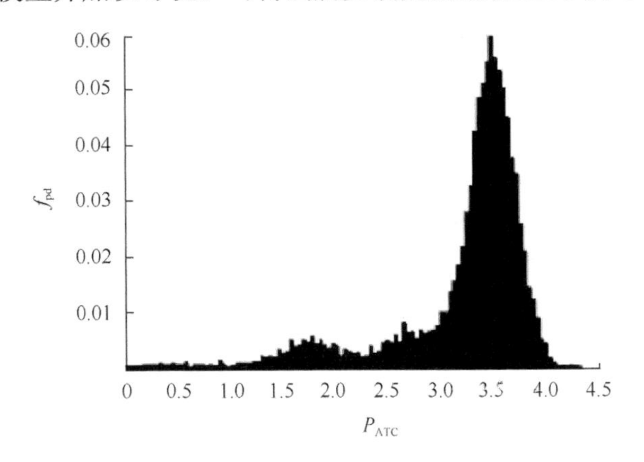

图 10-8　ATC 概率密度分布

为更有效地说明问题，这里还将式(10-37)中收益、风险损失以及净利润随 ATC 的变化情况绘于图 10-9。由图 10-9 可见，收益和风险损失都随着 ATC 的增大而逐渐增长，但由于初始阶段收益增量大于风险损失增量，因此，净利润呈增大之势；直到由于 ATC 中断风险的迅速增大导致风险损失增量开始大于收益增量后，净利润也开始逐渐减小；当 ATC 取 343.6MW 时，对应收益增量和风险损失增量相同，此时净利润也达到最大。

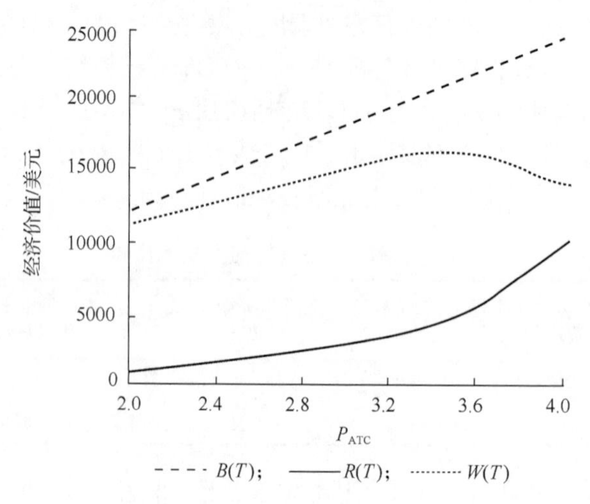

图 10-9　收益、风险及总收益随 ATC 的变化情况

这种决策方法充分体现了经济机制，符合社会效益最大化的思想，将区域系统现存发电调度、切负荷以及经由区域网络的双边交易所留出的 ATC 决策统筹考虑，其价值不仅在于丰富了 ATC 的内涵，而且把 ATC 纳入调度范畴，是电力市场环境下调度模型本质上的扩展。具体结论如下：

(1)计及了不确定因素对现存方式的影响，避免了一般概率 ATC 决策方法中的系统状态校正过程，提高了求解效率。

(2)Monte Carlo 模拟结合直流潮流下线性规划模型，并采用内点法进行每一样本可行状态下的优化求解，对大规模电网有一定的适应性。

(3)概率模拟充分反映了电网运行的实际情况，自动考虑了 ATC 求取中的裕度问题，以概率规律给出计算指标的分布轨迹，为计及风险的决策提供了依据。

参 考 文 献

[1] Gnanadass R, Manivannan K, Palanivelu T G. Assessment of available transfer capability for practical power systems with margins. Optimal Operation of Power System, TENCON, 2003, 1: 445-449.

[2] Hamoud G. Assessment of available transfer capability of transmission system. IEEE Transactions on Power Systems, 2000, 15(1): 27-32.

[3] 张永平, 焦连伟, 陈寿孙, 等. 电力市场阻塞管理综述. 电网技术, 2003, 27(8): 1-9.

[4] 李国庆, 唐宝. 计及发电报价的可用输电能力的计算. 电机工程学报, 2006, 26(8): 18-22.

[5] Goh S H, Xu Z, Dong Z Y, et al. Economic constrained transfer capability assessment. Proceedings of Power Engineering Society General Meeting. San Francisco, 2005: 251-258.

[6] Daniel S K. Demand-side view of electricity markets. IEEE Transactions on Power Systems, 2003, 18(2): 520-527.

[7] 张昌华, 孙荣富, 何峰, 等. 计及发电机报价和负荷消费意愿的可用输电能力计算. 电力系统自动化, 2007, 31(23): 19-23.

[8] 李卫星, 李志民, 郭志忠, 等. 考虑经济性收益最大的可用输电能力计算. 电力系统自动化, 2004, 28(20): 7-11.
[9] Da Silva A M L, Costa J G C, Manso L A F, et al. Transmission capacity: Availability, maximum transfer and reliability. IEEE Transactions on Power Systems, 2002, 17(3): 843-849.
[10] 张强, 韩学山, 徐建政. 可用输电能力的概率优化决策模型与计算. 电力系统自动化, 2007, 31(23): 15-18.
[11] 李国庆, 李小军, 彭晓洁. 计及发电报价等影响因素的静态电压稳定分析. 中国电机工程学报, 2008, 28(22): 35-40.
[12] 雷雪姣, 潘士娟, 管晓宏, 等. 考虑传输安全裕度的电力系统发电经济调度. 中国电机工程学报, 2014, 34(31): 5651-5658.
[13] 于尔铿, 周京阳, 吴玉生. 发电报价曲线研究. 电力系统自动化, 2001, 25(2): 23-26.
[14] 丁军威, 康重庆, 沈瑜, 等. 基于企业经营决策的发电商最优竞价策略. 电力系统自动化, 2003, 27(16): 20-24.
[15] 袁贵川, 王建全, 韩祯祥. 电力市场下的最优潮流. 电网技术, 2004, 28(5): 13-17.
[16] 李国庆, 沈杰, 申艳杰. 考虑暂态稳定约束的可用功率交换能力计算的研究. 电网技术, 2004, 28(15): 67-71.
[17] Li Z Y, Daneshi H. Some observations on market clearing price and locational marginal price. Proceedings of Power Engineering Society General Meeting. San Francisco, 2005.
[18] 黄伟, 黄民祥, 赵学顺, 等. 基于主从递阶决策模型的 TRM 评估. 电力系统自动化, 2004, 30(4): 17-21.
[19] 吴伟杰, 童小娇, 严正, 等. 基于光滑化函数的 ATC 新模型及其有效算法. 电力系统自动化, 2004, 28(19): 32-35.
[20] Leite da silva A M, Marangon Lima J W, Anders G J. Available transmission capability-sell firm or interruptible. IEEE Transactions on Power Systems, 1999, 14(4): 1299-1305.
[21] Khairuddin A B, Ahmed S S, Mustafa M W. A novel method for ATC computations in a large-scale power system. IEEE Transactions on Power Systems, 2004, 19(2): 1150-1158.
[22] 郭永基. 电力系统可靠性分析. 北京: 清华大学出版社, 2003.
[23] 于尔铿. 电力系统状态估计. 北京: 水利水电出版社, 1985.
[24] Grigg C, Wong P, Albrecht P, et al. Reliability test system task force of the application of probability methods subcommittee. IEEE Transactions on Power Systems, 1999, 14(3): 1010-1020.

第11章　计及各种FACTS装置的可用输电能力计算

11.1　引　　言

FACTS 作为一个完整的技术概念，最早是由 EPRI 的 Hingorani 博士在 1986 年的美国电力科学研究院院刊(EPRI Journal)上提出来的，他最早对 FACTS 的定义是[1,2]：柔性交流输电系统，即 FACTS，是基于晶闸管的控制器的集合，包括移相器、先进的静止无功补偿器、动态制动器、可控串联电容、带载调压器、故障电流限制器及其他有待发明的控制器。从 FACTS 概念诞生到 20 世纪 90 年代中期，由于大量新的 FACTS 设备相继出现，对他们的命名出现了一定的混乱，同时，关于 FACTS 技术与其他相关技术(如 HVDC)的关系也一直成为争论的话题。在这种情况下，IEEE/PES 成立专门的 DC & FACTS 分委会，设 FACTS 工作组，旨在规范 FACTS 的术语定义和应用标准[3]。1997 年，FACTS 工作组发布了“FACTS 的推荐术语和定义”文件，该文件对 FACTS 的定义如下：

FACTS 是指具有基于电力电子技术的或其他静态的控制器以提高可控性和输电容量的交流输电系统。FACTS 的主要内涵[4]是把日新月异的电力电子技术和电力系统传统的电压控制元件、阻抗控制元件和功角控制元件(如串联电容、并联电容、电抗、移相器和电气制动电阻等)相结合，用大功率电力电子器件代替传统元件的机械高压开关，从而灵活、快速、准确地改变电压、线路阻抗和功角等系统参数，在不改变网络结构的情况下，大大提高电网的输电能力以及潮流、电压的控制能力和系统的动态性能。

FACTS 的产生源于电力工业发展的实际需要和大功率半导体技术及器件本身的发展。由于 FACTS 设备的种类日益增多，其原理、性能、与系统结合方式也多种多样，因此，FACTS 设备的分类也有多种方法。FACTS 设备按安装地点可以分为发电型(发电厂内)、输电型(输电系统中)和供电型(供配电系统中)三类。图 11-1 列出了这种分类方法下的主要 FACTS 设备[5]。

FACTS 的重要作用和意义主要体现在[4]：

(1) FACTS 技术的出现，突破了过去单一控制器形成的局部作用及影响，开辟了提高交流输电线和输电网运行整体控制能力和水平的渠道，为提高超高压交流输电能力及技术的革新指明了方向。

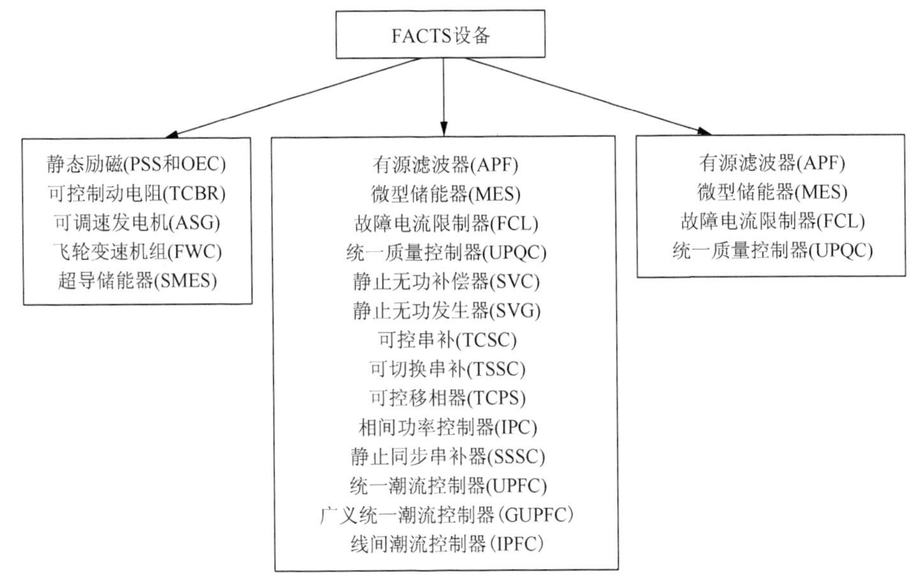

图 11-1　FACTS 控制器的分类

(2) FACTS 的出现对输电线和输电网的建设规划和设计将产生重大影响。一方面，与原有的“升压”方法相对应，它提出了一个可供选择的“升流”途径，这将扩大规划设计中方案比较和选用范围。另一方面，它能够控制输电网络潮流流向并提高输电能力，这同样可以扩大规划设计的选择余地。

(3) 对输电网络的优化运行具有良好的作用。FACTS 控制器将有助于减小或消除环流或振荡等大电网瘤疾，有助于解决电网中的输电瓶颈；为电力市场创造电力定向输送条件，有助于提高现有输电网的稳定性、可靠性和供电质量等。

(4) FACTS 控制器可对已有常规稳定或反事故控制(如调速器附加控制、气门快关控制、自动重合闸控制等)的功能起到补充、扩展和改进的作用。二者之间的协调控制将使系统的动态性能提高到一个新的水平。

(5) FACTS 将改变交流输电的传统应用范围。FACTS 控制器组将使常规交流输电柔性化，改变交流输电的功能范围，使其在更多方面发挥作用，如功率调制、延长水下或地上交流输电距离等。

11.2　FACTS 装置的几种常见潮流计算模型

在进行输电能力计算时，离不开系统中各个元件的潮流计算模型。FACTS 装置种类众多，但是从现有研究成果看，其潮流计算模型主要可归纳为以下 4 类。

11.2.1　电源型模型

目前，潮流计算中采用较多的FACTS元件模型是如图11-2所示的电源型模型[8]，它由并联的可控电流源I_{sh}和串联在线路中的可控电压源U_s组成，是一种通用性很强的模型，同时，也非常直观地反映了FACTS元件对系统的影响，其并联支路也可以用可控电压源来表示。对于UPFC、TCSC、TCPST、SSSC等FACTS元件都可以采用该模型进行模拟。针对不同的FACTS元件，$\dot{U}_s$和$\dot{I}_{sh}$之间的内部约束方程，控制变量U_s、I_{sh}、θ_s、θ_{sh}并非完全独立。

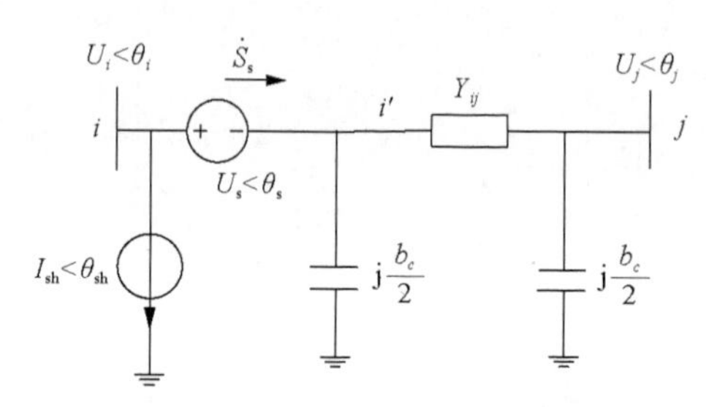

图11-2　FACTS原件的电源型模型

对于UPFC，应附加UPFC内部有功功率平衡的约束方程，也就是装置并联部分从系统吸收的有功功率等于装置串联部分注入系统的有功功率，即$P_s+P_{sh}=0$。此外，选择三个独立的控制变量作为新增加的状态变量，用于控制系统的支路潮流和节点电压。当控制变量多于控制目标时，需要根据控制策略选取新的约束条件。

对于TCPST，除了附加TCPST内部有功功率平衡的约束外，还应增加无功平衡约束方程，即$\dot{S}_s+\dot{S}_{sh}=0$,可以在列写节点i的功率平衡方程时，把节点i'的功率$\dot{S}_{i'j}$作为节点i的功率$\dot{S}_{ij}$，使之自动满足条件$\dot{S}_s+\dot{S}_{sh}=0$，选取U_s、θ_s作为新增加的状态变量，I_s、θ_{sh}可以在潮流计算完毕后，由方程$\dot{S}_s+\dot{S}_{sh}=0$求解出。

对于SSSC，$I_{sh}=0$，可以选取U_s、θ_s作为新增加的状态变量，相应的控制目标方程作为新增加的方程联立求解。当TCSC或者SSSC直流侧为电容器(仅供给线路无功功率)时，在上述方法基础上只需增加一个内部约束方程$P_s=0$即可。

对于STATCOM和SVC，有$U_s=0.0$，$\dot{I}_{sh}$与节点电压$\dot{V}$正交，并联电流源仅对系统提供并联无功补偿，对节点i的电压进行控制。由于STATCOM和SVC属于并联型FACTS装置，也可以按并联型FACTS装置的潮流计算模型处理，而无须新增状态变量和控制方程。

11.2.2　功率注入型模型

功率注入型模型是当前潮流计算中另一种采用较多的 FACTS 元件模型，如图 11-3 所示。功率注入型模型[9,10]的实质是上节中的电源型模型进行电路拓扑变换后的结果。其基本思想是将与线路串联的电压源等效为与线路并联的电流源，然后将此电流源转化为线路两端的节点注入功率，从而得到潮流计算的基本方程。功率注入型模型将线路上的可调变量对系统的贡献移植到对应线路两端的节点上，这样可以在不修改原有电网的节点导纳矩阵的情况下嵌入 FACTS 元件的模型，最大限度地利用传统潮流计算中形成雅可比矩阵的公式和算法，同时还可以提供一种直观的方式来研究 FACTS 元件对系统的影响。功率注入型模型同样也是一种通用的潮流计算模型，几乎所有的 FACTS 元件对系统的影响都可以转化为节点附加注入功率的形式来进行研究，只是各种 FACTS 元件的节点附加注入功率的表达式不同而已。

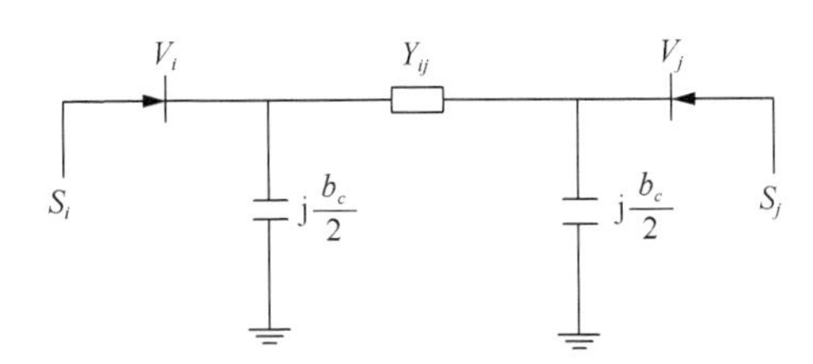

图 11-3　FACTS 的功率注入模型

11.2.3　阻抗型模型

图 11-4 所示的是 FACTS 元件的阻抗型模型[6]，它由并联阻抗 Z_p 和串联阻抗 Z_s 来分别表示 FACTS 元件并联支路和串联支路的作用。阻抗 Z_p 和 Z_s 均可在四象限变化。阻抗型模型也可以用来模拟 STATCOM、SSSC、UPFC、TCSC、TCPST 等 FACTS 元件。当模拟 SSSC 时，Z_p 断开从系统中移去；当模拟 TCSC 时，Z_p 断开，R_s=0.0；当模拟 STATCOM 时，Z_s=0.0，R_p=0.0；当模拟 UPFC 或 TCPST 时，需要引入有功功率平衡约束方程或复功率平衡约束方程。

阻抗型模型特别适用于 TCSC 和 SVC 一类的 FACTS 元件，因为对于这类装置，阻抗型模型直观地揭示了装置的工作原理。这时，阻抗型模型的参数与实际物理装置的控制变量相一致，物理概念明确，潮流计算求得的状态变量即为 FACTS 装置的控制变量，便于确定变量的初值，容易处理装置参数的越限，不需要增加新的内部约束方程，特别是装置以给定控制变量运行时非常方便。例如，对于 TCSC，如果采用电源模型，则必须附加串联部分有功功率为零的内部约束条件，且 U_s 的上、下限值不易确定，因为 U_s 实际上与运行参数即线路电流 I_{ij} 有关。

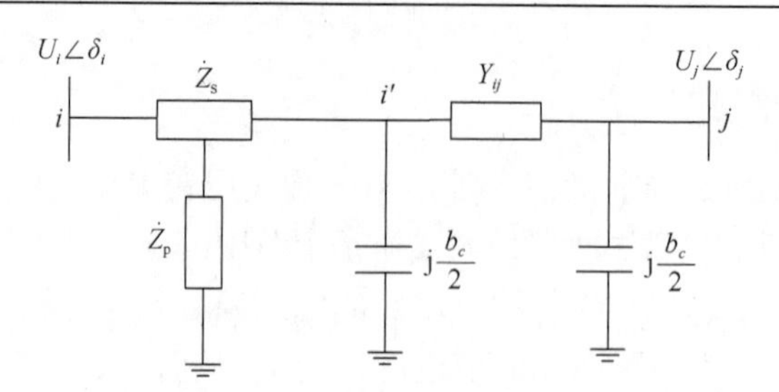

图 11-4　FACTS 原件的阻抗型模型

11.2.4　变压器型模型

变压器型模型[6]如图 11-5 所示，串联部分用变比 $ke^{j\delta}$ 来表示，并联部分可采用阻抗模型，也可采用电源模型，通过引入相应的内部约束方程，变压器型模型理论上也可以实现对 STATCOM、SSSC、UPFC、TCSC、TCPST 等 FACTS 元件的模拟，特别是对于 TCPST 元件，变压器型模型直观地反映了 TCPST 装置对系统电压幅值和相位的影响。实际中，变压器型模型不够直观，参数必须进行转换才能反映控制变量的变化，建立系统的潮流方程时较为复杂，故除了用在 TCPST 的建模上，其余 FACTS 元件较少采用这种模型。

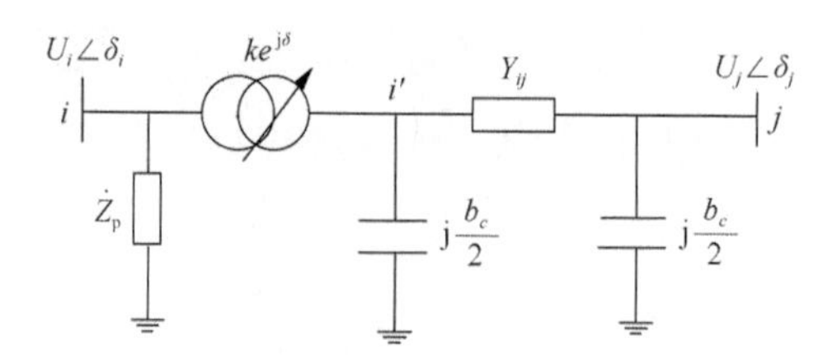

图 11-5　FACTS 原件的变压器型模型

以上四种都属于耦合型模型。总的说来，采用何种 FACTS 元件的模型可以根据实际情况确定，单从物理概念出发，采用电源型模型表示 UPFC，阻抗型模型表示 TCSC，变压器型模型表示 TCPST，比较直观简单。

11.3　含 FACTS 装置的电力系统潮流计算方法

含 FACTS 元件的电力系统潮流计算通常有两种情形：一种是根据具体的柔性输电元件的功能和系统运行的需要给出控制目标，通过建立合适的模型和采用合适的算法计算出电网的潮流分布和 FACTS 元件的控制参数。另一种是给定 FACTS 元件的控制参数，通过计算获得系统的潮流分布，在整个潮流计算中 FACTS 元件的控制变量值保持不变，不作为状态变量。当柔性输电元件被用于直接控制其安装地点的系统运行参数，如节点电压幅值或相位、线路有功潮流或无功潮流时，属于第一类情形。当进行系统的优化运行时，柔性输电元件被用于间接控制非安装地点的系统运行参数，即通过对柔性输电元件控制参数的调整使系统的运行状态满足要求(例如网损最小)，这属于第二类情形。FACTS 元件作为一种控制元件，通常只给出它的控制目标值，它的控制变量值随系统的运行状态和控制目标的不同而不同，控制变量值正是我们要确定的量。

在建立合适的柔性输电元件的潮流计算模型后，含柔性输电元件的电力系统潮流计算的主要工作就是建立系统的潮流方程组，与直流输电系统接入电力系统一样，柔性输电元件接入电力系统后也不改变潮流方程的数学性质，即描述系统的方程仍然是一组非线性代数方程组，因此，可以利用已有的比较成熟的求解潮流方程组的算法，例如牛顿-拉弗森法、快速解耦法、带最优乘子的牛顿法等，求出系统的潮流分布。不论采用哪一种算法，求解潮流方程组都是一个迭代的过程，根据迭代过程的不同，将求解含 FACTS 元件的电力系统潮流分布的方法分为两类：交替迭代法和联立求解法。

11.3.1　交替迭代法

交替迭代法是将求解系统的运行状态(电压幅值和相位)与求解 FACTS 元件的控制变量进行解耦交替迭代。一般来讲，主迭代过程与传统的潮流迭代形式上一样，主要是为求解系统的节点状态变量；子迭代一般是根据控制目标方程和内部约束方程对 FACTS 元件的控制变量值进行修正，把修正后的值作为下一次主迭代的给定值。交替迭代法的主要优点就是主迭代过程完全保留了传统潮流算法的迭代形式和雅可比矩阵的特点，不需要修改节点导纳矩阵和节点功率平衡方程，易于与原有的潮流算法相结合而编程实现。其缺点是 FACTS 装置的控制变量值只在子迭代中被修正，在主迭代过程中控制变量值保持子迭代中修正后的给定值不变，两次迭代过程使得收敛特性变差，甚至发生振荡或者发散而不收敛，不再具有传统潮流算法的收敛特性[8]。

11.3.2　联立求解法

联立求解法[6,8,11,12]因其保留了传统潮流算法的收敛特性而在含柔性输电元件的电力系统潮流计算中得到广泛应用，其将求解系统运行状态(电压幅值和相位)的方程组与求解 FACTS 元件控制变量的方程组进行联立求解统一迭代，得出包括 FACTS 元件在内的整个系统的运行状态。含有 FACTS 元件后，描述电力系统的方程仍然是一组非线性方程组，含 FACTS 元件的电网的潮流计算问题仍是非线性方程组的求解问题，因此，联立求解法保留了传统潮流算法的收敛特性，特别是牛顿-拉弗森法二次收敛的特性。与不含 FACTS 元件的电网潮流计算相比，因为需要增加新的状态变量和控制目标方程以及内部约束方程，使得方程和变量的维数增加，FACTS 元件控制变量初始值的选取有一定的困难，而传统潮流计算使用的牛顿型算法又对变量的初始值依赖较强，因此，联立求解法也存在收敛速度减慢、收敛可靠性不理想的问题。实践中，因为采用的 FACTS 元件潮流计算模型和算法不一样，需要增加的状态变量和潮流方程也就不一样，因此，收敛性能存在较大差异。

含 FACTS 元件的电网潮流计算可以表述为下面一组方程组的求解问题：

$$\begin{aligned} F(X, X_F) = 0 \\ G(X, X_F) = 0 \end{aligned} \tag{11-1}$$

式中，方程组 $F(X, X_F) = 0$ 与普通的潮流计算方程组相同，由系统中各个节点的功率平衡方程(已计入 FACTS 元件对节点功率的影响)组成；$G(X, X_F) = 0$ 是各种约束条件方程组，被称为潮流计算附加方程组，主要由 FACTS 元件的内部约束方程和控制目标方程所组成；X 表示系统的状态变量；X_F 表示由于含 FACTS 元件所新增加的状态变量，通常就是 FACTS 元件的控制变量。采用牛顿-拉弗森法来求解方程组(11-1)得到其修正方程为[7]

$$\begin{bmatrix} F(X, X_F) = 0 \\ G(X, X_F) = 0 \end{bmatrix} = \begin{bmatrix} J_1 & J_2 \\ J_3 & J_4 \end{bmatrix} \begin{bmatrix} \Delta X \\ \Delta X_F \end{bmatrix} \tag{11-2}$$

式中，J_1 为传统潮流计算雅可比矩阵(计及FACTS元件的影响)；$J_2 = \dfrac{\partial F(X, X_F)}{\partial X_F}$；$J_3 = \dfrac{\partial G(X, X_F)}{\partial X}$；$J_4 = \dfrac{\partial G(X, X_F)}{\partial X_F}$。

11.4　含 FACTS 装置的各类约束方程及优化模型分析

在进行含 FACTS 装置的电力系统输电能力分析时，原来需要考虑的约束条件会随着这些装置的引入而发生变化，这些变化在分析时必须加以考虑。此外，研究输电能力的优化模型也会有一些变化。

11.4.1　含 FACTS 装置的约束方程分析

1. 潮流约束方程分析

文献[4]分析了 FACTS 控制装置对电力系统方程的影响，根据 FACTS 装置的输出特性，可以将 FACTS 对系统的控制作用等效为连接在输电网络中的可控源

(可控电压源或可控电流源)。通过等效电路变换，进而可以把这些可控源等效为与 FACTS 支路相连节点的注入电流。等效变换的基础是替代定理、等效电源变换定理等一些电网络的基本原理。考虑一个具有 n 节点的电网络，假设某一 FACTS 装置安装在线路 i-j 的节点 i 侧，图 11-6 给出了将 FACTS 等效为与 FACTS 支路相连节点的注入电流后的电网络模型示意图。

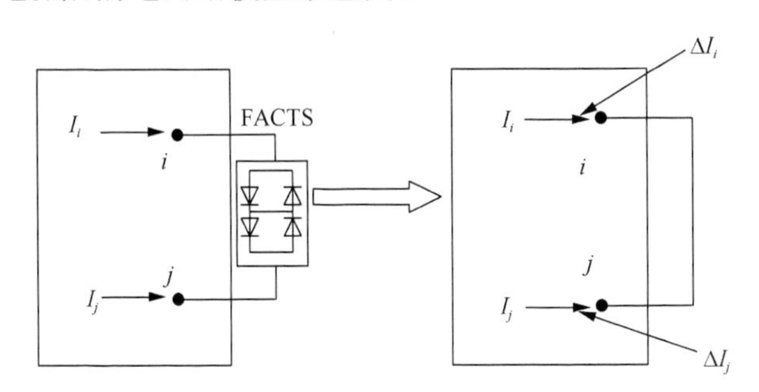

图 11-6　FACTS 的等效注入电流

图中，I_i 和 I_j 为电网络中节点 i 和 j 原有的注入电流，ΔI_i 和 ΔI_j 为 FACTS 装置在节点 i 和 j 的等效注入电流。此时考虑 FACTS 作用后的整个网络的节点电压方程可用式(11-3)表示如下：

$$I^F = YU \tag{11-3}$$

式中，I^F 为节点电流注入列向量；U 为节点电压列向量；Y 为导纳矩阵。将节点电流注入列向量 I^F 分解为两部分，上式改写为

$$I + \Delta I = YU \tag{11-4}$$

式中，I 为网络中不包含 FACTS 作用的节点注入电流列向量；ΔI 为考虑 FACTS 控制作用后，FACTS 的节点等效注入电流列向量。令 $[U]$ 为以电压向量 U 为对角元素的对角阵。对上式两边取共轭，再左乘 $[U]$ 得

$$[U](I)^* + [U](\Delta I)^* = [U]Y^*U^* \tag{11-5}$$

将上式改写为

$$S + \Delta S = [U]Y^*U^* \tag{11-6}$$

将式(11-6)展开即为系统的潮流方程：

$$\begin{aligned}&P_i+\Delta P_i-U_i\sum_{j=1}^{n}U_j\left(G_{ij}\cos\left(\theta_i-\theta_j\right)+B_{ij}\sin\left(\theta_i-\theta_j\right)\right)=0\\&Q_i+\Delta Q_i-U_i\sum_{j=1}^{n}U_j\left(G_{ij}\sin\left(\theta_i-\theta_j\right)-B_{ij}\cos\left(\theta_i-\theta_j\right)\right)=0\end{aligned}\tag{11-7}$$

式中，P_i、Q_i为节点i的注入功率；ΔP_i、ΔQ_i为FACTS在该节点的等效注入功率；U_i、U_j和θ_{ij}为节点i和j的电压的幅值和它们之间的相位差；G_{ij}和B_{ij}为节点导纳阵中相应的元素。与不含FACTS的潮流方程相比，仅在与FACTS支路相连节点多了FACTS的等效注入功率ΔS，FACTS的控制参数包含在等效注入功率ΔS中。因为系统中的FACTS支路的数目有限，因而上述公式中ΔI和ΔS都是非常稀疏的向量。

2. 含有FACTS的支路功率传输方程分析

在FACTS支路外部，由于FACTS的控制，使得线路的电流和功率量值发生变化，但求取支路传输电流和输电功率的表达式没有发生变化。而在FACTS支路内部，由于FACTS装置的存在，支路有功输电功率的求取需要考虑FACTS装置的作用，原有的支路功率计算表达式需要修正。

由TCSC、TCPS和UPFC装置的工作特点可知，它们都不能独立的产生有功功率；在忽略装置内部功率损耗的情况下，它们也不消耗有功功率。在稳态分析中，它们与系统交换的有功功率总和为零。因此，在稳态过程中，流入装置的有功功率与流出装置的有功功率相等，计算FACTS支路的有功输电功率可以从支路的节点算起。

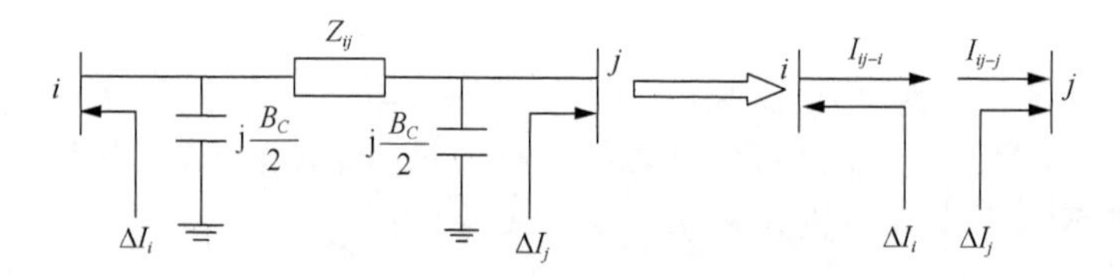

图11-7　FACTS支路电流示意图

为了计算支路输电功率，先确定从i节点流入该支路的电流和j节点从该支路获得的电流。图11-7给出了考虑FACTS作用后的FACTS支路电流示意图。其中，线路阻抗$z_{ij}=r_{ij}+\mathrm{j}x_{ij}$，若采用线路等效导纳表述，则为$y_{ij}=g_{ij}+\mathrm{j}b_{ij}$，$B_c/2$为线路的等效对地电容。

考虑FACTS作用后，含有FACTS的支路电流表达式可以表示为两部分，从节点i侧流入线路i–j的电流为

$$\dot{I}_{ij-i}^{\mathrm{F}} = \dot{I}_{ij-i} - \Delta\dot{I}_i \tag{11-8}$$

式中，$\dot{I}_{ij-i}$ 的表达式与未考虑 FACTS 控制时支路电流的计算表达式相同，具体为

$$\dot{I}_{ij-i} = \frac{(\dot{U}_i - \dot{U}_j)}{Z_{ij}} + \frac{\dot{U}_i \times \mathrm{j}B_C}{2} \tag{11-9}$$

此时，计算从节点 i 流向支路 i–j 的有功功率为

$$P_{ij-i}^{\mathrm{F}} = \mathrm{Re}\left[\dot{U}_i\left(\dot{I}_{ij-i}^{\mathrm{F}}\right)^*\right] = \mathrm{Re}\left[\dot{U}_i\left(\dot{I}_{ij-i}\right)^* - \dot{U}_i\left(\Delta\dot{I}_i\right)^*\right] = P_{ij-i} + (-\Delta P_i) \tag{11-10}$$

式中，P_{ij-i} 的表达式与未考虑 FACTS 控制时支路计算有功输电的表达式相同，即

$$P_{ij-i} = U_i^2 g_{ij} - U_i U_j\left[g_{ij}\cos\left(\theta_i - \theta_j\right) + b_{ij}\sin\left(\theta_i - \theta_j\right)\right] \tag{11-11}$$

同理，从线路 i-j 流入节点 j 的电流为

$$\dot{I}_{ij-j}^{\mathrm{F}} = \dot{I}_{ij-j} + \Delta\dot{I}_j \tag{11-12}$$

此时，计算从支路 i-j 流入节点 j 的有功功率为

$$P_{ij-j}^{\mathrm{F}} = \mathrm{Re}\left[\dot{U}_j\left(\dot{I}_{ij-j}^{\mathrm{F}}\right)^*\right] = \mathrm{Re}\left[\dot{U}_j\left(\dot{I}_{ij-j}\right)^* - \dot{U}_j\left(\Delta\dot{I}_j\right)^*\right] = P_{ij-j} + \Delta P_j \tag{11-13}$$

式中，P_{ij-j} 的表达式与未考虑 FACTS 控制时支路计算有功输电的表达式相同，即

$$P_{ij-j} = -U_j^2 g_{ij} + U_i U_j\left(g_{ij}\cos\left(\theta_i - \theta_j\right) - b_{ij}\sin\left(\theta_i - \theta_j\right)\right) \tag{11-14}$$

可见，含有 FACTS 的支路有功输电功率表达式发生了变化，它可以表达成两部分：一部分与不含 FACTS 时该支路有功输电功率计算表达式相同，另一部分表达式为 FACTS 在线路有功输电功率中的附加功率。

3. 含有 FACTS 的系统有功损耗功率方程分析

将式(11-10)和式(11-13)相减，得支路有功损耗为

$$P_{\mathrm{loss}-ij}^{\mathrm{F}} = P_{ij-i}^{\mathrm{F}} - P_{ij-j}^{\mathrm{F}} = (P_{ij-i} - P_{ij-j}) + (-\Delta P_i - \Delta P_j) \tag{11-15}$$

可见，FACTS 支路上的损耗可以表达成两部分，一部分为未引入 FACTS 时线路损耗表达式，另一部分为 FACTS 在支路损耗中的附加功率。

为计算整个网络的有功损耗，将式(11-6)与有功注入相关的方程相加得

$$\sum_{i=1}^{n} P_i + \sum_{i=1}^{n} \Delta P_i - \sum_{i=1}^{n} (U_i \sum_{j=1}^{n} U_j (G_{ij}\cos\theta_{ij} + B_{ij}\sin\theta_{ij})) = 0 \tag{11-16}$$

式中，左边第一项为当前系统总的有功损耗。系统总损耗用 $P_{\text{loss}}^{\text{F}}$ 表示，则可进一步整理得

$$P_{\text{loss}}^{\text{F}} = \sum_{i=1}^{n} (U_i \sum_{j=1}^{n} U_j (G_{ij}\cos\theta_{ij} + B_{ij}\sin\theta_{ij})) + \left(-\sum_{i=1}^{n} \Delta P_i \right) \tag{11-17}$$

有功损耗表达式可以表达成两部分，一部分与未引入 FACTS 时的有功损耗表达式在形式上相同，另一部分表达式称为 FACTS 在系统总的有功损耗中的附加功率。将上式简写为

$$P_{\text{loss}}^{\text{F}} = P_{\text{loss}} + \left(-\sum_{i=1}^{n} \Delta P_i \right) \tag{11-18}$$

11.4.2　含 FACTS 装置的最优潮流模型分析

含有 FACTS 控制作用的最优化潮流问题可以统一用如下公式表述:

$$\begin{aligned} &\max \quad f(x,u) \\ &g(x,u) = 0 \\ &h_{\min} \leqslant h(x,u) \leqslant h_{\max} \end{aligned} \tag{11-19}$$

式中，$f(x,u)$ 为系统的优化目标函数；$g(x,u)$ 为优化问题中的等式约束；$h(x,u)$ 代表优化问题中涉及的不等式约束；$h_{\max}$ 和 $h_{\min}$ 为不等式约束的上限和下限。x 为系统的状态变量；u 为系统的控制变量。

通过上述分析可知，当采用 FACTS 的等效注入功率模型时，含 FACTS 的电力系统优化方程可分解为两部分，一部分与不考虑 FACTS 作用时的系统优化方程形式相同，另一部分为 FACTS 的附加功率表达式。用公式统一表述为

$$\begin{aligned} f(x,u) &= f_1(x,u_1) + f_2(\Delta S) \\ g(x,u) &= g_1(x,u_1) + g_2(\Delta S) \\ h(x,u) &= h_1(x,u_1) + h_2(\Delta S) \end{aligned} \tag{11-20}$$

式中，u_1 为未考虑 FACTS 时原优化问题中的控制变量；f_1、g_1 和 h_1 为未考虑 FACTS 时原优化问题中的目标函数和约束方程；f_2、g_2 和 h_2 为 FACTS 的附加功率表达式。

11.4.3　含 FACTS 装置的 ATC 计算优化模型

最优潮流作为电力系统运行和分析的一个强有力的工具，吸引了众多研究者的关注，并且取得了一系列的研究成果。最优潮流强调调整，它将控制和常规潮流计算融为一体。最优潮流能够最优配置资源，同时，对约束条件有很强的处理能力，能够考虑各种系统约束，包括潮流方程、输电线路极限、发电容量和节点电压约束等，因此非常适合 ATC 的计算。最优潮流本身在数学上是一类优化问题，其数学模型可描述为在网络参数给定的情况下确定一组最优变量，使系统的某一目标函数取极大值(或极小值)，并满足等式和不等式约束。

在上述计算条件下，某一确定的网络拓扑条件下 ATC 值的求解问题可表示为以下优化问题：

$$\max\ f(x) \tag{11-21}$$

式中，$f(x)$ 是目标函数，可以表示成如下形式[13]。

(1) 极大化区域 i 所有发电节点有功出力累加值：$f_1 = \max(\sum_{k\in S_{Gi}} P_{Gk})$；

(2) 极大化区域 j 所有负荷节点有功消耗累加值：$f_2 = \max(\sum_{l\in S_{Lj}} P_{Ll})$；

(3) 极大化区域 i 所有发电节点有功出力和区域 j 所有负荷节点有功消耗累加值：$f_3 = \max(\sum_{k\in \tilde{A}_{Gi}} P_{Gk} + \sum_{l\in \tilde{A}_{Lj}} P_{Ll})$；

(4) 极大化区域 i 对外所有联络线输出功率累加值：$f_4 = \max(\sum_{ij\in \tilde{A}_{Ti}} P_{ij})$；

(5) 极大化区域 j 对外所有联络线输入功率累加值：$f_5 = \max(\sum_{ij\in \tilde{A}_{Tj}} P_{ij})$；

(6) 极大化区域 i 对外所有联络线输出功率和区域 j 对外所有联络线输入功率累加值：$f_6 = \max(\sum_{ij\in \tilde{A}_{Ti}} P_{ij} - \sum_{ij\in \tilde{A}_{Tj}} P_{ij})$。

满足如下潮流等式约束：

$$
\begin{aligned}
&P_i - U_i\sum_{l=1}^{n}U_l\left(G_{il}\cos\theta_{il} + B_{il}\sin\theta_{il}\right) - P_i^{\mathrm{F}} = 0 \\
&Q_i - U_i\sum_{l=1}^{n}U_l\left(G_{il}\sin\theta_{il} - B_{il}\cos\theta_{il}\right) - Q_i^{\mathrm{F}} = 0 \\
&P_m - U_m\sum_{l=1}^{n}U_l\left(G_{ml}\cos\theta_{ml} + B_{ml}\sin\theta_{ml}\right) - P_m^{\mathrm{F}} = 0 \\
&Q_m - U_m\sum_{l=1}^{n}U_l\left(G_{ml}\sin\theta_{ml} - B_{ml}\cos\theta_{ml}\right) - Q_m^{\mathrm{F}} = 0
\end{aligned}
\tag{11-22}
$$

满足如下不等式约束：

$$
\begin{aligned}
&P_{\mathrm{G}i}^{\min} \leqslant P_{\mathrm{G}i} \leqslant P_{\mathrm{G}i}^{\max}, && i \in S_{\mathrm{G}} \\
&Q_{\mathrm{G}i}^{\min} \leqslant Q_{\mathrm{G}i} \leqslant Q_{\mathrm{G}i}^{\max}, && i \in S_{\mathrm{G}} \\
&P_{\mathrm{Ld}i}^{\min} \leqslant P_{\mathrm{Ld}i} \leqslant P_{\mathrm{Ld}i}^{\max}, && i \in S_{\mathrm{L}} \\
&Q_{\mathrm{Ld}i}^{\min} \leqslant Q_{\mathrm{Ld}i} \leqslant Q_{\mathrm{Ld}i}^{\max}, && i \in S_{\mathrm{L}} \\
&U_i^{\min} \leqslant U_i \leqslant U_i^{\max}, && i \in S_N \\
&k_i^{\min} < k_i < k_i^{\max}, && i = 1,\cdots,nk \\
&P_{ij}^{\min} \leqslant P_{ij} \leqslant P_{ij}^{\max}, && i,j \in S_N
\end{aligned}
\tag{11-23}
$$

上述式中，N 为系统节点个数；S_{G} 为送电侧发电节点集合；S_{L} 为受电侧负荷节点集合；nk 为 FACTS 控制参数的数目；$P_{\mathrm{G}i}^{\max}$、$P_{\mathrm{G}i}^{\min}$ 分别为发电机有功功率上、下限；$Q_{\mathrm{G}i}^{\max}$、$Q_{\mathrm{G}i}^{\min}$ 分别为发电机无功功率上、下限；$P_{\mathrm{L}d}^{\max}$、$P_{\mathrm{L}d}^{\min}$ 分别为负荷有功功率的上、下限；$Q_{\mathrm{L}d}^{\max}$、$Q_{\mathrm{L}d}^{\min}$ 分别为负荷无功功率的上、下限；$U_i^{\max}$、$U_i^{\min}$ 分别为节点电压上、下限；$P_{ij}^{\max}$、$P_{ij}^{\min}$ 分别为线路 ij 所传输的有功功率的上、下限。P_i^{F}、Q_i^{F}、P_m^{F}、Q_m^{F} 为 FACTS 对节点 i、m 注入的有功功率和无功功率；$k_i^{\min}$ 和 $k_i^{\max}$ 分别为 FACTS 控制参数调节范围上、下限。

11.5　含 SVC 和 ULTC 的可用输电能力计算

11.5.1　SVC 和 ULTC 的工作原理与数学模型

静止无功补偿器(static var compensator，SVC)[14,15]将电力电子元件引入传统的静止无功补偿装置，从而实现了补偿的快速和连续平滑调节。理想的 SVC 可以支持所补偿的节点电压接近常数。SVC 的构成形式有多种，但基本原件为晶闸管控制的电抗器(thyristor controlled reactor，TCR)和晶闸管投切的电容器(thyristor switched capacitor，TSC)。图 11-8 为 SVC 的原理示意图。为了降低 SVC 的造价，大多数 SVC 通过降压变压器并入系统。由于阀的控制作用，SVC 将产生谐波电流，因此，为降低 SVC 对系统的谐波污染，SVC 中还应设有滤波器。对基波而言，滤波器呈容性，即向系统注入无功功率[3]。

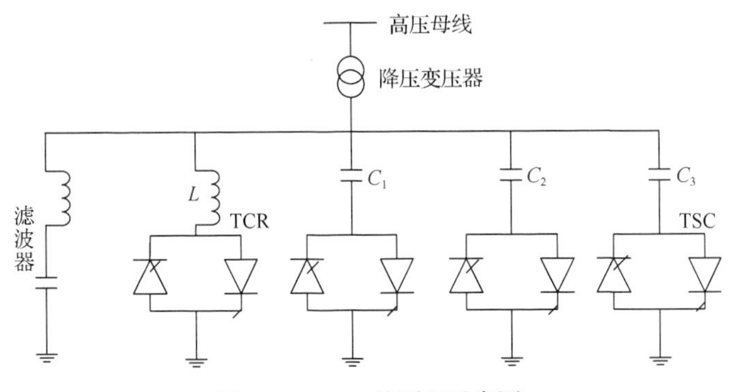

图 11-8　SVC 的原理示意图

TCR 支路由电抗器与两个背靠背连接的晶闸管相串联构成，控制元件为晶闸管，由 TCR 提供连续的电抗电流以动态抵消多余补偿的电容电流。TSC 支路由电容器与两个反向并联的晶闸管相串联构成，TSC 通过对阀的控制使电容器只有两种运行状态：将电容器直接并联在系统中或将电容器退出运行。通过调节 TCR 和 TSC，使整个装置无功输出连续变化，静态和动态地使电压保持在一定范围内，提高系统的稳定性。对系统中平均无功功率或不变动的无功功率部分，采用传统的 FC 进行静态补偿，变动的无功功率部分由 TSC 和 TCR 提供动态补偿。

电压失稳或系统出现分叉是限制区域间功率输送能力的主要约束条件之一。研究 SVC 对系统区域间功率输送能力的影响具有重要意义[16]。SVC 的控制规律是当系统节点电压下降后，SVC 的容性感抗增大，向系统提供无功支持，有利于系统的电压稳定性。应用于电力系统的 SVC，其结构有多种类型。本章所研究的 SVC 是由晶闸管控制的电抗器和可开断电容器组成。图 11-9 描绘了 SVC 的 U-Q 特性。由图可见，SVC 有 3 个工作区域：区域 1(线性控制区域)、区域 2(恒定感性区域)和区域 3(恒定容性区域)。其关系式分别为

$$Q=(U-U_0)/K \tag{11-24}$$

$$Q=Y_LU^2 \tag{11-25}$$

$$Q=Y_CU^2 \tag{11-26}$$

对其进行线性化，则可得到线性化的 SVC 无功电压方程：

$$\Delta Q = \Delta U / K \tag{11-27}$$

$$\Delta Q = 2Y_L U \Delta U \tag{11-28}$$

$$\Delta Q = 2Y_C U \Delta U \tag{11-29}$$

将 ULTC 等值为一理想变压器和一个漏抗相串联的等值电路[16]，如图 11-10 所示。

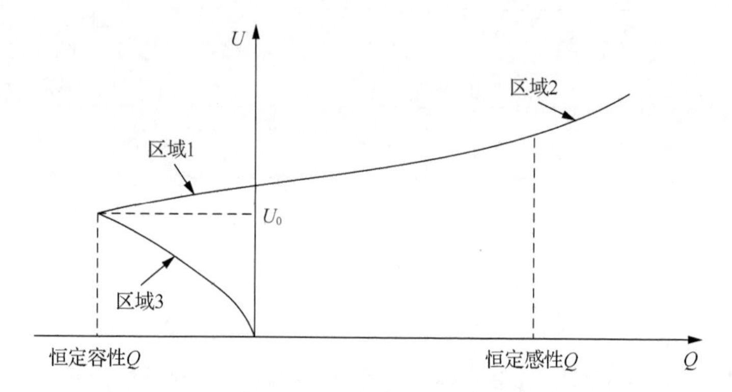

图 11-9　SVC 的静态控制特性

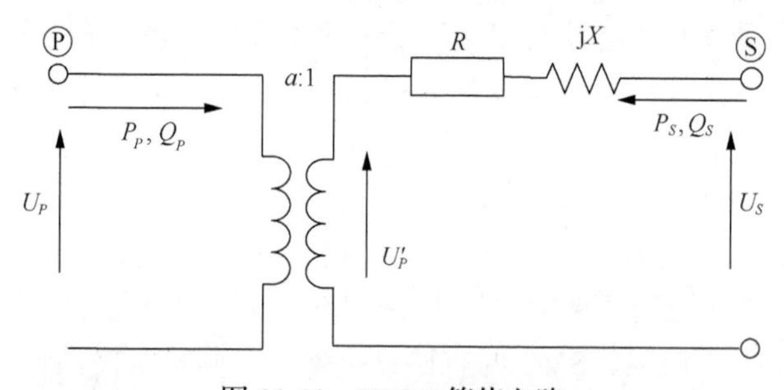

图 11-10　ULTC 等值电路

在形成系统雅可比矩阵的过程中，ULTC 被模拟为相关电压变化的匝数。对于 ULTC，设控制电压的规则为

$$\frac{U_P}{a} = \frac{U_{P0}}{a_0} = \text{常数} \tag{11-30}$$

式中，U_{P0} 和 a_0 分别为某一运行条件下原边电压的幅值和匝数。

由于漏抗的值通常较小，故对 ULTC 二次侧电压 U_S 的控制可近似地用理想变压器的二次侧电压 U_P' 来替代。原边和副边的有功及无功功率表达式为

$$P_P = \frac{\left[U_1^2/a^2 - U_1U_2/a\cos(\theta_1-\theta_2)\right]R + \left[U_1U_2/a\sin(\theta_1-\theta_2)\right]X}{R^2+X^2} \tag{11-31}$$

$$Q_P = \frac{\left[U_1^2/a^2 - U_1U_2/a\cos(\theta_1-\theta_2)\right]X - \left[U_1U_2/a\sin(\theta_1-\theta_2)\right]R}{R^2+X^2} \tag{11-32}$$

$$P_S = \frac{\left[U_2^2 - U_1U_2/a\cos(\theta_2-\theta_1)\right]R + \left[U_1U_2/a\sin(\theta_2-\theta_1)\right]X}{R^2+X^2} \tag{11-33}$$

$$Q_S = \frac{\left[U_2^2 - U_1U_2/a\cos(\theta_2-\theta_1)\right]X - \left[U_1U_2/a\sin(\theta_2-\theta_1)\right]R}{R^2+X^2} \tag{11-34}$$

对式(11-31)进行线性化并考虑式(11-30)的关系，则得到

$$\Delta P_P = K_{11}\Delta U_1 + K_{12}\Delta\theta_1 + K_{13}\Delta U_2 + K_{14}\Delta\theta_2 \tag{11-35}$$

式中，$K_{11}=0$；$K_{12} = \dfrac{\left[U_1U_2/a\sin(\theta_1-\theta_2)\right]R + \left[U_1U_2/a\cos(\theta_1-\theta_2)\right]X}{R^2+X^2}$；

$K_{13} = \dfrac{\left[U_1/a\cos(\theta_1-\theta_2)\right]R + \left[U_1/a\sin(\theta_1-\theta_2)\right]X}{R^2+X^2}$；$K_{14}=-K_{12}$。

同理可得 ΔQ_P、ΔP_S 和 ΔQ_S 的表达式，本节从略。

11.5.2　计及无功限制的发电机模型

在常规系统潮流计算中，求解潮流方程时把发电机用简化模型表示，即 PV 机、PQ 机和平衡机。为计及发电机无功限制的影响，在形成系统雅可比矩阵时，必须采用详细的发电机模型，即应考虑发电机励磁电流限制和电枢电流限制的作用[16]。

当计及无功限制时，发电机运行要受如下两个方程的约束：

$$P_G = U_G I_G \cos\varphi = 常数 \tag{11-36}$$

$$f(U_G, I_G, \varphi) = 0 \tag{11-37}$$

式中，U_G 为发电机端电压幅值；I_G 为发电机端电流幅值；φ 为功率因数角。

式(11-36)表示发电机的有功输出保持不变，而式(11-37)则随每台机运行条件的变化而变化。对二者进行线性化可以得到

$$\Delta P_G = I_G\cos\varphi\Delta U_G + U_G\cos\varphi\Delta I_G - U_G I_G\sin\varphi\Delta\varphi = 0 \tag{11-38}$$

$$\Delta f = A_1\Delta U_G + A_2\Delta I_G - A_3\Delta\varphi = 0 \tag{11-39}$$

发电机的无功功率变化增量为

$$\Delta Q_G = I_G \sin\varphi\Delta U_G + U_G \sin\varphi\Delta I_G + U_G I_G \cos\varphi\Delta\varphi \tag{11-40}$$

如前所述，为形成完整的系统雅可比矩阵，必须把发电机有功功率和无功功率增量表示为机端电压增量的函数关系。从式(11-38)和式(11-40)可得如下线性化的发电机功率与电压的关系：

$$\Delta P_G = 0 \tag{11-41}$$

$$\Delta Q_G = K_G\Delta U_G \tag{11-42}$$

式中，系数 K_G 的值取决于每一台发电机的参数和运行条件，其计算依赖于式(11-39)中的 A_1、A_2 和 A_3 的表达式。

11.5.3 算例分析

以东北三省的实际电力系统为例[17]，计及发电机的无功限制。依据东北电网的实际地理分布情况，考虑了黑龙江省两个典型的功率交换区域——西部地区和该省其他地区间的负荷及发电变化。将系统划分为 3 个区域，令吉林、辽宁两省为 1 区，黑龙江省西部地区为 3 区，其他地区为 2 区。黑龙江省电力系统的负荷中心主要在 2 区，正常情况下由 3 区向 2 区供电。

1. 计及发电机无功极限的输电能力计算

1)不考虑发电机无功极限限制的情况

计算不考虑发电机无功极限限制的情况下的区域间最大输电能力，为便于分析比较，按无故障情况考虑，而约束条件仅考虑了由潮流方程鞍点分叉所导致的电压稳定性约束及其他静态安全性约束条件。

(1)确定输电方案 1。

① 在 2 区中对某些负荷母线逐渐增加负荷，使 2 区中产生一种负荷需求趋势并逐渐增大此需求，增加负荷的母线为：215、22F、296、QITAIZ(七台河变)、SHUZ(舒兰变)、LISHT(黎树变)；

② 发电机的无功极限无限制；

③ 3 区中参与调节的发电机为比例分配模式，以满足 2 区中负荷增加的需要。

(2) 基态下解曲线追踪。

针对已确定的输电方案，给定电压水平及设备负荷约束，采用连续型方法沿负荷增加的方向进行系统解曲线追踪，直至系统中某个安全性约束条件越限或解曲线到达潮流方程鞍型分叉点，确定相应的断面潮流。

(3) 确定区域间最大输电能力。

相对此输电方案，从 3 区允许向 2 区交换的最大有功功率为 1384.16MW。图 11-11 为母线 HEGANGT 和 FENGLET 的 PV 曲线，图 11-12 为系统中发电机 DAQING2G 和 HARE5G 相应于负荷增加的无功剩余。

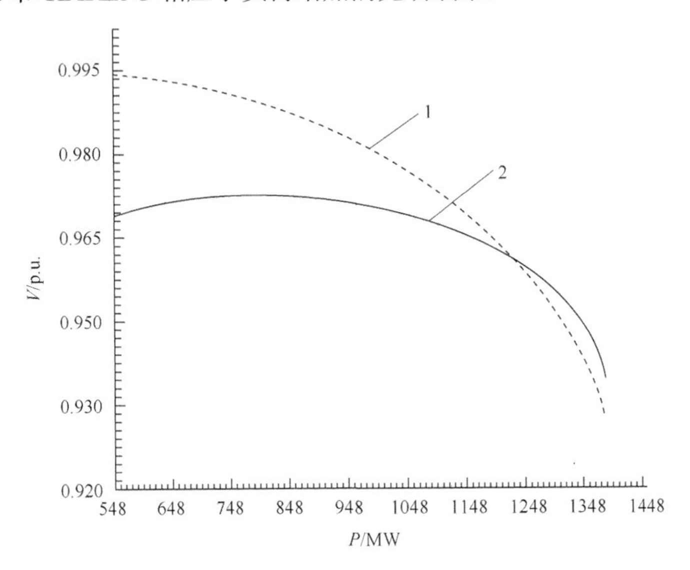

图 11-11　曲线 1 为母线 HEGANGT 的 PV 曲线；
曲线 2 为母线 FENGLET 的 PV 曲线

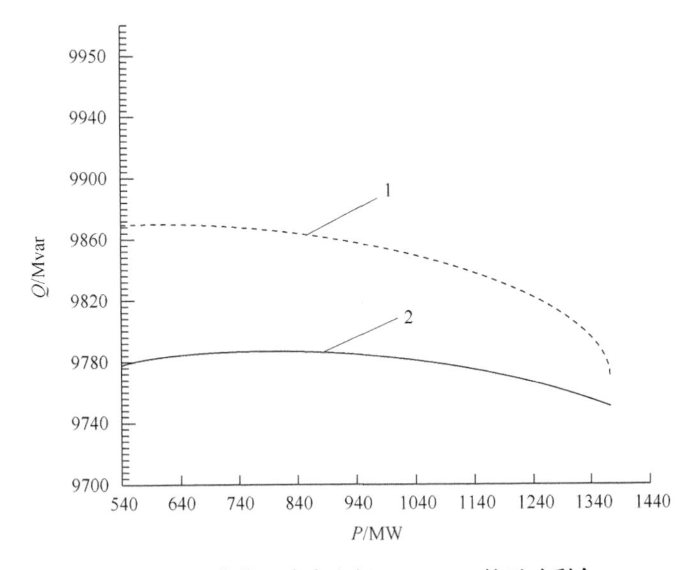

图 11-12　曲线 1 为发电机 HARE5G 的无功剩余
曲线 2 为发电机 DAQING2G 的无功剩余

2)考虑发电机无功极限限制的情况

在此种情况下，确定输电方案 2：

① 发电机无功极限限制为定常值；

② 其余条件同输电方案 1。

计算过程同上，基于此输电方案 2，计算出的从 3 区允许向 2 区交换的最大有功功率为 1350.56MW。图 11-13 为此种情况下母线 HEGANGT 和 FENGLET 的 PV 曲线，图 11-14 为系统中发电机 DAQING2G 和 HARE5G 相应于负荷增加的无功剩余。

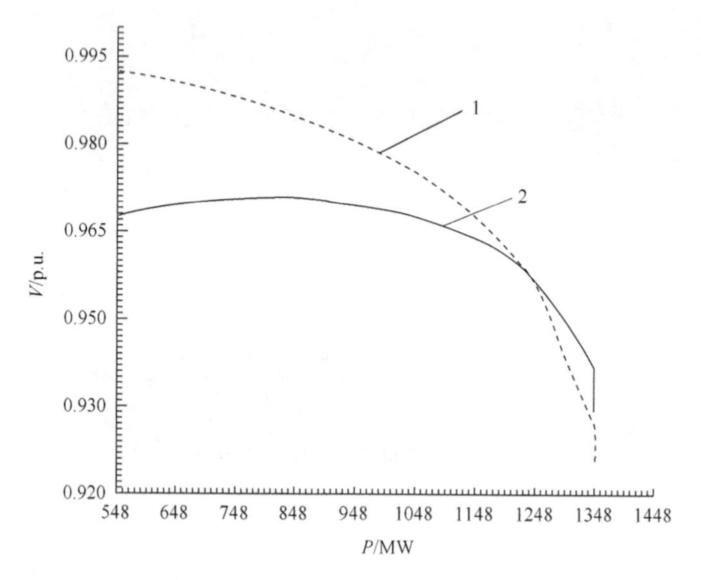

图 11-13　曲线 1 为母线 HEGANGT 的 PV 曲线
曲线 2 为母线 FENGLET 的 PV 曲线

可以看出，考虑发电机无功极限限制与不考虑发电机无功极限限制的情况相比，系统区域间功率输电能力有一定的差别，即当计及发电机无功极限限制时，系统区域间功率输电能力将有所下降。

2. 计及 ULTC 的输电能力计算

1)系统中不考虑 ULTC 动作时的情况

(1)确定输电方案 3。

① 在 2 区中对某些负荷母线逐渐增加负荷，使 2 区中产生一种负荷需求趋势并逐渐增大此需求，增加负荷的母线为：215、22F、296、QITAIZ(七台河变)、SHUZ(舒兰变)、LISHT(黎树变)；

② 计及发电机的无功极限限制；

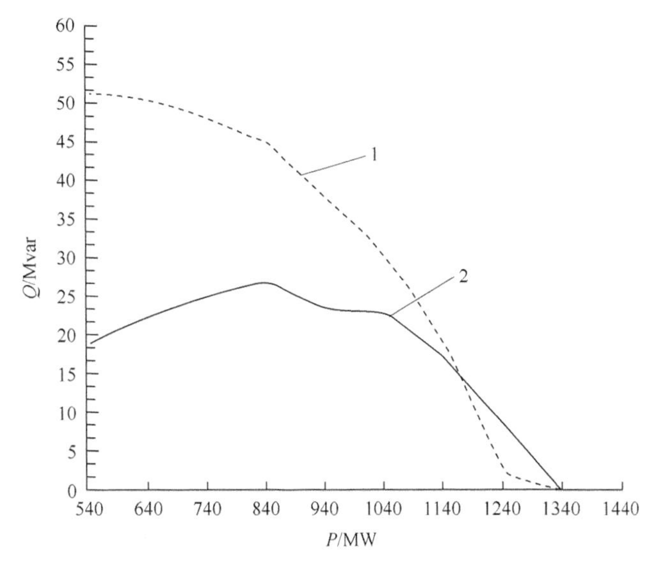

图 11-14　曲线 1 为发电机 HARE5G 的无功剩余
曲线 2 为发电机 DAQING2G 的无功剩余

③ 不考虑 ULTC 动作；

④ 3 区中参与调节的发电机为比例分配模式以满足 2 区中负荷增加的需要。

(2)基态下解曲线追踪。

针对已确定的输电方案，给定电压水平及设备负荷约束，采用连续型方法沿负荷增加的方向进行系统解曲线追踪，直至系统中某个安全性约束条件越限或解曲线到达潮流方程鞍型分叉点，确定相应的断面潮流。

(3)确定不考虑故障时区域间最大输电能力。

不考虑故障的情况，确定的最大负荷 $PTC_0(b)$ (即从 3 区向 2 区输送的最大功率)为 1350.56MW；最大负荷裕度为 1350.56–549=801.56MW。图 11-15 为此时母线 HEGANGT(鹤岗厂母线)和 FENGLET(丰乐变母线)的 PV 曲线。

(4)严重故障选择。

按故障排序算法对支路故障进行排序，最终结果及对应这些故障情况下的最大输电能力如表 11-1 所示。

(5)区域间最大输电能力的确定。

针对已确定的输电方案及所选择的故障集，给定各种约束，采用连续型方法沿节点功率变化条件数增加的方向进行系统解曲线追踪，直至系统中某个安全性约束条件违背或解曲线到达潮流方程鞍型分叉点，确定相应的最大负荷 $PTC_i(b)$。计算结果如表 11-1 所示。

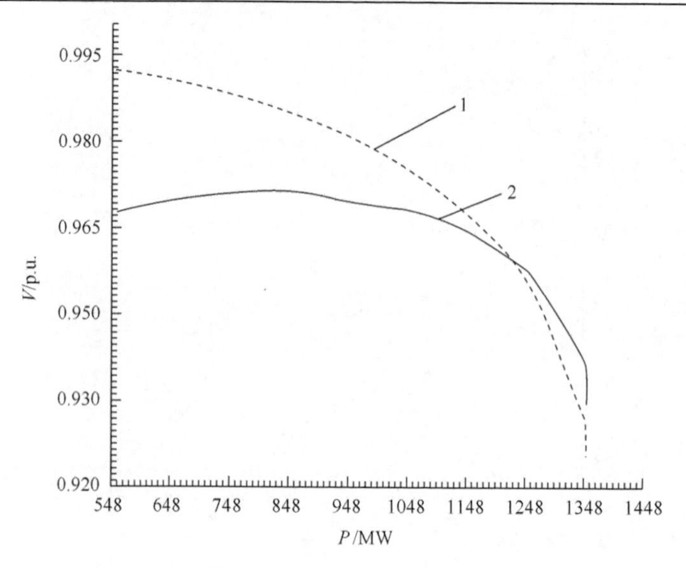

图 11-15　曲线 1 为母线 HEGANGT 的 PV 曲线
曲线 2 为母线 FENGLET 的 PV 曲线

表 11-1　最终的支路故障排序结果及对应这些故障情况下的最大输电能力

故障线路(排序)始端—末端	最大输电能力/MW
(1) 461—431	777.12
(2) 431—432	949.78
(3) 432—318	960.43
(4) 430—466	1024.00
(5) 318—436	1191.53
(6) 192—198	1216.48
(7) 469—461	1293.92

从表 11-1 可以看出，相对已给的输电方案及故障集，最严重支路故障(排在第一位的 461—431 线路故障)对应的最大负荷 $\mathrm{PTC}_i(b)$ =777.12MW，所以 777.12MW 就为此支路故障所确定的最大输电能力，即区域 2 和区域 3 间最大输电能力为 $P_{\max}(b)=\min\limits_{i\in(0,1,\cdots,n)}\mathrm{PTC}_i(b)=777.12\mathrm{MW}$。

2)考虑母线 340—母线 432、母线 358—母线 355 的 ULTC 动作时的情况

(1)确定输电方案 4。

① 考虑母线 340—母线 432、母线 358—母线 355 的 ULTC 动作；

② 其余条件同输电方案 3。

(2)确定不考虑故障时区域间最大输电能力。

针对已确定的输电方案，给定电压水平及设备负荷约束，采用连续型方法沿

负荷增加的方向进行系统 PV 曲线追踪，直至系统中某个安全性约束条件越限或PV 曲线到达潮流方程鞍型分叉点，确定相应的最大负荷。在先不考虑故障的情况下，确定的最大负荷 $PTC_0(b)$ (即从3区向2区输送的最大功率)为 1355.45MW；最大负荷裕度为 1350.56–549=801.56MW。图 11-16 为此时母线 HEGANGT(鹤岗厂母线)和 FENGLET(丰乐变母线)的 PV 曲线。

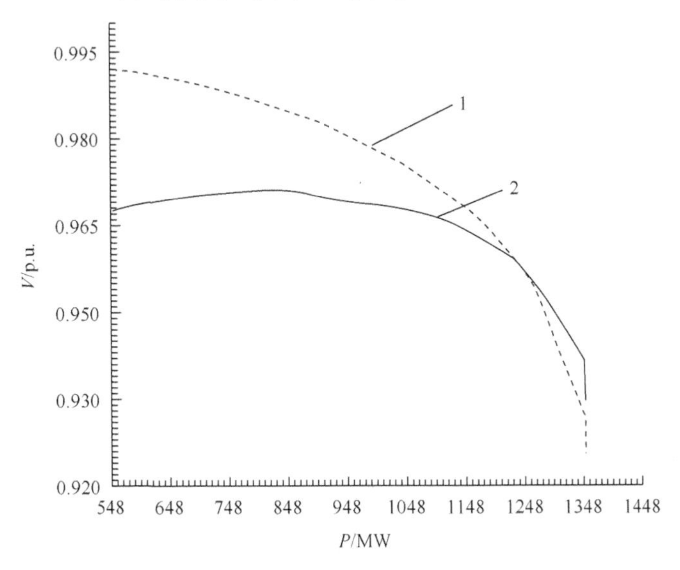

图 11-16 曲线1为母线 HEGANGT 的 PV 曲线
曲线2为母线 FENGLET 的 PV 曲线

(3)严重故障选择。

最终结果及对应这些故障情况下的最大输电能力如表 11-2 所示。

表 11-2 最终的支路故障排序结果及对应这些故障情况下的最大输电能力

故障线路(排序)始端—末端	最大输电能力/MW
(1)461—431	777.12
(2)431—432	949.78
(3)432—318	960.43
(4)430—466	1024.00
(5)318—436	1191.87
(6)192—198	1239.53
(7)469—461	1293.92

(4)区域间最大输电能力的确定。

从表 11-2 可以看出，针对已确定的输电方案及所选择的故障集，最严重支路故障(排在第一位的 461—431 线路故障)对应的最大负荷 $PTC_i(b)$=777.12MW，所以 777.12MW 就为此支路故障所确定的最大输电能力，即区域 2 和区域 3 间最大输电能力为 $P_{\max}(b)=\min\limits_{i\in(0,1,\cdots,n)} \mathrm{PTC}_i(b)=777.12\mathrm{MW}$。

3)考虑在 10 条支路上加装 10 个 ULTC 动作时的情况

(1)确定输电方案 5。

① 考虑 10 条支路上加装 10 个 ULTC 动作，所加线路如表 11-3 所示；

② 其余条件同输电方案 3。

表 11-3　ULTC 所在线路

线路始端母线		线路末端母线		控制母线
母线号	母线名	母线号	母线名	母线号
432	SHUANGT	340	SHU0	340
358	JIXIT	355	JIXI0	358
353	HAXIT	205	213	353
353	HAXIT	205	213	353
431	SHUANGP	463	SHUANG2G	431
431	SHUANGP	462	SHUANG1G	431
461	QITAIHET	394	QITAI0	461
357	JIXIP	257	294	357
469	XINHUAT	369	XIHU0	469
424	JIAXINP	275	31C	424

(2)确定不考虑故障时区域间最大输电能力。

针对已确定的输电方案，给定电压水平及设备负荷约束，在先不考虑故障的情况下，确定的最大负荷 $\mathrm{PTC}_0(b)$（即从 3 区向 2 区输送的最大功率）为 1353.10MW；最大负荷裕度为 1353.10–549=804.10MW。

(3)严重故障选择。

最终结果及对应这些故障情况下的最大输电能力如表 11-4 所示。

表 11-4　最终的支路故障排序结果及对应这些故障情况下的最大输电能力

故障线路(排序)始端—末端	最大输电能力/MW
(1) 461—431	-
(2) 430—466	-
(3) 431—432	708.18
(4) 318—436	1181.03
(5) 192—198	1218.53
(6) 469—461	1239.53
(7) 432—318	1353.69

注：“-”表示潮流无解。

(4) 区域间最大输电量的确定。

从表 11-4 可以看出，针对已确定的输电方案及所选择的故障集，最严重支路故障为 431—432 线路故障，对应的最大负荷 $PTC_i(b)$=708.18MW，即区域 2 和区域 3 间最大输电能力为 708.18MW。

3. 计及 SVC 的输电能力计算

(1) 确定输电方案 6。

① 在母线 340、341、355、356、358、359、369、370、384、394、395、469 上装 12 个 SVC，计及发电机无功极限的限制；

② 其余条件同输电方案 3。

(2) 确定不考虑故障时区域间最大输电能力。

针对已确定的输电方案，给定电压水平及设备负荷约束，在先不考虑故障的情况下，确定的最大负荷 $PTC_0(b)$（即从 3 区向 2 区输送的最大功率）为 1370.29MW；最大负荷裕度为 1370.29–549=821.29MW。

(3) 严重故障选择。

最终结果及对应这些故障情况下的最大输电能力如表 11-5 所示。

表 11-5 最终的支路故障排序结果及对应这些故障情况下的最大输电能力

故障线路 (排序) 始端—末端	最大输电能力/MW
(1) 430—466	763.65
(2) 461—431	1024.49
(3) 431—432	1032.59
(4) 469—461	1118.14
(5) 192—198	1239.92
(6) 432—318	1272.93
(7) 318—436	1363.84

(4) 区域间最大输电量的确定。

从表 11-5 可以看出，针对已确定的输电方案及所选择的故障集，最严重支路故障为 430—466 线路故障，对应的最大负荷 $PTC_i(b)$=763.65MW，即区域 2 和区域 3 间最大输电能力为 763.65MW。

4. 同时计及发电机无功极限、ULTC 和 SVC 的输电能力计算

在母线 205、207、257、258 上装 4 个 SVC，考虑线路 340—432 和 358—355 两台 ULTC 上的动作。

(1)确定输电方案 7。

① 在母线 205、207、257、258 上装 4 个 SVC，考虑线路 340—432 和 358—355 两台 SVC 上的动作，计及发电机无功极限的限制；

② 其余条件同输电方案 3。

(2)确定不考虑故障时区域间最大输电能力。

针对已确定的输电方案，给定电压水平及设备负荷约束，在先不考虑故障的情况下，确定的最大负荷 $PTC_0(b)$ (即从 3 区向 2 区输送的最大功率) 为 1405.25MW；最大负荷裕度为 1405.25–549=856.25MW。

(3)严重故障选择。

最终结果及对应这些故障情况下的最大输电能力如表 11-6 所示。

表 11-6　最终的支路故障排序结果及对应这些故障情况下的最大输电能力

故障线路(排序)始端—末端	最大输电能力/MW
(1) 461—431	817.75
(2) 430—466	864.72
(3) 431—432	1068.53
(4) 318—436	1186.70
(5) 432—318	1246.66
(6) 192—198	1270.88
(7) 469—461	1349.00

(4)区域间最大输电能力的确定。

从表 11-6 可以看出，针对已确定的输电方案及所选择的故障集，最严重支路故障为 461—431 线路故障，对应的最大负荷 $PTC_i(b)$=817.75MW，即区域 2 和区域 3 间最大输电能力为 817.75MW。

在 12 个母线上装 12 个 SVC，考虑 10 台 SVC 上的动作。

(1)确定输电方案 8。

① 在 2 区的母线 340、341、355、356、358、359、369、370、384、394、395、469 上装 12 个 SVC，考虑 10 台 SVC 上的动作；

② 其余条件同输电方案 3。

(2)确定不考虑故障时区域间最大输电能力。

针对已确定的输电方案，给定电压水平及设备负荷约束，在先不考虑故障的情况下，确定的最大负荷 $PTC_0(b)$ (即从 3 区向 2 区输送的最大功率) 为 1250.86MW；最大负荷裕度为 1250.86–549=701.86MW。

(3)严重故障选择。

最终结果及对应这些故障情况下的最大输电能力如表 11-7 所示。

表 11-7　最终的支路故障排序结果及对应这些故障情况下的最大输电能力

故障线路(排序)始端—末端	最大输电能力/MW
(1) 469—461	-
(2) 430—466	931.81
(3) 431—432	969.02
(4) 461—431	1003.69
(5) 318—436	1127.32
(6) 192—198	1211.50
(7) 432—318	1374.00

注："-"表示潮流无解。

(4)区域间最大输电能力的确定。

从表 11-7 可以看出，针对已确定的输电方案及所选择的故障集，最严重支路故障为 430—466 线路故障，对应的最大负荷 $PTC_i(b)$=931.81MW，即区域 2 和区域 3 间最大输电能力为 931.81MW。

11.6　含 UPFC、GUPFC 和 IPFC 的可用输电能力计算

11.6.1　UPFC、GUPFC 和 IPFC 的工作原理与数学模型

UPFC 由两个结构相似的换流器组成，由于采用了可关断可控硅控制，使得换流器 1 和换流器 2 的输出电压可单独控制。换流器 1 和换流器 2 通过直流连接电容相连，其结构如图 11-17 所示。每一个换流器在交流输出端都能够独立吸收或供给无功功率。换流器 2 直接与串联变压器相连，并通过该变压器向线路注入电压，该电压的大小、相位都可以进行控制，其作用实际上相当于一个交流电压

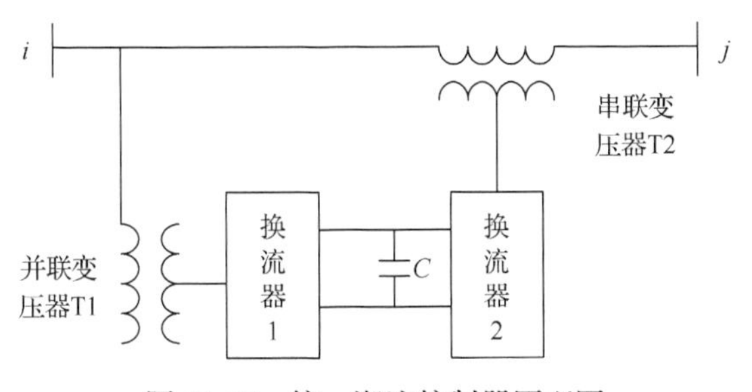

图 11-17　统一潮流控制器原理图

源。该电压源可以向线路注入有功功率和无功功率。其有功功率必须由另一换流器通过直流耦合得到，而无功功率由 UPFC 自身产生[18]。

换流器 1 通过耦合变压器并联于交流系统中，它的主要功能是向换流器 2 提供所需的有功功率，而这部分有功功率由交流系统通过耦合变压器提供。除此之外，换流器 1 的交流侧还可以产生或吸收无功功率，通过适当的控制也可以起独立的静止无功补偿作用，对 UPFC 的输入端电压进行控制。

通常，UPFC 可表示为一个串联电压源和一个并联电流源的组合，假设在线路 ij 的节点 i 侧加入 UPFC 装置，其等效电路模型如图 11-18 所示。UPFC 对输电线路潮流的调节作用主要通过串联电压源的调节实现。该串联电压源的幅值相位均可调，由此控制输电线路上通过的有功功率和无功功率。电流源保证 UPFC 装置与系统总的有功交换量为零。为便于研究，本节不计 UPFC 本身损耗的影响。

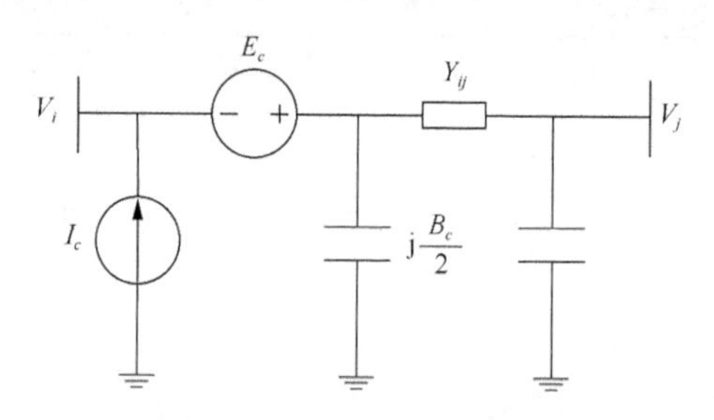

图 11-18　UPFC 等效电路模型

UPFC 既不会产生有功功率，也不会吸收有功功率。同时，UPFC 的两个可控电源具有独立控制无功功率的功能。可控电源常用以下调节方式：E_c 的大小在一定范围内可连续变化，其相位在 $0 \sim 2\pi$ 范围内可调，从而能有效地使受控线路潮流发生变化，同时，I_c 的有功分量由 UPFC 的内部有功交换情况决定，而无功分量则用以调节受控母线的电压[19]。

随着 FACTS 技术的发展，两种新型的源于 UPFC 但比 UPFC 功能更强的 FACTS 装置，广义统一潮流控制器[20]（generalized unified power flow controller，GUPFC）和线间潮流控制器（interline power flow controller，IPFC）被提出。GUPFC 不仅可以控制节点电压，而且可同时控制多条线路或系统中某一子网络的潮流，但如果要控制不同线路之间的潮流，通常采用 IPFC[21,22]。

GUPFC 不仅可以控制节点电压，而且可以同时控制多条线路或系统中某一子网络的潮流，与 UPFC 只能控制单条线路的潮流相比，GUPFC 显示出更强大的控制能力。最简单的 GUPFC 含有 3 个换流器，1 个与节点并联，其他 2 个与输电线路串联，可以控制并联节点电压和 2 条输电线路的有功功率和无功功率。通常，GUPFC 串联部分既可以吸收、发出无功功率，也可以吸收、发出有功功率，而并联部分可以为串联部分的有功功率提供通道。其工作原理如图 11-19 所示，在实际应用中，GUPFC 可根据需要含有多个换流器，以实现对多条线路的潮流控制[19]。

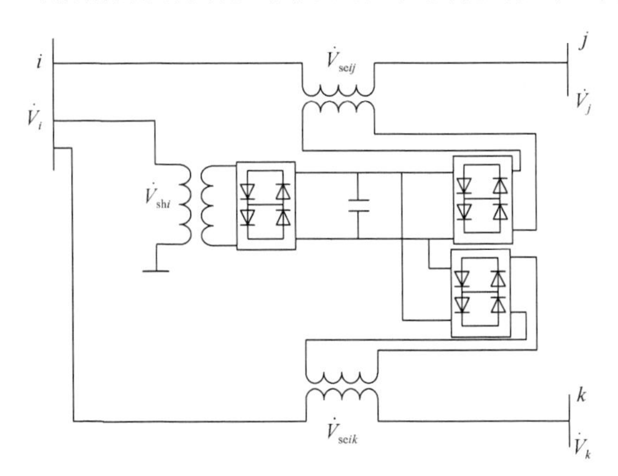

图 11-19　具有 3 个换流器的 GUPFC 工作原理图

通常，最简单的 GUPFC 可以等效为一个并联可控电压源和两个串联可控电压源的组合，其中，串联部分实现 GUPFC 的主要功能，即控制补偿电压幅值与相角的大小，相当于可控的同步电压源；并联部分提供或吸收有功功率，为串联部分提供能量支持以及进行无功补偿。假设GUPFC装置装设于节点i处和线路ij、线路ik上时，其等效电路如图 11-20 所示。

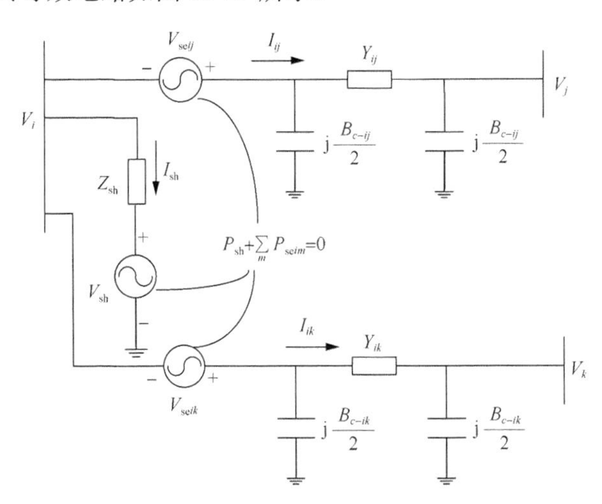

图 11-20　GUPFC 等效电路图

IPFC 装置实际上是将串联在各输电线上的 SSSC 装置的直流侧连接起来，然后进行统一的控制[23,24]。由于各变换器的直流侧并联接在一起，因此，各变换器之间可以进行功率交换，从而实现所连接线路间的有功功率交换。由于各变换器的无功功率本来是可以控制的，所以 IPFC 装置实现了所连接线路之间的潮流交换。没有安装 IPFC 装置时，各线路的潮流流向及大小是由线路参数及两端电压的大小和相位决定的，因此线路潮流难以控制。安装了 IPFC 装置后，线路间的潮流，特别是线路输送的有功功率可以由 IPFC 装置进行灵活的调节，可以实现线路间潮流的合理分配。IPFC 的原理如图 11-21 所示[3,21,22]。

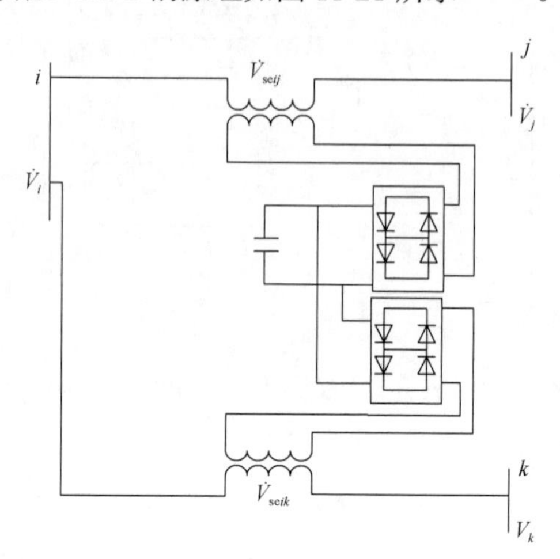

图 11-21　具有 2 个换流器的 IPFC 工作原理图

最简单的 IPFC 装置可以等效成两个可控的电压源，假设在节点 i 处装设 IPFC 装置，等效电路图如图 11-22 所示。

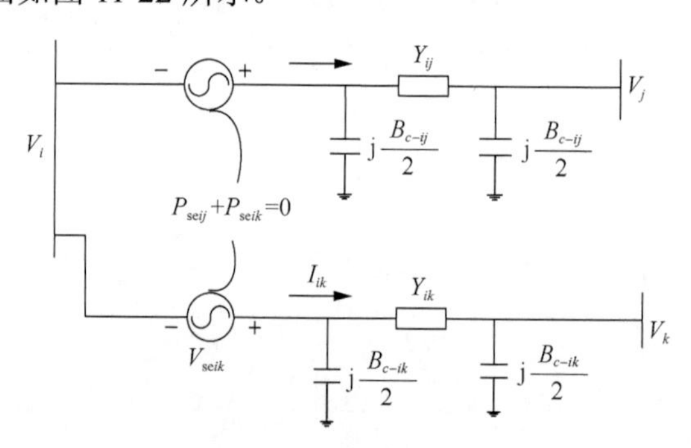

图 11-22　IPFC 等效电路图

目前已提出多种 FACTS 元件的稳态模型，如节点等效注入功率模型、阻抗模型及通用的电压源模型等。为建立适合最优潮流计算的 FACTS 元件模型，本书采用节点等效功率注入模型。所谓节点等效功率注入模型，是指把 FACTS 对系统的调节作用等效为对节点的注入功率。此模型可以很好地与优化算法相结合[25]。

FACTS 元件可快速、灵活地对系统网络结构参数进行调节，但通常会增加节点导纳阵的维数，且会在该矩阵中产生可变量，不利于潮流计算。功率注入法可以较好地解决这个问题。功率注入法将对潮流的控制作用转移到所在线路两侧的节点上，相当于一种网络变换，这样就可在不修改原有节点导纳阵的情况下嵌入模型。通过该模型，FACTS 的潮流控制问题可以使用优化来解决，并可以充分考虑系统中及 FACTS 本身存在的约束条件。图 11-23 为 FACTS 的节点注入功率模型[19]。

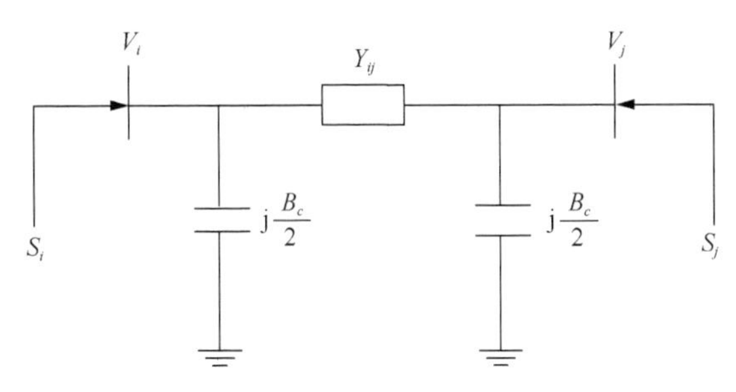

图 11-23　FACTS 装置的等效注入功率模型

根据功率注入法，依据图 11-18 和图 11-23 得 UPFC 功率等效注入模型可表示为

$$S_i^U = \dot{V}_i \dot{I}_c^* - \dot{V}_i \left[\dot{E}_c \left(Y_{ij} + \mathrm{j} B_c/2 \right) \right]^* \tag{11-43}$$

$$S_j^U = \dot{V}_j \left[\dot{E}_c Y_{ij} \right]^* \tag{11-44}$$

由此得

$$\begin{aligned}
P_i^U &= V_i I_c \cos(\theta_i - \theta_{I_c}) - V_i E_c \left[G_{ij} \cos(\theta_i - \theta_{E_c}) + (B_{ij} + B_c/2) \sin(\theta_i - \theta_{E_c}) \right] \\
Q_i^U &= V_i I_c \sin(\theta_i - \theta_{I_c}) - V_i E_c \left[G_{ij} \sin(\theta_i - \theta_{E_c}) - (B_{ij} + B_c/2) \cos(\theta_i - \theta_{E_c}) \right] \\
P_j^U &= V_j E_c \left[G_{ij} \cos(\theta_j - \theta_{E_c}) + B_{ij} \sin(\theta_j - \theta_{E_c}) \right] \\
Q_j^U &= V_j E_c \left[G_{ij} \sin(\theta_j - \theta_{E_c}) - B_{ij} \cos(\theta_j - \theta_{E_c}) \right]
\end{aligned} \tag{11-45}$$

式中，S_i^U、S_j^U 分别为 UPFC 对节点 i 和节点 j 注入的视在功率；P_i^U、Q_i^U 分别为 UPFC 对节点 i 注入的有功功率和无功功率；P_j^U、Q_j^U 分别为 UPFC 对节点 j 注入的有功功率和无功功率；E_c、θ_{E_c} 分别为 UPFC 串联电压源的幅值和相角；I_c、θ_{I_c} 分别为 UPFC 并联电流源的幅值和相角；V_i、V_j 分别为节点 i 和节点 j 的电压幅值；θ_i、θ_j 分别为节点 i 和节点 j 的电压相角；G_{ij}、B_{ij} 为节点导纳矩阵中的相应元素。

同理可得到 GUPFC 和 IPFC 的等效功率注入模型[20-22]。

UPFC 装置本身的有功平衡应满足：串联电压源向系统注入的有功功率等于并联电流源从系统吸收的有功功率，其方程表述为

$$P_{I_c} + P_{E_c} = 0 \tag{11-46}$$

式中，P_{I_c} 为并联电流源从系统吸收的有功功率；P_{E_c} 为串联电压源向系统注入的有功功率，且

$$P_{I_c} = V_i I_c \cos(\theta_i - \theta_{I_c}) \tag{11-47}$$

$$P_{E_c} = \mathrm{Re}(\dot{E}_c \dot{I}_i^*) \tag{11-48}$$

又

$$\dot{I}_i = (\dot{V}_i + \dot{E}_c)(G_{ij} + \mathrm{j}B_{ij} + \mathrm{j}B_c/2) - \dot{V}_j(G_{ij} + \mathrm{j}B_{ij})$$

$$\dot{E}_c = E_c(\cos\theta_{E_c} + \mathrm{j}\sin\theta_{E_c})$$

$$\dot{V}_i = V_i(\cos\theta_i + \mathrm{j}\sin\theta_i)$$

$$\dot{V}_j = V_j(\cos\theta_j + \mathrm{j}\sin\theta_j)$$

所以，

$$\begin{aligned} P_{E_c} = {} & G_{ij}E_c^2 + V_i E_c G_{ij}\cos(\theta_{E_c} - \theta_i) + V_i E_c (B_{ij} + B_c/2)\sin(\theta_{E_c} - \theta_i) \\ & - V_j E_c\left[G_{ij}\cos(\theta_{E_c} - \theta_j) + B_{ij}\sin(\theta_{E_c} - \theta_j)\right] \end{aligned} \tag{11-49}$$

式(11-45)整理为

$$\begin{aligned} & V_i I_c \cos(\theta_i - \theta_{I_c}) + V_i E_c G_{ij}\cos(\theta_{E_c} - \theta_i) + V_i E_c (B_{ij} + B_c/2)\sin(\theta_{E_c} - \theta_i) \\ & \quad + G_{ij}E_c^2 - V_j E_c\left[G_{ij}\cos(\theta_{E_c} - \theta_j) + B_{ij}\sin(\theta_{E_c} - \theta_j)\right] = 0 \end{aligned} \tag{11-50}$$

同理可以得到GUPFC和IPFC的内部功率平衡约束，如式(11-51)和式(11-52)所示：

$$P_{\mathrm{sh}} + \sum_m P_{\mathrm{se}im} = \mathrm{Re}\left(\dot{V}_{\mathrm{sh}} I_{\mathrm{sh}}^*\right) + \sum_m \mathrm{Re}\left(\dot{V}_{\mathrm{se}im} I_{im}^*\right) = 0, \qquad m = j, k \cdots \tag{11-51}$$

$$\sum_m P_{\mathrm{se}im} = 0, \qquad m = j, k, \cdots \tag{11-52}$$

在进行计及 GUPFC 和 IPFC 的可用输电能力计算中，本节又增加了两种装置的目标控制约束，如式(11-53)和式(11-54)所示：

$$\begin{aligned} & P_{mi} - P_{mi}^{\text{def}} = \Delta P_{mi} \\ & Q_{mi} - Q_{mi}^{\text{def}} = \Delta Q_{mi} \\ & V_i - V_i^{\text{def}} = \Delta V_i \end{aligned} \tag{11-53}$$

$$\begin{aligned} & P_{mi} - P_{mi}^{\text{def}} = \Delta P_{mi} \\ & Q_{mi} - Q_{mi}^{\text{def}} = \Delta Q_{mi} \end{aligned} \tag{11-54}$$

经过以上分析，UPFC、GUPFC 和 IPFC 在可用输电能力计算中的作用等效为节点注入功率模型。由上述公式可看出，UPFC、GUPFC 和 IPFC 等效注入功率及自身的有功平衡方程仅与它们的控制参数、装设线路的两侧节点的状态变量及该线路的参数有关。

11.6.2　计及 UPFC、GUPFC 和 IPFC 的 ATC 计算模型[26]

1) 目标函数

ATC 计算目标函数为区域 A 到区域 B 的所有联络线上的有功功率与基态输电能力之差：

$$\max\ f(x) = \sum_{i\in \text{A}, j\in \text{B,C}} P_{ij}(x) - \sum_{i\in \text{A}, j\in \text{B,C}} P_{ij} \tag{11-55}$$

式中，$\sum P_{ij}$ 为区域 A 到区域 B 和区域 C 所有联络线上的基态潮流；$\sum P_{ij}(x)$ 为区域 A 到区域 B 和区域 C 所有联络线上的现有有功功率。假设由节点 i 流向节点 j 的功率为 P_{ij}，则

$$\begin{aligned} P_{ij} &= \text{Re}\left[\dot{V}_i \dot{I}_{ij}^*\right] = \text{Re}\left[\left(V_i\cos\theta_i + \text{j}V_i\sin\theta_i\right)\left(\frac{\dot{V}_i - \dot{V}_j}{R+\text{j}X}\right)^*\right] \\ &= \text{Re}\left[\left(V_i\cos\theta_i + \text{j}V_i\sin\theta_i\right)\left(\frac{V_i\cos\theta_i + \text{j}V_i\sin\theta_i - V_j\cos\theta_j - \text{j}V_j\sin\theta_j}{R+\text{j}X}\right)^*\right] \\ &= \frac{R}{R^2+X^2}V_i^2 - \frac{R}{R^2+X^2}V_iV_j\cos\theta_{ij} + \frac{X}{R^2+X^2}V_iV_j\sin\theta_{ij} \\ &= -G_{ij}V_i^2 + V_iV_jG_{ij}\cos\theta_{ij} + V_iV_jB_{ij}\sin\theta_{ij} \end{aligned} \tag{11-56}$$

式中，$G_{ij}+\mathrm{j}B_{ij}$ 为节点导纳阵中的相应元素；$R_{ij}+\mathrm{j}X_{ij}$ 为线路的阻抗；$\dot{I}_{ij}$，$\dot{I}_{ij}^{*}$ 为线路电流及其共轭向量；$\dot{V}_i$ 和 $\dot{V}_j$ 分别为节点 i 和节点 j 的电压向量；V_i 和 θ_i 分别为节点 i 的电压幅值和相角；V_j 和 θ_j 分别为节点 j 的电压幅值和相角。

2)等式约束

当线路装设 FACTS 时，含有 FACTS 线路的潮流方程发生变化，和原有潮流方程相比，增加了 FACTS 的附加功率，在最优潮流的计算过程中需计入相应附加功率的影响，假设在线路 ij 的节点 i 侧加入 FACTS，等式约束如 11.4.5 节所述。

等式约束中还应考虑 FACTS 装置本身的有功功率平衡，即串联电压源向系统注入的有功功率等于并联电流源从系统吸收的有功功率。但是在计及 GUPFC 和 IPFC 的可用输电能力计算时，又增加了二者的目标控制约束。

3)不等式约束

除了考虑发电容量约束、负荷容量约束、节点电压约束及线路热极限约束等静态安全性约束外，还应考虑 FACTS 控制变量约束，这里指 FACTS 的串联电压源及并联电流源幅值和相角的限制。

11.6.3 算例分析

1. UPFC 对输电能力的影响分析

为了说明 UPFC 对 ATC 的影响，采用 IEEE-30 节点系统为例进行仿真计算。分别考虑含有及不含有统一潮流控制器两种情况，计算区域 1 到区域 2 的可用输电能力。假设线路 4-6、27-29 的节点 4 及节点 27 处分别装设 UPFC 装置。UPFC 可控电流源及电压源的幅值和相角均可在一定范围内调节。其中，幅值的调节要受到 UPFC 容量等因素的限制，而相角可在 0～2π 之间任意变化。本节中 UPFC 控制变量上、下限分别取

$$\begin{aligned}&0\leqslant E_c\leqslant 0.2\\&0\leqslant \theta_{E_c}\leqslant 2\pi\\&0\leqslant I_c\leqslant 1\\&0\leqslant \theta_{I_c}\leqslant 2\pi\end{aligned}\tag{11-57}$$

在应用逐步二次规划法求解非线性规划问题时，迭代初始值的选取会影响到算法的收敛性。本节中由于 UPFC 元件的引入，增加了模型的非线性，表现在计算中，会出现由于该原因引起的迭代振荡。特别是 UPFC 元件控制变量初值的选取更会对算法的收敛性产生较大的影响。经过大量计算实践，本节选取如下初值，能够使计算有较好的收敛性：变量 x 取原始基态潮流值，UPFC 控制变量取

$E_c = 0.1$，$\theta_{E_c} = 60°$，$I_c = 0.4$，$\theta_{I_c} = 85°$，且两台 UPFC 取相同初值。Hessian 矩阵初始化为单位矩阵。在每次迭代中对其进行修正，可保证 Hessian 矩阵的正定性。逐步二次规划法的求解过程通过图 11-24 可以体现。

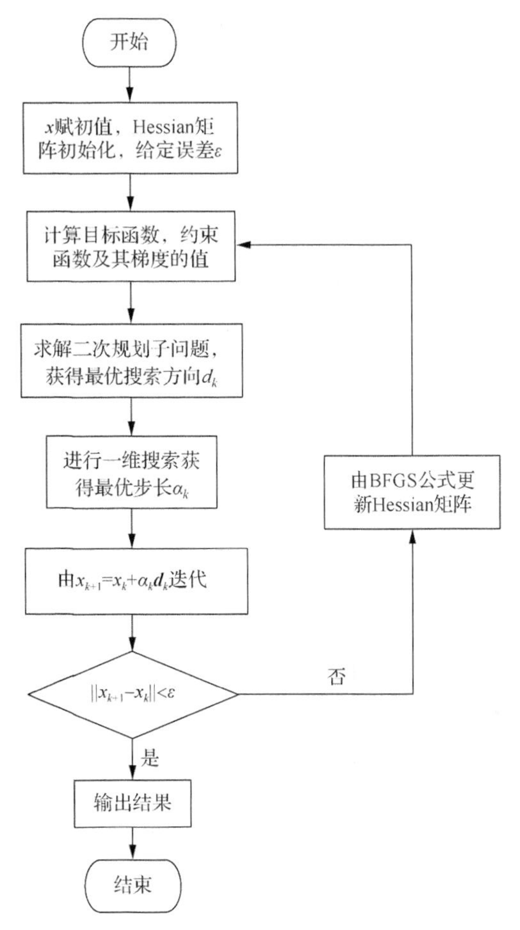

图 11-24 逐步二次规划法计算 ATC 的计算框图

计算结果分析：未装设 UPFC 装置时，计算得区域 1 到区域 2 的可用输电能力为 12.72MW。在线路 4-6、27-29 装设 UPFC 后，ATC 计算模型中新增 8 个 UPFC 控制变量，8 个不等式约束，等式约束个数由 60 增加为 62，并且在节点 4、6、27、29 的潮流方程中计及 UPFC 的附加注入功率。注意到附加功率部分只与 UPFC 支路参数和相连节点变量以及控制参数本身有关，因此，由于引入 UPFC 控制参数和附加功率所引起的对雅可比矩阵的修改和计算量都很小。计算得区域 1 到区域 2 的可用输电能力为 18.37MW。最优解处 UPFC 控制变量取值如表 11-8 所示。

表 11-8 UPFC 控制变量最优解

控制变量	E_c	θ_{E_c}	I_c	θ_{I_c}
$UPFC_{4\text{-}6}$	0.115	77.31°	0.158	165.27°
$UPFC_{27\text{-}29}$	0.082	51.28°	0.354	59.16°

计算结果表明：在线路中加入 UPFC 后，区域 1 到区域 2 的可用输电能力增加了 5.65MW。联络线 4-12 虽未装设 UPFC 装置，但通过线路 4-6、27-29 上 UPFC 的优化控制，其输电能力可在较大范围内提高，同时，节点电压和支路电流均保证在允许范围内。

2. GUPFC 和 IPFC 对输电能力的影响

同样对 IEEE-30 节点系统进行了可用输电能力的计算。在该系统中考虑含有 FACTS 装置及不含有 FACTS 装置两种情况，分别计算区域间的可用输电能力。在优化算法上采用第 10 章所介绍的跟踪中心轨迹内点法。对于数据的准备做了详细的说明，并针对该算例对影响算法收敛性的因素进行分析。

因为 GUPFC 和 IPFC 装置必须是两条线路有共同的节点，根据这一特点，设在线路 12-4、12-15、6-8、6-10 分别装设 2 个 GUPFC，在线路 4-6、7-6、20-10、22-10 装设 2 个 IPFC，分别计算考虑两种装置的可用输电能力。

选取变量为：节点电压的幅值和相角、发电机有功功率及无功功率、负荷有功功率及无功功率、GUPFC 和 IPFC 装置控制变量(包括串联电压源及并联电流源的幅值和相角)。需要的初始数据包括：网络参数、变压器数据、节点电压上下限、发电机有功功率及无功功率上下限、负荷有功功率及无功功率上下限、GUPFC 和 IPFC 装置控制变量的上下限。

在利用非线性跟踪中心轨迹内点法求解计及 FACTS 装置的可用输电能力计算模型的过程中，初始值的选取对算法的收敛速度有很大的影响。其中 GUPFC 和 IPFC 的串联和并联电压源的幅值和相角的选取对算法的收敛速度也非常重要。由于 GUPFC 和 IPFC 装设在节点 i 处，由于要考虑到二者的目标控制约束，所以，通过目标控制约束的表达式可以推出 $V_{\text{se}im}$ 和 $\theta_{\text{se}im}$ 的数值，具体如下：

$$V_{\text{se}im} = \frac{1}{U_m}\sqrt{\frac{\alpha_1}{(G_{im}^2 + B_{im}^2)}} \tag{11-58}$$

$$\theta_{\text{se}im} = \tan^{-1}\left(\frac{P_{mi}^{\text{def}} - U_m^2 G_{im} + U_i U_m G_{im}}{Q_{mi}^{\text{def}} + U_m^2 B_{im} - U_i U_m G_{im}}\right) - \tan^{-1}\left(\frac{G_{im}}{-B_{im}}\right) \tag{11-59}$$

$$\alpha_1 = \left(P_{mi}^{\text{def}} - U_m^2 G_{im} + U_i U_m G_{im}\right)^2 + \left(Q_{mi}^{\text{def}} + U_m^2 B_{im} - U_i U_m B_{im}\right)^2 \tag{11-60}$$

式中，$m=j,k,\cdots$，因为U_i、U_m、θ_i、θ_m、U_{seim}、θ_{seim}都已知，进一步假设$U_{sh}=\dfrac{U_{sh}^{max}+U_{sh}^{min}}{2}$或者$U_{sh}=1.0\ \text{p.u.}$，然后可以推导出

$$\theta_{sh}=-\sin^{-1}\left(\frac{\alpha 2}{U_iU_{sh}\sqrt{g_{sh}^2+b_{sh}^2}}\right)+\tan^{-1}\left(\frac{g_{sh}}{-b_{sh}}\right) \tag{11-61}$$

$$\begin{aligned}\alpha_2=&U_{sh}^2G_{sh}+\sum_n\left(U_{seim}^2G_{im}-U_iU_{seim}\left(G_{im}\cos(\theta_i-\theta_{seim})-B_{im}\sin(\theta_i-\theta_{seim})\right)\right)\\&+\sum_n U_mU_{seim}\left(G_{im}\cos(\theta_m-\theta_{seim})-B_{im}\sin(\theta_m-\theta_{seim})\right)\end{aligned} \tag{11-62}$$

为求得区域 1 到区域 2 之间的最大输电能力，不但要考虑 GUPFC 和 IPFC 装置的控制变量，还要考虑系统中原有的发电机的有功功率及无功功率、负荷的有功功率及无功功率、节点电压等变量均在给定范围内变化，直到区域间输电能力达到最大值。其他原有的控制变量和状态变量都取为基态时的值。所有节点电压的上、下限分别取 1.1p.u.和 0.97p.u.。GUPFC 并联电压源电压幅值绝对值的上、下限分别为 1.1p.u.和 0.9p.u.，相角上、下限分别为 180°和–180°；GUPFC 和 IPFC 串联电压源幅值绝对值的上、下限分别为 0.3 和 0；相角上、下限分别为 360°和 0°；并联支路的变压器耦合电抗取为$Z_{sh}=X_{sh}=0.1$；应用收敛性较好的跟踪中心轨迹内点法进行求解，求解过程如图 11-25 所示。

表 11-9 给出了 GUPFC 装置的目标控制值和优化后的实际值，表明 GUPFC 装置对节点电压和线路有功功率灵活的控制能力；表 11-10 给出了优化后 GUPFC 装置的各个控制变量的实际值；表 11-11 给出了 IPFC 装置的目标控制值和优化后的实际值以及 IPFC 装置的控制变量的实际值，但 IPFC 只能控制线路的潮流。由表(11-9)～表(11-11)中数据看出，通过两种装置的灵活控制、调节，节点电压和线路有功功率的实际值基本可以达到预期的控制目标，FACTS 装置在实现对节点电压和线路潮流的灵活控制的同时，还可以达到提高系统可用输电能力的目的，但随着 FACTS 装置的引入，计算过程中也增加了相应的控制变量，使系统的非线性加强，因此收敛速度要受到不同程度的影响。

装设 FACTS 装置后，通过其灵活控制功能，区域 1 到区域 2 的 ATC 值都得到了不同程度的提高。其中，装设 2 个 GUPFC 装置使区域 1 到区域 2 的 ATC 值增加了 7.42MW；装设 2 个 IPFC 装置使区域 1 到区域 2 的 ATC 值增加了 5.96MW；图 11-26 表明了不含有 FACTS 装置时对偶间隙和 ATC 目标值随迭代次数的变化，经过 41 次迭代收敛。图 11-27 表明了装设 2 个 GUPFC 装置后对偶间隙和 ATC 目

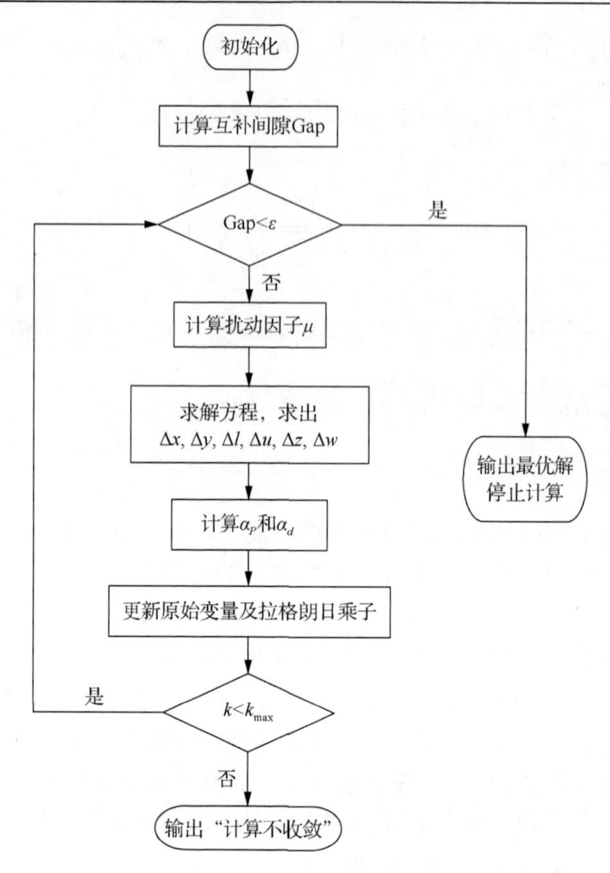

图 11-25　跟踪中心轨迹内点法计算 ATC 的计算框图

表 11-9　GUPFC 的目标值及优化后实际值

节点	控制支路	目标值		实际值	
		U_i^{def}	P_{mi}^{det}	U_i	P_{mi}
12	4-12	1.0	0.60	1.0007	0.5967
	15-12		0.39		0.3873
6	8-6	1.0	0.2	0.9996	0.2035
	10-6		0.004		0.0036

表 11-10　优化后 GUPFC 实际控制参数

并联电压源 $U_{sh}\angle\theta_{sh}$	串联电压源 $U_{seim}\angle\theta_{seim}$
0.9046∠–14.3698	0.0019∠175.8293
	0.2502∠19.0165
1.0051∠–17.0168	0.0023∠132.2043
	0.0022∠5.7353

表 11-11　IPFC 装置目标控制值及实际值

控制支路	目标 $P_{mi}^{\rm def}$	实际值 P_{mi}	控制参数 $U_{seim} \leqslant \theta_{seim}$
4-6	0.032	0.0324	–0.0106∠33.2717
7-6	–0.055	–0.0541	–0.0056∠11.6883
20-10	–0.01	–0.012	0.0092∠22.6719
22-10	–0.025	–0.0242	–0.0147∠57.376

标值随迭代次数的变化，由图可以看出，在迭代 10 次以前对偶间隙的变化快，10 次以后对偶间隙的变化较以前小，最后经过 73 次迭代后收敛；图 11-28 表明了装设 2 个 IPFC 装置后对偶间隙和 ATC 目标值随迭代次数的变化，其变化规律与装设 2 个 GUPFC 装置很相似，但是前 10 次的收敛速度要比前者慢，经过 51 次迭代后收敛。

通过比较得出，随着 FACTS 装置的装设，在计算过程中也增加了相应的控制变量和约束条件，使 ATC 计算模型的非线性增强，从而迭代次数有所增加。

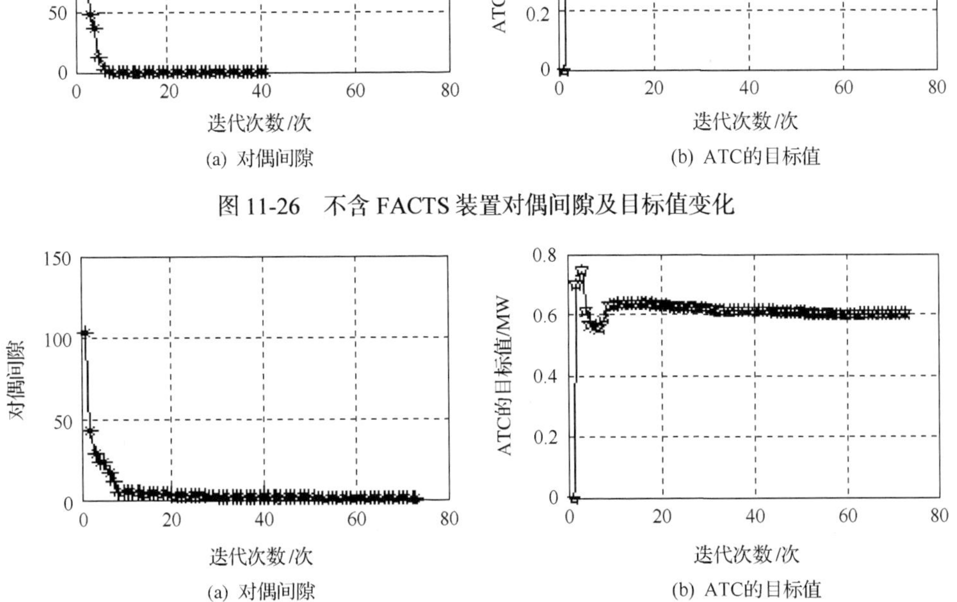

图 11-26　不含 FACTS 装置对偶间隙及目标值变化

图 11-27　含 GUPFC 装置对偶间隙及目标值变化

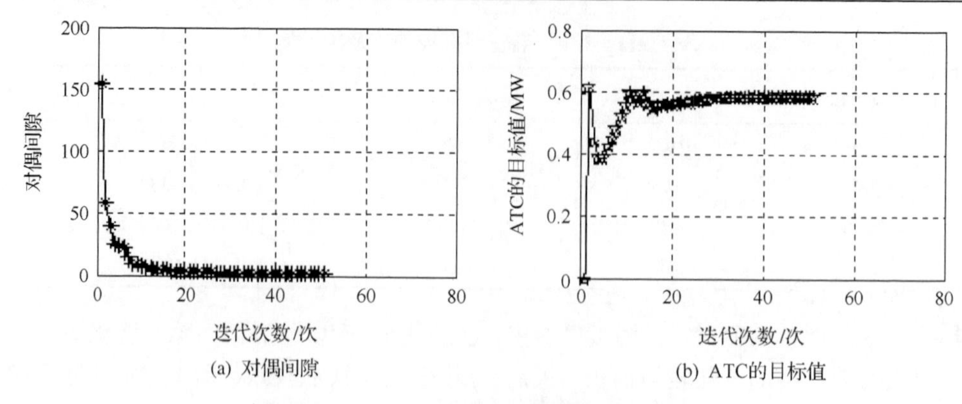

(a) 对偶间隙　　(b) ATC的目标值

图 11-28　含 IPFC 装置对偶间隙及目标值变化

GUPFC 和 IPFC 是源于 UPFC，但功能强于 UPFC 等新型 FACTS 装置，传统的统一潮流控制器的模型只有一个并联电压源和一个串联电压源，只能控制节点电压和一条线路的潮流，但是最简单的广义统一潮流控制器的模型含有两个串联电压源和一个并联电压源，它不但可以控制节点电压，而且可以控制多条线路或系统中某一个子网络的潮流；而线间潮流控制器的模型含有两个串联的电压源，它不能控制节点电压，只能通过控制线路有功功率，从而实现不同线路间潮流的合理分配。本节在研究计及 FACTS 装置的可用输电能力时，不但考虑了 FACTS 装置的等效注入功率和内部功率平衡约束，而且考虑了 FACTS 装置的目标控制约束，通过对控制目标的调整，达到提高系统可用输电能力的目的，传统 UPFC 的研究只考虑了等效功率而没有考虑目标控制因素；在算法上采用了经典的跟踪中心轨迹内点法，可以很好地处理不等式约束，在变量和不等式增加的情况下对收敛速度的影响较小，在收敛速度方面要优于序列二次规划法。

11.7　含 TCSC 和 TCPS 的可用输电能力计算

11.7.1　TCSC 和 TCPS 的工作原理与数学模型

晶闸管控制串联电容器[3,29,30] (thyristor controlled series capacitor，TCSC) 可以快速、连续地改变所补偿的输电线路的等值电抗，因而在一定的运行范围内，可以将此线路的输送功率控制为期望的常数。在暂态过程中，通过快速地改变线路等值电抗，从而提高系统的稳定性。TCSC 的工作原理如图 11-29 所示。

一对反并联的可控硅与一个小电感串联，再和串联电容并联，构成了 TCSC 的基本电路单元。为了便于理解 TCSC 的各种运行模式，我们可以把可控硅控制的电感支路看作一个可变电感，这样，TCSC 电路即可视为一个串联电容和一个可变电感相并联。通过改变可控硅的触发角，可以控制可控硅的开通情况，从而

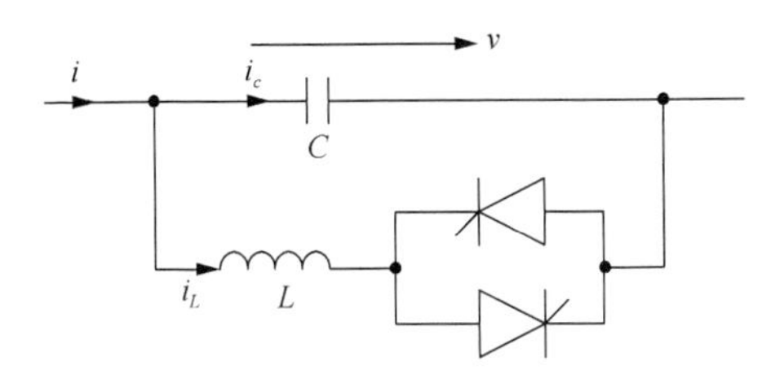

图 11-29　TCSC 原理结构示意图

使 TCSC 分别工作在两种运行模式：容抗调节模式和感抗调节模式。当可控硅较低程度的导通时，电路电流和电容电流同相位，从而提高了电容器上的电压，TCSC 装置呈现比电容本身更大的容抗，这就是容抗调节模式；当可控硅导通角度很高时，线路电流和可控硅支路的电流同相位，TCSC 装置呈感性，此时为感性调节模式。改变可控硅的触发角，能灵活改变 TCSC 的容抗或感抗，因而可以灵活调节线路的阻抗。实际应用中，需要将多个 TCSC 电路单元串联起来构成一个所需容量的 TCSC 装置。

在电力系统静态分析中，假设 FACTS 装置装设在线路 ij 上，$Z_{ij}=r_{ij}+\mathrm{j}x_{ij}$ 为线路电抗，B_c 为线路对地电容，TCSC 的等效电路模型如图 11-30 所示[29]，可用一个与线路电流垂直的可控电压源表示，即

$$V_c=-\mathrm{j}k_c x_{ij} I_L \tag{11-63}$$

式中，k_c 定义为 TCSC 的串补度。为了能同时考虑感性和容性补偿两种情况，这样定义 k_c：令 $k_c=x_c/x_{ij}$，当 $k_c>0$ 时，TCSC 的综合电抗为容性，当 $k_c<0$ 时 TCSC 的综合电抗为感性。在电力系统稳态分析中，我们把 k_c 作为 TCSC 的控制参数，且 $k_c^{\min}<k_c<k_c^{\max}$。$k_c^{\min}$ 和 $k_c^{\max}$ 的值由 TCSC 的最大容性和感性串补度决定。线路电流 $I_L=(V_i-V_j)/(r_{ij}+\mathrm{j}(1-k_c)x_{ij})$。

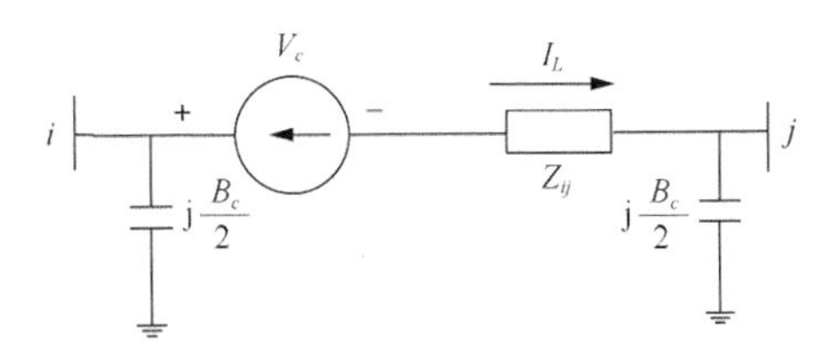

图 11-30　TCSC 的等效电路模型

将图 11-30 中的电压源等效为电流源，如图 11-31 所示。

$$I_T=V_c/Z_{ij} \tag{11-64}$$

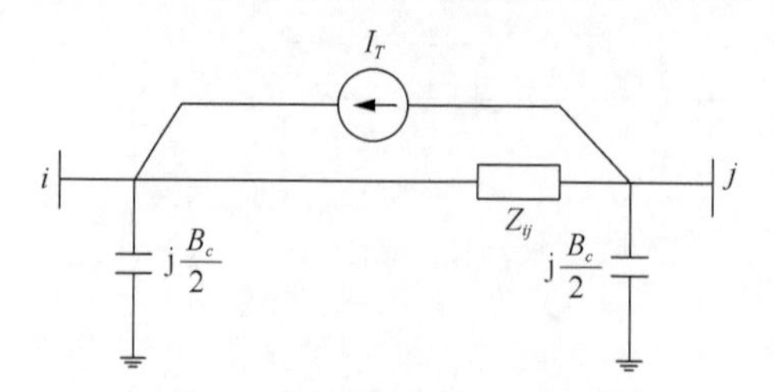

图 11-31　TCSC 的等效电流源模型

进一步将电流源等效为图 11-23 中线路 ij 两侧的两个节点 i 和 j 的等效附加注入功率。

$$\begin{aligned}\Delta S_i &= V_i I_T^* \\ \Delta S_j &= V_j(-I_T)^*\end{aligned} \tag{11-65}$$

将式(11-63)、式(11-64)代入式(11-65)并整理得

$$\begin{aligned}\Delta P_i &= V_i^2\Delta G_{ij} - V_iV_j(\cos\theta_{ij}\Delta G_{ij} + \sin\theta_{ij}\Delta B_{ij}) \\ \Delta Q_i &= -V_i^2\Delta B_{ij} + V_iV_j(\cos\theta_{ij}\Delta B_{ij} - \sin\theta_{ij}\Delta G_{ij}) \\ \Delta P_j &= V_j^2\Delta G_{ij} - V_iV_j(\cos\theta_{ij}\Delta G_{ij} - \sin\theta_{ij}\Delta B_{ij}) \\ \Delta Q_j &= -V_j^2\Delta B_{ij} + V_iV_j(\cos\theta_{ij}\Delta B_{ij} + \sin\theta_{ij}\Delta G_{ij})\end{aligned} \tag{11-66}$$

式中，$\Delta G_{ij} = k_c x_{ij}^2 r_{ij}(k_c-2)/\left\{(r_{ij}^2+x_{ij}^2)[r_{ij}^2+x_{ij}^2(1-k_c)^2]\right\}$；$\Delta B_{ij} = k_c x_{ij}(x_{ij}^2(1-k_c)-r_{ij}^2)/\left\{(r_{ij}^2+x_{ij}^2)[r_{ij}^2+x_{ij}^2(1-k_c)^2]\right\}$

TCPS 的等效电路模型如图 11-32 所示[29,31]。在稳态分析中，TCPS 可用一个等效的串入在线路中的可控电压源和一个并联在置入节点的可控电流源表示。可控电压源幅值大小可调，而相位与其置入点电压向量垂直,用来调节该线路的相角,从而改善网络的有功潮流分布情况。

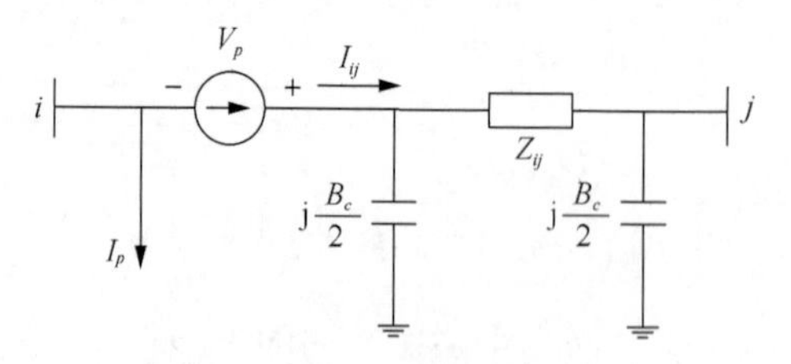

图 11-32　TCPS 的等效电路模型

$$V_p = \mathrm{j}V_i k_p \tag{11-67}$$

式中，k_p 为该电压源的幅值控制参数。可控电压源 V_p 在线路 ij 上的注入功率需从置入侧节点得到，用图中可控电流源 I_p 进行补偿，即

$$V_i I_p^* = V_p I_{ij}^* \tag{11-68}$$

进一步，可将图 11-32 所示的可控源模型变换成等效电流源模型，如图 11-33 所示。

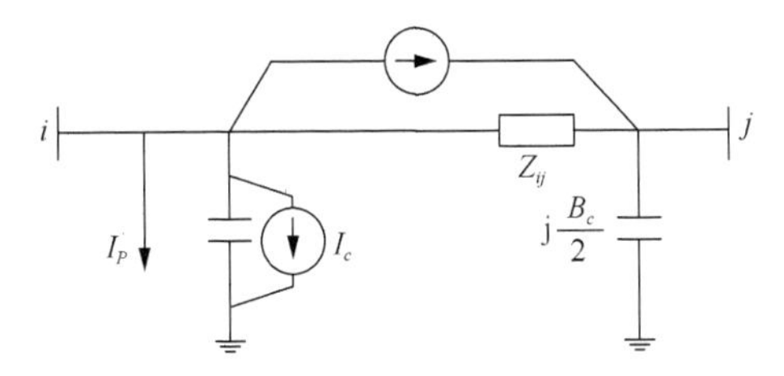

图 11-33　TCPS 的等效电流源模型

$$I_c = V_p \mathrm{j}\frac{B_c}{2}, \qquad I_L = V_p y_{ij} \tag{11-69}$$

式中，$y_{ij} = g_{ij} + \mathrm{j}b_{ij}$ 为线路等效导纳。进一步将图 11-33 中的等效电流源模型对系统的作用等效为图 11-30 中线路 ij 两侧的两个节点 i 和 j 的等效附加注入功率：

$$\begin{aligned} \Delta S_i &= V_i(-I_L - I_c - I_p)^* \\ \Delta S_j &= V_j I_L^* \end{aligned} \tag{11-70}$$

将式(11-67)～式(11-69)代入到式(11-70)中整理得到

$$\begin{aligned} \Delta P_i &= -k_p^2 V_i^2 g_{ij} + k_p V_i V_j (\cos\theta_{ij} b_{ij} - \sin\theta_{ij} g_{ij}) \\ \Delta Q_i &= k_p^2 V_i^2 b_{ij} + k_p V_i V_j (\cos\theta_{ij} g_{ij} + \sin\theta_{ij} b_{ij}) + k_p^2 V_i^2 \frac{B_c}{2} \\ \Delta P_j &= -k_p V_i V_j (\cos\theta_{ij} b_{ij} + \sin\theta_{ij} g_{ij}) \\ \Delta Q_j &= -k_p V_i V_j (\cos\theta_{ij} g_{ij} - \sin\theta_{ij} b_{ij}) \end{aligned} \tag{11-71}$$

含 FACTS 装置的支路有功功率方程也发生变化：

$$P_{ij} = P_{ij}^0 - \Delta P_i \tag{11-72}$$

式中，P_{ij} 为含有 FACTS 支路的有功表达式；P_{ij}^0 为不考虑 FACTS 作用时线路的有功表达式。经过以上分析和处理，FACTS 对系统的控制作用等效为与其相邻节点的附加注入功率和其置入线路的附加有功输送能力,系统原有的导纳阵参数不变。

11.7.2 计及 TCSC 和 TCPS 的 ATC 计算模型

严格地讲，ATC 值的计算需要考虑线路热极限、节点电压偏差、静态稳定性、暂态稳定性和电压稳定性等，其值最终将由最严格的约束确定，但因为本节主要研究静态约束下的 ATC 问题，为简化研究假定如下：①系统有功平衡较快，不考虑暂态稳定问题；②系统有充足的无功。在某一确定的网络拓扑下，ATC 值的求解问题可表示为以下优化问题[29]：

$$\min \quad -\lambda_{\text{ATC}}$$

$$\begin{aligned}
&P_{\text{G}i} - P_{\text{D}i} + \Delta P_i - V_i \sum_{j=1}^{N} V_j (G_{ij}\cos\theta_{ij} + B_{ij}\sin\theta_{ij}) = 0 \\
&Q_{\text{G}i} - Q_{\text{D}i} + \Delta Q_i - V_i \sum_{j=1}^{N} V_j (G_{ij}\sin\theta_{ij} - B_{ij}\cos\theta_{ij}) = 0 \\
&P_{\text{G}i}^{\min} \leqslant P_{\text{G}i} \leqslant P_{\text{G}i}^{\max}, \qquad i \in N_s \\
&Q_{\text{G}i}^{\min} \leqslant Q_{\text{G}i} \leqslant Q_{\text{G}i}^{\max}, \qquad i \in N_q \\
&P_{\text{D}i} \leqslant P_{\text{D}i}^{\max}, \qquad i \in N_r \\
&V_i^{\min} \leqslant V_i \leqslant V_i^{\max}, \qquad i \in N \\
&P_{\text{L}i}^{\min} \leqslant P_{\text{L}i} \leqslant P_{\text{L}i}^{\max}, \qquad i \in L
\end{aligned} \tag{11-73}$$

式中，$P_{\text{G}i} = P_{\text{G}i}^0 + \lambda_{pi}\lambda_{\text{ATC}}, i \in N_G$；$P_{\text{D}i} = P_{\text{D}i}^0 + \lambda_{\text{D}i}\lambda_{\text{ATC}}, i \in N_r$；$Q_{\text{D}i} = Q_{\text{D}i}^0 + \gamma_{\text{D}i}P_{\text{D}i}$，$i \in N_q$；$N$ 为系统节点个数；N_s 为要计算 ATC 值而计及的送电侧发电机台数；N_r 为受电侧负荷节点数；N_q 为可调节的无功母线个数；L 为系统线路数目；$P_{\text{G}i}$、$Q_{\text{G}i}$ 为节点 i 的有功和无功出力；$P_{\text{D}i}$、$Q_{\text{D}i}$ 为节点 i 的有功和无功负荷；$P_{\text{G}i}^0$、$P_{\text{D}i}^0$、$Q_{\text{D}i}^0$ 为计算 ATC 前系统的初始有功出力和负荷；$\boldsymbol{V}_i$、$\boldsymbol{\theta}_i$ 为节点 i 处电压向量；$G_{ij} + \text{j}B_{ij}$ 为节点导纳阵 i 行 j 列元素；$P_{\text{G}i}^{\max}$ 和 $P_{\text{G}i}^{\min}$ 为节点 i 处发电机有功功率的上下限；$Q_{\text{G}i}^{\max}$ 和 $Q_{\text{G}i}^{\min}$ 为节点 i 处可调无功功率的上下限；$P_{\text{D}i}$ 为受电侧节点 i 处负荷；$P_{\text{D}i}^{\max}$ 为由于配电设施容量限制而导致的负荷上限；$P_{\text{L}i}^{\max}$ 和 $P_{\text{L}i}^{\min}$ 为线路传输容量限值；λ_{ATC} 为传输容量；λ_{pi} 为有功出力增长模式系数；$\lambda_{\text{D}i}$ 为受电区增加的负荷在该节点的分配系数；$\gamma_{\text{D}i}$ 为该负荷的功率因数。

在实际系统中，母线负荷增长模式和发电机功率分配模式不唯一，若考虑所有的变化模式是不现实也是不必要的。这样做可能会得出过于保守的结果。一种可行的方案是可以先通过负荷预测程序交易计划及经济调度程序获得未来时刻的母线负荷和发电机功率，然后按照从目前所给定的时刻到未来时刻母线负荷和发电机功率的变化来确定有功出力分配系数 λ_{pi} 和负荷增长系数 λ_{Di}。上述 ATC 优化计算模型中，状态变量为节点的电压和相角以及平衡节点的有功。控制变量为 λ_{ATC}、系统中可调节的无功容量和 FACTS 的控制参数，其余变量为常数。

11.7.3　算例分析

为了理解 FACTS 对潮流的调节作用[30]，先以图 11-34 所示的简单三节点系统为例进行说明。

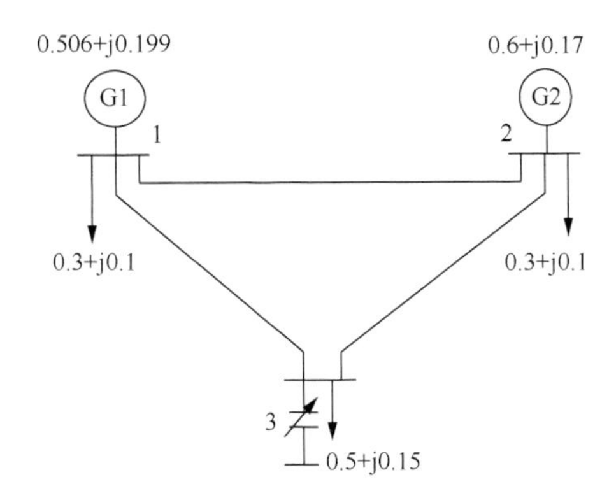

图 11-34　3 节点系统图

三条线路的阻抗相同，均为(0.03+j0.12)p.u.，按节点号分为三个区域。在初始状态下，区域 3 负荷增加，此时由区域 2 负责向区域 3 供电，由此造成的网络损耗由区域 1 发电机承担。计算由 2 节点向 3 节点的可用输电能力，此时区域 2 向区域 3 供电有两条途径，通过线路 2-3 或通过线路 2-1 和线路 1-3。计算中 TCSC 的最大串补度设为 50%，TCPS 的控制参数最大调节幅值设为 0.15p.u.。在场景 1 中，暂不考虑 FACTS 的控制作用计算 ATC，线路 2-3 首先达到输送容量的极限，成为限制 ATC 的瓶颈。为提高区域 2 到区域 3 的 ATC 值，FACTS 配置在线路 2-3 上，通过改变潮流的分布来提高线路 2-1 和线路 1-3 的输送功率，从而提高 ATC 值。不同线路约束和 FACTS 配置情形下的计算结果详见表 11-12。在表 11-12 中，所有的量值为标幺值。从表中可以看到，在考虑 FACTS 的潮流调节作用后，ATC 值有较大的提高；FACTS 的调节作用受两个因素限制：一是受 FACTS 控制参数调节范围的限制，如场景 3 和场景 5，TCSC 达到它的最大串补度，TCPS 达到最大调节限值；另一个是受线路可调节容量的限制，如场景 2 和场景 4，虽然 FACTS 的控制参数没有达到限值，但线路已经没有可调节的容量，在区域 2 向区域 3 的两条传输路径上的线路都达到了传输容量的极限，此时，若想进一步提高 ATC 的值只有架设新的线路。

表 11-12　3 节点 ATC 计算结果

场景	线路有功限值/p.u.		线路有功值/p.u.		ATC 值/p.u.	FACTS 类型	控制参数值/p.u.
	1-3	2-3	1-3	2-3			
1	≥0.6000	0.8000	0.5662	0.8000	0.8141	-	-
2	0.6500	0.8000	0.6500	0.8000	0.9098	TCSC	-0.3312
3	0.8000	0.8000	0.7548	0.8000	0.9959	TCSC	-0.5000
4	0.8000	0.8000	0.8000	0.8000	1.0521	TCPS	-0.0672
5	1.2000	0.8000	1.1421	0.8000	1.3610	TCPS	-0.1500

为进一步验证 FACTS 装置对可用输电能力的影响，下边以 IEEE-30 节点系统为例进行分析。该系统包括 6 台发电机、20 多个轻重不同的负荷节点、41 条线路。把该系统划分为 3 个区域，如图 11-35 所示。

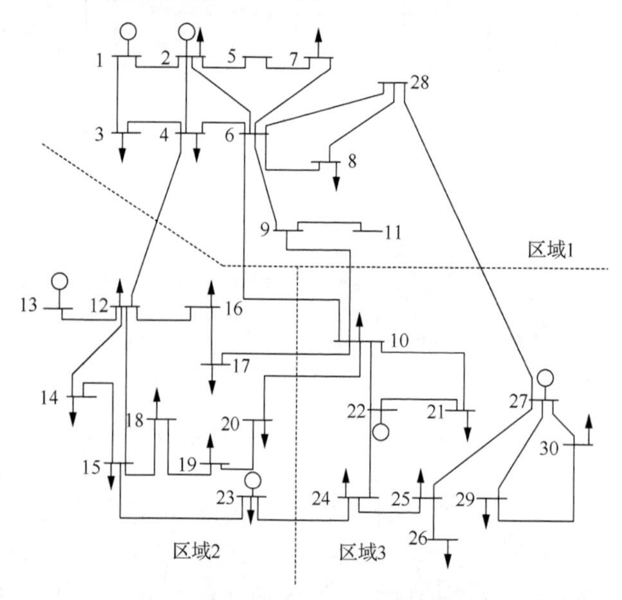

图 11-35　IEEE-30 节点系统图

初始发电模式如表 11-13 所示。假定 13-12 的线路功率传输限值为 1p.u.; 12-16 的线路传输限值为 0.4p.u.；其余线路的功率传输限值为 0.3p.u.。在初始状态下，区域 3 负荷增加，此时由区域 2 负责向区域 3 供电，由此造成的网络损耗由 1 区发电机承担。计算由区域 2 向区域 3 的可用输电能力。发电机出力和负荷分配模式均按等比例原则。为保证系统有充足的无功，假定发电机节点 22 和 27 有足够的无功容量，同时在节点 10、25 和 29 进行一定容量的无功补偿。初始状态下，区域 2 和区域 1 仅有少量的功率交换，区域 2 向区域 3 供应一定的电力，此时计算 ATC 值，限值约束是区域 1 的线路 4-6。同时区域 1 内线路 1-2、2-6 和 6-8 负荷也较重。此时主要线路的功率见表 11-14。

表 11-13　节点系统初始发电模式　（单位：p.u.）

Gen	PG1	PG2	PG13	PG22	PG23	PG27
初值	0.4327	0.5735	0.2000	0.2291	0.1640	0.3167

表 11-14　未配置 FACTS 时主要线路的功率　（单位：p.u.）

支路	有功	支路	有功
1-2	0.2469	23-15	0.1274
2-4	0.1923	23-24	0.1958
2-5	0.1601	15-18	0.1259
2-6	0.2498	6-8	0.2702
4-6	0.3000	20-10	0.0257
17-10	0.0064	12-4	0.0038
15-14	0.0092	12-14	0.0531
12-16	0.1343	16-17	0.0973
18-19	0.0919	19-20	0.0037

配置 FACTS，改变潮流的分布，使区域 2 供应区域 3 的电力尽可能地从线路 17-10、20-10 和 23-24 通过，避免和区域 1 进行过多的功率交换，从而提高 ATC 值。FACTS 的配置状况和计算结果详见表 11-15。从表 11-15 可以看出，通过优化计算, FACTS 设备得到其最优的控制参数。FACTS 的配置位置对其提高 ATC 的效用有很大的影响。合理的配置位置，可以对潮流进行有效地调节，较大地提高 ATC 的值。在配置了多个 FACTS 后，ATC 值变化较小，表明网络潮流的可调节容量趋于限值，此时，即使置入更多的 FACTS 装置也无法显著提高 ATC。若想进一步提高 ATC，应考虑架设新的线路。

表 11-15　30 节点 ATC 计算结果

FACTS-1			FACTS-2			FACTS-3			ATC 值/p.u.
类型	位置	参数	类型	位置	参数	类型	位置	参数	
-	-	-	-	-	-	-	-	-	0.1936
TCSC	2-6	0.3317	-	-	-	-	-	-	0.2331
TCPS	12-16	0.1322	-	-	-	-	-	-	0.3019
TCPS	4-12	0.0734	-	-	-	-	-	-	0.3129
TCPS	15-23	0.0759	-	-	-	-	-	-	0.2295
TCPS	2-6	0.0127	TCPS	15-23	0.0535	-	-	-	0.2621
TCPS	12-16	0.1271	TCPS	2-6	0.1802	-	-	-	0.3236
TCPS	2-6	0.0065	TCPS	15-23	0.0446	TCPS	12-16	0.1336	0.3366
TCSC	2-6	-0.5000	TCPS	4-12	0.0801	TCPS	15-18	0.0935	0.3363

参 考 文 献

[1] Hingorani N G. Network access and the future of transmission power. EPRI Journal, April-May, 1986, 11(3): 45-52.

[2] Hingorani N G. High power electronics and flexible AC transmission systems. IEEE Power Engineering Review, 1988, 8(7): 3-4.

[3] 谢小荣, 姜齐荣. 柔性交流输电系统的原理与应用. 北京: 清华大学出版社, 2006.

[4] 叶鹏. 电力市场下基于FACTS的优化潮流控制研究. 保定: 华北电力大学博士学位论文, 2003.

[5] 杨安民. 柔性交流输电(FACTS)技术综述. 华东电力, 2006, 34(2): 74-76.

[6] Zhang X P. Modeling of FACTS in power flow and optimal power flow analysis. Automation of Electric Power Systems, 2005, 29(16): 22-29.

[7] 王锡凡. 现代电力系统分析. 北京: 科学出版社, 2003.

[8] 李建华, 方万良, 杜正春. 含 HVDC 和 FACTS 装置的混合电力系统潮流计算方法. 电网技术, 2005, 29(5): 31-36.

[9] Xiao Y, Song Y H, Liu C C. Available transfer capability enhancement using FACTS devices. IEEE Transactions On Power Systems, 2003, 18(1): 305-312.

[10] Ca-Nizares C A, Berizzi A, Marannino P. Using FACTS controllers to maximize available transfer capability. Proc.Bulk Power Systems Dynamics and Control IV. Santorini, 1998.

[11] Lee S H, Chu C C, Chang D H. Comprehensive UPFC models for power flow calculation in practical power systems. IEEE Power Engineering Society Summer Meeting, 2001(1)：27-32.

[12] Fuerte-Esquivel C R, Acha E. Unified power flow controller：A critical comparison of Newton-raphson UPFC algorithms in power flow studies. IEE Proceedings-Generation, Transmission & Distribution, 1997, 144(5): 437-444.

[13] 汪峰, 白小民. 基于最优潮流方法的传输容量计算研究. 中国电机工程学报, 2002, 22(11): 35-40.

[14] Moghawemi M, Faruque M O. Effects of FACTS devices on static voltage stability. IEEE, 2002: 357-363.

[15] Yu X B, Chanan S, Sasa J, et al. Total transfer capability considering FACTS and security constrains, 2003: 73-79.

[16] 李国庆, 王成山, 余贻鑫. 考虑 ULTC 和 SVC 等影响的功率交换能力的分析与计算. 电网技术, 2004, 28(2): 17-23.

[17] 李国庆. 基于连续型方法的大型互联电力系统区域间输电能力的研究. 天津: 天津大学博士学位论文, 1998.

[18] Gyugyi L, Schauder C D, Williams S L. The unified power flow controllers: A new approach to power transmission control. IEEE Transactions on Power Delivery, 1995, 10(2): 1085-1097.

[19] 李国庆, 赵钰婷, 王利猛. 计及统一潮流控制器的可用输电能力的计算. 中国电机工程学报, 2004, 24(9): 44-49.

[20] Zhang X P, Handschin E, Yao M. Modeling of the generalized unified power flow controller（GUPFC）in a nonlinear interior point OPF. IEEE Transactions on Power Systems, 2001, 16(3): 367-373.

[21] Zhang J, Akihiko Y. Optimal power flow control for congestion management by interline power flow controller(IPFC). International Conference on Power System Technology. Chongqing, 2006.

[22] Zhang X P. Modeling of the interline power flow controller and the generalized unified power flow controller in newton power flow. IEE Proceedings-Generation, Transmission & Distribution, 2003, 150(3): 268-274.

[23] 方婷婷, 李国庆, 韩芳, 等. 基于SSSC装置的系统可用输电能力研究. 现代电力, 2011, 28(2): 17-22.

[24] 方婷婷, 李国庆. 考虑SSSC装置的可用输电能力研究. 电力学报, 2011, 26(1): 7-11.

[25] 刘前进, 孙元章, 黎雄. 基于功率注入法的 UPFC 潮流控制研究. 清华大学学报, 2001, 41(3): 55-58.

[26] 李国庆, 宋莉, 李筱婧. 计及 FACTS 装置的可用输电能力计算. 中国电机工程学报, 2009, 29(19): 36-42.

[27] Ambriz-Perez H, Acha E, Fuerte-Esquivel C R. Incorporation of a UPFC model in an optimal power flow using Newton's method. IEEE Transactions on Power Systems, 1998, 145(3): 336-344.

[28] 张立志, 赵冬梅. 考虑 FACTS 配置的电网输电能力计算. 电网技术, 2007, 31(7): 26-31.

[29] 张立志, 赵冬梅. FACTS 优化配置提高电网最大输电能力. 电网技术, 2006, 30: 58-62.

[30] 张健, 冀瑞芳, 李国庆. TCSC 优化配置提高可用输电能力的研究.电力系统保护与控制, 2012, 40(1): 23-28.

[31] Sydulu M. A new reliable and effective approach for adjustment of variable parameters of TCSC and TCPS in load flow studies. IEEE Region 10 Conference TENCON 2004. Chiang Mai, 2004.

第 12 章　交直流混合输电系统的可用输电能力的计算

12.1　引　　言

区域间电网互联是现代电网的一大特点，它不仅可以带来显著的经济效益，而且能解决一次能源分布不均的问题。各大系统互联有交流和直流两种典型互联形式。由于直流输电的特点和优势，在现代电网中，直流输电方式已经在大容量电能传输中被广泛运用，直流连接也已成为区域电网互联的主要方式之一。目前，包括正实施的直流联网工程在内，世界范围内的直流工程已有近百个，遍布五大洲的二十多个国家。

近年来，随着我国经济的高速发展，西电东送、跨大区联网战略的逐步实施，直流联网工程取得了阶段性的成果。值得一提的是，2010 年 7 月 8 日，由我国自主研发、设计和建设的向家坝－上海±800kV 特高压直流输电示范工程正式投入运营，该工程是当时世界电压等级最高、输电距离最远、输送容量最大、技术最先进的直流输电线路工程。该工程由国家电网公司于 2007 年开工建设，总投资 232.74 亿元。工程起点为四川省宜宾县复龙换流站，落点为上海市奉贤换流站，途经 8 省市，全线长 1907km，每年可向上海输送约 320 亿 kW·h 的电能，其投运标志着我国全面进入特高压交直流混合电网时代。全国即将形成一个交直流混合的大系统，这对电力系统的安全运行提出了全新的挑战，直流输电对整个电力系统安全经济运行的影响必须加以考虑。

在直流输电技术投入实际应用的最初几十年里，系统规模在整个电网所占的比例较小，大部分研究工作集中在与交流系统的连接方式和控制策略上，而对交直流混合系统经济运行的研究工作展开较少。在实际工程中，许多直流输电系统在低于其额定容量下运行，直流网络的输电能力并没有被充分挖掘出来。所以可通过调节直流系统的运行方式来提高整个交直流混合系统运行的安全性和经济性。目前，考虑交直流混合系统的经济运行的文献比较少，只有文献[1]和文献[2]先后提出了交直流混合系统的最优潮流模型，把直流系统的一系列的等式和不等式约束加入到原有交流最优潮流模型，并分别采用顺序求解算法和联合求解算法对所建立的数学规划问题进行求解。随着直流输电网络的日益增多，直流输电容量迅速增长，对交直流混合系统的最优经济运行的研究可以为电网的安全经济运行给予一定的指导，具有很大的实际意义。

而直流输电中的关键技术是换流技术，多年来人们对高电压、大功率换流阀展开了大量的开发研制工作，换流技术前后经过了汞弧阀、普通晶闸管和新型大功率半导体器件(如可关断晶闸管、绝缘栅双极晶体管、集成门极换相晶体管和大功率碳化硅器件等)的研究应用。目前，实际中绝大多数直流工程，特别是长距离大容量输电工程采用普通晶闸管技术，但该换流阀不能进行自然换流，无关断电流的能力且需消耗大量的无功；而以可控关断型电力电子器件构成的电压源换流器(voltage source converter，VSC)和脉宽调制(pulse width modulation，PWM)技术为基础的新型高压直流输电技术(VSC-HVDC)得到了国内外学者的广泛研究，并已应用于国外实际工程中。VSC-HVDC 能够独立地控制流过换流器与交流电网间的有功功率和无功功率，各换流站之间不需要快速通信联系，可以工作在无源逆变方式，实现向无源交流网络供电，并且能够动态地补偿交流母线的无功功率，稳定交流母线电压。此外，VSC-HVDC 还可以同时向系统提供有功功率和无功功率的紧急支援，能够提高系统的稳定性和输电能力。所以，目前应用于实际工程的换流技术主要是普通晶闸管技术，而新型高压直流输电技术由于其独特的优点已应用于诸多直流输电领域。本章将分别阐述含有这两种换流器的交直流混合系统的输电能力计算。

12.2　直流系统的稳态数学模型

12.2.1　直流换流站的数学模型

高压直流输电系统根据导线的正负性可分为单极系统、双极系统和同极系统，其中，双极系统在实际应用最为广泛。双极直流系统主要由直流线路和换流站构成，其中，换流站的设备有：换流器、换流变压器、平波电抗器、交流滤波器、直流滤波器、无功补偿设备和断路器等。而实现交流/直流之间变化的设备是换流器，其基本模块通常采用三相全波桥电路，它使换流变压器有较高的利用率，而且在分析中可以认为换流阀导通时电阻趋于零，关断时电阻趋于无穷大。

在对直流系统的稳态分析中，通常作以下假定：

(1) 交流系统的换流站母线提供三相对称、单一工频正弦波电压。

(2) 在直流侧使用大型平波电抗器，直流电流可设为恒定且无波纹。

(3) 换流阀是理想开关组件，且不考虑直流线路的分布参数特性。

(4) 换流变压器是理想变压器，忽略其励磁支路及损耗。

基于以上对直流系统的假设条件，可以推导出有关直流换流站的数学模型。

图 12-1 是直流换流站的电气连接图，各电气量如图中所示，其中，换流站特性方程中的直流电压方程如下：

$$U_{di}=\frac{3\sqrt{2}}{\pi}N_b k_T U_i\cos\theta_{di}-\frac{3}{\pi}X_{ci}I_{di} \tag{12-1}$$

式中，U_i、U_{di}、I_{di}分别是换流站交流母线电压有效值、直流电压平均值、电流平均值；N_b是换流站串联的电桥数；k_T是换流变压器阀侧电压有效值和网侧交流电压有效值的比值，即换流变压器变比；θ_{di}是换流阀的控制角，整流器的触发延迟角α和逆变器的熄弧超前角μ；$R_c=\frac{3}{\pi}\omega L_c=\frac{3}{\pi}X_c$是等效换相电阻，它计及了由于换相重叠而引起的压降，但是它并非真实的电阻，并不消耗功率。

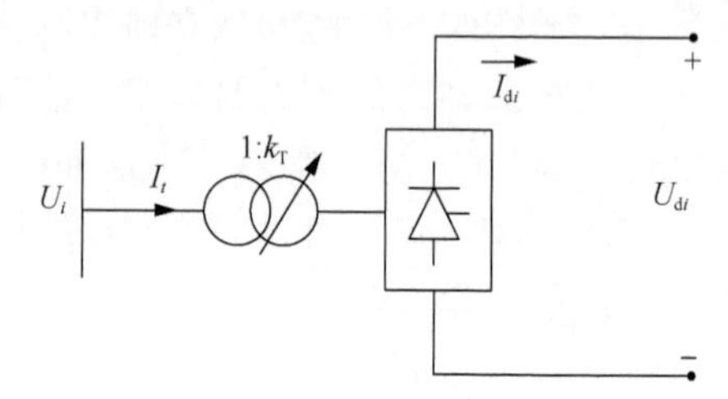

图 12-1　直流换流站示意图

在忽略换流器功率损耗下，直流电压的另一表达式为

$$U_{di}=\frac{3\sqrt{2}}{\pi}k_r N_b k_T U_i\cos\varphi_i \tag{12-2}$$

换流站直流电流表达式为

$$I_t=k_T N_b\frac{\sqrt{6}}{\pi}I_d \tag{12-3}$$

式(12-2)与式(12-3)中，k_r是计及换相效应而引入的系数；φ_i是换流器的功率因数角，其功率因数取决于负荷大小和触发延迟角。

在对换流器的分析中，整流侧的触发延迟角、熄弧角和换相角分别用α、δ和γ表示；逆变侧的触发超前角、熄弧超前角和换相角用β、μ和γ表示。它们之间满足如下关系：

$$\begin{aligned}&\beta=\pi-\alpha\\&\mu=\pi-\delta\\&\gamma=\beta-\mu=\delta-\alpha\end{aligned} \tag{12-4}$$

当换流器为逆变器时，α约在90°～180°之间，β与μ在0°～90°之间，所以，逆变器的触发超前角和熄弧超前角与整流器的触发延迟角具有接近的数值。

12.2.2　直流系统的网络特性

直流系统网络方程实际上是直流输电线路的数学模型，它描述的是直流电流与电压之间的关系。一般地，直流系统根据换流站的个数，可以分为两端直流系统和多端直流系统，其中，对于简单的两端直流系统，其直流网络方程为

$$\begin{bmatrix} I_{d1} \\ -I_{d2} \end{bmatrix} = \begin{bmatrix} 1/R & -1/R \\ -1/R & 1/R \end{bmatrix} \begin{bmatrix} U_{d1} \\ U_{d2} \end{bmatrix} \tag{12-5}$$

对于多端直流系统，其结构和控制方式是较为复杂的。多端直流系统结构总体可分为两种形式：一种是各换流站经直流线路并联连接；另一种是各换流站经直流线路串联连接。在并联直流系统中，各换流站运行于同一电压水平上，它们可以是放射形，也可以是环形，其网络结构如图 12-2(a)所示，而在串联直流系统中，各换流站都是串联的，流过各端的是同一直流电流。直流线路只在一处接地，其网络结构图如图 12-2(b)所示[3]。

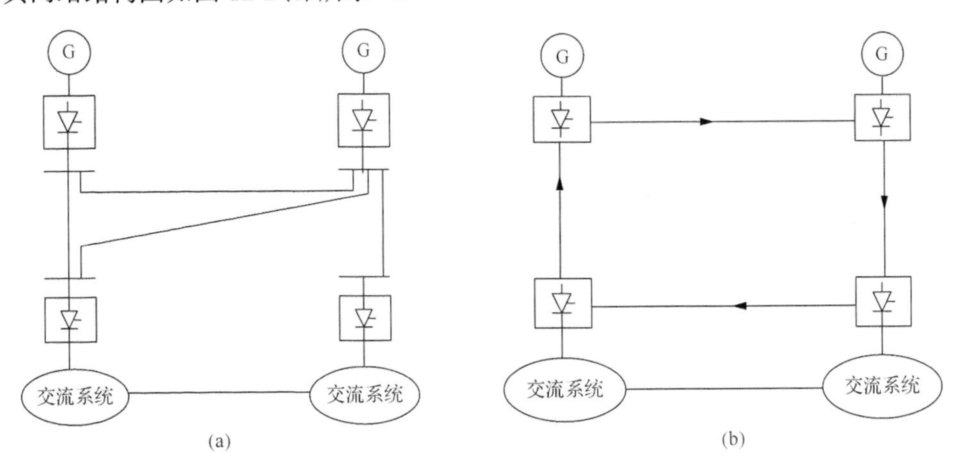

图 12-2　多端直流系统的网络结构

在 m 端并联直流系统运行与控制中，需要选一个端点 m 的直流电压作为参考电压 U_{dm}，执行定电压或定控制角控制，控制整个并联系统的电压。那么，整个直流网络方程表示如下：

$$\begin{bmatrix} U_{d1} \\ U_{d2} \\ \vdots \\ U_{d\,m-1} \end{bmatrix} = [R] \begin{bmatrix} I_{d1} \\ I_{d2} \\ \vdots \\ I_{d\,m-1} \end{bmatrix} + \begin{bmatrix} 1 \\ 1 \\ \vdots \\ 1 \end{bmatrix} U_{dm} \tag{12-6}$$

式中，[R]是直流网络的阻抗矩阵，整个直流网络中各个端点的电流之间需保持平衡，故注入直流电流之和为

$$\sum_{i=1}^{m} I_{di} = 0 \tag{12-7}$$

而在 m 端串联直流系统中，所有换流站的直流电流是一致的，要选一换流站作为定电流控制端，控制串联直流系统的电流 I_d，且整个串联系统的直流电压要保持平衡，即

$$\sum_{i=1}^{j} U_{di} - \sum_{i=j+1}^{m} U_{di} + R_{\Sigma} I_d = 0 \tag{12-8}$$

式中，第 1,⋯, j 个换流站是整流站；第 j+1,⋯, m 个换流站是逆变站；R_{Σ}是串联系统中各直流线路电阻的总和。

基于以上各式对直流系统的描述，直流网络中各换流站的状态统一用参数向量 $\boldsymbol{X}_d=[U_d,I_d,k_T,\cos\theta_d,\varphi]^T$ 表示。

12.2.3 直流系统的换流站控制方程组

直流线路的电压和电流的控制，都可以通过换流阀触发角的门极控制或改变换流变压器分接头而改变换流母线电压来实现。一般的具体实现过程是，触发角最先快速动作，继之以变压器的分接头改变，使得换流器各个量调整到正常范围内，最后来实现直流系统中的某一电气量维持恒定值附近。在潮流计算中，一般考虑以下几种控制方式。

1) 定电流控制

$$I_d - I_{ds} = 0 \tag{12-9}$$

2) 定电压控制

$$U_d - U_{ds} = 0 \tag{12-10}$$

3) 定功率控制

$$U_d I_d - P_{ds} = 0 \tag{12-11}$$

4) 定控制角控制

$$\cos\theta_d - \cos\theta_{ds} = 0 \tag{12-12}$$

5)定变压器变比控制

$$k_{\mathrm{T}} - k_{\mathrm{Ts}} = 0 \tag{12-13}$$

在换流站交流母线电压已知的情况下，每个换流站只要给定两个独立变量(对应于上面所列任意两个控制方程)，则其他的直流变量就可以由换流器特性方程和直流网络方程联立求解而得。

12.3　交直流混合系统的基态潮流算法

12.3.1　交直流混合系统间的功率传递

在电力系统稳态分析中，交流系统和直流系统之间的耦合关系体现在换流站母线的直流注入功率及其母线电压上。直流系统的换流站等效处理成交流系统的 P、Q 负荷，而交流系统是通过换流站所接母线的电压影响直流系统的运行状态[4-6]。直流系统可随混合系统运行特性和该直流系统的控制特性来确定交直流混合系统间的传递功率。并且直流系统有其额定运行功率，但在某些特殊的系统要求情况下，可超过额定功率运行一段时间，这要视换流器的制造工艺等条件而定，其额定功率的取值范围可由直流电压和电流体现。

图 12-3 表示的是交直流混合系统中的一般节点 i。它可接发电机、直流系统、交流负荷、无功补偿设备和交流传输系统。它们各自对节点 i 的注入功率如图所示，在系统运行中，各功率满足关系：

$$\begin{aligned} P_{\mathrm{a}i} &= P_{\mathrm{G}i} - P_{\mathrm{L}i} \pm P_{\mathrm{d}i} \\ Q_{\mathrm{a}i} &= Q_{\mathrm{G}i} + Q_{\mathrm{S}i} - Q_{\mathrm{L}i} - Q_{\mathrm{d}i} \end{aligned} \tag{12-14}$$

式中，$P_{\mathrm{d}i}$ 前的+、–符号分别表示母线所接的换流站是整流站及逆变站。

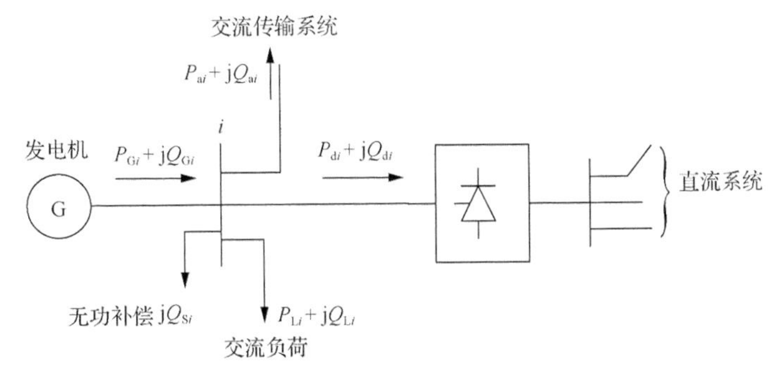

图 12-3　节点示意图

忽略换流器功率损耗，换流站交流侧的功率应和直流功率相等，表示如下：

$$
\begin{aligned}
P_{\mathrm{d}i} &= U_{\mathrm{d}i} I_{\mathrm{d}i} \\
Q_{\mathrm{d}i} &= U_{\mathrm{d}i} I_{\mathrm{d}i} \tan\varphi_i
\end{aligned}
\tag{12-15}
$$

12.3.2　交直流混合系统的标幺制

在潮流计算中，交流系统采用标幺制，直流系统也采取标幺制计算。换流变压器的一次侧交流量的基准值用下标 B 表示，直流系统的基准值用下标 dB 表示。由于用不同物理量表示的基准值之间必须满足有名制基本的物理关系式[12]，因而各物理量的基准值之间应满足：

$$
\begin{aligned}
U_{\mathrm{dB}} &= R_{\mathrm{dB}} I_{\mathrm{dB}} \\
P_{\mathrm{dB}} &= U_{\mathrm{dB}} I_{\mathrm{dB}} \\
P_{\mathrm{dB}} &= S_{\mathrm{B}} = \sqrt{3} U_{\mathrm{B}} I_{\mathrm{B}}
\end{aligned}
\tag{12-16}
$$

同时，为使标幺制下换流器的基本方程具有简洁的形式，取

$$
U_{\mathrm{dB}} = \frac{3\sqrt{2}}{\pi} N_{\mathrm{b}} k_{\mathrm{TB}} U_{\mathrm{B}} \tag{12-17}
$$

式中，k_{TB} 为换流变压器的基准变比，即额定变比。则由式(12-16)和式(12-17)可以导出直流电流与直流电阻的基准值，即

$$
\begin{aligned}
I_{\mathrm{dB}} &= \frac{P_{\mathrm{dB}}}{U_{\mathrm{dB}}} = \frac{\pi}{\sqrt{6} N_{\mathrm{B}} k_{\mathrm{TB}}} I_{\mathrm{B}} \\
R_{\mathrm{dB}} &= \frac{U_{\mathrm{dB}}}{I_{\mathrm{dB}}} = \frac{3}{\pi} N_{\mathrm{B}} X_{\mathrm{cB}} \\
X_{\mathrm{cB}} &= \frac{6}{\pi} N_{\mathrm{B}} k_{\mathrm{TB}}^2 Z_{\mathrm{B}}
\end{aligned}
\tag{12-18}
$$

以上各式就是本章采用的换流器的基准值体系，则换流站的特性方程式(12-1)～式(12-3)可以表示为

$$
\begin{aligned}
U_{\mathrm{d}}^* &= k_{\mathrm{T}}^* U^* \cos\theta_{\mathrm{d}} - X_{\mathrm{c}}^* I_{\mathrm{d}}^* \\
U_{\mathrm{d}}^* &= k_{\mathrm{r}} k_{\mathrm{T}}^* U^* \cos\varphi \\
I^* &= k_{\mathrm{r}} k_{\mathrm{T}}^* I_{\mathrm{d}}^*
\end{aligned}
\tag{12-19}
$$

为使方程的形式简洁而在上式中引入常数 X_{c}^*，其中，$X_{\mathrm{c}}^*=X_{\mathrm{c}}/X_{\mathrm{cB}} \neq X_{\mathrm{c}}/R_{\mathrm{cB}}$，在下文的换流站特性方程式(12-20)中，为书写方便而省略“*”。

12.3.3 联合求解法

联合求解法涉及求解方程组非线性更强、变量更多的交直流混合系统的方程组，所以，一般均采用收敛性较好的牛顿法，也可以在牛顿法的基础上派生快速解耦法。在牛顿法求解中，交流系统的潮流方程不变，另外，方程组中还包括直流系统中换流站特性方程、直流系统的网络方程以及控制方程(以下各量用标幺制表示)，即

$$
\begin{aligned}
&\text{deq}(1)=U_{\text{d}}-k_{\text{r}}k_{\text{T}}U\cos\varphi\\
&\text{deq}(2)=U_{\text{d}}-k_{\text{T}}U\cos\theta_{\text{d}}-X_{\text{c}}I_{\text{d}}\\
&\text{deq}(3)=f(U_{\text{d}},I_{\text{d}})\\
&\text{deq}(4)=\text{ceq}_1(U_{\text{d}},I_{\text{d}},\cos\theta_{\text{d}},k_{\text{T}})\\
&\text{deq}(5)=\text{ceq}_2(U_{\text{d}},I_{\text{d}},\cos\theta_{\text{d}},k_{\text{T}})
\end{aligned}
\tag{12-20}
$$

式中，f、ceq_1、ceq_2 分别表示直流系统的网络方程和换流站的控制方程。而交流系统的功率方程表示为

$$\Delta P_{\text{a}}=P_{\text{a}}^{s}-P_{\text{a}}(U,\theta)=0 \tag{12-21}$$

$$\Delta Q_{\text{a}}=Q_{\text{a}}^{s}-Q_{\text{a}}(U,\theta)=0 \tag{12-22}$$

$$\Delta P_{\text{t}}=P_{\text{t}}^{s}-P_{\text{td}}(U_{\text{td}},X_{\text{d}})-P_{\text{t}}(U,\theta)=0 \tag{12-23}$$

$$\Delta Q_{\text{t}}=Q_{\text{t}}^{s}-Q_{\text{td}}(U_{\text{td}},X_{\text{d}})-Q_{\text{t}}(U,\theta)=0 \tag{12-24}$$

式中，下标 a、t 分别表示不直接与换流站连接的交流系统和直接与换流站连接的交流系统，U、θ 分别是交流系统母线的电压幅值和相角。

对于由上述直流系统和交流系统方程组组成的交直流电力系统潮流方程组，采用标准的牛顿法求解时，其修正方程式为

$$
\begin{bmatrix}\Delta P_{\text{a}}\\ \Delta P_{\text{t}}\\ \Delta Q_{\text{a}}\\ \Delta Q_{\text{t}}\\ \text{deq}\end{bmatrix}=
\begin{bmatrix}
H_{\text{aa}} & H_{\text{at}} & N_{\text{aa}} & N_{\text{at}} & 0\\
H_{\text{ta}} & H_{\text{tt}} & N_{\text{ta}} & N_{\text{tt}} & I_{\text{PXd}}\\
J_{\text{aa}} & J_{\text{at}} & L_{\text{aa}} & L_{\text{at}} & 0\\
J_{\text{ta}} & J_{\text{tt}} & L_{\text{ta}} & L_{\text{tt}} & I_{\text{QXd}}\\
0 & 0 & 0 & I_{\text{du}} & I_{\text{dc}}
\end{bmatrix}
\begin{bmatrix}\Delta\theta_{\text{a}}\\ \Delta\theta_{\text{t}}\\ \Delta U_{\text{a}}\\ \Delta U_{\text{t}}\\ \Delta X_{\text{d}}\end{bmatrix}
\tag{12-25}
$$

式中，H、N、J 和 L 是交流系统部分的雅可比矩阵子块，其中，N_{tt} 及 L_{tt} 两个子阵的组成有所不同，即

$$N_{\rm tt}=\frac{\partial \Delta P_{\rm t}}{\partial \Delta U_{\rm t}}=\frac{-\partial P_{\rm t(dc)}}{\partial U_{\rm t}}-\frac{\partial P_{{\rm t}(U,\theta)}}{\partial U_{\rm t}} \tag{12-26}$$

$$L_{\rm tt}=\frac{\partial \Delta Q_{\rm t}}{\partial \Delta U_{\rm t}}=\frac{-\partial Q_{\rm t(dc)}}{\partial U_{\rm t}}-\frac{\partial Q_{{\rm t}(U,\theta)}}{\partial U_{\rm t}} \tag{12-27}$$

此外，

$$I_{\rm PXd}=\frac{\partial \Delta P_{\rm t}}{\partial X_{\rm d}}=\frac{-\partial P_{\rm t(dc)}}{\partial X_{\rm d}}-\frac{\partial P_{{\rm t}(U,\theta)}}{\partial X_{\rm d}}=\frac{-\partial P_{\rm t(dc)}}{\partial X_{\rm d}} \tag{12-28}$$

$$I_{\rm QXd}=\frac{\partial \Delta Q_{\rm t}}{\partial X_{\rm d}}=\frac{-\partial Q_{\rm t(dc)}}{\partial X_{\rm d}}-\frac{\partial Q_{{\rm t}(U,\theta)}}{\partial X_{\rm d}}=\frac{-\partial Q_{\rm t(dc)}}{\partial X_{\rm d}} \tag{12-29}$$

$$I_{\rm du}=\frac{\partial {\rm deq}}{\partial U_{\rm t}} \tag{12-30}$$

$$I_{\rm dc}=\frac{\partial {\rm deq}}{\partial X_{\rm d}} \tag{12-31}$$

联合求解法充分考虑了交、直流变量之间的耦合关系，对各种网络及运行条件的计算，均呈现良好的收敛特性，但雅可比矩阵的稀疏度比纯交流系统的要差，对程序编制要求高，占内存较多，计算时间较长。

12.3.4　交替求解法

交替求解法是联合求解法的进一步简化，在迭代计算过程中，将交流系统潮流方程组和直流系统潮流方程组分别单独进行求解。在交流系统方程求解时，将直流系统的换流站处理成连接在相应交流节点上的等效 P、Q 负荷。而在直流系统方程组求解时，将交流系统母线电压模拟成加载换流站交流母线上的一个恒定电压。在每次迭代中，交流系统方程组的求解将为随后的直流系统方程组的求解建立起换流站交流母线的电压值，而直流系统方程组的求解又为后面的交流系统方程组的求解提供了换流站的等效 P、Q 负荷值。

由于交流和直流系统方程组在迭代过程中分别单独进行求解，计算交流系统潮流，就可以采用任何一种有效的交流潮流算法。而直流系统方程组，则可以用牛顿法求解。或者交流系统方程组用快速解耦法，直流系统方程组也相应可用解耦法求解。

下面介绍交替求解法的一种简单应用[11]。

多端直流系统中一种实用的运行控制方案是选择其中的一个端点作为电压控制端，采用电压控制，而其他端点则采用定电流或定功率控制。为了减少换流器所吸收的无功功率，各换流器的控制角应尽量小。所以，在交直流电力系统潮流计算中，直流系统的电压控制端假设运行于最小控制角，于是对应于该端点有

$$\begin{aligned} U_{\mathrm{d}} &= U_{\mathrm{d}}^{\mathrm{s}} \\ \theta_{\mathrm{d}} &= \theta_{\mathrm{d,min}} \end{aligned} \tag{12-32}$$

对于定电流和定功率角控制端，其控制角也希望控制在 $\theta_{\mathrm{d}}=\theta_{\mathrm{d,min}}$，但是为了避免因控制角过小而限制直流电压的控制范围，从而导致控制方式的频繁调整，直流电压要有一定的运行裕度，实际应用中可以在式(12-1)前乘以系数 0.97，即

$$U_{\mathrm{d}} = 0.97(k_{\mathrm{T}}U\cos\theta_{\mathrm{d}} - X_{\mathrm{c}}I_{\mathrm{d}}) \tag{12-33}$$

相关计算步骤如下：

(1)采用高斯-塞德尔法对直流系统的网络方程进行求解，得到各节点的 U_{d}、I_{d}，各电压初始值可用控制端电压 $U_{\mathrm{d}}^{\mathrm{s}}$ 作为迭代初值。

(2)由求得各端点的 U_{d} 进一步求出各个端点的电流 I_{d} 和功率 P_{d}。

(3)由步骤(2)求出的和给定的 U_{d}、I_{d}、θ_{d}，根据式(12-1)或式(12-33)求出各端点的 $k_{\mathrm{T}}U$ 乘积。

(4)用已求得的 $k_{\mathrm{T}}U$ 和 U_{d}，通过式(12-2)可以求出功率因数角 φ，并进一步求得从交流母线流向换流器的有功功率 P_{d} 和 Q_{d}。

(5)用已求得的 P_{d} 和 Q_{d} 进行交流潮流计算，求得各换流站交流母线电压 U。

(6)由步骤(3)和步骤(5)求出的 $k_{\mathrm{T}}U$ 和 U，可决定所有换流变压器的变比 k_{T}，以下分两种情况讨论：

①若所有换流变压器变比都在容许调节范围 k_{Tmin} 及 k_{Tmax} 之间，则整个交直流系统的潮流计算结束。

②若任何一台变压器的 k_{T} 值超出极限，则必须修改电压控制端的 $U_{\mathrm{d}}^{\mathrm{s}}$，然后返回到第(1)步，重复上述计算过程。关于对 $U_{\mathrm{d}}^{\mathrm{s}}$ 的修改可以参照这样的方法，先选择越界最多的一台变压器，设其变比为 $k_{\mathrm{T}i}$，则经修改过的电压控制端的电压 $U_{\mathrm{d}}^{\mathrm{s}'}$ 的取值为

$$\text{若 } k_{\mathrm{T}i}>k_{\mathrm{Timax}}\text{，则 } U_{\mathrm{d}}^{\mathrm{s}'} = U_{\mathrm{d}}^{\mathrm{s}}\left(\frac{k_{\mathrm{T\,max}}}{k_{\mathrm{T}i}}\right) \tag{12-34}$$

$$\text{若 } k_{\mathrm{T}i}<k_{\mathrm{Timin}}\text{，则 } U_{\mathrm{d}}^{\mathrm{s}'} = U_{\mathrm{d}}^{\mathrm{s}}\left(\frac{k_{\mathrm{T\,min}}}{k_{\mathrm{T}i}}\right) \tag{12-35}$$

交替求解法由于交、直流系统的潮流方程分开求解，因此，利用现有任何一

种交流潮流程序再加上直流系统潮流程序模块即可构成整个程序。另外，交替求解法也更容易在计算中考虑直流系统的约束条件和运行方式的合理调整。

12.4　交直流混合系统输电能力的优化模型

12.4.1　最优潮流模型

混合系统的输电能力计算的目标函数是使送电区对外联络线(包括直流线)的总传输功率最大[12]，即

$$\max\left\{\sum_{i\in \mathrm{A},\, j\in \mathrm{E}}[P_{ij}(X_{\mathrm{a}})+P_{\mathrm{d},ij}(X_{\mathrm{d}})]-\sum_{i\in \mathrm{A},\, j\in \mathrm{E}}(P_{ij}+P_{\mathrm{d},ij})\right\} \tag{12-36}$$

式中，$\sum_{i\in \mathrm{A},\, j\in \mathrm{E}}[P_{ij}(X_{\mathrm{a}})+P_{\mathrm{d},ij}(X_{\mathrm{d}})]$ 为送电区 A 对外区域 E 的所有联络线上传输的有功功率表达式；$\sum_{i\in \mathrm{A},\, j\in \mathrm{E}}(P_{ij}+P_{\mathrm{d},ij})$ 为基态下区域 A 所有对外联络线上传送的有功功率；其中，X_{a} 是与交流系统相关的变量向量；X_{d} 为与直流系统相关的变量向量。

如图 12-4 所示，若对于节点 i 和节点 j 之间的传输线路是交流线路，假设由节点 i 流向节点 j 的功率为 P_{ij}，则

$$\begin{aligned}
P_{ij} &= \mathrm{Re}\left[\dot{U}_i \dot{I}_{ij}^*\right] = \mathrm{Re}\left[\left(U_i\cos\theta_i + \mathrm{j}U_i\sin\theta_i\right)\left(\frac{\dot{U}_i-\dot{U}_j}{R+\mathrm{j}X}\right)^*\right] \\
&= \mathrm{Re}\left[\left(U_i\cos\theta_i + \mathrm{j}U_i\sin\theta_i\right)\left(\frac{U_i\cos\theta_i+\mathrm{j}U_i\sin\theta_i-U_j\cos\theta_j-\mathrm{j}U_j\sin\theta_j}{R+\mathrm{j}X}\right)^*\right] \\
&= \frac{R}{R^2+X^2}U_i^2-\frac{R}{R^2+X^2}U_iU_j\cos\theta_{ij}+\frac{X}{R^2+X^2}U_iU_j\sin\theta_{ij} \\
&= -G_{ij}U_i^2+U_iU_jG_{ij}\cos\theta_{ij}+U_iU_jB_{ij}\sin\theta_{ij}
\end{aligned}$$

式中，$G_{ij}+\mathrm{j}B_{ij}$ 为节点导纳阵中的相应元素；$R_{ij}+\mathrm{j}X_{ij}$ 为线路的阻抗；$\dot{I}_{ij}$、$\dot{I}_{ij}^*$ 为线路电流及其共轭向量；$\dot{U}_i$ 和 $\dot{U}_j$ 分别为节点 i 和节点 j 的电压向量；U_i 和 θ_i 分别为节点 i 的电压幅值和相角；U_j 和 θ_j 分别为节点 j 的电压幅值和相角。

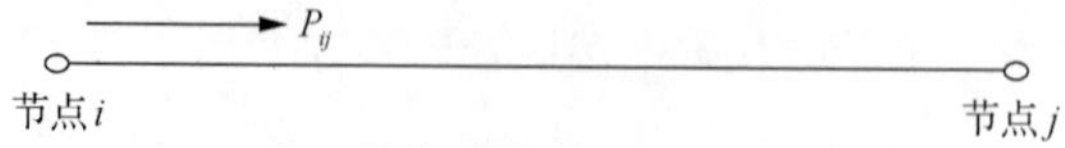

图 12-4　线路传输功率示意图

若对于节点 i 和节点 j 之间的传输线路是直流线路，假设由节点 i 流向节点 j 的功率为 $P_{\mathrm{d},ij}$，则 $P_{\mathrm{d},ij}=U_{\mathrm{d}i}I_{\mathrm{d}i}$，式中，$U_{\mathrm{d}i}$、$I_{\mathrm{d}i}$ 分别是直流端 i 的直流电压和电流。

等式约束是交直流混合系统的潮流方程、直流系统中各换流器的特性方程式(12-1)～式(12-3)以及直流网络方程式(12-5)、式(12-6)、式(12-7)或式(12-8)。潮流方程应做如下考虑：当节点未接换流站，该节点的潮流方程就是常规交流系统的潮流方程；当节点接有换流站时，原来的潮流方程就要加入换流站的等效注入功率 P_{d} 和 Q_{d}，其值由式(12-13)可得，则混合系统的潮流方程表示为

$$\begin{aligned}
&P_i \pm P_{\mathrm{d}i} - U_i \sum_{j=1}^{n} U_j (G_{ij}\cos\theta_{ij} + B_{ij}\sin\theta_{ij}) = 0 \\
&Q_i - Q_{\mathrm{d}i} + Q_{\mathrm{S}i} - U_i \sum_{j=1}^{n} U_j (G_{ij}\sin\theta_{ij} - B_{ij}\cos\theta_{ij}) = 0
\end{aligned} \tag{12-37}$$

式中，P_i、Q_i 分别为节点 i 的交流系统注入的有功功率和无功功率；$P_{\mathrm{d}i}$ 前的+、−符号分别表示母线所接的换流站是整流站及逆变站。

不等式约束首先考虑交流系统，有发电机组的出力约束、负荷的容量约束、无功补偿容量约束、节点电压和线路传输功率约束，即

$$\begin{aligned}
&P_{\mathrm{G}i}^{\min} \leqslant P_{\mathrm{G}i} \leqslant P_{\mathrm{G}i}^{\max}, && i \in S_{\mathrm{G}} \\
&Q_{\mathrm{G}i}^{\min} \leqslant Q_{\mathrm{G}i} \leqslant Q_{\mathrm{G}i}^{\max}, && i \in S_{\mathrm{G}} \\
&P_{\mathrm{L}i}^{*} \leqslant P_{\mathrm{L}i} \leqslant P_{\mathrm{L}i}^{\max}, && i \in S_{\mathrm{L}} \\
&Q_{\mathrm{L}i}^{*} \leqslant Q_{\mathrm{L}i} \leqslant Q_{\mathrm{L}i}^{\max}, && i \in S_{\mathrm{L}} \\
&Q_{\mathrm{S}i}^{\min} \leqslant Q_{\mathrm{S}i} \leqslant Q_{\mathrm{S}i}^{\max}, && i \in S_{\mathrm{S}} \\
&U_i^{\min} \leqslant U_i \leqslant U_i^{\max}, && i \in S_{\mathrm{N}} \\
&P_{ij}^{\min} \leqslant P_{ij} \leqslant P_{ij}^{\max}, && i, j \in S_{\mathrm{N}}
\end{aligned} \tag{12-38}$$

式中，S_{G} 是送电区的所有发电机节点集合；S_{L} 是受电区的所有负荷节点集合；S_{S} 为装有无功补偿装置的节点集合；S_{N} 为系统所有的节点集合；变量上角标*、min、max 分别表示基态潮流中的值、变量的下限和上限值。

直流系统的不等式约束应考虑换流站的直流电压、电流约束、换流变压器变比上下限、换流器的控制角约束，以及各直流线路的电流极限，即

$$
\begin{aligned}
&U_{di}^{\min} < U_{di} < U_{di}^{\max} \\
&I_{di}^{\min} < I_{di} < I_{di}^{\max} \\
&k_{Ti}^{\min} < k_{Ti} < k_{Ti}^{\max} \qquad i \in S_d \\
&\theta_{di}^{\min} < \theta_{di} < \theta_{di}^{\max} \\
&I_{ij}^{\min} < I_{ij} < I_{ij}^{\max}
\end{aligned}
\tag{12-39}
$$

式中，S_d是所有换流站节点的集合；换流变压器变比 k_T 视为连续变量；θ_{di} 是对应整流器的触发延迟角或逆变器的熄弧超前角。

为降低模型求解的非线性，在对换流站参数中 θ_d 的表示上采用其余弦值，若要求 θ_d，则可通过其反三角函数求得。

设整流器模型用的是触发延迟角 α，逆变器模型用的是熄弧超前角 γ。只要算出这两个角度，就可以求得整流器运行中的换相角(重叠角)μ_1 和熄弧延迟角 δ，即 $\mu_1 = \arccos\left(\cos\alpha - \dfrac{2X_c I_d}{\sqrt{2}U_a}\right) - \alpha$，$\delta=\alpha+\mu_1$；也可以求得逆变器运行中的换相角 μ_2 和触发超前角 β，即 $\mu_2 = \arccos\left(\cos\gamma - \dfrac{2X_c I_d}{\sqrt{2}U_a}\right) - \gamma$，$\beta=\mu_2+\gamma$。在寻优过程中，不引入直流系统的具体控制方程，而是在包含换流站控制参数的变量空间内进行寻优，再根据优化结果考虑换流站的具体控制方式[13-15]。

12.4.2　经典优化算法的运用

电力系统的最优潮流问题在数学上表现为非线性规划问题，在过去的 40 多年里，最优潮流问题一直吸引着众多学者的关注。随着最优化理论的发展，各种各样的方法，如线性的、二次的和非线性规划的算法、解耦及牛顿法等，都被相继用于求解最优潮流问题[13,14]，近几年来，内点法也被成功地应用于这一领域。

内点法最早可以追溯到 20 世纪 50 年代，然而，对于内点法的发展真正具有里程碑意义的，是 1984 年 Karmarkar 提出的具有多项式时间可解性的线性规划内点算法[15,16]。其后，无论在理论上还是在实践上，人们都对内点法投入了极大的研究兴趣，并取得了可喜的进展。各种不同类型的内点法不断被提出，如投影尺度法、仿射尺度法、路径跟踪法等。近年来，人们也尝试着将内点法用于电力系统的优化问题，并且逐渐成为解决电力系统大规模优化问题的强有力工具[17]。其中，原-对偶内点法以其良好的数值鲁棒性和收敛性，在众多优化方法中显示出良好的优势。因此，本章采用原-对偶内点法求解交直流系统可用输电能力的非线性规划问题。

1. 原-对偶内点算法

非线性原-对偶内点法本质是拉格朗日函数、对数壁垒函数和牛顿法三者的有机结合，具有二阶收敛性和数值鲁棒性。在保持解的原始可行性和对偶可行性的同时，沿原-对偶路径迭代，直至寻找到目标函数的最优解。此算法很好地保留了牛顿法的优点，同时，较牛顿法更方便地处理了各种函数和变量不等式约束[18,19]。

对一般的优化问题可表示如下：

$$\begin{aligned}&\min \quad f(x)\\&\text{s.t.} \quad g(x)=0\\&h_{\min}<h(x)<h_{\max}\end{aligned} \tag{12-40}$$

引入松弛变量 s_u、s_l，把不等式约束转换为等式约束，然后用拉格朗日法处理等式约束，用统一的障碍因子 μ 处理各松弛因子，形成拉格朗日函数如下：

$$\begin{aligned}L=&f(x)+y^{\mathrm{T}}g(x)+l^{\mathrm{T}}\left(h(x)-h_{\min}-s_l\right)\\&+u^{\mathrm{T}}\left(h(x)+h_{\max}-s_u\right)-\mu\left(\sum_i(\ln s_{li}+\ln s_{ui})\right)\end{aligned} \tag{12-41}$$

式中，x、s_l、s_u 是原始变量向量；y、l、u 是对偶变量向量。根据 Kuhn-Tucker 极值条件，求该拉格朗日函数对各变量的一阶偏导，得

$$\begin{aligned}&\frac{\partial L}{\partial x}=\nabla f(x)-\nabla g^{\mathrm{T}}(x)y-\nabla h^{\mathrm{T}}(x)(l+u)=0\\&\frac{\partial L}{\partial y}=g(x)=0\\&\frac{\partial L}{\partial l}=h(x)-h_{\min}-s_l=0\\&\frac{\partial L}{\partial u}=h(x)+h_{\max}-s_u=0\\&\frac{\partial L}{\partial s_l}=l-\mu[s_l]^{-1}e=0\Rightarrow[s_l]l-\mu e=0\\&\frac{\partial L}{\partial s_u}=-u-\mu[s_u]^{-1}e=0\Rightarrow[s_u]u+\mu e=0\end{aligned} \tag{12-42}$$

式中，▽表示对 x 求偏导，即求雅可比矩阵；[　]表示以该向量元素为主对角元的对角阵；e 是单位向量。用牛顿法对以上非线性方程组求解得各相应修正方程，即

$$
\begin{aligned}
&\tilde{H}(x,y,l,u)\Delta x-\nabla g(x)\Delta y-\nabla h(x)(\Delta l+\Delta u)=-L_{x0}\\
&\nabla g^{\mathrm{T}}(x)\Delta x=-g(x)=-L_{y0}\\
&\nabla h^{\mathrm{T}}(x)\Delta x-\Delta s_l=h(x)-h_{\min}-s_l=-L_{l0}\\
&\nabla h^{\mathrm{T}}(x)\Delta x+\Delta s_u=-(h(x)-h_{\max}+s_u)=-L_{u0}\\
&[s_l]\Delta l+[l]\Delta s_l=-([s_l]l-\mu e)=-L_{s_l0}\\
&[s_u]\Delta u+[u]\Delta s_u=-([s_u]u+\mu e)=-L_{s_u0}
\end{aligned} \tag{12-43}
$$

式中，$\tilde{H}(x,y,l,u)=\nabla^2 f(x)-\nabla^2 g(x)y-\nabla^2 h(x)(l+u)$，而 L_{x0} 是式(12-42)中的第一式的残差量，对以上各修正方程变换行列得到降阶的简约修正矩阵为

$$
\begin{bmatrix} H & \nabla g(x) \\ \nabla^{\mathrm{T}} g(x) & 0 \end{bmatrix}\begin{bmatrix}\Delta x\\ \Delta y\end{bmatrix}=\begin{bmatrix}\tilde{h}\\ -L_{y0}\end{bmatrix} \tag{12-44}
$$

$$
\Delta s_l=\nabla^{\mathrm{T}}h(x)\Delta x+L_{l0} \tag{12-45}
$$

$$
\Delta s_u=-L_{u0}-\nabla^{\mathrm{T}}h(x)\Delta x \tag{12-46}
$$

$$
\Delta l=-[s_l]^{-1}\left([l]\Delta s_l+L_{s_l0}\right) \tag{12-47}
$$

$$
\Delta u=-[s_u]^{-1}\left([u]\Delta s_u+L_{s_u0}\right) \tag{12-48}
$$

其中，

$$
H=-\tilde{H}-\nabla h(x)\left([s_u]^{-1}[u]-[s_l]^{-1}[l]\right)\nabla^{\mathrm{T}}h(x) \tag{12-49}
$$

$$
\begin{aligned}
\tilde{h}=L_{x0}-\nabla h(x)\Big([s_u]^{-1}\left([u]L_{u0}-L_{s_u0}\right)\\
-[s_l]^{-1}\left([l]L_{l0}+L_{s_l0}\right)\Big)
\end{aligned} \tag{12-50}
$$

采用原-对偶内点法求解该优化问题的计算步骤可概括如下：

(1)给定系统的网络参数和各原始变量及其函数不等式的上、下限。

(2)对优化问题的各变量初始化，其中，松弛变量和对偶变量取 $s_l>0$，$s_u>0$，$l>0$，$u<0$，$|y|\in[0,\rho]$（ρ 为趋于 0 的正数），取中心参数 $\sigma\in(0,1)$，收敛精度取 $\varepsilon=10^{-6}$。

(3)计算互补间隙 $C_{\mathrm{gap}}=l^{\mathrm{T}}s_l-u^{\mathrm{T}}s_u$，若 $C_{\mathrm{gap}}<\varepsilon$，输出最优解，计算结束，否则，转至下步。

(4) 计算障碍因子 $\mu=\sigma C_{\text{gap}}/2r$，$r$ 为不等式个数；求解方程组式(12-44)～式(12-48)得 Δx、Δs_l、Δs_u、Δl、Δu、Δy。

(5) 确定原始和对偶修正步长 S_p、S_d，对各变量进行修正，转至步骤(3)，其中

$$S_p = 0.9995\min\left\{\min\left(\frac{-s_{li}}{\Delta s_{li}}:\Delta s_{li}<0;\frac{-s_{ui}}{\Delta s_{ui}}:\Delta s_{ui}<0\right),\ 1\right\}$$

$$S_d = 0.9995\min\left\{\min\left(\frac{-l_i}{\Delta l_i}:\Delta l_i<0;\frac{-u_i}{\Delta u_i}:\Delta u_i>0\right),\ 1\right\}$$

式中，$i=1,2,\cdots,r$。

2. 算法中的关键问题

1) 初值的选取

在编程和大量的计算实践中可知，初值的选取对算法的收敛性有很大影响，各变量的初值按如下原则选取可有效提高算法的收敛性：原始变量中的 x 取基态潮流值，比平启动初始化的收敛效果明显好，即迭代次数少；松弛变量 s_u，s_l 按在其他变量的初始条件下，不等式约束转化为等式约束的原则确定；对偶变量 l，u，y 按 $l>0$，$u<0$，$|y|\in[0,\rho]$的原则选取；中心参数 σ 在理论上应选在(0,1)之间，当其趋于 0 和 1 时，分别能保证解的最优性和存在性[18]，大量仿真表明，σ 值选在 0.01～0.1 之间比较合适。

2) 对简约修正矩阵的处理

在算法实现过程中发现，简约修正方程式(12-44)的计算耗时在整个计算耗时中处于主导地位。其中，各原始变量 x 和各等式约束方程的对偶变量 y 的排序对算法运算效率也有很大的影响。若对 x 和 y 的顺序排列如下：$[P_{\text{G}}^{\text{T}},P_{\text{L}}^{\text{T}},Q_{\text{G}}^{\text{T}},Q_{\text{L}}^{\text{T}},Q_{\text{S}}^{\text{T}},y_{\text{P1}},y_{\text{Q1}},\theta_1,U_1,\cdots,y_{\text{P}i},y_{\text{Q}i},\theta_i,U_i,\cdots,y_{\text{Pn}},y_{\text{Qn}},\theta_{\text{n}},U_{\text{n}},X_{\text{d1}}^{\text{T}}\cdots X_{\text{d}i}^{\text{T}}\cdots X_{\text{d}m}^{\text{T}},Y_{\text{de}}^{\text{T}}]$，其中，$y_{\text{P}i}$、$y_{\text{Q}i}$ 是节点 i 的潮流方程对应的对偶变量，列向量 Y_{de} 是直流系统各等式约束方程的对偶变量组成的向量，并对简约修正矩阵做相应行列变换，得

$$B=\begin{bmatrix} D & I & 0 & 0 & 0 \\ I & N & C & J_1 & 0 \\ 0 & C & H_{\text{d}} & J_2 & J_3 \\ 0 & J_1 & J_2 & 0 & 0 \\ 0 & 0 & J_3 & 0 & 0 \end{bmatrix} \tag{12-51}$$

上式是对称简约修正矩阵的下三角，B 阵中的 D、H_d 以及 C 的部分元素都是式(12-49)中 H 的子块和相应元素，而 I、J_1、J_2、J_3 以及 C 的另外部分元素是 $\nabla g(x)$ 的子块和相应元素。对式(12-49)中 H 的构成以及 x、y 的排序深入分析可知：D 对应于 H 中各功率控制变量，是一对角子块；H_d 是 H 中与修正变量 X_d^T 和 X_d 对应行列的子块。同理，对 $\nabla g(x)$ 的构成分析可知：I 是只含有“0”、“–1”和“1”的稀疏子块，各非零元素是潮流方程对功率变量求一阶导的元素；而 J_1 是换流站特性方程对该母线电压求一阶导元素组成的子块；J_2、J_3 都是直流系统等式约束对直流变量求一阶导元素组成的子块。C 是 H 中与修正变量 X_d^T 和 U 对应行列的元素和 $\nabla g(x)$ 中潮流方程对变量 X_d 求导元素组合成的子块。N 也是 H 和 $\nabla g(x)$ 中相应元素的组合子块，每个 4×4 单元格是简约修正矩阵中与每对修正向量$[y_P\ y_Q\ \theta\ U]$和$[y_P\ y_Q\ \theta\ U]^T$对应行列的子块，它的结构与牛顿潮流算法的雅可比矩阵 2×2 单元格相似，其中，每个单元格所含导纳就是相应导纳阵中的元素，便于数据存储和编程实现，同时也提高了计算效率。由此可知，I、C 和 J_1 都是较为稀疏的子块，可利用稀疏技术处理。

12.4.3 算例分析

采用文献[20]的交直流混合测试系统进行仿真计算分析。该系统是在 IEEE-30 节点系统的节点 1、2、4、6 和 28 之间添加了 5 个直流换流站(各换流站等效为单极换流站)和四回直流线路构成的，系统中整流器连接在节点 1 和 2，逆变器连接在节点 4、6 和 28，此外，系统中还有 41 条交流线路和 6 台发电机，划分为三个区域，系统各参数详见文献[20]。为突出对直流系统的输电能力的分析，以下只讨论区域 1 到区域 3 的可用输电能力。

1. 数据准备

这里依然考虑区域 1 的发电机均无功可调，同时，可调节直流系统中换流站的换流变压器的变比和换流器控制角。因此，30 节点混合系统中应包括如下变量：区域 1 的发电机有功功率、无功功率；区域 3 的负荷有功功率、无功功率；系统所有节点的电压幅值和相角；直流系统换流站的直流电压、直流电流、换流变压器的变比、换流器的控制角的余弦值、换流站的功率因数角。

算法在初始化过程中各变量初始值是根据实际情况自行设置的，对于非线性规划问题，并不需要从严格的内点开始，只需将各变量的初值限制在各自的取值范围内即可，在以往的计算中，有些采取平启动，即取各节点电压幅值和相角分别为 1 和 0，也有取各变量为其上、下限的均值等多种初值取法。取不同的初值对算法的收敛性有很大影响，经过大量计算实践可知，各变量的初值按如下选取时，能使计算有较好的收敛性：原始变量中的 x 取基态潮流值；各松弛变量 s_{li}=1,

时 s_{ui}=1；各不等式拉格朗日乘子(对偶变量) l_i=1 时，u_i=−0.5，下标 i 表示约束条件中不等式的个数；各等式拉格朗日乘子 y_{2i-1}=1E-10 时，y_{2i}=1E-10，下标 i 表示约束条件中等式的个数；中心参数 σ 取值在 0.01～0.1 之间；按 12.3.2 节的算法步骤计算，当迭代满足收敛条件 $\varepsilon=10^{-6}$ 时输出最优解。直流系统各换流站的直流电压，换流变压器变比，整流器 C1、C5 的触发延迟角，逆变器 C2、C3、C4 的熄弧超前角的变化范围分别在 1.0～1.48p.u.、0.9～1.1p.u.、7°～90°、16°～90°，而换流站直流电流和直流传输线电流上下限如表 12-1 所示。

表 12-1　直流系统中各电流上下限　(单位：p.u.)

电流	I_{d1}	I_{d2}	I_{d3}	I_{d4}	I_{d5}	I_{d15}	I_{d23}	I_{d25}	I_{d45}
最小值	0.20	0.10	0.10	0.10	0.10	0.20	0.10	0.10	0.10
最大值	1.48	0.74	1.11	1.11	1.24	1.90	1.11	1.90	1.11

2. 基态数据

基态下直流系统中各换流站的控制策略为：换流站 C5 控制整个直流系统的电压，采用定电压控制，其他直流端点均采用定电流控制，也可以采用其他控制策略，通过 12.3.4 节的交替求解法计算系统基态潮流[11]，则区域 1 通过对外联络线向区域 3 传输的功率如表 12-2 所示。

3. 计算结果分析

换流站要消耗大量的无功功率，占所传输有功功率的 40%～60%。若不对换流站进行无功补偿，将造成大量无功穿越，使整个系统的输送能力降低。下面讨论换流站采取无功补偿与否对可用输电能力的影响，并分别进行仿真分析。

各换流站不采取无功补偿，所需无功由交流系统提供，则区域 1 到区域 3 的 ATC 值及互补间隙迭代到 49 次收敛，得输电能力为 71.61MW，送电区 1 的对外各联络线输送功率如表 12-2 的算例 1 所示，直流系统各状态变量在最优处的值如表 12-3 所示。

直流系统中所装设的无功补偿装置最常用的是机械投切电容电抗器，本节采用无功功率注入模型，不改变交流系统导纳矩阵。实际工程中，换流站应接有电容器，主要是考虑换流站一般都采用交流滤波器，它能给直流系统提供相当的容性无功，而在换流站低负荷运行时，其消耗的容性无功相对较少，这时，交流滤波器提供的容性无功可能过剩而导致电压升高，所以要设置电抗器来消耗一定量的容性无功，但所消耗的容性无功不得超过交流滤波器提供的无功。由于本节在换流站数学模型处理上把交流滤波器和无功补偿装置都归于无功注入模型，所以不应考虑感性无功容量。

由于母线 1、2 接有发电机，可作无功电源，所以只需在母线 4、6 和 28 的换流站进行无功补偿。各换流站的无功补偿容量设在–40～0Mvar 之间。依此计算结果，此时直流系统的各换流站的状态变量如表 12-3 所示，区域 1 到区域 3 的 ATC 值及互补间隙迭代到 45 次收敛。输电能力是 79.67MW，换流站 C2、C3、C4 的无功补偿量分别是–39.97Mvar、–17.14Mvar 和–33.82Mvar。送电区 1 的对外各联络线输送功率如表 12-2 的算例 2 所示，直流系统各状态变量在最优处的值如表 12-4 所示。

表 12-2　1 区域对外各联络线传输的有功功率

节点间联络线	2–6	4–6	7–6	4–12	直流线 1–6	直流线 1–28
基态	–36.13	–10.16	–68.30	23.47	91.56	69.10
算例 1	48.13	37.38	–23.13	35.14	10.27	32.27
算例 2	8.44	–17.66	–27.76	29.93	44.78	111.00

注：表中给出的线功率单位是 MW。

表 12-3　算例 1 最优解处各换流站的状态量

换流站序号	U_{d} /p.u.	I_{d} /p.u.	k_{T} /p.u.	θ_d /(°)	φ/(°)
1	1.0096	0.2014	1.0509	21.9303	22.7304
2	1.0025	0.1000	1.0699	22.3595	22.2506
3	1.0000	0.1027	1.0688	23.3542	22.9431
4	1.0000	0.3227	1.0729	21.2268	22.7229
5	1.0056	0.3241	1.0701	19.7081	21.7279

表 12-4　算例 2 最优解处各换流站的状态量

换流站序号	U_{d} /p.u.	I_{d} /p.u.	k_{T} /p.u.	θ_d /(°)	φ /(°)
1	1.0320	0.6424	1.0555	23.7897	27.2798
2	1.0159	0.1000	1.0743	22.1273	22.1025
3	1.0000	0.4478	1.0728	23.0576	24.2019
4	1.0000	1.1100	1.1000	16.0025	23.3892
5	1.0192	1.0154	1.0703	19.1183	26.6075

计算结果表明：换流站要消耗大量的无功功率，若不对换流站进行适当的无功补偿，将抑制直流线路有功功率的传送；若对其无功补偿，可有效提高整个混合系统的可用输电能力。

12.5　轻型交直流混合系统的输电能力计算

12.5.1　VSC-HVDC 系统数学模型

VSC-HVDC 系统的组成结构包括：电压源换流器、换流电抗器、直流侧电容器、交流滤波器、换流变压器和直流输电线，而换流器中的换流阀主要由 IGBT、GTO 等可控关断型器件与一个反并联二极管构成。目前，已投入运行的轻型直流输电工程均采用由 IGBT 和二极管组成的非对称可关断换流阀及三相全波桥式回路的 PWM 电压源换流器。具体组成结构和脉宽调制技术详见文献[22]。VSC-HVDC 系统的简单示意图如图 12-5 所示，图中，V_{si} 为交流母线电压基波分量，V_{ci} 为换流器输出电压基波分量，θ_i、θ_{ci} 分别为 V_{si}、V_{ci} 的相角，X_{ci} 为换流电抗器的基波电抗，R_{ci} 为模拟换流器损耗的等效电阻 $(i = m, n)$。

在 VSC-HVDC 稳态分析中，对 VSC 采用如下几个基本假设：

(1) VSC 交流母线的三相交流电压为对称的正弦波。

(2) VSC 本身的运行是完全对称平衡的。

(3) VSC 换流桥的有功损耗叠加在换流电抗器的有功损耗上，共同由电阻 R_c 等效。

(4) 直流电压和直流电流是平直的。

在以上假设且忽略谐波分量的前提下，换流器与交流电网间传输的有功功率和无功功率分别为

$$P_{si} = \frac{V_i V_{ci} \sin(\theta_i - \theta_{ci})}{X_c} \tag{12-52}$$

$$Q_{si} = \frac{V_i [V_i - V_{ci} \cos(\theta_i - \theta_{ci})]}{X_c} \tag{12-53}$$

由式(12-52)和式(12-53)可知，有功功率传输的大小和方向主要取决于 $\theta_i - \theta_{ci}$，无功功率传输的大小和方向主要取决于 V_{ci}。而在 VSC-HVDC 系统中，电压源换流器采用 PWM 技术，其输出电压波形的基波幅值 V_{ci} 和相位角 θ_{ci} 由 PWM 的调制比和移相角决定。因此，通过调节调制比和移相角即可实现对有功功率和无功功率的控制[23]。

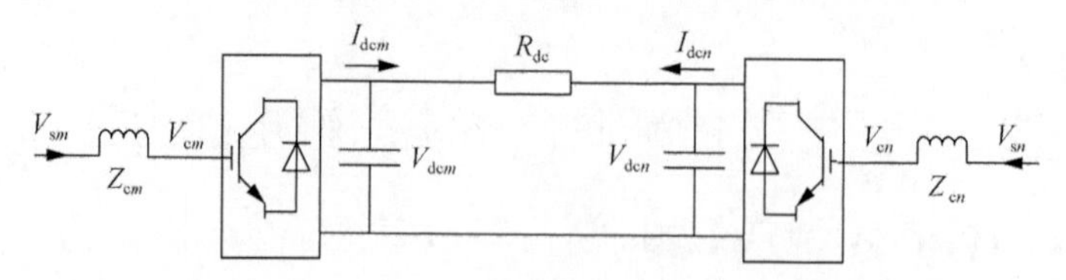

图 12-5　VSC-HVDC 系统的简单示意图

为建立适合最优潮流计算的 VSC-HVDC 数学模型，本节采用文献[24]的等值电压源模型来描述电压源换流器。该模型能够方便地计及直流系统的各控制模式和运行限制，适合于优化计算。为方便研究，模型中未考虑交流滤波器且不计谐波分量影响。图 12-6 为 VSC 的等值电压源模型。

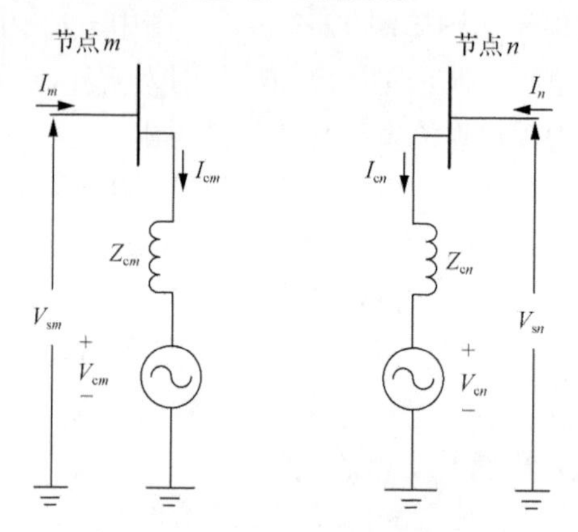

图 12-6　VSC 的等值电压源模型

设节点 m 为送端，n 为受端，基于等值电压源模型，可得交流系统通过节点 $i\,(i=m,n)$ 注入直流系统的有功功率和无功功率分别为

$$P_{si} = V_i^2 G_{ci} - V_i V_{ci}[G_{ci}\cos(\theta_i - \theta_{ci}) + B_{ci}\sin(\theta_i - \theta_{ci})] \tag{12-54}$$

$$Q_{si} = -V_i^2 B_{ci} - V_i V_{ci}[G_{ci}\sin(\theta_i - \theta_{ci}) - B_{ci}\cos(\theta_i - \theta_{ci})] \tag{12-55}$$

式中，$G_{ci}+\mathrm{j}B_{ci}=1/(R_{ci}+\mathrm{j}X_{ci})$。

换流器吸收的有功功率和无功功率分别为

$$P_{ci} = -V_{ci}^2 G_{ci} + V_i V_{ci}[G_{ci}\cos(\theta_i - \theta_{ci}) - B_{ci}\sin(\theta_i - \theta_{ci})] \tag{12-56}$$

$$Q_{ci} = V_{ci}^2 B_{ci} - V_i V_{ci}[G_{ci}\sin(\theta_i - \theta_{ci}) + B_{ci}\cos(\theta_i - \theta_{ci})] \tag{12-57}$$

电压源换流器采用 PWM 控制，设 M_{ci} 为其调制比，取值区间为[0,1]，则换流器交流侧电压 V_{ci} 和直流侧电压 V_{dci} 的关系[25]为

$$V_{ci}=\frac{M_{ci}V_{dci}}{2\sqrt{2}} \tag{12-58}$$

根据直流支路参数及连接情况，可得直流系统内部的网络方程为

$$Y_{dc}V_{dc}=I_{dc} \tag{12-59}$$

式中，$I_{dc}=[-I_{dcm}, -I_{dcn}]^T$ 是直流节点注入电流列向量，$V_{dc}=[V_{dcm}, V_{dcn}]^T$ 为直流节点电压列向量，Y_{dc} 为直流网络的节点导纳阵。

VSC-HVDC 系统在正常稳态运行时，需指定各换流站的控制方式。每个换流站可以各自控制其无功功率或交流母线电压，但直流网络的有功功率必须保持平衡，否则将引起直流电压的波动。为此，须由一个换流站来控制直流电压，另一个换流站则可以在系统设定的范围内，任意整定有功功率，而控制电压的换流站可以调整其功率信号以保证有功平衡[26]。

对于有功控制环节，各换流站可以选择的控制方式有

$$V_{dci}-V_{dc}^{spec}=0 \tag{12-60}$$

$$P_{si}-P_{si}^{spec}=0 \tag{12-61}$$

而无功控制环节可以选择的控制方式有

$$Q_{si}-Q_{si}^{spec}=0 \tag{12-62}$$

$$V_i-V_i^{spec}=0 \tag{12-63}$$

式中，V_{dc}^{spec}、P_{si}^{spec}、Q_{si}^{spec}、V_i^{spec} 为换流器 i 分别采用相应控制方式时的控制设定值。

12.5.2　含 VSC-HVDC 的混合系统输电能力求解模型[22,23]

本节将输电能力计算的目标函数定义为受电区域对外所有联络线(包括直流线)的总输入功率与基态传输功率之差[12]，为简化计算，忽略 TRM、CBM，且不考虑网损的分摊，计算模型如下。

1) 目标函数

$$\max\left\{\sum_{i\in D, j\in E}[P_{ij}^{ac}(x)+P_{ij}^{dc}(x)]-\sum_{i\in D, j\in E}(P_{ij}^{ac}+P_{ij}^{dc})\right\} \tag{12-64}$$

式中，$P_{ij}^{ac}(x)$ 为外部区域 E 通过交流联络线对受电区 D 输入的有功功率；$P_{ij}^{dc}(x)$

外部区域 E 通过直流联络线对受电区 D 输入的有功功率；P_{ij}^{ac} 、P_{ij}^{dc} 分别为 $P_{ij}^{\mathrm{ac}}(x)$、$P_{ij}^{\mathrm{dc}}(x)$ 的基态值，其中 x 是系统变量。

2) 等式约束

(1) 潮流方程。

当交流节点未与换流站相连时，该节点的潮流方程就是普通的交流潮流方程；当节点接有换流站时，原来的潮流方程就要计入交直流系统间的传输功率，表示为

$$
\begin{aligned}
&P_i - V_i \sum_{j=1}^{n} V_j (G_{ij} \cos\theta_{ij} + B_{ij} \sin\theta_{ij}) - P_{\mathrm{s}i} = 0 \\
&Q_i - V_i \sum_{j=1}^{n} V_j (G_{ij} \sin\theta_{ij} - B_{ij} \cos\theta_{ij}) - Q_{\mathrm{s}i} = 0
\end{aligned}
\tag{12-65}
$$

式中，P_i、Q_i 分别为交流节点 i 的注入有功功率和无功功率；P_{si}、Q_{si} 分别为直流系统从交流节点 i 吸收的有功功率和无功功率；G_{ij}+jB_{ij} 为交流系统节点导纳阵中的元素。

(2) 换流器有功功率平衡方程。

由前所述，换流器的损耗已由 R_{ci} 模拟，故可认为注入换流器的有功功率与输入直流网络的有功功率是近似相等的，即

$$
P_{\mathrm{c}i} - V_{\mathrm{dc}i} I_{\mathrm{dc}i} = 0 \tag{12-66}
$$

将上式代入式(12-56)，得有功功率平衡方程为

$$
-V_{\mathrm{c}i}^2 G_{\mathrm{c}i} + V_i V_{\mathrm{c}i} [G_{\mathrm{c}i} \cos(\theta_i - \theta_{\mathrm{c}i}) - B_{\mathrm{c}i} \sin(\theta_i - \theta_{\mathrm{c}i})] - V_{\mathrm{dc}i} I_{\mathrm{dc}i} = 0 \tag{12-67}
$$

(3) 换流站控制方程。

考虑对 VSC 的控制变量所采取的优化方式的不同，这里对控制变量进行选择指定。当设置某一控制变量为指定值时，则引入相应的控制方程如下：

$$
X_{\mathrm{c}i} - X_{\mathrm{c}i}^{\mathrm{spec}} = 0 \tag{12-68}
$$

式中，X_{ci} 代表 V_{dci}、P_{si}、Q_{si} 和 V_{si} 中的某一个变量。但每个 VSC 最多可指定两个控制变量，而未指定的控制变量在运行可行域内进行寻优。

等式约束中，除上述方程外，还包括交直流系统间传输功率方程式(12-52)和式(12-53)、换流器输出电压方程式(12-58)以及直流网络方程式(12-59)，在计算过程中须一并满足。

3) 不等式约束

对于交流系统，需满足的约束有发电机组的出力约束、负荷容量约束、节点电压约束和线路容量约束，即

$$\begin{aligned}
&P_{\mathrm{G}i}^{\min} \leqslant P_{\mathrm{G}i} \leqslant P_{\mathrm{G}i}^{\max}, && i \in S_{\mathrm{G}} \\
&Q_{\mathrm{G}i}^{\min} \leqslant Q_{\mathrm{G}i} \leqslant Q_{\mathrm{G}i}^{\max}, && i \in S_{\mathrm{G}} \\
&P_{\mathrm{L}i}^{\min} \leqslant P_{\mathrm{L}i} \leqslant P_{\mathrm{L}i}^{\max}, && i \in S_{\mathrm{D}} \\
&Q_{\mathrm{L}i}^{\min} \leqslant Q_{\mathrm{L}i} \leqslant Q_{\mathrm{L}i}^{\max}, && i \in S_{\mathrm{D}} \\
&V_{i}^{\min} \leqslant V_{i} \leqslant V_{i}^{\max}, && i \in S_{\mathrm{N}} \\
&P_{ij}^{\min} \leqslant P_{ij} \leqslant P_{ij}^{\max}, && i, j \in S_{\mathrm{N}}
\end{aligned} \tag{12-69}$$

式中，S_{G} 是送电区的所有发电机节点集合；S_{D} 是受电区的所有负荷节点集合；S_{N} 为系统所有的节点集合；变量上角标 min、max 分别表示变量的下限和上限值。

对于直流系统，不等式约束首先应考虑直流电压约束、换流器交流侧电压约束、调制比约束、换流器的热容量约束及直流线路电流极限，即

$$\left.\begin{aligned}
&V_{\mathrm{dc}i}^{\min} \leqslant V_{\mathrm{dc}i} \leqslant V_{\mathrm{dc}i}^{\max} \\
&V_{\mathrm{c}i}^{\min} \leqslant V_{\mathrm{c}i} \leqslant V_{\mathrm{c}i}^{\max} \\
&M_{i}^{\min} \leqslant M_{i} \leqslant M_{i}^{\max} \qquad i \in S_{\mathrm{C}} \\
&I_{\mathrm{c}i} \leqslant I_{\mathrm{c}i}^{\max} \\
&I_{ij} \leqslant I_{ij}^{\max}
\end{aligned}\right. \tag{12-70}$$

式中，S_{C} 是所有换流器节点的集合；$I_{\mathrm{c}i}^{\max}$ 是电压源换流器的电流容量；$I_{\mathrm{c}i}$ 是通过换流器的电流，计算公式如下：

$$I_{\mathrm{c}i} = \frac{\sqrt{V_i^2 + V_{\mathrm{c}i}^2 - 2V_i V_{\mathrm{c}i}\cos(\theta_i - \theta_{\mathrm{c}i})}}{\sqrt{R_{\mathrm{c}i}^2 + X_{\mathrm{c}i}^2}} \tag{12-71}$$

12.5.3　算例分析

为验证 12.5.2 节所建立模型的正确性和有效性，本节采用经修改的 36 节点系统进行仿真计算。该算例以 EPRI-36 节点系统为基础，分别用两个 VSC-HVDC 来替换原有支路 25–26 及 33–34，修改后的 EPRI-36 是一个包含两个双端 VSC-HVDC 的交直流系统。该系统包括 8 台发电机、42 条线路、9 个负荷，划分为 3 个区域。修改后的系统参数、支路连接及区域划分情况见文献[27]。

1. 数据准备

本节所选取的变量如下：所有节点电压的幅值及相角、送电区域发电机有功功率及无功功率、受电区域负荷有功功率及无功功率、直流系统换流站的直流电压、直流电流、换流站交流侧电压幅值及相角和 PWM 调制比。

基态下，两直流系统中各 VSC 分别采用如下的控制策略：VSC1 采用定直流电压、交流无功功率控制；VSC2 采用定交流有功功率、交流无功功率控制；VSC3 采用定直流电压、交流母线电压控制；VSC4 采用定交流有功功率、交流母线电压控制。各控制变量设定值分别见表 12-5 和表 12-6，各交流节点电压上、下限取 1.05p.u.和 0.95p.u.，换流器交流侧节点电压上、下限取 1.04p.u.和 0.97p.u.，调制比上、下限分别取 1 和 0.5，直流线路的电流极限分别取 1.17p.u.和 1.5p.u.，两直流系统中换流器的电流容量约束分别取 4.33p.u.和 5.2p.u.。

表 12-5　VSC1 和 VSC2 的控制变量设定值　　(单位：p.u.)

VSC-HVDC1	VSC1		VSC2	
控制变量	V_{dc1}	Q_{s1}	P_{s2}	Q_{s2}
设定值	3	–0.2	–3	–0.3

表 12-6　VSC3 和 VSC4 的控制变量设定值　　(单位：p.u.)

VSC-HVDC2	VSC3		VSC4	
控制变量	V_{dc3}	V_{s3}	P_{s4}	V_{s4}
设定值	3	1	-4	1

2. 基态数据

本节采用 PSS/E(power system simulator for engineering) 进行基态下含 VSC-HVDC 的交直流系统潮流计算，所得结果作为应用序列二次规划法进行可用输电能力优化计算的初值。

3. 计算结果分析

在计算时，考虑 VSC 控制变量的三种优化方案，分别计算区域 1 到区域 2 的可用输电能力。

1)考虑 VSC 的全部控制方式

保持各 VSC 在基态下的控制方式及控制变量设定值不变，直流电压 V_{dc2}、V_{dc4} 的上、下限取 3p.u.和 2.8p.u.。经 35 次迭代计算收敛，结果表明，若直流系统中各 VSC 的控制指令不变，则区域 1 到区域 2 还能进一步传输的最大功率为 101.33MW，最优解处各变量值如表 12-7 所示。

表 12-7　方案 1) 中最优解处各 VSC 的变量值　　(单位：p.u.)

变量	VSC-HVDC1		VSC-HVDC2	
	VSC1	VSC2	VSC3	VSC4
P_s	3.0535	–3	4.0581	–4
Q_s	–0.2	–0.3	0.1186	0.0943
V_c	1.04	1.0189	0.9992	1.0003
θ_c	–17.9332	–36.8714	–24.5833	–26.1295
V_{dc}	3	2.9491	3	2.9594
I_{dc}	1.0176	–1.0176	1.3522	–1.3522
M_c	0.9805	0.9772	0.9421	0.956

2) 不考虑 VSC 的控制方式

不指定各 VSC 的控制方式，控制变量在一定范围内取值。直流电压 V_{dc1}、V_{dc3} 的上、下限取 3.05p.u.和 2.85p.u.，V_{dc2}、V_{dc4} 的上、下限取 3p.u.和 2.8p.u.。经 65 次迭代计算收敛，得 ATC 为 152.46MW，最优解处各变量值如表 12-8 所示。各 VSC 可根据优化结果，选择合适的控制方式，以获得最大的传输功率。

表 12-8　方案 2) 中最优解处各 VSC 的变量值　　(单位：p.u.)

变量	VSC-HVDC1		VSC-HVDC2	
	VSC1	VSC2	VSC3	VSC4
P_s	3.26	–3.2009	4.5696	–4.4981
Q_s	0.0219	-0.88	–1.0348	–0.6171
V_c	1.04	1.04	1.0398	1.0372
θ_c	–18.8843	–37.8211	–23.7205	–26.1771
V_{dc}	3.05	2.9966	3.045	3
I_{dc}	1.0685	–1.0685	1.5	–1.5
M_c	0.9644	0.9816	0.9659	0.9779

3) 只考虑 VSC 的部分控制方式

各 VSC 采用的控制方式与算例 1 相同，为得到 VSC2 和 VSC4 的有功功率最优设定值，先不指定二者的有功功率，其他指定的控制变量均按算例 1 取值，最后由优化结果确定两 VSC 的有功功率设定值。直流电压 V_{dc2}、V_{dc4} 的上、下限取 3/p.u.和 2.8/p.u.。经 56 次迭代计算收敛，求得 ATC 为 145.39MW，VSC2、VSC4 的有功功率最优值分别为–3.199/p.u.和– 4.4305/p.u.，见表 12-9。

综上所述，可根据直流系统的实际运行状况，制定 VSC 变量的多种优化方案，从而得到不同场景下 ATC 及 VSC 变量的信息，为系统调度及运行人员提供参考。

表 12-9 方案 3) 中最优解处各 VSC 的变量值 (单位：p.u.)

变量	VSC-HVDC1		VSC-HVDC2	
	VSC1	VSC2	VSC3	VSC4
P_s	3.26	–3.199	4.502	–4.4305
Q_s	–0.2	–0.3	0.0435	0.2792
V_c	1.04	1.0255	1.0001	0.9986
θ_c	–19.1840	–37.2091	–24.2105	–25.7325
V_{dc}	3	2.9457	3	2.955
I_{dc}	1.0863	–1.0863	1.5	–1.5
M_c	0.9805	0.9847	0.9429	0.9559

本章小结

(1) 在计算静态安全条件下的交直流混合系统可用输电能力时，采用最优潮流模型，这种模型中的混合系统可以包含两端直流系统或者多种结构的多端直流系统。在模型中考虑了直流系统的换流站特性、交直流系统间的联络关系以及直流系统本身的网络特性，构成了一个复杂的非线性规划问题。在计算过程中，不引入直流系统具体的控制策略，而是根据优化结果来最终确定合适的控制策略。

(2) 针对该模型，采用了计算稳定性好又相对快速的原-对偶内点法，因为它具有超线性收敛的特点和方便处理其他方法不易处理的不等式约束集的优点。在求解过程中，对简约修正矩阵进行行列优化变换，形成了一种便于存储和编程的数据结构，提高了计算效率。

(3) 以 IEEE-30 节点混合系统为算例，进行 ATC 的仿真计算，并分析了在换流站采取无功功率补偿与否对整个混合系统可用输电能力的影响，计算结果表明：若换流站不进行无功补偿，则抑制直流线路有功功率的提升；反之，适当的无功补偿可以相应提高整个混合系统的可用输电能力。

(4) 基于 VSC-HVDC 的稳态特性，建立了含有 VSC-HVDC 的交直流混合系统 ATC 的计算模型，模型中考虑了 VSC-HVDC 所采用的控制方式和换流器的容量限制，最后应用连续二次规划优化算法进行求解，结果表明：合理的 VSC-HVDC 运行控制方式可有效提高交直流混合系统的输电能力。

参考文献

[1] Lu C N, Chen S S, Ong C M. The incorporation of HVDC equations in optimal power flow methods using sequential quadratic programming techniques. IEEE Transactions on Power System, 1988, 3 (3): 1005-1011.

[2] De Martinis U，Gagliardi F，Losi A, et al. Optimal load flow for electrical power systems with multiterminal HVDC links. IEE Proceedings, 1990, 137 (2): 139-145.

[3] Kunder P. Power System Stability and Control. New York: McGraw-Hill, 1994.

[4] 诸骏伟. 电力系统分析. 北京：中国电力出版社, 1995.

[5] 陈厚合, 姜涛, 李国庆. 基于一种动态等值新方法的直流功率调制控制策略. 电工技术学报, 2013, 28(6): 192-199.

[6] 陈厚合, 李国庆, 姜涛. 控制方式转换策略下的改进交直流系统潮流算法. 电网技术, 2011, 35(8): 93-98.

[7] 王锡凡. 现代电力系统分析. 北京: 科学出版社, 2003.

[8] 李国庆, 姚少伟, 陈厚合. 基于内点法的交直流混合系统可用输电能力计算. 电力系统自动化, 2009, 33(3): 35-39.

[9] 陈厚合, 李国庆, 姜涛. 计及动态稳定约束的交直流系统区域间可用输电能力计算. 电网技术, 2012, 36(10): 106-112.

[10] 周明, 谌中杰, 李庚银, 等. 基于功率增长优化模式的交直流电网可用输电能力计算. 中国电机工程学报, 2011, 31(22): 48-55.

[11] Fudeh H, Ong O M. A simple and efficient AC-DC load flow method for multi-terminal DC systems. IEEE Transactions on Power Apparatus and Systems, 1981, 100(11): 4289-4396.

[12] 汪峰, 白晓民. 基于最优潮流方法的传输容量计算研究. 中国电机工程学报, 2002, 22(11): 35-40.

[13] Momoh J A, El-Hawary M E, Adapa R. A review of selected optimal power flow literature to 1993 Part Ⅱ: Newton, linear programming and interior point methods. IEEE Transactions on Power Systems, 1999, 14 (1): 105-111.

[14] Li B, Bai X Q, Wei H. An interior point method based on nonlinear complementarity model for OPF problems with load tap changing transformers. Power and Energy Engineering Conference (APPEEC). Chengdu, 2010.

[15] Wei H, Sasaki H, Yokoyama R. An application of interior point quadratic programming algorithm to power system optimization problems. IEEE Transactions on Power Systems, 1996, 11 (1): 870-877.

[16] Dai Y J, James D M, Vijay V. Simplification, expansion and enhancement of direct interior point algorithm for power system maximum load ability. IEEE, 1999, 15 (3): 1014-1021.

[17] Yang H P, Gu Y, Zhang Y. Reactive power optimization of power system based on interior point method and branch-bound method. 2nd International Conference on Power Electronics and Intelligent Transportation System (PEITS), 2009, 3: 5-8.

[18] Zhou W, Peng Y, Sun H. Probabilistic wind power penetration of power system using nonlinear predictor-corrector primal-dual interior-point method. Third International Conference on Electric Utility Deregulation and Restructuring and Power Technologies. Nanjing, 2008.

[19] Carvalho L M R, Oliveira A R L. Primal-dual interior point method applied to the short term hydroelectric scheduling including a perturbing parameter. Latin America Transactions, IEEE, 2009, 7(5): 533-538.

[20] De Martinis U，Gagliardi F，Losi A, et al. Optimal load flow for electrical power systems with multiterminal HVDC links. IEE Proceedings, 1990, 137(2): 139-145.

[21] 赵畹君. 高压直流输电工程技术. 北京: 中国电力出版社, 2004.

[22] 郑超. 基于电压源换流器的高压直流输电系统数学建模与仿真分析. 北京: 中国电力科学研究院博士学位论文, 2006.

[23] Asplund G. Application of HVDC light to power enhancement. Power Engineering Society Winter Meeting, IEEE. Singapore, 2000.

[24] Zhang X P. Multiterminal voltage-sourced converter-based HVDC models for power flow analysis. IEEE Transactions on Power Systems, 2004, 19(4): 1877-1884.

[25] Pizano-Martinez A, Fuerte-Esqyivel C R, Ambriz-Perez, et al. Modeling of VSC-based HVDC systems for a Newton-raphson OPF algorithm. IEEE Transactions on Power Systems, 2007, 22(4): 1794-1803.

[26] Asplund G, Eriksson K, Svensson K. DC transmission based on voltage source converter. CIGRE SC14 Colloquium, SouthAfrica, 1997.

[27] 李国庆, 张健. 含 VSC-HVDC 的交直流系统可用输电能力计算. 电力系统保护与控制, 2011, 39(1): 46-52.

[28] Li G Q, Zhang J. Available transfer capability calculation for AC/DC systems with VSC-HVDC. Electrical and Control Engineering, 2010, 39(1): 3404-3409.

第 13 章　计及大规模风电集中接入的可用输电能力计算

13.1　引　　言

风能是当前世界上最具大规模商业化开发潜力的可再生能源，而风力发电联网运行是大规模利用风能的最重要途径。近年来，全世界风电装机容量和发电量的年增长率均超过 30%，世界风能协会（World Wind Energy Association，WWEA）预测：到 2020 年，全球风电总装机容量将超过 1500GW[1,2]。我国作为全球 CO_2 排放量最大的国家之一，已充分认识到以风电为主的可再生能源在优化电力供应结构、实现清洁发展、推进节能减排、降低我国电力碳排放系数等方面的重要性[3]。

近年来，我国正在以前所未有的速度积极发展风电，国家能源局已分别在内蒙古、甘肃、新疆、河北、山东和江苏等风资源丰富的省区规划了 8 个装机容量达千万千瓦级的大型风电基地。截至 2018 年 6 月，我国累计风电并网容量已达到 1.716 亿 kW，已成为全球风电并网规模最大、增长速度最快的国家。由于我国风电基地大都分布在负荷水平较低、电网架构薄弱的“三北”（西北、华北和东北）地区，分布集中且远离负荷中心，大规模、远距离输电成为必然，特有的风能资源及负荷分布特点决定了我国风电将以“建设大基地、融入大电网”为基本发展格局。

大规模风电并网运行使得风电在电网功率中所占的比例迅速提高，风电功率波动的幅度也将随之增大(非比例关系)，风电功率波动对电网功率供需平衡造成的不利影响将更为严重。这主要体现在以下几个方面[4,5]：①本地消纳困难，出现严重“弃风”现象，造成经济上极大的浪费；②电力系统调峰困难，各环节成本上升，风电出力的反调峰特性和预测困难，对电力系统调峰平衡带来巨大挑战；③所需建设的大量备用容量和调峰电源会导致配套建设成本、电力系统和其他机组提供调峰调频的辅助成本以及远距离输送成本等显著上升，备用电源利用率低。

大规模风电集中并网所引发的诸多不利影响，给大型互联系统区域间输电能力的计算和分析也带来了新的难题。从电力系统运行和规划的角度而言，评价其区域间输电能力的准确与否对于整个系统的安全性、可靠性和经济性有着很大的影响。对于电力系统这样一个复杂的实时能量动态平衡系统，在未接入风电之前，其区域间输电能力的求取能够通过完全可控、可调度的最大发电功率实现对可预测的最大负荷的追踪，在满足系统各种安全可靠性约束下达到供需的时空平衡。

然而，风电出力的随机性、间歇性和波动性特点给系统的发电计划、交易计划和调度运行带来的诸多不确定性因素，将导致现有的市场规则无法引导出充足的远期可用发电和输电容量、市场运营不能及时保证发电和输电备用裕度。这些不利影响不仅会导致系统的物理稳定性难以保证，也使市场交易的稳定性受到影响。伴随着我国百万千瓦、千万千瓦级风电基地的建设和发展，将会出现更多大规模风电场群集中并入输电网的情况。这些强波动性风电功率的注入，将直接影响接入点和接入地区电网电能质量以及整个系统的稳定性，这无疑将增加电力系统运行控制的难度[6]、降低电网的安全裕度[7]，使得电力系统区域间输电能力这一安全性和可靠性指标评估的难度加大。

综上，由于大规模风电的集中并网，电力系统运行不确定性大增，系统的动态行为异常复杂。大规模风电集中并网条件下，电力系统更为迫切地需要研究风电集中接入区域电网向另一个受电区域电网可能输送的最大功率问题。如何在不同时空尺度下科学、合理、准确地评价大规模风电集中接入条件下的互联系统区域间输电能力这一电力系统安全性和可靠性指标，是亟待解决的重要问题。发展符合电力市场运行规则的电力系统区域间可用输电能力决策理论，实现风电消纳水平的提升和系统区域间可用输电能力的科学评估与决策，无论对系统规划还是系统运行，都具有十分重要的理论和现实意义。

13.2　大规模风电场输出功率模型

为更准确地把握风电接入对电力系统可用输电能力的影响，保证系统供电的安全性和可靠性，需对大型风电场的电源特性进行分析，建立合理有效的风电场数学模型[8,9]。风电场模型可分为静态模型和动态模型两种，风电场静态模型可作为稳定性分析的初始状态，主要用在电力系统潮流计算分析方面，此种建模方法将大型风电场看作一个整体，不关注风电机组内部各部分之间的复杂联系；而风电场动态模型则用于分析风电并网的动态稳定性问题。本章主要研究风电输出功率的波动特性对可用输电能力的影响，因此采用风电场的静态等值方法进行研究。

13.2.1　风速模型

大型风电场输出功率受各种因素的影响，其中，风速是风力发电机的原动力，其对风电场出力的影响尤为显著。在短时间内来看，风速的变化具有随机性、不可预测性，但是若对风速分布进行长期的统计分析，则可发现风速分布是具有一定的规律性的。因此，在风电场装机容量不断增大的趋势下，良好的风速模型是准确计算可用输电能力的基础，风速模型与实际风速的接近程度是系统可用输电能力能否实现精确计算的关键。常用的风速模型有概率分布模型和时序模型两种[10]。

风速概率分布模型是一种基于风速统计规律的数据分析方法，体现了风电场在一段时间内的平均风速水平，刻画了风速的随机概率分布特性，对风电场规划具有重要指导意义。风速分布的时序模型是具有时序性的预测模型，与概率分布模型的不同之处在于它体现了时间信息，因此能够刻画风速时序动态变化过程。时序模型根据已有的历史观测数据对未来时刻的风速进行预测，在风电场储能配置、风电场电压波动研究等方面得到了广泛应用。

基于风速统计规律的离散随机模型和有时序性的预测模型是两种不同类型的模型，有其各自的优缺点及应用价值，但现有风速模型仍与实际风速值间存在一定偏差，因此，需要依据当地的风速特点有选择的确定风速模型。

1. 概率分布模型

目前，基于风速统计特性的概率分布模型具有构造简单的特点，在学术界得到了广泛应用。风速统计模型通常包含以下几种：Weibull 分布[11]、Normal 分布[12]、Rayleigh 分布[13]等，其中，以 Weibull 分布模型(二参数)的应用最为广泛。

1) Weibull 分布

Weibull 分布模型是目前使用最多的一种风速分布模型，大量实测数据表明，很多地区的风速特征都可以采用两参数 Weibull 分布来体现，其概率密度函数和概率分布函数可描述为

$$f(v)=\frac{k}{c}\left(\frac{v}{c}\right)^{k-1}\exp\left[-\left(\frac{v}{c}\right)^{k}\right] \tag{13-1}$$

$$F(v)=1-\exp\left[-\left(\frac{v}{c}\right)^{k}\right] \tag{13-2}$$

式中，k 为形状系数，取值范围为 1.5～2.5；c 为尺度系数，表示该地区的平均风速，取值一般在 5～10m/s；v 为风速，m/s。

形状参数 k 对 Weibull 分布曲线形状的影响很大，当 $0<k<1$ 时，分布密度为 v 的减函数；当 $k=1$ 时，分布函数为指数分布；当 $k=2$ 时，Weibull 分布即为 Rayleigh 分布；当 $k>3$ 时，Weibull 分布可近似看作 Normal 分布。

设 $\{X_i\}$ 是在 $[0,1]$ 上服从均匀分布的随机变量，其概率分布为 $F_1(x)$；$\{Y_i\}$ 分布函数为 $F_2(y)$，根据逆变换理论有

$$x=F(v)=1-\exp\left[-\left(\frac{v}{c}\right)^{k}\right] \tag{13-3}$$

$$v = c[-\ln(1-x)]^{1/k} \tag{13-4}$$

x 和 $1-x$ 都是在 $[0,1]$ 上均匀分布的随机变量，用 x 代替 $1-x$，得风速值为

$$v = c(-\ln x)^{1/k} \tag{13-5}$$

2) Normal 分布模型

Normal 分布已在工程实践中得到广泛应用，在对计算精度要求不高或风电场形状参数较大的场合，可以近似用 Normal 分布来描述风速分布，其概率密度函数可表示为

$$f(v) = \frac{1}{\sqrt{2\pi}\sigma}\exp\left[-\frac{(v-\mu)^2}{2}\right] \tag{13-6}$$

式中，v 为风速，μ 和 σ 分别是正态分布的均值和方差。

$$z = \frac{v-\mu}{\sigma} \tag{13-7}$$

由公式(13-7)可变换得到风速的标准 Normal 分布为

$$f(z) = \frac{1}{\sqrt{2\pi}}\exp\left[-\frac{z^2}{2}\right] \tag{13-8}$$

3) Rayleigh 分布

Rayleigh 是 Weibull 分布在形状参数 $k=2$ 时的一种特殊形式。Rayleigh 分布的概率密度函数和分布函数分别为

$$f_{\mathrm{R}}(v) = \frac{\pi}{2}\left(\frac{v}{v_{\mathrm{a}}}\right)\mathrm{e}^{-\frac{\pi}{4}\left(\frac{v}{v_{\mathrm{a}}}\right)^2} \tag{13-9}$$

$$F_{\mathrm{R}}(v) = 1-\mathrm{e}^{-\frac{\pi}{4}\left(\frac{v^2}{v_{\mathrm{a}}}\right)} \tag{13-10}$$

式中，v 为风速；v_{a} 为计算时间区间内的平均风速。

Rayleigh 分布对平均风速取值有最小限制，当平均风速 v_{a} 小于 3.6m/s 时，采用 Rayleigh 分布表征某个地区的风况特征时会出现较大误差，此时不能采用 Rayleigh 分布对该地区风速进行描述。

2. 时序风速模型

时序风速模型是根据历史数据来预测风电场功率的方法，通过建立若干个历史数据(包括功率、风速、风向等参数)与风电场的功率输出之间的映射关系，来求取未来某时刻下的风速值。时序风速预测模型的方法包括：持续性算法、卡尔曼滤波法、时间序列法等。其中，时间序列法在目前的应用最为广泛，是由美国学者 Box 和英国统计学家 Jenkins 于本世纪 60 年代所提出的关于时间序列分析、预测和控制的方法，用以估算和研究某一时间序列在长期变动过程中所存在的统计规律性。

时间序列模型主要包括以下四种形式：自回归模型(auto-regressive，AR)；滑动平均模型(moving-average，MA)；混合模型(auto regressive moving average，ARMA)以及求和自回归移动平均模型(auto regressive integrated moving average，ARIMA)等。其中，应用最为广泛的是 ARMA 模型，该模型为 AR 模型和 MA 模型的混合，表达式如下：

$$x_t = \sum_{i=1}^{p} a_i v_{t-i} + e_t - \sum_{j=1}^{q} b_j e_{t-j} \tag{13-11}$$

式中，x_t 为 t 时刻的时间序列值；p、q 是模型阶数；$\alpha_i (i=1,2,\cdots,p)$ 为自回归参数；$b_j (j=1,2,\cdots,q)$ 是自回归滑动平均参数；$\{e_t\}$ 是一均值为零、方差为 σ_a^2 的正态白噪声过程。

设 $\{x_t^{(0)}\}$ 为初始观测风速序列，μ_x 和 σ_x^2 分别为 $\{x_t^{(0)}\}$ 的均值与方差的估计值，对 $\{x_t^{(0)}\}$ 中各数据进行如下标准化处理：

$$\mu_x = \frac{1}{N} \sum_{t=1}^{N} x_t^{(0)} \tag{13-12}$$

$$\sigma = \frac{1}{N-1} \sum_{t=1}^{N} (x_t^{(0)} - \mu_x)^2 \tag{13-13}$$

$$x_t = \frac{x_t^{(0)} - \mu_x}{\sigma_x} \tag{13-14}$$

则 t 时刻的风速 v_t 可通过年平均风速 μ 、标准差 σ 等实测数据和时间序列 v_t 求得，即

$$v_t = \mu_x + \sigma_x x_t \tag{13-15}$$

13.2.2　尾流效应

风电场是风电机组的整体组合，其输出功率数学模型并不是简单的单个风电机组叠加，单台机组等值法假定风电场上每台风机接受同一个方向吹来的速度相同的风力，即每台风力发电机组的出力相同。而实际上，前排的风电机组会遮挡后排的风电机组，当风吹过风力机时会造成后排机组的部分能量损失，这种现象称为尾流效应[14]。尾流效应反映了风电场的空间相关性，对风电场输出有功功率计算有着重要的影响。

常见的尾流效应数学模型有 Jensen 模型和 Lissaman 模型，前者可较好地模拟平坦地形尾流效应，而后者更适用于模拟复杂地形。根据实际地理情况的差异，风电场尾流损失一般在 2%～30%之间。

1. Jensen 模型

该模型是由丹麦里索(Riso)实验室的 Jensen 提出的，Jensen 尾流效应模型如图 13-1 所示。

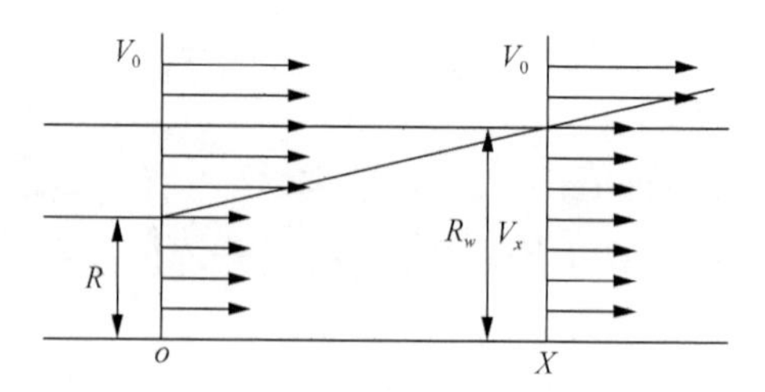

图 13-1　尾流效应模型(Jensen 模型)

考虑尾流效应的风速模型为

$$V_X = V_0\left[1-(1-\sqrt{1-C_{\mathrm{T}}})\left(\frac{R}{R+KX}\right)^2\right] \tag{13-16}$$

式中，C_{T} 为风电机组的推力系数，与风速和风电机组结构有关；K 为尾流下降系数，与风的湍流强度成正比：

$$K = k_{\mathrm{w}}(\sigma_{\mathrm{G}} + \sigma_0)/U \tag{13-17}$$

式中，σ_{G} 和 σ_0 分别为风电机组产生的湍流和自然湍流的均方差；U 为平均风速；k_{w} 为经验常数。

2. Lissaman 模型

该模型由 Lissaman 于 1986 年提出，主要针对各台风机的位置高低不同而建立，它能较好地模拟有损耗的非均匀风速场。

假设风同时经过两个相邻但地形情况不同的场地，一个地形平坦，另一个地形有一些复杂(高度和地表不同等)，如图 13-2 所示。1 场地地形平坦，2 场地地形复杂，场地边缘的风速相同，都是 v_0，则未装风电机组 X 处的风速也为 v_0。假设安装风电机组 X 处的风速分别为 v_{2X}，则下风向受前台风电机组尾流效应影响的风速如式(13-18)所示。

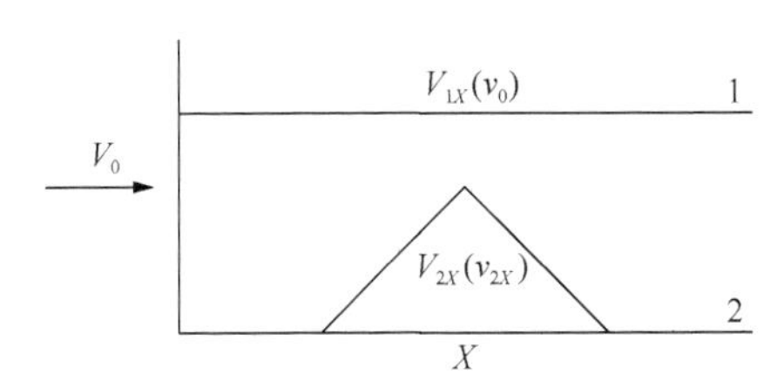

图 13-2　复杂地形尾流效应模型

$$
\begin{aligned}
V_{1X} &= v_0\,(1-d_1) \\
V_{2X} &= v_{2X}\,(1-d_2)
\end{aligned}
\tag{13-18}
$$

式中，V_{1X} 和 V_{2X} 分别是平坦地形和复杂地形离开风电机组的风速；d_1 和 d_2 分别是对应的风速下降系数。

如果风电机组在两种地形产生的损耗相同，则尾流中的压力相同，经推导得到

$$
d_2 = d_1\left(\frac{U}{U_{2X}}\right)^2 \tag{13-19}
$$

13.2.3　风电场输出功率建模

1. 单台风电机组输出功率模型

单台风电机组输出功率直接受风频特性、风电机组的功率特性曲线、风电机组的可靠性水平等的影响，这就导致了风机出力随风速变化而变化(非线性关系)，此时，风电机组功率输出能够直接反映风能的随机性和不确定性。

风电机组的出力大小主要取决于风速 v 的大小，二者之间的关系曲线即为风机的功率-风速关系曲线[15]，一般由风机制造商给出，是基于大量实测数据的一种

近似平均。需要注意的是，由于风电机组受到风速随机波动、风机控制系统的延时及其他动态过程的影响，风电机组的实际输出功率与风速之间关系可能与该曲线存在一些偏差，但这并不会对计算造成太大的影响，因此，在实际计算中可采用风力发电机组的功率-风速关系曲线来估算单台风电机组的出力，风电机组的功率曲线模型可采用下面的分段函数描述。

$$P(v)=\begin{cases} 0, & 0\leqslant v\leqslant v_{ci}\ ,\ v\geqslant v_{co} \\ P_R(A+B\times v+C\times v^2), & v_{ci}\leqslant v\leqslant v_{co} \\ P_R, & v_R\leqslant v\leqslant v_{co} \end{cases} \tag{13-20}$$

式中，v 为风机轮毂高度处的风速；v_{ci} 为切入风速；v_{co} 为切出风速；v_R 为额定风速；P_R 为额定输出功率。当风速高于 v_{ci} 时，风机启动并网运行；当风速大于 v_{co} 时，风机保持额定功率输出；当风速低于 v_{ci} 或高于 v_{co} 时，风电机组停机并从电网解列出来。

式(13-20)中，A、B、C 为模型参数，详细表达式如下：

$$\begin{aligned} A&=\frac{1}{(v_{ci}-v_R)^2}\left\{v_{ci}(v_{ci}+v_R)-4v_{ci}v_R\left(\frac{v_{ci}+v_R}{2v_R}\right)^3\right\} \\ B&=\frac{1}{(v_{ci}-v_R)^2}\left\{4(v_{ci}+v_R)\left(\frac{v_{ci}+v_R}{2v_R}\right)^3-(3v_{ci}+v_R)\right\} \\ C&=\frac{1}{(v_{ci}-v_R)^2}\left\{2-4\left(\frac{v_{ci}+v_R}{2v_R}\right)^3\right\} \end{aligned} \tag{13-21}$$

此时，设风电机组额定功率 P_R 为 1.5MW，切入风速 v_{ci} 取 4m/s，切出风速 v_{co} 取 25m/s，额定风速 v_R 取 13m/s，得出风力发电机组的功率-风速关系曲线如图 13-3 所示。

2. 风电场输出功率模型

目前，风电场并网数学模型选取普遍采用单台机组等值法(即用一台容量为整个风电场容量的机组进行等值计算)，该方法简化了系统的复杂度，但同时也线性放大了整个风电场群功率波动特性，过高估地估计了大规模风电接入对发电、运行和交易计划等的制定带来的诸多不确定性因素，从而直接影响到 ATC 计算与评估的准确性和可靠性。

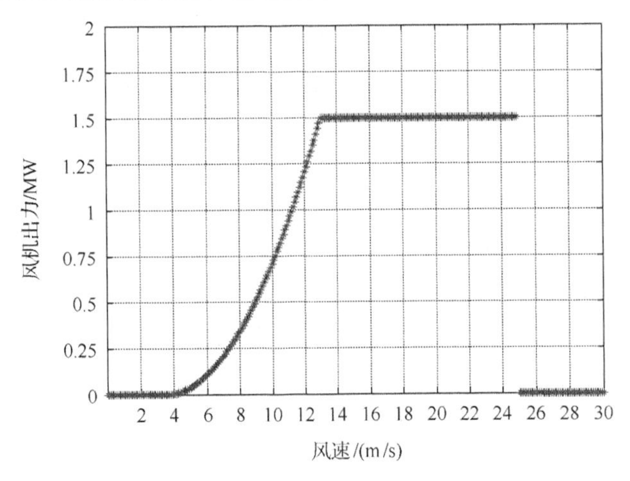

图 13-3　1.5MW 风力发电机功率-风速关系曲线

因此，本节在研究风电场并网问题时，在以单台机组输出功率特性的线性放大来等效整个风电场的特性的基础上，综合考虑风电功率输出的尾流效应，得到风电场的整体输出功率如下：

$$P_{wt} = k_{\text{wake}} \sum_{i=1}^{\text{NT}} x_i p_{\text{wi}} \tag{13-22}$$

式中，k_{wake} 为尾流效应系数，此处取典型值 10%；x_i 为风机状态，由风机故障率确定，正常工作时为 1，故障或检修时为 0；p_{wi} 为单台风电机组的输出功率；NT 为风电场内风电机组的个数。

13.3　含风电场电力系统潮流计算

目前，国内外风电场使用的发电机主要有三种：普通异步电机、双馈异步电机和直驱永磁同步电机。普通异步电机是并网风电场最早采用的机型，具有结构简单、运行可靠和维护方便等特点，曾得到广泛的应用。但该电机转速变化幅度小，只能在同步转速附近变化，不能随风速的变化而做出相应的调整，因而风能利用率比较低。目前，风电场新增机组中该类型风机占比不大，但在现存风电场中数量仍很多。由双馈异步电机和直驱永磁同步电机组成的风电机组均具有变速运行的特点，因而可捕获最大的风能并能减小机组机械部件所受的应力，是近些年来风电场采用较多的机组。考虑到直驱永磁同步电机的实质还是同步电机，只需根据控制目标的不同设置节点类型为 PV 或 PQ 即可；而普通异步电机、双馈异步电机运行规律与同步电机有明显的区别。研究表明，含这两种电机的节点在潮流计算中不能简单地处理为 PV 或 PQ 节点。

常规风电场静态等值方法中，首先把同类型的风力发电机组等值为一台风力发电机；其次建立对应的风力发电机模型，不同类型的电机工作原理、运行规律和控制方法等均不同，因此，风力发电机的模型也不同；最后将风机模型与系统功率方程进行交替迭代求解。现有的风力发电机模型有 PQ 模型[16]和 RX 模型[17]。PQ 模型中，风电场功率因数为已知量，由此计算出无功功率，然后将风电场节点作为 PQ 节点处理；在将风电场作 RX 模型处理时，引入异步机的滑差变量 s，迭代过程分为两步：常规潮流迭代计算和异步风力发电机的滑差迭代计算，该模型充分考虑了风力发电机的输出功率特性，但计算过程比较复杂。其中，风电场的等值节点类型根据风电场采用恒功率因数还是恒电压控制模式，相应地选用 PQ 节点和 PV 节点。

随着越来越多的风电场连入互联输电系统，电力系统的潮流分布与电压水平将会受到一定的影响，由于 PQ 模型能够考虑风电场无功功率受到节点电压因素的影响，本节主要介绍普通异步电机、双馈异步电机的基本工作原理与经典 PQ 模型。

13.3.1　异步风力发电机模型

在对普通异步发电机的稳态分析中，较多地使用其简化的等值电路，如图 13-4 所示。图中的 P_e 是发电机向并网点注入的有功功率；U 是并网点电压；I 是注入并网点电流；x_1 是定子电抗；x_m 是励磁电抗；s 是滑差；r_2 是转子电阻；x_2 是转子电抗。显然，P_e 就是电阻 r_2/s 上流过的功率。

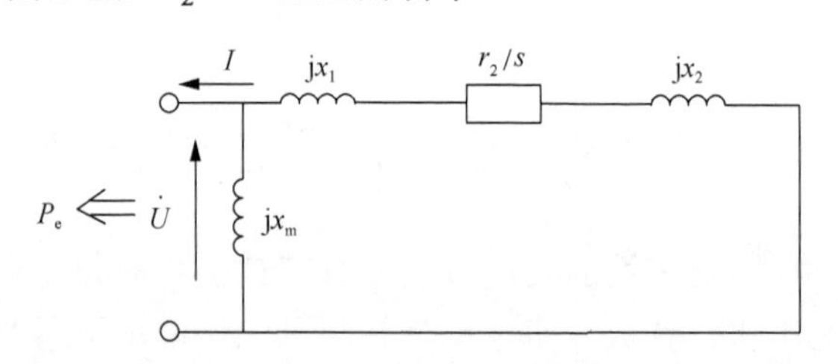

图 13-4　普通异步发电机简化等值电路

由电路关系可以得到

$$P_e = -\frac{U^2 r_2^2 s}{r_2^2 + s^2 (x_1 + x_2)^2} \tag{13-23}$$

在稳态运行时，风力机组所发出的电磁功率近似等于风力机的机械功率，通常是已知量。由式(13-23)可得滑差

$$s = -\frac{U^2 r_2 - \sqrt{U^4 {r_2}^2 - 4{P_e}^2(x_1 + x_2)^2 {r_2}^2}}{2P_e(x_1 + x_2)^2} \tag{13-24}$$

由等值电路图可得

$$Q_e = \frac{{r_2}^2 + (x_1 + x_2) + (x_1 + x_2 + x_m)s^2}{r_2 x_m s} P_e \tag{13-25}$$

式中，Q_e 为发电机向并网点注入的无功功率。

从式(13-23)、式(13-25)可以看出，Q_e 与 P_e 和 U 以及电机本身参数相关，而 P_e 和电机参数通常是已知量，即 Q_e 仅与 U 相关。另外，异步电机运行在发电状态时，滑差 $s<0$，则 $P_e>0$，$Q_e<0$，即异步发电机在发出有功功率的同时，还要从电网中吸收一定的无功功率。因此，在潮流计算中，含此类电机的风电场节点既不能看作 PQ 节点，也不能看作 PV 节点，更不能看作平衡节点。如何处理此类节点，目前学术界还没有共识。

本节将风电场节点处理为变 PQ 节点，在异步电机稳态电路基础上导出了 Q 值的计算方法，并用此 Q 值动态地修改风电场节点的无功功率。这种方法无须修改雅可比矩阵且计算公式简单。

13.3.2　双馈风力发电机模型

双馈异步发电机的等值电路如图 13-5 所示。其中，r_1 和 x_1 是定子绕组的电阻和电抗；r_2 和 x_2 是转子绕组的电阻和电抗；x_m 是励磁绕组的电抗；U_1 是定子绕组端电压，即电机接入系统点的电压；U_2 是转子绕组外接电源电压；s 是滑差。

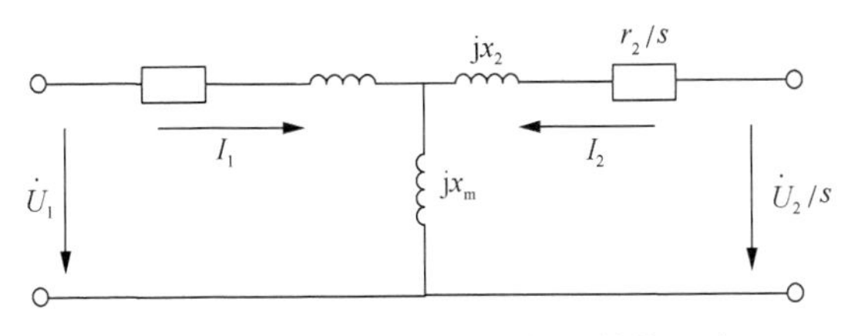

图 13-5　双馈异步发电机简化等值电路

双馈异步发电机与普通异步发电机不同，定转子绕组与系统均有能量的交换，因而其注入系统的有功功率为转子绕组和定子绕组发出的有功功率之和，即

$$P_e = P_1 + P_2 = \frac{r_2 x_{11}^2 (P_1^2 + Q_1^2)}{x_m^2 U_1^2} + \frac{2r_2 x_{11}}{x_m^2} Q_1 + (1-s)P_1 + \frac{r_2 U_1^2}{x_m^2} \tag{13-26}$$

$$Q_e = Q_1 + Q_2 \tag{13-27}$$

式中，$x_{11}=x_1+x_m$；P_1 和 Q_1 是定子绕组发出的有功功率和无功功率；P_2 和 Q_2 是转子绕组发出的有功功率和无功功率。其中，转差 s 可由电机转速控制规律求取，$s=(\omega_1-\omega)/\omega_1$，$\omega_1$ 是电机的同步转速，ω 是转子本身的实际旋转速度。风电机组的转子转速控制规律是指风力发电机的转速与风力机的机械功率或机械转矩的对应关系，图 13-6 所示为某变速恒频风电机组的转速特性，其表达式如下。

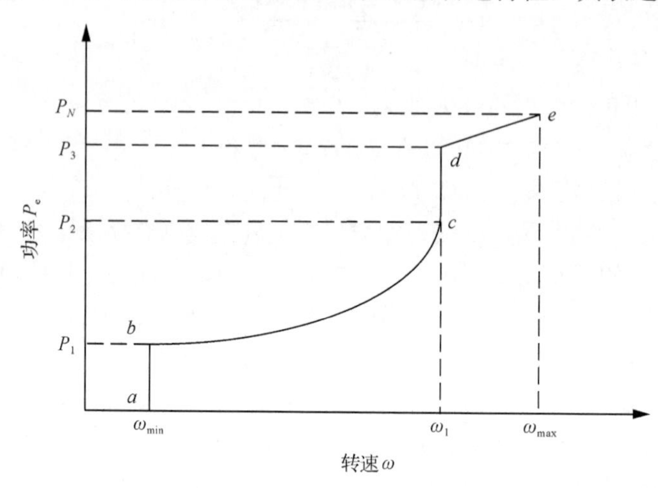

图 13-6　双馈风电机组转速控制规律

$$
\begin{cases}
\omega=\omega_{\min}, & (0<P_e<P_1) \\
\omega=\sqrt[3]{\dfrac{P_e}{k_{\text{opt}}}}, & (P_1<P_e<P_2) \\
\omega=\omega_r, & (P_2<P_e<P_3) \\
\omega=\omega_r+\dfrac{\omega_{\max}-\omega_r}{P_N-P_3}(P_e-P_3), & (P_3<P_e<P_N)
\end{cases}
\tag{13-28}
$$

双馈异步发电机向系统注入的无功功率取决于电机的运行方式，研究表明，在恒电压运行方式下很容易出现双馈电机无功功率越极限，因而在实际的应用中，多数采用恒功率因数方式运行。在该运行方式下，通过调节转子绕组外接电源的电压和相角，可使双馈电机定子侧功率因数恒定不变。若设该功率因数为 $\cos\varphi$，则有

$$Q_1=P_1\tan\varphi \tag{13-29}$$

$$P_e=\frac{r_2x_{11}^2P_1^2(1+\tan^2\varphi)}{x_m^2U_1^2}+\left(1-s+\frac{2r_2x_{11}\tan\varphi}{x_m^2}\right)P_1+\frac{r_2U_1^2}{x_m^2} \tag{13-30}$$

双馈异步发电机发出的有功功率的大小可由式(13-30)求出，无功功率的大小

由双馈异步发电机的控制方式决定。双馈异步发电机的控制方式一般有恒功率因数控制和恒电压控制，当双馈风力发电机采用恒电压运行方式时，风场节点可视为 PV 节点进行潮流计算，但是由于定子侧无功功率受到定子绕组、转子绕组和变流器最大电流的限制，需要检查定子侧有功功率、无功功率、电压是否越限。若风力发电机采取这种运行方式，计算风电场的可用输电能力时，需要进行较大改动，约束条件较多，不等式较为复杂。因此，双馈风力发电机按恒功率因数控制运行方式下的 PQ 节点处理。

考虑到双馈电机转子侧发出或吸收的无功功率比较小，可近似认为电机向系统馈入的无功功率为

$$Q_e = Q_1 = P_1 \tan\varphi \tag{13-31}$$

13.3.3　含风电场潮流计算流程

对含风场的电力系统进行潮流计算，采用交替迭代求解的方法，计算的流程如下。

(1) 设定风速 v，根据发电机风速功率曲线得到风电场输出的有功功率 P_e，设定风电场节点的电压初值 U。

(2) 由 P_e 和 U 根据式(13-24)或式(13-28)计算风电机组的滑差 s。

(3) 由 P_e 和 s 利用式(13-24)或式(13-25)、式(13-31)计算无功功率 Q_e。

(4) 将风电场节点视为 PQ 节点求解整个系统的潮流，从而得到风电场节点电压的更新值 U'。

(5) 如果 $U' \neq U$，则令 $U=0.5(U+U')$，返回步骤(2)继续执行步骤(2)～(4)，直到两次所得电压之差在规定误差范围之内，即$|U'-U| < \varepsilon$ ($\varepsilon = 1\times10^{-5}$)。

13.4　风电并网系统可用输电能力确定性计算

可用输电能力是反映电网安全稳定裕度并确保电力市场交易顺利进行的重要指标。其现有的研究方法可分为两类：基于概率的求解方法和确定性的求解方法。基于概率的求解方法能够全面地描述不确定性因素影响下的电网输电能力，从而得到各种反映 ATC 充裕度统计指标及其概率的分布曲线，是系统长期规划研究的有效工具；确定性的求解方法是概率方法中单一样本的求解方法，即采用优化技术或其他方法直接获得所描述问题的解，其中，主要包括对 TTC 和两个输电裕度(TRM 和 CBM)的计算。

在现有文献中，对 TRM 尤其是 CBM 的研究一般被忽略，通常以某一比例的系统最大输电能力 TTC 来近似代替，其中，个别文献对基于灵敏度方法的 TRM

的计算、基于发电可靠性指标的 CBM 计算进行了探讨。因此，本章节在此主要对现有的风电并网系统 ATC 确定性计算方法进行探讨，未对两个输电裕度的计算进行详细论述。

目前，已有一些学者开展关于风电并网条件下系统确定性可用输电能力的研究工作，文献[18]建立了大型风电场经 VSC-HVDC 并网的 ATC 计算模型，采用 Weibull 分布模拟风速，通过连续潮流法完成风电并网系统 ATC 的确定性计算。文献[19]在含风电场电力系统潮流计算 PQ 和 RX 模型的基础上，建立了含异步发电机的连续潮流计算模型，将风力发电机模型的功率输出作为风电场注入功率引入潮流计算。增加了一组风力发电机的机械功率和异步发电机转子电磁功率相等的平衡方程，即在原有节点潮流等式约束的基础上，增加风电机组机械功率和电磁功率之差的等式约束。

$$P_{\mathrm{m}(k)} - P_{\mathrm{e}(k)} = \Delta P_{\mathrm{em}(k)} = 0 \tag{13-32}$$

式中，$P_{\mathrm{e}(k)}$ 为第 k 台风力机的电磁功率； $P_{\mathrm{m}(k)}$ 为机械功率。

13.4.1　ATC 数学模型

含风电机组的 ATC 数学模型是在传统静态安全性 ATC 数学模型基础上结合风电机组的潮流模型而形成的[19-21]，修正后的含风电机组的 ATC 数学模型为

1. 目标函数

$$\max F = \max[(1-k)\sum_{i\in \mathrm{A},\, j\in \mathrm{B}}(P_{ij} - P_{ij}^{0})] \tag{13-33}$$

式中，A 为送电区域；B 为受电区域；P_{ij} 为从节点 i 到节点 j 的线路传输的有功功率；上标 0 为基态；k 为输电可靠性裕度和容量效益裕度系数。

2. 等式约束

等式约束条件即为含风电机组的潮流模型。

$$\begin{aligned} & P_{\mathrm{E}i}(V_i,S_i) - P_{\mathrm{D}i} - V_i^2 G_{ii} - V_i\sum_{j\neq i}V_j(G_{ij}\cos\theta_{ij} + B_{ij}\sin\theta_{ij}) = 0 \\ & Q_{\mathrm{E}i}(V_i,s_i) - Q_{\mathrm{D}i} + V_i^2 B_{ii} - V_i\sum_{j\neq i}V_j(G_{ij}\sin\theta_{ij} - B_{ij}\cos\theta_{ij}) = 0 \\ & P_{m(i)} - P_{\mathrm{E}(i)}(V_i,S_i) = 0 \end{aligned} \tag{13-34}$$

式中，$P_{\mathrm{D}i}$、$Q_{\mathrm{D}i}$ 为节点 i 的负荷有功功率、无功功率；$P_{\mathrm{E}i}$、$Q_{\mathrm{E}i}$ 为风电场输出的有功发电容量、无功发电容量；V_i、V_j 和 θ_{ij} 分别为节点 i 和 j 的电压幅值和相位差；

G_{ij}和B_{ij}为节点导纳阵中的元素；$P_{E(i)}$和$P_{M(i)}$为第i台风力机的有功功率、无功功率。

3. 不等式约束

式(13-35)为不等式约束条件。其中，发电机组出力约束、负荷容量约束、无功补偿容量约束、节点电压和线路电流约束为该约束条件的主要考虑对象，即

$$\begin{aligned}
&P_{Gi}^{\min} \leqslant P_{Gi} \leqslant P_{Gi}^{\max}, && i \in S_G \\
&Q_{Gi}^{\min} \leqslant Q_{Gi} \leqslant Q_{Gi}^{\max}, && i \in S_G \\
&U_i^{\min} \leqslant U_i \leqslant U_i^{\max}, && i \in S_N \\
&P_{Di}^{0} \leqslant P_{Di} \leqslant P_{Di}^{\max}, && i \in S_D \\
&Q_{Di}^{0} \leqslant Q_{Di} \leqslant Q_{Di}^{\max}, && i \in S_D \\
&P_{ij\min} \leqslant P_{ij} \leqslant P_{ij\max}, && i \in S_{CL}
\end{aligned} \tag{13-35}$$

式中，S_G是送电区域的所有发电机节点集合；P_{Gi}和Q_{Gi}分别为送电区域发电机i的输出有功和输出无功；S_D是受电区域的所有负荷节点集合；P_{Di}和Q_{Di}为受电区域负荷i的有功功率和无功功率；S_{CL}为线路集合；P_{ij}对应线路有功潮流；N为总节点集合；U_i为节点i的电压幅值；变量上角标0、min和max分别表示基态潮流中的值、变量的下限和上限值。

13.4.2 基于内点法的ATC求解

由于风电场并网对电网静态电压有显著影响，导致风电场并网后电网可用输电能力随风功率波动而波动，因此在求解过程中，引入了各台风力机的滑差s，在迭代过程中不断对风电机节点电压值进行修正，最终使该算法能够准确地确定电力系统区域间的可用输电能力及其影响因素。

1. 原-对偶内点法

电力系统的最优潮流问题在数学上表现为非线性规划问题，在过去的40多年里，最优潮流问题一直吸引着众多学者的关注。随着最优化理论的发展，各种各样的方法，如线性的、二次的和非线性规划的算法、解耦及牛顿法等，都被相继用于求解最优潮流问题，近几年来，内点法也被成功地应用于这一领域。

内点法最早产生于1950年左右，然而，对于内点法的发展具有决定性意义的是在1984年Karmarkar提出的具有多项式可解性的线性规划内点算法。其后，无论在理论上还是在实践上，人们都对内点法进行了更为深入的研究，取得了可喜的进展。各种不同类型的内点法不断被提出，如投影尺度法、仿射尺度法、路径跟踪法等。近年来，人们也尝试着将内点法用于电力系统的优化问题，并且逐渐

成为解决电力系统大规模优化问题的强有力工具。

内点法的初始迭代点应选在可行域内，并在该区域边界设置能使迭代点接近区域临界时使目标函数快速变大的罚函数，这样使迭代点都在可行域内，这也是内点法迭代求解的基本思路。但在该过程中，初始可行点的寻找是问题的难点。所以“内点”条件的改进成为许多学者长期以来更为关注的问题。下面介绍的一种只要求在寻优过程中保证松弛变量和拉格朗日乘子满足简单的大于零或小于零的条件的中心轨迹内点法，可代替原来必须在可行域内求解的要求，使计算过程大为简化。

2. 计及风电机组的内点法流程图

计算含风电场的电网可用输电能力必须要考虑风电场并网节点电压的变化。在用内点法计算电网的可用输电能力时，风电场并网节点电压在迭代过程中会发生改变，导致风机出力变化，计算过程中需要代入改变后的风力发电机出力，计算流程如图 13-7 所示，具体步骤如下。

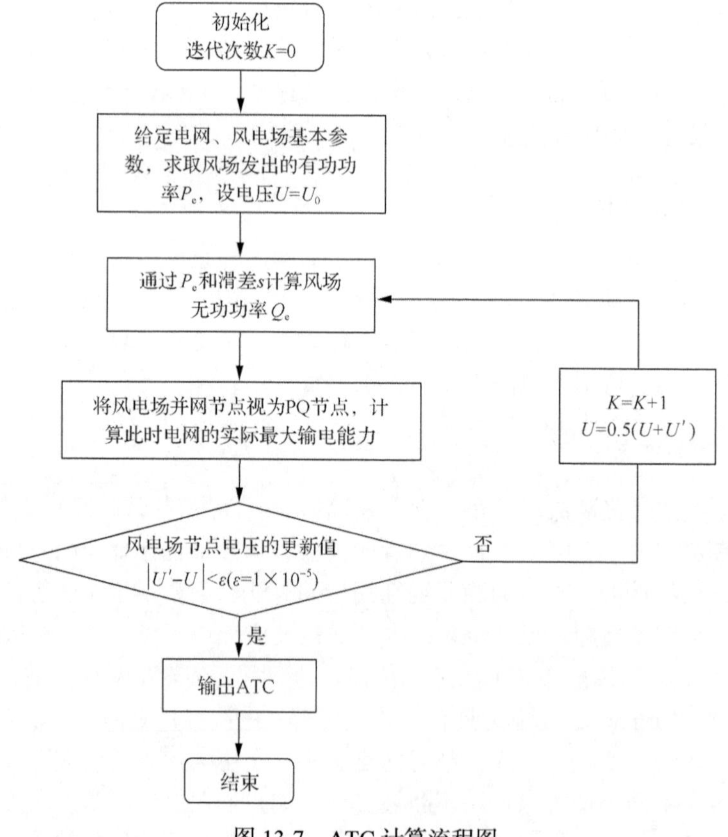

图 13-7　ATC 计算流程图

(1) 在给定风速的前提下，根据式(13-20)确定异步电动机输出的有功功率 P_e。

(2) 设定风电场节点的电压初值 U，由 P_e 和 U 根据式(13-24)或式(13-28)计算风电机组的滑差 s。

(3) 由 P_e 和 s 利用式(13-24)或式(13-25)、式(13-31)计算无功功率 Q_e。

(4) 将风电场并网节点视为 PQ 节点，以系统潮流计算为基础，计算此时电网的实际最大输电能力。

(5) 由于 P_e、Q_e 的注入造成电网电压波动，从而使得 Q_e 发生改变。因此，需通过多次迭代保证风电场并网节点电压恒定。

13.5　风电并网系统可用输电能力概率性计算

确定型 ATC 计算是一个典型非线性随机优化问题，方法简单、快速，但难以充分计及系统运行随机特性，如系统中节点注入功率波动(发电机、负荷出力波动)、系统参数的变动、网络拓扑的改变(发、输电元件随机故障)、天气因素等[22]。此时，若系统操作人员已知这些不确定因素的概率分布规律，则可以推导出系统各种可能出现的运行状态，从而获得大量的 ATC 统计信息，为系统的运行规划提供参考。

随着我国风电并网规模的不断扩增，电网风电穿透率的不断增大，风电出力的不确定性成为影响 ATC 的一个重要因素。一些学者已经展开了关于风电并网条件下概率可用输电能力计算的研究工作：文献[23]在文献[19]的基础上，推导出含风电场注入功率项的全注入空间静态电压稳定域边界局部切平面解析式，着重分析了风速概率分布参数对 TTC 的影响；文献[24]采用 ARMA 时间序列模型模拟风速，采用序贯蒙特卡罗仿真的方法对包含风电场的 ATC 进行概率评估，对抽样状态的 ATC 采用关键约束下的连续潮流来计算；文献[25]首先根据伊朗北部曼吉尔气象实测数据建立风速的离散概率模型，再根据风速功率曲线求取风机有功出力，进而风电场在恒功率因数运行条件下按 PQ 节点处理，采用计及电压和热稳定约束的最优潮流 OPF 法计算 ATC 大小，用蒙特卡罗仿真的方法对 ATC 进行概率评估。

因此，本节在上节对输电能力计算方法研究的基础上，简要介绍应用较为广泛的蒙特卡罗模拟技术，从广义的角度来分析大规模风电接入对 ATC 的影响。对模拟过程中涉及的系统状态选取、随机样本的拓扑结构分析、系统状态评估、确定状态下的输电能力求解以及模拟结果的指标统计等子问题进行分析[26-30]。

13.5.1　蒙特卡罗仿真法

蒙特卡罗仿真法由美国数学家冯·诺伊曼命名，也称为计算机模拟方法或随机抽样法。该方法的基本思想源于 1777 年的圆周率 π 的投针试验，用某事件发生的频率来代表事件的概率大小，解决问题方法与实际非常符合，因此，能够较为真实地模拟事件的实际物理过程。随着计算机技术的不断发展，该数学方法在计算机上实现了大量、快速地模拟，在物理、数学、航天等各个方面都得到了广泛应用。

蒙特卡罗仿真法可以分为两个基本类型[31]：序贯蒙特卡罗仿真法和非序贯蒙特卡罗仿真法。非序贯蒙特卡罗仿真法通过抽样得到系统的状态，状态不是时间上连续的，采用该抽样方法时，对应着概率性的风速分布模型；而序贯蒙特卡罗仿真法能考虑时序变化因素的影响，可仿真设备的故障、运行的状态转移过程，并能得出相应的一些具有时序特性的概率指标，但计算量比非序贯仿真要大，与其对应的风速模型也应是能够计及时间因素的时序风速模型。

基于蒙特卡罗仿真法的可用输电能力求解能够模拟发输电设备的随机开断、负荷波动、风场出力波动等随机因素，再通过适当的优化算法求解系统确定状态下可用输电能力值，最后对所取得的 ATC 样本值进行统计分析。此种基于概率性的计算方法，不仅可以通过概率理论和数理统计分析来计算输电能力的期望值、方差、最大值、最小值等，还可以根据各种运行方式下的 ATC 样本值绘制输电能力的累积概率密度曲线和概率密度分布直方图，从而方便的得到 ATC 值小于某一数值的风险概率以及 ATC 值在某一区间内的概率大小。因此，蒙特卡罗仿真法非常适用于需要计及多种不确定因素的电力系统可用输电能力评估问题。

13.5.2 系统状态的确定

电力系统的任意运行状态都是由系统中所有发输电设备各自的状态组合在一起而形成的，而每一个元件的状态都可能服从一定的概率分布，分别对每一个元件进行状态抽样，最终将得到整个系统的运行状态。因此，寻找并建立各设备运行状态的概率分布规律对于系统运行状态的确定至关重要。本节在 ATC 计算过程中，需要量化多种不确定性因素的影响，这些因素包括：发电调度不确定性、负荷波动性、发输电元件随机故障。随着大型风电场并入电网，风机出力的不确定性又成为一个重要的影响因素。下面分别对以上各不确定因素进行建模分析。

(1)系统中的常规发电机组、风电机组和输电线路有故障和运行两种运行状态，其概率分布函数服从两点分布，如式(13-36)所示：

$$x_k=\begin{cases}1, & A_k>\lambda_k\\ 0, & 0\leqslant A_k\leqslant\lambda_k\end{cases}\tag{13-36}$$

式中，x_k 为发电机或线路的运行状态；1 代表该元件正常运行；0 代表退出运行；A_k 是在[0,1]间抽取的随机变量，若 A_k 小于指定的故障率 λ_k，则此时该元件故障，

若 A_k 大于故障率 λ_k，则元件正常运行。

(2) 对于负荷及常规发电机出力的波动，认为其服从正态分布 $N(u,\sigma^2)$ 的规律。其中，u 为节点负荷或发电机出力的预测值；参数 σ^2 一般根据经验值给定，它代表了系统实际负荷值或发电机出力值偏离给定值 u 的大小。

(3) 对于风电场出力，首先选取适当的风速模型求取风速的随机分布特性，从而产生风速样本，再计及尾流效应的影响，根据式(3-22)确定风电场随机出力。

13.5.3　ATC 概率评估指标

为研究风电并网对系统 ATC 的影响，利用统计分析的方法，求取下列 ATC 概率统计指标和风险指标来定量分析电网的 ATC。

1) ATC 最大值

$$\text{ATC}_{\max} = \max\{\text{ATC}(x_i),\ i \in N\} \tag{13-37}$$

2) ATC 最小值

$$\text{ATC}_{\min} = \min\{\text{ATC}(x_i),\ i \in N\} \tag{13-38}$$

3) ATC 期望值

$$E_{\text{ATC}} = \frac{1}{N}\sum_{i=1}^{N}\text{ATC}(x_i) \tag{13-39}$$

4) ATC 方差

$$V_{\text{ATC}} = \frac{1}{N}\sum_{i=1}^{N}\{\text{ATC}(x_i) - E_{\text{ATC}}\}^2 \tag{13-40}$$

5) ATC 变异系数

$$\beta = \frac{\sqrt{V_{\text{ATC}}(T)}}{E_{\text{ATC}}(T)} \tag{13-41}$$

6) ATC 等于零的概率

ATC 等于零的概率表示当前供电网络无法满足负荷需求，为保证正常供电必须采取措施，如发电再调度或削负荷等。

$$P_{\text{ATC}_0} = \frac{N_{\text{ATC}=0}}{N} \tag{13-42}$$

7) ATC 概率密度

输电能力概率密度是指在蒙特卡罗模拟中，某一输电能力值出现的次数 N_{ATC} 与抽样总次数 N 的比值，ATC 概率密度曲线能够直观反映模拟后对应各输电能力值发生的可能性。

$$P_{\mathrm{ATC}_i} = \frac{N_{\mathrm{ATC}_i}}{N} \tag{13-43}$$

8) ATC 不足概率

输电能力不足概率是对概率密度函数的积分，是 ATC 值不小于等于某一 ATC 值的累积概率，又可称为风险度，累积概率分布曲线反映了 ATC 值小于某一数值的概率大小，不同的 ATC 水平对应不同的系统风险概率。

$$P_{\mathrm{PANS}} = \frac{N[\mathrm{ATC}_i \leqslant \mathrm{ATC}]}{N} \tag{13-44}$$

9) 风电影响因子

风电影响因子表示风电接入对 ATC 风险概率的影响，$N_p[\mathrm{ATC}_i < \mathrm{ATC}_c]$ 表示无风电时的 ATC 的值小于特定值的仿真次数，$N_q[\mathrm{ATC}_i < \mathrm{ATC}_c]$ 表示加入风电后 ATC 的值小于特定值的抽样次数。

$$P_{\mathrm{wind}} = \frac{N_p[\mathrm{ATC}_i < \mathrm{ATC}_c] - N_q[\mathrm{ATC}_i < \mathrm{ATC}_c]}{N} \tag{13-45}$$

13.5.4 基于蒙特卡罗法的 ATC 评估流程

电力系统是一个不确定性很高的非线性动态时变系统，元件故障、负荷波动、各种扰动不可预知，因此，系统的运行状态每个时刻都在不断变化，蒙特卡罗仿真法能方便地处理电网中的各种不确定性因素，且计算量不受系统维数控制，能够方便地得出输电能力的概率分布情况，非常适合大系统离线研究。

首先，蒙特卡罗仿真法通过模拟电网元件的随机故障、风电场出力、负荷水平、发电机出力变化来模拟电网可能出现的各种正常或故障运行方式，然后通过所选用的优化算法来确定系统结构下的可用输电能力值，最后对大量的 ATC 样本值进行分析，从而得到一个具有统计学意义的 ATC 结果，分析大规模风电接入对可用输电能力带来的影响。

基于蒙特卡罗法的概率 ATC 评估流程如下。

(1) 输入系统中发电机、线路、负荷以及风电场的相关参数，形成系统的基本信息。

(2) 确定最大抽样次数。

(3) 采用蒙特卡罗法对系统各种不确定因素进行随机抽样，包括风电场出力、常规发电机出力波动、负荷出力波动及发输电元件随机故障等。

(4) 针对每次抽样得到的系统状态，若系统出现了系统解列(孤岛运行)或发电量与负荷量不匹配的情况，则认为此种情况下的 ATC 值为零，返回步骤(3)，重新抽样；如果系统能够正常运行，则继续下一步。

(5) 对于可行的结构，采用原-对偶内点法对单一样本情况下的可用输电能力进行求解；若抽样次数 k 小于指定抽样次数 N，则返回到步骤(3)，为下一次抽样做准备。

(6) 若达到了指定抽样次数，则记录 ATC 相关数据，并计算其概率评估指标。

13.5.5　算例分析

为验证所建立 ATC 计算模型及采用的优化算法的正确性和有效性，利用 Matlab 软件实现对 IEEE-30 节点系统进行仿真分析，网络相关参数详见文献[32]。该系统共有 6 台发电机、41 条线路，划分为 3 个区，系统网络接线如图 13-8 所示。下面将从风电场并网位置、并网容量等角度来分析计算风电并网对可用输电能力 ATC 的影响。

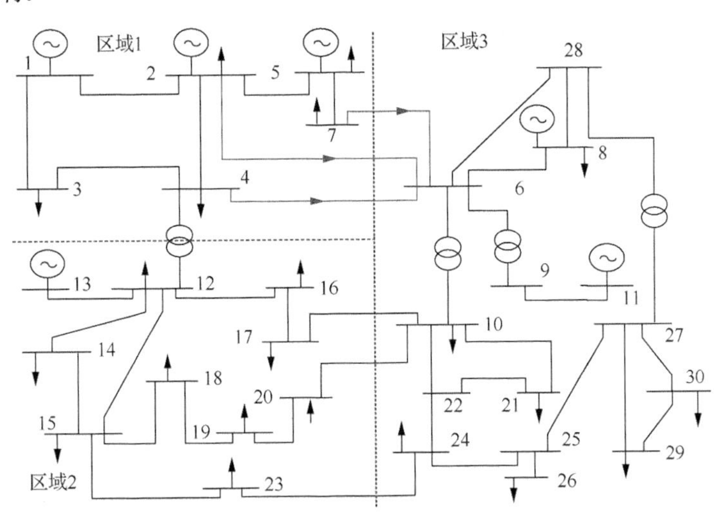

图 13-8　IEEE-30 节点系统结构图

风电场的相关参数见表 13-1，此时假定风速服从尺度参数为 10、形状参数为 2 的双参数 Weibull 分布；蒙特卡罗抽样过程中的不确定因素参数设置如表 13-2 所示。设定抽样次数为 5000 次，采用标幺值进行计算，基准容量取 100MW。

表 13-1 风电场相关参数

NT	P_R/MW	u_{ci}/(m/s)	u_{co}/(m/s)	u_R/(m/s)	$\cos\varphi$
20	1.5	4	25	13	0.96

表 13-2 蒙特卡罗抽样过程中系统参数

支路故障率	常规发电机组故障率	风电机组故障率	发电机、负荷波动
$\lambda_{k,b}=0.001$	$\lambda_{k,g}=0.001$	$\lambda_{k,w}=0.01$	$\sigma^2=0.02$

1. 风电场容量大小对 ATC 计算的影响

讨论大型风电场并网容量的不同对系统可用输电能力 ATC 的影响，分以下 3 种情况对比分析。

(1) 无风电场情况；

(2) 在节点 5 并入一个风电场情况；

(3) 在节点 5 并入两个风电场情况。

计算 ATC 不足概率 P_{risk} 时，设定 ATC 指定值为 79.73MW。通过仿真计算得 ATC 的概率指标如表 13-3 所示，同时绘制 ATC 概率密度分布曲线和 ATC 累积分布曲线，如图 13-9 和图 13-10 所示。

表 13-3 不同容量风电场并网条件下的 ATC 概率指标

评估指标	不含风电场	节点 5 并入一个风电场	节点 5 并入两个风电场
E_{ATC}/MW	67.30	71.59	77.15
V_{ATC}	7.13	8.83	9.57
β	0.038	0.041	0.040
ATC_{min}/MW	0	0	0
ATC_{max}/MW	93.99	111.02	123.38
P_{ATC_0}	0.0012	0.0024	0.0022
P_{risk}	0.8174	0.5741	0.3882
P_{wind}	-	0.2433	0.4292

图 13-9 的 ATC 概率密度分布曲线反映了无风电场、一个风电场和两个风电场并网情况下 ATC 在各个区间的取值概率。可以看出，随着风电并网容量的增加，ATC 在高数值区域取值概率增加。图 13-10 所示的累积概率分布曲线则反映了 ATC 值小于某一数值的概率大小，不同的 ATC 水平对应不同的系统风险概率。

通过对以上 ATC 各项指标的对比分析，可以得出如下结论。

(1) 风电场接入系统后，ATC 的期望值增大了，而且随着风电场容量的增加，ATC 期望值有增大的趋势，这说明风电场并网能够提高系统的可用输电能力值。

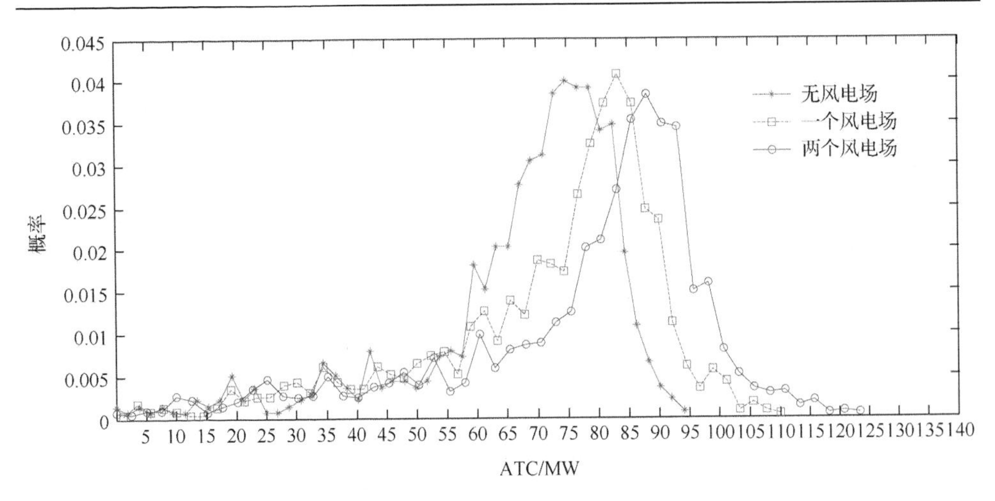

图 13-9　不同风电场并网容量下的 ATC 概率密度分布曲线

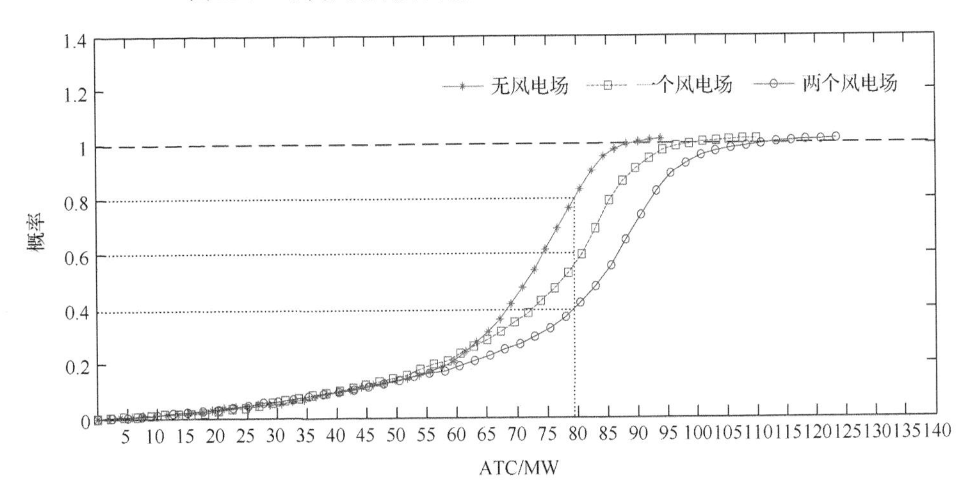

图 13-10　不同风电场并网容量下的 ATC 累积概率分布曲线

但由于受到输电线路热容量的限制，系统 ATC 增大数值并不与风电场容量成正比关系，且当风场装机容量超过一定值后，ATC 值将不再随之增大。

(2) 风电场并网将导致 ATC 的方差增大，系统的波动性增强，这是由于风电功率的随机性和间歇性使系统的不确定因素增多，风电场并网容量增大，ATC 值的波动幅度就增强。此时，变异系数 β 的变化则说明了风电场并网影响了 ATC 计算精度。

(3) 由表 13-3 和图 13-10 都可以看出，随着风电场并网容量的增大，系统 ATC 不足概率 P_{risk} 逐渐减小，说明风电场并网后虽然引起 ATC 的波动，但也一定量地提高了系统 ATC 值。同时，随着风电场并网容量的提升，风电影响因子 P_{wind} 对电网的影响也不断增大，这也说明了风电场并网在一定程度上减小了 ATC 风险概率，提高了系统的可靠性。

2. 风电场并网位置对 ATC 计算的影响

在IEEE-30节点系统的节点5(送电侧)和节点8(受电侧)分别接入一个风电场来分析判断不同的风电场并网位置对可用输电能力的影响。通过仿真计算得到ATC 的概率指标如表 13-4 所示，同时，绘制 ATC 概率密度分布曲线和 ATC 累积概率分布曲线，如图 13-11、图 13-12 所示。

表 13-4　不同风电场并网位置时的 ATC 概率指标

评估指标	不含风电场	节点 5 并入一个风电场	节点 8 并入一个风电场
E_{ATC}/MW	67.30	71.59	74.28
V_{ATC}	7.13	8.83	9.31
β	0.038	0.041	0.042
$\mathrm{ATC}_{\min}$/MW	0	0	0
$\mathrm{ATC}_{\max}$/MW	93.99	111.02	115.38
P_{ATC_0}	0.0012	0.0024	0.0027
P_{risk}	0.8174	0.5741	0.4486
P_{wind}	-	0.2433	0.3688

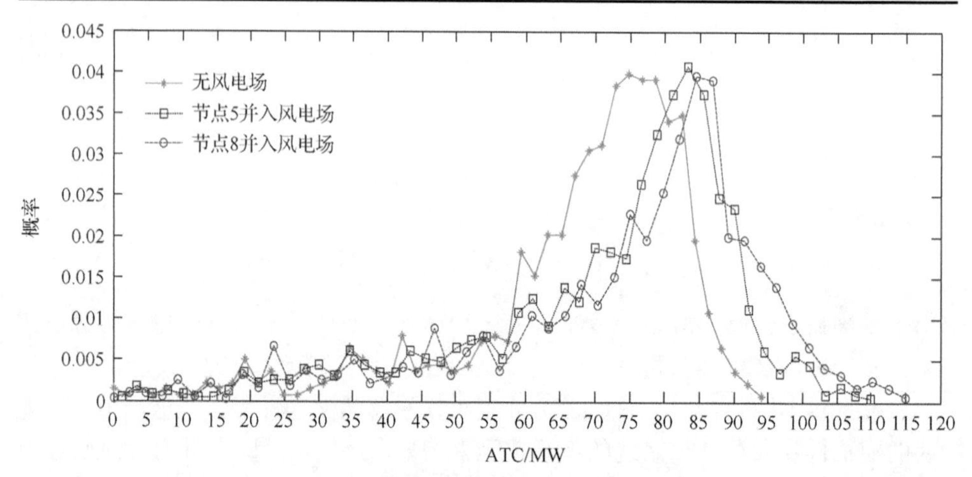

图 13-11　不同风电场并网位置时的 ATC 概率密度分布曲线

从以上 ATC 各项概率指标可以看出：风电场并入系统位置的不同对 ATC 各项概率指标有着不同的影响。与送电侧(节点 5)相比，在受电侧(节点 8)并入风电场，会令 ATC 的期望值增加效果明显，但是 ATC 的方差和风电影响因子的变化量也较大，这说明风电在受电侧并网时对系统可用输电能力的影响较大。因此，在系统规划时应该考虑在系统的送电侧进行风电场并网，减少风电场并网对可用输电能力的影响。

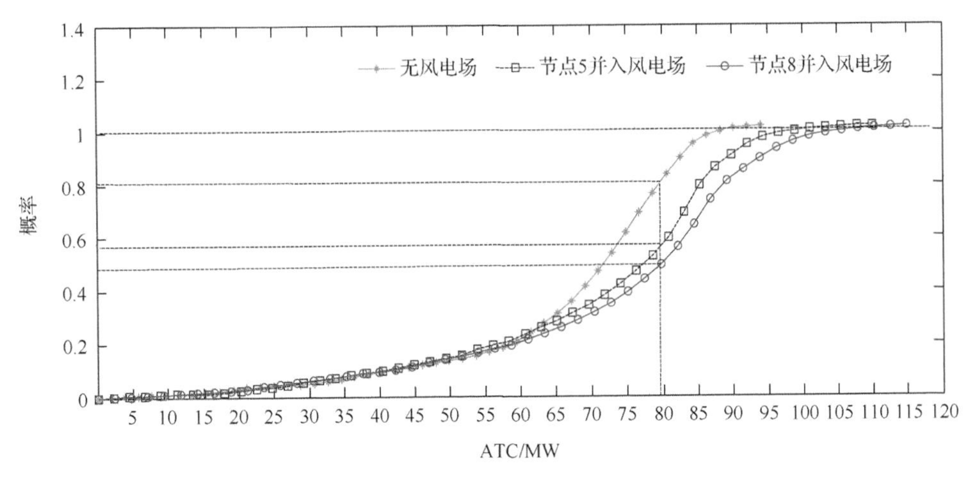

图 13-12　不同风电场并网位置时的 ATC 累积概率分布曲线

3. 相同容量的风电场和火电机组并入系统

在 IEEE-30 节点系统的节点 5 分别接入一个 30MW 风电场或等容量的火电机组来对比分析风电场这种波动性电源对可用输电能力的影响。通过仿真计算得到 ATC 的概率指标如表 13-5 所示，同时，绘制 ATC 概率密度分布曲线和 ATC 累积分布曲线，如图 13-13 和图 13-14 所示。

表 13-5　相同容量风电场和火电机组并网时的 ATC 概率指标

评估指标	不含风电场	节点 5 并入风电场	节点 5 并入火电机组
E_{ATC}/MW	67.30	71.59	73.15
V_{ATC}	7.13	8.83	7.39
β	0.038	0.041	0.037
ATC_{min}/MW	0	0	0
ATC_{max}/MW	93.99	111.02	116.23
P_{ATC_0}	0.0012	0.0024	0.0017
P_{risk}	0.8174	0.5741	0.4362
P_{wind}	-	0.2433	0.3812

综上可知，风电场或与其额定容量相等的火电机组接入节点 5 以后，系统的 ATC 期望值均增大，而且火电机组并网后 ATC 的增量要大于风电场并网情况；同时，火电机组并网后系统 ATC 的方差、变异系数等均小于风电机组接入的情况，

是因为风电场输出功率的波动性导致其可靠性低于常规的火电机组。

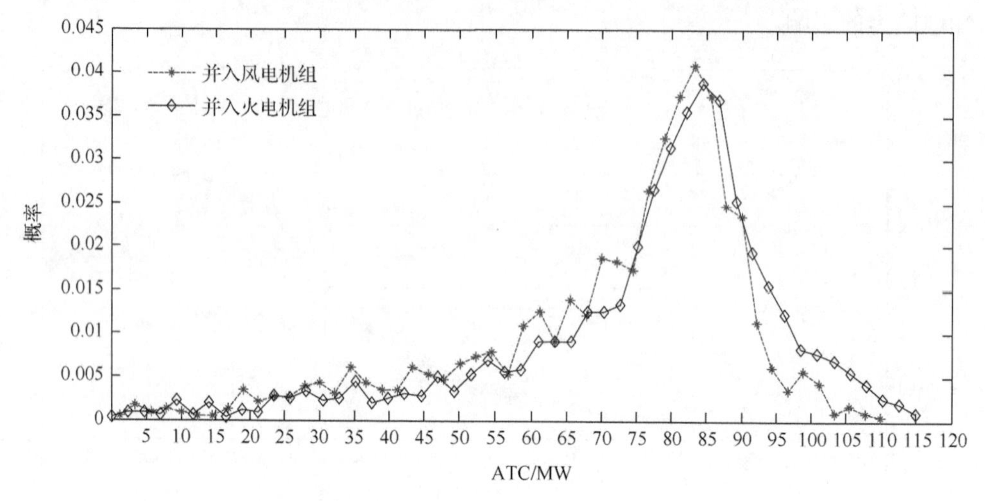

图 13-13　相同容量风电场和火电机组并网时的 ATC 概率密度分布曲线

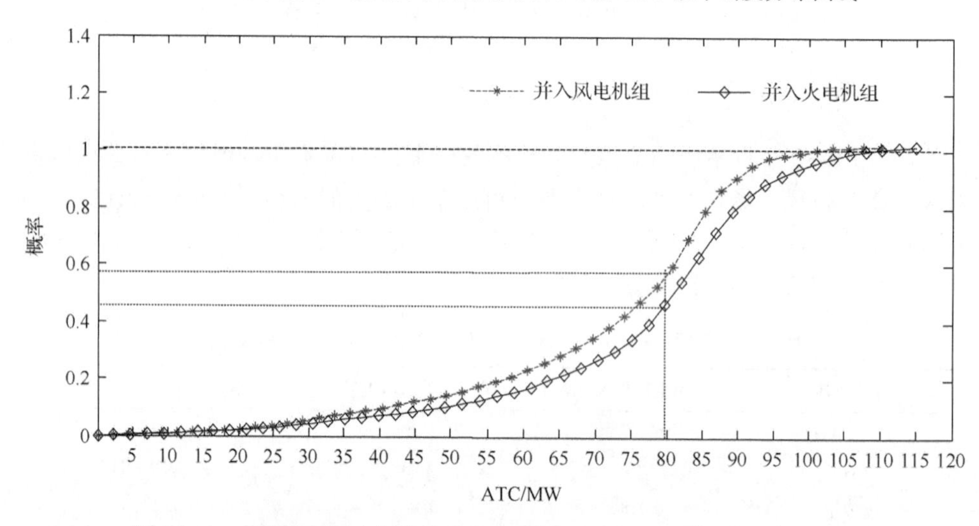

图 13-14　相同容量风电场和火电机组并网时的 ATC 累积概率分布曲线

参 考 文 献

[1] World Wind Energy Association. World Wind Energy Report 2010. Bonn：World Wind Energy Association，2011.

[2] Blaabjerg F, Ma K. Future on power electronics for wind turbine systems. IEEE Transactions on Emerging and Selected Topics in Power Electronics, 2013, 1(3): 139-152.

[3] Ni M, Yang Z X. By leaps and bounds: Lessons learned from renewable energy growth in China. IEEE Transactions on Power and Energy, 2012, 10(2): 37-43.

[4] Yuan B, Zhou M, Zong J. An overview on peak regulation of wind power integrated power systems. 2011 4th International Conference on Electric Utility Deregulation and Restructuring and Power Technologies (DRPT). Weihai, 2011.

[5] Bell K R W, Nedic D P, Salinas S M L A. The need for interconnection reserve in a system with wind generation. IEEE Transactions on Sustainable Energy, 2012, 3(4): 703-712.

[6] Francois B, Francicso D G. Stochastic security for operations planning with significant wind power generation. IEEE Transactions on Power Systems, 2008, 23(2): 306-316.

[7] Holttinen H. The impact of large scale wind farm integration in nordic countries. Espoo: Helsinki University, 2004.

[8] 曹张洁, 向荣, 谭谨, 等. 大规模并网型风电场等值建模研究现状. 电网与清洁能源, 2011, 27(2): 56-60.

[9] Keane A, Milligan M, Chris J D. Capacity value of wind power. IEEE Transactions on Power Systems, 2011, 26(2): 564-572.

[10] 李玉敦. 计及相关性的风速模型及其在发电系统可靠性评估中的应用. 重庆: 重庆大学博士学位论文, 2012.

[11] Genc A, Erisoglu M, Pekgor A, et al. Estimation of wind power potential using weibull distribution. Energy Sources, 2005, 27(9): 809-822.

[12] Xie K, Billinton R. Energy and reliability benefits of wind energy conversion systems. Renewable Energy, 2011, 36(7): 1983-1988.

[13] Safari B, Gasore J. Statistical investigation of wind characteristics and wind energy potential based on the weibull and rayleigh models in rwanda . Renewable Energy, 2010, 35(12): 2874-2880.

[14] 苏勋文, 赵振兵, 陈盈今, 等. 尾流效应和时滞对风电场输出特性的影响. 电测与仪表, 2010, 47(3): 28-31.

[15] 钟浩, 唐民富. 风电场发电可靠性及容量可信度评估. 电力系统保护与控制, 2012, 40(18): 75-80.

[16] 吴俊玲, 周双喜, 孙建峰, 等. 并网风力发电场的最大注入功率分析. 电网技术, 2004, 28(20): 28-32.

[17] Fuerte-Esquivel C R, Tovar-Hernandez J H, Gutierrez-Alcaraz G. Discussion of "modeling of wind farms in the load flow analysis". IEEE Transactions on Power Systems, 2001, 16(4): 946-951.

[18] Gao Y J, Wang Z, Liang H F. Available transfer capability calculation with large offshore wind farms connected by VSC-HVDC. Conference on Innovative Smart Grid Technologies-Asia (ISGT Asia). Tianjin, 2012.

[19] 王成山, 孙玮, 王兴刚. 含大型风电场的电力系统最大输电能力计算. 电力系统自动化, 2007, 31(2): 17-31.

[20] 李国庆, 韩悦, 孙银峰, 等. 计及异步风电机组的电力系统区域间 ATC 计算. 东北电力大学学报, 2011, 31(4): 67-74.

[21] 李国庆, 孙银锋, 王利猛. 基于内点法考虑风电穿透率的区域间可用输电能力研究. 电力自动化设备, 2014, 34(3): 1-7.

[22] 梁海峰, 郭然, 高亚静. 计及天气因素的风电并网系统可用输电能力评估. 电力系统保护与控制, 2013, 41(1): 164-168.

[23] 王成山, 王兴刚, 孙玮. 含大型风电场的电力系统概率最大输电能力快速计算. 中国电机工程学报, 2008, 28(10): 56-62.

[24] 周明, 冉瑞江, 李庚银. 风电并网系统可用输电能力的评估. 中国电机工程学报, 2010, 30(22): 14-21.

[25] Ramezani M, Falaghi H, Singh C. A deterministic approach for probabilistic TTC evaluation of power systems including wind farm based on data clustering. IEEE Transactions on Sustainable Energy, 2013, 4(3): 643-651.

[26] Shayesteh E, Hobbs B F, Soder L, et al. ATC-based system reduction for planning power systems with correlated wind and loads. IEEE Transactions on Power Systems, 2015, 30(1): 429-438.

[27] Gang L, Jinfu C, Defu C, et al. Probabilistic assessment of available transfer capability considering spatial correlation in wind power integrated system. IET Generation, Transmission & Distribution, 2013, 7(12): 1527-1535.

[28] 李中成, 张步涵, 段瑶, 等. 含大规模风电场的电力系统概率可用输电能力快速计算. 中国电机工程学报, 2014, 34(4): 505-513.

[29] 罗钢, 石东源, 蔡德福, 等. 计及相关性的含风电场电力系统概率可用输电能力快速计算. 中国电机工程学报, 2014, 34(7): 1024-1032.

[30] Hamid F, Maryam R, Chanan S, et al. Probabilistic assessment of TTC in power systems including wind power generation. IEEE Systems Journal, 2012, 6(1): 181-190.

[31] Maasar M A, Nordin N A M, Anthonyrajah M, et al. Monte Carlo & Quasi-Monte Carlo approach in option pricing. 2012 IEEE Symposium on Humanities, Science and Engineering Research. Kuala Lumpur, 2012.

[32] 吴际舜, 侯志俭. 电力系统潮流计算的计算机算法. 上海: 上海交通大学出版社, 2000.